U0388469

高等院校海洋科学专业规划教材

Descriptive Physical Oceanography
An Introduction（Sixth Edition）

物理海洋学（第六版）

琳恩·塔利（LYNNE D. TALLEY）
佐治·皮卡德（GEORGE L. PICKARD）　　　著　　　张　恒　译
威廉·埃梅里（WILLIAM J. EMERY）
詹姆斯·斯威夫特（JAMES H. SWIFT）

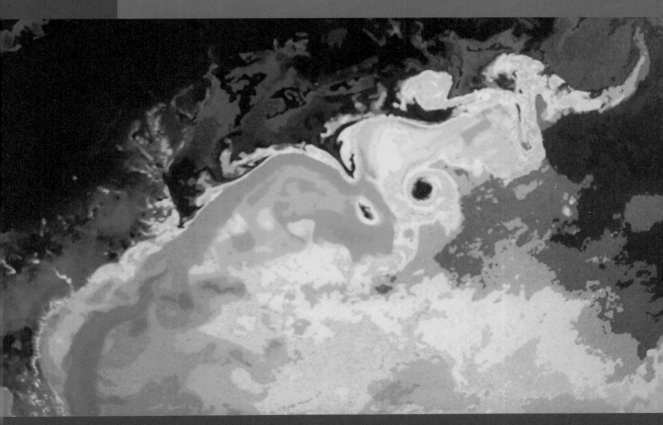

中山大学出版社
SUN YAT-SEN UNIVERSITY PRESS

·广州·

图书在版编目(CIP)数据

物理海洋学/[美]琳恩·塔利(Lynne D. Talley)等著；张恒译.—广州：中山大学出版社，2019.3

(高等院校海洋科学专业规划教材)

书名原文：Descriptive Physical Oceanography：An Introduction.(6th edition)

ISBN 978－7－306－06303－8

Ⅰ.①物…　Ⅱ.①琳…　②张…　Ⅲ.①海洋物理学—教材　Ⅳ.①P733

中国版本图书馆 CIP 数据核字(2019)第 031565 号

Wuli Haiyang Xue

出 版 人：王天琪

策划编辑：熊锡源　　　　　　　　　责任编辑：熊锡源

封面设计：曾　斌　　　　　　　　　责任校对：付　辉

责任技编：何雅涛

出版发行：中山大学出版社

电　　话：编辑部 020－84111996，84113349，84111997，84110779

　　　　　发行部 020－84111998，84111981，84111160

地　　址：广州市新港西路 135 号

邮　　编：510275　　　传　　真：020－84036565

网　　址：http：//www.zsup.com.cn　　E-mail：zdcbs@mail.sysu.edu.cn

印 刷 者：广州市友盛彩印有限公司

规　　格：787mm×1092mm　1/16　38.75 印张　849 千字

版次印次：2019 年 3 月第 1 版　2024 年 12 月第 4 次印刷

定　　价：150.00 元

总　序

　　海洋与国家安全和权益维护、人类生存和可持续发展、全球气候变化、油气和某些金属矿产等战略性资源保障等息息相关。贯彻落实"海洋强国"建设和"一带一路"倡议，不仅需要高端人才的持续汇集，实现关键技术的突破和超越，而且需要培养一大批了解海洋知识、掌握海洋科技、精通海洋事务的卓越拔尖人才。

　　海洋科学涉及领域极为宽广，几乎涵盖了传统所熟知的"陆地学科"。当前海洋科学更加强调整体观、系统观的研究思路，从单一学科向多学科交叉融合的趋势发展十分明显。在海洋科学的本科人才培养中，如何解决"广博"与"专深"的关系，十分关键。基于此，我们本着"博学专长"的理念，按照"243"思路，构建"学科大类→专业方向→综合提升"专业课程体系。其中，学科大类板块设置基础和核心2类课程，以培养宽广知识面，让学生掌握海洋科学理论基础和核心知识；专业方向板块从第四学期开始，按海洋生物、海洋地质、物理海洋和海洋化学4个方向，进行"四选一"分流，让学生掌握扎实的专业知识；综合提升板块设置选修课、实践课和毕业论文3个模块，以推动学生更自主、个性化、综合性地学习，提高其专业素养。

　　相对于数学、物理学、化学、生物学、地质学等专业，海洋科学专业开办时间较短，教材积累相对欠缺，部分课程尚无正式教材，部分课程虽有教材但专业适用性不理想或知识内容较为陈旧。我们基于"243"课程体系，固化课程内容，建设海洋科学专业系列教材：一是引进、翻译和出版 *Descriptive Physical Oceanography*：*An Introduction*（6 ed）（《物理海洋学·第6版》）、*Chemical Oceanography*（4 ed）（《化学海洋学·第4版》）、*Biological Oceanography*（2 ed）（《生物海洋学·第2版》）、*Introduction to Satellite Oceanography*（《卫星海洋学》）等原版教材；二是编著、出版《海洋植物学》《海洋仪器分析》《海岸动力地貌学》《海洋地图与测量学》《海洋污染与毒理》《海洋气象学》《海洋观测技术》《海洋油气地质学》等理论课教材；三是编著、出版《海洋沉积动力学实验》《海洋化学实验》《海洋动物学实验》《海洋生态学实验》《海洋微生物学实验》《海洋科学专业实习》《海洋科学综合实习》等实验教材或实习指导书，预计最终将出版40余部系列教材。

教材建设是高校的基础建设，对实现人才培养目标起着重要作用。在教育部、广东省和中山大学等教学质量工程项目的支持下，我们以教师为主体，及时地把本学科发展的新成果引入教材，并突出以学生为中心，使教学内容更具针对性和适用性。谨此对所有参与系列教材建设的教师和学生表示感谢。

系列教材建设是一项长期持续的过程，我们致力于突出前沿性、科学性和适用性，并强调内容的衔接，以形成完整知识体系。

因时间仓促，教材中难免有所不足和疏漏，敬请不吝指正。

《高等院校海洋科学专业规划教材》编审委员会

前　　言

　　自 2015 年开始承担中山大学海洋科学学院本科生"物理海洋学"课程，至今已有四年时间。在此期间，译者一直关注着国内外物理海洋学的学科及教学发展，为此阅读了大量相关的专著与论文，并持续关注知名海洋科学院校的网络公开课程，深感近年来物理海洋学的飞速发展。中山大学海洋科学学院的"物理海洋学"课程向物理海洋、海洋生物、海洋地质和海洋化学四个方向的本科生开展授课。在教学的过程中，学生反映目前正在使用的国内教材偏向科研，内容不易接受和理解，也偏于陈旧。此外，目前的国内教材多偏重近海，这也和中国海洋科学在未来走向深海大洋的大趋势不符。为此，译者深感有必要引进与编译一本既能反映学科发展新内容，又让学生喜爱和易于理解的国外的经典原著教材，这也成为编译出版本书的主要原因。

　　物理海洋学是海洋科学的一个重要分支，是运用物理学的观点和方法，研究海洋中的力场、热盐结构以及因之而生的各种机械运动的时空变化，并研究海洋中的物质交换、动量交换、能量交换和转换的学科。近十多年来，随着多个大型国际海洋观测计划的启动，如全球 ARGO 浮标国际观测项目、深海环流的大西洋环流观测系统（RAPID）及副极地大西洋环流观测系统（OSNAP）等，人类对海洋运动的认识取得重大突破，物理海洋学从以往的大尺度环流研究向中小尺度过程发展，如中尺度涡、垂向湍流混合过程及内波过程等。另一方面，依托一系列国际大型合作研究计划，开展与生物、化学和大气等学科的跨学科交叉研究，例如全球海洋生态动力学研究计划（GLOBEC）和上层海洋—低层大气研究计划（SOLAS）等，也进一步推动了物理海洋学的发展。本书所用英文原著教科书 *Descriptive Physical Oceanography：An Introduction* 是北美、欧洲海洋科研高校、院所的基础教材，广受师生欢迎，自 1964 年第 1 版开始至今已经第 6 次再版。本书编译的最新第 6 版，为国际著名海洋研究机构美国加州大学圣迭戈分校斯克里普斯海洋研究所的知名海洋学家琳恩·塔利（Lynne D. Talley）和其他三位知名海洋学家所编著。该书在每一版中都不断将物理海洋学及其与其他学科的跨学科最新成果汇聚其中，反映了学科的最新发展动向。本书的另一特点，就是有别于传统的物理海洋学教材以数学方程推导为主要内容，而是主要以大量的彩图与实例，结合教材的网络海洋数据资源，让学生更容易对相关知识进行理解及对知识面进行拓展。

本书分为 14 章，其中第 1 章"物理海洋学概论"介绍本书的内容及教学目标。第 2 章"海洋维度、形状和底质"介绍海洋的地理尺度问题。第 3 章"海水的物理性质"介绍海水的温度、盐度、密度及对声音、光传播的影响。第 4 章"水体特征的典型分布"介绍海水中的温度、盐度和密度在全球不同区域、不同季节和不同深度的分布情况。第 5 章"质量、盐、热量收支和风的作用"介绍海洋中的质量守恒和热量守恒过程，并初步介绍了风应力全球分布及其对大洋环流的驱动作用。第 6 章"数据分析概念和观测方法"主要阐述海洋观测数据中一些基本的数据处理、分析原则和方法，并介绍物理海洋中对温度、盐度、海流观测的一些方法。第 7 章"海洋环流动力过程"，主要是先介绍如何推导出描述海洋运动最基本的动量方程和连续方程，再以此为基础，重点介绍海洋中的主要动力过程，例如西边界流、涡、上升流、地转流等。第 8 章"重力波、潮汐与海岸海洋学"主要是介绍波浪、潮汐等重力波过程及近岸海洋过程。第 9～13 章是在第 1～8 章的基础上，依次介绍大西洋、太平洋、印度洋、北冰洋和北欧海及南大洋在海洋环流、中尺度涡、边界流、水团输运、海气耦合等方面的经典知识点和最新发现。第 14 章"全球环流和海水性质"对第 9～13 章作一个总结，并放到全球尺度的环流系统进行讨论。

物理海洋学历经百年发展，积淀了丰富的知识，尽管译者在编译教材的过程中力图尽最大可能反映原著中的意涵，但由于水平所限，其中错漏难免，敬请读者惠予指正。

该书的出版得到中山大学本科精品建设课程项目的支持，也得到了海洋科学学院领导的关心和帮助，谨此表示衷心的感谢。同时，在这里还要特别感谢本人所在课题组中参与该本科精品建设课程项目的研究生，没有他们在翻译和校稿方面的帮助，单凭个人的力量是很难完成本书的翻译工作的，在此对他们表示感谢。

张 恒
2018 年 4 月

目　录

第 1 章　物理海洋学概论

海洋科学是一门关于海洋研究的基础学科。过去，我们将海洋科学划分为物理海洋学、海洋生物学、海洋化学和海洋地质学等。本书主要研究海洋的物理属性，与近岸和海岸区域相比，更加侧重于研究观测的方法和大洋的时间尺度和空间尺度。

物理海洋学通过观测和复杂的数学模型得出结果，尽可能量化地描述流体运动的过程。物理海洋动力学主要通过机理研究和基于物理过程的数学模型实验，了解海洋中流体的运动过程。本书中的描述主要基于观测的结果（与本书先前的版本类似）；但是在本版中，我们将物理海洋动力学的一些概念作为重点。物理海洋动力学的完整说明，可参见其他相关著作。热力学问题在本书中也得到了探讨，即海水的热量和盐度的变化过程造成海水密度分布不同的现象。

第 2 章说明了海洋盆地和它们的地形，第 3 章介绍了淡水和盐水的物理（和一些化学）特性，第 4 章是水体特征的概述，第 5 章介绍了热量及淡水的源与汇，第 6 章介绍了数据的采集与分析技术（第 6 章的补充材料见 http://booksite.academicpress.com/DPO/），第 7 章介绍了地球物理流体动力学，以供不同数学学习背景的学生使用，第 8 章介绍了近岸海洋学，主要包含基本的波浪和潮汐理论，第 9～13 章介绍了各独立大洋的环流和水体特性，第 14 章是对全球海洋的总结。

1.1　概述

我们探索海洋知识的动机是多方面的。例如：近岸水流和波浪影响船舶航道和堤防、防波堤及其他近海水工建筑物的建造；海洋的大比热容特性会对地球气候产生显著和控制性的影响；海洋和大气在各种时间尺度上是相互影响的。比如厄尔尼诺-南方涛动（El Niño-Southern Oscillation，ENSO）现象，虽然这种现象仅出现在热带太平洋区域，但也对世界上大部分区域产生了长达数年的影响。为了了解它们之间的相互作用机制，需要了解海洋与大气的耦合系统。而在了解这个相互作用的系统时，首先需要具备海洋学和大气学的基础知识。

在前文述及的以及很多其他相关应用情况下，海洋运动和水体特征方面的知识至关重要。这包含主要洋流的时空变化、变化的沿岸流、涨落潮以及风或地震引起的波浪等。温度和盐度决定海水密度，继而影响垂向运动。密度同样影响水平压力分布，因此这些因素也影响水平运动。海冰有着特定演进过程，并对于航行、海洋环流以及气候有很大影响。海洋中的溶质，例如氧气、营养盐和其他化学物质，甚至一些生物性物质（如叶绿素含量），也是物理海洋学研究的内容。

目前我们掌握的物理海洋学知识主要基于过去积累的数据，其中多数是在过去

150 年中收集的数据。从 20 世纪 50 年代开始，现场数据大量增加，并随着使用卫星进行海洋观测的广泛应用（20 世纪 70 年代开始），可用的数据量以指数级的形式增长。

在教材网站中，提供了附有插图的物理海洋学简史作为补充资料（第 1 章补充内容，在网站中列为第 S1 章）。船员过去通常关注洋流、海洋温度和海表情况的变化是如何影响船舶的航行路线。很多早期航海家，例如 Cook 和 Vancouver，在 18 世纪后期进行的航行期间，进行了富有价值的科学观测，但一般认为 Mathew Fontaine Maury（1855 年）以船舶航海日志作为信息来源，是最早进行系统化的海量洋流数据的收集。首个专业的海洋科考队乘用皇家海军舰艇挑战者号，从 1872 年至 1876 年完成了环球航行。而首个大范围采集物理海洋数据的海洋科考队，乘用了德国的 FS Meteor 号，从 1925 年至 1927 年（Spiess，1928 年）对大西洋开展研究。我们将该考察期间拍摄的众多照片复制在随网站上供读者参考。早期的海洋理论研究包括 Newton、Laplace 和 Legendre 等在表面潮汐方面的研究和 Gerstner 和 Stokes 等在波浪方面的研究。鉴于动力气象学和动力海洋学之间存在很多共性，1896 年前后，一些北欧的气象学家开始将注意力转移到海洋学研究。得益于 Bjerknes、Bjerknes、Solberg 和 Bergeron（1933）、Ekman（1905，1923）、Helland-Hansen（1934）等开展的各项工作，目前人们在物理海洋学知识方面取得很大的进展。

20 世纪 40 年代至 20 世纪 60 年代，随着"二战"结束，很多大尺度海洋环流的数据，特别是理论方面的研究成果，开始涌现。在 20 世纪 60 年代和 20 世纪 70 年代，随着锚定观测和卫星仪器的出现，人们开始着手研究海洋环流中的较小范围且变化非常显著的部分——中尺度部分。研究平台从科考船和商船发展到全球卫星和仪器自动采样。随后几十年间，随着卫星观测和数值模拟的分辨率不断提高，且水体内不同类型自动取样的常规化，对全球海洋的描述更加精细化（次级中尺度）。虽然物理海洋学研究仍然是个人或某个机构独立从事的科研活动，但越来越多大型的多人和多国合作的项目对物理海洋学测量数据的获取和科学研究做出了突出的贡献。物理海洋学近期的研究方向，主要集中在海洋的可变性，与大气和气候的相互作用，以及对其稳态条件的深入了解等方面。

1.2　物理海洋学现象的空间和时间尺度

海洋是匀速运动的流体，具有极大的空间和时间尺度。这种流体的复杂性，充分反映在卫星所拍摄的墨西哥湾流海面的温度图像中，如图 1.1a 所示。墨西哥湾流是北大西洋亚热带区域永久性大范围涡旋环流的西边界流，宽度为 100 km，且其环流的空间尺度有数千千米。墨西哥湾流的狭窄温暖核心部分（图 1.1a 中的红色区域）有源于加勒比海的温暖亚热带水，这导致水流向北流动，在佛罗里达周围的墨西哥湾形成环流，沿着北美洲东部海岸向北流动，从哈特拉斯角流出，并向大西洋移动。其强度和温度向东衰减，强度和温度在东西部形成了鲜明对比。其空间尺度约为 100 km

的大范围曲流和环流，可被视为数周时间尺度中形成的中尺度（涡）变化。卫星图也显示出向北流动时表面温度的总体下降趋势，以及大量小范围涡变化。水流和温度经时均处理后，墨西哥湾流显示出稳定性。时均化使墨西哥湾流宽度显得更宽，尤其是在哈特拉斯角的分离之后，在哈特拉斯角的宽覆盖区域，形成宽水域且平均流速较小的东向水体运动。

16 世纪西班牙探险经历后的几个世纪，墨西哥湾流已为大众所熟知，人们对其进行了图示化（例如 Peterson，Stramma & Kortum，1996）。1769 年，Benjamin Franklin 以及捕鲸队长 Timothy Folger（图 1.1b；Richardson，1980)共同合作首次完成了墨西哥湾流

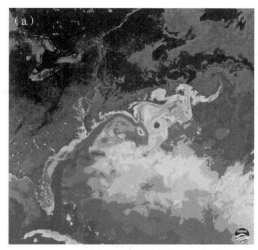

图 1.1　(a)卫星超高分辨率雷达(AVHRR)测得的海表温度(Otis Brown，私人通讯，2009)

本图也可在彩色插图中找到。

的洋流图，[①]将沿着美国海岸的狭窄水流绘制得非常准确。从哈特拉斯角分离后开始不断扩大的 Franklin/Folger 水流包络线，与卫星图中明显的曲折的水流包络线相吻合。通过现代测量技术得到墨西哥湾流的时均值与这张 Franklin/Folger 地图非常相似。

很多重要物理海洋学的空间和时间尺度如图 1.2 所示。尺度最小的部分是分子混合。在数厘米较小且肉眼可见的尺度中，形成了微观结构（在数厘米海平面形成垂直分层）以及毛细波。在数米的略大尺度部分发现了表面波，这些表面波存在较短的时间尺度，以及持续时间略长的垂直分层。数十米的空间尺度对应的是时间尺度长达一天的内波。潮汐的时间尺度与内波相同，但其空间尺度是数百至数千公里的大尺度。其中，表面波、内波和潮汐将在第 8 章进行阐述。

在数百千米至数万千米的空间尺度，以及数周至数年的时间尺度中发现了中尺度涡和较强的洋流(例如墨西哥湾流)（图 1.1a、b）。大尺度大洋环流空间尺度相当于全球海洋的大洋盆地尺寸，时间尺度范围是季节性至永久性的，这是重置海洋边界的板块构造论时间尺度（第 2 章）。实际上，图 1.2 中的风生环流和热盐环流时间尺度与流经这些水系的环流时间尺度相同（环流的时间尺度为十年，整个大洋的时间尺度为数

---

①　Franklin 发现，往返美国和欧洲的航次中，一些航次的速度明显快于另一些航次的速度。他发现，产生这个现象的原因在于一股自西向东的强劲洋流。他通过观察发现，海洋的表面条件明显不同，并推断该洋流可能是因海面温度的变化形成的。Franklin 开始在航次中测量海表温度。通过使用简单的玻璃水银温度计，他可以确定水流的方向。

（b）

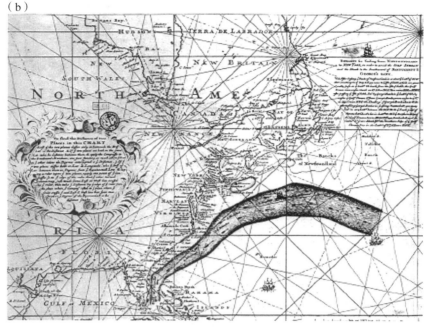

图 1.1 (b)墨西哥湾流的 Franklin/Folger 海图

来源：Richardson（1980）。

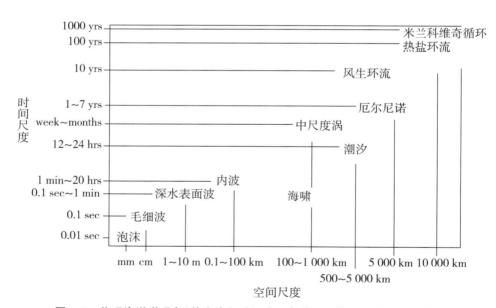

图 1.2 物理海洋学现象（从泡沫和毛细波至大洋环流等）的时间和空间尺度

千年）；这些都是大洋的时间平均特征，且时间尺度更长。气候可变性影响海洋，如图 1.2 中的厄尔尼诺现象，其时间尺度为年际（数年；第 10 章）；大洋环流可变性的十年或更长时间尺度以及相应特性也比较重要，本书在各大洋盆地和全球环流章节中对此进行了说明。

在图 1.2 中，我们可以发现，如果空间尺度较短，时间尺度通常较短，且通常在空间尺度较长时，其时间尺度也较长。但也存在一些例外，其中最明显的是潮汐和海啸，以及在一些精细结构现象中，时间尺度比利用其较短空间尺度预计的更长。

第 7 章阐述了海洋动力学，介绍了包含这些不同类型现象的一些严谨的无量纲参数(参见 Pedlosky，1987)。无量纲参数是量纲参数与相同维度尺度的比值，例如时间、长度、质量等，这些都是所阐述或所模拟的流体的固有特性。特别重要的是，海洋运动的时间尺度是否超出或短于一天(这是地球自转的时间尺度)。地球自转对海水的流动产生重要影响；若将自转作用力和运动保持数天时间或更长时间，则运动将受到自转的影响。因此，特别有用的参数是地球自转时间尺度与运动时间尺度之比，该比值称为罗斯贝数。对于图 1.2 中极小较快的运动，该比值较大，自转并不重要；而对于该范围中速度较低、尺度较大的部分，罗斯贝数较小，地球自转显得至关重要。另一种非常重要的无量纲参数是垂直长度尺度(高度)与水平长度尺度之比，称为纵横比。对于大尺度流量，鉴于其垂直尺度不会大于海洋深度，该比值非常小；而对于表面和内部重力波，纵横比为量阶。我们也发现，鉴于和地球自转时间尺度以及将水体从一个位置移动至另一个位置的环流时间尺度相比，耗散的时间尺度较长，因此耗散非常小。相关无量纲参数分别为埃克曼数以及雷诺数。了解较小的罗斯贝数、较小的纵横比以及几乎无摩擦海洋流体如何发挥作用，均基于上个世纪对环流和水特性进行的观测研究，也是本书的主要研究内容。

第 2 章　海洋维度、形状和底质

2.1　维度

　　海洋指的是固体地球表面盛有盐水的盆地。本章将介绍一些术语，并指引读者关注盆地的一些特征。它们与大洋环流和动力学过程之间有着密切的联系，对物理海洋学研究非常重要。关于海洋盆地的地质学和地球物理学问题，在 Seibold 和 Berger（1982）、Kennett（1982）、Garrison（2001）与 Thurman 和 Trujillo（2002）以及其他人的著作中有着更加详尽的说明。更新的数据序列、海图及其他相关信息可从美国国家海洋和大气管理局（NOAA）的国家地球物理数据中心（NGDC）以及美国地质调查局（USGS）的网站中获取。

　　地球上的主要海域包括大西洋、太平洋、印度洋和北冰洋，以及南大洋（图2.1）。前四个大洋由大陆块隔开，但南大洋与其北部大洋之间仅根据海洋水体和环流的特征进行划分。各大洋的地理特征将在第 2.11 节中进行说明。

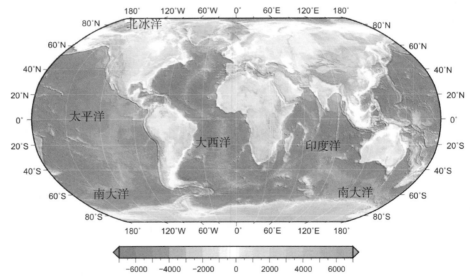

图 2.1　通过船舶声纳和卫星测高计测得的精度为 30 秒弧度分辨率的世界地图
数据来源：Smith 和 Sandwell(1997)；Becker 等（2009）；以及 SIO(2008)。

　　大洋的形状、深度和地理位置影响其环流的一般特征。更小的尺度特征，例如较深的海槛与断裂带、海底山和海底粗糙度，通常影响着环流和混合过程，而这些现象对海洋动力和海水特征的研究至关重要。大西洋显示出明显的"S"形特征，太平洋则是椭圆形特征。大西洋和印度洋东西宽度都约为太平洋的一半，从而影响各大洋环流中随动力变化进行调整的机制。印度洋中没有北部高纬度水域，因此不会形成温度较低密度较高的水体。大洋边缘围绕着海沟、火山以及地震，这标志着周围大陆板块下方海底地壳"板块"在逐渐下降。与此相反，大西洋位于海底动态扩张的区域，这种动态扩展随着大西洋中脊（MAR）中心增加的物质板块分离而发生，大西洋以每年几厘米的速度扩大。

边缘海指的是通过一条或多条狭窄海峡与公海连接的，面积非常大的充满盐水的海洋盆地。有时，我们把通过数目极少的海峡连接的边缘海以和（欧洲）地中海同样的名字命名，称之为地中海。地中海是海洋中水体呈负平衡的示例，其流入水量（河川径流和降雨）小于蒸发量。在黑海发现了水体呈正平衡的边缘海范例，该边缘海与地中海相连。第 5 章和第 9 章中将对这些类型海进行深入阐述。被多重海峡或岛链与公海分隔形成的边缘海还有加勒比海、日本海、白令海、北海、波罗的海等。

海这一术语也用于表示并未与陆地分离，但局部特征区别于大洋的部分，例如挪威海、拉布拉多海、马尾藻海和塔斯曼海。

地球的表面由海洋覆盖的面积大于陆地的面积，其中海洋面积约占 71%，陆地面积约占 29%。（图 2.2 中最新的地球表面高程数据表明，地球的 70.96% 由海洋覆盖。）此外，南半球水域和陆地比例（4：1）大幅大于北半球的比例（1.5：1）。从面积角度而言，太平洋面积约等于大西洋和印度洋的面积之和。如果包含了南大洋的北部相邻的三个扇区，太平洋占实际大洋面积的 46%，大西洋约占 23%，印度洋约占 20%，剩余的所有海洋面积比例约为 11%。

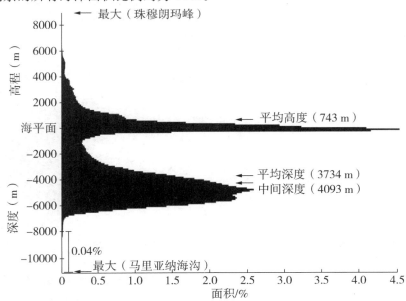

图 2.2　使用在地球表面总面积中所占百分比表示的海平面以上和以下地球表面区域（以 100 m 为间隔）

数据来源：Becker 等（2009）。

大洋的平均深度接近 4 000 m，而边缘海的平均深度通常约为 1 200 m 或更浅。相对于海平面，海洋的深度远远大于陆地的高度。地球上仅有 11% 的陆地表面高度比海平面高出 2 000 m，而有 84% 的海洋深度大于 2 000 m。然而，它们的最大值非常接近：珠穆朗玛峰的高度约为 8 848 m，而海洋的最大深度为 11 034 m——西北太平洋马里亚纳海沟的深度。图 2.2 显示，海平面的陆地高程与海洋深度相对应的水位占地球表面总面积的分布情况（以 100 m 为间隔）。该数值基于 D. Sandwell（Becker 等，2009）提供的最新地球高程以及海洋测深数据。这与本书先前版本中图 2.2 基于 Kossina（1921）以及 Menard 和 Smith（1966）采用 1 000 m 接收器所得的数据相似，但使用 100 m 接收器时考虑了地形存在的更多不同之处。

虽然 4 km 的海洋平均深度是非常大的值，但与海洋的水平维度（5 000～15 000 km）相比，该值只是一个小量。相对于地球的主要维度，海洋是一个薄层结构，但在海表和海底之间，存在大量物质和结构。

2.2　板块构造和深海地形

Thurman 和 Trujillo（2002 年）通过描述，说明了海洋盆地是由于地壳构造板块的运动形成的。板块边界如图 2.3 所示。随着地球板块不断分离，通过海底扩张形成了新的海底，进而形成大洋中脊系统；图 2.1 中的大洋中脊同板块边界一致。大洋板块以约为 2 cm/年（大西洋）至 16 cm/年（太平洋）的速度分离，从而将岩浆挤入洋脊中心区域的表面。在地质时期，地球磁场方向倒转，导致洋脊中心熔化的新表面的磁性材料成分发生倒转。通过观察海表材料磁场方向的倒转，证明了大洋中脊的扩展。利用这些倒转，可以测定海底的年代（图 2.3）。磁场倒转的重现期约为 500 000～1 000 000 年。

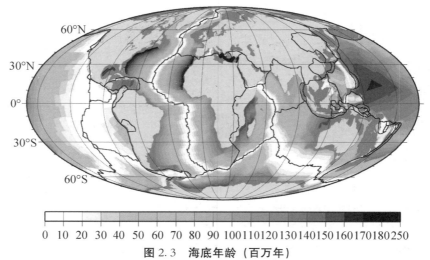

图 2.3　海底年龄（百万年）

黑色线表示地壳构造板块的边界。来源：Müller、Sdrolias、Gaina 和 Roest（2008）。

　　14 000 km 长的大西洋中脊是构造扩张的中心，它与全球大洋中脊（长度超过 4 000 km，是地球地形的最广泛特征）相连。大洋中脊从北冰洋开始，延伸穿过大西洋中部下方的冰岛，环绕非洲顶部，随后蜿蜒穿过印度洋和太平洋，最终在加利福尼亚湾停止延伸。从所有大洋洋脊东部和西部的不同水域特性发现，大洋中脊和其他深脊将底部水域分离。

　　深层水域和底层水域可通过狭窄的裂隙（称为断裂带，扩张中心的横向割阶）显露出大洋中脊。断裂带大致为垂直的平面，与洋脊垂直，处在地壳与洋脊垂直的相反移动方向的一侧。大洋中脊存在很多断裂带，比如作为在大西洋中深海环流重要通道的罗曼什断裂带，在赤道附近穿过大西洋中脊。另一个案例是，控制南极绕极流（ACC）的一对南大洋断裂带（Eltanin 和 Udintsev 断裂带，图 2.12）。

　　在一些地壳构造板块的边缘，一个板块使另一个板块潜没（在下方移动）。在向陆侧，潜没之后，随之而来的是火山和地震。潜没形成了相对于其长度而言较狭窄且深度为 11 000 m 的深海沟。大洋的最深部分则位于这些海沟中。多数海沟分布在太平洋，如阿留申海沟、千岛海沟、汤加海沟、菲律宾和马里亚纳海沟等。其他大洋中也存在一些海沟，例如大西洋的波多黎各海沟和南桑威奇海沟，以及印度洋的巽他海沟。海沟形状通常接近圆弧，一侧为岛弧。岛弧的例子有阿留申群岛（太平洋）、小安的列斯群岛（大西洋）以及巽他岛弧（印度洋）。海沟向陆侧从海沟底部向海面延伸的距离长达 10 000 m，而向海侧仅为此高度的一半，在约 5 000 m 的海洋深度处停止延伸。

　　海沟可控制或影响较深水域的边界流（较深西部边界流）并且能量足以使影响到海底上部的大洋边界流（比如风生环流的西部边界流）。影响海洋环流的海沟案例为，沿着太平洋西部和北部边界的深海沟系统，以及大西洋加勒比海东部的深海沟。

　　与较早形成的洋底部分相比，新形成的洋底部分深度较小。海床随着在海底扩张中心形成的新海底年龄不断增长，其通过向上方海水中释放热量的方式冷却，且海床密度增加及收缩，这使得其深度增加（Sclater，Parsons & Jaupart，1981）。可通过将海底年代和海洋测深图（图 2.1 和 2.3）进行对比的方式发现上述现象，对于最新形成的大洋中脊，洋底深度范围为 2 至 3 km，而对于最早形成的大洋中脊，此深度大于 5 km。

　　海底扩张速度也非常慢，因此不会对我们在数十年至数千年经历的气候变化产生影响，也不会影响人为气候变化。但是，在数百万年中，地球的地理布局已发生了变化。当大陆位于不同位置时，"深时"古环流模式与当前模式不同，对这些模式的重建是古气候模拟的一个方面。通过对当代的环流研究，我们得以精确地对古环流予以模拟，它们的物理过程相似（例如与地球自转、风力、热盐作用、边界条件、东西开阔通道、赤道地区等相关的环流的相互影响），但海洋盆地形状和海底地形有所不同。

　　洋底粗糙度影响大洋的混合速度（第 7.2.4 节和第 7.3.2 节）。整体粗糙度以 10 为基数呈指数变化。粗糙度是扩散速率和沉降速率的函数。新的海底粗糙度大于先前所形成海底的粗糙度。缓慢扩张中心形成的地形粗糙度大于快速扩张中心的粗糙度。

因此，缓慢扩张的大西洋中脊粗糙度大于快速扩张的东太平洋海隆（EPR；图 2.4）。缓慢扩张的海脊扩张中心也存在裂谷，而快速扩张的海脊扩张中心海脊高度增加。很多海脊可按粗糙度划为深海丘陵类型，而它是地球上最常见的地貌。在图 2.4 和 2.5b 中可明显看出深海丘陵都沿着大洋中脊的较宽侧部分布。

　　单独山脉（海底山）广泛分布在大洋中。海底山从背景海洋测深区域中清楚可见。在图 2.4b 中的地图中，插图右上方显示有一些海底山。在图 2.5b 中的垂直横断面中，可通过其与深海丘陵相比更大的高度来将其与海底山区分开来。海底山的平均高度为 2 km。高度触及海面的海底山形成岛屿。海底平顶山是触及海面，较平坦，随后再次下沉至海面下方的海底山。很多海底山和岛屿由位于地壳构造板块下方的火山热点形成。和板块相比，这些热点呈相对静止状态，并且随着板块移动穿过热点火山，形成了海底山链。示例为夏威夷群岛/北潍平洋海岭链、波利尼西亚岛屿链、鲸湾海脊以及印度洋的东经九十度海岭。

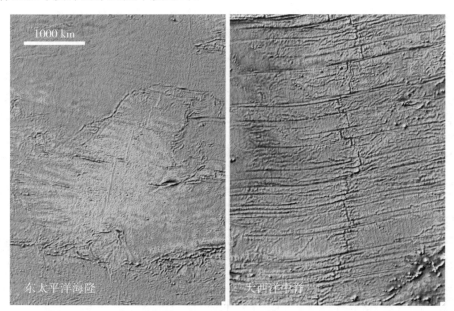

图 2.4　快速扩张的东太平洋海隆（a）和慢速扩张的大西洋中脊（b）的部分海底地形

注意东太平洋海隆扩张中心处的隆脊以及大西洋中脊扩张中心处的地堑。本图也可在彩色插图（Sandwell，私人通讯，2009）中找到。

　　海底山影响环流，尤其是当海底山在很多区域大量出现时。例如，墨西哥湾流流经新英格兰海底山，其位置以及可变性受到影响（第 9.3 节）。海底山链也能使海啸发生折射（海啸是因海底地震所产生，由震源地开始传播较长距离，对海洋底产生影响的海洋波动）（第 8.3.5 节）。

2.3 海底要素

大陆形成了海洋的主要横向边界。海岸线和海底具体要素的重要性在于它们对环流的影响。从陆地开始的此类分区主要包括:海岸、大陆架、大陆坡、大陆隆以及深海海底(其中一部分是深海平原)(图 2.5a、b)。一些重要的海底要素,如大洋中脊、海沟、岛弧和海底山脉,都是板块构造和海底火山活动的产物(第 2.2 节和图 2.3)。

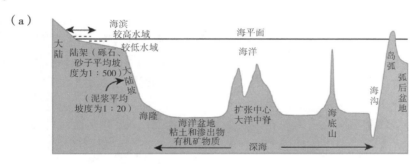

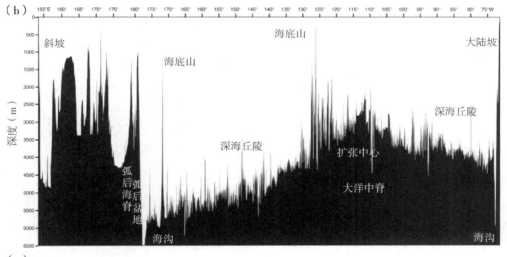

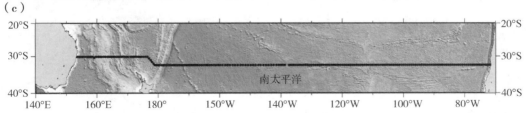

图 2.5 (a)洋底示意剖面图的主要特征;(b)进行测量的海洋测深样本;(c)南太平洋船舶航迹

一些大型海盆的海床十分平坦,它们甚至可能比陆地上的平原地区还要平坦。主要是因为来自上层海域有机物不断下落的沉积物覆盖了崎岖的海底,并产生了大量地势平坦的区域。测量结果表明，西北大西洋深海平原 100 km 内的起伏在 2 m 以内。在孟加拉海坡印度洋/湾东北部一带，3 000 km 内的海底深度从 2 000 m 平稳下降至 5 000 m。这种平稳下降是由发源于喜马拉雅山的恒河和布拉马普特拉河中的沉积物导致。海底沉积物可在深层流的作用下移动，一般会形成海底沙丘和峡谷。深海沉积物的侵蚀特征，使科学家们关注到深层流的作用。

　　海底地形对海水水团的分布和海流的位置有重要影响。例如，由于鲸湾海脊（南大西洋）的高度过高，来自威德尔海（南极洲）的底层海水无法填满大西洋海盆的东部区域；因此底层海水只能向北沿南大西洋西边界流动，在中大西洋海岭深处找到一条通道，之后向南流动，以填满海岭东部的海盆。深度较浅的海底山脊（海峡中的最浅区域）决定了边缘海域对中层海流和海域相关海水水团的分布的剧烈影响。沿岸上升流是海岸地形和相关海底地形的直接产物。沿岸海流通常由沿海海底的地形决定，这一系统的不稳定性可能由海底地形的水平尺度决定。近岸海底地形导致表面重力波发生破碎，并直接影响局部潮汐活动。

　　海洋中的多数海水混合都出现在边界附近（包括海底）。许多地区的微观结构观测和针对海水混合和起源探索的深入性试验，都表明经过深海陡坡的内潮导致的流动是引起海洋能量消散的主要原因。根据沿航行轨迹所收集水深测量结果计算得出的海底坡度结果，最大坡度往往出现在扩张最快的大洋中脊两侧。最新水深测量数据（图 2.6）和海洋深度分层信息计算的等深坡度表明，大西洋、南大洋和印度洋大洋中脊两侧可能是海洋能量散失最严重的区域（Becker & Sandwell，2008）。

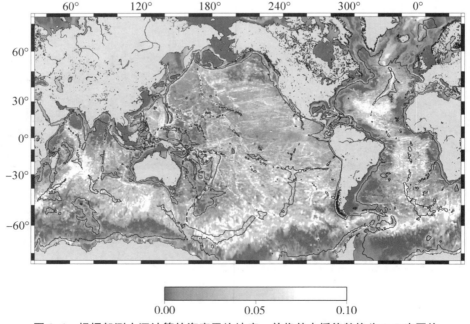

图 2.6　根据船测水深计算的海底平均坡度，并将其内插值替换为 0.5 度网格

来源：Becker & Sandwell（2008）。

2.4　空间尺度

人们往往通过海洋某部分的垂直剖面图观察某些海洋特征，如图 2.5a 中的海底特征示意图。以真实尺度表示的图例应与图纸的相对尺寸相匹配，并且不应太薄以至于无法显示细节，或太长而使其不便使用。因此，我们一般通过令垂直比例尺远大于水平比例尺来调整剖面图。例如，我们可能选择 1 cm 表示 100 km 的水平比例尺，而对于深度则使用 1 cm 表示 100 m（即 0.1 公里）。在本案例中，图纸中的垂直尺寸与水平尺寸相比，放大了 1 000 倍（垂直变率为 1 000∶1）。这使我们拥有一定的空间显示细节，但同时放大了剖面图中所示海底坡度或恒定水属性（等值线）轮廓的斜率（图 2.5b）。实际上，这些坡度大幅小于剖面图所示坡度。例如，真实斜率为 1∶10 000的恒定温度线（等温线）将在图中显示为 1∶10。

2.5　海滨、海岸和海滩

海滨，指临近海洋，受海洋运动影响大陆的一部分。海滨和海岸的意义相同。海岸线（海岸）因各地质年代的陆地运动、海平面变化和侵蚀沉积，随时间推移发生变化。沉积记录反映了它的表面高于或低于海平面时期的沉积层相对应的一系列的海洋入侵和消退过程。冰期和间冰期的海平面变化高达 120 m。海岸构成物质的种类决定了海岸抵抗海洋侵蚀的能力。沙粒易受海流影响，分布状况被改变，而花岗石海岸则不易受到侵蚀。通常，海平面水位变化与河口的水流动力相结合，将大幅改变海洋和固体表面的动力关系。

海滩是陆地向海延伸的终点，是松散颗粒组成的区域，其范围大致为最高潮位到最低潮位之间。海滩的向陆界限可能是植被覆盖区域、永久沙丘或人造建筑。海滩的向海界限是沉积物向岸和离岸运动的停止点，大约在低潮 10 m 以下位置。

海岸有多种分类的方式。按照时间尺度（比如板块构造；第 2.2 节），海岸和大陆边缘可分为主动型和被动型。主动边缘存在活跃的火山活动、断层和褶皱活动，比如太平洋大部分地区，正在不断抬升；被动边缘，比如大西洋地区，在海底扩张之前受其推动，聚集有厚实的沉积物楔体，并且通常处于下降状态。海岸属于侵蚀海岸还是沉积海岸，取决于沉积物是被冲刷还是淤积。在较短的时间尺度内，波浪和潮汐会导致侵蚀或沉积。在千年的时间尺度内，平均海平面的变化会造成沉积物的冲刷和淤积。侵蚀性海岸受海浪和海流冲击，它们侵蚀海岸线，并携带细颗粒进入大海。海浪产生的沿岸流和离岸流（第 8.3 节）携带冲刷的沉积物沿海岸运动或进入大海。被侵蚀的沉积物可能和河流冲出的泥沙共同形成三角洲。这种侵蚀在海浪较大的高能海岸速度最快，在海浪通常较弱的低能海岸速度最慢。和坚硬物质相比，柔软物质的被侵蚀速度更快。这些质地变化的结果是，侵蚀应力在海岸上切出特征明显的地貌，如海蚀崖和海蚀洞，并形成交替出现的海湾和海岬。

当泥沙（通常是沙子）被输送至适合持续堆积的位置时，那里通常会出现海滩。此外，这些地方通常是海岬和其他海浪活动较弱区域之间的平静的海湾。海滩通常是平静的，新沙堆积并替代冲刷至海洋的旧沙。可通过下述方式证明此过程：可以观察沙子如何沿新建海滨建筑堆积，或观察修建防波堤以截断外部沙子流入时，沙子如何从海滩流走。在一些海滩上，一年的某个季节中，巨浪携同海流，可能将旧沙冲走；而在另一个季节中，较小海浪携同不同的海流可能带来新沙子，代替先前冲走的旧沙。这些海流受到季节变化和年际变化的风的影响。

海平面水位，受海洋海水总量、世界海洋容积变化以及海洋温度、盐度特征变化的影响（它们将影响海水密度，从而使海水膨胀或收缩）。海水总量的变化，主要是由于岸冰体积的变化，岸冰多包含至冰盖和冰川。（由于海冰漂浮在水中，北极或南极等地的海冰体积变化，不会影响海平面。）容积变化的主要原因是地质构造，如末次冰消期结束岸冰融化后大陆的缓慢回升（仍在持续），以及冰川和冰川持续融化造成的回升。热能的变化也会引起海水膨胀（升温）或收缩（降温）。

从 1870 年到 2003 年，海平面升高了 20 cm，其中过去 10 年（1993—2003 年）升高了 3 cm。近 10 年的全球观测结果表明，可将 1.6 cm 的升高归结于热膨胀，将 0.4 cm 升高的原因归结于格陵兰岛和南极冰盖融化，并将 0.8 cm 升高的原因归结于其他冰川的融化（剩余 0.2 cm）。据推测，由于海洋的升温，海平面可能在后续 100 年中升高（30 ± 10）cm，因为海洋吸收了来自地球气候系统中大部分的人为热源的热量。（Bindoff 等，2007 年政府间气候变化专门委员会第 4 次评估报告。）

2.6　大陆架、大陆坡和大陆隆

大陆架以 1：500 的平均梯度由海岸向海延伸。大陆架外缘（陆架坡折）定义为在梯度上增加至 1：20（平均值），形成向下延伸至深海海底的大陆坡。大陆架的平均宽度为 65 km。在某些地方它可能远远小于这一宽度，而在其他地方，比如白令海东北部或西伯利亚沿岸北极大陆架，其宽度可能高达十倍以上。其底质主要是沙子以及少量常见的岩石或泥土。在从海岸向外至海底的垂直剖面图中，陆架坡折一般十分明显。陆架坡折的平均深度约为 130 m。世界大多数渔场都位于大陆架，其原因包括临近入海口、阳光穿透深度与海底深度的比值、某些大陆架上营养丰富的上升流（尤其是西部沿海）等。

大陆坡是大陆架到深海海底之间，平均垂直深度为 4 000 m 的部分，但在某些地方，大陆坡可能在较短的水平距离内，垂直深度可达 9 000 m。总之，大陆坡的坡度大幅高于陆地上从低地到高地的坡度。大陆坡的底质主要为泥土，还有一些外露岩石。大陆架和大陆坡一般包括世界各地广泛出现的海底峡谷。这些峡谷位于大陆坡内，可能为 V 形或带有垂直侧边，通常出现在有河流的沿海区域。某些峡谷（通常在坚硬的花岗质岩石区）最初受河流切割，之后沉入海底，比如遍布地中海和加利福尼亚巴哈半岛南部的峡谷。其他峡谷则通常分布在较软的沉积岩中，由浊流冲刷而成

（浊流的说明请见下一段）。通常人们将大陆坡较低处，即大陆坡向深海海底过渡的区域，称为大陆隆。

浊流（图 2.7）在大陆坡十分常见。这种偶然现象发生时，会携带水和沉积物组成的混合物，并由沉积物的不稳定性驱动，而非水中的能量。发生这种现象时，物质将在大陆坡堆积，直到其不再稳定并在地心引力作用下沉陷。大量沉积物和地层物质将以高达 100 km/h 的速度冲下大陆坡。这种现象能切断海底电缆。主导浊流发生时间的精确条件，随峡谷坡度和峡谷组成物质的性质而变化。浊流还会切割大陆坡中的许多海底峡谷。很多大河，比如刚果河，会携带大量的悬浮物质，形成浑水组成的持续密度流，冲向峡谷。

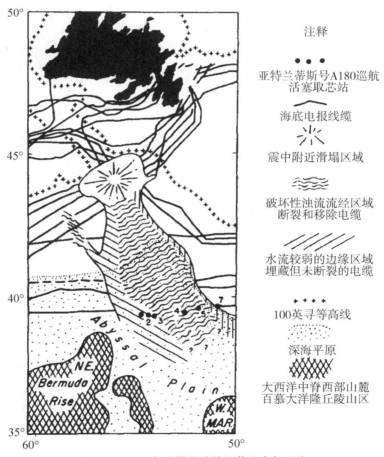

注释

• • •
亚特兰蒂斯号A180巡航活塞取芯站

∧
海底电报线缆

※
震中附近滑塌区域

≈≈
破坏性浊流流经区域断裂和移除电缆

////
水流较弱的边缘区域埋藏但未断裂的电缆

+ + +
100英寻等高线

∴∴∴
深海平原

XXXX
大西洋中脊西部山麓百慕大洋隆丘陵山区

图 2.7　1929 年地震导致的纽芬兰南部浊流

来源：Heezen，Ericson & Ewing（1954）。

2.7　深海

从大陆坡底部开始，深度梯度沿大陆隆向下逐渐减少，直到深海海底——最后部分也是最广阔的区域。74%的海盆深度均在 3 000 m 到 6 000 m 之间，1%的海盆深度大于 6 000 m。深海海底最显著的特征就是它千变万化的地形。在有效的深海测深技术尚未出现时，人们认为海底为平坦光滑状态；当铺设海底电缆进入声学测深时，他们才发现事实并非如此，而此时人们认为海底是崎岖陡峭的。这两种观点都不完全正确，据我们目前所知，与陆地相同，海底也有山脉、峡谷和平原。随着用于海洋地形测绘的卫星测高法的出现，我们现在拥有一个观察所有这些海底的全球分布状况的极佳全球视角（如图 2.1，Smith & Sandwell，1997），并可以将大部分板块构造过程要素（第 2.2 节）和沉积来源与过程相联系。

2.8　海底山脊、海峡和海底通道

海底山脊、海峡和海底通道连接不同的海洋区域。海底山脊是位于海底区域平均底层以上的山脊，将一片盆地与另一片盆地分开，对于峡湾（第 5.1 节）而言，则是将一片近陆盆地与外海分离。海底山脊深度是从海平面到山脊最深处的深度，即顺流穿过山脊的最大可能深度。海洋山脊类似于地形学上的鞍部，山脊深度类似于鞍点。深海中海底山脊与深海盆地相连。海底山脊深度控制流过山脊的水流密度。

海底通道和海底峡谷都是在水平方向的挤压作用下形成。当认为是地貌时，我们通常称之为海峡，比如连接地中海和大西洋的直布罗陀海峡，或连接白令海和北冰洋的白令海峡；当认为是地形时，我们称之为海底通道和海底峡谷，例如连接深海盆地的断裂带。如上文案例所示，海峡和海底山脊可能同时出现。海峡的最小宽度和海底山脊的最大深度，可以从水力学上控制流过束窄区域的水流。

2.9　海底地形测绘方法

我们对海底地形的现有认识来源于不断累积的测深结果（多数测量都发生在 20 世纪），最近则越来越多地使用卫星重力场测量系统（Smith & Sandwell，1997）。早期的测量是通过将重物沿测量线不断下降直到触底（如第 S1 章 S1.1 节所述，文章请见教科书网址 http:// booksite. academicpress. com/DPO/；"S"指补充资料）。这种方法十分缓慢，在深水中测量存在不确定性，因为很难辨别重物何时触底或测量线是否垂直。

自 1920 年开始，多数测量都是通过回声测深器进行，这种探测器测量的是声音脉冲从船上射向海底并从海底反射回船上的时间。将一半时间乘以声音在船底海水中的平均速度，即可得出深度。利用当今的设备，测得的时间可以十分精确，而平坦海底的主要不确定性在于采用的声速值。声速随水温和盐度而变化（见第 3.7 节），如果在测深时未测量水温和盐度，则只能使用平均值。科考船和军用船只一般会配备回声测深器，并定期向数据中心报告水深测量数据，以收集信息，进行水深测绘。图 2.5b 中沿科考船航迹测量的水深就是使用声学方法获得的。

这种单一回声测深器在今天已发展为多波束阵列，即在船底安装多台测深器。这些测深器将进行船下海底的二维"地带"测绘。

通过卫星测量，我们对海底地形有了更为详细的了解。这些卫星将测量地球的重力场，而重力场取决于局部的物质质量。这些测量结果使我们可以对很多至今未知的海底要素进行测绘，比如密集回声探测器无法测量区域中的断裂带和海底山，而即使对于已测绘的海底要素，卫星测量也可以提供更详细的信息（Smith & Sandwell，1997）。因为海底物质并非始终如一，所以仍需要回声测深器的测量结果验证基于重力的测量结果。例如，由密集沉积物覆盖的海底地形可能无法由重力场探测。图 2.5c 所示测深结果，以及图 2.1 和图 2.8～2.12 的全球和海盆地图，都是结合所有可用的船只测量结果和卫星测量结果绘制而成。

2.10　海底底质

大陆架和大陆坡的多数海底底质直接来自于陆地，它们或由风，或由河流带至海底。与大陆架或大陆坡的底质相比，深海底质颗粒往往细粒度高。这些颗粒物多表现出深海性，即在公海中形成。两种主要的深海沉积物是"红色"黏土和生源性的"软泥"。前者所含生源性物质少于 30%，主要含有矿物质。它由源自陆地的细小颗粒物（这些颗粒物可能是在通过空气输送了很长的距离之后，才降落至海洋）、火山物质和陨石残留物组成。软泥的生源物质大于 30%，且其来自于生物体（浮游生物）的残骸。钙质软泥具有高比例的碳酸钙，其来自贝壳类浮游动物，而硅质软泥中含有高比例的二氧化硅，其来源于分泌二氧化硅的浮游植物和动物。硅质软泥主要出现在南大洋和赤道附近的太平洋。钙质和硅质软泥的相对分布与表层水的营养物质之间存在明显的相关性，钙质软泥多在低营养地区出现，而硅质软泥多在高营养地区出现。

除非浊流将其携带的物质沉积在海床上，否则，沉积物的厚度将以 0.1 mm 到 10 mm 每 1000 年的平均速度增加，这些沉积物储存了海洋历史的丰富信息。海底物质样本通过"岩心取样器"获取，取样器是 2～30 m 长的钢管，通过上端重物锤击，使钢管垂直下沉，穿透沉积物。通过钢管获取的沉积物"岩心"，每米的长度范围可以重现 1000 年至 1000 万年间的物质沉积情况。有时沉积物可能出现分层现象，显示不同物质的沉积阶段。在某些区域，火山灰层与火山爆发的历史记录有关；在其他区域，可能在不同分层中发现冷水和热水的生物体特性，并指示岩心所反映时期上覆水的温度变化。在某些区域，沉积物向上呈现出从粗粒到细粒的梯度，这表明，在出现的浊流将物质带到这一区域的过程中，粗粒物质首先沉积，细粒物质随后沉积。

径流带来的大量沉积物堆积后，在河口处形成数千英里倾斜平滑的海洋底部。这种深海沉积物称为沉积扇。最大的孟加拉海底扇位于印度洋东北部，由包括恒河和布拉马普特拉河在内的多条河流径流形成。其他类似的沉积扇包括长江、亚马孙河和哥伦比亚河河口沉积扇。

物理海洋学家利用沉积物追踪海底水流的运动。一些深海海底图像显示出与退潮后海滩类似的波纹。这些波纹仅在海水流速较高的海滩可以发现，比如海浪回流时的海滩。我们由深海海底的波纹得出此区域的水流速度也与之类似。这一发现有助于推翻之前的看法，即所有深海海流的流速都很低。

沉积物可以影响与之接触的海水性质，比如硅酸盐和碳酸盐从沉积物散入上覆海水。主要来自粪粒的有机碳，通过生物方式分解（重新矿化）成为沉积物的无机物二氧化碳，氧在这一过程中被消耗殆尽。沉积物中富含二氧化碳而缺少氧气的孔隙水将回到海水中，使其成分发生变化。有机氮和磷同样在沉积物中重新矿化，它们是海水无机营养的重要来源。在所有氧都消耗殆尽的区域，细菌活动产生甲烷。甲烷通常储存在称为甲烷水合物的固体中。在地球的历史中，大量（约 10^{19} g）甲烷水合物在海底沉积物中聚积。它们可能自发从固态变为气态，导致海底滑坡，并将甲烷释放入水体，进而改变其化学性质。

2.11　海盆

太平洋（图 2.8）是世界上最大的海盆。在北部，其物理界限仅由白令海峡断开（白令海峡较浅，约 50 m 深，宽 82 km）。存在一股从太平洋穿过白令海峡进入北冰洋的径向向北流动的水流。在赤道上，太平洋太宽广，以至于由东向西传播的热带气流，穿过太平洋所需时间比穿过其他海洋的时间更长。太平洋西部和北部的边界由海沟和海底山脊组成。由于存在绵延相连的火山，这一区域被称为"火链"。东太平洋海隆——热带和南太平洋重要的地貌特征，是将东南部深水区与太平洋其他地区分隔的扩张脊，它是全球大洋中脊的一部分（第 2.2 节）。断裂带的出现，使山脊两侧的深海海水相连通。当南大洋主要的东向海流——南极绕极流（第 13 章）到达山脊时，海流将折回。

与其他海洋相比，太平洋的岛屿数量更多。它们大多位于西部热带地区。夏威夷群岛及其西北向延伸入帝皇海山链的部分，是由穿过"热点"区域的太平洋大洋板块运动形成，这些热点区域目前位于夏威夷大岛东部。

太平洋有着众多的边缘海，它们大多沿太平洋西侧分布。位于北太平洋的边缘海包括：白令海、鄂霍次克海、日本海、黄海、东海、西部的南海和东部的加利福尼亚湾。南太平洋的边缘海包括珊瑚海和塔斯曼海，以及众多更小而有名称的不同区域，比如所罗门海（未示出）。南太平洋南部的边缘海是罗斯海，罗斯海由世界海洋的底层海水形成。

大西洋的形状为"S"形（图 2.9）。中大西洋海岭是位于大西洋中心的扩张脊，这条海岭主导着大西洋的地形。在东加勒比海小安的列斯群岛东部，以及南三明治群岛的东部有深海沟。大西洋北部和南部敞开，连接北冰洋和南大洋。北大西洋北部是世界两处深水源头之一（第 9 章）。地中海是大西洋的边缘海之一，蒸发较强，能将高盐度高温海水输送至中深层海洋。在其南部边界，威德尔海是形成海洋中底层海水的主要区域之一（第 13 章）。其他连接大西洋的边缘海包括：挪威海、格陵兰海和冰岛海（有时统称为北欧海）、北海、波罗的海和黑海，以及加勒比海。伊尔明厄海是位于格陵兰岛东南部的一片海域，拉布拉多海是位于拉布拉多半岛和格陵兰岛之间的海域，而马尾藻海是环绕百慕大的一片开阔海域。从亚马孙河、刚果河和奥里诺科河此类大河流出的淡水，在海表形成了标志性的低盐舌。

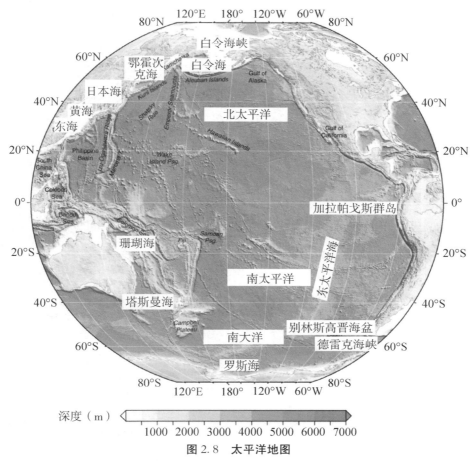

图 2.8　太平洋地图

来自 NOAA NGDC 的 Etopo2 水深数据（2008）。

　　印度洋（图 2.10）由北部热带陆地包围。印度洋海底地形十分崎岖，原因是当印度板块向北插入亚洲板块，形成喜马拉雅山脉时，形成了大量的海底山脊。印度洋中脊和西南印度洋脊是地球上两段扩张最慢的山脊。（如前文所述，当海底山丘和断裂带扩张速度较慢时，其地形粗糙度最高，这对于了解全球海洋深层混合的空间分布十分重要。）此处唯一的海沟是印度板块俯冲至印度尼西亚陆地之下形成的巽他海沟。印度洋的东部边界通道众多，通过印度尼西亚群岛连接至太平洋。印度洋的边缘海包括安达曼海、红海和波斯湾。印度西部的公海区域称为阿拉伯海，印度东部的区域称为孟加拉湾。

　　热带陆地和海洋的温差导致形成了季风天气系统。季风在很多地区都有出现，但最引人注目且最广为人知的季风位于北印度洋（第 11 章）。每年 10 月到次年 5 月，东北季风将干燥的冷风从印度次大陆东北部大陆块送往海洋。从 6 月开始直到 9 月，这一系统转变为西南季风，它将温暖充沛的降水从西热带海域带到了印度次大陆。虽然这些季风系统在印度最为著名，但也同样主导着西热带海域和南太平洋的气候。

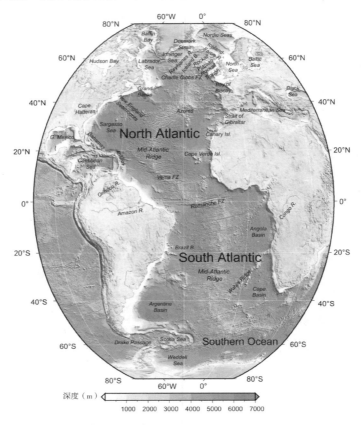

Baffin Bay	巴芬湾
Nordic Seas	北欧海
Denmark Strait	丹麦海峡
Iceland－Faroe R	冰岛－法罗海脊
North Sea	北海
Baltic Sea	波罗的海
Rockall Plateau	罗卡尔高原
Rockall Trough	罗科尔海槽
Bay of Biscay	比斯开湾
Chartie Gibbs FZ	查利吉布斯断裂带
Reykjanes R	雷克雅内斯海脊

Iceland B	冰岛湾
Hudson Bay	哈德逊湾
Grand Banks	大浅滩
New England Seamounts	新英格兰海山
North Atlantic	北大西洋
Sargasso Sea	马尾藻海
Cape Hatteras	哈特勒斯角
Bahamas	巴哈马
Canary Isl.	加那利群岛
Cape Verde Isl.	佛得角群岛
Mid-Atlantic Ridge	大西洋中脊
G. Mexico	墨西哥湾
Caribbean Sea	加勒比海
Orinoco R.	奥里诺科河
Amazon R.	亚马逊河
Mediterranean Sea	地中海
Black Sea	黑海
Strait of Gibraltar	直布罗陀海峡
Angola Basin	安哥拉海盆
South Atlantic	南大西洋
Cape Basin	开普海盆
Southern Ocean	南大洋
Scotia Sea	斯科舍海
Weddell Sea	威德尔海
Drake Passage	德雷克海峡
Argentine Basin	阿根廷海盆

图 2.9　大西洋地图

来自 NOAA NGDC 的 Etopo2 水深数据（2008）。

　　多数从喜马拉雅山脉向南流动的河流——包括恒河、布拉马普特拉河和伊洛瓦底江——都流入印度东部的孟加拉湾，而不是印度西部的阿拉伯海。这导致孟加拉湾表层水含盐量较低。这些河流冲刷喜马拉雅山脉后，将大量泥沙带入孟加拉湾，形成了独特的海底地质特征——平直向下延伸了数千公里的孟加拉海底扇。干旱的气候和持续的高蒸发量导致印度以西的阿拉伯海、红海和波斯湾出现高盐度现象。与地中海相似，盐度较高的红海水体密度足够高，以下沉方式进入印度洋中等深度处，并影响阿拉伯海和西印度洋相当一部分水体的性质。

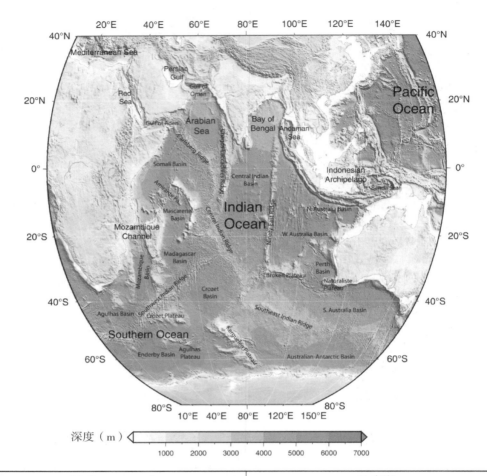

深度（m）

| 1000 | 2000 | 3000 | 4000 | 5000 | 6000 | 7000 |

Mediterranean Sea	地中海
Persian Gulf	波斯湾
Red Sea	红海
Arabian Sea	阿拉伯海
Bay of Bengal	孟加拉湾
Ahdaman Sea	安达曼海
Pacific Ocean	太平洋
Indonesian Archipelago	印度尼西亚群岛
Central Indian Basin	中印度洋海盆
Gulf of Aden	亚丁湾
Carlsberg Ridge	嘉士伯海岭
Somali Basin	索马里海盆
Central Indian Basin	中印度洋海盆
Indonesian Archipelago	印度尼西亚群岛
Banda Sea	班达海

Australia Basin	澳大利亚海盆
Indian Ocean	印度洋
Ninety-East Ridge	东经九十度海岭
Broken Plateau	断裂高原
Crozet Basin	克罗泽海盆
Southeast Indian Ridge	东南印度洋脊
Mascarene Basin	马斯克林海盆
Mozambique Channel	莫桑比克海峡
Madagascar Basin	马达加斯加海盆
Southwest Indian Ridge	西南印度洋脊
Crozet Plateau	克罗泽海台
Agulhas Basin	厄加勒斯海盆
Southern Ocean	南大洋
Enderby Basin	恩德比海盆
Agulhas Plateau	厄加勒斯高原
Kergueten Plateau	凯尔盖朗海台
Australian Antarctic Basin	澳大利亚南极海盆

图 2.10　印度洋地图

来自 NOAA NGDC 的 Etopo2 水深数据（2008）。

人们有时并不将北冰洋（图 2.11）视为一片海洋，而认为此海域是连接大西洋的一片地中海。它主要由环绕较深区域（该区域由罗蒙诺索夫海脊向下切入中心）的宽广大陆架构成。这些环绕北冰洋的大陆架区域包括波弗特海、楚科奇海、东西伯利亚海、拉普捷夫海、喀拉海和巴伦支海。北冰洋通过较浅的白令海峡连接北太平洋。它通过斯瓦尔巴群岛两侧的通道，包括斯瓦尔巴群岛和格陵兰岛之间的弗拉姆海峡，连接北欧海（挪威和格陵兰）。北欧海由格陵兰岛、冰岛和英国之间的海底山脉与大西洋分隔，其中包括格陵兰岛和冰岛之间，丹麦海峡内最大深度为 620 m 的海底山脊。在北欧海形成的高密度海水通过这条山脊流入大西洋。北冰洋的中央区域由永久海冰覆盖。

南大洋（图 2.12）并未从地理上与大西洋、印度洋和太平洋分隔开来，但由于它是南极外围唯一一片东向海流可以绕地球流动的区域，仍将其视为一片独立区域。此区域主要出现在南美洲和南极洲之间的德雷克海峡一带，并使三大洋相互联系。与其他拥有经向边界的海洋相比，德雷克海峡缺失的经向（南—北）边界完全改变了这些纬度地区水流的动力。德雷克海峡同样限制了南极绕极流的流动宽度，使其必须完全穿过海峡。南三明治群岛和德雷克海峡东部的海沟在一定程度上限制了开阔的绕极流。另一主要限制是宽广的太平洋-南极洋脊，它是太平洋和南极洲板块之间的海底扩张脊。这片快速扩张的山脊几乎没有较深的断裂带，所以南极绕极流必须向北折返，之后才能流经两条仅有的深海海峡——乌金采夫和埃尔塔宁断裂带。

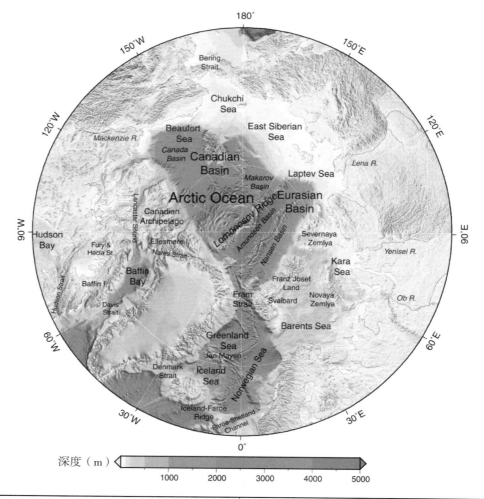

Bering Strait	白令海峡
Chukchi Sea	楚科奇海
East Siberian Sea	东西伯利亚海
Beaufort Sea	波弗特海
Mackenzie R	麦肯齐河
Canada Basin	加拿大海盆
Canadian Basin	加拿大海盆
Laptev Sea	拉普捷夫海
Lena R.	勒拿河
Eurasian Basin	欧亚海盆
Arctic Ocean	北冰洋

Severnaya Zemiya	北极群岛
Kara Sea	喀拉海
Canadian Arechipelago	加拿大群岛
Hudson Bay	哈德逊湾
Franz Josel Land	法兰士约瑟夫地群岛
Novaya Zemlya	新地岛
Barents Sea	巴伦支海
Svalbard	斯瓦尔巴群岛
Iceland Sea	冰岛
Denmark Strait	丹麦海峡

图 2.11　北冰洋

来自 NOAA NGDC 的 Etopo2 水深数据（2008）。

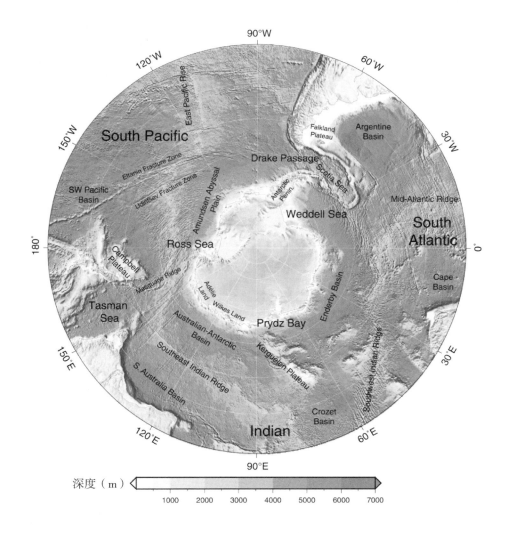

South Pacific	南太平洋
East Pacific Rise	东太平洋海隆
Falkland Plateau	福克兰深海高原
Argentine Basin	阿根廷海盆
Drake Passage	德雷克海峡
Scotia Sea	斯科舍海
Antarctic Penin.	南极地区
Waddell Sea	威德尔海
Mid-Atlantic Ridge	大西洋中脊
South Atlantic	南大西洋
Cape Basin	开普海盆
Enderby Basin	恩德比海盆
Prydz Bay	普里兹湾
Kerguelen Plateau	凯尔盖朗海台
Crozet Basin	克罗泽海盆
Indian	印度洋
S. Australia Basin	南澳大利亚海盆
Southeast Indian Ridge	东南印度洋脊
Australian-Antarctic Basin	澳大利亚南极海盆
Wilkes Land	威尔克斯地
Rose Sea	罗斯海
Campbell Plateau	坎贝尔高原
Tasman Sea	塔斯曼海
SW Pacific Basin	西南太平洋海盆
Amundsen Abyssal Plain	阿蒙森深海平原

图 2.12　南极洲附近南大洋

来自 NOAA NGDC 的 Etopo2 水深数据（2008）。

　　南极洲周围的海洋包括永久性冰盖和季节性海冰（图 13.11 和图 13.19）。与北极不同，这里没有永久的常年浮冰，只有有限的冰架，以及初年融化又逐年形成的冰层。世界海洋中密度最大的底层海水在南大洋形成，主要是威德尔海和罗斯海，以及在罗斯海和普里兹湾之间沿南极大陆分布的其他水域。

第 3 章　海水的物理性质

3.1　海水的分子特征

海洋有许多独特特征，其归因于海水本身的性质。水分子由两个带正电的氢离子和一个带负电的氧离子组成，是一种具有正电荷侧和负电荷侧的极性分子。该分子极性的特征导致水具有较高的介电常数（承受或平衡电场的能力）。水能够溶解许多物质，因为极性水分子会相互连接庇护每个离子，阻止该离子重新结合。海洋的盐度特征源于其中溶解的大量离子。

水分子的极性性质导致它会形成类似聚合物的长链（由不超过 8 个分子构成）。长链中，约 90% 为水分子。产生这些长链需要消耗能量，这与水的热容有关。在所有液体中（除氨水外），水的热容最高。正是由于水的高热容特征，海洋在全球气候系统中才会如此重要。不同于陆地与大气，海洋中储存了大量来自于太阳辐射的热能。洋流携带着这些热能，将热能输入或输出至各个地区。约 90% 与全球气候变化相关的由人类活动所产生的热能都储存在海洋中，这正是因为海水是个有效的储热器（参见教材网站中的第 S15.6 节，网址：http://booksite.academicpress.com/DPO/；"S" 表示补充资料）。

随着海水被加热，水分子活性增大，并产生热膨胀，导致海水密度降低。在淡水中，当温度从 0 ℃ 上升至 4 ℃ 左右时，增加的热能促使分子链形成，分子链的形成排列会导致水体积的收缩与其密度的增加。温度增至 4 ℃ 以上时，分子链断裂，热膨胀取而代之。这就是为何淡水在 4 ℃ 左右时的密度最高，而不是在 0 ℃ 最高。在海水中，这些分子效应与盐分作用一起，抑制了分子链的形成。海洋中的正常盐度范围内，海水的最高密度出现在冰点，这一冰点的温度远低于 0 ℃（图 3.1）。

水具有很高的蒸发热（或汽化热）和很高的熔化热。汽化热是将水从液态转化为气态所需的能量；熔化热是指将水从固态转化为液态所需的能量。这些能量的量值与我们的气候息息相关：海洋中的液态水转化为大气中的水蒸气，而在极地纬度又会凝固成冰。这些状态转化中所涉及的热能是天气和全球气候系统中的一个因素。

水的链状分子结构同时也形成了它的高表面张力。该分子链存在抗剪切性，使水具有相较于其原子重量较大的黏度。这种高黏度特征使表面毛细波得以形成，其波长数量级为厘米；这些波的恢复力包括表面张力和重力。虽然尺度很小，但毛细波仍是决定风与海水之间摩擦应力的一项重要因素。这一应力会产生更大的波浪，并推动海洋表层的摩擦驱动环流。

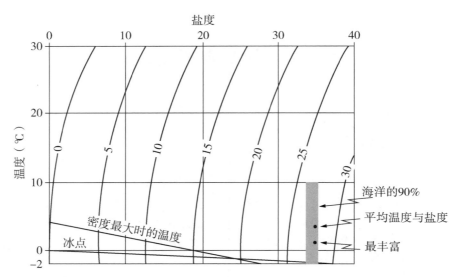

图 3.1 **海水最高密度和冰点处的密度值** σ_t **（曲线）和轨迹（大气压强下），与温度和盐度呈函数关系**

全密度 ρ 为 1000 $+\sigma_t$，单位为 kg/m³。

3.2 压强

压强是指海水（或大气中的空气）对单位面积两侧施加的法向力。力的单位为（质量×长度/时间²）。压强单位为（力/长度²）或（质量/［长度×时间²］）。厘米－克－秒（cgs）单位系统中的压强单位为 dyne/cm²，米－千克－秒（mks）单位系统中的压强单位为 N/m²。压强的一个特殊单位是帕斯卡（Pascal），1 Pa = 1 N/m²。大气压强通常用 bar 作为衡量单位，1 bar = 10⁶ dyne/cm² = 10⁵ Pa。海洋压强通常用分巴（decibar）来表述，1 dbar = 0.1 bar = 10⁵ dyne/cm² = 10⁴ Pa。

两点之间存在压强差时，会出现由压强而产生的力。该力从压强高处指向压强低处。因此我们称该力的方向"沿着压强梯度向下"，即使梯度从压强低处指向压强高处。海洋中向下的重力大部分都被向上的压强梯度力抵消了，这意味着海水没有向下的加速度。相反，海水因为存在向上的压强梯度力才能保持不陷落。因此，压强随着深度增加而增大。将这种向下重力和向上压强梯度力之间的无运动平衡，称为流体静力平衡（第 7.6.1 节）。

指定深度处的压强取决于该深度上方水的质量。略小于 1 m 的深度变动将导致 1 dbar 的压强变动（图 3.2 和表 3.1）。因此，海洋中的压强在接近于零（海面）到 10 000 dbar（海底最深处）之间变化。压强的测量通常与其他海水性质的测量一同进行，如温度、盐度和海流速度。这些物理量通常表现为与压强（而不是深度）有关的函数关系。

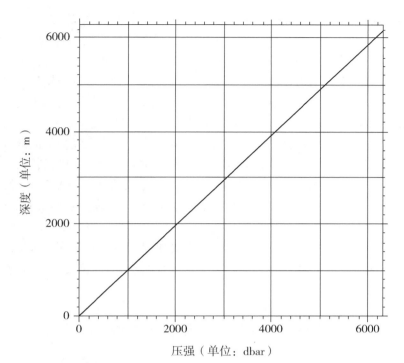

图 3.2　深度与压强的关系，以太平洋西北一观测站（41°53′N，146°18′W）数据为例

表 3.1　采用 UNESCO（1983）算法对标准海洋深度处压强（单位：dbar）
和深度（单位：m）进行比较

压强（dbar）	深度（m）	差值（%）
0	0	0
100	99	1
200	198	1
300	297	1
500	495	1
1000	990	1
1500	1453	1.1
2000	1975	1.3
3000	2956	1.5
4000	3932	1.7
5000	4904	1.9
6000	5872	2.1

差值百分比 =（压强 − 深度）/压强 × 100%。

水平压强梯度驱动着海洋中的水平海流。对于大尺度洋流（水平尺度大于 1 km），水平洋流远强于相关垂直洋流，并且通常是因地球自转引起的（第 7 章）。驱动洋流的水平压强差大小为 1 分巴每几百或几千千米。这远小于垂直压强梯度，但垂直压强梯度会与向下的重力作用平衡，不驱动海流的产生。质量分布的水平变化造成海洋中压强的水平变化。当指定深度上方的水体更重时，压强更大，这是因为该水体具有更高的密度，或是因为该水体的厚度更大，或者两者兼具。

通常采用一种名为传感器的电子仪器来测量压强。如果压强测量的准确性和精确度足够高，那么海水的其他性质，如温度、盐度、洋流速度等就可以直接表示为压强的函数。然而，其 3 dbar 左右的精确度仍不足以测量海洋中的水平压强梯度。因此，必须采用其他方法，如地球自转法，或直接流速测量法，以测量实际流速。20 世纪六七十年代之前，研究人员采用一对水银温度计测量压强，将其中一个水银温度计放在真空中（用一个玻璃罩"保护"），因而不会受压强影响，而另一个水银温度计则暴露于水中（"未保护"），受压强影响。有关这些仪器和方法的更多信息，参见教材网站补充资料中的第 S6.3 节。

3.3 海水的热性质：温度、热量与位温

海水最重要的物理性质之一就是温度。温度是需要测量的首要海洋参数之一，并一直受到人们的广泛关注。在大部分海洋中，温度是海水密度最主要的决定因素；而在有大量降水的高纬度地区和海水结冰过程中，盐度则是一个最重要的影响因素（第 5.4 节）。在中纬度上层海域（从海面到海面以下 500 m），温度是决定声速的主要参数（温度测量技术参见教材网站补充资料第 S6.4.2 节）。

温度和热含量之间的关系参见第 3.3.2 节。一定质量的水压缩或膨胀时，其温度会发生变化。"位温"的概念（参见第 3.3.3 节）就考虑了这些压强效应。

3.3.1 温度

温度是流体的一种热力学性质，代表着流体中分子和原子的活性和能量。能量或热含量越高，温度越高。热量和温度通过比热相互关联（第 3.3.2 节）。

海洋学中的温度（T）通常采用摄氏度（℃）表示。计算热含量时除外，此时的温度应采用开氏度（K）表示。当热含量为零时（无分子活性），温度用开氏度表示为绝对零度（气象学通常使用开氏度，天气预报除外，因为大气温度的数值在平流层及以上会降至极低）。

1 ℃ 的变化与 1 K 的变化相同。0 ℃ 等于 273.16 K。海洋中的温度范围从冰点（约为 -1.7 ℃，取决于盐度）到最大值 30 ℃ 左右（在热带海域）。相对于气温范围来说，此范围较小。至于其他物理性质，国际协定对温标进行了更精细的规定。最常使用的温标是 1968 年国际实用温标（IPTS - 68）。这一温标已被 1990 年国际温标（ITS - 90）取代，故应采用 ITS - 90 来表示温度。但始于 1980 年，与状态方程式有

关的所有计算机算法在日期上都早于 ITS－90。因此，在采用 1980 年状态方程式子程式前，应将 ITS－90 温度乘以 0.99976，使 ITS－90 温度转化为 IPTS－68 温度。

随着温度测量变得简单，出现了各种测量海洋温度的海洋和卫星仪器（参见教材网站第 S6.4.2 节中的补充资料）。从 18 世纪末到 20 世纪 80 年代，人们广泛使用水银温度计来测量温度。1874 年 Negretti 和 Zamba 发明的颠倒（水银）温度计，在 20 世纪 80 年代中期被用于水样瓶采集。这些温度计带有巧妙的玻璃构件，当船中的观察者将温度计上下颠倒时，该玻璃构件能切断水银柱，从而记录在该深度处的温度。颠倒温度计的准确度和精度分别为 0.004 ℃ 和 0.002 ℃。温度计目前主要用于现场测量。在海洋测量仪器中最常使用的最佳温度计准确度为 0.002 ℃，精度在 0.0005～0.001 ℃之间。

卫星能检测到来自海面的热红外电磁辐射，该辐射与温度有关。卫星海表温度（SST）的准确度约为 0.5～0.8 K，由于极薄的表层（10 μm）的存在会减少 SST 待测量量（1～2 m），故还会出现一个额外误差，约为 0.3 K。

3.3.2　热量

海水的热含量就是它的热力学能。海水的热含量可用测得的海水温度、密度和比热计算得出。比热是海水的一种热力学性质，用于表述其热含量如何随温度发生变化。比热取决于温度、压强和盐度，可通过从实验室海水测量结果中推导出的方程式获得。UNESCO（1983）提供的数值表或计算机子程式可用于计算比热。单位体积的热含量 Q 的计算公式为：

$$Q = \rho c_p T \tag{3.1}$$

式中，T 是测得的温度，单位为开氏度；ρ 是海水密度；c_p 是海水的比热。米－千克－秒单位制下的热量单位为焦耳（Joule），即能量的单位。热量随时间变化的速率表示为 W（瓦特），1 W = 1 J/s。海水比热的经典测定方法见 Thoulet 和 Chevallier（1889 年）的研究结果。1959 年，Cox 和 Smith（1959）提出了估计准确度为 0.05% 的新测量方法，该方法的测量值比旧测量值高 1%～2%。且进一步的研究（Millero，Perron & Desnoyers，1973）所获得的测量值与 Cox & Smith 的测量值十分吻合。

流经表面的热通量的定义为，单位时间内流经表面的能量，因此米－千克－秒单位制中的热通量单位为 W/m²。大气和海洋之间的热通量部分取决于大气和海洋的温度。研究人员基于在导致热量变动的条件下进行的测量，绘制了热通量地图（第 5.4 节）。列举一个简单的示例，30 天内需要从 100 m 厚的海面损失多少热量，才能将温度改变 1 ℃？答案是，所需的热通量为 $\rho c_p \Delta T\, V/\Delta t$。海水密度和比热的典型值分别约为 1 025 kg/m³ 和 3 850 J/（kg·℃）。V 是 100 m 厚海水层的体积，横截面积为 1 m²，Δt 是时间（单位：sec）。计算得出的热量变化量为 152 W。流经面积为 1 m² 的表面的热通量为 152 W/m²。第 5 章中详述了海洋热通量的所有相关概念及其地理分布。

3.3.3 位温

海水几乎不可压缩，但并非完全不能压缩。压强增大会导致海水产生轻微压缩。如果海水在此过程中并未与其周围的海水发生热量交换（绝热压缩），海水的温度将会增加。相反，如将海水水团从高压区移向低压区，海水水团将发生膨胀，其温度会下降。这些温度变化与海面和海底的热源无关。通常，人们会比较处于不同压强下两个海水水团的温度。位温的定义是，在绝热条件下将某一海水水团移动至存在不同压强的另一位置时，该水团的温度。当海水深度改变时，应考虑这一影响。

绝热递减率（或绝热温度梯度）是指海水在进行绝热移动时，每单位压强变化时的温度变化。递减率的表达式为：

$$\Gamma(S,T,p) = \left.\frac{\partial T}{\partial p}\right|_{\text{热}} \tag{3.2}$$

式中，S、T 和 p 分别为测得的盐度、温度和压强，计算得出的导数为热含量常数。这里需要注意，海水的压缩性和绝热递减率均与温度、盐度和压强呈函数关系。海水的绝热递减率是通过实验室测量测定的。由于海水的完整状态方程式是这些数值的一个复杂函数，因此，绝热递减率同样是温度、盐度和压强的一个复杂多项式函数。相反，可利用基本物理原理推导出理想气体的递减率。在干燥的大气中，递减率约为 9.8 ℃/km。海洋中的递减率约为 0.1～0.2 ℃/km，远小于大气递减率，这是因为海水的压缩性远低于空气。采用以 UNESCO（1983）所提供的计算机子程式为基础，可计算得出递减率。

位温可表示为（Fofonoff，1985）：

$$\theta(S,T,p) = T + \int_p^{pr} \Gamma(S,T,p)\mathrm{d}p \tag{3.3}$$

式中，S、T 和 p 分别为（现场）测得的盐度、温度和压强，Γ 是绝热递减率，θ 是绝热条件下，在上述性质（S，T，p）下从初始压强 p_0 移动到参考压强 p_r 处的海水水团温度，p_r 可能高于也可能低于 p_0，而水的盐度不发生变化。上述积分可通过单一步骤进行（Fofonoff，1977）。UNESCO（1983）给出了一种计算 θ 的算法，该算法使用 UNESCO 绝热递减率（式 3.2），可使用各种不同编程语言编就的计算机子程式。海洋学研究的通常惯例是将位温与海面联系起来。就海面温度对位温进行定义，位温总是低于实际测得的温度，并且只等于海面的温度。（另一方面，计算相对于除海面压强外的压强下的位密度时，必须同样将位温与该相同压强联系起来；参见第 3.5 节。）

例如，如果某处海水的温度为 5 ℃，盐度为 35.00，这部分海水在绝热条件下从海面下沉至 4 000 m 深度，其温度将由于海水压缩上升至 5.45 ℃。则该部分海水相对于海面的位温总为 5 ℃，其在现场或测得的 4 000 m 深度处温度为 5.45 ℃。相反，如果其在 4 000 m 深度处的温度为 5 ℃，并将其在绝热条件下上升至海面，其温度将由于海水膨胀变为 4.55 ℃。因此，该部分海水相对于海面的位温为 4.55 ℃。北太平洋东北部某处海水剖面相对于海面的温度和位温，如图 3.3 所示。如第 3.5.4 节所述，压缩性本身取决于温度（和盐度）。

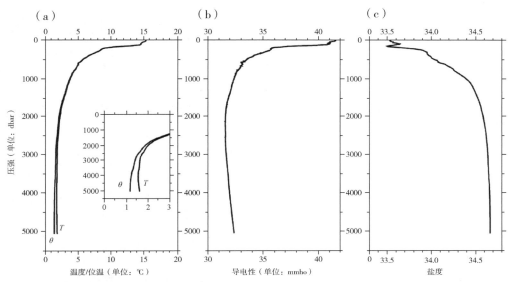

图 3.3　（a）北太平洋东北部（$36°30'N$，$135°W$）处的位温（θ）和温度（T）（单位：℃）；（b）导电性（单位：mmho）；（c）盐度

3.4　盐度和导电性

海水是一种含有大部分已知元素的复杂溶液。一些成分在海水溶解物总质量中含量较高，如氯离子（55.0%）、硫酸根离子（7.7%）、钠离子（30.7%）、镁离子（3.6%）、钙离子（1.2%）和钾离子（1.1%）（Millero，Feistel，Wright & McDougall，2008）。不同地方海水溶解物的总浓度各不相同，含量较高成分的比例则几乎不变。Dittmar（1884）首次提出了这一比例常数"定律"，在挑战者号科学考察期间（参见教材网站第 S1 章的第 S1.2 节），他从世界各地收集了 77 种海水样本，验证了 Forchhammer（1865）提出的假说。

海水中盐分的主要来源是河川径流携带的大陆风化物质（参见第 5.2 节）。几百万年间，风化作用十分缓慢，因此溶解元素在海水混合的作用下，在海洋中分布得十分均匀。（海水在海洋中循环一次的总时长最多为几千年，比地质风化的时长要短得多。）然而，不同地区海洋中的溶解盐类的总浓度仍然存在显著差异。造成这些差异的原因是海水蒸发及来自雨水和河流径流的淡水对海水的稀释。蒸发和稀释过程通常仅发生于海面。盐度最初被定义为每千克海水经过蒸发后留下的固体物质量（单位：g），这是 Millero 等（2008）在论文中描述的绝对盐度。例如，海水的平均盐度约为每千克海水中含 35 克盐类（单位：g/kg），表示为"$S = 35‰$"或"$S = 35$ ppt"，读作"千分之三十五"。因为蒸发测量流程繁琐，这一定义很快在实践中被淘汰了。19

世纪末，Forch，Knudsen & Sorensen（1902）引入了一种基于化学的定义："盐度是一千克海水中包含的固体物质的总量（单位：g），此时所有的碳酸盐都转化为氧化物，溴和碘都由氯取代，且所有有机物质都已被完全氧化。"

对盐度的这一化学定义同样在程序操作上存在一定的难度。20 世纪大部分研究人员采用的方法是，通过硝酸银滴定法测定氯离子的含量（加上溴和碘的氯当量），表示为氯度，然后通过基于氯度与总溶解物质的测得比，计算盐度（完整过程参见 Wallace，1974；Wilson，1975；Millero 等，2008）。用 $S‰$ 表示盐度的当前定义为"使海水样本中 0.3285234 kg 卤素完全沉淀所需的银的质量"。20 世纪 60 年代早期测定了盐度和氯度之间的关系：

$$盐度 = 1.80655 × 氯度 \qquad (3.4)$$

这些基于化学分析法对盐度进行的定义，后来被基于海水电导性的盐度定义所取代，海水的电导性取决于盐度和温度（参见 Lewis & Perkin，1978；Lewis & Fofonoff，1979；图 3.3）。将这种基于导电性的量称为实用盐度，有时采用 psu 符号作为实用盐度单位，尽管国际惯例中通常对盐度不采用任何单位。目前盐度常被表示为 $S = 35.00$ 或 $S = 35.00$ psu。现广泛采用该算法通过海水导电性与温度计算盐度，并将其称为 1978 年实用盐标（PSS 78）。20 世纪 30 年代首次引入导电性方法（参见 Sverdrup，Johnson & Fleming，1942）。导电性很大程度上取决于温度，但仍有小部分取决于离子浓度或盐度。因此，通过测量导电性来确定实用盐度时，必须对温度进行严格的控制和非常准确的测量。电路和传感器系统的日益改进，确保研究人员能对温度进行精确补偿，使基于盐度测量的导电性测量变得更加可行（参见教材网站第 S6 章，第 S6.4.3 节中的补充资料）。

要想使盐度测量比较准确，要求使用盐度和导电性准确的标准海水溶液。目前，海水样本的实用盐度（S_P）是通过样本在 15 ℃ 和标准大气压强下的导电性与相同温度和压强下质量分数为 $32.4356×10^{-3}$ 的氯化钾溶液的导电性比值来表示。作为标准溶液的氯化钾溶液，目前是在英国的一家实验室配制的。PSS 78 对 $S = 2～42$，$T = -2.0～35.0$ ℃ 和压强等同于 0～10 000 m 深度处的压强范围内有效。

如果温度的测量十分准确，且使用了标准海水进行校准，则通过导电性测定的盐度的准确度为 ±0.001。相较于过去使用的滴定法（准确度约为 ±0.02），这在准确度上有了极大的提高。在归档的数据集中，精确到小数点后三位的盐度，是通过导电性测得，精确到小数点后两位的盐度是通过滴定法测得，通常早于 1960 年。

可采用一种基于 Lewis（1980）公式的计算机子程序进行导电率到实用盐度的转换。该子程序是 UNESCO（1983）海水计算方程式的一部分。

20 世纪 60 年代，导电传感器与精确热敏电阻的结合使人们能收集到海水中盐度连续剖面的资料。由于用于这些仪器的导电传感器的几何结构随着压强和温度变化而发生变化，所以对同一时间收集的海水样本进行的标定，要求达到的最高可能准确度为 0.001。

北太平洋东北部海水的导电性、温度和盐度剖面之间的关系示例如图 3.3 所示。

通过导电性推导盐度时，要求进行准确的温度测量，因为导电性剖面与温度紧密相关。

盐度的概念假设可忽视海水组成的变化。然而，在英格兰，对纯水氯度、密度和取自全球海洋的海水样本导电性进行的研究（Cox，McCartney & Culkin，1970）表明，海水的离子组成在不同地域和不同深度（海表与深海）存在着微小差异。研究发现，密度和导电性之间的关系，比密度和氯度之间的关系更紧密。这意味着一种离子相对于另一种离子的比例可能发生变化。这表明即使化学组成可能发生变化，只要溶解物的总重量不变，导电性和密度将保持不变。

此外，未通过导电法测量的溶解物中还存在地理变化，这些变化将会影响海水密度，因此应包含在绝对盐度内。使用 PSS 78 盐标，部分通过密度计算的地转流（第 7.6.2 节）达到很高的精确度。然而，通常可将这些性质映射在具有恒定位密度的海面或最接近等熵的相关海面上（第 3.5 节）。在全球范围内，这些溶解物将会影响这些海面的定义。

因此，盐度的定义经历了与 1978 年等同的另一变动。IOC、SCOR 和 IAPSO（2010）提出的绝对盐度是对"盐度"最初定义的回归，该定义要求对密度进行最精确的计算，定义为海水中的所有溶解物质的质量与海水质量之比，表示为 kg/kg 或 g/kg（Millero 等，2008）。对绝对盐度的重新估算整合了 PSS 78 之上的两种校正法：（1）对用于定义 PSS 78 的大西洋海面海水成分进行了更完整的表示，并整合了 2005 年原子重量；（2）对导电性未显示的溶解物质地理相关性进行了校正。为使全球盐度数据集保持一致，IOC、SCOR 和 IAPSO（2010）手册强烈建议继续以导电性和 PSS 78 为基础进行观测，并采用这些实用盐度单位向国家档案馆报告数据。对于有关盐度的计算，该手册指出了通过实用盐度 S_P 计算绝对盐度 S_A 所用的两种校正法：

$$S_A = S_R + \delta S_A = (35.16504 \text{ g} \cdot \text{kg}^{-1}/35)S_p + \delta S_A \qquad (3.5)$$

用 S_P 乘以其之前的因子，得出"参考盐度" S_R，这是当前最准确的大西洋表面海水绝对盐度估算值。然后加上与地理位置有关的偏差 δS_A，对不影响导电性的溶解物进行校正；当前使用的校正法取决于溶解性硅、硝酸盐和碱度。该校正法的全球平均绝对值为 0.0107 g/kg，在北太平洋北部高达 0.025 g/kg，因此该校正十分重要。如果未与盐度一同测量养分和碳参数（这到目前为止是最常见的情况），那么可采用一份基于归档测量值的地理位置查找表估计偏差（McDougall，Jackett & Millero，2010）。因此，可想而知，绝对盐度的估计值（式 3.5）可通过更多测量逐步确定。

本书中出现的所有研究工作都早于新盐标采用的日期，且所有盐度都表示为 PSS 78，所有密度都根据 1980 年状态方程式采用 PSS 78 计算。

3.5　海水密度

海水密度十分重要，因为它决定了海水处于平衡状态的深度——海水在海面时密度最低，在海底时密度最高。密度分布同样与海洋中大尺度的地转或热盐环流有关（参见第 7 章）。密度相同的海水之间的混合最为高效，因为发生于混合之前的绝热搅拌能保存位温和盐度，最终使密度也得以保存。分层海水之间的混合需要更多能量。因此，海洋中的性质分布可通过密度（等密度）海面示意图进行有效描述，合理绘制该示意图使其最接近等熵状态（参见第 3.5.4 节中对位密度和中性密度的讨论）。

密度，通常用 ρ 表示，是指单位体积物质的质量，单位为千克每立方米（kg/m³）。一个与之直接相关的物理量为比容偏差，通常用 α 表示，且 $\alpha = 1/\rho$。大气压强下 0 ℃ 纯水（不含盐）的密度为 1 000 kg/m³。在开阔大洋中，海水密度约为 1 021 kg/m³（海面）～1 070 kg/m³（压强为 10 000 dbar 处）。为了方便起见，在海洋学中，通常保留前两位数字，使用以下物理量表示：

$$\sigma_{s,t,p} = \rho(S, T, p) - 1\ 000\ \text{kg/m}^3 \tag{3.6}$$

式中，S = 盐度，T = 温度（℃），p = 压强。由此得到的密度称为现场密度。在早期文献中，广泛使用了 $\sigma_{s,t,0}$，缩写为 σ_t。σ_t 是指当施加于样本之上的总压强降至大气压强时（即水压 $p = 0$ dbar），海水样本的密度，但盐度与温度和实际测量值一样。除非分析仅限于海面，否则 σ_t 不是最佳计算量。如存在压强范围，对不同海水水团进行比较时，需考虑绝热压缩的影响。所以，更适合的计算量是位密度，它与 σ_t 基本相同，但位密度使用位温代替温度，并采用单一参考压强代替压强，该压强的取值不必为 0 dbar。第 3.5.2 节中对位密度进行了描述。

海水密度、温度、盐度及压强之间的关系就是海水的状态方程式。该状态方程式表示为：

$$\rho(S, T, p) = \rho(S, T, 0)/[1 - p/K(S, T, p)] \tag{3.7}$$

该式是在大气压强下通过精细实验室测量实验确定的。状态方程式 $\rho(S, T, 0)$ 和体积模量 $K(S, T, p)$ 的多项式表达式各包含 15 项和 27 项。压强通过体积模量产生影响。最大项为 S、T 和 p 呈线性的项，并具有与它们的所有不同结果成正比的较小项。因此，状态方程式呈弱非线性。

如今，式（3.7）最常见的版本为 "EOS 80"（Millero & Poisson，1980；Fofonoff，1985）。EOS 80 采用的是实用盐标 PSS 78（第 3.4 节）。这些公式被 UNESCO（1983 年）收录，它们提供了实用的计算机子程式，并出现在各种文献中，如 Pond & Pickard（1983）和 Gill（1982）发表的论文。EOS 80 适用于 $T = -2 \sim 40$ ℃，$S = 0 \sim 40$，压强 = 0～10 000 dbar 的情况下，其精确度为 9×10^{-3} kg/m³ 或更高。该状态方程式有一个新版本（IOC、SCOR 和 IAPSO，2010），该新版本方程式基于对盐度的新定义，称之为 TEOS-10。但本书中采用的是 EOS 80 版本。

以前，研究人员通过密度与盐度、温度和压强之间的关系表格计算密度。早期的密度的测定基于 Forch、Jacobsen、Knudsen 和 Sorensen 进行的测量实验，并记录在水文地理表（Knudsen，1901）中。Cox 等（1970）发现，在 "Knudsen 表" 中（$T = 0$ ℃时）σ_0 的值在盐度为 15～40 时约降低 0.01（平均值），在更低的盐度和温度下约升高 0.06。

为在实验室中测定一定盐度范围下的海水密度，Millero（1967）采用磁沉密度计测量的方法。一支 Pyrex 玻璃浮子包含一个永磁浮子，这个永磁浮子装在一个有海水的 250 mL 小管内，周围由螺线管围绕，整个装置放在一个恒温水浴槽中。浮子的密度略小于密度最大的海水密度，并装有小型铂砝码，使其刚好沉至小管的底部。然后，流过螺线管的电流会缓慢增加，直到浮子刚好离开小管的底部。此时海水的密度与流过螺线管的电流相关。通过在小管中用纯水进行类似实验，可以确定电流和密度之间的关系。用这种方式测得的相对密度精确度理论上为 $\pm 2 \times 10^{-6}$（在大气压强下）。但由于已知纯水的绝对密度为 $\pm 4 \times 10^{-6}$，海水密度的实际精度将更低。可采用上述密度计的高压版本测量体积模量（K），以测定压强的影响。也可通过测量海水中的声速来测定 K 值，因为声速取决于体积模量和海水的压缩性。

上述几个小节讨论了海水密度与温度、盐度和压强的关系，并讨论了尽可能减少压缩性对指定分析的影响的概念（如位密度和中性密度）。

3.5.1　海水温度和盐度对密度的影响

在海洋中的全部盐度和温度范围内，海面压强下测得的密度值如图 3.1 所示（弯曲的等高线）。图中的阴影条显示大部分海洋处于相对较窄的盐度范围内。更多极端值仅出现或靠近海面的位置处，而淡水则不在这一范围内（主要在径流或融冰区域），盐度最高值位于高蒸发量的相对受限区域（如陆缘海）。海洋的温度变化对海水密度变化的影响大于盐度变化对密度的影响程度。换句话说，温度在极大程度上控制了海水的密度变化（如前所述，一个重要的例外是，海洋表面的海水会由于大量降水或冰雪融化而导致盐度较低；即在高纬度地区和处于多雨的大气热带辐合区的热带海域是例外）。密度等高线的弯曲情况如图 3.1 所示，这是由状态方程式的非线性造成的。弯曲意味着在指定温度或盐度变化下，密度的变化会有所不同。

为重点解释这一点，表 3.2 中显示了随 +1 K 温度变化（ΔT）发生的密度变化（$\Delta \sigma_t$）（左列），及随 +0.5 盐度变化（ΔS）而变化的 $\Delta \sigma_t$ 值（右列）。这些是温度和盐度变化的任意选择。表中最值得注意的是，密度在不同温度和盐度的给定变动下是如何发生变化的。在高温下，σ_t 在所有盐度下都随着 T 发生明显变化。随着温度下降，密度随着 T 变化的速率有所下降，尤其是在低盐度下（如高纬度或入海口处的海水）。σ_t 随 ΔS 发生的变化在所有温度和盐度下大致相同，但在温度较低时变化程度稍高。

表 3.2　随温度变化（ΔT）和盐度变化（ΔS）产生的密度变化（$\Delta \sigma_t$），与温度和盐度呈函数关系

盐度	0	20	35	40	0	20	35	40
温度（℃）	$\Delta T = +1$ ℃时的 $\Delta \sigma_t$				$\Delta S = +0.5$ 时的 $\Delta \sigma_t$			
30	−0.31	−0.33	−0.34	−0.35	0.38	0.37	0.37	0.38
20	−0.21	−0.24	−0.27	−0.27	0.38	0.38	0.38	0.38

续上表

盐度	0	20	35	40	0	20	35	40
温度（℃）	$\Delta T = +1$ ℃时的 $\Delta\sigma_t$				$\Delta S = +0.5$ 时的 $\Delta\sigma_t$			
10	− 0.09	− 0.14	− 0.18	− 0.18	0.39	0.39	0.39	0.39
0	+ 0.06	− 0.01	− 0.06	− 0.07	0.41	0.40	0.40	0.40

3.5.2　压强对密度的影响：位密度

海水具有压缩性，尽管其压缩性不如气体。当海水受到压缩时，分子相互挤压，海水密度增加。同时，由于一种完全不同的物理原因，绝热压缩会导致温度增加，这稍稍抵消了由于压缩造成的密度增加（参见第 3.3 节中有关位温的讨论）。

从本质上来说，密度与压强呈函数关系（图 3.4），因为海水具有压缩性。压强对密度的影响与海水的初始温度和盐度无关。为观测从一处位置流向另一处位置的海水，应消除压强对密度的影响。早期，人们试着使用前文定义过的 σ_t，因为已经消除了压强对密度的影响，但并没有消除温度的影响。目前，标准惯例是使用位密度，即计算密度时，采用位温而非温度。位密度是海水在绝热条件下移动至某一参考压强处时的密度。如果参考压强处是海表面，我们将首先计算出该处海水水团相对于海面处压强的位温，然后推算出压强为 0 dbar[①] 时的密度。我们将以海表面压强（0 dbar）为基准的位密度表示为 σ，其采用了位温和海面压强。

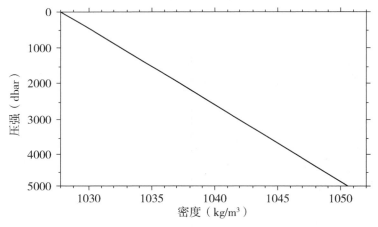

图 3.4　温度为 0 ℃、盐度为 35.0 的条件下，海表面水团密度随压强发生的变化

位密度的参考压强可任意选定，不仅仅是海表面压强。对于这些位密度，应根据选择的参考压强计算位温，然后根据所选择的同一参考压强计算位密度。通常做法是

①　海表面处的实际压强等于大气压强，但我们在许多应用情况下都不考虑大气压强，因为海洋中压强的变动范围要大得多。

沿用 Lynn 与 Reid（1968）的方法，将以 1 000 dbar 处为压强基准面的位密度表示为 σ_1，将以 2 000 dbar 处为基准面的位密度表示为 σ_2，将以 3 000 dbar 处为基准面的位密度表示为 σ_3，以此类推。

3.5.3　比容和比容偏差

比容（α）是密度的倒数，因此其单位为 m³/kg。某些情况下，比容比密度更有用。现场比容写作 $\alpha_{s,t,p}$。比容偏差（δ）同样是一个较为方便使用的参数。定义为：

$$\delta = \alpha_{s,t,p} - \alpha_{35,0,p} \tag{3.8}$$

根据 $\alpha_{35,0,p}$ 计算偏差，其表示盐度为 35，温度为 0 ℃，压强为 p 的海水比容，δ 值通常为正值。状态方程式将 α（和 δ）与盐度、温度和压强联系起来。起初，地转流水团分布的所有计算，都是通过使用 δ 的组成项表格（本书的之前版本中有述）以人工方式完成。随着现代计算机的出现，计算不再需要这些表格。动态计算的计算机算法（第 7.5.1 节）仍采用比容偏差 δ 而不是实际密度 ρ，并采用子程式计算，以增加计算精度。

3.5.4　温度和盐度对压缩性的影响：等熵面和中性密度

冷水的压缩性比热水更强，使冷水团变形比使热水团变形更容易。当密度相同但温度和盐度特征不同的两个海水水团（一种水温较暖而盐度较高；另一种水温较冷而盐度较低）被浸于同一压强下，较冷的海水水团密度将更高。如果海水中不含盐分，则密度仅取决于温度和压强，采用任意压强作为参考压强，之前所定义的位密度将足够定义出一块独特的等熵面。等熵面是指，海水可以沿其平面进行绝热移动，期间不会发生热量或盐分的外部输入。

当在海洋内部对其性质进行分析从而确定海水的来源时，常常假设海水的移动和混合大部分都沿着准等熵面进行，且穿过该平面的混合（准垂直混合）过程不太重要（Montgomery，1938）。不过，由于海水密度取决于盐度和温度，在不存在外部热源或淡水源的情况下，海水移动的实际表现取决于海水如何在该表面混合，因为当海水与该表面上相邻的海水混合时，其温度和盐度将会发生改变。这种准横向混合会改变海水的温度（和盐度）。因此，也会改变混合物的压缩性。结果是，相对于没有发生混合的情况，当混合物横向移动时，海水将在不同的压强处达到均衡。这意味着海洋中不存在封闭的独特等熵面，如果该海水水团回到其原来的经纬度，它将移动至具有不同密度和压强的地方，因为其温度和盐度将由于沿着该表面的混合而发生改变。需要注意的是，即使没有海水在不同等熵面上的跨密度面混合（准垂直混合），这些影响也十分重要，因为它们还会改变温度、盐度和压缩性。

与这些压缩性差异有关的密度差异程度可能非常大（图 3.5）。例如，流经直布罗陀海峡时溢出的地中海海水相对于北欧海洋流经格陵兰－冰岛山脊溢入的大西洋海水来说，盐度更高，也更温暖（第 9 章）。当它们流经各自的海底山脊时（大约位于同一深度），地中海海水（MW）的密度实际上高于北欧海溢流水（NSOW）的密度。

然而，这些更温暖、盐度更高的 MW（13.4 ℃，37.8 psu）压缩性，比温度低得多的 NSOW 还低（约 1 ℃，34.9 psu；Price & Baringer，1994）。4 000 dbar 压强处的 MW 位密度比更具压缩性的 NSOW 低。NSOW 将到达北大西洋海底，而 MW 不会。（两种类型的海水都向下运动，它们会挟带或混合所流经区域的海水。这同样对它们向下流入的深度产生影响。因此，压缩性差异不是导致两者不同结果的唯一原因。）

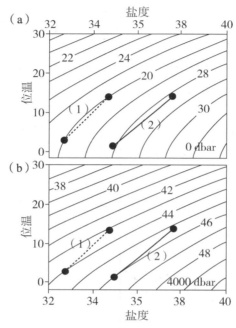

图 3.5　（a）0 dbar 和（b）4 000 dbar 处的位密度，与（以 0 dbar 处为基准的）位温和盐度所呈的函数关系

标为 1 的水团密度与海表面海水相同。标为 2 的水团代表地中海（盐度较高）和北欧海（盐度较低）在其海底山脊处的海水。

更简单来说，位密度参考压强的改变会改变两种海水水团之间的密度差异（图 3.5）。标记 1 代表的两种海水水团，其密度与海表面处（上层）的海水密度相同。由于在压强增大的情况下，温度较低的海水压缩性比温度较高的海水更大，因此在更高的压强下（下层），温度较低的海水密度比温度较高的海水要高。标记 2 代表两种海水水团，MW（温度和盐度较高）和 NSOW（温度和盐度较低）在进入北大西洋海底山脊处的海水性质。在海表面处（事实上，这两种水团都不会到达海面），地中海海水水团的密度比北欧海水水团高。在靠近海底处，以 4 000 dbar 压强处为代表（图 3.5b），温度较低的北欧海水密度明显比地中海海水的密度更高。因此，如果两种海水水团在不发生任何混合的情况下，从各自的海底山脊向下流入海底，北欧海水团将位于地中海海水团的下方。（实际上，如以上所述，当这些海水进入北大西洋时，会发生大量的挟带混合。）

我们用来绘制并跟踪测量海水水团的表面应类似于等熵面。早期是对深度恒定表面做出改进，包括条件密度表面（Montgomery，1938）和位温表面（Worthington & Wright，1970）。Lynn 与 Reid（1968）提出的一种方法会产生更接近等熵的表面，这种方法使用参考压强下的等密度线，描述相关压强处 500 m 内的位密度。因此在海面上层 500 m 内使用时，采用海表面处作为参考压强。当在 500～1 500 m 范围内使用时，采用 1 000 dbar 处作为参考压强，以此类推。以往经验显示出，该压强离散足以消除大部分压强对密度的影响。当以这种方式绘制的等密度线进入不同的压强范围时，它们必须弥补新范围中参考压强处的密度。Reid（1989，1994，1997，2003）在其有关太平洋、大西洋和印度洋循环的专题论文中沿用了这一做法。

　　使用连续变化的表面比使用通过不同参考压强弥补的表面简单，尽管在实际操作中，这两者之间存在一些差异。Ivers（1975）引入了"中性面"，Ivers 是一名与 J. L. Reid 一起进行研究的学生，他使用了一种近似连续变化的参考压强。如果海水沿着其路径，从一个观测站流向下一观测站，假设已知该路径，那么研究人员就可跟踪观测其压强，并在各观测站调整其参考压强和密度。McDougall（1987a）重新定义了该中性面概念，并广泛引用了此概念。Jackett 与 McDougall（1997）为计算他们的中性密度创造了一套计算机程序，该程序基于一种标准气候学（全球网络上的平均温度和盐度，来自所有可获得的观测结果；第 6.6.2 节），从太平洋中部的一处位置向外扩散。Jackett 与 McDougall 的中性密度用 Y^N 表示，其数值类似于位密度数值（单位为 kg/m³）。中性密度取决于纬度、经度和压强，并仅在开阔大洋中的温度和盐度范围内定义。这不同于位密度，位密度通过实验室中确定的一项定义明确的状态方程式，对所有温度和盐度都进行了定义，与位置无关。中性密度不发生类似于图 3.5 中的密度或位密度与位温和盐度的函数那样弯曲。

　　中性密度在绘制准等熵表面时的优势在于，它不需要沿着深度不同的表面对参考压强进行连续变动（因为在所提供的软件和数据库中已经以类似的方式完成了这一过程）。中性密度是一种便捷的工具。位密度和中性密度表面都类似于等熵面。有关如何更好地估计等熵面的想法和文献在不断地优化；当前，中性密度是一种最受欢迎、也是最常用的工具，可以绘制远距离等熵线，其中包括超过数百米的垂直距离。

3.5.5　状态方程式中的线性和非线性

　　如上文所述，状态方程式（3.6）在温度、盐度和压强中呈现出一定的非线性。这意味着，它是个包含了温度、盐度和压强的"产物"。在实际用到的理论和简单数值模型中，状态方程式有时简化为线性，可以忽略压强的影响：

$$\rho \approx \rho_0 + \alpha(T - T_0) + \beta(S - S_0);$$
$$\alpha \approx \partial\rho/\partial T, \beta = \partial\rho/\partial S \tag{3.9}$$

式中 ρ_0、T_0 和 S_0 均为 ρ、T 和 S 的任意常数；通常取被模拟地区测量的平均值。此处 α 是热膨胀系数，表示一定温度变化造成的密度改变（勿与第 3.5.3 节中的比容相混淆，它们的符号相同），β 是盐收缩系数，表示一定盐度变化造成的密度改变。α 与 β 均为盐度、温度和压强的非线性函数；线性模型中则取它们的平均值。

UNESCO（1987 年）中给出了完整的数值表。$\alpha\rho$ 的值（在海表面和盐度为 35 psu 处）在 53×10^{-6} K^{-1}（温度为 0 ℃时）和 257×10^{-6} K^{-1}（温度为 20 ℃时）间波动。$\beta\rho$ 的值（在海表面和盐度为 35 psu 处）在 785×10^{-6} psu^{-1}（温度为 0 ℃时）和 744×10^{-6} psu^{-1}（在温度为 20 ℃时）间波动。

　　状态方程式中的非线性导致图 3.1 和图 3.5 中的密度线出现弯曲。两海水水团之间的混合必须在图 3.1 和图 3.5 中所示的温度－盐度平面中沿直线发生。由于密度线的凹形弯曲，当两部分密度相同但温度和盐度不同的海水水团相互混合后，混合物的密度将高于原来的海水水团。因此，密度线的凹度意味着当海水混合时，体积发生了收缩。也将这种影响称为增密（Witte，1902）。在实际情况下，增密的重要性有限，仅当初始性质迥异的海水相互混合时才具有可论证的重要性。南极地区的高密度海水的形成过程（Foster，1972）和北太平洋中间水域的改变过程（Talley & Yun，2001）中存在增密因素。

　　还有另外两种与海水物理性质有关的重要混合效应：温压和双扩散。温压（Mc-Dougall，1987b）可通过位温－盐度平面中的位密度线深度和旋转解释（第 3.5.4 节）。如图 3.5 所示，考虑具有不同位温和盐度的两种海水水团，其中温度和盐度较高的水团密度略高于温度和盐度较低的水团（这在近极地区域如北极和南极十分常见）。如果突然将这两部分海水置于压强更高的区域，可能会颠倒它们的相对分层情况，温度和盐度较低的那部分海水压缩量会大于温度和盐度较高的那部分海水，使其成为密度更高的那部分海水。如果温度和盐度较低的那部分海水位于温度和盐度较高的那部分海水下方，则这两部分海水水团将形成垂直稳定状态。温压在北极是一个很重要的影响因素，它决定了加拿大和欧亚海盆深水区域的相对垂直并置（第 12.2 节）。

　　双扩散来源于热量和盐分扩散性的差异，与线性或非线性无关。在分子水平上，此类扩散性存在明显的差异。由于海洋的温度－盐度性质中，双扩散效应十分明显，扩散性差异在某些程度上会扩展至涡流扩散性。第 7 章中讨论了扩散性与混合，其中第 7.4.3.2 节中讨论了双扩散。

3.5.6　静力稳定性和 Brunt-Väisälä 频率

　　静力稳定性，用 E 表示，是对水体倾覆趋势阐述的正式量值。静力稳定性与密度分层有关，当水体具有更强的分层性时，水体具有更高的稳定性。如果某一部分海水在绝热条件下（无热量与盐分的交换）向上或向下移动一小段距离，然后回到原位，则该水体具有静力稳定性。水体回到其原位的动力取决于水体以及由其所取代周围水体之间的密度差。因此，水体随深度的密度改变率决定了水体的静力稳定性。水体的实际密度会随着它向上或向下移动而增加或减少，因为其受到的压强会随着移动而相应地改变。在定义静力稳定性时，必须考虑密度中的这种绝热变化。

　　Pond 与 Pickard（1983）发表的论文及其他文献中详述了水体静力稳定性的数学推导式。E 的完整表达式十分复杂。对于每一个很小的垂直位移，静力稳定性可粗略估计为：

$$E \approx - (1/\rho)(\partial\rho/\partial z) \tag{3.10a}$$

式中，ρ 为现场密度。水体的稳定性（稳定、中性或不稳定）取决于 E 值的正负（正值、零或负值）。因此，如果密度梯度为向下，则水体稳定且不存在垂直倾覆趋势。

对于更大的垂直位移，为了更好的近似，使用局部位密度 σ_n 来表示：

$$E = -(1/\rho)(\partial\sigma_n/\partial z) \tag{3.10b}$$

此处，位密度 σ_n 异常与用于计算垂直梯度的间隔中心处的压强有关。该局部压强参考值近似消除了绝热压强效应。许多计算海水性质的计算机子程式使用了这一标准定义。稳定性的另一等效表达式为：

$$E = -(1/\rho)(\partial\rho/\partial z) - (g/C^2) \tag{3.10c}$$

式中，ρ 为现场密度，g 为重力加速度，C 为现场声速。g/C^2 项的加入考虑了海水的压缩性。（声波为压缩波；第 3.7 节。）

海洋中从上到下的典型密度剖面图中，存在具有较低分层的表面混合层，具有中度分层的海洋上层和具有高度分层（密度跃层）的海洋中层，以及具有较低分层的海洋深层（第 4.2 节）。密度跃层中的海水十分稳定；在此区域，向上或向下取代一部分海水所消耗的能量比在具有较低稳定性的海域中所消耗的能量要高得多。因此，和穿过稳定性较低的水层相比，导致不同水体之间发生混合的紊流，更难穿过稳定性较高的密度跃层。因此，密度跃层是海水及其性质进行垂直输送的障碍。这些水层的稳定性通过 E 衡量。在开阔大洋的上层 1 000 m 范围内，E 值在 $1\,000 \times 10^{-8} \sim 100 \times 10^{-8}$ m^{-1} 之间变动，在密度跃层中 E 值较高。从 1 000 m 向下的区域，E 不断减小；在深海海沟处，E 可能低至 1×10^{-8} m^{-1}。

在混合过程中，靠近不同水体交界处的位置可能会出现静力不稳定性。由于这些不稳定性发生在很小的垂直范围内，以 m 为数量级，因此要求采用连续断面仪对它们进行检测。大于几十米的垂直范围内的不稳定状态在水面层之下并不常见。

与内部重力波（第 8 章）有关的浮力（Brunt-Väisälä）频率是与静力稳定性有关的一种固有频率。如果在静力稳定的水体中，一部分海水由向上移动的海水取代，这部分海水将下沉并超越原始位置。其原始位置下方的密度更大的海水将迫使其回到密度较小的海水内，并将继续振荡。振荡频率取决于静力稳定性：水体的分层越多，静力稳定性越高，浮力频率也越高。Brunt-Väisälä 频率用 N 表示，是内波的一种固有频率：

$$N^2 = gE \approx g\left[-(1/\rho)(\partial\sigma_n/\partial z)\right] \tag{3.11}$$

频率的单位为循环/秒（赫兹），$f = N/2\pi$，且周期为 $\tau = 2\pi/N$。在上层海洋，E 通常在 $1\,000 \times 10^{-8} \sim 100 \times 10^{-8}$ m^{-1} 之间变动，周期为 $\tau = 10 \sim 33$ min（图 3.6）。在深海，$E = 1 \times 10^{-8}$ m^{-1}，$\tau \approx 6$ h。

最终基于垂直密度分层定义的量值为"伸长量"，是位涡的一部分（第 7.6 节）。位涡度是流体的一种动态性质，类似于角动量。位涡度由三个部分组成：由于地球自转造成的旋转部分（行星涡度）、由于流体中的相对运动造成的旋转部分（相对涡度，如在涡流中），和与密度的垂直变动成正比的一个伸长量部分，类似于层厚度（式 7.41）。在洋流较弱的海域，相对涡度较小，位涡度可粗略估计为：

$$Q \approx -(f/\rho)(\partial\rho/\partial z) \tag{3.12a}$$

有时称之为"等密度位涡度"。垂直密度导数可通过局部参考位密度计算，因此可通过 Brunt-Väisälä 频率表示：

$$Q \approx (f/g)N^2 \tag{3.12b}$$

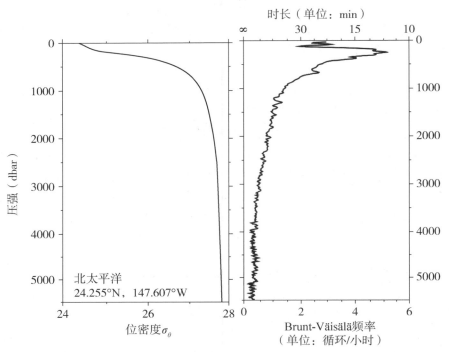

图 3.6　太平洋西北海域某一剖面 （a）位密度和 （b） Brunt-Väisälä 频率（单位：循环/小时）和周期（单位：min）

3.5.7　海水的冰点

海水中的盐分使海水的冰点在 0 ℃之下（图 3.1）。Millero（1978）给出了一种计算海水冰点的算法。冰点的降低使人们可利用盐水和冰的混合物制作冰淇淋；随着冰的融化，它将使水（和冰淇淋）的温度降至 0 ℃以下。在较低的盐度下（低于大多数海水的盐度），在结冰下沉前，水首先会达到最高密度，但仍然会保持液态。水体随后会发生倾覆和混合，直到整个水体达到使其密度最高时的温度。

如进一步冷却，表层水会变得更轻，倾覆停止。水体从表面开始向下结冰，而更深层的水仍保持液态。然而，当盐度大于 24.7 psu 时，水体在冰点出现时达到最高密度。因此，在结冰前，更多水体的周围温度必然继续下降，所以与淡水相比，海水的结冰有所延迟。

3.6　示踪物

海水中的溶解物可帮助跟踪特定水团和海流路线。其中的某些特征可用于测定海水的水龄（测定自该水团上次出现在海平面后的时间长度；第 4.7 节）。这些物质组分中，大部分浓度很低，其变化无法在很大程度上影响密度变动或氯度、盐度和导电性之间的关系（有关论述参见第 3.5 节）。这些物质其他的海水特征为：守恒或非守恒；天然或源于人类活动（人造的）；稳定或具有放射性；瞬态或非瞬态。Broecker 与 Peng（1982）发表的论文中，详细描述了许多示踪物的来源和化学性质。

对于守恒示踪物，除混合外，没有其他明显的过程会导致示踪物在海表面下发生变化。盐度、位温和密度都可用于守恒示踪物，因为它们在海洋中都只有极弱的来源。而现实观测中几乎没有源与汇，这意味着水团在海洋中的分布可从它们在海表面的起源，通过它们的特征温度/盐度值进行大致追踪。在靠近海表面处，蒸发、降水、径流和融/结冰过程都会改变盐度，许多海表面传热过程会改变温度（第 5.4 节）。在海洋中，绝对温度只会由于溶解性养分和碳的变化而发生极微小的改变（第 3.4 节末尾）。海底的地热能使海水温度发生极少量的升高。即使在某些大洋中脊处，从海底喷口喷出的海水非常热（高达 400 ℃），从喷口喷出的水蒸气总量却极少，高温海水也将迅速与周围水体混合并消失，只会发生极小的温度升高。

非守恒性质会因为水体中的化学反应或生物过程而发生改变。溶解性氧就是一个示例。在海表处，氧气从大气中进入海洋。在有光照的上层海域中（透光层或真光层），浮游植物进行光合作用也会产生氧气，同时也会通过浮游动物、细菌和其他生物的呼吸作用消耗氧气。与大气的均衡接触使海洋混合层水域氧气含量接近 100%饱和。在海表面之下，氧气含量迅速下降。氧气含量并非海水温度的函数，虽然海水温度通常在较深处较低，且冷水相对于热水可溶解更多氧气（例如，盐度为 35 时：温度为 30 ℃ 的海水中，100%饱和的氧气含量为 190 $\mu mol/kg$；在温度为 10 ℃ 的海水中，100%饱和的氧气含量为 275 $\mu mol/kg$；在 0 ℃ 时则为 350 $\mu mol/kg$）。氧气含量和饱和度随着深度下降的原因是，水体中会发生呼吸作用，主要是那些以从透光层沉入海洋深处的有机物（大部分为死亡的浮游生物和粪便）为食的细菌进行的呼吸作用。由于混合层和透光层之下没有氧气来源，氧气将随着海面之下水体的年龄增长而日益减少。氧气还会被硝化细菌利用，这些细菌可将铵盐（NH_4^+）中的氮转化为硝酸盐氮（NO_3^-）。

氧气的消耗速率被称为氧气利用率。这一速率取决于局部生物生产力，因此其空间分布并不均匀。因此，氧气从饱和海面处往下，量值逐渐减少，这并不能很好地指示水龄，尤其是在具有生物活性的上层海域和大陆架位置。不过，在温跃层之下，氧气利用率更为均匀，且氧气含量会随着水体相应的相对年龄而发生变化。

养分是另一组天然、非守恒并且得到普遍观察的性质。这些养分包括溶解硅、磷和氮的化合物（铵盐、亚硝酸盐和硝酸盐）。养分对海洋生物来说十分重要，当存在大量生物时，养分在海表面就被消耗了；因此，那里的养分浓度较低。养分浓度会随着水体深度和水龄的增加而增加，几乎是氧气减少的一个镜像。一些生物体的保护壳是由硅构成的。当这些生物体沉入海底，它们的硬质部分由海水溶解，硅就重新回到海水中。这些物质中的一部分会到达海底并堆积，这同样使海洋底部产生了一个硅的来源。一些硅同样通过大洋中脊的热液喷口进入水体。其他养分（硝酸盐、亚硝酸盐、铵盐和磷酸盐）会因为生物（细菌）的活性腐蚀沉没碎屑的柔软部分而重新进入水体。铵盐和磷酸盐是腐蚀的中间产物。水体中的硝化细菌会将铵盐转化为亚硝酸盐，最终转化为硝酸盐；这一过程同样增加了呼吸作用，消耗了氧气。由于氧气的消耗和养分的产生，硝酸盐与氧气之比和磷酸盐与氧气含量之比在整个海洋中近似为常数。将这些比值称为"Redfield 比值"，以 Redfield（1934）命名，是因为他证明了这些比值的近似常数性。在第 4.6 节中将对养分进行进一步讨论。

在过去的数十年间，人们对其他与海洋碳系统相关的非守恒性质，包括溶解性无机碳、溶解性有机碳、碱度和 pH 值，进行了广泛测量。这些性质都同时来源于自然和人类活动，并且都是有用的水团示踪物。

痕量中出现的同位素同样十分有用。人们对两种同位素进行了广泛测量：^{14}C 和 ^{3}He。^{14}C 具有放射性而非守恒；^{3}He 守恒。这两种同位素都有大量的自然来源，但在上层海域中也存在着人造来源。通常，同位素浓度用该同位素与比它更丰富的同位素的比值来衡量和表示。对于 ^{14}C，其表示单位为 ^{14}C 与 ^{12}C 的比值。对于 ^{3}He，其表示单位为 ^{3}He 与 ^{4}He 的比值。另外，还通常以该比值与一个标准值之间的标准化差值来描述同位素数值，通常将大气平均值作为标准值（参见 Broecker & Peng，1982）。

海洋中的绝大多数 ^{14}C 都来自天然。通过宇宙中的射线对氮的轰击，在大气中可连续产生 ^{14}C，并通过气体交换进入海洋。"炸弹"放射性碳是一种人造示踪物，在1945—1963 年间，作为原子弹试验的产物进入上层海域（Key，2001）。在海洋中，浮游植物中包含的 ^{14}C 和 ^{12}C 的比例，与它们在大气中存在的比例几乎相同。有机物死亡并离开透光层后，^{14}C 会发生放射性衰变，其半衰期为 5730 年。这将导致 ^{14}C 与 ^{12}C 的比值降低。由于数值表示为差值，如与大气比值的差异，所以海洋报告中的量通常为负值（第 4.7 节和图 4.24）。负偏差的绝对值越大，海水的水龄越久。上层海域中的正偏差源自人造原子弹释放的 ^{14}C。

天然、守恒的同位素 ^{3}He 源自地球地幔，并从海底的热液喷口以气体形式喷出。通常用 ^{3}He 与比它更丰富的 ^{4}He 的比值，相较于大气中的该比值来表示 ^{3}He 的量。这是中部海洋循环的一种极佳示踪物，因其来源主要位于大洋中部水层的顶部，约在 2 000 m 深处。^{3}He 的人造部分将在本节最后一段进行描述。

海水中另一个经常测量的守恒同位素为氧的稳定（重）同位素 ^{18}O。也是相对于其最常见的同位素 ^{16}O 来描述其数量。相较于海水，雨水中几乎不存在该氧的重同位素，因为在海洋和陆地中，更轻、更常见的同位素 ^{16}O 更容易蒸发。大气水蒸气中的 ^{18}O 含量减少的第二个步骤（与海水有关）发生在雨水第一次形成时，大部分发生在大气温度较高处，因为较重的同位素会先掉落。因此雨水中几乎不存在与海水有关

的 ^{18}O，且在较低温度时形成的雨水中的 ^{18}O 含量比温度较高时含量低。对于物理海洋学家而言，^{18}O 含量在高纬度地区是一个有用的指标，可以用来判断海面淡水的来源是雨水、径流、冰川融水（^{18}O 含量更低）还是融化的海冰（含量较高）。在古气候记录中，它能反映降水的温度（在温度较高的雨水中，^{18}O 含量较高）；在（寒冷的）冰河时期形成的冰中的 ^{18}O 含量比在较温暖的间冰期形成的冰中的 ^{18}O 含量要低，因此 ^{18}O 的含量是反映相对全球温度的一项指标。

瞬态示踪物是通过人类活动引入的化学物质，因此它们属于人为示踪物。它们会渐渐侵入海洋，指示海水水团从海表到深海的运动过程。它们可能是稳定的，也可能具有放射性。它们可能守恒也可能是不守恒的。通常采用的瞬态示踪物包括含氯氟烃、氚和大部分海洋上层的 ^{3}He 和 ^{14}C。含氯氟烃（CFC）来源于制冷剂和工业用途。它们在海水中极度稳定（守恒）。对含氯氟烃的使用在 1994 年达到巅峰，随后人们意识到它们会扩大大气层中的臭氧空洞，最终国际公约废止了它们的使用。由于过去人们使用了不同种类的 CFC，根据海水中不同种类 CFC 的比率，研究人员可以大致估算出海水位于海表面的时间。氚是一种全球广泛用于测量的放射性同位素，20 世纪 60 年代，氚通过原子弹试验大量进入大气层中，然后进入海洋中，主要是北半球的海洋。氚经过 12.4 年的半衰期后衰变为 ^{3}He，这一半衰期相当于上层海洋环流的循环时间。通过测量氚和 ^{3}He，可估算出海水位于海表面的时间（Jenkins，1998）。

3.7　海洋中的声波

在大气中，我们通过波能，即电磁波（光波）和机械波（声波）的方式获取物质世界的大部分信息。在大气中，光谱可见段的光衰减程度比声波要小，因此，我们能看见的距离比能听见的距离要远得多。在海洋中则恰恰相反。在清澈的海水中，最远可在深度 1 000 m 处（用仪器）探测到光线，但人们在海洋中可看清物体细节的距离很少能超过 50 m，通常情况下小于 50 m。但是，在水下声波的传播距离却很远，因此在海底，声波是比光有效得多的信息承载工具。

声波在空气中的传播速度比在水中的传播速度小（约为 1∶4.5），因此，在一种介质中发出的声能，仅有一小部分能穿透到其他介质中。这与光能穿过空气 - 水界面相对有效的通道不同（光在空气中和水中的传播速率比仅为 1.33∶1）。这就是为什么人站在岸上能看到水中的物体，但却无法听到海中的任何声音。同样，潜水员在水下无法交谈，因为他们的声音产生于喉咙内的空气中，仅有极小部分声能能传播到水中。用于海洋中的声源在固形物（传感器）中，例如，通过电磁方式产生声速接近声波在水中传播的速度的声能。因此这两种声能能在声学上"匹配"，而传感器能量将有效地传播到海洋中。

声是一种波。所有波都具有振幅、频率和波长特征（第 8.2 节）。声速（c）、频率（n）和波长（λ）可通过波动方程 $c = n\lambda$ 联系起来。声速并不取决于频率，而波长取决于声速和频率。声的频率在小于等于 1 Hz（1 Hz = 1 次振动/秒）到数百万赫兹之间变动（1 kHz＝1 000 次循环/秒）。在海水中声的波长范围很广，从 $n = 1$ Hz 时波长为 1 500 m，到 $n = 200$ kHz 时波长为 7 cm。大多数水下测声仪采用较小的测量范围，频率为 10～100 kHz，相应地波长为 14～1. 4 cm。

海洋中的声音有许多来源。水听器在探测海洋中的环境声时，可以记录到频率广泛和各种类型的声音，从低频率的隆隆声到高频率的嘶嘶声。海洋中声音频率一般为：海底声源微弱的震动（10～100 Hz）；船只（50～1 500 Hz）；风动、波动和雨水落在海面的声音（1～20 kHz）；气泡形成和动物噪音（10～400 Hz）；鱼和甲壳纲动物（1～10 kHz）。与海冰有关的噪音频率为 1～10 kHz。

声波是一种弹性波；声波运动时水分子聚在一起或相互远离。因此，声速取决于介质的压缩性。对于给定的密度，介质的压缩性越强，移动介质中的分子需要更多的能量，声波的传播速度就越慢。对于海中的声波传播速度 c，有：

$$c = (\beta\rho)^{-1/2}; \beta = \rho^{-1}(\partial\rho / \partial p)_{\theta,S} \tag{3.13}$$

式中，β 是海水的绝热压缩性（位温和盐度为常数），ρ 是海水密度，p 是压强，θ 是位温，S 是盐度。由于 β 和 ρ（非线性）取决于温度和压强，与盐度的相关性较低，因此声波的速度也遵循相同规律。不同实验测量结果显示式（3. 13）对 T、S 和 p 的依赖性存在各种关系式。最广为接受的两个关系式分别是 Del Grosso（1974）、Chen 与 Millero（1977）的方程式；Del Grosso 的方程式基于来自声波层析成像法和反向回声测深仪实验的结果（Meinen & Watts，1997），显然更为准确。如状态方程式一样，这两个关系式均为冗长且非线性的多项式。下文用于描述 T、S 和 p 关系特征的是一种较简单的方程式，该方程式是在 Mackenzie（1981）方程式的基础上简化而得，类似于 Del Grosso（1974）的方程式：

$$c = 1448.96 + 4. 59T - 0. 053T^2 + 1. 34(S - 35) + 0. 016p \tag{3.14}$$

式中，T、S 和 p 分别为温度、盐度和深度，且常数均具有正确的单位，计算后可得出单位为 m/s 的 c。$T = 0\,℃$，$S = 35$，$p = 0$ 时，声速为 1 449 m/s。$\Delta T = +1$ K 时，声速增加 4. 5 m/s；$\Delta S = +1$ 时，声速增加 1. 3 m/s；$\Delta p = 1 000$ dbar 时，声速增加 16 m/s。

当介质的压缩性较低时，声速较高。如之前在讨论位密度时所述，而且从简化后的方程式（3. 14）中也能看出，当海水温度较高时，其压缩性较低。压强较大时，由于分子相互挤压导致液体的硬度增大，海水的压缩性较低，在大多数区域，盐度变化对压缩性的影响可忽略不计。在上层水域，温度较高，声速较高，声速随着深度增加、温度降低而降低（图 3.7）。然而，压强也随着深度增加而增加，因此在中间深度处，由于海水温度降低而减缓的声速会因为压强增高而得到补偿。在海洋的大多数区域，海表面的海水温度较高，海底的压强高，因此，在海表面和海底的声速最大，中间位置声速最小。将声速的最小值称为声发（SOFAR）声道。在图 3.6 中，声速最小值大概位于深度为 700 m 处。在海面温度较低的地区，如高纬度地区，不存在声速的海面最大值，声发声道位于海面处。

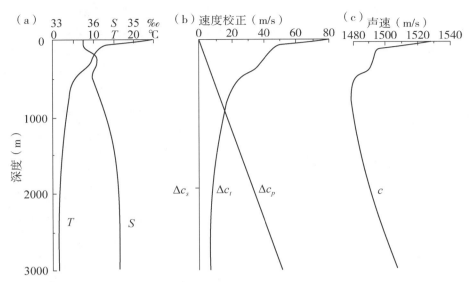

图 3.7　1959 年 8 月，太平洋 39°N，146°W 处的 Papa 观测站：（a）温度（℃）和盐度（psu）剖面图；（b）根据盐度、温度和压强对声速的校正；（c）显示声速最小值（SOFAR 声道）的现场声速剖面图结果

　　声的传播可用表示声音路径的射线表示（图 3.8）。在 SOFAR 声道中，图 3.8 中约 1 100 m 处，以水平面上适中角度入射的声波折射向下，穿过声速极小值处，然后折射向上；它们继续在声速极小值所在的深度周围发生振荡（从声源处急剧向上或向下的声线将不会在声道传播，可能会传播至海表面或海底后发生反射）。低频声波（频率为数百赫兹）能沿着 SOFAR 声道传播相当长的距离（数百万米）。这使得人们能对潜水艇进行远距离探测，并可用于对海中的救生艇进行定位。（使用 SOFAR 声道追踪漂浮于海面的飘浮物来测定深层洋流的方法，参见教材网站补充资料第 S6 章第 S6.5.2 节。）

　　图 3.8b 中的深海 SOFAR 声道是中低纬度海域特有的，在这些海域，温度随着深度增加而大幅下降。在高纬度海域，由于靠近海表面的温度可能保持恒定不变，或越接近海表面温度越低，声速将在海表面达到最小值（图 3.8a）。将较浅的声道或者位于海表面的声道称为表面声道。在这种情况下，位于较浅处的声源发出的向下声线将向上折射，而来自海面下声源发出的向上声线将从海面向下反射，随后再次向上折射。因此在海面的船只上，采用安装于船体的声呐设备检测深海潜水艇可能无法实现，而需要将声呐设备放在更深处。在较浅的水域中（如：海底深度＜200 m），反射可同时发生于海表面和海底。

　　靠近 SOFAR 声道轴的声源处发出的脉冲，在遥远的接收器上不会表现为尖脉冲，而是表现为一种缓慢升高至峰值，然后突然截止的延长信号。截止前的峰值是沿着声道轴到达接收器的声能（直达信号），而更早到达的声能则是沿着折射线路径传播的声能。图 3.8b 中，相比较直达线，折射线可能需要经过一段更长的距离，因此会有所延迟，但这是一种错觉。绘制图 3.8b 的过程中，为使声线被看清，对声线进行了总体的垂向放大，但折射线和直达线之间垂向的传播距离实际相差不大；折射线路径中更高的速度补偿了它们所经过更远的路程，因此它们比直达线到达的时间更早。

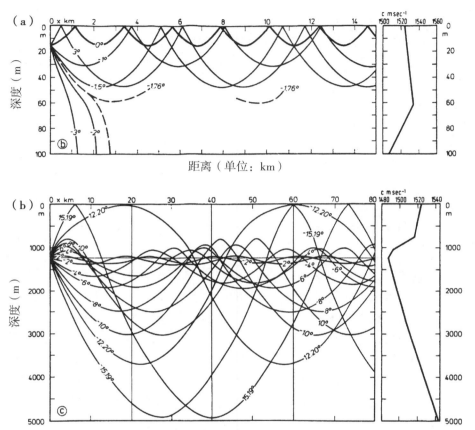

图 3.8 声线图：(a) 较浅处声源的声速剖面图，声速在上层混合层开始随着深度增加而增加，至浅层最小值达到最大值，然后减少；(b) 开阔海域中典型的靠近声道中速度最小值处的声源的声速剖面图。

声波被广泛用于对水中的固体物进行定位和探测。回声测深器可用于测量深度超过 11 000 m 海底深度。通过声呐（SONAR，声音导航与测距）可在数百米范围内测定潜水艇的方向和距离，以及在稍微较小的范围内测定鱼群的方向和距离。侧向扫描声呐可用于测定海底地形以及定位沉船。人们通过声波跟踪燕形浮筒（参见教材网站补充资料第 S6 章第 S6.5.2 节），对一些深处洋流进行了首次直接观测。通常采用多普勒频移原理，利用声波反射法测量洋流速度（或船只相对于海水的速度），即利用与海水一同移动的小颗粒反射的声波来测速。由于温度和密度会影响声速，声波能用于推断海水特征以及这些特征的变化。声波可用于测量海表面过程，如很难通过其他方法进行测量的海面降水。

在回声测深中，声能的较短脉冲垂直向下传播，当它们到达海底时会发生反射，然后回到船上。（回声测深器同样可用于探测鱼群，鱼鳔是很好的声能反射器。现代"探鱼器"就是用于探测船只下方的鱼群的低成本回声测深器。）声波传播时间 t 与深度 D 的关系为：$D = C_0 t / 2$，C_0 是海表面与海底间的平均声速。普通回声测深仪中的传感器接收范围与声波的波长范围相当，因此声波束的角幅很大。较宽的声波束无法识别海底地形的具体情况。特殊的测深装置采用能产生更窄的声波束的大型声源，还通过使用更高的频率（高达 100 kHz，甚至 200 kHz）增加分辨率，但由于海水对声能的吸收随着频率的平方增加而增加，因此频率更高的回声测深仪无法穿透较深的海水。

海水的不均质会使最初的尖锐声波脉冲发生扭曲，因此在水听器中接收到的信号可能产生较晚到达声波的不规则尾巴，这种现象称为混响。混响的其中一个来源是本质为生物学的"深海散射层"。该层的特征是昼夜（白天/夜晚）数百米的垂向迁移：生物体在黄昏时游向海面寻找食物，然后在黎明时游回深处。人们通过浮游生物和（充气）鱼鳔造成的散射，首次发现了该层。

通过声学多普勒剖面法（参见教材网站补充资料第 S6 章第 S6.5.5.1 节），可利用声波测定洋流和船只的速度。声波从声源处发出，遇到水中的颗粒物（主要为浮游生物）时发生反射，然后返回至接收器。如果声源相对于颗粒物发生移动，接收到的声波频率则与发射波不同，将这种现象称为多普勒频移。多普勒频移类似于一个人正在听警笛发出的声音，此时一辆救急车辆先迎面驶来（由于多普勒频移，该声音的频率变高，因此音调较高），然后驶离（由于多普勒频移，该声音的频率变低，因此音调较低）。船只上大量采用了声学多普勒计程仪，这种计程仪可对船只在水中的速度进行相对准确的测量。如果对船只速度进行非常精确的跟踪，比如采用 GPS 导航仪，则可通过船只相对于水的运动速度减去船只速度，得出水相对于 GPS 导航仪的速度，这是洋流速度的一种测量方法。海洋中同样采用声学多普勒流速剖面仪对洋流速度进行长期记录。

通过声波层析成像法（参见教材网站补充资料第 S6 章第 S6.6.1 节），可利用声波绘制海洋的温度结构图及其温度变化图。由于声速取决于温度，沿着声线路径温度的变化会造成声波传播时间的变化。这些变化可通过非常精确的时钟检测到。如果一片海域中交错分布着许多声线路径，采用复杂的数据分析技术分析声波传播时间的变化，可绘制出该海域中的温度变化图。这一技术在研究海域和季节性深对流的三维结构时尤其有用，因为无法通过研究船对这些深对流进行研究。类似的技术已用于对流域平均海洋温度进行非常远距离的监控，因为声波能在非常远的距离进行传播，同时几乎不会发生衰减（Munk & Wunsch，1982）。然而，随着全球温度－盐度剖面浮标观测阵 Argo 计划的诞生，利用声波对海洋温度变化进行大规模的监测这一方法不再受到人们的重视，因为 Argo 计划既能提供局部海洋信息，又能提供海盆平均信息。

有关海洋声学的更多信息，可在其他教科书中获取，如 Urick（1983）编写的教科书。

3.8 海洋中的光

本节是对一项复杂的主题"海洋中的光"的简要介绍。读者可通过其他资源获取关于光学的完整信息，如 Mobley（1995）和 Robinson（2004）的研究。

具有一定波长范围的阳光穿过大气进入海水中。在海洋上层深至 100 m 或更深处，可见光与水分子和溶解或悬浮于水中的物质发生相互作用。光为光合作用提供能量，同时加热表层海水。光线的反向散射、吸收和再发射过程形成可见光（海洋水色）从海面重回大气中。这些海表面的辐照可以通过位于海面上空的仪器（如卫星）被观测到。对卫星观测来说，大气会再次影响来自海面的信号。通过卫星观测到的海洋水色可以和影响海洋中光发射的因素相联系，包括浮游植物、颗粒有机碳、悬浮沉淀物等的含量。

太阳能在海洋上层中的吸收（衰减）取决于海水中的物质，因为这些物质会影响热量在海表层的分布情况，还会影响混合层过程。考虑表观力作用的环流模型有时要考虑光衰减，这是由于光衰减会影响混合层的形成，从而影响模型中的海表面温度。

3.8.1 节介绍了海水的光学性质，3.8.2 节介绍海洋水色。观测示例将在第 4 章介绍。

3.8.1 光学性质

太阳照射地球，其光能在可见光谱中存在峰值（波长范围从紫光到红光为 $400\sim700$ nm，其中 1 nm = 10^{-9} m）。光在水中和大气中具有不同的性质。相较于大气，海水对光的吸收能力更强。当波长较短的光进入海洋后，其中一些被散射，但几乎所有光线都会被上层 100 m 的海水所吸收，光能近似地以指数速率衰减。光被吸收用于光合作用的海水层称为透光（真光）层。太阳能在海洋上层的传播在海洋的热平衡中（第 5 章）也很重要。

图 3.9 是海洋光学过程的一个粗略示意图，Mobley（1995）为图中的各相关量贡献了更详细和精确的表述。各相关量可以或难或易地通过观测得到。图的顶部显示，决定进入海洋中的辐射量的外部环境因素主要有三个：一是太阳的辐射分布情况，这一分布取决于太阳的位置和空气状况；二是海洋，海水决定了光反射而无法进入海中的辐射量；三是海底条件，水深较浅的海底可拦截光线。海水的内在光学性质（取决于溶解、悬浮或活动在水中的物质如浮游植物）决定了海水对光辐射的吸收和散射，而吸收和散射与波长呈函数关系。

外界环境条件和固有光学性质以一个辐射传递方程式，共同作用确定介质中的辐射度量。因此在此先定义图 3.9 中框里列出的各种辐射通量。来自一点光源的光线，在传播介质中的任何一点都发生扩散或散射，可照亮该光源周围的整个球体范围。因此类似于面积，规定以"球面度（sr）"为测量单位的物理量为立体角。光线的能量通量单位为瓦特（J/sec）。辐亮度是指通过单位截面积和单位立体角的辐射通量，单

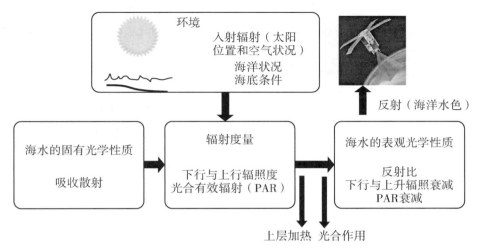

图 3.9　海水中的光传播过程示意图

在 Mobley（1995）的基础上进行简化和修改，加入了海水热量和光合作用的指标，以及对海色的卫星观测。

位为 $W/(sr \cdot m^2)$。将辐亮度视为波长的函数（即光谱辐射），则其单位为 $W/(sr \cdot m^2 \cdot nm)$（波长单位为 nm）。

辐照度是到达指定点（即进行光学测量之处）的总辐射通量，即从各个方向到达观测点的辐亮度之和，也是所有立体角方向辐射通量的积分；总辐照度的单位为 W/m^2，或光谱辐照度的单位为 $W/(m^2 \cdot nm)$（光谱辐照度是波长的函数）。上行辐照度定义为水平单位面积上接收到的海水中向上的辐射通量；下行辐照度定义为水平单位面积上接收到的海水中向下的辐射通量。

反射率是某观测点处上行辐照度与下行辐照度的比值，因此无单位。反射率不等同于来自海表面的实际反射光，而是从海洋中反射出的光。然而在遥感技术中，往往在一个指定位置测量来自海面而非所有方向的辐射，因此反射率定义为上行辐亮度与下行辐照度的比值，此时反射率的单位为 sr^{-1}。

可用于光合作用的辐射总量（光合有效辐射，PAR）单位为 $photons \cdot s^{-1} \cdot m^{-2}$。

图 3.9 最右边底部的框中列出了海水的表观光学性质，包括光在水体内衰减的速度，以及光通过海表面反射的量（表示为反射比）。辐照度和 PAR 随着深度增加而衰减，海水吸收、散射辐射量，并将其部分用于浮游植物的光合作用。光通常近似于指数衰减。假设光以准确的指数速率衰减，方程式为 $I(z) = I_0 e^{-Kz}$，式中 I_0 是海面的辐射强度，I 是海面下 z 米深度处的光照强度，K 是海水的垂直衰减系数，则海水的表观光学性质可以用 e 倍的深度——K 表示，但实际上光并非按指数形式衰减，因此衰减系数 K 与辐射强度对水深的导数成正比（且当光以指数形式衰减时，衰减系数 K 等于 e 倍的深度）。

来源于 Jerlov（1976）的表 3.3 阐明了水深和常数衰减系数对光照强度的影响。衰减系数 K 主要取决于对海水吸收光影响较大，而对海水散射光影响较小的因素。表 3.3 的后两列显示了实际海水中观测到的光穿透范围。

表 3.3 中最小的衰减系数（$K = 0.02\ m^{-1}$）对应于海水最清澈时光能穿透最深的情况。由于近岸海水中悬浮颗粒物和溶解物质对光造成的其他衰减，光能无法像在清澈海水中那样快速地穿透近岸水域。表中列出的最大衰减系数为 $K = 2\ m^{-1}$，表示在含有许多悬浮颗粒物的非常浑浊海水中的衰减系数。

表 3.3　到达海水中指定深度的光能数量，以进入海面的光能数量的百分比表示

深度（m）	垂直衰减系数 K（单位：m^{-1}）			最清澈的海水	浑浊的沿岸海水
	$K = 0.02$	$K = 0.2$	$K = 2$		
0	100%	100%	100%	100%	100%
1	98%	82%	14%	45%	18%
2	96%	67%	2%	39%	8%
10	82%	14%	0	22%	0
50	37%	0	0	5%	0
100	14%	0	0	0.5%	0

在海水中，衰减系数 K 也会随着波长发生明显变化。图 3.10b 中显示了穿透 1 m、10 m 和 50 m 清澈海水的光能相对量，与波长呈函数关系（实线）。具有蓝光波长的光能穿透最深；黄光和红光的穿透力要小得多。这表示，波长约为 450 nm 的蓝光在清澈的海水中衰减量最少。而波长更短或更长的光（紫外光和红外光），在海水中的衰减量要大得多。紫外光的大量衰减对海洋热平衡来说影响并不大，因为较短波长的光很少能到达海平面。太阳能更多地分布在光谱的红光段内和红光段以上。实际上，波长短于可见光的光能在海洋顶部几米内的海水中被吸收，而波长较长（≥1 500 nm）的光能则在海洋顶部几厘米内的海水中被吸收。

所有波长的光在浑浊的水中更容易发生衰减。在清澈的海水中，50～100 m 深处有充足的光照，潜水员可以工作，但在浑浊的沿岸海水中，几乎所有的光能都已在 10 m 深处就吸收殆尽。K 在浑浊海水中比清澈海水中大（图 3.10a），最小的衰减出现在光谱的黄光段。在浑浊的海水中，较少的能量会穿透至 1 m 和 10 m 间，最高的穿透量反而发生在黄光段（图 3.10b）（在浑浊的海水中，到达 50 m 深处的光能太过微弱，在该图的比例下无法显示）。

在清澈的海水中，蓝光和绿光的穿透力明显更强，无论是通过潜水时还是通过水下自然光线下拍摄的彩色照片，我们都能通过视觉感受到。随着水深增加，红色或黄色的物体看上去颜色更深，甚至呈黑色，这是因为海水已经在上层水域吸收了位于光谱红光段的光线，物体能反射的红光所剩无几。而蓝色或绿色的物体在海洋更深处则仍可保持它们的颜色。

海水中的浮游生物也会改变太阳辐射的穿透深度，因此也会影响太阳热量的吸收

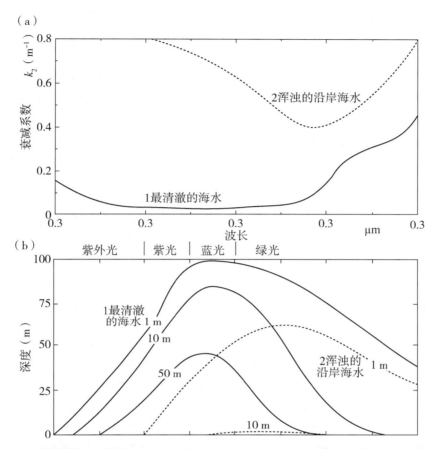

图 3.10　（a）最清澈海水（实线）与浑浊的沿岸海水（虚线）中的衰减系数 k_λ，与波长 λ（单位：μm）呈函数关系；（b）最清澈海水中到达 1 m、10 m 和 50 m 深度处的相对光能和浑浊的沿岸海水中到达 1 m 和 10 m 深度处的相对光能

深度，从而改变海面混合层的形成方式，这种改变又反过来影响浮游生物，形成一种反馈。由于世界上一些海域的生物生产力大于其他海域，因此这种光吸收的垂直分布在大量海域中存在永久性的地理差异。

3.8.2　海色

海洋在人类眼中，呈现出从深蓝色到绿色再到黄绿色的不同颜色（Jerlov，1976）。一般来说，热带和赤道海域呈深蓝色或靛蓝色，尤其是在生物生产力较小的海域。在纬度更高处，海洋颜色呈现蓝绿色到绿色，极地地区为绿色。沿岸海水通常呈绿色。

低纬度开阔海域呈蓝色由两个因素造成。一方面，水分子对短波光（蓝光）的散射强度比长波光（红光）要强得多，因此海水颜色呈蓝色；另一方面，太阳光的红光和黄光成分在海洋上层几米处迅速被海水吸收，所以剩余被海水继续散射的光只有蓝光。从上空俯视海洋时，从海面反射的光与从水体散射出的蓝光叠加，如果这时天空一片湛蓝，那么海洋将呈现为深蓝色，但如果天空中有云，那么从海面反射的白光将稀释从水中散射出的蓝光，海水将呈现为浅蓝色。

如果海水中存在浮游植物，这些植物中的叶绿素将吸收蓝光和红光，海水颜色就会变为绿色（这也是植物通常是绿色的原因）。来自植物的有机物也会给海水增加一点黄色；这些有机物吸收蓝光，并使海水变为绿色。这些颜色变化一般出现在生产力高的高纬度和沿岸水域。在一些沿岸地区，河流中携带的溶解性有机物使海水呈现黄绿色。一些沿岸地区海水偶尔由于红棕色浮游植物大量繁殖而呈现出红色，即所谓的赤潮。泥土、泥沙以及其他细碎的无机物通过河流进入海洋，也会使海水颜色改变。在一些峡湾处，低盐度的表层海水可能呈现出乳白色，这是由冰川磨损产生的细碎"岩粉"随冰雪融水流入海洋造成的。海洋上层的湍流可以使沉积物悬浮一段时间，但当沉积物沉入下层盐度较高的海水中时，它会在絮结（形成团块）后快速下沉。在此类地区潜水时，潜水员在海洋上层的视野可能只有几分米，但在下层盐度较高的海水中视野能达到数米。

过去，一般采用一种放置于船下海水中的白色沙奇盘（参见教材网站补充资料第S6 章第 S6.8 节），来测定海水的颜色和光线的穿透深度。目前，这种方法已由一套可用于测量不同波长段、不同水透明度和不同荧光度的光穿透能力的仪器所取代。最重要的是，水色现在可由卫星上的彩色传感器实现持续和全球性范围的观测。

海洋水色是一种与反射率有关的定义明确的变值（图 3.9 及第 3.8.1 节中的定义）。反射率或海洋水色可直接在海洋表面上方观测得到。自 20 世纪 80 年代起，人们开始通过卫星对海洋水色进行观测，由于光线向上传播时穿过大气，卫星观测数据必须经过校正。校正后通过复杂的算法将海洋水色观测值转换为其他物理量，如叶绿素含量或颗粒状有机碳的量，或由腐烂植被产生的"黄色物质"（有色可溶性有机物）的量。随着全球卫星的覆盖，这些物理量几乎可以在所有地区通过连续观测得到。

Robinson（2004）提供了涉及海洋水色遥感中的光传播路径的完整处理方法，该方法从考虑卫星传感器观测到的总辐亮度着手。观测的辐亮度有许多来源路径。这些可以归类为大气路径辐亮度（L_p）、海面下的"离水辐亮度"（L_w），以及卫星传感器瞬时视场内所有表面反射造成的镜面反射（L_r）。因此卫星传感器接收的辐亮度 L_s 为：

$$L_s = L_p + TL_w + TL_r \qquad (3.15)$$

T 是透射率，即到达传感器而未被散射到视场外的辐射比例。

离水辐射可以提供有关海洋水色的信息，因此可作为海洋水色的观测量。它与反射率密切相关；将海面上的离水辐射与海面上的下行辐照度之比称为"遥感反射率"或"标准化离水辐射"。这三种净辐射取决于波长和海水的浑浊度。卫星传感器接收的辐亮度中，大部分为来自大气路径的辐亮度 L_p，小部分为离水辐射和反射辐射。由于海洋路径的信号强度较弱（离水辐射），海洋水色遥感中卫星感知的可见光需要经过非常精确的大气校正，一般采用复杂的辐射转移模型来进行。叶绿素含量的准确度通常主要取决于这种大气校正。校正后，可对与生物活性相关的各种成分（尤其是叶绿素）进行辐射结果分析。

　　叶绿素对光谱反射率（标准化离水辐射）的最大影响是，与清水的光谱相比，叶绿素会降低光谱蓝光段的能量。由图 3.11（H. Gordon，2009）可见。图中显示的是经过和未经过大气校正的辐射光谱。进行大气校正前，低浓度和高浓度叶绿素水域的光谱几乎没有差别。去除大气信号后，差异才显现出来。高精度叶绿素光谱在蓝光段较低，在绿光和红光段升高。

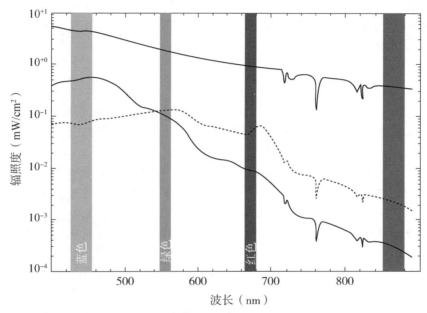

图 3.11　通过多角度成像光谱仪（MISR）观察到的离水辐射观测实例，包括卫星彩色传感器观察到的频带

实线：低浓度叶绿素水域（0.01 mg/m³）。虚线：高浓度叶绿素水域（10.0 mg/m³）。两条位于下方的曲线已经过大气校正（H. Gordon，2009）。

　　通过卫星获得的海洋水色观测结果也可以作为海水衰减特性的代用指标，这些结果可以用于结合大气外力运行的混合层模型。海洋中吸收的太阳辐射使海洋上层的水体温度升高。太阳能辐射的时空分布与水体中的物质直接相关，并影响海洋水色。在实践中，当前海洋环流模型中的大多数混合层模型采用的是红光（在海水中快速吸收）和蓝绿光（能穿透到海洋更深处）的两个指数衰减函数之和，其中采用了基于特殊水型假设的系数。不过，明确结合生物活动对衰减的影响（结合海洋水色观测和生物光学模型以及混合层模型）这一方法正在被广泛地试用。由于生物活动对模型中混合层温度的影响十分明显（Wu，Tang，Sathyendranath & Platt，2007），并且实际上影响了海洋上方大气的温度（Shell，Frouin，Nakamoto & Somerville，2003），结合生物活动对衰减的影响可能会成为未来水色研究的一个方向。

3.9 海洋中的冰

海洋中的冰有两种来源：海水结冰和从冰川中分离出来的冰。大多数冰的来源属于第一种，称为海冰；冰川在北半球是"尖峰"状的冰山，在南半球是平坦的"平板"冰山。海冰是一种热传导系数略大的绝热材料，限制了大气和海洋之间的热量和动量传输；海冰通过融化和冻结，能阻挡海洋的表面波，改变海洋上层的温度和盐度结构，海冰也是航海活动的主要障碍。具有高反射性，即高反照率（第 5.4.3 节）的冰盖是地球气候反馈的重要组成部分。第 5.4.5 节中描述了冰反照率影响气候的反馈机制，这一反馈在北极尤为重要（第 12.8 节）。

3.9.1 结冰过程

当水（通过辐射、大气传导、对流或蒸发）失去足够的热量时，就会冻结为冰，换言之，水将变为固态。结冰在海表面开始发生，然后随着热量通过冰从较底层的水中传至空气中，海表面的冰块厚度向下逐渐增加。

对于淡水和低盐度海水，其初始的结冰过程与盐度更高的海水不同，因为海水达到其最大密度时的温度会随着盐度变化而变化。表 3.4 给出了各种盐度海水的冰点和达到最大密度时的温度（需要注意的是，这些数值适用于大气压强下发生的结冰等过程。压强增加会使冰点降低，水深每增加 100 m，冰点温度降低约 0.08 K）。

为了比较淡水和海水的结冰过程，首先假设一个淡水湖泊，其温度从表面约 10 ℃ 降低到约 30 m 深度处的 5 ℃。当热量通过水面损失时，水的密度增加，并且随着表面水层的温度逐渐降低而发生垂直对流混合（倾覆）。这种过程将一直持续到上层混合层冷却至 3.98 ℃，表层海水的进一步降温将导致其密度降低，并且始终位于海表面。因此由于热量从较薄的水面层快速损失，水面会很快结冰。对于具有相同初始温度分布且盐度为 35 psu 的海水，表面冷却首先导致海水密度增加，并且对流会导致不同深度的海水垂直混合，直到水体温度达到 -1.91 ℃ 时才会开始结冰。由于体积更大的海水必须在比淡水降温更多时才能冷却，因此海水发生结冰比淡水需要更长的时间。计算表明，最初温度为 10 ℃，深度为 100 cm，横截面积为 1 cm² 的淡水水体表面 1 cm 水层结冰需要 163 J 的热量损失，而对于相同体积的盐度为 $S = 35$ psu 的海水，则需要 305 J 的热量损失才能使海水表层 1 cm 结冰，这是因为整个水体必须冷却至 -1.91 ℃，而不像淡水仅需要其顶部 1 cm 冷却至 0 ℃。

表 3.4 淡水和海水的冰点温度（t_f）和达到最大密度（t_{pmax}）时的温度

S（psu）	0	10	20	24.7	30	35
t_f（℃）	0	-0.5	-1.08	-1.33	-1.63	-1.91
t_{pmax}（℃）	+3.98	+1.83	-0.32	-1.33	—	—

需要注意的是，盐度＜24.7 psu 的海水，它的最大密度值的温度在冰点以上，因此尽管其冰点较低，但其性质却与淡水类似。而盐度＞24.7 psu（高纬度地区）的海水，盐度通常随深度增加而增加，水体的稳定性通常将对流限制在水深 30～50 m 处。因此，在深层海水达到冰点之前，海面已经开始结冰。

一般来说，海冰会先在海岸附近的浅水中形成，尤其是由于河流径流造成盐度降低和洋流作用最小的水域。海冰形成后，将与海岸冻结在一起的海冰称为"固定冰"。首先形成使海水表面呈"油滑"纯冰的针状晶体（油脂状冰或片冰）。随着晶体数量增加形成冰泥，冰泥的厚度增加到一定程度后会破裂成一米左右的薄片。随着气温持续降低，这些薄片的厚度和宽度增加，最终形成连续的絮片或片冰。

一旦在海表面形成冰后，当气温低于冰下的水温时，冰下的海水会继续结冰，冰厚度增加的速率取决于热量通过冰（及任何积雪）向上损失的速率。该热量损失与冰面和冰底之间的温差成正比，与冰和雪盖的厚度成反比。

在极冷的气温下，厚度高达 10 cm 的冰层可在 24 小时内形成，冰层的形成速度随着冰层厚度的增加而降低。冰面上的雪具有隔热性能（取决于雪层的紧密程度），能显著减少热量损失。例如，5 cm 厚新形成的粉末雪的隔热性能等同于 250～350 cm 厚的冰，5 cm 厚较紧密雪的隔热性能等同于 60～100 cm 厚的冰，5 cm 厚紧密压实雪的隔热性能仅等同于 20～30 cm 厚的冰。

以加拿大北极圈中某处的冰盖形成的年度循环为例，据观察，冰从 9 月开始形成，在 10 月的厚度约为 0.5 m，12 月的厚度为 1 m，2 月的厚度为 1.5 m，并在 5 月厚度达到最大的 2 m，然后冰层开始融化。

3.9.2 盐析作用

在冰晶形成的初始阶段，海水中的盐分析出，使周围海水的密度增加，一些海水开始下沉，一些海水聚集在冰晶中，形成"盐泡"。冻结的速度越快，此区域聚集的盐水就越多。因此，海冰并非纯粹的水凝冰，新凝结的海冰盐度为 15 psu（老冰的盐度较低，因为重力会使盐泡慢慢向下移动）。当海水持续结冰时，盐泡中析出更多的冰，使海水的盐度升高，将这个过程称为盐析作用。一些盐分甚至会变为晶体析出。

由于盐析作用，当年冰的盐度一般为 4～10 psu，次年冰（保持结冰状态时间超过 1 年）的盐度将降低至 1～3 psu，对于多年冰，其盐度可能低于 1 psu。位于海平面之上的海冰，如海冰的厚度增加或发生漂移，海冰内的盐水将逐渐下渗流出，最终变为盐度几乎为 0 的老冰。这些老冰可能会融化并作为饮用水供人们饮用，但是刚融化的新冰无法作为饮用水使用。因此，海冰具有不同的成分和性质，这些成分和性质很大程度上取决于海冰形成后经历的时长（详见 Doronin & Kheisin，1975）。

盐析作用可导致不断形成的海冰下方海水的盐度不断增加。在浅海区域，如大陆架上，盐度的增加十分明显，会导致出现密度很大的海水。这是南极洲（第 13 章）的深海海水和底层海水，以及北太平洋中层水域中密度最高的水体（第 10 章）形成的主要机制。盐析作用也是改变北极圈水团的一个主要过程（第 12 章）。

3.9.3　海冰的密度和热力学性质

0 ℃下，纯水的密度为 999.9 kg/m³，纯冰的密度为 916.8 kg/m³。但是，海冰的密度可能大于 916.8 kg/m³（如果盐水聚集在冰晶中），也可能小于 916.8 kg/m³（如果盐水流失且出现气泡）。挪威 Maud 远征中记录的海冰密度数值范围为 924～857 kg/m³（Malmgren，1927）。

融化海冰所需热量与海冰盐度有很大关系。对于 $S = 0$ psu 的冰（淡水结成的冰），融化 -2 ℃的冰需要 19.3 kJ/kg 的热量，融化 -20 ℃的冰需要 21.4 kJ/kg 的热量；而对于 $S = 15$ psu 的海冰，融化 -2 ℃的海冰仅需要 11.2 kJ/kg 的热量，融化 -20 ℃的海冰仅需要 20.0 kJ/kg 的热量。将淡水结成的冰从 -20 ℃升温至 -2 ℃所需的热量差（2.1 kJ/kg）很小，这是因为海冰在这个过程中没有发生融化。这是对纯冰比热的真实测量。然而，要使 $S = 15$ psu 的海冰发生相同的温度变化，则需要更多的热量（8.8 kJ/kg），这是因为靠近盐泡的冰发生了融化，需要潜在的热量，而温度升高也需要热量。需要注意的是，融化新冰（$S = 15$ psu）所需热量少于融化盐度较低的老冰所需的热量。

3.9.4　海冰的力学性质

由于当年冰呈海绵状（冰晶＋盐泡），其硬度远低于淡水冰。此外，快速结冰会导致出现更多盐泡，因此快速形成的冰的硬度低于缓慢形成的冰；换句话说，在极冷天气下形成的海冰，一开始的硬度会低于在气温略高时形成的冰。随着海冰温度不断降低，其硬度和强度不断增加，随着时间流逝，盐泡下渗流出，海冰的硬度越来越高。当海冰在静水中形成时，冰晶趋向于规律排列，易沿着解理面断裂，而在流动的水中，冰晶随机排列，未形成解理面，因此不容易发生断裂。

温度发生变化时，海冰的力学性质十分复杂。当海冰温度降至冰点以下时，海冰先膨胀，继之变为收缩。例如，$S = 4$ psu 的浮冰在由 -2 ℃降到 -3 ℃时，每 1 km 长度会发生 1 m 的膨胀，当在 -10 ℃时达到其最高膨胀度后，会发生轻微的收缩。$S = 10$ psu 的浮冰由 -2 ℃降到 -3 ℃时，每 1 km 长度会发生 4 m 的膨胀，并在 -18 ℃时达到最高膨胀度。温度降低时海冰发生的膨胀会导致冰盖弯曲并形成"压脊"，而随着温度进一步下降，海冰达到最高膨胀度后的收缩有时会导致冰盖中出现很宽的裂缝。

压脊也可能是海冰表面的风应力造成的，这种应力会使冰盖相聚。顶部冰脊的出现通常会伴随着较低层海冰的厚度增加，增加厚度一般为表面冰脊高度的 4 到 5 倍。浮冰六分之一厚度露出海面，六分之五位于海面之下，因此，相对较小的表面冰脊往往在海面之下有很深的冰脊——曾记录到的海底冰脊深度为海面下 25～50 m。冰盖厚度的增加还可能是漂流造成的，当风力或潮汐力将一块冰盖推向另一块冰盖上方，或当两块冰盖互相挤压发生崩塌，并在它们的接触面上堆积起海冰，冰盖厚度会增加。将形成时间较久的冰脊，包括积雪，称为冰丘。由于冰丘的盐度低于形成时间较短的冰脊，因此冰丘比形成时间较短的冰脊强度更高，对表面移动产生的阻力更大。

3.9.5　海冰的类型及其移动

如第 12.7.1 节中所述，海冰可以分为固定冰（与海岸相连）、浮冰（存在一些间隙的季节冰到多年冰）和冰盖（较厚，大部分为多年冰）。对于未与陆地相连的海冰来说，多种力决定了海冰的移动：

（a）海冰表面上的风应力（量级取决于风速和冰面的粗糙度，因为冰脊会增加风应力）。典型的海冰移动速度为风速的 1%～2%。

（b）在静水中移动的冰盖底部的摩擦阻力会导致海冰的移动速度降低，而水流（洋流和潮汐）会对海冰底部施加一个洋流运动方向的力。由于洋流速度通常会随着深度的增加而减小，较深的冰山受到的净力低于薄冰受到的净力，当存在很强的风应力时，浮冰将离开冰山。

（c）在（a）和（b）两种情况下，科里奥利力效应（第 7.2.3 节）会使北半球海冰的移动方向往风应力或洋流应力方向的右侧偏转 $15°～20°$（南半球则向左侧偏转）。（Nansen 观察到风向和海冰移动之间的关系，并与 Ekman 进行了交流，Ekman 随后发表了著名的风生流理论。）很容易注意到，表面摩擦力导致表面风的风向偏离表面等压线左侧 $15°$，近似于海冰漂移的方向（北半球）。

（d）如冰盖不连续，单块浮冰之间的碰撞可能会伴随着动量的转移（即运动较快的浮冰速度将减少，较慢的浮冰速度将增加）。冰的变形和碰撞形成冰脊会造成能量的损失。能量的损失源自内部冰阻力，其会随着海冰密集度（即海冰覆盖面积的比例）的增加而增加。冰的上表面粗糙度（$R = 1～9$）和海冰密集度（$C = 1～9$）对海冰运动速度（以风速的百分比表示，保留一位小数）的影响可用下式表示：$V = R(1 - 0.08C)$，因此海冰的速度会随着粗糙度增加而增加，但随着海冰密集度增加而减小。值得注意的是，对于距离很近的浮冰，由于风或洋流的应力在很大一片面积上会互相叠加，局部移动可能与当地的风况相关性不大。

3.9.6　冰间湖和冰沟

浮冰内近于无冰水面的区域通常位于人们认为海冰存在的位置。由于冰是良好的绝热物质，这些无冰水域对于大气－海洋之间的热量交换过程十分关键。将浮冰之间的小裂缝称为冰沟；这些冰沟是浮冰运动造成的，位置分布具有随机性。将较大的周期性无冰水域称为冰间湖。根据维持无冰水域的机制，将冰间湖分为两种类型（图 3.12；另参见 Barber & Massom，2007）：

1. 潜热冰间湖是由风造成的，通常位于沿岸地区或结冰陆架边缘。新冰快速形成；来自正在形成海冰的潜热以约 $200～500 \ W/m^2$ 的速度释放到大气中。

2. 感热冰间湖的形成原因是相对较暖的海水上升至海面使冰融化。另一常见术语是裂缝冰间湖，指产生于浮冰和固定冰之间边界处的冰间湖。由于大多数冰间湖都由多种力共同形成，命名法趋向于对形成原因进行更具体的描述（力学－风；对流－

融化；Williams，Carmack & Ingram，2007）。

　　风生冰间湖通常位于靠近海岸线的水域或位于结冰陆架边缘或固定冰边缘的水域，这些水域通常由于巨大的海陆温差形成很强的风力（下降风）。风生冰间湖的无冰水面由于风力干扰而存在，因此风生冰间湖中的无冰水面通常会不断地结冰。这些风生冰间湖相当于能产生大量新冰的冰工厂，产生的新冰数量超过冰厚度更大且大气－海洋热量流动由冰盖降到了最低值的区域所产生的新冰数量。如果风生冰间湖位于较浅的大陆架之上，在持续形成海冰的过程中将会析出大量盐分，当温度达到冰点，可产生密度很大的陆架水。这是全球海域中（第 7.11 节），尤其是在南极洲（第 13 章）和北极圈（第 12 章）沿岸密度很高的海水，以及鄂霍次克海中北太平洋海域（第 10 章）中密度最高的（中间）水域形成的主要机制。

　　浮冰内由于冰的不断融化形成的冰间湖，是通过温度、盐度较低的表层水体与下方温度、盐度较高的水体之间发生的混合形成的。这些冰间湖也可能会沿着周边产生海冰，因为大气与海洋之间的热量流动大于冰盖上的热量流动，但来自下层较暖水域、向上辐射的热通量意味着，在这里，新冰的产生效率远低于风生冰间湖。垂直混合是冰间湖内的对流造成的，可发生在深水形成处，如格陵兰海中的 Odden-Nord-bukta（第 12.2.3 节）。在较浅的水域，由于潮汐可驱动水下斜岸的海水，这里的混合强度将大大增强（图 3.12b）。北冰洋中的加拿大北极群岛中的许多著名冰间湖都是由潮汐作用维持（图 12.23，来自 Hannah，Dupont & Dunphy，2009），比如鄂霍次克海中卡舍瓦罗夫浅滩上的周期性冰间湖（图 10.29）。

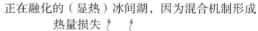
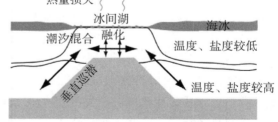

图 3.12　冰间湖形成示意图：（a）风力作用下形成无冰水面的潜热冰间湖；（b）潮汐混合温度较高的亚表层水体作用下形成无冰水面的感热冰间湖
来源：Hannah 等（2009）。

3.9.7　海冰分散

　　海冰分散是由海浪运动、潮流流动和海冰融化造成的。当海冰吸收太阳辐射，以及通过空气和邻近海水的热传导获得足够的热量后，海冰的温度将升高至熔点以上，开始融化。辐射的吸收量取决于表面的反照率（辐射的反射比例），不同状态下的反照率差异很大。比如，海水的反照率为 0.05～0.10（辐射吸收率很高）；对于无雪的海冰，其反照率为 0.3～0.4；对于新雪，其反照率为 0.8～0.9。颜色较深的物质（如尘土）的反照率较低，为 0.1～0.25，这些物质也可很好地吸收辐射。冰上的这些物质能形成辐射吸收中心，海冰以此为中心开始融化，因此会形成小水坑。由于水的反照率较低，这些小水坑将继续吸收热量，甚至使整个冰盖融化。一旦形成任何无冰水面，该水面将吸收热量并导致漂浮其上的海冰迅速融化。

第 4 章　水体特征的典型分布

4.1　简介

本章主要描述水体特性（如温度、盐度、含氧量以及营养盐）的典型分布形式。第 3 章中已经对这些特性做过介绍，在这里我们强调一些常见的分布形式，如大西洋、太平洋以及印度洋，或所有亚热带地区，或其经过的赤道区域常见的分布形式。第 5 章综述热量和淡水平衡，对后续章节中详述各海洋盆地水特性和循环提供了基本框架。第 14 章对一些大尺度水体进行概述。

有几个核心概念对于研究大尺度水体特性十分重要。

首先，大多数水体物理特性最初均在海洋表面被确定下来，后来通过"通风"（ventilation）过程在海洋内部被不断改变/调整。通风是海洋表面与海洋内部的联系（类似于呼吸作用）。

其次，海洋密度是垂向分层的，海洋内部的水体主要沿着等熵线（等密度线）表面流动，而非穿过其中。这说明，海洋内部的水流几乎是绝热的（没有内部热源和淡水源）。此外，水体特性有助于确定表面到内部的流动路径，有助于确定驱动和混合过程及各过程发生的位置。这与下节中定义的水团概念联系紧密。

大多数水体的特征在垂向上变化很大，且较为典型，在深海中这一变化的平均间隔为 5 km，但在水平方向类似变化的量级却比这大得多。例如，赤道附近水域中，从海洋表面到 1 km 水深处，水温可能从 25 ℃降至 5 ℃，但是从赤道向北或向南走 5 000 km 可能才抵达海洋表面温度为 5 ℃的纬度。在这种情况下，垂向上平均温度梯度（单位距离上温度的变化）大约是平均水平温度梯度的 5 000 倍。但是，这些平缓的水平方向变化仍非常重要：水平方向上的密度差异与水平压力差异紧密相关。水平压力差异推动水平环流，其强度比垂直环流更大。为了解释水体特征和流速的三维分布特征，采用一维、二维图示，例如剖面图、垂向断面图和水平图像。

在海洋和大气中，地理差异的特征大部分表现在南北（经线）方向上，而东西（纬线）方向上通常较为均匀。后者有一个特例——边界附近重要的纬向变化，尤其在海洋盆地的西侧。除了主要的海洋盆地，我们也会涉及由纬度范围划分的一般地区。

赤道地区指的是赤道附近数度内的地带，而热带地区指的是热带（赤道与北纬或南纬 23°）范围内的地带。与其他地区相比，赤道地区地球自转对水流的影响最小，这使得在赤道地区形成了非常特别的水流和水体特征分布。在热带地区，海洋表面会产生净热。赤道地区和热带地区的区别非常明显，但这两个地区被合称为低纬度地区。与之相类似，把靠近南极和北极的地区称为高纬度地区。亚热带指的是以大气高压中心为特征，靠近热带的中纬度地带。极地指的是北极和南极地区，该地区会存在净冷却现象，通常会形成海冰。副极地指的是恶劣的极地条件地区和温带中纬度地区之间的地带。最显著的季节性变化通常出现在温带地区（大约在北纬或南纬 $30°\sim60°$）。

在本章和后续章节中，将提到水团的概念，水团指的是在可识别过程中具有专有性质的水域。当其在海洋中平流输送和混合时，水团特征更加明显。大多数的水团形成于海洋表面，在海洋表面其识别特征与表面驱动力直接相关，但是也有一些水团的特征（如最低含氧量）是因地下生物地球化学和物理过程形成的。在一定程度上，一些水团几乎是全球性的，而一些水团仅局限于局部地区，例如在特定海洋盆地中的涡旋。已命名水团的名字通常要大写。一些水团有好几个名字，这是历史原因造成的。水体类型和水源类型是相关的两个重要概念：水体类型是特征空间中的一项，通常通过温度和盐度来定义；而水源类型是根据水团来源的不同划分的（例如，Tomczak & Godfrey，2003）。

水团是依据其识别特征和形成该具体特征的海洋过程进行描述的。描述性物理海洋学家通常会先确定核心特征，接下来试图探索形成该特征的过程。一旦过程确定，过程相关的附加信息便用于完善该水团的定义。例如，水团的密度范围由水团决定。相关过程和水团分布的信息对研究环流十分重要。

地中海水域（MW）（第 9 章）具有易识别特征的水团。MW 是北大西洋中盐浓度最高的层，处于海洋中深层（1 000～2 000 m），横向盐度的最大值穿越该层的准水平表面（例如图 6.4）。它的来源是来自地中海流经直布罗陀海峡的盐水。其高盐度是由地中海海水的过量蒸发以及高密水等原因造成的（查阅教材网站，http://booksite.academicpress.com/DPO/第 S8.10.2 节；"S"表示补充资料）。北大西洋中的 MW 密度范围与其在直布罗陀海峡的高密度和其从直布罗陀海峡流出后于大陆坡流下时与周围（成层）北大西洋海水强烈混合的情况有关。

副热带模态水（STMW）是另一个具有简单垂向极值的水团，其厚度（垂向均质性）可通过比较上部和下部水体得出。在每个海洋的副热带环流中都存在 STMW（第 9.8.2、10.9.1 和 11.8.1 节）。STMW 起源于冬季表面混合层，其沿着等密度线平行向下流向海洋内部。STMW 保持其厚度特征与 MW 保持其高盐度特征类似。海洋内部缓慢的混合作用最终会削弱极值，但极值仍可维持很长距离，因此其可作为水流指示物。

本章将介绍一些其他的世界水团。海洋盆地章节（第 9～13 章）中将详细描述这些水团及其形成过程，第 14 章中将做最后的总结。

考虑到整个海洋属性以及水团的信息，垂向结构应当分为四层，即上层、中层、深层以及底层。上层包含表面混合层、温跃层和（或）盐跃层、密度跃层，以及嵌在各层中的其他结构（温度和密度的描述参见第 4.2 节和第 4.4 节）。上层接触大气，直接或者通过俯冲过程（见第 4.4.1 节和第 7.8.5 节相关描述）流入海洋上层。中层、深层以及底层处于密度跃层下方，或者大多嵌在密度跃层底部。这些水层可通过追溯表层起源（与位置、形成过程和水龄有关）的水团来辨别。

在描述各水体特性的典型分布形式前，我们需对以下水体温度和盐度信息进行了解（见图 3.1）：

1. 75% 的海洋水温度在 0 ℃ 到 6 ℃ 之间，盐度在 34 psu 到 35 psu 之间。

2. 50% 的海洋水温度在 1.3 ℃ 到 3.8 ℃ 之间，盐度在 34.6 psu 到 34.7 psu 之间。

3. 全球海洋平均温度为 3.5 ℃，平均盐度为 34.6 psu。

4.2　海洋的温度分布

海洋和大气在海洋表面相互作用。来自大气和太阳的表面驱动力决定了海面温度（SST）的整体模式（图 4.1）。热带地区的高 SST 现象是由净热造成的，而高纬度地区的低 SST 现象是由净冷造成的。除简单的经向变化之外，海洋环流和大气外力的空间变化也使得 SST 的特征变得更为复杂。海洋表面（包括海冰），通过各种热量动力在大气底部提供驱动力，成为水蒸气的来源。

SST 范围为热带最温暖地区的略高于 29 ℃ 到（海）冰形成地区的冰点温度（大约 −1.8 ℃；图 3.1），随季节变化而变化，在中纬度到高纬度地区尤为明显。

在海面下方，我们仅提及位温，借此消除压力对温度的影响（第 3.3 节和图 3.3）。垂向位温结构通常可分为三个主要的地带（图 4.2）：混合层、温跃层以及深海层。此结构是具有高 SST 的中低纬度地区的典型结构。这与第 4.1 节介绍的四个层次结构相关，前两个温度带位于上层，第三个温度带包含了中层、深层以及底层。

在 SST 较低的高纬度地区，结构与此不同，包括混合层、垂向温度最低层和离海面较近的潜在垂向温度最大层，接着才是温跃层和深海层。

混合层（第 4.2.2 节）是水体特征混合相对均匀的表层。夏季在低纬度地区，其非常薄或甚至不存在。冬季在中高纬度地区，混合层可达几百米厚。在独立的深海对流区，混合层甚至可达 2 000 m 厚。混合层依靠风力和表面浮力混合（气−海通量）。温跃层（第 4.2.3 节和第 4.2.4 节）是垂向性区域，在该区域在水深下降 1 000 m 的情况下，温度急剧下降。深海层在温跃层和海底之间，位温下降较缓慢。在高纬度地区，近海表温度通常最低（中冷层），其为残留的冬季寒冷混合层，在其他季节该混合层会被较温暖的水体覆盖（图 4.2c）；来自较温暖地区的水体平流形成了底层温度最高区域（中温层）。这种温度结构非常稳定的原因在于，它有更强的盐度分层特性，而且表层水体盐度较低。

在亚热带地区，典型的温度分布为海表 20 ℃，水深 500 m 处 8 ℃，水深 1 000 m 处 5 ℃ 以及水深 4 000 m 处 1～2 ℃。这些数值和温度剖面图的真正形状与纬度呈函数关系（数值和温度剖面如图 4.2 所示）。

这个三层结构存在一些值得注意的附加现象。在所有地区，春天和夏天气候变暖会产生一层薄的温暖层，其覆盖在冬季的混合层表面。在西部亚热带地区以及其他地

（a）
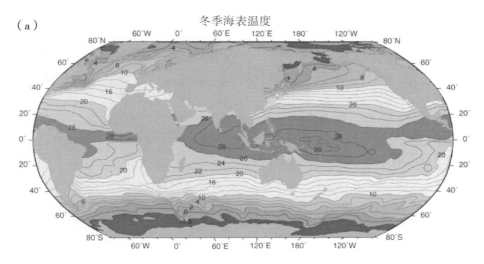
冬季海表温度

（b）　NOAA/NESDIS 50 km夜间海表温度（℃），2008年1月3日（白色区域表示海冰）
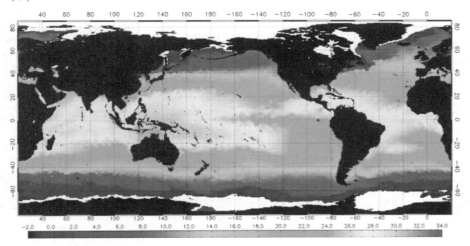

图 4.1　（a）冬季海表温度（℃）（赤道以北 1、2、3 月；赤道以南 7、8、9 月），依据 Levitus 和 Boyer（1994 年）的平均（气候）数据。（b）卫星上显示的红外海面温度（℃；仅夜间），50 km 和 1 周平均，2008 年 1 月 3 日，白色区域表示海冰

此图片和 2008 年 7 月 3 日的图像可参见在线补充资料中的图 S4.1，彩色。来源：NOAA NESDIS（2009）。

区，它们之间常常会有两个温跃层，这两个温跃层中温度分层并不多（更多的是等温结构，即恒温层），并且位置均高于 1 000 m 水深处（图 4.2b）。在一些地区的底部（"底边界层"）也发现了另外一个混合层，该混合层厚度可以达到 100 m。

　　在海洋中的许多区域，密度与温度之间有很强的函数关系（第 3 章），并且有与之类似的分层结构：上层、密度急剧增加的密度跃层和深海层。盐度的垂向结构通常更复杂（第 4.3 节）。在降雨量和（或）径流量较大的区域（例如副极地和高纬度地区以及部分热带地区），在垂直密度结构方面，盐度比温度更重要。尤其在上层，水体在垂向上的均值是恒定的。在这些地区，典型的垂向盐度剖面包括盐度相对较低的表层以及将该表层与下方高盐度水域隔开的盐跃层。在雨量较少的地区，较高的底层盐度表明存在海表水源。另外，在海表盐度由蒸发作用主导的亚热带地区，海表水域的含盐量通常高于底层水域。此情况下，温度对垂向稳定性有明显的主导作用。

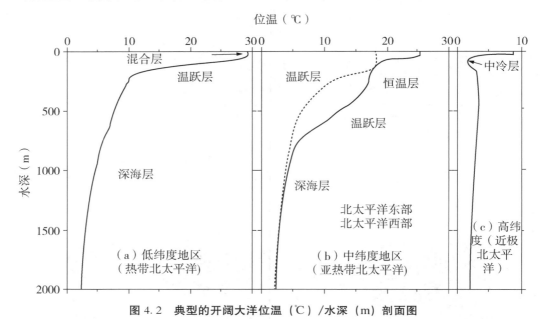

图 4.2　典型的开阔大洋位温（℃）/水深（m）剖面图

图（a）为热带北太平洋西部（5°N），图（b）为亚热带北太平洋西部和东部（24°N），图（c）为副极地北太平洋（47°N）。相对应的盐度剖面图如图 4.16 所示。

此种三层结构比水团整体结构最简单的描述还要简单。通常，水团结构至少包含四层（第 4.1 节）。就温度而言，深海层通常至少包含两到三个水团层：中层、深层以及底层水团。但是，在所有由水团组成的水层中，位温相对较低，并且温度随着水深的增加而降低。

4.2.1　海面温度

开阔大洋表面的温度分布接近带状，温度曲线（等温线）恒定，几乎呈东－西贯穿（图 4.1）。在水流因边界而偏移的近岸地区、极地附近，等温线可能波动至南－北方向。另外，沿着海洋的东部边界，由于海面下方冷水上涌，海表温度通常较低。例如在夏季沿北美洲西部海岸水域，冷水的上涌导致等温线趋向于赤道。冷水上涌也造成赤道东太平洋和大西洋海表温度较低。

开阔大洋的 SST（基于所有经度地区的平均值且以纬度为参数的函数，图 4.3）在赤道北侧高达 28 ℃，在高纬度海冰区附近降至接近 −1.8 ℃。这种分布和短波辐射（主要来自太阳）的输入相对应。短波辐射输入在热带地区最高，在高纬度地区最低（第 5.4.3 节）。图中也给出了相应区域的平均表层盐度和密度（第 4.3 节和第 4.4 节讨论了盐度和密度。密度由温度决定）。在南北半球的亚热带水域均有盐度最大值，但仅赤道北部有盐度最小值。

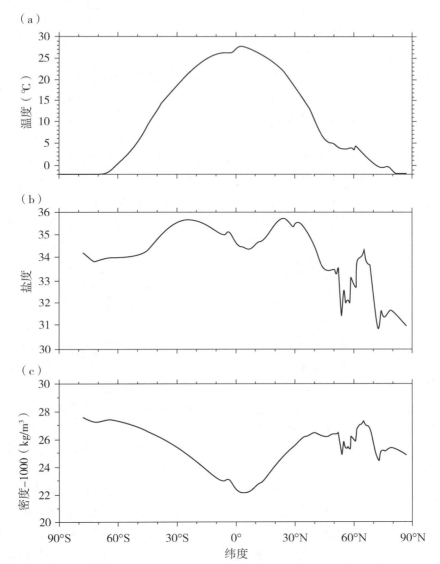

图 4.3　冬季随纬度变化的所有海洋海表平均（a）温度、（b）盐度和（c）密度

赤道以北水域：1 月、2 月和 3 月。赤道以南水域：7 月、8 月和 9 月。依据平均（气候）数据，数据来源：
Levitus 和 Boyer（1994）以及 Levitus 等（1994）。

　　许多卫星可以观测 SST 和其相关数据，得到各种不同的 SST 产品，用于提供每天和长期的平均值图像，其空间和时间上的分辨率比图 4.1a 所示的气候学实测数据更高。图 4.1b 所示为全球海表温度，其以 1 月份一周（北半球冬季，南半球夏季）的红外线图像为依据。（7 月份的等效图像见在线补充资料图 S4.1）。洋流、锋面、上涌区域、涡流和曲流结构在这些天气 SST 图像中明显可见。

　　图 4.1 中，最显著且最重要的全球 SST 非地带性特征是暖池和冷舌。暖池是最

温暖的 SST 水域，位于热带西太平洋，穿过印尼海峡，流入热带印度洋。冷舌是一条沿着赤道位于东太平洋和大西洋的狭长冷水区。此结构是因沿赤道的温跃层水上涌而形成的。因为太平洋和大西洋东部的温跃层比西部的浅，在东部上涌会带来较寒冷的水体。

在每一片海域中，温暖的水体集中在西部远离赤道的地方。较冷水体集中在各海域的中部和东部区域，且趋向于赤道循环。这些 SST 模式表现出副热带环流的反气旋循环（北半球顺时针，南半球逆时针），从而使得较温暖水流远离热带水域，较冷水体流向赤道方向。热带北太平洋东部和北大西洋也有温暖水域，其发现于亚热带循环的东部和冷舌北部；反气旋环流或赤道上涌对高温并没有抑制作用。

在近极的北太平洋和北大西洋中，SST 模式中同样存在环流的证据。这里的环流是气旋性的（北半球逆时针）。在这些环流的东部温暖水体被平流向北运输（沿着不列颠哥伦比亚海岸和北欧）。在大西洋，温暖水体沿着挪威海岸向北朝北极地区延伸很远。在这些环流的西部，沿着太平洋的堪察加半岛/千岛地区以及大西洋的拉布拉多/纽芬兰地区都发现有寒冷水体。

在南大洋，SST 不完全是带状的。这说明南极绕极流（ACC）有偏移，而且也不是带状。较冷的水体出现在大西洋和印度洋更靠北的地方，流向太平洋南端（第13.4 节）。

在卫星 SST 图像中，即使是全球尺度的图像，漩涡（尺度100～500 km）运动的特征也十分明显，尤其是在颜色比例对比度强的图像中更为明显。在赤道地区可发现大的波浪状结构，热带水域的波比高纬度地区的波波长尺度更大，因此它们在图像上可以更好地被分辨出来。围绕着太平洋赤道冷舌的波是热带不稳定波（TIW），这种波的时间尺度约为一个月。（第 10.7.6 节。）

4.2.2 上层温度和混合层

在海洋的近表层中，有时候水体会在垂向上混合均匀，尤其是在夜晚结束时（昼夜循环）和凉爽的季节（季节循环）。这被称为混合层。该层依靠风力和浮力损失（海洋表面净冷或蒸发造成）而非海水变暖和海面降水或混合层内部循环进行混合。第 7.4.1 节中详细描述了混合层形成和破坏的过程。此处重点叙述混合层中可观测到的结构和混合层的分布。

一般，由于风力作用而形成的混合层不会延伸超过 100 m 或 150 m，并且只有在冬季末才可达到此深度。然而，海洋表面偶然的剧烈冷却或蒸发可能使混合层局部加深到几百米，或者在独立的对流水域混合层（在冬季末期的短期内）可能超过1 000 m。在夏季，混合层可能很薄，只有1～2 m，覆盖着来自前几天风暴的较薄混合层的残留物，以及较厚的冬季混合层残留物。因为混合层是连接着海洋和大气的海洋表层，而海面温度是海洋推动大气的主要方式，所以对混合层的观测和探索其季节性发展以及其气候时间尺度对建模和探索气候十分重要。

已知的垂向剖面图，通常不会出现温度、盐度和密度均匀且既薄又完整的混合层。一般，由于日常的重新分层以及与附近层的重新混合，剖面图中会有几乎不连续的小分层。基于对混合层的深入研究，研究者根据每个垂向剖面设定了混合层深度。然而，对于一般的用途（如在绘制渔业、气候预测的海洋上层特性图像中的使用，或导航使用），不可能对每个剖面图都检查，因而在设定混合层深度上有统一的标准非常重要。混合层深度的功能性定义已经很明确，主要的依据是表层观测和深层观测之间温度和密度的差异，这就是所谓的"阈值法"。在热带和中纬度区，基于温度的定义已经足够多，但是在较高纬度区，低盐度表层下出现最高温度层，十分常见。目前，最常用的标准是密度差 $\sigma_\theta = 0.03 \ \text{kg/m}^3$ 或温度差 $0.2 \ ℃$，正如在图 4.4a、b 所示的混合层图像中所用的标准（deBoyer Montégut 等，2004）。其他方法中，使用更大的阈值（例如，在喀拉海，$0.8 \ ℃$，Rochford & Hurlburt，2003）或更详细的标准，该标准可以拟合观测的垂向剖面，而不依靠阈值（Holte & Talley，2009）。图 4.4c 中显示的是一张采用后一种方法的全球最大混合层深度图像（Holte，Gilson，Talley & Roemmich，2011）。

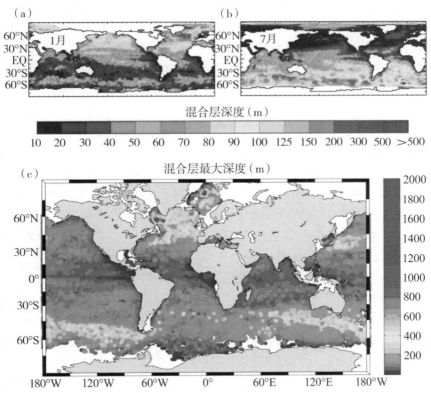

图 4.4 （a）一月和（b）七月的混合层深度，依据近海面温差 $0.2 \ ℃$。来源：deBoyer Montégut 等，2004）。（c）混合层平均最大深度，使用 Argo 剖面浮标数据系列中 $1° × 1°$ 范围中 5 个最深混合层，并且配合 Holte 和 Talley（2009）提出的混合层结构。**本图也可在彩色插图中找到**

在所有地区，冬季混合层要比夏季混合层厚得多。全球冬季混合层图像的主要特征是在北大西洋北部和南大洋中的一个近乎带状区域内存在较厚的混合层。这些地区对应人类活动产生的碳吸收量的最大值（Sabine 等，2004），因此其对全球气候有重要的实际意义。这些较厚的混合层是模态水的主要来源，被定义为海洋上层相对较厚的水层（第 4.2.3 节）。

混合层的形成受到表层湍流流量的影响。湍流是由于破裂面以及风引起的内波造成的，随着水深的增加而减少。混合层的形成也受 Langmuir 环流圈的影响，它们是瞬态螺旋环流（在垂直平面），与风向平行（第 7.5.2 节）。这些形成了"风排"（在有风的情况下有时可在海面出现）在 Langmuir 环流圈内，水汇聚在一起可以达到大约 50 m 深和 50 m 宽，并可产生影响混合层的混合湍流。

另一个近表层的动力现象是对风力的埃克曼响应，由于存在科里奥利力，海洋表层的水在北半球流到风的右边（在南半球流到风的左边）（第 7.5.3 节）。表面层的湍流作用就像摩擦力。在北半球，海洋表层内的各薄层会将其下面的薄层稍微推向右边，推动速度比上层略小。这使"埃克曼螺旋"速度随着水深的增加而减小。整个螺旋出现在海洋上层 50 m 水域内。如果把所有速度加起来计算埃克曼层的总输送，那么净效应就是埃克曼输送以完全垂直于风向的角度移动——北半球在右边，南半球在左边。埃克曼速度很小，且不会产生湍流。因此，它们对混合层的形成没有直接影响，并且它们受上层湍流的影响但不受混合层分层的影响。然而，埃克曼响应对于风与海洋相互作用以及对于大空间与时间尺度的海洋环流的形成是至关重要的，这一点在第 7 章中也有描述。

4.2.3 温跃层、盐跃层以及密度跃层

温跃层、盐跃层以及密度跃层位于表层下方，可以很好地混合，或可能包括局部混合和未混合的残留物。温度随着水深的增加急剧减少，在水深下降几百米后停止，在深层或深海层（延伸到海底），温度在垂直方向上变化很小。其中较高垂直温度梯度的地方（随着深度增加温度降低）称为温跃层。温跃层通常是一个密度跃层（高密度垂直梯度）。通常，很难恰当定义温跃层的深度范围，尤其是深度下限。然而，在中低纬度地区，温跃层总是出现在 200～1 000 m 深度之间。这被称为主要或永久性温跃层。在极地和副极地水域，海洋表层的水可能比深层水寒冷，在这些水域中不经常出现永久性温跃层，但通常会有盐跃层（高垂直盐浓度梯度）和相关的密度跃层。

随后，我们对温跃层和密度跃层的存在性进一步做出解释。有两个互补的概念，一个仅以垂直过程为依据，另一个以水体的水平循环为依据，其形成的温跃层距离其在冬季作为混合层出现的位置相隔很远。这两个概念很重要，并且共同发挥作用。

影响温跃层的垂向过程有热量的向下传导及上升流或下降流（这取决于其在海洋中的位置以及垂直运动形成的原因）。也许有人会认为上层水温最高，尽管密度跃层/温跃层的稳定性会有抑制作用，但热量会通过扩散向下转移，上层水体和下层水体的温度差最终会消失。然而，在高纬度地区海洋表面的水体不断地对深层的寒冷水体进行补充（深水和底水形成区，主要在北大西洋最北部和格陵兰海以及南极洲周围的各地区）。这些深层进水保持着表层温暖水体和深层寒冷水体之间的温差。深层水上涌

并通过向下的热量扩散来升温。如果水从海洋最底层上涌到海水近表层，在整个海洋中，上涌速度将会达到 0.5～3.0 cm/d。不幸的是，它们的速度太小而不能用目前的工具准确地测量，因此我们不能直接验证这一假设是否正确。热量向下垂直扩散与最深层寒冷水体的不断上涌之间可以达到平衡，可形成温度的指数垂向剖面（Munk，1966），其形状接近于永久性温跃层。

图 4.5 所绘温跃层的简单垂直模型，展示了一个在上层海洋中包含温跃层的典型垂向温度剖面。热量向下扩散的结果标记为 $A\dfrac{\partial T}{\partial z}$，较深层的寒冷水的向上垂直平流标记为"$wT$"（式 7.46 表明，这两个量是假设涡流扩散系数 A 和垂直速度 w 为常数的情况下，垂直扩散和垂直平流的垂直积分。在这个最简单的温跃层模型中，假设向下扩散的热量与上涌的平流是完全平衡的）。如果假设这两个量之差是常数，可求得温度 T 的指数解析式，其在很多情况下近似于温跃层的形状。我们可以使用一些与指示物（像溶解性氧）垂向分布有关的类似的推论，除非该指示物在水体中可能会发生下层出现最大值或最小值的源和汇的现象。

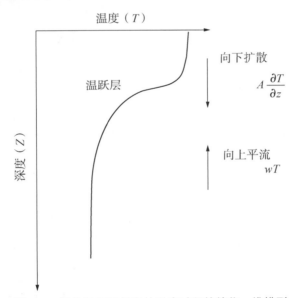

图 4.5　保持温跃层状态的垂直过程的简化一维模型

Iselin（1939）提出了另一个保持温跃层/密度跃层更加水平，绝热和互补的过程，并由 Luyten、Pedlosky 和 Stommel（1983；第 7.8.5 节）进一步深化。Iselin 观测到沿着北大西洋南北狭长地带的表面温度－盐度关系与垂直方向上的 $T-S$ 关系非常相似（图 4.6）。他猜想，在亚热带温跃层的水体源于距北方更远的表层水。当它们向南移动时，在温暖表层水下方的寒冷表层水撤向南边（使用的术语源于 Luyten等，借鉴自板块构造理论）。许多水层向下形成了亚热带环流中主要密度跃层（温跃层）的温度、盐度以及密度结构。这一过程是等焓的，不需要跨等密度线的混合或上涌过程。这种一维跨密度过程将完善温跃层结构模式。

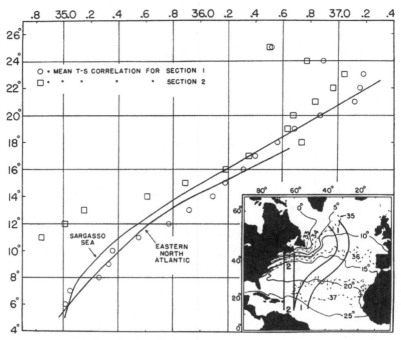

图 4.6　沿北大西洋表面水域（点和方块）和北大西洋西部（马尾藻海）以及北大西洋东部站点垂直方向（实线）的温度－盐度关系
来源：Iselin（1939）。

　　双扩散（第 7.4.3 节）是另一个可能影响温跃层/密度跃层的垂向混合过程。这一过程可能改变密度跃层温度和盐度的关系以及平滑绝热俯冲形成的剖面形态（Schmitt，1981）。

　　全球亚热带环流的主要温跃层/密度跃层具有永久性特征。图 4.7 中给出了各亚热带环流的温跃层中温度和盐度的关系。在温度/盐度关系中主要的温跃层是可辨别的，并且它们有一个共同的形成过程，即俯冲和垂直上涌/扩散的共同作用。因此，可以认为温跃层中的水体是水团。温跃层水团是中央水，其温度、盐度和密度范围比较大。

　　到目前为止，我们提到的均是"主要"或永久性温跃层。在一些有限大的区域内，也存在永久性双温跃层。例如，在紧邻墨西哥湾流南边的马尾藻海域中发现了两个温跃层。这两个温跃层被一个较低的垂直分层分开。该具有较低分层的水层为恒温层（或在等效密度层被称为 pycnostad——鄂霍茨克海模态水）。

　　恒温层/鄂霍茨克海模态水是我们介绍的第二种水团。之所以认为模态水是水团，是因为它有特殊的特征（层厚中的垂向极值）而被识别，并且它有特殊的形成过程（较厚混合层的俯冲）。"模态水"的名字由 Masuzawa（1969）提出。就体积而言，有特定温度－盐度范围的温跃层中的水量比高于或低于该范围的温跃层中的水量多，所以模态水以一种模态出现在温度－盐度空间中。

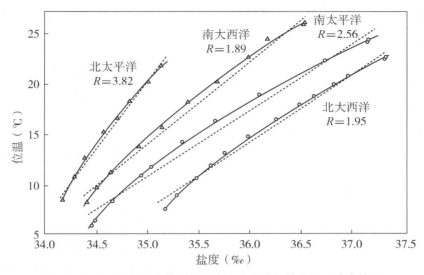

图 4.7　各亚热带环流的温跃层中（中央水）的位温 – 盐度关系

R 是与双扩散混合有关的一个参数的最佳拟合（第 7.4.3 节），来源：Schmitt（1981）。

在模态水作为一个厚混合层出现的地方，其上覆盖的温跃层实际上是季节性温跃层，在冬季末就会消失。模态水下潜后，其恒温层嵌在永久性温跃层中，形成一个双温跃层。

4.2.4　上层和温跃层温度随时间的变化

在上层和温跃层水域，温度随季节变化而变化，尤其在中纬度地区。在冬季海表温度较低，波浪较大，并且混合层很深，可能延伸到主温跃层；在夏季，海面温度上升，水变得更加稳定，并且季节性温跃层经常形成于上层水域。

图 4.8a 中显示了季节性温跃层的生长和衰退，图中采用了 1956 年 3 月到 1957 年 1 月北太平洋东北部海洋气象观测站 P（"Papa"）的月平均气温资料。从 3 月到 8 月，由于吸收了太阳能，海洋温度逐渐升高。从海洋表面到 30 m 水深处存在明显的混合层。8 月之后，这里会有热量的净减少和持续的风力混合，这些会淡化季节性温跃层，直到来年 3 月再次出现等温条件。需要留意的是，3 月并不是最大的热损失值；相反，它是季节性热量开始增加前，海水冷却的最后一个月。因此，在 3 月份海水的总热含量是最低的。夏季，在热带和亚热带地区，混合层可能会更薄。

这些相同的数据可以用其他形式表示出来，例如，表示一年之中等温线深度的时间序列（图 4.8b）（原始数据包括备用的月份，为了避免拥挤而在图 4.8a 中省略了）。在图 4.8c 中绘制的是选定深度的温度曲线。应当引起注意的是，在这些不同的表示形式中，温跃层以三种方式出现。在图 4.8a 中，永久性温跃层在温度 – 深度剖面图中作为最大梯度区出现。在图 4.8b 中，温跃层作为拥挤的等温线出现，它从 5 月份的大约 50 m 水深处增加到 8 月份 30 m 水深处，之后减少到 1 月份的 100 m 水深处。在图 4.8c 中，从 5 月份到 10 月份，温跃层作为 20 m 水深到 60 m 水深广泛分布的等深线出现，并且在温跃层下降后作为 60 m 到 100 m 水深处的等深线出现。

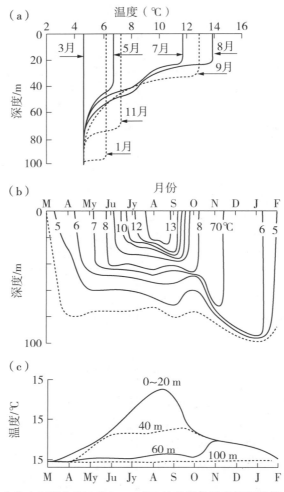

图 4.8　在北太平洋东部 50°N，145°W 处的季节性温跃层的发育和衰退
（a）垂向温度梯度；（b）等温线的时间序列；（c）温度随着水深变化的时间序列。

在最高纬度水域，海面温度比低纬度水域的温度低很多，然而深水处温度稍有不同。因此，在高纬度水域，可能不出现主温跃层，而只出现季节性温跃层。在北部高纬度水域，50～100 m 水深处，通常有一个寒冷水域层（图 4.2c），温度低至－1.6 ℃，夹在较温暖层和深水层之间。正如第 4.2 节开头所描述的一样，这一寒冷水域层被称为中冷层。较温暖表层水经常为季节性，因此覆盖于中冷层上的温跃层也为季节性。

图 4.9 中显示的是全球海洋表面温度的年度范围。在开阔的大洋水域，表面温度的年度变化从赤道处的 1～2 ℃上升到纬度 40°水域处的 5～10 ℃，之后沿极地方向降低（由于在出现海冰的地区，融化或冻结过程中会吸收热量）。近海地区，更大的年度变化（10～20 ℃）出现在遮蔽地区和北半球西部亚热带的地区（出现黑潮和墨西哥湾流且表层热损失最多）（第 5.5 节，图 5.12）。温度的这些年际变化，以及温度

随着深度的增加而降低，在 100～300 m 的范围内难以察觉。海洋表面最高的温度出现在暖季末期，北半球在 8 月份/9 月份，最低温度出现在降温时期的末期，即 2 月份/3 月份。相比于表层，在海洋表面下方水域的最高和最低温度会延迟两个月出现。

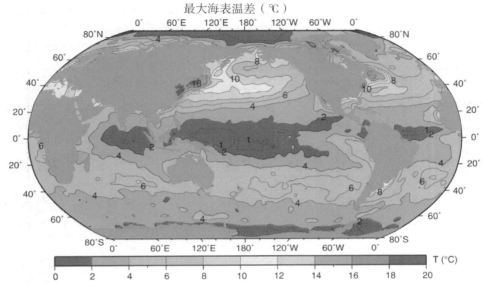

图 4.9　海面温度（℃）的年度范围，基于世界海洋地图集（WOA05）中每月的气候温度（NODC，2005a，2009）

在卫星观测实现之前，人们认为 SST 的日变化很小（<0.4 ℃）。马尾藻海的一个定点浮标的两年原位观测表明（Stramma 等，1986），日变化在 1 ℃ 是常见的，偶尔会比较高，达到 3～4 ℃。1 ℃ 或更多的日变化出现在高日晒（太阳辐射）和低风速的条件下，并且通常局限于水域上层数米范围之内。在北大西洋和印度洋的其他地方，也观测到了相似的日变化。在沿海的遮蔽地区和浅水域，变化值在 2～3 ℃ 是很常见的。

4.2.5　深水温度和位温

在温跃层以下，温度随着深度的增加而缓慢降低。（垂直方向的温度变化比贯穿温跃层的温度变化小得多。）在最深层水域，温度随着水深的增加而升高，因为高压压缩水体并在绝热条件下水温升高（第 3.3.3 节，图 3.3）。为了解释温度的变化，在大陆架的浅水域以及从海面到几千米水深处，应使用位温（θ）。在海面附近，位温反映了最初的水体温度。

表 4.1 和图 4.10 中展示了原位温度和位温的差异，图表中采用的数据是 R/V T. Washington 于 1976 年在马里亚纳海沟（世界海洋中最深的海沟）采集的数据。然而，温度（T）在大约 4 500 m 水深处达到最低值，在那以后温度随着水深的增加而升高，但位温几乎是不变的（在水深 4 500 m 和最深层水域的观测中，盐度也几乎

不变，就像相对于参考压力的位密度一样）。水深 4 500～9 940 m 的一致特性表明海沟充满了水，这些水穿过海底山脊流入海沟，并且此处没有其他水源。位温随着深度的增加会略微升高，这可能是微弱的地热能作用于这个几乎停滞的厚层引起的。

表 4.1　北太平洋西部的马里亚纳海沟中相对于海面（σ_θ）、4 000 dbar（σ_4）和 10 000 dbar（σ_{10}）的原位温度和位温以及位密度之间的比较

水深（m）	盐度（psu）	温度（℃）	θ（℃）	σ_θ（kg·m^{-3}）	σ_4（kg·m^{-3}）	σ_{10}（kg·m^{-3}）
1 487	34.597	2.800	2.695	27.591	45.514	69.495
2 590	34.660	1.730	1.544	27.734	45.777	69.903
3 488	34.680	1.500	1.230	27.773	45.849	70.015
4 685	34.697	1.431	1.028	27.800	45.898	70.090
5 585	34.699	1.526	1.004	27.803	45.904	70.099
6 484	34.599	1.658	1.005	27.803	45.904	70.099
9 940	34.700	2.266	1.007	27.804	45.904	70.099

数据来自 R/V T. Washington（1976）。

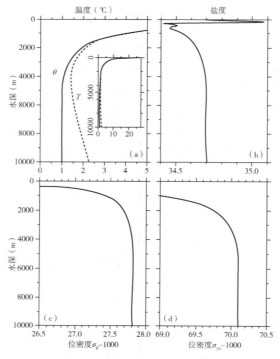

图 4.10　马里亚纳海沟：(a) 原位温度 T，位温 θ（℃）；(b) 盐度（psu）；(c) 海表位密度 σ_θ（kg·m^{-3}）；(d) 10 000 dbar 相对应的位密度 σ_{10}（kg·m^{-3}）

在海洋最深处去观测原位温度和位温的区别，是完全没有必要的。在深海的大多数地方，海洋底部的上方存在温度最低点，底部温度会略微高一些。然而，位温会一直下降到海洋底部。这是因为海洋中密度最大的水域也是最寒冷的。因为在深海水域，大多数盐度变化都太微弱而不能用来控制密度分层。随着水深增加而单调递减的情况有几个特例：在形成密度最大水体的局部地区，在地热能可以稍微温暖水体的海洋中脊，以及有明显的垂直盐度变化的南大西洋中央的中深层水域（图 4.11b）。

第 14 章展示了全球深海（深度＞3 500 m）海洋底部的位温图像（图 14.14b）。底部的温度分布几乎是由底部水的两个来源——南极洲和北欧海域决定的。（海洋中脊也会导致海底温度变化，因为它们会向上伸入较温暖的水体中。）源自于南极洲的底部水是最冷的，在南极洲附近底部温度接近冰点，向北延伸到南半球深海盆地的冷舌水域温度低于 0 ℃；源于大西洋北部的底部水（来自于从北欧海域溢流水）相当温暖，水温大约在 2 ℃左右。

4.2.6　位温的垂直剖面

现在我们通过三大洋的经线方向的剖面观察位温（图 4.11a、4.12a 以及 4.13a）来得到它们的共同和典型特征。介绍盐度和位温剖面，是为了横向比较每个海洋的垂直剖面。在第 4.3 节和 4.4 节中，我们对盐度和密度分布进行了描述。

在所有大洋中的热带地区，最温暖、温度最高的水在海洋上层。在亚热带海区，温暖水体填满了该海区的碗状区域，在近赤道一侧洋流向西流，在近极地一侧洋流向东流，位温沿着向下的方向穿过温跃层降低到更加均匀的程度，深度越深位温越低。在高纬度地区，最寒冷的水出现在海洋表面（并且由于表面水的盐度较低，在垂直方向上很稳定）。在这些剖面中，最寒冷的水在南极地区，因为剖面的北部没有延伸到北极区。在南极地区，在南纬 60°和 50°之间，寒冷的等温线斜率急剧下降。这说明 ACC 的流向是向东的（第 13 章）。

南北半球的位温分布有明显区别。在南半球寒冷的表层水分布更广泛。温度较高的两个碗状区域并不对称；南半球的碗状区域比北半球相应区域的分布更广泛。在大西洋、太平洋以及印度洋的深处，最寒冷的水域是在南边（在南极地区），且北部水域的位温略微高于南部。

4.3　盐度分布

基于 Java Ocean Atlas 搜集的气候资料（Osborne & Swift，2009；见本文网站上的在线补充资料），世界海洋的平均盐度是 34.6 psu，海洋盆地之间盐度有明显的差别。大西洋，尤其北大西洋，是含盐量最高的海洋，太平洋（不包括含盐量少于太平洋的北极区和南大洋）是含盐量最少的海洋。图 4.14 显示了这些盆地的差异，显示了沿着具有良好采样的水文剖面的平均盐度、纬向平均值以及海洋垂向的平均盐度。

图 4.11、4.12 和 4.13 中包括每个海洋从南到北的盐度剖面。后续的描述将重新

提及这些剖面。通过比较每个海洋的盐度、位温和位密度剖面，我们可发现盐度分布比温度和密度分布更加复杂。虽然在很多地方越靠近海洋底部位温越低，但是盐度有着明显的垂直结构；根据密度场的简单性，很明显它是由位温控制的。因此，盐度在某种程度上具有水体指示物的功能，它甚至微弱地影响着密度。

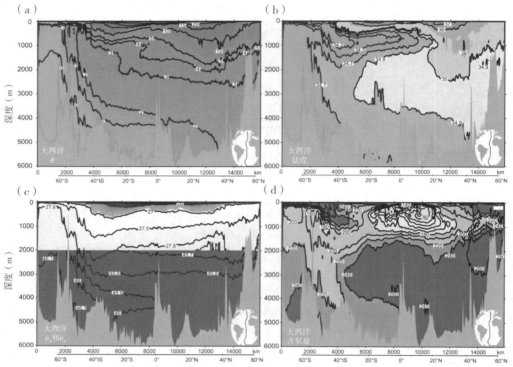

图 4.11　西经 $20°$ 至 $25°$ 大西洋内的（a）位温（℃），（b）盐度（psu），（c）位密度 σ_θ（顶部）和位密度 σ_4（底部）（kg·m^{-3}）和（d）含氧量（μmol/kg）

数据来自 World Ocean Circulation Experiment。本图也可在彩色插图中找到。

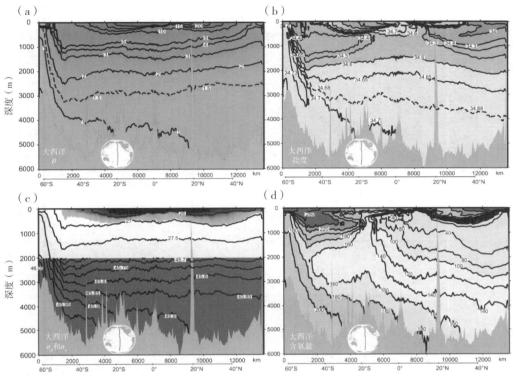

图 4.12 西经 150°太平洋内的 (a) 位温 (℃)，(b) 盐度 (psu)，(c) 位密度 σ_θ (顶部) 和位密度 σ_4 (底部；kg·m^{-3}) 和 (d) 含氧量 (μmol/kg)

数据来自 World Ocean Circulation Experiment。本图也可在彩色插图中找到。

　　更多有关全球海洋盐度分布和季节性变化的详细变化可以参考 Levitus、Burgett 和 Boyer (1994b) 的气候 (平均季节性的) 数据。从中，我们也可以看到作为气候学依据的一些数据。在北半球进行的观测 (约 90%) 远多于在南半球进行的观测 (约 10%)，并且在夏季进行的观测远多于在冬季进行的观测 (例如图 6.13) (这也适用于温度观测)。在 21 世纪开始的全球剖面浮标观测项目 (Argo) 观测上层 1 800 m 水体的过程中，科学家们迅速纠正了取样样本数量的偏差。

4.3.1　表面盐度

　　开阔大洋的盐度范围为 33～37。较低的盐度值出现在河流径流量很大的近海岸以及寒冰融化的极地地区。较高的盐度值出现在高蒸发地区，如地中海东部 (盐度 39) 和红海 (盐度 41)。通常，北大西洋表面盐度最大 (35.5 psu)，南大西洋和南太平洋盐度略小 (大约 35.2 psu)，北太平洋的盐度最小 (大约 34.2 psu)，海洋盆地的盐度差异跨越整个海洋深度 (图 4.14)。

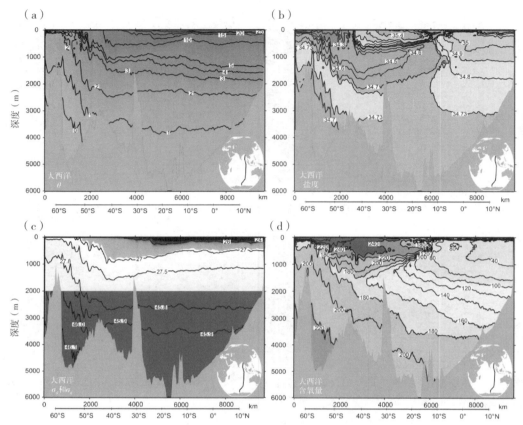

图 4.13 东经 95°印度洋内的 (a) 位温 (℃)，(b) 盐度 (psu)，(c) 位密度 σ_θ (顶部) 和位密度 σ_4 (底部) (kg·m^{-3}) 和 (d) 含氧量 (μmol/kg)

数据来自 World Ocean Circulation Experiment。本图也可在彩色插图中找到。

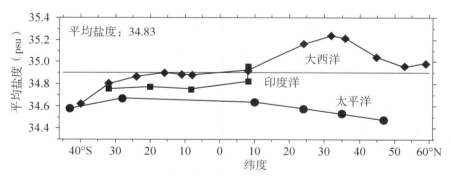

图 4.14 基于水文断面观测的数据，纬向平均并从海表到海底平均的盐度值

总体平均盐度仅针对这些剖面，并不包括北极区、南大洋或边缘海。来源：Talley (2008)。

尽管不像海表温度分布那样有较强的纬向性，海洋表面的盐度分布也是相对有纬向性的 (图 4.15)。与 SST (在热带区域有最大值，在极地区域有最小值) 不同，盐度是双瓣结构，其最大值分别在两个半球的亚热带，最小值在两个半球的热带和副极地区域。经向变化在表面盐度的全球纬向平均区域中也非常明显（图 4.3b）。图中，盐度的最大值仅出现在北纬 60°以北（有相应的密度偏差），这是由这些纬度地区的北大西洋而非北太平洋水域的优势导致的，是北大西洋整体较高的盐度和地理特征共同作用的结果；由于北太平洋在这些纬度地区的封锁，纬向平均区域主要包括盐分较高的北大西洋水域（尽管在海洋内部，近极的北大西洋水域比其亚热带海域含盐量更少）。

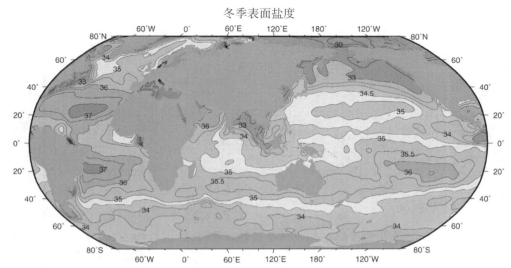

图 4.15 **冬季海表盐度（psu）（赤道以北 1、2、3 月；赤道以南 7、8、9 月）**
依据来自 Levitus 等（1994b）的平均（气候态）数据。

在气候方面，表面盐度受到蒸发（增加盐度）和降雨、径流以及寒冰融化（减少盐度）的效应影响，大多数表面盐度可通过蒸发－降水的图像（图 5.4a）得到。图 4.3 和图 4.15 的经向盐度最大值出现在信风区域和年平均蒸发量（E）超过降水量（P）的亚热带高压区域，因此（$E-P$）是正数。另外，表面温度的最大值出现在赤道附近，因为海中的能量平衡在此处有一个最大值。在赤道以北，由于大气中的热带辐合区（ITCZ）降水量高，表面盐度较低。

一般，蒸发量减去降水量（$E-P$）为较高正值的地区转移到了盐度最大的亚热带东部。这种横向位移是由表面水域的环流（平流）导致的，因此，由于具有最大蒸发量，上层洋流下游末端的盐度是最高的。

4.3.2 上层盐度

垂向盐度分布（图 4.16 以及图 4.11、4.12 和 4.13 中的剖面）比温度分布复杂得多。在热带、亚热带和部分副极地区域的上层海洋中，温度决定着垂直方向的稳定性（密度剖面）。在深海水域，密度跃层以下的温度也决定着盐度。因此，较温暖的水（低浓度）通常出现在上层水域，寒冷的水出现在深层水域。盐度有更复杂的垂向结构，范围从低到高，不会产生垂直翻转。（在副极地和高纬度地区，表层水含盐量

相当低也很寒冷，盐度并不决定垂直方向的稳定性。）由于它在主导密度结构方面的
作用并不那么重要，相比于温度，盐度是一个更被动的指示物。因此，经常用盐度作
为水团流动方向的指示物（最小值或最大值）。

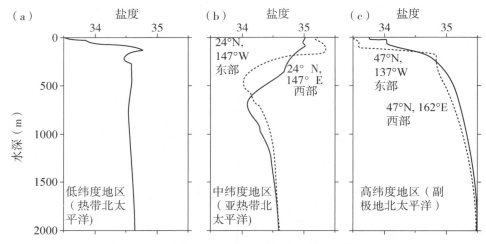

图 4.16 北太平洋热带、亚热带以及副极地区域典型的盐度（psu）剖面图

相对应的温度剖面图如图 4.2 所示。

　　由于亚热带净蒸发的作用，在亚热带水域，海洋表面盐度较高。在 600～1 000 m
水深处，盐度垂直降低到最小值。在其下方，盐度开始增加到最大值，盐度垂直最小
值和最大值所在的准确深度因海洋的不同而不同。在大西洋和印度洋，盐度的最大值
在 1 500～2 000 m 水深处；在太平洋，盐度最大值在海洋底部。

　　在热带区域和南部亚热带环流的大部分区域，海表面的盐度通常略低于亚热带的
主要地区。盐度在表层以下 100～200 m 深处增加到最大值，该位置接近于温跃层顶
部。在每个亚热带环流中，盐度最大值来自高盐度的表层水（图 4.7、4.11b、
4.12b、4.13b 和 4.15）。高盐水下潜并朝赤道方向流去，流向含盐量较低且较温暖
的热带表层水的下方，从而形成一个最大盐度层。这一浅盐度最大值发现于每一个亚
热带环流朝向赤道的部分，并汇入热带地区。它有一个可识别的特征（盐度最大值）
和常见的形成过程（从中纬度高盐度表面水域俯冲）。因此，它也是水团。该水团有
数种称谓，而我们倾向于沿用 Worthington（1976）的称呼，称之为亚热带地下水。
它也被称作"盐度最大的水体"。

　　低盐度水层也是由俯冲导致的。在这种情况下，其是从北部含盐量较低但密度较
大的亚热带环流的突出部分开始（俯冲）的。这些水体向南平流形成了俯冲和低盐度
层，这一低盐度层发现于反气旋环流东部和南部。在南北太平洋，在各海域中称这些
特征为"浅盐度最小值"（Reid，1973）。在副极地北大西洋，有一个与亚极锋面区
（北大西洋洋流的一部分）有关的低广泛性的浅盐度最小值，这部分水体称为亚北极
中层水。

　　在副极地和高纬度海域，由于高降水量、径流以及季节性寒冰融化，海洋表面的

盐度通常较低。由于盐度向下急剧增加，盐跃层位于表面低盐度层和较深且含盐量大的水层之间。在这些地区，密度跃层经常由盐度分布而不是温度决定，这使得这里的水可以整年保持相对寒冷，并且可能有很微弱的温跃层或者甚至没有。这种和径流以及降水量有关的情况出现在整个近极的北太平洋。在南北极地区以及海冰形成的其他地区，春季寒冰的融化会形成一个类似的淡水表层。

比如，北太平洋近极地区和南极洲附近地区的低盐度表层，可能在海洋表面附近存在垂向温度最小值，其下方有较温暖水层（中冷和中温层，第 4.2 节中有描述）。

4.3.3　中等深度的盐度

在世界许多水域的中等深度（大约 1 000～1 500 m）处，会有水平方向和垂直方向都广阔的低盐度或高盐度层。这些盐度层的垂直盐度极值，使其在图 4.11、4.12 和 4.13 中很容易识别出来。在北太平洋和南半球，最小盐度层大约在 1 000 m 深度处。北大西洋近极地区盐度最小值大约在 1 500 m 水深处。低盐度层位于密度跃层的基层附近，温度 3～6 ℃。这两个主要的中等深度的盐度最大层在北大西洋和印度洋北部（不要将其和与北大西洋深层水（NADW）有关的较深层盐度最大值搞混）。它们比低盐度的中层水更温暖。垂向盐度极值能反映具体的形成过程，在此只做简要说明，后续章节将做进一步说明。因此将这些层标记为水团，并称之为"中层水"。

主要中层水团的位置图像见第 14 章（图 14.13）。它们的低盐度以及它们的温度范围表明它们起源于近极纬度的海洋表面，在该处表层水体含盐量相对少，但比冰点水温暖。北太平洋中层水（NPIW）起源于西北太平洋，遍布整个北太平洋。拉布拉多海水（LSW）起源于西北大西洋，遍布整个北大西洋。LSW 可由富氧和氯氟化碳标记，即使它在热带和南大西洋变成 NADW 的一部分而不再有盐度最小值，它也会保持这些鲜明的标记特征。南极中层水（AAIW）起源于南美附近的南大洋并可以在整个南半球和热带观察到。在这三个流通的地区，表层水体盐度低于但是密度高于亚热带和热带水域的海洋上层和温跃层水体。流通的中层水向赤道方向扩散，并保持着它们的低盐度特点。

这两个主要中层水域的盐度最大值是地中海和红海高盐度水体出流形成的。这些高浓度水的源头是流入海洋内部的表层水体；海洋的高蒸发作用增加了盐度，冷却作用降低了温度，因此形成了高密水。当这些高盐度、高密度的出水流回到开阔大洋时，它们的密度足以让其沉入到海洋中层。

另外，更多局部的中层水也可通过垂向盐度极值识别。例如，在热带印度洋，一个盐度最小的中层水起源于含盐量较少的太平洋并流经印尼海峡（第 11 章）。盐度最小的中层水称为印尼中层水或班达海中层水（Rochford，1961；Emery & Meincke，1986；Talley & Sprintall，2005）。

海洋盆地相关章节（9～13）将对各中层水做进一步说明。

4.3.4 深层水的盐度

海洋中的深层水的盐度变化可标示它们的来源。在海洋表面，北大西洋中的水是所有海洋中最咸的，因此当北大西洋形成的高密水流向南流向南半球，向东以及向北流向印度洋和太平洋时会保持高盐度的特点。这里所有的水团都称作北大西洋深层水。在南极洲形成的高密水比在北大西洋形成的高密水寒冷且密度大，它们出现于北大西洋水体源头的下方。南极洲高密水也比北大西洋的盐度低；它们向北流向大西洋的过程可以通过它们的特点（盐度较低）进行追踪，它们被称为南极底层水（AABW）。在大西洋盐度垂向剖面图（图 4.11b）中易观察到垂向并列的高盐度 NADW 和低盐度 AABW。在南印度洋也易观察到 NADW/AABW 结构，因为 NADW 和 AABW 都从南面进入到印度洋（图 4.13b）。

北印度洋属于热带海洋，因此没有高密水形成。但是来自红海中层水域的高盐度水在这里渗透并混合得相当深，这使得北印度洋深层水的盐度相对较高（图 4.13b）。北太平洋中不会形成高密度深海水，这是因为北太平洋近极水域表层水盐度太低，不能形成与来自南极洲和北大西洋水密度一样的水体。因此，北太平洋深层水的盐度结构由从南极洲和北大西洋深层水南部流入的混合水决定；混合水的盐度比北太平洋局部水的盐度高出很多，因此在北太平洋盐度向下单调递增（图 4.12b）。

第 14 章中给出了全球海洋底部的盐度图像（图 14.14c）。在全球范围内，深层水的盐度变化范围相对较小，为 $34.65 \sim 35.0$ psu。与底层温度类似，底层盐度也能指示南极和北欧海水体的来源。南极底层水的含盐量最低，低于 34.7 psu。北欧海底层水含盐量最高，高达 35.0 psu。对底层盐度图像的全面解释也要考虑到底层深度的变化——当洋脊伸入到覆盖在其上的深层水中时——并考虑到覆盖在其上的深层水的扩散特性，而这些都超出了本书的讨论范围。

因此，深层水温度和盐度的范围很窄。相比于海洋上层和温跃层，甚至是中层，深层水的环境特征是相对均一的。这种相对的均一性，是因为高密水的来源种类少，以及水流动的较长距离和较长时间造成的。它们会相互掺混，并从上层向下层俯冲扩散。

4.3.5 盐度随着时间的变化

任何时间尺度的盐度变化的记录都远没有温度变化的记录详细（温度更易测量）。开阔大洋表面盐度的年度变化小于 0.5 psu。在有显著年际降雨和径流变化特征的地区（如北太平洋东部和孟加拉湾以及海冰附近），盐度的季节性变化很大。这些变化局限于海洋表面，因为在这些地区，相比于盐度对海水密度的影响，温度的影响完全可以忽略。这使得海洋表层保持低盐度。盐度的日变化似乎非常小，但这也只是基于有限的观测资料得出的结论。局部暴雨产生的表层淡水（有时是开阔大洋中）在几周后将与周围的水体融合。

在不同水域间大型前锋面内，指定地点的盐度随时间的变化可以很大。这些锋面有时被称为水团边界。跨越这些锋面区的温度变化也可以很大。这些锋面会在它们的平均位置周围移动，移动频率为每周、每个季节或更大时间尺度。在指定位置，蜿蜒的锋面和各种漩涡可能会导致盐度和温度发生巨大变化。

观测得到的盐度年际和长期变化是气候变化重要的一部分。随着全球剖面浮动数组的出现，记录所有无冰海域盐度的变化成为一种可能。通过该方法，人们发现了表面盐度变化的重要模式（Hosoda，Suga，Shikama & Mizuno，2009；Durack & Wijffel，2010）。北大西洋和北欧海域的盐度变化与拉布拉多和格陵兰海混合层对流和水团变化（第 9 章和第 12 章）密切相关。LSW 数十年间的盐度变化与其形成过程中的变化相对应。这些内容可参见在线补充资料图 S15.4（Yashayaev，2007）。北大西洋和北欧海域近极地区数十年的淡化作用（参见补充资料第 S15 章）和近几年的咸化作用对 NADW 产率有很大的影响。数十年大规模连贯性的盐度变化已经被记录下来（Boyer，Antonov，Levitus & Locarnini，2005；Durack & Wijffels，2010），并且该盐度变化可能与降雨量和蒸发量（与全球气候变暖相关）的变化密切相关（Bindoff 等，2007）。

4.3.6 位温和盐度的体积分布

研究水团结构的经典（典型）方法是探求各个特性参数之间的函数关系；还有一种更先进的描述各水团特性的统计方法（见第 6.7 节）。在海洋盆地相关章节（第 9～13 章），采用位温-盐度图用来描述水团。$\theta - S - V$ 图（Worthington，1981）被用来作为我们对全球水体特性的总结（图 4.17）。具体方法详见第 6.7.2 节。

图 4.17a 描述了从低 $\theta - S$ 到高 $\theta - S$ 的三个独立分支，这些是密度跃层的中央水域（如图 4.7）。盐度最大的分支是北大西洋；盐度最小的分支是北太平洋。盐度适中且体积较大的分支是三个南半球盆地（南大西洋、北太平洋和印度洋）。南大洋在这三个盆地起到的连通作用是显而易见的，因为这三个盆地的特性极为相似（与北半球两个盆地相比）。

在深水水域（图 4.17b），最大的峰值是太平洋深层水（或普通水）；$\theta - S$ 关系图显示水团混合的十分均匀，这是它长时间混合的结果（第 4.7 节）。最寒冷的水域是 AABW，再一次显示出南大洋在环极地的连通作用。0 ℃ 以上，图表分为三个分支——太平洋、印度洋/南大洋以及大西洋（从含盐量最小到含盐量最大）。高盐度的大西洋洋脊的体积占比较大，未发现与太平洋中单一峰值相类似的峰值。这表明了 NADW 具有多源且未充分混合的特性。

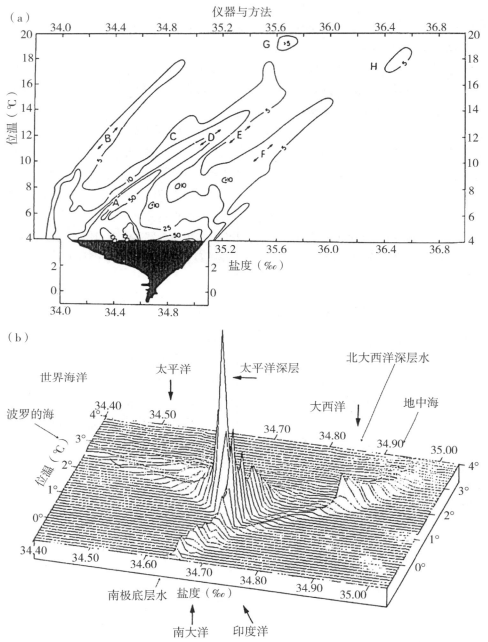

图 4.17 位温－盐度－体积（$\theta-S-V$）图：（a）整个水体；（b）温度低于 4 ℃ 的水体
图（a）中的阴影区域对应图（b）中的数字。来源：Worthington（1981）。

4.4　密度分布

在处于平衡状态的系统中，位密度随深度的增加而增加。更确切地说，用第 3.5.6 节中静态稳定性的定义（式 3.10），水体是静态稳定的。这意味着使用局部参考压强时，位密度随深度的增加而增加。虽然位温和盐度共同决定密度，但是只要水体密度随深度的增加而增加，在垂直方向上它们就存在最大值和最小值。非单调递增的情况（翻转）发生的时长非常短，仅数小时或更短。一旦密度大的水在密度小的水上方流动（或表层水的密度增加到超过其下方水体的密度），水体就会变得不稳定而翻转混合，以消除其存在的不稳定性。

在第 3 章中，我们讨论了采用不同的基准压强计算的位密度，或基于经验类型计算的密度，例如中性密度。采用的位密度应当近似于局部的垂向稳定度和等熵面。图 4.11、4.12 和 4.13 的位密度剖面图采用了与海表面和 4 000 dbar 有关的位密度剖面图。当温度和盐度的空间变化非常小时，任何类型的位密度都会随着深度的增加而单调增加，例如在马里亚纳海沟中，相对于海洋表面和 10 000 dbar 的位密度（图 4.10）。在北太平洋，密度跃层以下的温度和盐度变化都很小，这是出现大的密度变化的垂向区域。因此，所有的位密度选择都会产生较稳定的垂向剖面（图 4.20）。

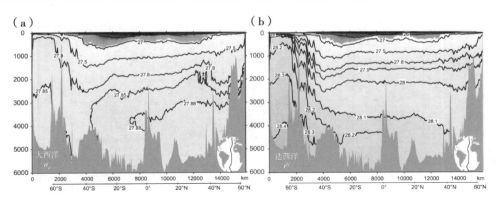

图 4.18　西经 $20°$ 至 $25°$ 大西洋内的 (a) 位密度 σ_θ（kg·m^{-3}）和 (b) 中性密度 γ^N 与图 4.12c 相比较。数据来自 World Ocean Circulation Experiment。

另外，南大西洋会出现大规模的盐度翻转，高盐度的 NADW 位于低盐度的 AAIW 和 AABW 之间（图 4.11b）。温暖水体和寒冷水体压缩性的差异开始不可忽略。图 4.11c 显示出垂向的稳定密度结构。为了说明采用表面参考压强的深层水体密度的主要缺陷，图 4.18a 中给出了一个大西洋位密度的纵断面，其与完整水体的海洋表面 σ_θ 有关。在南大西洋的 σ_θ 有大规模翻转现象，在赤道以南 3 700 m 水深处最为明显。这是高盐度 NADW 层的基础。位温等值线在 NADW 以下被压缩（图 4.11a）。4 000 dbar 处的位密度 σ_4，没有出现翻转（图 4.11c）。

中性密度 γ^N（第 3.5.4 节；Jackett & McDougall，1997）经常用来表示位密度

随着深度的增加而出现的稳定增长。[①]

与选择合适的参考位密度相类似，选取合适的中性密度可消除图 4.18a 中明显的密度翻转，也可消除使用多个压强参考水平的需要，如图 4.11c、4.12c 和 4.13c 中对 0 dbar 和 4 000 dbar 的参考使用。在大西洋中性密度 γ^N 剖面中，从表层到底部 γ^N 显然是单调递增的。这些深层的等值线类似于 σ_4（图 4.11c），并且北大西洋 2 000 m 水深的地中海盐含量最大区域内 σ_θ 的畸变值被消除了。

4.4.1　海水表层和上层的密度

海洋表面海水的密度从赤道附近的 $\sigma_\theta = 22$ kg/m³ 增加到纬度 $50°\sim60°$ 处的 $\sigma_\theta = 26\sim28$ kg/m³，超出这个范围后，密度略有下降（因为高纬度海水的盐度略低）（图 4.3 和 4.19）。在南极和北大西洋中，高纬度水域的表面密度比北太平洋甚至其冰点处的密度都高。北太平洋表面水密度较小，是因为其表面水的盐度低。

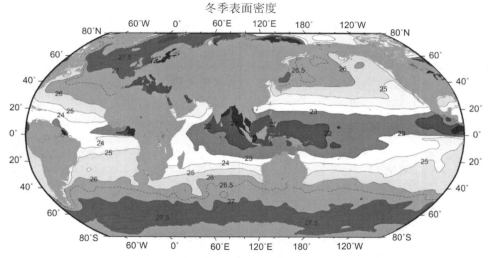

图 4.19　冬季海表密度 σ_θ（kg·m⁻³）（赤道以北 1、2、3 月；赤道以南 7、8、9 月）
源于 Levitus & Boyer（1994）以及 Levitus 等（1994b）的平均（气候学）数据。

在图 4.3 中，我们可以看到在热带和中纬度水域，所有海洋的平均表面密度均与表层温度相关，而不是表层盐度。在南北半球最高纬度地区，极地方向 50° 处，表面密度更多与盐度相关，而非温度，因为在此处温度接近冰点，在纬度方向上的变化很小。

表层密度和垂直分层的情况决定了当海水离开流通（"露头"）区域时，表层水将会下沉的深度。一定密度条件下，表面温度和盐度也会影响下沉过程，因为它们对海水压缩性有一定影响。在相同的表层密度下，温暖且含盐量大的水体压缩性小于寒冷

---

①　有关最合适的密度变量仍存在争议，其可用于绘制海水水团运动方向和沿着等密度线和跨密度面混合方向上的大多数等熵面。

且含盐量小的水体。因此，寒冷且含盐量少的水团会变得更加密实，当它们进入海洋时就会比温暖且含盐量大的水团下沉得更深。（请详见第 3.5.4 节）

在冬季末期（降温时期即将结束），表层水密度会达到最大值。（在许多地区，降温同时影响蒸发作用。因此，温度和盐度可随降水量一同改变，形成高密度水。）冬季末期，密度与最深的混合层有关。随着升温时期的到来（北半球从 3 月开始，南半球从 9 月开始），高密度的冬季混合层表面"覆盖"着温暖的水体。被覆盖的冬季水体会远离（平流输送）冬季流通区域。如果它们进入冬季表层水密度较低的地区，就会下沉到表层水下方，并且来年冬季不会重新与大气接触。该俯冲过程是表层水进入到海洋内部的主要机制（Luyten 等，1983；Woods，1985；第 4.2.3 和 7.8.5 节）。

长时间的表层密度变化会影响形成的中层和深层水体数量以及受影响区域的范围。在与冰川/间冰期有关的主要气候变化期，表层密度分布发生强烈变化，形成了截然不同的深层水体分布形式。

根据地区的不同，冬季混合层深度从数十米到数百米不等（图 4.4）。因为通常使用温度标准进行检测，所以我们在第 4.2.2 节中详细地探讨了混合层。在热带水域，冬季混合层深度可能不到 50 m。北大西洋近极地区冬季混合层深度最大，在拉布拉多海深度可能超过 1 000 m，并且在南半球南极洲南纬 50°左右围绕南极洲的主要洋流的北部边缘周围，厚度为 500 m。

4.4.2　密度跃层

与位温相类似，位密度并不随深度的增加而均匀地增加（图 4.20）。密度的垂直结构与位温的垂向结构相似。通常存在一个密度几乎均匀的浅上层，接着是一个密度随着深度的增加而迅速增加的水层，称为密度跃层，类似于温跃层（第 4.2.3 节）。在该层的下方是密度随深度增加而缓慢增加的深层（图 4.10、4.11、4.12、4.18 和 4.20）。与海洋上层密度相比，深水层密度在纬度上的变化非常小。因此，在表层密度增加到 $\sigma_\theta = 27$ kg/m³ 甚至更多的高纬度区域，其密度随深度增加而增加的幅度小于低纬度区域，并且密度跃层更薄。

因为海水密度对温度的依赖性很强，所以一些地区在密度上出现双重温跃层结构（第 4.2 节中有描述）。垂直密度梯度较低的水层被称为恒温层。

在所有地区，在温暖的季节会出现季节性密度跃层。这是由季节性变暖和（或）冰融化造成的，上面覆盖着冬季混合层残留物，在非冬季会形成了一个恒温层。永久性双密度跃层中间存在恒温层（pycnostad）是亚热带水域的一个共同特点。模态水（第 4.2.3 节）是恒温的，根据密度分层而非温度；也就是说，在给定的垂直剖面中垂直稳定性最小值是模态水的最佳识别特征。通常情况下，依据位势涡度（式 3.11 和第 7.7 节）对模态水和其他水团进行追踪。在大多数海洋中（除了在强大的洋流中），对位势涡度的主要贡献是与垂直稳定性成比例的。位势涡度是一个有用的指示物，因为在没有混合的情况下，它是保守的力学量。

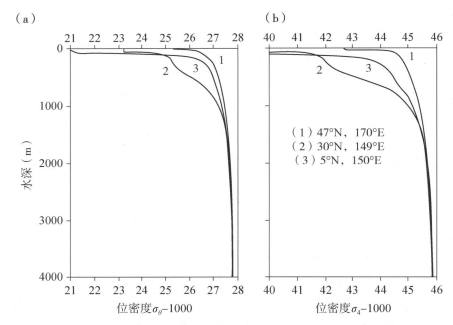

图 4.20　低纬度和高纬度地区的典型密度/深度剖面（北太平洋）

4.4.3　位密度的深度分布

位密度结构比位温和盐度简单，这是因为水体在垂向上必须是稳定的。根据位密度的定义，其随着深度的增加而增加。密度跃层以下，垂向位密度变化极小，类似于位温结构。只要选用了恰当的基准压强，密度就不会发生大规模的反转，正如第 3.6 节中所描述的以及大西洋垂直剖面所示（图 4.18，相比于第 4.2.6 节中的图 4.11c）。位密度的水平变化与水平压力梯度有关，因此也与大规模的洋流有关（第 7.6 节）。

位密度结构形式遍布于贯穿任一海洋南北长度的垂向剖面（图 4.11、4.12 和 4.13）。其主要特征是在亚热带海洋上层到中层存在向下的碗状结构，指向剖面的南端（南极）以及存在向上的大斜坡。在大约 2 000 m 以下，位密度的总变化范围很小，大约为 $\sigma_\theta = 27.6 \sim 27.9 \ \mathrm{kg/m^3}$（或 $\sigma_4 = 45.6 \sim 46.2 \ \mathrm{kg/m^3}$，这是相对于 4 000 dbar 的位密度）。

因为垂向分层会大大抑制混合作用，沿着等熵面极易发生几乎等密度（表面位密度恒定）的流动和混合现象。在上层海洋中，表层的恒定 σ_θ 有重大意义。例如，海洋水特有属性的形成过程几乎全部发生于海洋表面，甚至最深层水体的起源也可以追溯到其位于海洋表层的形成区域。因为海洋深层水的密度很高，所以它一定是形成于高纬度地区（在这些地区的海洋表面可发现高密水）。在形成之后，其几乎等密度向下扩散（应调整基准压强来说明压缩性的温度依赖性）。水体的运动为水平运动与下沉的组合，因此其实际沿着与水平方向稍微倾斜的方向运动。即使在等密度线斜率最大的地区，例如在图 4.11c、4.12c 和 4.13c 的南部，水平方向数百公里内，斜率下降不超过几公里。

在深海的盐度场范围内存在各种结构类型（如图 4.11b 中的大西洋），其中密度结构由深海的温度决定。在高纬度海域表面附近，盐度是密度结构的重要影响因素。在这些地方，降水或海冰融化会形成低盐度表层，例如在北极、南极地区附近，以及北太平洋和北大西洋海岸近极的地区。在浅海岸水域、峡湾以及入海口的所有深度处，盐度通常是决定海水密度的控制性因素，温度变化是第二重要的因素（如表 3.1）。

在多数海洋中，密度（随着深度的增加而增加）几乎呈指数增长，在深海中逐渐接近一个常数值（图 4.20）。然而，在一些地区，不同来源的深水是并存的，它们之间有很薄的密度跃层（密度变化较大）。在南大西洋的 NADW 和 AABW 之间就是经典的例子（我们曾通过其说明位密度局部参考的必要性）。这种情况在亚热带南半球最常见，南极高密水厚层在北大西洋、太平洋和印度洋向南流动的密度略小的深层水下部，向北流动（图 4.11 和 4.18）。

4.5　溶解氧

海水中含有溶解性气体，包括氧气和二氧化碳。一些瞬态指示物为溶解性气体（第 4.6 节）。海洋是全球（大气/陆地/海洋）二氧化碳（温室气体）循环的一个重要组成部分。然而，由于其复杂性，本书中不讨论海洋的碳化学。

溶解氧含量被用作海洋循环的一个重要指示物和海水水团在海面留存（流通）时间的指标。海中的含氧量范围为 $0\sim350\ \mu mol/kg$（$0\sim8\ ml/L$），但大量水体含氧量范围处于 $40\sim260\ \mu mol/kg$（$0\sim6\ ml/L$）之内。大气是海水中溶解性氧的主要来源。在海面，水的溶氧量通常接近饱和。在深度为 $10\sim20\ m$ 的上层，有时水中氧气是过饱和的，这是海洋植物光合作用的副产物。如果穿过数十米水深进入海洋的太阳辐射导致水升温，过饱和也会发生在海面附近（实际上如果海面变暖，其中所溶解的多余的氧气就会被释放到大气中，所以在海面没有过饱和现象）。有时候海洋表面水是不饱和的，如果表层的混合特别强烈就会带动下层的不饱和水，这种情况在冬天较少发生（表层水的平衡时间——将水恢复至 100% 饱和所需的时间——为几天到几周，与风速和温度有关）。在表层以下，氧饱和度小于 100%，这是因为生物作用和碎屑中的细菌化学作用会消耗氧气。通常，海水中溶解性氧的含量较低，这表明海水离开海表面很久了，氧气已被生物作用和碎屑的化学反应耗尽。

图 4.21 显示了大西洋和太平洋三个纬度区的典型溶解氧剖面。图 4.11d、4.12d 和 4.13d 显示了每个海洋沿南－北断面的氧量。大西洋和太平洋的共同特征包括：（1）高含氧量的表层水；（2）含氧量最小值出现在 $500\sim2\,500\ m$ 之间；（3）在大西洋（NADW）中，相对的大值出现在 $1\,500\ m$ 以下；（4）在北太平洋，表层以下出现小值；（5）在两个海洋中更多类似的下表层分布在南纬度地区。印度洋含氧量的分布与太平洋地区（南部和热带地区）相似。通过比较太平洋深水中的低值与大西洋的低值，可以发现太平洋水域远离表层的时间更久。在一些含氧量极低的地区，如黑海

和加里亚科海沟底部（远离加勒比地区的委内瑞拉），存在硫化氢，这是由细菌的硫酸根离子还原反应产生的。这些现象表明水已经在此停滞了很长时间。

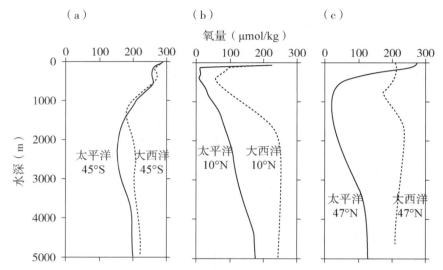

图 4.21　大西洋（虚线）和太平洋（实线）的溶解性氧分布（μmol/ kg），（a）45°S，（b）10°N，（c）47°N

数据来自 World Ocean Circulation Experiment。

全球的海洋中，含氧量最小值出现在中等深度位置，底部的含氧量较高，这是几个原因造成的。一是最小循环和混合作用不能补充消耗掉的氧气；二是密度随深度（稳定性）的增大而增大，生物碎屑积聚于该区域，增加了氧气的消耗量；三是因海洋的底层水来自南极表层，含氧量相对较高。在太平洋和印度洋，存在三层结构，表层氧含量高，跨密度跃层逐步减小，中层和深水层氧含量最小，深海区氧含量再增大。由于 NADW 的高含氧结构与这三层结构并存，因此大西洋有四层结构（图 4.11d 中的 2 000 dbar 和 4 000 dbar 之间氧含量较高的厚层，与图 4.11b 中的高盐度范围对应）。

在热带大西洋（图 4.11d）、热带东太平洋（图 4.12d）和北印度洋（图 4.13d），上层海水存在含氧量最小值。这些浅层最小含氧量是由表层活跃的生物作用造成的。表层水中大量的下沉碎屑中细菌耗氧量很大，几乎消耗了上部 300～400 m 内的所有溶解氧。

海洋中氧气的生产和利用本质上属于生物地球化学范畴（第 3.6 节）。氧气是有效的指示物，可反映海水水团的水龄，但由于它不够保守，因此必须谨慎使用。

4.6　营养盐和其他指示物

用作流动指示物或用于识别水团的其他常见水特性包括营养盐（磷酸盐、硝酸盐、亚硝酸盐、硅酸和铵盐）、除氧气和二氧化碳以外的溶解性气体以及浮游生物（植物和动物）。上述水团特性须慎重采用，与含氧量类似，它们不够保守（可在水体内产生或消耗）。现如今，其他化学和放射性指示物也被广泛地运用（如 Broecker & Peng，1982）。海洋生物学家以及物理和化学海洋学家对营养盐分布的主要特征十分关注。

海洋上层数百米范围内营养值很低，较深范围的营养值较高（图 4.22）。在北太平洋，分布形式为中深层最大，由北向南延伸，硝酸盐（NO_3^-）和磷酸盐（PO_4^{3-}）的最大值在 1 000～2 000 m 水深处，而硅酸盐最大值在 2 000～3 000 m 水深处。此外，在南极南部的高密水体中存在营养盐最大值。大西洋中，由北向南延伸的中深层低营养水舌与 NADW 有关（第 9.8 节）。营养盐的最大值位于南极形成的高密水（AABW）南部底层。

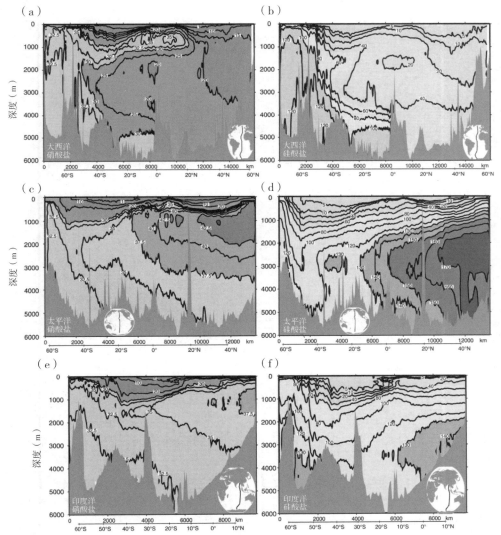

图 4.22　大西洋（a，b）、太平洋（c，d）和印度洋（e，f）中的硝酸盐（$\mu mol/kg$）和溶解性硅酸盐（$\mu mol/kg$）

注意每个大洋的水平轴不同。数据来自 World Ocean Circulation Experiment。本图也可在彩色插图中找到。

海洋上层的低营养值是由于生活在表层（真光层，暴露在阳光下）的浮游植物的消耗造成的；而较深层水域中营养值增加，是由于沉积的碎屑的生化过程（呼吸和硝化，主要是微生物），将营养盐释放和溶解在水中。因此，营养盐分布类似于氧气分布。磷酸盐和硝酸盐具有几乎相同的生物循环过程，因此分布形式相似（有关 Redfield 比值的讨论见第 3.6 节）。（因此，图 4.22 中只列出了硝酸盐部分。）然而溶解性二氧化硅（硅酸物）的分布与其不同。在海洋底部，二氧化硅从沉积物中溶解到海水中或由热液源注入（存在额外的来源）。

表层营养盐的补充受垂向扩散、翻转和上涌等物理过程的强烈影响。这些过程将营养物质从真光层以下带到海洋表面。上涌对表层营养物质的影响可参见表层硝酸盐分布的说明（图 4.23）。在地表水下降的亚热带地区，硝酸盐含量几乎为零（第 9～11 章）。在亚热带东部边界区域（第 7.9.1 节）、沿着赤道以及在副极地地区，真光层上涌的位置，表面硝酸盐含量不为零（尽管很小）。正是因为真光层的营养供给，这里的生物作用比较活跃（见图 4.29）。

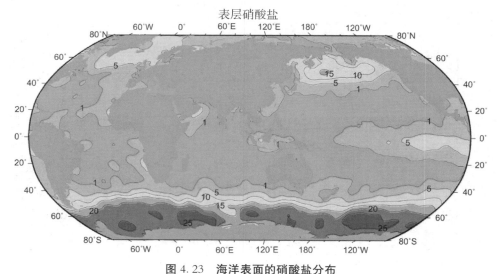

图 4.23　海洋表面的硝酸盐分布

来自 Conkright，Levitus & Boyer（1994）的气候态数据。

在中深层，太平洋的营养盐垂向最大值高于大西洋，其中大平洋的磷酸盐和硝酸盐含量大约是大西洋中的两倍，硅酸盐含量大约是三到十倍。这是由于太平洋中深层和深层水的水龄远大于北大西洋造成的。也正是由于这个原因，太平洋溶解氧的含量低于大西洋。

综上所述，含氧量、营养物质以及盐度的分布是识别密度跃层以下水团重要的标志。大西洋中高氧、低营养、高盐度的深水层是 NADW。太平洋中低氧、高营养的水层是太平洋深层水，印度洋中的则是印度洋深层水。所有海洋中，高氧、低营养、寒冷的底层是 AABW。在充分考虑南半球亚热带地区属性的东－西分布后，我们也可以区分低氧、高营养的太平洋和印度洋深层水与来自南极的较高氧含量、较高营养值的水体。这些南极深层水密度比 AABW 小，被称为绕极深层水。第 13 章中我们将介绍各种绕极深层水。

4.7 水龄、水体交换时间和流通率

估算海洋水龄和交换率，有助于了解全球海洋中温度和盐度的分布规律、上层营养物质的补给率以及大气和海洋之间的气体交换。作为有害物质倾倒场的深海，其有效性和安全性取决于深层水的水体交换周期。这对估算海洋的流通时间尺度，具有重要的应用价值。

海水的水龄指的是海水水团最后一次与大气接触后到目前的时间。流通率或生产率（ventilation rate/production rate）指的是离开表面形成部位后进入海洋内部的输运过程。水体交换时间（tunover time）是海洋盆地或海洋中水层或水团的海水库容完全更新所需的时间。"海水库容"也可以根据指示物而非水质点来描述（例如 CO_2 分子或浮游动物等），滞留时间是水质点在水库中的时间。

水体的水龄可依据指示物测算（第 3.6 节）。具有生物惰性的指示剂比那些具有生物活性的指示剂更有效。大气测量中采用的指示物在上层海域和深海流通良好部位同样有效。氟氯化碳（CFC；如图 4.24a 所示的太平洋剖面）和氚（图 4.25b 所示的太平洋地图）的掺入是近期海水流通的证据，这些指示物的缺失则表明水龄超过 $50\sim60$ 年。

几种指示物的浓度比率随时间的变化量，是估算水龄的依据，包括可导致表面源水比率发生变化的不同大气时期的 CFC（图 4.25a）。同样地，氚（^{3}H）衰变成了 ^{3}He，半衰期约为 12 年，^{3}H/^{3}He 也可用于估算水龄（忽略深海中海洋中脊注入的少量天然 ^{3}He）。只有在周围水域没有指示物时，该指示物才能直接应用于水龄测算，因为具有不同比例指示物的水体的掺混会使水龄计算更加复杂。热带太平洋和北太平洋只能在上层海域流通（除了遥远的南部之外的海域都没有深水源），因此 CFC 和氚以及 ^{3}He 测算"水龄"的方法特别适用。

由于深海的海水太老，用人为指示物来测算水龄不合适，但天然指示物（如氧气、营养物质和 ^{14}C 等）（图 4.24b）是有效的，可作为测算海洋流通良好水域水龄的替代方法。海水流离海面后，生物活性即会使水中的氧气减少，营养盐成分增加。如果氧消耗率或养分再矿化率是位置和温度的函数，则可以测算水团离开源头的水龄。与人为指示物一样，不同含氧量和营养物质含量的水体混合过程需做简化假设。

放射性碳可用于计算水龄（与陆源有机物一样）（第 3.6 节）。大气中的 ^{14}C 由宇宙射线产生，并迅速转化为大气 CO_2 的一部分。它通过溶解于海洋表层水进入海洋。当表层水下潜或并入更深的水域时，^{14}C 以每 83 年 1% 的速度衰减，导致深海的负值（损减）越来越大。全球最大的损减值发现于北太平洋深处，表明此处水龄很大（图 4.24b）。使用 ^{14}C 损减值准确地计算海洋水的水龄需要注意有关混合的影响以及其他复杂情况，因为海表的有机物质会出现局部下沉情况，且 ^{14}C 有其他来源（包括核试

验）。基于^{14}C 损减值估算的深层水水龄，大西洋为 275 年，印度洋为 250 年，太平洋为 510 年。水龄的估算具有一定的偏差，这是因为最古老的水体总是与年轻的水体相互掺混。因此，北太平洋深层水域的水龄可能高于其^{14}C 水龄（大约 1000 年），而北大西洋深海水域的水龄较低，这可通过侵入底部的 CFC 证明（Broecker 等，2004）。

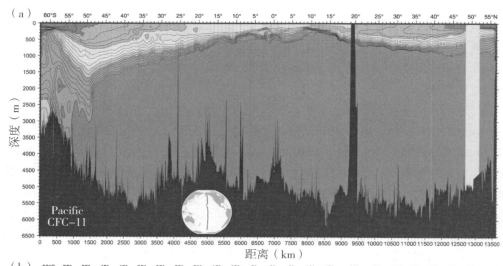

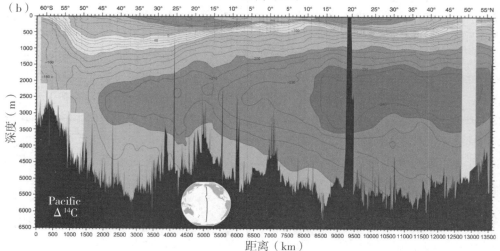

图 4.24　（a）150°W 处太平洋氯氟烃含量（CFC‑11；pmol/kg）和（b）Δ^{14}C（/mille）
（a）中的白色区域表示无法检测到的 CFC‑11。来自 WOCE Pacific Ocean Atlas。来源：Talley（2007）。

　　水团或水层的流通率（生产率）有几种不同的方式定义，这可能导致估算值出现差异。一般，我们的目的是估算新水进入海水库容的速度。一种方法是根据水库体积除以其水龄来估算生产率：

$$R_p = 体积 / 水龄 \tag{4.1a}$$

　　单位是 m^3/sec。这是一个简单的概念，但却因为海洋水体的水龄不均一性而难以应用；因此需要使用一些复杂的计算和简单的模型来计算连续的水龄分布下的流通率。如果式（4.1a）依据的是水体交换时间（下文的式 4.2）而不是水龄，算得的比率可能会不同，因为水龄和水体交换时间通常是不相等的。

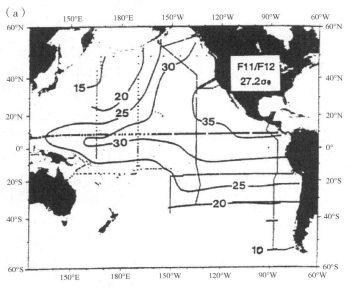

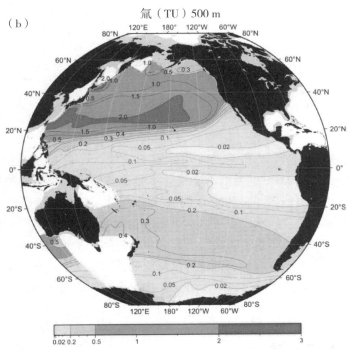

图 4.25　（a）使用氯氟烃－11 与氯氟烃－12 比例估算的等密度表面（27.2σ_θ）上太平洋水的水龄（年）。来源：Fine、Maillet、Sullivan 以及 Willey（2001）。（b）太平洋 500 m 处的氚浓度，来自于 WOCE Pacific Ocean Atlas。来源：Talley（2007）

使用瞬态指示物测算流通率的方法，要先求得指示物的总量（存量）和其源头处指示物源（海面）的浓度。例如，使用 CFC 与存量 I_{CFC}（单位：mole）和表面浓度 $C_源$（单位：mole/kg），得出流通率的关系式（Smethie & Fine，2001）为：

$$I_{CFC} = \sum R_p C_源 \Delta t \qquad (4.1b)$$

因为源浓度和存量随时间发生变化，所以流通率可通过迭代求得。

流通率 R_p 也可以通过对非常接近水团源头的新流通水输送的观测来估算。远离源头后，我们可以使用定量水团识别技术（第 6.7 节）来估算已观测到的输送部分，这可能归因于来源以及与其他水混合的部分。基于简单或复杂模型对导致出现流通的浮力进行观测，也可以经常使用间接估算值来计算流通率。Walin（1982）引入了一种使用等密度层表面露头区域内热能和淡水的通量方法，此方法被广泛应用。

水体交换时间是更新海水库容的时间。如果是基于水体而不是指示物，则它等于水团或水层的体积 V（单位：m^3）除以其出水运输量 $R_出$（单位：m^3/sec）。如果是基于指示物，则它等于指示物的存量（单位为 mol）除以指示物从水库中输出的量（单位：mole/sec）。生物地球化学定义的水体交换时间是对应的出流（与进水源头不同，因为海水库容通常是均匀混合的），出水运输量和水体交换时间之间的关系更简单（成比例）。水体或指示物的水体交换时间由下式计算：

$$T_{周转} = \frac{V}{R_出} = \frac{\iiint dV}{\iint v_出 dA} \rightarrow \frac{\iiint dV}{\iint v_进 dA} \qquad (4.2a)$$

$$T_{周转} = \frac{\iiint \rho C dV}{\iint \rho v_出 dA} \qquad (4.2b)$$

其中，$v_出$ 和 $v_进$ 是流出和流入海水库容的速度，C 是指示物的浓度（μmol/kg），ρ 是密度。式（4.2a）也可以用质量而不是流量来表示，在分子和分母中包括 ρ。如果系统处于稳定状态，式（4.2a）中最右边部分和进水速度会产生水体交换时间。在稳定状态下，式（4.2b）也可以从进水的角度考虑。

滞留时间是一个单独海水水团在海水库容中的时间。平均滞留时间是通过对流过海水库容的所有海水水团平均后获得。如果系统处于稳定状态，平均滞留时间等于水体交换时间。如果水稳定地通过海水库容，平均滞留时间则是水龄的两倍，这是因为水龄是水库中最新水与最早水间所有水的平均值。

4.8 海水的光学性质

如第 3.8 节所述，海洋的透明度取决于其悬浮物或生物含量。如果水是非常透明的，那么太阳辐射的穿透深度远超过有悬浮物时的穿透深度。因此，表层水的光学性质会影响表层吸热，从而影响表层温度，影响海洋与大气的相互作用。海洋颜色取决于悬浮物，特别是包括产生叶绿素的浮游植物，因此可以利用对颜色和其他光学性质的大规模观测来研究生物密度。通常使用卫星遥感对海洋颜色进行光学观测，以量化叶绿素 a（绿色色素；McClain，Hooker，Feldmand & Bontempi，2006）和颗粒状有机碳（POC；Gardner，Mishonov & Richardson，2006；Stramski 等，2008）的含量以及真光层深度（Lee 等，2007）为研究对象。

在发明电子光学装置之前，我们使用萨氏盘测量透明度（这个仪器的相关信息见教材网站补充资料中的第 S16.8 节）。当从船甲板上不能再看到特别喷漆的盘时，表明视觉观测完成。我们搜集了大量萨氏盘深度数据（＞120 000），并存档于美国国家海洋学数据中心（Lewis、Kuring & Yentsch，1988）。大部分数据来自于北半球的海洋，并且是在夏季采集的。南半球大面积开阔大洋几乎没有任何数据，但沿海地区有较好的采样数据。在开阔大洋的中低纬度区域和大多数沿海水域发现了大萨氏盘深度数据，特点是纬度越高数值越低。图 4.26 中纬度变化是明显的，显示了沿太平洋 $180°±20°W$ 和大西洋 $35°±10°W$ 的萨氏盘深度的平均值。Lewis 等（1988）得出结论，开阔大洋变化的原因主要是水中物质的衰减。较小的萨氏盘深度对应较高的叶绿素 a 值。图 4.26 中最显著的特征是萨氏盘深度在大约 30°纬度以上急剧下降（对应较高纬度地区的较高增殖率）。大西洋中的大萨氏盘深度位于马尾藻海，一个生物密度显著低下的区域。1986 年，在威德尔海上的冰间湖内，四个观测员在 79 m 处看见一个萨氏盘，在 80 m 处消失。这被认为是一个观测记录：因为蒸馏水的萨氏盘深度是 80 m，所以不可能观测到更大的深度。在沿海水域，2～10 m 的值是常见的，并且在河流和河口浑浊的水中可以观测到小于 1 m 的值。

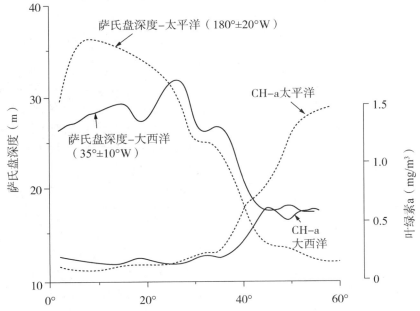

图 4.26　萨氏盘平均深度随太平洋和大西洋纬度而变化（来源 Lewis 等，1988）

现代原位光学观测是通过很多测量海水光学性质的仪器完成的，光学性质受悬浮物的影响，包括沉积物和浮游生物（第 3.8 节；图 3.9）。荧光提供了一种叶绿素浓度和浮游植物的测量方法。在水体中，除其他性质之外，可在不同波长处测量透光率、光束衰减和荧光，量化悬浮物的数量和类型（Gardner，2009）。例如，图 4.27 给出了赤道太平洋和近极的北太平洋东部用大气透射表测量的可见波长（660 nm）处的光束衰减系数剖面（海洋气象站 P 或 Papa）。该仪器在水中下降时发出光线，观测结果与颗粒的局部散射、吸收量以及水的吸收有关，而不是与太阳光的实际穿透相关。这种特定的光束衰减可能与海水的实际样品中测量的 POC 量相关。最上层的高光束衰减说明 POC 含量高。

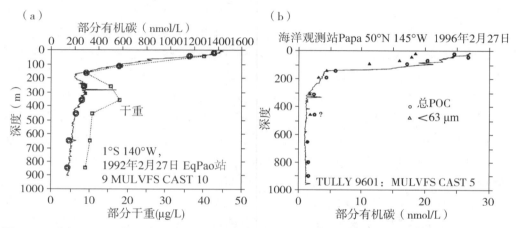

图 4.27　波长 660 nm 的光束衰减系数剖面，使用透射仪测量，转换为 POC（实线）和 POC 的原位测量（圆）：OWS Papa 处的（a）赤道太平洋和（b）太平洋东北部
来源：Bishop（1999）。

叶绿素 a 和 POC 使用的海洋水色遥感和原位观测的使用，成为了一种新的地图测绘技术。如今的叶绿素 a 图像是标准化的遥感成果。遥感的叶绿素季节图如图 4.28 所示。夏季，北部叶绿素分布的特征包括亚热带环流的极小值，赤道地区和沿 ACC 部分地区的大值，北部高纬度地区和北极地区的极大值，以及沿海地区的大值。夏季，在南部，与高纬度的模式有所不同，南极洲边缘附近的叶绿素含量增加（现在无冰），而北部高纬度地区叶绿素含量降低。源于海洋颜色的 POC 分布与叶绿素 a 分布密切相关（Gardner 等，2006；见在线补充资料中的图 S4.2）。

影响海洋上层的太阳辐射被量化为光合有效辐射（PAR；第 3.8.1 节），并由海洋水色传感器定期描绘出来（NASA，2009b）。在线补充资料中包含了相关例子（图 S4.3）。（在 NASA 图像中，1 爱因斯坦＝1 摩尔光量子。）读者可访问 NASA 网站，该网站上会持续发布具有强烈季节性变化案例的研究成果。

真光层深度（图 4.29）定义为 1%光穿透的深度，真光层深度也可基于原位观测的算法从卫星颜色信息中映射出来（Lee 等，2007）。真光层深度与历史的萨氏盘深度有关（图 4.26 和在线补充资料的第 S16.8 节），前述的纬向平均萨氏盘深度的特征

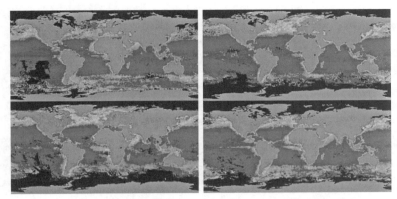

图 4.28　海岸带水色成像仪（CZCS）获取的全球叶绿素图像

根据 1978 年 11 月—1986 年 6 月期间所有月份的三个月"气候"综合资料显示，全球浮游植物浓度会随季节发生变化。在这期间，CZCS 收集了以下数据：1—3 月（左上）、4—6 月（右上）、7—9 月（左下）和 10—12 月（右下）。随着北半球春天的到来，整个北大西洋上浮游植物都会爆发，且大西洋和太平洋内以及非洲和秘鲁西海岸远处的赤道浮游植物浓度会随季节发生变化。图 4.28 也可在彩色插图中找到。显示颗粒有机碳（POC）和叶绿素之间相似性的图片参见在线补充资料中的图 S4.2。来源：NASA（2009a）。

在卫星图像中易见。

　　海洋水色和衍生产品以 4～9 公里的分辨率展示（如图 4.29 所示）。用类似空间分辨率的遥感 SST 数据进行颜色补充。在某种程度上，叶绿素 a 独立于 SST，所以它们可提供局部循环（平流）和上升流相关的信息（Simpson 等，1986）。这被广泛运用于区域循环和生态系统的研究。后续章节中会涉及区域循环的海洋水色图像的例子。

真光层深度（m）

5 10　20　30　40　50　60　70　80　90　100 110 120 130 140 150 160 170 180

图 4.29　Aqua MODIS 卫星上显示的真光层深度（m），9 km 分辨率

2007 年 9 月的月度综合资料。海洋上方的黑色是不能从月度综合资料中去除的云量。光合有效辐射（PAR）的相关图片参见在线补充资料中的图 S4.3。本图也可在彩色插图中找到。来源：NASA（2009b）。

第 5 章　质量、盐、热量收支和风的作用

能量、质量、动量守恒等原理在所有科学中都很重要，因为这些简单的原理具有非常深远的应用价值。本章讨论适用于海洋的体积守恒（或质量守恒；第 5.1 节）、盐和淡水守恒（第 5.2 和 5.3 节）以及热能守恒（第 5.4 节）。第 5.5 和 5.6 节描述了海洋的热量收支和热传输。由于热量和淡水通量相结合，成为施加到海洋表层的浮力通量，所以在第 5.7 节中将介绍海气界面的浮力通量。为了完整地介绍海洋环流的主要驱动力（在描述动态和环流的章节之前），风的作用将在第 5.8 节中介绍。

5.1　体积与质量守恒

体积守恒原理（或者通常被称为连续性方程）是基于水的压缩性较小这一事实。如果水以一定的速率流入一个封闭的完整容器，则它必须以相同的速率从其他地方流出，或者容器中的水位必须增加。海洋中的"容器"（如海湾、峡湾等）在有无"盖子"的意义上是不封闭的（除了冻结之外），但是如果海湾中观测到的平均海平面保持不变（在平均状态下以排除波浪与潮汐的影响），那么海湾相当于一个封闭的容器。

例如，挪威、加拿大西部和智利的许多峡湾都有大的河流注入，但其平均海平面依然不变。我们从体积的连续性得出结论，在其他地方必须有水流出，因为蒸发量不太可能大到与流入的水量相平衡。流出的唯一可能的地方是在向海一侧，如果我们对峡湾中的水流进行观测，我们通常会发现在表层为净流出。然而，当我们实际测量流出量时，我们可能会发现进入海洋的通量比从河流流入的通量要大得多。因为体积必须守恒，所以必须有另外的流入，对峡湾水流的观测通常会发现表层以下会有流入峡湾的净通量。河水是淡水，因此比峡湾的海水密度小，所以将在流向海洋的过程中一直保持在海水的表层。通过与河水混合，次表层流入的海水被冲淡，并且上升到表面与河流淡水一起向外流动（这就是河口环流；参见位于 http：// booksite. academicpress. com/DPO/的在线补充材料中的第 S8 章第 S8.8 节；"S"表示补充材料）。

5.1.1　封闭箱中的体积守恒

如果我们展示峡湾等封闭区域的流入和流出（图 5.1），而且添加降水（P）和河流径流（R），并减去水面蒸发量（E），则体积守恒可以用下面的方程表示：

$$V_i + R + AP = V_o + AE \tag{5.1}$$

或者重新排列如下：

$$V_o - V_i = (R + AP) - AE \equiv F \tag{5.2}$$

式中，V 是体积通量，通量以每秒体积（m^3/sec）而不是速度（m/sec）表示。下标 o 和 i 分别表示向外和向内输运。符号 R 表示河流径流，作为使流域中水量增加的通量。符号 P 和 E 是每个点的降水和蒸发速度，因此以 m/sec 或 cm/yr 表示。为了计算由于降水和蒸发而进入箱中的总通量，它们必须在整个箱子的表面区域上做积分运算。为了简化式（5.1）和式（5.2），如果 P 和 E 在箱中的所有点都具有相同的值，则它们可以乘以箱子的表面积 A。F（代表淡水通量）通过式（5.2）的右侧定义，这就是为什么使用符号≡。式（5.1）的左侧是进入峡湾的通量。式（5.1）的右侧是输出的通量。第二个方程式简单地说明，盐水的净体积通量与淡水的净体积通量相平衡（在合适的时间段内平均）。这是一个稳定状态的例子，系统的一部分或整个系统可能都在运动，但是所有的点在任何时候都不会随时间而改变运动（或属性）。

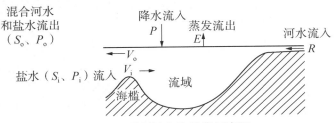

图 5.1　流域流入和流出示意图

更准确地说，在式（5.1）和式（5.2）中表示的原理也应将水的密度考虑在内，并讨论质量守恒而不是体积守恒。这是因为只是对水进行加热就会使体积增大，而不增加任何质量，所以真正的守恒原理是对于质量而言的。然而，对于大多数在海洋中的应用，海水密度的变化范围是很小的，所以我们通常认为密度是均匀的。

即使这个守恒原理是用一个近乎封闭地区（例如峡湾）的例子来讨论的，它也适用于在海洋中绘制的任何其他封闭"箱"。如果我们的封闭箱包括海表，那么它将包括 P 和 E。如果它有海岸线，那么它将包括 R。如果它有海冰流入并融化，或者相反的过程，则包括另一个与冰相关的水通量。此外，我们的箱子可能完全在海洋的某个地方，在这种情况下，流入箱子中的流量必须平衡流出，如下所述。

5.1.2　开阔大洋连续性

考虑进出一个封闭箱的流量可以延伸到开阔大洋。这里我们假设一个封闭箱，有侧面、顶部和底部（图 5.2）。然后我们对这个箱子应用同样的平衡方程（式 5.1）。如果没有任何一个边界在海岸旁边，则径流项 R 为零。如果箱子的顶部在海洋内部，而不是海表，则降水和蒸发项也为零。然后箱子的体积平

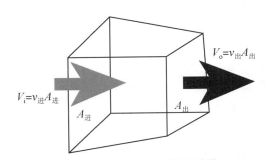

图 5.2　少量流体的质量连续性

根据连续性条件，$V_o = V_i$。

变成：

$$V_o - V_i = 0 \tag{5.3}$$

这就是说输入水量必须等于输出水量。（以偏导数形式表示的完整的"连续性方程"，在第 7.2 节中给出。）实际上，在所有开阔大洋区域，我们研究的"箱"中输入和输出的体积通量通常远远大于海表上的任何降水或蒸发通量，所以我们使用式（5.3）的近似版本，即使是包括海表的箱子（第 5.1.3 节）。

这种连续性原理至关重要，它可能看起来不太有趣，但它是适用于所有情况的一条定律，不管该系统如何复杂。

5.1.3 辐射、通量和扩散

在我们可以进一步谈论体积和盐量守恒之前，我们需要了解热量、水、盐和其他溶解的物质如何在海洋中四处移动，以及如何通过物理过程（而不是化学或生物过程）来改变它们。通过物理过程改变海洋性质有三种途径：辐射、平流和扩散。

辐射是电磁波（热量和光线）的运动方式。辐射在大气中最重要，在海洋中不太重要，因为水不是很透明。然而，光线还是可以穿透海洋的表层（"真光层"；第 3.8 节），这就是太阳实际上加热海洋的方式（第 5.4 节）。海洋也将热量（红外线电磁波）散发到大气中（第 5.4.2 节）。

平流是流体携带其热量、盐度等属性的运动方式。有时我们在提及垂向运动时会使用"对流"这个词。如第 5.1.1 节所述，这里的基本概念是速度，单位为长度除以时间（m/sec），且具有方向。流体由无数分子组成并一起运动。如果假设海洋中某一部分水体存在一个平面，该平面具有一定面积（A；图 5.2）。通过该区域的水通量等于通过表面的流体速度（v）乘以面积 A，表示为 vA。通量的单位为 m³/sec。质量输运也适用：包括海水在内的水的密度是 ρ，采用单位为"质量/体积"。然后，通过我们区域的质量输运是密度乘以速度和面积（ρvA），单位为 kg/sec。

海水中有溶解态物质，用质量浓度（C）或单位海水质量中的分子量表示其浓度。（回顾我们在第 3 章中的盐度定义。）该定义可用于任何溶解的物质，包括盐。溶解物质的输运为其浓度乘以密度乘以速度乘以面积（$C\rho vA$），单位为"质量/时间"或"分子量/时间"，这取决于如何表示浓度。对于盐的输运，我们使用每千克海水中含盐量（g）为单位，因此盐的输运单位为 g/sec，也可以用 kg/sec 乘以 1 000 来表示。

对于特定的溶解物质，浓度可以用每单位海水质量的摩尔数（mol/kg）来表示。由于许多常见溶解物质（如氧气和营养盐）的浓度量值为 10^{-6} mol/kg，所以经常使用的浓度单位是 μmol/kg（微摩尔/千克）。然后将这些物质的输运量表示为 μmol/sec。

热输运使用式（3.1）中热量的定义，其采用能量单位（焦耳）。代替"浓度"，我们使用比热乘以温度（绝对温度刻度，开尔文），即输运量为（QvA），单位为 J/sec。J/sec 的单位是瓦特，其中 1 W = 1 J/sec。

通量与输运直接相关。通量是每单位面积的输运量。可以认为是每单位面积单位时间的"物质"。例如，热通量表示为 W/m^2，其是每单位面积单位时间的焦耳数。

当某种属性进入和离开同一封闭体积的通量存在差异时，通量和输运是重要的（图 5.2）。输运量的变化必须与封闭箱内属性的变化有关。例如，如果进入箱内的热通量比离开箱子的要大，则从箱子流出的水是较冷的，并且一定是在箱内冷却。如果箱子的一侧处于海表，则这可能是由于海表的热损失而发生的。另一个例子，如果进入箱内的氧气通量比离开箱子的氧气通量大，那么氧气可能已在箱内被消耗掉（通常是细菌）。通过箱子的这种输运变化被称为输运辐散（如果输出比输入更多）或输运辐合（如果输出比输入更少）。

平流与通量相似，但平流在一点而不是在某个特定体的一侧发生。当某种属性通过流动而输运时，它是"平流输运的"。流体力学中描述流体中某个点的属性变化的方程式包括"平流项"，它们表明该属性通量的辐散或辐合如何改变该位置处的属性。

扩散是流体中的属性可以发生改变的第三种方式。扩散就像通量辐散和辐合，但它发生在极小的空间尺度上。分子或极小的水质点随机碰撞（湍流）并携带它们的属性。如果从区域的一侧到另一侧有热量或盐的差异，则随机碰撞将逐渐消除差异（或"梯度"，即属性差异除以两者之间距离，如果这一距离变得非常小）。

按照菲克扩散定律，"物质"的扩散通量与其浓度梯度成比例。因此，扩散将使物质顺着梯度向下运动（从高浓度到低浓度）。如果没有梯度（没有浓度差异），则没有通量，即没有扩散的影响。如果梯度是常数（意味着以一个位置为中心的属性差异与另一个位置相同），扩散也不会对属性分布产生影响，因为必须有通量辐散或辐合才能使该属性发生变化。在数学术语上，浓度的二阶导数必须非零，才会引起扩散并导致浓度变化。更简单地说，如果一个位置的物质比另一个位置多，那么该物质会输运到浓度较低的位置。但是，浓度只会在存在通量辐散或辐合的情况下发生改变。因此，扩散仅在属性浓度梯度随空间变化的情况下起作用。

在湍流中（如海洋或空气等中的水），我们有时会对几米到几千米，或者甚至几千千米的尺度上的属性和速度变化更感兴趣，尽管已有流体动力学方程组描述了它们，但几乎不可能同时考虑所有运动尺度。因此，流体动力学家和建模者几乎总是针对他们感兴趣的运动尺度（空间和时间）对运动做出简化的假设，并且经常将较小的尺度（次网格尺度）视为分子随机运动。

水和空气等流体是高度湍动性的，这意味着它们粘性很小。小尺度的湍流通常被认为以类似于随机、分子、微观运动的方式在相对较大的尺度的运动上起作用。因此，流体动力学家引入涡动扩散的概念，这个理论较小尺度的湍动性的"涡流"进行扩散。涡流扩散性比分子扩散性高得多，因为湍流涡流输运的属性比分子运动更远。涡流扩散性（和涡流粘度）将在第 5.4.7 节中再次讨论，并在第 7.2.4 节进行更为正式和更深入的讨论。

5.2 盐量守恒

盐量守恒原理是基于海洋中溶解盐的总质量恒定这一近乎准确的假设。河流每年向海洋总共贡献约 3×10^{12} kg 溶解性固体，这听起来很多，但对盐度的影响可以忽略不计。海洋很大，海洋中溶解盐的总量为 5×10^{19} kg。因此，世界河流每年带入海洋的盐量将使海洋平均盐度提高约 1 700 万分之一。如果我们假设海洋平均盐度约为 35，我们测量盐度只能精确到 ±0.001 或约 1 700 万的 500 份。换句话说，如果我们暂时忽略盐的损失，每年海洋盐度的增加量，仅占我们最佳测量精度的 1/500。盐实际上是以蒸发的形式从海洋中消失的，所以盐度实际上在地质时间内甚至更缓慢地增加（如有）。在所有实际应用中，一般假设海洋的平均盐含量至少在几十甚至几百年的时间内是恒定的。

盐度是盐的稀释度（第 3.4 节），会随着海洋中的总水量在几乎不可衡量的水平上变化，这取决于冰中特别是冰盖中冻结了多少水（格陵兰和南极洲）。海洋的平均深度约为 4 000 m（第 2.1 节），因此如果 1 m 厚度的水从冰盖和冰川中融化进入海洋中，盐度变化将为 1/4 000 = 0.000 3。格陵兰完全融化（不是不合理的可能性）可能使海平面变化的最大值为 7 m，这会导致平均盐度下降 0.002，但还是几乎观测不到。

与流入它们的河流的淡水相比，早期的希腊哲学家对于海洋的盐度感到困惑。他们没有意识到这些来自河流的盐的长期积累导致产生了海洋的盐度，而是假定海底存在"盐泉"。在 19 世纪，Maury（1855）认为盐从"产生"以来一直存在于海洋中，这与他所说的"达尔文理论"（现在被认为是大多数正确的）相反，即盐被河流冲刷。

盐守恒通常应用于比世界总大洋范围要小的水体。在地中海等较小的水体中，盐守恒是一个合理的假设。然而，当淡水平衡改变稀释度时，盐度主要是随降水和蒸发的模式和强度的变化而变化。虽然海洋的平均盐度不会显著变化，但由于淡水的再分配，一个地区的盐度可能会增加，而另一个地区的盐度会下降。盐守恒原理可以象征性地表示为：

$$V_i \cdot \rho_i \cdot S_i = V_o \cdot \rho_o \cdot S_o \tag{5.4}$$

其中 V_i 和 V_o 是封闭区域的流入和流出海水的流量，S_i 和 S_o 是它们的盐度，ρ_i 和 ρ_o 是它们的密度。这是盐输运的方程式，它表示该地区内没有获得或失去盐。（为了完全准确，式（5.4）应该采用速度逐点运算，而不是输运量，然后在所考虑的体积周围的整个区域内累计。）式（5.4）的左侧是将盐输运到箱内的速率，右侧是离开箱内的输运速率。因为两者密度只有 3% 以内的差异（海水与淡水的差异），ρ 几乎对消，留下：

$$V_i \cdot S_i = V_o \cdot S_o \tag{5.5}$$

该式可以与体积守恒方程（式 5.2）相结合，给出克努森的关系式（Knudsen，1901）：

$$V_i = F \cdot S_o/(S_i - S_o) \text{ and } V_o = F \cdot S_i/(S_i - S_o) \tag{5.6}$$

其中 F 是由于径流、降水和蒸发（$F = R + P - E$）所引起的淡水通量，并在整个区域内做积分运算，单位为 m^3/sec。如果我们知道 F 并观测得到盐度，式（5.6）可用于计算流量。

相反，如果我们通过观测知道周边地区的输运量和盐度，我们可以计算 F：

$$F = V_i \cdot (S_i/S_o - 1) \text{ or } F = V_o \cdot (1 - S_o/S_i) \tag{5.7}$$

这是淡水输运方程，表示了箱内获得或丢失了多少淡水。式（5.6）和式（5.7）可以适用于任何地区，特别包括边缘海、河口、峡湾等很容易确定流入和流出盐度的地方。如果 F 是正值（径流量和降水量的总和比蒸发量多），则此边缘海被称为是"正向的"。如果 F 为负值（净蒸发），则此边缘海被称为是"逆向的"。

定性结论可以从式（5.6）和式（5.7）得出。如果 S_o 和 S_i 都很大，它们的量值必定是相近的，因为海洋中有 S 的上限。因此（$S_i - S_o$）必须很小，$S_o/(S_i - S_o)$ 和 $S_i/(S_i - S_o)$ 都必须很大。因此，与 F（淡水输入量超过蒸发量的值）相比，V_i 和 V_o 都应该是一个大值。也就是说，对于大体积交换（大冲刷率），在一定量的蒸发或降水的下盐度变化将很小。另外，如果流入水体和流出水体之间的盐度差大（S_o 远小于或远大于 S_i），则对于相同的大小 F，交换率（V_i 和 V_o）就会较小。因此，与进行小体积交换的相比，进行大体积交换的水体将会被更好地冲刷，并且物质不太可能在该水体停滞。

对于盐度和速度不断变化的开阔大洋，在计算盐和淡水输送时，将整个区域的 vS 和 $v(1 - S/S_o)$ 进行积分是更准确有用的，其中 v 和 S 是点位观测得到的速度和盐度（Wijffels，Schmitt，Bryden & Stigebrandt，1992；Wijffels，2001；Talley，2008）。（在该地区做深度和横向距离的积分运算。）S_o 是一个任意常数。整个区域的净流量 F 应与径流、降水和蒸发的获得量和损失量相平衡，因此应该非常小。

5.3　两个守恒原理的三个例子

5.3.1　地中海：逆向水平衡的范例

地中海表现为逆向水平衡－蒸发量超过降水量和河流径流量。由于净蒸发，导致量值较小的体积的净损失［即对于流量方程式 5.2，$E > (R + P)$，F 为负］。因为盐是守恒的，所以盐度增加。盐度更大的水密度更大，并在地中海下沉。这种密度更大的水通过直布罗陀海峡海底山脊的底部离开地中海，并将高盐水注入北大西洋深处（教材网站第 S8 章第 S8.10.2 节）。盐度为 38.4 psu 的流出水量与上层流入的来自北大西洋的盐度较低（36.1 psu）的水相平衡（图 5.3a）。式（5.6）中盐度比值约为16，这意味着流入和流出的流量 V_i 和 V_o 都比海气界面交换的淡水损失 F 大这一倍数。

对直布罗陀海峡上层入流水的直接观测（教材网站上的第 S8.10.2 节）给出了

$V_i = 0.72$ Sv 的平均输入量，其中 1 Sv $= 1 \times 10^6$ m³/sec。然后，根据式（5.6）可以算出，$V_o = 0.68$ Sv，$F = (R + AP) - AE = -0.04$ Sv；换句话说，总蒸发量超过淡水输入量 0.04×10^6 m³/sec。流入 V_i 的单位可以转换为 2.3×10^4 km³/yr。按照这个速度，填满体积为 3.8×10^6 km³ 的地中海大约需要 165 年的时间（由于流出平衡流入，地中海不会"填满"）。这种"充填速率"是平均水体交换时间的量度，即更新所有地中海水所需的时间（有时称为冲刷时间或滞留时间）（第 4.7 节）。

地中海深层水盐度介于 38 psu 至 39 psu 之间（教材网站第 S8.10.2 节）。通过直布罗陀海峡的离开地中海的水体盐度低于这个水平，因为它通过海峡进入北大西洋时，会与流入地中海的低盐度水发生卷夹（混合）。

5.3.2 黑海：正向水平衡的范例

尽管黑海与地中海毗连，但是黑海（见教材网站第 S8.10.3 节）是一个呈现"正向"的水盆，表现为从大气和径流得到净淡水通量（图 5.3b）。黑海底层流入水的盐度约为 35 psu，表层流出水的盐度则低得多，仅为 17 psu。式（5.6）中，盐度比值分别为 1 和 2，这表明黑海与地中海交换输运的海水体积 V_i 和 V_o 与海气淡水平衡通量 F 是同一个量级。V_i 和 V_o 的观测值约为 $V_i = 9.5 \times 10^3$ m³/s（300 km³·yr⁻¹ 的盐水）和 $V_o = 19 \times 10^3$ m³/s（600 km³·yr⁻¹ 的较淡的水），已知 $F = (R + P) - E = 9.5 \times 10^3$ m³/sec（Oguz 等，2006 年）。也就是说，因为径流量和降水量超过蒸发量，所以有一定净通量的淡水进入黑海（黑海深处的平均盐度约为 22.4 psu，表层海水盐度则低得多，这意味着淡水量有净增）。将黑海海盆体积 0.6×10^6 km³ 代入公式，可计算出水体交换时间为 1 000～2 000 年。这一水体交换时间或冲刷时间只是粗略计算得出的数字，而与黑海相连的地中海水体交换时间只有 165 年，两者在水体交换时间上的差距十分显著。

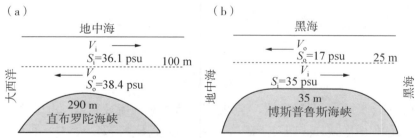

图 5.3 （a）地中海（负值水平衡；净蒸发量），（b）黑海（正值水平衡；净径流/降水量）的流入和流出特征示意图

独立的海洋学测量数据支撑地中海和黑海之间水体交换时间存在巨大对比的现象，因为地中海的大部分水含氧量超过 160 μmol/kg（>4 ml/L），而黑海 200 m 水深以下的水不含溶解氧但有大量的硫化氢（超过 6 ml/L），表明其年代久远。地中海被描述为冲刷或更新状态良好，而黑海在 95 m 水深以下为停滞状态。如第 9 章所述，地中海海水更新的物理原因是北部表层冬季蒸发和冷却形成深层水。在黑海，降水和

河流径流降低了表层水的盐度和密度，在冬季温度更低的情况下也不能使水体密度增加到足够大以导致表层水体下沉。因此，地区气候决定水体更新。

5.3.3　开阔大洋中的盐水和淡水输运量

盐和淡水输运的概念对于全球水体平衡很重要。一些地区的雨量多于其他地区，部分地区的海表蒸发量比其他地区多，但总体而言，世界海洋的盐度分布主要处于稳定状态。在蒸发区域，海洋盐度随着时间的推移不会变得越来越大，或在净降水区域不会变得越来越淡（这并不是说，该区域没有任何微小的日变化或季节变化，或者是在几年到几十年之间由于气候变化引起的微小变化，而是在第 4 章中描述的 20 世纪 90 年代观测到的大致分布规律也适用于几百年前，或许是几百年后的情况）。

蒸发、降水和径流（见图 5.4a 中的地图）仅影响总水量（淡水），而不影响盐的总量。一般而言，盐在海洋中一直存在（进入空气中并成为云的重要凝结核的盐量是极小的，对海盐收支没有影响；风化产生的进入海洋的量也很小）。然而，蒸发、降水和径流会改变盐的浓度，即盐度。就全球而言，在东南亚热带地区的净蒸发量（图 5.4a 中的红色区域）达到 150 cm/yr 以上；大气哈德莱环流（热带辐合区）上升空气下的热带地区净降水量（蓝色区域）较高；在南极和北极两个半球的副极地带也发现有净降水量。

对于海洋中的稳态盐度分布，淡水必须从净降水区域输运到净蒸发区域（其余的淡水循环是通过大气完成的，这意味着必须将净蒸发区域的水蒸气运送到净降水区域。净淡水输运到海洋的每一个区域的量必须与同一区域大气中的净淡水输运量平衡）。与开阔大洋淡水输运相关的总量与净通量相比非常小。也就是说，虽然大洋环流以 10×10^6 的常规速率从一个地点输运到另一个地方，但是进入到大洋地区（该地区的大气中水汽的损益）的淡水的量值只有 $(0.1 \sim 1.0) \times 10^6$ m³/sec。例如，考虑在纬度 25°N 至 35°N 之间的中北太平洋的总淡水输运量，该区域的表面积为 16.2×10^{12} m²。这是净蒸发的区域，表层盐度比热带和副极地区域的要高。基于气候学，海洋中的净淡水通量 F 为 0.11×10^6 m³/sec（图 5.4a）。这个地区的环流是由强大的被称为黑潮的西边界流所控制，在大约 100 km 宽的范围内沿着西边界向北流动（第 10.3.1 节）。大部分水体在横向跨过北太平洋的过程中发生转向并向南流动，这流动主要在海洋上层。如果我们对于这种情况运用式（5.6），并采用 25×10^6 m³/sec 的海洋上层流入黑潮流量和 0.11×10^6 m³/sec 的淡水通量 F，我们计算出南向水流的盐度应比向北运动黑潮的盐度低约 0.15 psu。如果我们查阅海洋上层 1 000 m 的实际数据，我们会发现黑潮的平均盐度为 34.73 psu，南向回流的平均盐度为 34.60 psu，这证实了我们的估计。

根据蒸发/降水/径流的全球分布情况（如图 5.4a），构建了经向（南北）海洋淡水输运量的全球估计值（图 5.4b）。这些淡水输送量都小于 1 Sv（1 Sv = 1×10^6 m³/sec，相当于图 5.4b 中的 1×10^9 kg/sec 单位）。即使是最弱的海流也输运了比这更多的总水量。式（5.6）的淡水输运量是一个位置与另一个位置的淡水之差。因此，淡

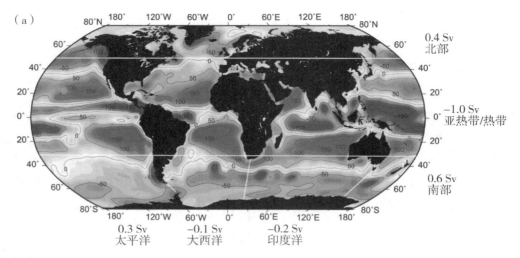

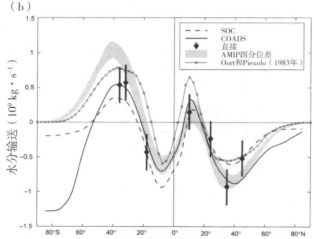

图 5.4 （a）根据国家环境预测中心的气候年平均数据（1979—2005 年），净蒸发量和降水量（$E-P$）（cm/yr）。净降水量为负（蓝色），净蒸发量为正（红色），以上的淡水输运辐散（ Sv 或 1×10^9 kg/sec）以海洋流速和盐度观测为基础。本图也可在彩色插图中找到。Talley 等（2008）。（b）基于海洋速度和盐度观测（直接），并基于大气分析（连续曲线），经向（南北）淡水质量输运量(Sv)（正值，向北）。

来源：Wijffels（2001）

水输运量是改变给定区域盐度所需的稀释或蒸发量。换句话说，我们真正计算的（我们真正可以与降水量、蒸发量和径流相比）是淡水输运到给定区域的辐散或辐合量。在计算整个大洋盆地的输运量时，需要选择一个特定的参考盐度，以便将所有其他盐度与其进行比较，并相应计算淡水输运量。也就是说，式（5.6）分母中的盐度 S_0 在全球的计算中必须是同一个值。

图 5.4a 所示的淡水辐散（输入特定区域的净淡水量）更具体地说明了淡水输运量随纬度变化的情况。如果淡水输运量是向北方向增加的话，那么淡水正在进入海

洋。这种情况发生在从 80˚S 到大约 40˚S、10˚S 到 10˚N，以及 40˚N 到 80˚N 的雨带中（另见图 5.4b）。如果淡水输运量向北方向减少的话，那么海洋中的淡水正在减少。这发生在从 40˚S 到 10˚S、从 10˚N 到 40˚N 范围内的亚热带蒸发区域。

考虑到海洋的平均盐度不变，全球的淡水输运总量在多年的平均值几乎为零（第 5.2 节）。因此，图 5.4b 的淡水输运曲线应从南极洲以零开始，在北极以零结束。根据降水和蒸发量（海洋大气综合数据集，或 COADS，和来自国家海洋学中心，南安普敦或 NOCS）对淡水输运量的"间接"估算不平衡，因为它们是基于降水和蒸发量的表面观测，这些都有很大的误差，特别是在南大洋。根据海洋流速和盐度观测值计算的"直接"估计值与间接估计值曲线相一致。这表明两种估计都检测到相似的信号。图 5.4 的两个图都显示了南半球和北半球高纬度地区的净降水量，以及亚热带地区的净蒸发量。赤道地区的净降水量见图 5.4b。另外，分布图（图 5.4a）显示大西洋和印度洋是净蒸发的，而太平洋则有净降水量。这说明了与太平洋相比，大西洋和印度洋存在着一个相对盐度。30˚S 以南的南大洋的盐度比所有这些区域都更低。

与太平洋相比，大西洋相对较高的蒸发量与信风相关联。在大西洋，它们源于干旱的大陆（中东和北非），而在太平洋地区，它们只有狭窄的中美洲陆地要穿过；也就是说，大西洋到太平洋地区有纬向大气的水汽输运（Zaucker & Broecker，1992）。

5.4　热能守恒；热量收支

5.4.1　热量收支项

海洋温度的空间和时间变化可以用来指示气流传热、太阳能吸收、蒸发损失等过程。温度变化的大小和特征取决于进入或离开水体的热流（输运）的净速率。热量收支方程可以量化这些平衡。在下面的列表中，符号 Q 表示测得的热通量，单位为每平方米每秒的焦耳数（瓦特）（W/m²）。下标用于区分热量收支的不同组成部分。这些部分包括：

Q_s = 太阳能通过海表进入海洋的速率（短波辐射）

Q_b = 从海洋以长波辐射方式进入到大气和太空的净损失速率（逆辐射）

Q_h = 通过传导海表的热损失/增益率（感热通量）

Q_e = 蒸发/冷凝的热损失/增益率（潜热通量）

Q_v = 由水流引起的水体的热损失/增益率（平流项）

其他热量来源，包括来自地球内部的热量、波浪破碎时动能转变成的热能、来自化学或核反应的热量等，都是一些小量，与前面提到的热量收支项相比都是可以忽略的。某个水体的热量收支可以表示为：

$$Q_T = Q_s + Q_b + Q_h + Q_e + Q_v \tag{5.8}$$

其中 Q_T 是水体的总热损益率（T 是指总量）。这些项的平均值示意图如图 5.5 所示。Q_v 为平流热通量，在图 5.5 中没有展示。平流热通量是海洋中的速度和温度梯度（第 7.3.1 节）所产生的，其量值可以为图 5.5 的所示数值的 1 到 20 个单位。

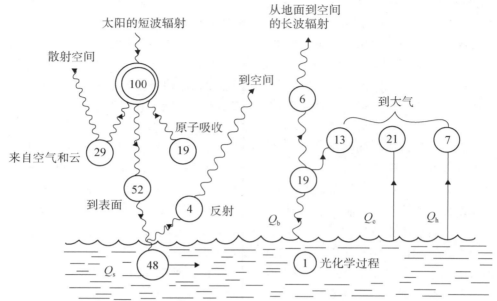

图 5.5　从太阳到地球大气和表面的 100 单位入射短波辐射的分布：长期的世界平均值

　　当式（5.8）用于热量收支计算时，如果某一项数值为正，则表示海水获取热量；如果某一项数值为负，则表示海水失去热量。太阳热通量 Q_s 值总为正（热增益），而长波反向辐射 Q_b 值几乎总为负（热损失）。潜热通量 Q_e 几乎总是负值。根据空气和水之间温差的正负，显热通量 Q_h 可以为负值或正值。平流热通量 Q_v 的正负取决于流入该区域的水和从该区域流出的水之间的温差。这些流量通过体积守恒（式5.3）来平衡，实际上只在区域内非常小的淡水损益方面相异。因此，Q_v 可能是正值（较热水的流入和较冷水的流出）或负值（相反的情况）。

　　太阳辐射、逆辐射以及潜热和感热通量的观测在海表上某些位置进行，单位为 W/m^2。为了获得对水体中热量的总影响（单位：W），它们必须乘以该水体的海表面积（m^2）。（对于连续变化的值，这实际上是海表单位面积的热通量的总和，或者相当于对面积进行积分。）通过水体两侧的平流热量输运也必须在两侧的所有点进行计算，并针对每个单位面积求和（对面积进行积分）。

　　如果水体的温度不随时间而变化，这并不意味着没有热交换。这仅仅意味着热量收支方程（式 5.8）右侧各项的代数和是零，净热量流入等于净热量流出，这是稳态条件的一个例子。如果我们将热量收支方程整体运用于整个世界海洋，则 Q_v 必须为零，因为所有的平流都是在海洋内部的，加起来必须为零。此外，如果我们在一年或多年内进行平均，那么季节性变化的影响就会被除去，并且 Q_T 变为零。在这种情况下，海洋的热收支方程式简化为：

$$Q_s + Q_b + Q_h + Q_e = Q_{sfc} = 0 \qquad (5.9)$$

接下来将对这四项的全球分布进行说明。图 5.5 中的特征相对值仅用作一般范围的指示，不能用于特定的计算。最大的组成部分是短波辐射 Q_s，它总是正值（热量输入海洋）。其他三个组成部分通常代表海洋的热量损失。感热通量 Q_h 随着时间和地点而变化，在北大西洋西部和北太平洋达到最大值，但通常是最小项。潜热通量 Q_e 是热平衡方程中的第二大项，具有较大的季节性变化。长波辐射 Q_b 的变化最小。

接下来将说明如何计算这些热通量组分。观测量是温度、湿度、风速、云量和表面反射率。这些是从常规观测站、船舶、海洋浮标，以及越来越多的卫星测量得出的。根据这些观测结果，使用被称为"块体公式"的经验公式计算热通量，其物理基础并不严谨。虽然在理解湍流热交换的物理原理方面取得了微不足道的进展，但这一进展还没有转变为对各个热通量项的更正式的分析描述。这些整体估计的唯一替代方案是对各个热通量进行精确观测。这些观测是非常复杂的，以致它们不能常规地进行。

地方实验已在岛站、定点和航测上进行，提供了准确测量热交换的时间序列数据，包括周日的变化，并提供了数据用以改进整体估算。长远目标是改进海气热交换的估计，使误差小于 $10 \ W/m^2$。希望在某种程度上，卫星测量将准确覆盖全球范围内的每个热交换部分。

我们对常用总体估计的讨论参考了 Josey、Kent 和 Taylor（1999）的成果，并引用了 Liu 和 Katsaros（2001）对卫星技术的概述。

各热通量组分的年（和季节）平均值及其分布规律的描述图见第 5.5 节（以及本章的在线补充）。

5.4.2　短波和长波辐射：辐射理论基础

在讨论短波和长波辐射项 Q_s 和 Q_b 之前，必须首先回顾电磁辐射理论。首先，斯蒂芬定律指出，所有的物体以与其绝对温度 T（以开尔文为单位）的四次方成正比的速率辐射能量。该能量在波长范围或频谱上采用电磁辐射的形式。其次，能量浓度并不是在所有波长上都一样，根据维恩定律，在波长为 l_m 处具有明显的能量峰值：$l_m \cdot T = 2\ 897 \ \mu m \cdot K$，其中 T 也是辐射体的绝对温度（开氏度）。因此，温度较高的物体在较短的波长上辐射较多的能量，反之亦然。

太阳具有大约 $6\ 000 \ K$ 的表面温度 T，并且以与 $T^4 = 6\ 000^4$ 成比例的速率在所有方向上辐射能量。根据维恩定律，这种能量集中在 $0.5 \ \mu m$（$1 \ \mu m = 10^{-6} \ m$）的波长上，该能量的 50% 位于电磁光谱的可见光部分（约 $0.35\sim0.7 \ \mu m$），而 99% 的波长短于 $4 \ \mu m$。这种能量被称为短波辐射，是热量收支中 Q_s 项的来源。到达海洋的短波能量（经过大气层和云层，但不包括被反射的部分）转化为热能并被水所吸收。这增加了水的温度，与其比热容相关，比热容将温度与热能相关联（第 3.3.2 节）。

长波辐射项 Q_b 表示由地球（陆地和海洋）向外辐射的电磁能，速率取决于当地表面的绝对温度。如果海洋平均温度为 $17 \ ℃ = 290 \ K$，则它以与 290^4 成正比的速率辐射能量。这比太阳的能量辐射速率要小得多。然后根据维恩定律，因为地球温度较低，所以辐射峰值波长较长。海洋辐射达到最大值的波长约为 $10 \ \mu m$（即在热红外辐射的范围中）。大约 90% 的海洋辐射能量在 3 到 80 μm 的波长范围内。

5.4.3 短波辐射（Q_s）

太阳是地球能量的主要来源。太阳的大部分能量在电磁光谱的可见光（短）波长部分。由于大气的吸收和散射以及反射，这种辐射只有 50% 以下的能量到达地球表面。在图 5.5 中，这种短波辐射损失表现为：由于大气层和云层中散射而造成空间损失 29 个单位，大气层和云层中吸收 19 个单位，以及从海表反射 4 个单位。其余 48 个单位作为热量收支的 Q_s 项进入海洋。在这些 48 个单位中，大约 29 个单位到达海洋的是来自太阳的直接辐射，19 个单位来自大气的间接散射辐射（天空辐射）。这个分布代表着世界长期的平均水平；瞬时值随时间、季节以及地域和云量而变化。

通常使用两种不同的方法计算输入海洋的短波辐射：直接测量；使用定点观测数据和一系列卫星观测数据运用总体公式计算。直接测量到达海表的能量是用日射强度计（见教材网站上的第 S6.8 节）进行的，但大面积进行观测或预测并不实际。这种直接观测用于推导出整体公式，并用于卫星算法的建立和校准。

以下总体公式通常用于计算穿透海洋表面的短波辐射通量，使用传统的基于表面的云量观测：

$$Q_s = (1 - \alpha)Q_c(1 - 0.62C + 0.0019\theta_N) \tag{5.10}$$

其中 Q_c 是入射的晴空太阳辐射（以 W/m^2 为单位在大气层的上方测量，并且通常称为"太阳常数"，尽管该值在时间或空间上不是恒定的），C 是月平均云量份数，α 是反照率（辐射被反射的部分），θ_N 是正午太阳高度角，用°表示（Taylor，2000）。在实际计算中，Q_s 不允许超过 Q_c。式（5.10）中的各项在下一小节中做了说明。第 5.4.3.2 节讨论了海洋辐射的吸收。Q_s 的年平均值如下面第 5.5 节和图 5.11 所示。

基于卫星的短波辐射计算包括观测大气层顶部的入射太阳辐射，大气层包括空中的水汽和云层，表面状况信息包括大气反射率在内的。卫星（国际卫星云气候学项目或 ISCCP 以及大气辐射监测 ARM 计划）在观测云层条件开始，已经做了大量的工作。大气顶部的辐射通过地球辐射收支实验（ERBE）测量。这些测量结果都包含在 NASA 的表面辐射收支计划中。来自 ERBE 的短波辐射图的一个例子如教材网站图 S5.1 所示。这些短波辐射估计仍然是总体估计，因为它们涉及影响辐射的外部参数观测，而不是直接测量穿透海洋表面的辐射。

5.4.3.1 影响到达地球表面短波辐射的因素

在短波辐射的表达式（5.10）中，中间一项是入射的晴空太阳辐射 Q_c。能量从太阳到达大气层外部的速率被称为太阳常数，根据从地球大部分大气层以上的卫星测量得，垂直于太阳的光线方向的能量传递速率约为 1 365～1 372 W/m^2。在图 5.5 中，短波辐射的强度为 100 单位，画在图的左上方。除了太阳直接照射之外，海洋还从天空接收到大量的能量（如经过散射或是大气层、云层吸收后再次辐射）。高纬度地区天空光部分的重要性增加。例如，在斯德哥尔摩（59°N），7 月份天空晴朗，大约 80% 的 Q_s 是直射阳光，只有 20% 的天空光。12 月份只有 13% 将是直射阳光，87% 是天空光。然而，12 月份到达地面的能量总量比 7 月份少，所以 12 月份 87% 的天空光的能量流相比 7 月份的 20% 有所减少。

入射的短波辐射部分从大气层（云层和水蒸气）和地球表面向上反射。式（5.10）中的反照率 α 是从表面反射的部分所占入射辐射量的百分比。反照率也称为"反射率"，其大小取决于反射面的性质。水的反照率（大部分海洋）约为 10%～12%，但可能会因悬浮物和海况而升高或降低。海冰的反照率可以高得多，但是与冰的类型和是否有积雪有很大关系。新冰的反照率可低至 5%～20%（见海冰形成阶段第 3.9 节），而第一年冰的反照率可高达 60%。没有积雪覆盖的多年冰的反照率约为 70%。雪的反照率在 60% 到 90% 之间。地表反照率取决于植被类型，范围在 0.5% 到 30% 之间。云层也对太阳辐射有反射作用，对整个地球系统的反照率做出了巨大的贡献。

反照率的数据是从 Payne（1972）表中获得展示在表 5.1 中，数据基于完全透过大气层（无云）和普通海况（既不平静也不是极其恶劣）的假设。海面越平静，反射率越高，因此反照率与风有（低）相关性。反照率也取决于太阳高度角，因为直射阳光会更多地被反射。

表 5.1　海水反射系数（反照率）和透射系数（×100）

太阳仰角	90°	60°	30°	20°	10°	5°
反射量（%）	2	3	6	12	35	40
透入水中的量（%）	98	97	94	88	65	60

（Payne，1972）

以反照率为特征的反射是漫反射，它与镜面反射不同。海洋表面的镜面反射被称为太阳反辉区。由于不同区域风的强度不同引起的表面波浪的差异，太阳反辉区呈现一定的分布规律（图 5.6）。

总体公式（5.10）还取决于云覆盖率 C，即云所占天空面积的份数。入射辐射的一部分被云层反射、吸收或散射。通过直接观测到达表面的短波辐射，可用常数 0.062 乘以 C 的值作为估算的经验值。计算短波辐射以及整个海气热交换收支中的最大误差来源之一是云量估算。20 世纪 80 年代以前的云量估算主要是主观估算。20 世纪 80 年代之后开始使用自动观测技术、用于天气预报并依托陆地网络系统建立的雷达观测系统、卫星观测系统用于云量的观测。

最后，式（5.10）中到达海表的太阳辐射取决于太阳高度角 θ_N，有两个原因：（1）一"束"阳光照射到海表面积；（2）大气层的光束路径长度决定了有多少辐射会在穿透大气层的过程中被吸收。当太阳光垂直照射时，一平方米横截面的辐射束覆盖一平方米的平静海表。太阳在较低的高度处，光束倾斜地照射在海表并分布在较大的

图 5.6　地中海的太阳反辉区

来源：NASA 可视地球（2006a）。

区域上。因此，随着太阳光离垂直照射的距离越来越远，能量密度，或者说每平方米海表的能量就越来越小（这就解释了为什么赤道地区是温暖的，极地地区是寒冷的，也解释了为什么中纬度地区的季节性辐射变化最大）。大气吸收是气体分子、大气中的灰尘、水蒸气等的共同作用。当太阳光垂直入射（$\theta_N = 90°$）时，辐射以可能最短的路径通过大气层，这样吸收量最小。当太阳高度角小于 90°时，辐射穿透路径变长，被吸收量增大。

5.4.3.2　海洋中短波辐射的吸收

短波辐射不会在海洋表层（大约 10 μm）吸收，而是根据风的扰动大小和入射的短波通量大小而穿透到 1～100 m 深处。吸收量随深度呈指数下降（第 3.8 节）。短波穿透影响混合层受风的作用或冷却作用而发生混合后的再分层方式。短波辐射也穿透到许多地区的混合层以下，特别是在低纬度地区。太阳能穿透使得浮游植物、海洋中产生叶绿素的植物在近表层的真光层生长。

吸收光能的穿透深度取决于光的波长和水的光学性质。水的光学性质和太阳辐射的衰减则取决于水中的颗粒浓度，包括沉积物（近海）和浮游生物（各处都有）两部分。在清水中，光能衰减为 1/e 的深度约为 50 m（表 3.2，图 5.7）。在有大量沉积物或生物颗粒的水中，例如在大量浮游生物繁殖期间，辐射在更靠近表面的水层被吸收，光能衰减为 1/e 的深度小于 5 m。

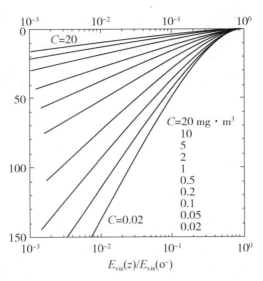

图 5.7　随深度（m）和叶绿素浓度 C（mg·m^{-3}）变化的短波辐射吸收
纵轴表示深度。横轴表示 z 深度辐射量与"0"深度海表正下方辐射量的比值。需注意横轴为对数轴，其上的指数式衰减表现为直线。©美国气象学会。再版须经许可。来源：Morel & Antoine（1994）。

当更多的太阳辐射被吸收到表面附近时，表面温度比清水增加更快，加热速率可能相差 100 倍。

5.4.4　长波辐射（Q_b）

热量收支方程（式 5.9）中的辐射项 Q_b 表示因长波（热红外）辐射通过海水损失或获得的能量。逆辐射指来自海表的向外能量辐射与海表接收的来自大气的长波辐射之间的差异。根据斯特藩定律（第 5.4.2 节），海表和大气都以近似"黑体"的方式向外辐射，辐射速率与绝对温度的四次方成正比。在此类波长条件下，海洋的向外辐射量通常大于从大气得到的长波热辐射量，因此 Q_b 通常表示海洋的能量损失（因此下标"b"表示逆辐射）。通过以下经验整体公式表达 Q_b，该公式被 Josey 等（1999）评定为几种不同公式中最准确的公式：

$$Q_b = \varepsilon \sigma_{SB} T_w^4 (0.39 - 0.05 e^{1/2})(1 - kC^2) \\ + 4\varepsilon \sigma_{SB} T_w^3 (T_w - T_A) \tag{5.11}$$

此处的 ε 表示海表发射率（0.98）；σ_{SB} 表示斯特藩-玻尔兹曼常数（5.67×10^{-8} W·m^{-2}·K^{-4}）；T_w 表示表面水温（单位：开尔文）；T_A 表示空气温度（单位：开尔文），通常在高出海表 8～10 m 桥附近的船上测量；e 表示水蒸气压；k 表示云量系数，它通过经验确定且随纬度增大；C 表示云覆盖率（如第 5.4.3 节所述）。

来自海洋表面的长波辐射分布图如以下第 5.5 节所示（参见教材网站了解在线补充资料中本章图 5.11 平均值和图 S5.4 季节性变化）。

5.4.4.1　影响长波辐射的因素

长波热通量（式 5.11）中的首项实际为黑体辐射项（斯特藩-玻尔兹曼常数和

水温四次方的乘积）。纯理论的斯特藩定律通常假设一个绝对黑体。各个实际物体具有自己的"灰体"发射率 ε。发射率常常是一个小于 1 的分数，取决于实体的分子结构。水的发射率相对较高，因此之前给出的值为 0.98。

虽然 Q_b 基本上遵循温度的四次方，但式（5.11）中仍有多个部分必须通过经验确定。尽管可利用辐射计局部测定 Q_b，但很难从大范围直接测定 Q_b（参见教材网站上第 S6 章 S6.8 节中的说明）。早期研究使用Ångström（1920）发布的数据估计了热损失。他指出热量净损失由海表的绝对温度和海表上方大气的水汽含量确定。表面温度 T_w 决定向外能量流速率。水汽压力 e 决定来自大气的能量收入，因为大气中的水汽是长波辐射的主要来源。

乘以 T_w^4 项的这两个经验项包括水汽压力 e 和云量 C。大气中的水汽使长波能量逆辐射至海洋，从而减少来自海洋的净长波辐射。云量会减少从海洋到太空的长波逆辐射。云的这种效应在陆地上的效果是相似的，地面上因长波辐射而降温并形成的霜在晴朗的夜晚出现的频率高于在多云夜晚出现的频率。当天空完全被大量云（$C=1$）覆盖时，在系数 $k=0.2$ 的区域内，云指数系数为 0.2。晴朗和多云条件之间存在巨大差异的原因是，大气（尤其是水汽含量）对 $8\sim13~\mu m$ 范围内的辐射而言是相对透明的，这一范围包含海水温度条件下实体的辐射光谱峰值。晴天时，$8\sim13~\mu m$ 条件下的能量通过大气中更透明的"波长窗口"，能量从地球系统进入太空中。

全球云量通过来自美国航空航天局（NASA）中分辨率成像光谱仪（MODIS）（图 5.8）的图像表现（也可在教材网站在线补充资料图 S5.3 中找到四季的气候云量）。海洋上，极地地区和热带辐合区的区域带内云量很高。亚热带地区云量较低，我们在那里发现的降雨很大程度上由蒸发控制。

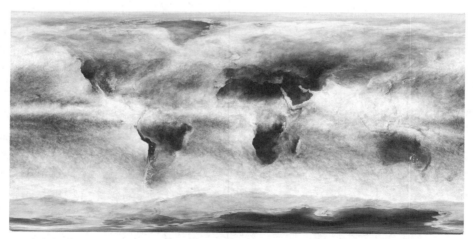

图 5.8　来自美国航空航天局（NASA）Terra 卫星上中分辨率成像光谱仪（MODIS）的云量（2010 年 8 月的月平均值）

灰度等级在黑（无云）到白（乌云密布）范围内变化。来源：NASA 地球观测站（2010）。

回到长波辐射表达式（式 5.11），第二项与水温和水正上方气温之间的差异成正比。这表示因大气湿度产生了对海表发出长波辐射的大气反馈（Thompson & Warren，1982）。上述的温差通常较小，因此这项校正仅在一些特殊区域内显得重要。例如，温暖的表面洋流从冷覆盖大气下方经过的区域，以及北太平洋和北大西洋中西边界洋流的区域。

5.4.4.2　海表温度和长波辐射穿透深度

长波辐射主要取决于海表温度（SST）。怎么样最恰当地测量 SST 呢？海表面是在哪个深度范围发射出的长波辐射？对长波辐射而言，水几乎是不透明的。来自大气的入射长波辐射在海水上部几毫米被吸收，不像短波辐射一样可以穿透到更深海洋内部（第 5.4.3.2 节）。因此，向外的长波辐射由表面温度或海洋表层温度决定，而海洋表层厚度小于 1 mm。

具有海洋上部几米的温度特征且使用工具就地测量（例如浮标上或发动机取水中的热敏电阻）的总体表面温度不是表层温度。相反，它表示表面下大约 0.5～1 m 处的温度。表层和总体温度仅在主体层垂向混合充分时等同，即在表面波浪破碎和强表面风存在的情况下。表层海水的物理模型（Castro，Wick & Emery，2003；Wick & Emery & Kantha & Schluessel，1996；Wick，1996）表明表层温度和总体温度之间的差异与风速（影响表面波浪）和净海气热通量（影响混合）成正比。

不管实际的物理过程如何，制定的经验整体公式（5.11）需要和传统的总体 SST 一同使用，而不是与表层温度一同使用。

5.4.4.3　向外长波辐射（OLR）

"向外长波辐射"（OLR）是指从地球大气层顶部逃逸并返回空间的波长为 5～100 μm 的总红外辐射。大部分长波能量是从海洋表面散发出来的，但是其中一些是从陆地和大气中散发出来的。可根据红外卫星数据计算 OLR，国家海洋和大气管理局（NOAA）通过极轨卫星数据计算出标准结果数据。它也是 ERBE 项目的结果（第 5.4.3 节）。

图 5.9 为用卫星计算的 OLR 示例。最大 OLR 出现在所有洋区内的中纬度，这些地方云量低，仅次于赤道，赤道极小值与沿 5°N～10°N 通往沃克环流（第 7.9.2 节）的大气热带辐合区内的多云区相关。与后者相关，赤道极小值主导了印度尼西亚多岛海且延伸至西太平洋。

5.4.5　冰雪覆盖对辐射收支的影响

当海表被一层冰覆盖时，特别是当雪覆盖冰层时，热辐射收支会出现像在短波辐射相关章节中所述的显著变化。首先，冰层大幅减少海洋与大气之间的热交换——1 m 冰几乎将海洋完全隔离。但是，海冰常常是移动的并且有碎冰（暴露无冰水面的碎冰）。碎冰中的海洋热损失很强烈，而且新冰会快速形成。因此，冰封区域的热量收支必须考虑冰类型、厚度和浓度（覆盖率百分比）。只要有冰层，进入水体的热通量就变为：

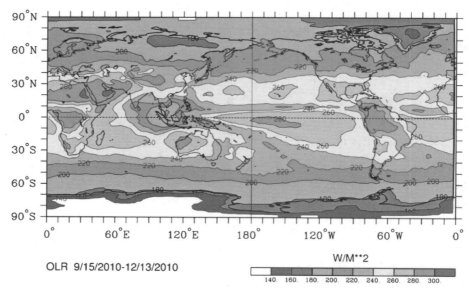

图 5.9　2010 年 9 月 15 日—12 月 13 日的向外长波辐射

本图也可在彩色插图中找到。来源：NOAA ESRL（2010）。

$$Q = k(T_w - T_s)/h \tag{5.12}$$

式中，k 表示冰的热导率，T_w 表示冰正下方的水温，T_s 表示冰层上表面的温度，h 表示冰厚度。假定水温为冰点温度。不进行现场测量是很难确定冰的表面温度和冰厚度的。利用微波成像原理获得的基于卫星的冰层观测结果极大地改善了人们对冰层的认知。从卫星观测结果很难估计冰的类型和厚度，但可通过各种各样的方法获得与新的、第一年和多年冰相关的信息，随后可将这些信息转换为冰厚度的估计值。通过遥感获取冰厚度是计算高纬度的海气通量的主要困难之一。

冰的第二个重要效应是它的高反射性（高反射率），这比海水的高很多（低反射率）。这主要影响射入短波辐射（第 5.4.3 节）。海冰和雪也会反射大部分入射的太阳辐射，因此与无冰水面相比，它们具有很高的反射率（图 5.10）。然而，冰和水的逆辐射（Q_b）热量损失几乎相同（这是因为它们的表面温度相对来说是相似的）。因此，相对于水面，冰和雪表面具有较小的净增益（$Q_s - Q_b$）。这样，随着海冰融化，更多的太阳辐射被海水吸收，然后海水变暖引起更多冰融化。这是一种正反馈，称为冰反照率反馈。

像北极圈等区域内的冰平衡有些微妙（第 12.7 节）。如果海冰在给定的时间完全融化，增加的净热增益（$Q_s - Q_b$）可维持北冰洋水面不结冰。另外，这可能提高蒸发量，并因此增加高纬气候的降雨量，不断增加雪覆盖和高纬反照率，进而产生冷却效应。北冰洋冰层不断减少的（第 12.8 节）现状表明冰反照率反馈影响占主导地位。

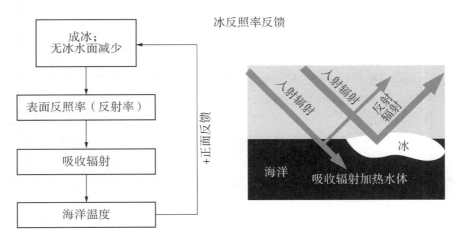

图 5.10　冰反照率反馈

在反馈图中，箭头（封闭环形）表示一个参数的增大导致第二个参数的增大（减小）。最终结果为正反馈，在这个反馈中，增厚的海冰层导致海洋冷却，冰因此导致冰层更厚。

5.4.6　蒸发或潜热通量（Q_e）

蒸发需要外部来源或剩余液体提供热量（这就是人为什么在游泳后湿漉漉的状态下觉得冷，因为水体蒸发需要热量）。因此，蒸发除了意味着水量损失，也意味着热损失。热量损失速率为：

$$Q_e = F_e \cdot L \tag{5.13}$$

式中，F_e 为水蒸发率（单位：kg·sec^{-1}·m^{-2}），L 为蒸发（汽化）的潜热（单位：kJ，1 kJ = 10^3 J）。对于纯净水，L 取决于水温 T（单位：℃）：$L =$（$2\,494 - 2.2T$）kJ/kg。10 ℃条件下，潜热约为 2 472 kJ/kg，大于处于沸点温度时的 2 274 kJ/kg（540 cal/gm）。当水达到沸点后看到蒸汽时，在远低于沸腾的温度时更多水已被蒸发。

海洋表面的平均蒸发量 F_e 约为 120 cm/yr，换言之，海洋表面每年将下降超过 1 m 的高度。在高纬度地区年最小值仅为 30～40 cm/yr，而在热带地区，在信风的影响下最大值可达 200 cm/yr。这一数值在赤道减小至大约 130 cm/yr，因为赤道处的平均风速较低。

如何确定蒸发率 F_e？一锅水的失水速率可以测量，但对海洋则十分困难。为了进行大面积估算和预测，需要一个采用便于测量参数的公式。从本质上说，蒸发是一个扩散过程，它取决于海表上水蒸气浓度随高度的变化方式和引起扩散的过程。我们在第 5.1.3 节中讨论了涡流扩散，它类似于分子扩散，只是空气或水中的湍动是扩散性质的过程而不是单个分子的运动。空气湍动控制扩散并导致蒸发。空气湍动取决于风速，因此我们预测蒸发速率也取决于风速（这解释了为什么我们会在刮风时觉得冷）。

人们经常使用一个计算蒸发的半经验（"整体"）公式，它取决于垂直变化的风速和水蒸气含量。

$$F_e = \rho C_e u (q_s - q_a) \tag{5.14}$$

此处，ρ 为空气密度，C_e 为潜热的传递系数，u 为 10 m 高处的风速（单位：m/sec），q_s 为海表温度条件下 98% 饱和比湿度，q_a 为测量的比湿度。海水上 98% 饱和湿度系数增加了盐度的贡献值。蒸馏水上饱和比湿度可通过物理或气象常数表获得。

比湿度是每单位质量空气的水蒸气质量，单位 g/kg。饱和比湿度为给定温度条件下空气所含水蒸气的最大质量。相对湿度为水蒸气量除以饱和水蒸气量并用百分数表示。因此，它等于比湿度除以饱和比湿度。

因蒸发引起（潜热通量）热通量的经验（"整体"）公式为（单位为 W/m²）：

$$Q_e = F_e \cdot L = \rho C_e u (q_s - q_a) L \tag{5.15}$$

在海洋的绝大多数区域，饱和比湿度 q_s 大于实际比湿度 q_a。由于实用公式（5.15）中所有其他项均为正数，这些区域内出现了蒸发热损失。只要海水温度比空气温度高大约 0.3 K，就会出现因蒸发引起的海水热损失。仅较少的区域存在相反的情况，当空气温度高于海水温度时，湿度高得足以引起从空气进入海水的水蒸气凝结。这导致了从空气进入海水的热量传递。纽芬兰沿海的大浅滩和加利福尼亚州北部的沿海海域便是潜热通量 Q_e 进入海水的区域实例（数值为正值）。这些区域内的雾便是大气冷却的产物。

因蒸发引起的热损失出现在海水最上层，类似长波辐射，且不同于短波辐射热增益。在海－气热量交换模型中，蒸发热损失应用于海表面的计算。还应该注意的一点是，潜热通量项通常为热通量方程中除了入射短波辐射中最大的项。和之前讨论的短波和长波项不同，没有来自卫星观测的潜热交换的明确估计值。因此，最好根据现场测量估计潜热通量，之后将进行介绍。

5.4.7 热传导或感热通量（Q_h）

我们现在讨论海表和大气间热交换的最后一个过程，感热通量，是因海正上方空气中温度的垂向差异（梯度）引起的。这也许是式（5.9）中最易理解的热通量项。如果向上的温度降低，热量将从海洋中流失，造成海洋热损失。如果向上的空气温度增大，热量将传导到海洋。热量损失率或增益率与空气的垂向温度梯度成正比，且与导热系数成正比（针对它，我们使用涡流扩散系数或传导系数 A_h）：

$$Q_h = - A_h c_p \, dT/dz \tag{5.16}$$

正如针对水蒸气涡流扩散的描述，涡流传导系数 A_h 取决于风速。温度的垂向梯度表示海表温度和空气温度之间的差值。感热通量的整体公式为（单位 W/m²）：

$$Q_h = \rho c_p C_h u [T_s - (T_a + \gamma z)] \tag{5.17}$$

式中，ρ 为空气密度；C_h 为感热（衍生自涡流传导系数）的传递系数；u 为 10 m 高处的风速（单位：m/sec）；T_s 为海洋表面温度（假定等于海洋表面正上方的空气温度）；T_a 为空气温度；z 为测量 T_a 的高度；γ 为空气的绝热温度递减率，它可以解释因高度和压力变化引起的气温变化。

感热通量无法通过卫星观测估算，必须根据现场观测数据利用总体公式计算。第 5.5 节中给出了此类计算的全球分布图。

5.4.8 基于稳定性和风速的潜热和感热传递系数

根据现场观测数据并利用整体公式可以计算潜热和感热通量，如式（5.15）和式（5.17）。表 5.2 给出了各种海气温差和不同风速下的感热传递系数值（来自 Smith，1988 年）。两个表达式中的传递系数 C_e 和 C_h 取决于海洋相对于大气是温暖或寒冷，海洋正在经受深对流或剧烈对流。如果海水比其上的空气温暖，由于温度梯度原因海洋将会出现热损失。但是，大规模大气对流将增加从海表传递出的热量。对流的发生是因为温暖海洋附近的空气被加热后发生膨胀并在上升的同时迅速带走热量。相反，当海水比空气冷时，不会出现对流。因此，对于海水和空气间相同的温差，海水较温暖时的热损失率大于海水较冷时的增益率。

表 5.2 感热传递系数 C_h 的一些数值，作为（$T_s - T_a$）和风速 u 的函数

（$T_s - T_a$）（K）	风速 u（单位：m/sec）			
	2	5	10	20
− 10	—	—	0.75	0.96
− 3	—	0.62	0.93	0.99
− 1	0.34	0.87	0.98	1.00
+ 1	1.30	1.10	1.02	1.00
+ 3	1.50	1.19	1.06	1.01
+ 10	1.87	1.35	1.13	1.03

(Smith，1988)

例如，在 $T_s - T_a = -1$ K 的情况下，即海水比空气冷（$T_s < T_a$），在空气中的稳定性为正值。当海水比空气温暖时，$T_s - T_a = +1$ K，空气不稳定并促进了海水的向外热传导，因此传导系数大于 1。表中的空白区域是针对高稳定条件的（不常见），这种条件下 Smith 的分析不适用。

针对蒸发的传递系数，Smith 评论说，开阔水域条件下的测量比较少见，特别是在高风速条件下。在审查可用数据后，他认为 $C_e = 1.20 C_h$。也就是说，引起传递系数的物理过程类似于蒸发和热传导的物理过程。

5.5 热量收支项的地理分布和时间变化

本节给出了表面热通量四个组分的分布图和描述。此处使用了来自在南安普顿的国家海洋中心的月度通量气候态分布[①]（NOCS；Grist & Josey，2003 年），但我们也可以使用其他可用的气候态分布描述基本分布模式和大小。NOCS 通量基于来自 CO-ADS 的涵盖一个多世纪且质量得到严格控制的船舶观测结果。本文中给出了年平均热通量组分；在线补充资料中给出了呈现各组分和净热通量季节性变化的四个月度图（如图 S5.2～S5.7）以及海洋上季节性云量（见基于 da Silva，Young & Levitus 数据的图 S5.3，1994），因为它对短波和长波辐射具有很大影响。

Large 和 Yeager（2009）得到了一个结果，在这个结果中再分析和卫星观测结果得到的输入字段得到系统调整和组合，以平衡热量和淡水收支。它们的通量用于图 5.15 中的平均浮力通量图。针对浮力通量组合的平均热量和淡水海气通量图如教材网站上图 S5.8 所示。

其他常用的全球海气通量结果来自气象预测模型，为了对多年运行的结果构建连续的数据集，对其进行了系统的再分析。两项重要的再分析数据来自国家环境预报中心（NCEP；Kalnay 等，1996 年）和欧洲中期天气预报中心（ECMWF）。

5.5.1 热量收支组分的年平均值

海气热通量的四个组分如图 5.11 所示，它们的总和、净热通量如图 5.12 所示。热量主要通过短波辐射（入射阳光）进入海洋，且通常通过其他三个组分从海洋中损失。短波辐射 Q_s（图 5.11a）主要取决于纬度。在副极地范围内，短波辐射为海洋增加了 50～150 W/m^2 热量，并且在亚热带和热带地区输入 150～250 W/m^2 热量（教材网站上图 5.11a 和图 S5.2）。短波辐射完全随着纬度而变化。接近 250 W/m^2 的最高短波热通量有些时候位于沿阿拉伯半岛的热带太平洋东部和热带印度洋西部。海洋东部的广泛区域内则发现了较低的热带短波辐射热增益。比如，在太平洋东部，200 W/m^2 等值线在太平洋北部和南部都向赤道方向伸突。短波辐射在空间上的差异是云量空间差异引起的（图 5.8），因为云量阻碍了部分入射的短波辐射。

长波辐射 Q_b（图 5.11b）会导致海洋的净热量损失，即使一些来自大气的长波辐射会进入海洋。地球上大部分区域的长波辐射热损失在 50 W/m^2 左右。长波辐射没有大范围数值，因为它取决于绝对温度（开尔文，而不是摄氏度）。温度的相对变化仅占总温度的一小部分。海上的相对湿度也未发生太大变化。例如，海水温度从 10 ℃ 变化为 20 ℃ 的季节变化将向外辐射比例变为 $293^4/283^4$ 或 1.15 左右，增幅仅为 15%。同时，向海洋方向的大气辐射将使净损失率增大或减小至此数值以下。Q_b 的季节性变化和地理变化与 Q_s 的季节性变化相比是很小的。长波辐射随纬度的变化与云量的变化相关而不是与表面温度的变化相关。亚热带的长波辐射损失最高（＞50 W/m^2），这是因为这一区域内的云量比赤道和副极地区域少。

在所有纬度范围内，潜热通量 Q_e（图 5.11c）为最大的热损失组分。在低云量的亚热带区域它最为强烈，因为这些区域的干空气会从高处下降至海洋上。北大西洋

[①] 月度气候分布为所有分析年中一个给定月份的平均值（见第 6.6.2 节）。

西部和北太平洋西部多风暴区域内从西向东的 Q_e 变化与大陆上吹来的干旱风有关，造成了较大的潜热通量。潜热损失也与温度有一定的关系，因为暖水比冷水更容易蒸发。

感热通量 Q_h（图 5.11d）通常为海洋大部分区域所有热通量组分中最小的（$-15\sim0$ W/m^2）。在北大西洋西部和北太平洋西部，这一数值略大，这些区域的潜热损失也比较大。这是因为这些区域内海气温度差别较大，这些区域内从大陆吹来的冷风覆盖在温暖的西边界流上。某些区域内冬季的感热通量明显比来自这些图上的平均数值要大得多。南极地区出现了来自感热交换的少量热增益，但这些相关数据特别缺乏。

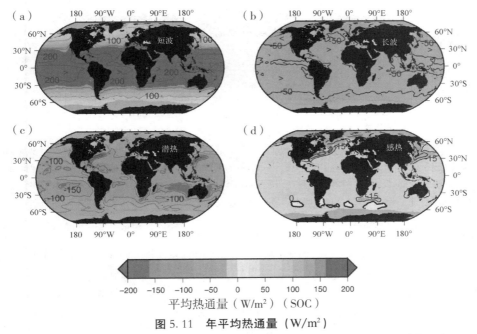

图 5.11 年平均热通量（W/m^2）

(a) 短波热通量 Q_s。(b) 长波（逆辐射）热通量 Q_b。(c) 蒸发（潜）热通量 Q_e。(d) 感热通量 Q_h。正值（黄和红）：海水热增益。负值（蓝色）：海水热损失。(a) 和 (c) 中的等高距为 50 W/m^2，(b) 中的等高距为 25 W/m^2，(d) 中的等高距为 15 W/m^2。数据来源于南安普顿国家海洋中心（NOCS）气候学（Grist & Josey，2003）。本图也可在彩色插图中找到。

基于 NOCS 气候学（图 5.12 和图 5.13）的总海气热通量在为图 5.11 中展示。（来自不同气候学的总海气热通量如教材网站上图 S5.8 所示，总海气热通量与淡水通量相结合产生了如本章图 5.15 所示的总浮力通量。通过对比这两幅图反映了总通量的不确定性。）海洋在热带地区获得热量并在高纬度区域损失热量。沿赤道获得的热量最多，特别是太平洋东部。在海洋东部，净热增益区域从赤道开始延伸，这些区域内冷水上涌至表面。有些时候，南极地区的某些区域也会存在热增益，与图 5.11d 中感热通量进入海洋的区域相对应，但这些地方几乎没有用于平衡夏季热增益观测结果的冬季数据。

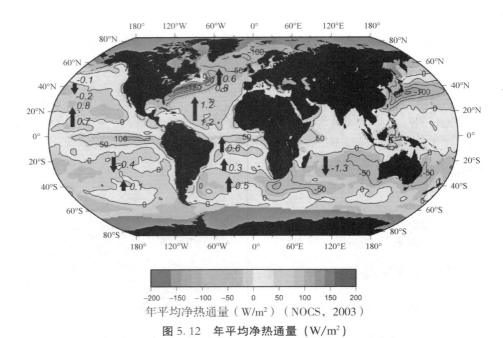

图 5.12　年平均净热通量（W/m²）

正值：海水热增益。负值：海水热损失。数据来源于 NOCS 气候态数据（Grist & Josey，2003）。对应的数字和箭头表示基于 Bryden 和 Imawaki（2001）以及 Talley（2003）根据海洋速度和温度计算的经向热传输（PW）。正传输为向北传输。第 5 章的在线补充资料（图 S5.8）包含了 Large 和 Yeager（2009）提供的另一个年平均热通量版本。本图也可在彩色插图中找到。

　　最大的年平均热损失出现在北大西洋的墨西哥湾流区、北太平洋的黑潮区和冰岛北部与挪威西部的北欧海域。在南半球，厄加勒斯海流/厄加勒斯回流为最大的热损失区。巴西和澳大利亚东部海流都表现出热损失特征，如像利文流，它是唯一向南流动的东边界流。这些区域中的每个区域都以快速的向极地方向的暖水流为特征，这些水流在局部区域内损失热量而非在较大区域内，最高热损失出现在这些热水域遭遇冬季干旱、寒冷的大陆气团时（墨西哥湾流和黑潮）。

　　热量收支中各条件的局部值和总热通量的总和可通过围绕地球各纬度带来求得（图 5.13）。图中使用的数字为每 1°纬度/经度方形区域中的热增益或损失乘以该区域的面积，然后将所有单个纬度的热增益或损失加在一起得到各纬度带的总热增益或损失（单位：W）。各纬度带（图 5.13）内的总（净）热增益或损失为四项热量收支之和。很明显，在图 5.11 中，短波辐射使海洋变暖，而其他三个组分则使海洋变冷。潜热损失是这三种热损失中最大的，但长波辐射也比较显著，感热的作用非常小。

　　南半球的所有热量收支组分均大于北半球。部分原因可能是南半球有更多的海洋区域。短波辐射也会稍有偏斜，因为 1 月地球离太阳较近，而 1 月南半球正处于夏季（第 5.5.2 节）。低纬度的净热量交换为正值（加热），而高纬度的净热量交换为负值（冷却）。净热通量也会出现偏态，南半球低纬度加热稍微多一些。净热通量分布需要从低纬度向高纬度输运过剩的热量，以维持气候稳定状态（第 5.6 节）。

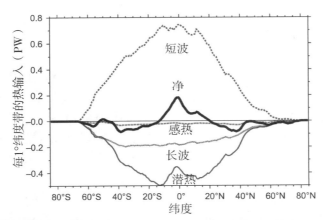

图 5.13 对于热通量所有组成部分的 1°纬带，整个海表上的热输入（其中 1 PW = 10^{15} W）（世界海洋）

数据来自 NOCS 气候学（Grist & Josey，2003）。

5.5.2 热量收支组分的季节性变化

各热量收支组分随时间变化。组分可在较短（日）至较长（几十年至一千年）时段内变化，但在中纬度，季节性变化幅度最大且对气候的影响也最大。各海气热通量和云量组分的季节性图例如教材网站上图 S5.2～S5.7 所示。此处仅提供了卫星结果摘要。

短波辐射图上可明显看出从夏天到冬天的季节变化（见教材网站上图 S5.2），到达夏季半球的短波辐射更多。北半球冬季辐射高于南半球冬季辐射，这是因为地球在 1 月比 7 月更靠近太阳，因此不同区域的冬季情况各不相同（这其中有古气候学影响，因为它突出了地球特定轨道的重要性，特定轨道缓慢变化，并改变着入射辐射的分布）。

长波辐射的季节性变化很小（见在线补充资料图 5.4），正如其地理变化很小（本章第 5.5.1 节），因为辐射变化受温度的影响很小。在这些很小的变化内，冬季半球内的长波辐射大于夏季半球内的长波辐射，主要因为夏天的云量较大。

在各个季节中，冬季的潜热损失最大（多为负值）（教材网站上图 S5.5）。北半球西边界流（墨西哥湾流和黑潮）在冬季有较大的潜热损失。南半球潜热损失与西边界流联系较少，与蒸发较高的中部副热带涡旋关系较大。

尽管感热（传导）通量对年平均净热通量的贡献值相对很小，但它的季节性变化（教材网站上图 S5.6）突出，这是由于海洋和上方空气间温差的正负变化。冬季海洋上方空气比海洋冷时，感热通量会引起热损失。在西边界流区域内发现了显著的热损失，气候图中可以看到损失超过 100 W/m²，比某次风暴过程中的热损失更高。当空气比海洋温暖时，感热通量会在夏季加热较高纬度海域。

5.6　经向热输运

求一年时间范围内纬向平均值时，可以发现海洋在 30°S 和 30°N 之间的热带地区获得热量，并在较高纬度损失热量（图 5.13）。海洋在较低纬度存在净辐射热增益，因为在赤道和大约 30°N～40°N 之间，太阳辐射 Q_s 强于长波辐射 Q_b（图 5.11 和 5.13）。在高纬度地区，长波热损失大于短波热增益，蒸发热损失也较高，因此，总的来说，存在净热损失。此类热增益和热损失的纬向平均模式也适用于大气层。

因为整个海洋不会变暖或变冷（除了对气候研究确实重要的非常小比率）。当对所有海洋区域求和时，我们期望的是热增益和损失几乎完全平衡。这需要向两极输运净热通量，方向是从低纬度净热增益区域到高纬度净热损失区域。向两极输运的热通量由海洋和大气携带。暖水或暖空气向两极输运，并向赤道输运冷水或冷空气，尽管在所有海洋中是不对称的（见下节）。大气携带的此类热量比海洋多很多（见下节），但海洋在热量输运方面扮演着重要角色，特别是在中低纬度。

可通过三种不同和独立的方式计算海洋内洋流经向（南北向）输运的热量。前两种方法是间接的，在这些方法中，海洋热输运是通过热平衡推算出来的，而不是通过测量海洋速度和内部温度得来的。

第一种间接方法利用纬度带内求和得到的表面热通量（如图 5.12 和 5.13 所示）。海洋必须向各纬度带输入足够的热量或从各纬度带输出足够的热量，以平衡该纬度带内海洋表面损失或获得的热量。

第二种间接方法以整个地球系统与外太空的热交换开始，即在大气顶层（TOA）。随后根据气象数据计算出大气的热输运。海洋的热输运为 TOA 通量减去大气通量。基于 9 年卫星辐射测量的第一个此类计算（Oort & Yonder Haar，1976）表明在 20°N、40°N 和 60°N 处，海洋热输运最大值分别为总量的 60%、25% 和 9%。然而，随着观察观测技术有所改善，特别是在为了测量 TOA（ERBE）处的辐射增加了特殊的卫星任务，总热输运和大气热输运的估计值都变得更高，这使得海洋热输运大约处于相同的原始值，但仍为整体的较小部分（Trenberth & Caron，2001）。

第三种方法中海洋热输运计算是直接的，以横跨海洋整个横截面的测量速度和温度为基础，通过海洋整个横截面的净质量输运为零（如果存在净输运，必须包含其他横截面，以得到一个质量平衡的"方框"）。随后可计算出通过该截面（或方框）的净热输运，且其必须平衡通过海表任一截面侧（或方框内）的总热增益或损失。也就是说，如果这一截面位于图 5.12 中的 30°N 处，则向南存在净热增益且向北存在净热损失。随后该截面的速度和温度应显示向北的净暖水流和向南的净冷水流。

利用所有三种方法计算的全球年平均海洋热输运，从吸热的热带地区延伸至中纬度和高纬度寒冷区域（图 5.12 和 5.14）。各半球最高输运率大约在 20°～30°纬度处，量值为（1～2）× 10^{15} W。这是全球总能量输运的 20%～30%，总运输量大约为 6× 10^{15} W；

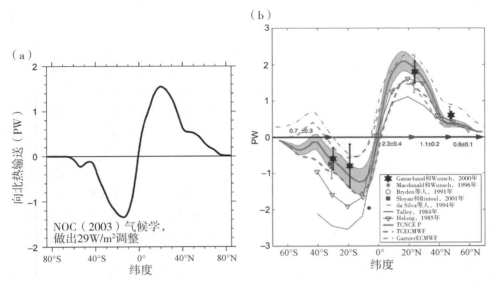

图 5.14　世界海洋（年平均值）的向极热输运（W），根据图 5.12 和 5.13 海气热通量之和得到的 (a) 间接估计值（光变曲线）。(b) 各种直接估计值（带误差棒的点）和间接估计值之和

数据来源于 NOCS 气候态数据，针对年平均值中净零热通量进行了调整（Grist 和 Josey，2003）。在线补充资料（图 S5.9）中复制了基于 Large 和 Yeager（2009 年）热通量的类似数字。(b) 直接估计值以海洋速度和温度测量值为基础。估计值范围阐明了热输运计算的整体不稳定性。ⓒ美国气象学会。再版须经许可。来源：Ganachaud 和 Wunsch（2003）。

所有地方大气输运的热量都比海洋多（Trenberth & Caron，2001）。太平洋在两个半球均向极输运热量。由于没有北半球高纬度区域，印度洋向南输运热量。

如前所述，全球热量收支几乎完全平衡；也就是说，整个地球几乎没有净热增益或损失，对海洋来说也是如此[①]。根据 Grist 和 Josey（2003）的通量数据，经向海洋热输运几乎平衡，但不完全。图 5.14b 中还显示了一个"调整的"完全平衡的经向热输运曲线，南端和北端的输运量均为零，这一结果通过每个网格点增加 2.5 W/m^2 获得。调整后的曲线处于 Grist 和 Josey（2003）的计算误差范围内。以下段落的讨论引用了本次调整后的输运量。

各热输运产品中发现的违反常理的结果是通过大西洋（包括南大西洋）的热输运是向北的（如图 5.12 中的箭头和注解）。这是因为副极地区域的北大西洋和北欧海域内损失了太多热量。为了补偿这种热损失，必须有贯穿整个大西洋长度的向北净上层海水流，由下层的向南冷水回流补偿。在所有海洋中，仅位于海洋上层的副热带涡旋循环携带向极热量（第 14.2.2 节）（Talley，2003）。南大西洋内这部分热输运强度不足以超过向北的热输运，因为自上而下的对流会产生北大西洋深层水。太平洋没有

---

　　① 大约 1～5 ℃的主要气候变化，例如全球变暖或进入冰河时代均与大约 1～10 W/m^2 的净海洋热增益或损失有关，分别根据经过 100 年或 10 年形成的 1 000 m 厚水层计算得来。众所周知，全球变暖与大气中 CO_2 加倍有关，与之对应的是 4 W/m^2 的净热通量变化。

自上而下的对流和相关的向北热输运，因此太平洋和大西洋热输运之间存在不对称情况。

考虑到当太平洋和印度洋在两个半球以预期的向极热输运模式流动时，仍存在贯穿整个大西洋且非常奇怪的向北热输运，Henry Stommel（私人通信）讲述了一个有趣的故事。在 Georg Wüst（1957）开展的南大西洋内的南北输运研究中，尽管他计算并公布了氧气、盐浓度、营养盐等的输运，但他未公布经向热通量，这是最容易计算的，因为它仅需要温度剖面。Stommel 怀疑，Wüst 计算了热输运量但发现它似乎方向不正确，也就是说从南向北（向赤道），如图 5.12 所示。这与 Wüst 的直观认识不符合，直觉上热量应从北部热带区流向寒冷的南部极地区。为了验证他的怀疑，Stommel 找到了 Wüst 以前的学生。他设法寻找德国海军上将 Noodt，他在文章中讲到，教授 Wüst 确实没有公布热输运，因为热输运似乎"沿错误的方向流动"（sic）。这一观点一直没有改变，直至 20 世纪 70 年代新研究（Bennett，1976）清晰表明南大西洋的经向热输运方向向北。

5.7 浮力通量

浮力会改变海水密度。外力是由热通量（加热和冷却）和淡水通量（蒸发和降水加上陆地径流，见前面部分）引起的。几乎所有的这些力都来自（或通过）大气，仅有非常小的部分来自地壳下[①]。盐析作用是因为海冰形成是一种有效且直接的水体密度分级方式（重新分配），它通过淡化封存在海冰中的海水和通过向冰面以下的水体释放盐以增加密度的方式实现。北极圈和南大洋章节描述了海冰图和盐析作用（第12 和 13 章）。

基于 Large 和 Yeager（2009）的图 5.15 给出了一幅全球海气浮力通量图（年平均）。它是平均海气热通量和平均淡水通量之和（蒸发减去降雨/径流）。当浮力的单位为密度的倒数，或 m^3/kg 时，映射的通量被转换为热通量单位（W/m^2）。这是因为现在描述的大部分海气通量都与热量有关，因此直觉上就认为是热量。在线补充资料（图 5S.8）中给出了图 5.15 中使用的来自 Large 和 Yeager（2009）的海气热量和淡水通量。依据教材描述，这些通量仅略微不同于之前显示的 NOCS 通量。

浮力通量图与热通量图非常相似，这是因为对盐分平衡至关重要的淡水作用力很弱。在亚热带西边界流分离区内浮力损失（密度增益）最强烈，因为这些区域热损失很大（第 5.5.1 节），其他因热损失引起浮力损失比较大的区域为近极的北大西洋和北欧海域。相关的热量向北输运和因此产生的大西洋浮力与经向翻转环流有关（第14.2 节）。

热带地区的浮力增益最大，特别是赤道东太平洋内的冷表层水上的区域（第10.7.2 节）。在这个"冷舌"区内，海表温度持续低于大气温度，导致被加热。赤道

---

① 地热通量通常为 $0.05\ W/m^2$，与 $250\ W/m^2$ 的典型太阳能加热相比减弱了 5 000 倍。

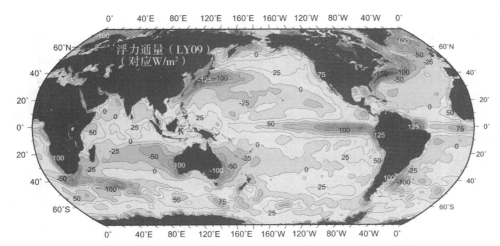

图 5.15　转换为等效热通量（W/m²）的年平均海气浮力通量

基于 Large 和 Yeager（2009）的海气热通量数据。正值表示海洋密度持续变小。等高线间隔为 25 W/m²。第 5
章的在线补充资料（图 S5.8）提供了用于绘制本图的热量和淡水通量图。

大西洋也是一个高浮力增益区，部分是因为从亚马逊河、奥里诺科河、刚果和尼日尔
河外流汇入的淡水。朝赤道方向的东边界流（秘鲁－智利、本格拉、加利福尼亚和加
那利）也属于浮力增益区，这里浮力增益与加热有关并且与上升流动力有关。

　　也许最有悖常理的是高纬度区，这些地区因为海气通量，海水密度实际上变小
了，而不是变冷和密度增大。引人注目的两个较大地区为近极的北太平洋与南极绕极
环流内和南部的南大洋。两者都是开阔大洋上升流区域并且都是朝赤道方向的埃克曼
输运区。这两个过程为海表提供冷水，这显然与净热量增益吻合。

　　尽管淡水通量对总浮力通量的贡献通常比热通量的贡献小得多，南部海洋和近极
北太平洋内的淡水通量使平衡向通过海洋获得浮力增益的更强且更广区域倾斜。淡水
通量也在热通量小的地方产生影响，例如西边界流外的整个副热带涡旋，这里的热通
量和淡水通量（净蒸发）贡献大约为 10 W/m²。

　　图 5.15 中没有充分体现成冰作用区内强烈的热损失。盐析作用是产生高密度水
的主要媒介，但它完全不被包括在内，因为它仅在内部对浮力进行重新分配。形成大
量海冰的沿海冰穴内的热量损失具有小的空间尺度。比如威德尔海和罗斯海均表现为
净浮力增益区，这里也是通过冷却和盐析作用形成密度较大的水的区域；冰架下方洞
穴内的冷却也是此处的一个因素，而且无法体现在此类海气通量图上（第 13 章）。在
北太平洋区，鄂霍次克海的盐析作用未体现在本图上，但图上显示了阿穆尔河径流驱
动下的净浮力增益。

5.8　风的作用

表面风应力是产生海洋环流的主要方式，主要是通过近表面的摩擦（湍流）层和该层内的大规模辐合/辐散（见第 7 章）。辐合/辐散与风应力旋度有直接的关系。图 5.16 显示了全球风应力和风应力旋度。季节性变化很重要，特别是在季风区，因此图中也给出了 2 月和 8 月的平均风场。

最大尺度的年平均风模式为热带地区的贸易东风和两个半球纬度 30° 向极区的西风。南半球西风带内（40°S～60°S）的年平均风和风应力是最强的。夏季半球热带地区从海洋吹向大陆的夏季风在所有三个海洋盆地均很明显，但印度洋西北部最为显著。冬季半球的反向季风也很明显（以北半球 2 月和南半球 8 月为代表）。在北半球冬季，西风带围绕北太平洋（阿留申低压）和北大西洋（冰岛低压）内的低压中心发展壮大。在南半球冬季，强劲南风在南极区周围显而易见，这些为冬季下降流风（重力驱动下吹向倾斜冰盖下）。北半球冬季格陵兰冰原海岸类似的风较为明显。

来自 QuikSCAT 卫星数据的全球平均风应力旋度（图 5.16d）为最新的结果（Chelton，Schlax，Freilich & Milliff，2004），包含了在图 5.16 中另一图所展示的粗分辨率 NCEP 风场中没有解释清楚的重要细节。风应力旋度与海洋环流有关，因为旋度显示了埃克曼辐合带/辐散带，驱动内部向赤道/向极的斯维德鲁普体积输运（第 7.8 节和图 5.17 中的地图）。整个亚热带区存在埃克曼下降流。副极地区和南极区以及热带地区内的长纬向带内存在埃克曼上升流。所有平均风应力旋度图内的此类特征非常明显，包括在讲述海盆的章节中给出的较粗空间分辨率图上。

由于存在高分辨率的风，持续的小规模的风应力旋度特征在大岛屿背风处和山峡表现得明显。此类实例包括夏威夷群岛等岛屿和中美洲以西地区，在这些地方，强风迫使特万特佩克湾涡流形成（第 10 章）。在高度计数据表现也很明显（不是在粗略再分析结果）的是跟随主要西边界流的风应力旋度模式，例如墨西哥湾流、黑潮和厄加勒斯海流，这表明这些海洋锋影响风的位置，构成一种反馈（Chelton 等，2004）。

海洋上层的环流主要由风应力通过斯维尔德鲁普平衡驱动（第 7.8 节）。根据 NCEP 再分析计算的斯维德鲁普体积输运如图 5.17 所示（作为图 5.17 基础的 NCEP 风应力旋度如在线补充资料图 S5.10 所示）。它的模式和大小类似于根据图 5.16d（Risien & Chelton，2008）所示平均 QuikSCAT 计算的结构和大小。这幅全球洋流图在以后的海盆章节中有更详细的描述。斯维尔德鲁普体积输运是作为风应力旋度的纬向积分进行计算的，它是在给定的海盆内，从经向边界东部向西求积分。对于南大洋而言，东部边界为南美洲的智利海岸，积分区域向西延伸穿过所有三大海洋直至南美洲的阿根廷和巴西海岸。斯维尔德鲁普体积输运不是在德雷克海峡纬度计算的，因为那里没有经向边界。赤道区的结果也没有展示，因为那里的动力更复杂。

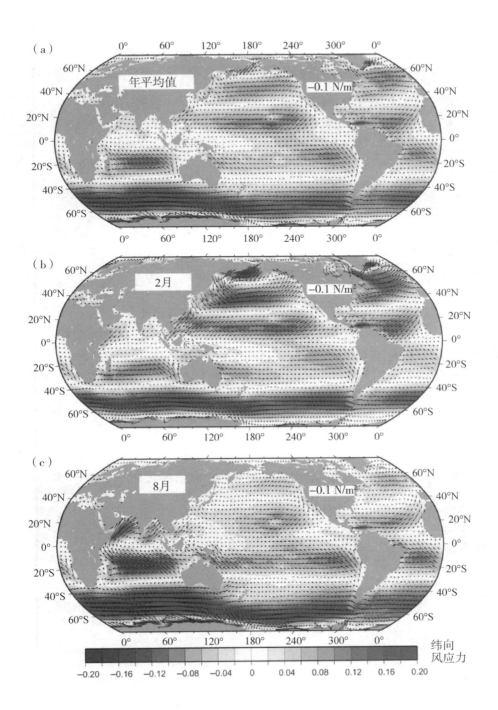

（d）
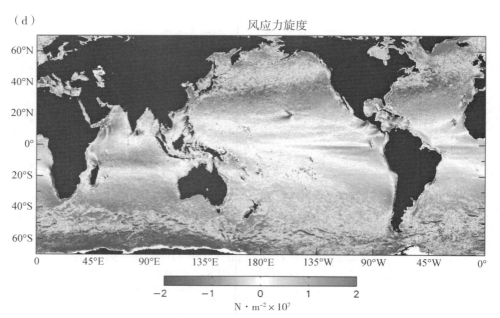

风应力旋度

图 5.16　平均风应力（箭头）和纬向风应力（彩色阴影）（N/m²）：（a）年平均值，（b）2 月和（c）8 月来自 1968—1996 年 NCEP 再分析数据（Kalnay 等，1996）。（d）以 25 km 分辨率 Quik-SCAT 卫星上显示的风为基础的平均风应力旋度（1999—2003 年）

向下埃克曼抽吸（第 7 章）在北半球为负值（蓝色），在南半球为正值（红色）。来源：Chelton 等（2004）。本图也可在彩色插图中找到。

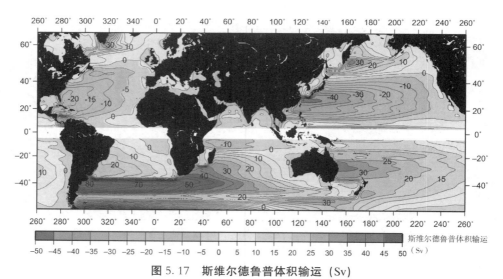

图 5.17　斯维尔德鲁普体积输运（Sv）

蓝色为顺时针，正数为逆时针环流。风应力数据来自 1968—1996 年 NCEP 再分析（Kalnay 等，1996）。斯维尔德鲁普体积输运中使用的年平均风应力和风应力旋度如图 5.16a 和在线补充资料中图 S5.10 所示。

第 6 章　数据分析概念和观测方法

我们了解的海洋基本信息是从观测中得到的，与此同时，数学模型也为我们提供了越来越多的信息。为了帮助阅读后面章节以及其他海洋观测文献，本章提供了一些常用分析方法的概述，但更详细的内容应参考线性代数等课程。因而在此推荐一些学习数据分析的入门书，包括 Bendat 和 Piersol（1986）、von Storch 和 Zwiers（1999）、Chatfield（2004）、Emery 和 Thomson（2001）、Bevington 和 Robinson（2003）、Wunsch（1996）等人的著作。此外，Wolfram（2009）网站提供了对于基本统计概念的论述。Press、Flannery、Teukolsky 和 Vetterline（1986）的 Numerical Recipes 一书也对数据分析方法的学习十分重要。

数据分析的第一步，通常是测定变量（如：压力、时间、温度、电导率、氧含量等）的值。这些变量是由采样策略决定的位于特定时空点内的海洋仪器测定的。原始测量值中包含仪器和采样误差（第 6.2 节），我们可以估算其真实分布情况及统计特征。原始数据存在的误差通常是由于：①仪器的精准度（the accuracy of the instrumental measurements）；②采样的时空不连续性（sampling that is discretized in time or space）；③取样时间的有限性（finite in duration）。误差来源非常需要加以区分，并且通过统计量化来表现。

本章的大量补充资料在教材网站 http://booksite.academicpress.com/DPO/上出现，并将此类补充资料作为第 S16 章（"S"指补充资料）。

20 世纪 50 年代以来，大尺度物理海洋学观测的设计目的都是为了解决关于平均或长期的，大尺度的海洋结构相关问题。高频小尺度观测则应用在如潮汐、波浪等现象。

相较过去松散简陋的取样观测，现代仪器如抛弃式深海温度测量仪（XBT）、声学多普勒流速剖面仪（ADCP）、系留式海流计、自主漂流和引导无人机以及卫星可以测量垂向上连续的大规模数据。可通过统计方法对这些大型数据集进行处理，用来识别数据误差、绘制场图、生成统计信息（如平均和趋势）以及检测内含的时空模式和不同观测参数之间的相关性（第 6.4 节）。本章仅提供对时间序列分析中的一些基本概念的简介，如谱分析及经验正交函数分析方法。（第 6.5 和 6.6 节）。

海洋学数据通常是以时空为坐标轴的三维数据。为了更好地运用统计方法，空间采样通常是不规则的。目标映射是一种通用方法，其方法原理是通过最小二乘法将映射区域和观测结果之间的差异降至最低（第 6.4 节）。

最小二乘法是许多常见数据分析技术的基础，地转流速度计算要求对一个未测量某一深度地转流速度进行精确估算，所以估算某一深度地转流速度非常重要。在过去几十年内，业内已经发展了基于最小二乘法的反演方法用于估算最合适的变量数值。

通过浮标等获得的大尺度流场观测数据也已通过最小二乘法与气候态的水文观测数据相融合。

目前，由于海洋采样调查已经日渐充足，绝对的海洋速度场已经可以由海洋同化模型利用观测与模式融合提供。本书并未对反推法和数据同化法进行介绍，但教授了一些关于上述方法基础——最小二乘法的基本原理（第 6.3.4 节）。并于（第 6.7 节）介绍了水文数据处理方法。其中，我们介绍了一种常见的新方法——最佳多参数分析法（OMP），用于说明实现现代水团分析。OMP 同样基于最小二乘法。

应当注意的是并没有绝对完美的研究方法。一方面科学家为了探寻海洋，会将数据进行绘图，并将数据进行处理、组合，然后重新画图；另一方面，当对来自于不同仪表/特性和不同科学家的结果进行组合和比较时，数据分析技术（特别是涉及估计误差）的基本了解与运用十分重要。

6.1 海洋学采样

现代物理海洋学通过使用许多不同平台和仪表采集现场数据（参见位于教材网站中的第 S16 章）。航测已经提供了长时间跨度的数据集，并持续提供重要的现代观测结果。现代原始数据集中越来越多地包括了通过自动采样器（如浮点和浮标）获取的大型数据集以及过往商船收集的剖面数据集。针对此类数据集的分析通常要求处理不规则时间采样和不规则空间采样问题（某些方向上分辨率较高）。随着仪器不断发展，方法不断改进，在结合现代数据与历史数据时，必须要考虑使用方法的差异、测量误差以及取样差异。卫星（或者航空器）也被大范围地应用于海洋研究，其可以提供海表高度（Sea Surface Height SSH）以及海表温度（Sea Surface Temperature SST）。与航测和浮标测量不同的是，卫星在海表的采样速度非常快，几乎可将观测结果看成是天气（synoptic）观测结果。词语"天气"来自于气象学，在气象学中该词语指天气的空间和时间尺度。在实际的物理海洋学中，其常指对某一感兴趣现象的近瞬间观测，类似"天气"的定义，应理解为其中仅包含空间信息。对于海洋来说，天气时间尺度约为两周——涡演变的时间尺度。对于大型海洋环流的非季节性部分来说，其在年际间及更长的时间尺度内发生变化，天气尺度可长达一个季节或甚至一年或两年。

使用观测数据时，需要注意观测数据的采样间隔与采样时长。对某一现象的准同步观测将无法反应更加快速的现象。例如："涡流时间尺度"进行的采样显然错过了更快的运动，如潮汐或正波动压，同时这些快速运动会影响观测数据对涡流运动的反映。将此影响称为"走样"，即在采样过程中存在高频运动影响采样及其过程。

定点观测（Moored）用于连续观测海流、轨迹、温度、盐度及其他化学量，比航测以及卫星数据更直观。目前浮标通常配有卫星传输系统，可以实时地进行数据上传。由于单个设备的经费就十分昂贵，在海洋中所布测点的有限使得采集数据集在空间上不连续。所以为了更好的进行海洋观测，需要设置多个定点仪器，并设定合适的采样间隔。

因为观测必须基于时空尺度选择数据的采集与分析策略，所以明确要观测对象的时空尺度是基础。采样分辨率必须足以表征空间和时间尺度内的变化。这意味着样本采样频率必须足够高，以跟上观测对象的最快变化速度，并且整个记录时间必须足够长，以便包含所考虑变量的重要波动周期。

例如，在绘制垂直剖面图的过程中，跃层处参数变化通常大于底层水。除非所有样本为过采样样本，就像使用 CTD（conductivity‐temperature‐depth profiler）。与深海处相比，通过密度跃层以及海洋上层内的垂直样本间隔或分辨率应更细。再例如在包含混合区域内进行的水平采样，如北大西洋西部包含的墨西哥湾流和墨西哥湾流内部离岸流中，采样策略是将在整个窄海流范围内采用更佳空间分辨率（最佳采样指考虑船时与成本的前提下，在范围内最大可能的进行采样）。

因为部分仪器采集的为连续数据，所以应对这些数据进行平均和（或）过滤，以得到所考虑的时间和空间尺度数据。例如，表面波实验的数据处理与季节变化的数据处理就截然不同。

6.2　观测误差

观测误差可以通过仪器的准确度（accuracy）与精度（precision）表示。在第 3 章和网站补充资料第 S16 章中，我们列举了不同海洋仪器的准确度与精度。准确度（accuracy）用来表示对国际标准的再现程度，高准确度意味着观测结果与国际标准之间的差异很小。为了符合国际标准、实验要求，必须对每种仪表或观测技术进行标定。仪器与数据集的准确度通常用偏移及其标准差表示。系统误差（参见下文）会直接影响准确度。精度（precision）表现的是仪表数据或观测结果的可重复性。仪器或系统可能非常不准确（例如，由于缺乏标定），但是随机误差非常小，所以精度非常高。精度与随机误差（random error/noise）相关（参见下面的段落）。精度越高可以达到越多的小数位，例如：高度精确海洋温度观测结果可以精确到小数点后四位数（10^{-4}℃）。

误差共分为两类：系统/偏移误差（systematic/bias error）和随机误差（random error/noise）。偏移误差是测量值与真实值的偏差，此类误差可能由于不良采样策略、传感器故障、记录系统内的误差、测量不准确或记录时间长度不足所引起。例如，采样选择过程中，可能因为疏忽而产生"晴天"偏差（fair weather bias）——在夏天进行的基于船舶的观测远远超过在冬天进行的相同观测，这使得累计历史数据集出现偏向温暖条件的系统偏差。另一个示例是 SST 的红外卫星遥感测量，卫星要求在晴空（无云）条件下进行观测，因此会使这些观测结果出现系统偏差。

数据处理时的统计方法（例如，对平均值进行加权）也会引入系统误差。尽管统计产生的系统误差与测量时的系统误差可以分离，但通常还是希望使用没有误差的统计量如第 6.3 节中介绍的统计量。随机偏差/噪声（random error/noise）是由观测实验之外，来自不同时空尺度现象的变量影响的。这些偏差可以是观测变量的固有偏差（因此是需要的真正统计特性）也可以是由于仪表或采样误差引起的偏差。均方根（rms）是与随机误差相关的计算量。通过对数据进行平均与过滤，可以使随机误差减小。所以需要在一次观测时采集足够多的样本进行平均。图 9.6 为墨西哥湾流路径及其路径平均值。噪声或偏差可以衡量所有流径的包络线与其平均值之间的距离。

海洋学数据通常是不规则采样——从时间方面讲，不规则采样的来源可能是由于仪表故障或使用具有明显不同采样特征的另一台仪表进行替换而引起。数据的不规则同样也是使用历史数据进行分析的结果。例如可能已经针对特定任务组织了单次考察，但多次考察组合将不会有规则的时间间隔，并且如此引起的偏差没有好的解决办法。针对长且连续数据集的统计分析方法已经被开发，但由于海洋学数据天生的不规律，应用此类方法时会出现诸多问题。

即使以定期时间间隔进行采样，也无法实现真正的连续采样。在估算小时空尺度过程中，离散的采样间隔会导致误差的出现。奈奎斯特频率（Nyquist frequency）（第 6.5.3 节）指特定的采样间隔可以分辨的最高频率。频率高于奈奎斯特频率的现象均不能被良好采样，但其仍会存在于数据中。此类较高的频率信号均会以更低的频率信号形式出现，因此将此现象称之为走样。为了将走样降到最小，需要仔细设置观测策略，尤其是取样步长。

6.3 基本统计概念

现实海洋中的海洋学参数（如：温度、盐度、压力、流速等）都有对应统计特征，而通过观测数据计算出的统计量称为样本统计量。这些通过数据估算得出的统计量（如平均值、方差、标准偏差等）只能有限地表示海洋学参数真正的统计特征，并不是真实的统计特征，此书要求所限，我们假定样本统计值为真值的"无偏估计"。无偏估计是指样本统计量的统计特征为真值的统计特征，值得一提的是，特定情况之下偏移估计量可能更实用。由于本书定位所限，为何为无偏统计量的原因未用数学方程推导，高阶数理分析统计课程会详细论证样本统计量与真值的具体联系以及相关误差计算。

6.3.1 平均值、方差、标准差和标准误差

数据处理的第一步通常是计算数据的平均值。现代仪器（如 CTD、海流计、卫星仪表等）每秒可采集许多样本。所以大多数分析使用数据的平均值而非单个样本值。例如，在 1 秒或其他时间间隔内，已经等间距测量了 N 次数据集 x，算样本平均值 $\bar{x}$ 为：

$$\bar{x} = \frac{1}{N} \sum_{i=1}^{N} x_i \tag{6.1}$$

如果仪器没有标定问题，随着观测数据不断积累，$\bar{x}$ 可以认为是真值的平均值，

即 $\overline{x}$ 为真值平均值的无偏估计。

距平值（anomaly）x' 是测量值与平均值 $\overline{x}$ 之间的差值。

$$x' = x - \overline{x} \tag{6.2}$$

距平值 x' 通常指与平均值之间的偏差；因为许多观测研究均与时间或空间变化相关，海洋学、气象学和气候科学中通常需要计算和显示距平值。根据不同研究要求，计算平均值 $\overline{x}$ 时需要通过月度、季度或年度数据集，再进行距平值的计算。例如，可在大约50年内，对北大西洋中 SSP 的时间序列进行平均，然后移除平均值得出距平值的时间序列，用来研究如北大西洋涛动/ENSO 现象对其的影响。

数据集 x 的方差是每个测量值与平均值差值的平方的平均值。方差用来描述样本的离散程度。针对采样值，方差的无偏估计量是平方偏差除以（$N-1$）而非 N：

$$\begin{aligned}
\sigma^2 &= \frac{1}{N-1} \sum_{i=1}^{N} (x_i - \overline{x})^2 \\
&= \frac{1}{N-1} \Big[\sum_{i=1}^{N} (x_i)^2 - \frac{1}{N} \big(\sum_{i=1}^{N} x_i \big)^2 \Big]
\end{aligned} \tag{6.3}$$

式（6.3）的平方根 σ 是标准差（standard deviation）。方差和标准差都是变量的固有特性。均方根误差或标准误差（standard error）（S_ε）是方差与样本平均数的算术平方根的商。

$$S_\varepsilon = \frac{\sigma}{\sqrt{N}} \tag{6.4}$$

因此，平均值（$\overline{x}$）的均方根误差为单个测量值 x 的标准差（σ）的 $\frac{1}{\sqrt{N}}$。标准误差随着观测次数的增加而减小；但它并不是真值的固有特性，而是采样和仪器的一种特性。

标准差（standard deviation）（样本特性）与标准误差（standard error）（仪器特性）之间的更深一步差异在图 6.13 中的盐度气候学中进行了举例说明，在图 6.13 中，未采样区域内的标准误差较大，而标准差则在具有强烈海洋变化的区域内有较大差异。

6.3.2 概率密度函数

概率密度函数（pdf）是统计学中的基本函数，介绍概率密度函数有助于深入学习统计学知识，如置信区间等。

概率密度描述变量取某个固定值或区间时的可能性，整个范围内的概率密度函数积分为1。以 Gille（2005）的研究结果为例，通过海洋浮标得到加利福尼亚州南部海岸以外风速时间序列如图 6.1。四年内，每小时对数据进行一次采样。为了计算概率密度函数，以 0.1 m/sec 为区间对风向/样本的数量进行计数以绘制直方图；针对概率密度函数，通过除以采样样本的总数（43797）以及除以组距（0.1）的方式，对每个箱内的值进行标准化。东西南北两种风速概率密度函数几乎关于0对称，但它们

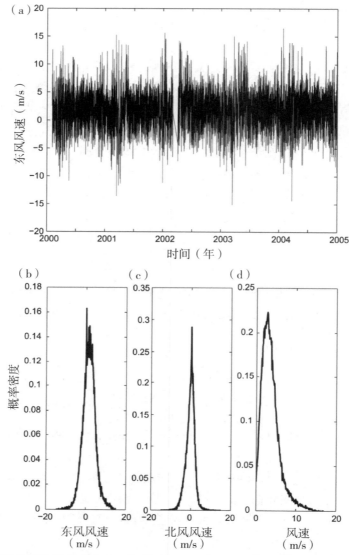

图 6.1　时间序列与概率密度函数（*pdf*）的示例，（a）通过圣塔莫尼卡盆地内海洋浮标得到的东风风速（m/sec），（b）东风风速的概率密度函数，（c）北风风速的概率密度函数，（d）风速的概率密度函数

并非正态分布函数（式 6.5）。风速大小概率密度函数的中点不能为 0，因为风速仅能为正。此概率密度函数类似于仅有正值的瑞利分布，瑞利分布的形式是急升至最大值，然后逐渐减小。

　　针对均匀分布的概率密度函数，给定范围内任何值出现的可能性相等。概率密度函数看上去像一个长方形。通过随机数产生器（例如）产生的随机数可能呈均匀分布形式（每个值的出现次数相同）。

　　概率密度函数的一种特殊形式是，变量的平均值周围呈"钟形"。将此类概率密度函数称为高斯分布（gaussian distribution）或正态分布（normal distribution）。式（6.5）即为正态分布概率密度函数表达式，$\overline{x}$ 为样本平均值，σ 为样本标准差。

$$pdf = \frac{1}{\sigma\sqrt{2\pi}}e^{-(x-\overline{x})^2/2\sigma^2} \tag{6.5}$$

表示随机数总和的数域呈正态分布，并且与计算平均值相关的概率密度函数也呈正态分布。因此，如果我们测量获得大量相同变量的采样值，其平均值的分布状态亦呈现正态分布。正态分布变量的平方和服从卡方分布，卡方分布通常用来计算方差的相关性质。高斯分布和卡方分布在统计分析中十分重要，尤其是在评估置信区间的过程中。

6.3.3 协方差、自协方差、积分时间尺度、自由度和置信区间

样本协方差用以描述两个或多个变量的依赖程度，形如式（6.6）：

$$cov(x,y) = \frac{1}{N-1}\sum_{i=1}^{N}(x_i-\overline{x})(y_i-\overline{y}) \tag{6.6}$$

样本协方差为无偏估计量。样本相关数是样本协方差除样本标准差的商，形如式（6.7）：

$$p_{x,y} = \frac{cov(x,y)}{\sigma_x\sigma_y} \tag{6.7}$$

自协方差和自相关是与式（6.6）和式（6.7）相同的表达式，但将其中的一个变量使用在不同时间测量的相同变量进行替换。例如，如果在四年内每小时测量一次速度（此处通过变量 x 表示）（图6.1），定义时间滞后为 τ，设记录长度为 T，总计测量 N 次，时间间隔为 Δt，则给定时滞 $\tau = n\Delta t$ 的自相关为：

$$\rho_{x,y}(\tau) = \frac{1}{\sigma_x^2}\frac{1}{M}\sum_{i=1}^{(N-n)\Delta t}x'(t_i-n\Delta t)x'(t_i) \tag{6.8}$$

M 可为（$N-n$）（时滞 τ 处样本对总数）或 N（样本总数）。如果选择了样本对总数，则式（6.8）是自相关的无偏估计量，然而，在时滞较大情况下，式中的（$N-n$）将会变得非常小，无偏估计量将会变得非常大。如果选择了样本总数 N，则式（6.8）是自相关的有偏估计量，但时滞较大情况下，它将会显示出良好的统计特征。如果使用太平洋岛的模拟温度记录，可将无偏差和有偏自相关函数作为时滞函数进行计算并绘图（图6.2；Gille，2005）。零滞后情况下，自相关应当为1，在较小时滞下可能发挥良好作用，但在较大时滞情况下，无偏估计量可能增大。有偏估计量（许多海洋学家所使用 Matlab 软件包中的默认值）在较大时滞情况下能起到良好作用。时滞较小情况下（图6.2d），自相关在约6个月内减小至零点位置处。零交叉的时滞是去相关时间尺度的一种表现形式，即样本变得不相关时的时间间隔。由于在图6.2d 中的几个月内，自相关在零周围徘徊，去相关时间尺度略微模糊，但在6～14 月的范围内。

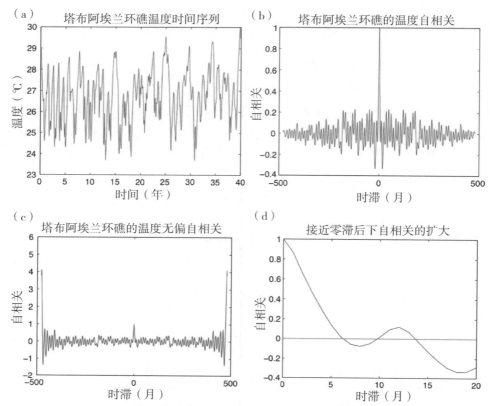

图 6.2 （a）通过 NCAR 海洋模型得到的塔布阿埃兰环礁（太平洋）温度的时间序列，（b）标准化至最大值等于 1 的自相关（平均值除以 N 的有偏估计量）。(c) 和 (d) 自相关（平均值除以 $N-n$ 的无偏估计量）。来源：Gille（2005）。

将观测变量的积分时间尺度（integal timescale）T_{int} 定义为自相关时间积分（例如：Gille，2005；Rudnick，2008）。积分时间尺度是去相关时间尺度的另一个度量。针对式（6.8）中的样本自相关，T_{int} 是自相关的总和乘以时滞组距。实际上，开始仅使用较小的总时间间隔计算总和，然后逐渐递增，直到达到整个记录长度过程中会出现一个极大值，此极大值便是积分时间尺度。针对图 6.2 中的时间序列，计算的积分时间尺度为 9.3 个月，可将此积分时间尺度与通过第一个零交叉所预计大于 6 个月的原始去相关时间尺度进行比较。

自由度形如式（6.9）为总时长与积分时间尺度的商，表示连续采样内相互独立的样本的个数。

$$N_{dof} = T/T_{int} \qquad (6.9)$$

实际中的自由度的设置取决于误差值，误差越大，自由度越少。而误差范围即通过置信区间（confidence intervals）表现。置信区间是数据分析的核心概念之一。

置信区间取决于自由度的数量，它们也取决于标准误差，因此同样取决于时间序列的标准差。假设我们已经知道了变量 x 的一组平均观测值 X。我们已经计算出了标准偏差和自由度数量。因此，我们便知道了标准误差 $s_\varepsilon = \sigma/\sqrt{Ndof}$。假设我们正在确定真实平均数 $\overline{X}$ 存在于给定区间内的概率。该区间是什么？概率 P 的表达是：

$$P[X - S_\varepsilon t_{N_{dof}}(\alpha/2) \leqslant \overline{X} \leqslant$$
$$X + S_\varepsilon t_{N_{dof}}(\alpha/2)] = 1 - \alpha \tag{6.10}$$

例如，如果我们希望以 95% 为置信区间，则（$1-\alpha$）= 95%，$\alpha = 5\%$。然后，表达式（式6.10）可理解成"真实平均数 $\overline{X}$ 落在从 $X - S_\varepsilon t_N$ 到 $X + S_\varepsilon t_N$ 区间内的概率为 95%，式中 X 是样本平均数"。因数 t_N 是自由度为 N 的"t 分布"，该自由度取决于置信区间的选择。此处，N 是计算的自由度 N_{dof}。这是通过中心极限定理得到的结果。（一旦已经对自由度进行了估计并选择了 α，t 变量可从查找表中找到，查找表可在大多数统计学教材中或在线获取；也可通过 Matlab 或 Mathematica 软件包中的函数得到这些变量。）

如果置信区间为 95% 且自由度等于 10，则 t 变量为 2.23。如果自由度等于 10 且置信区间为 90%，则 t 变量为 1.81，然而如果置信区间为 99%，则 t 变量为 3.16。随着自由度数量不断增加，t 变量变得越来越小，且置信区间也在缩小。

如果置信水平为 90%，图 6.3 中给出使用置信区间绘制图的示例在。这是自 20 世纪 50 年代起，海洋上层 700 m 内全球海洋热含量的图片，此图使用进行分析时可用的所有温度剖面数据进行绘制。假定引发的误差均为随机误差，同时系统误差为 0，则通过置信区间保证的数据有效性，我们可以得出这样的结论——海洋上层自 20 世纪 50 年代起存在显著的升温。

6.3.4　最小二乘法分析

如果对两个或更多变量进行测量，我们可以使用相关性分析确定它们的紧密程度（第6.3.3节）。而通过建立数值模型，或者拟合的手段，可以进一步了解确定变量之间的函数关系。在此之中，最通用且基础的方法是最小二乘法。作为最小二乘法的最简单常用范例，方程假设 $x(t)$，$y(t)$ 满足线性关系，也就是说，假设：

$$y(t_i) = ax(t_i) + b \tag{6.11}$$

然后对于差值的平方 ε，如下所示：

$$\varepsilon = \sum_{i=1}^{N}(y_i - ax_i - b)^2 \tag{6.12}$$

式中，a 和 b 为待确定的未知参数。为了找到 a 和 b 最佳值，令 ε 对 a、b 的偏导数均为 0，为了表明使用更简单的模型如何得到上述结果，令式中 $b = 0$，参数 a 的解通过解方程得到。

$$\frac{\partial \varepsilon}{\partial a} = \frac{\partial}{\partial a}\sum_{i=1}^{N}(-2ay_ix_i + a^2x_i^2) = 0$$
$$a = (\sum_{i=1}^{N}y_ix_i)/(\sum_{i=1}^{N}x_i^2) \tag{6.13}$$

借由计算机软件（如 matlab），可以通过计算机得出 a 的具体值。

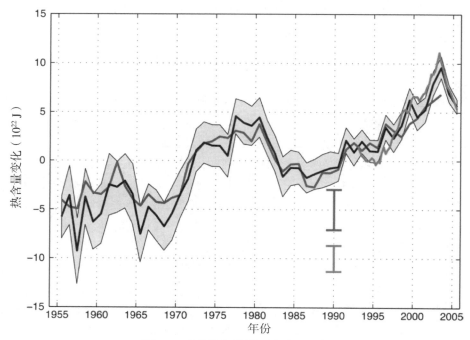

图 6.3　有置信区间的时间序列示例

0～700 m 层的全球海洋热含量（10^{22} J），基于 Levitus 等（2005；黑色曲线），Ishii 等（2006；完整记录的灰色曲线以及长误差棒），以及 Willis 等（2004 年；1993 年之后的深灰色以及短误差棒）的研究成果。阴影区域和误差棒指 90% 置信区间。将此图与教材网站中可以看到由 Domingues 等（2008 年）所绘制的图 S15.15 进行比较，图 S15.15 使用了改进的观测结果。来源：政府间气候变化专门委员会第四次评估报告（IPCC AR4），Bindoff 等，2007；气候变化 2007：《物理学基础》。工作组 I 对于政府间气候变化专门委员会的第四次评估报告的贡献，图 5.1，剑桥大学出版社。

　　最小二乘法广泛应用在仪器标定过程中，例如：针对 CTD 电导率标定，可以通过当地的水样品得到的准确盐度换算为电导率与 CTD 所测数据进行比较，之后将 CTD 电导率与实际采样所得相拟合。根据 CTD 仪器特性来决定拟合方法，使 CTD 提供可靠的盐度数据。

　　更先进的线性最小二乘法分析可以寻找变量之间更复杂的关系。这种方法广泛应用于反演模型（inversed models）与数据同化（data assimilation）之中。在反演估算地转流速剖面时；最小二乘法被用于结合动力高度数据计算参考面速度。在数据同化中，其被用于计算调整输出结果以最大呈度地符合观测结果。尽管最小二乘法存在诸多类型，但基本假设与实践相同：存在线性关系的假设，以及在一些假设标准基础上使两个函数之间差异最小化的时间。

　　调和分析与线性拟合的缺点相似——调和分析可以通过一系列的正弦方程拟合实际数据，但是总有正弦方程难以解释的现象存在，因为有些潜藏的现象本身是非正弦的。当我们进行线性拟合时，我们可以确定线性拟合是否是有效的，因为在拟合开始前，通过滤掉数据的无关成分，我们可以大致分析出两者之间的是否是线性关系。如果可以大致确定是线性关系，则此时可以通过最小二乘法来进行计算。

6.4　空间数据可视化；剖面图、垂直截面图和水平映射图

尽管现实中的海洋取样从来没有在规则的网格中进行规律均匀的采集。但一般会将这些数据以准水平映射图或垂直界面图的方式进行可视化。除了简单地将数据绘制成剖面图或沿轨迹的数值图外，常见的方法是将空间分布的数据投影到规则网格上。最简单的例子是对在一个由经纬度划分的箱内的所有数据进行平均。这种"箱内平均"的办法可提供一个易于描述且满足特定研究需求的空间场，尤其是在数据量较大时。但其提供的并不是最优场，也不适用于定量或动力学研究。

目标映射是将离散数据映射到特定位置处的方法。目标映射法可以得到对真实值分布的最小方误差估计，并且可以表现因为采样位置导致的误差分布。采用无偏估计值，目标映射法会更精确。除此之外，目标映射法还可以将不同的变量组合以及引入外部限制条件。

由于线性代数不属于本书范围，因此本书中不对目标映射法进行深入讲解。目标映射图基本上都是网格点附近数据的加权平均值。但在计算权重时需要有水平形状信息和平滑度，以此构建数据与格点之间距离的函数。距离较远的信息越多地影响本地数据，则映射所得的数据场会越平滑且大尺度。加权信息应来自于空间协方差，但由于空间协方差也需要通过实际观测获得，因此其并非始终（或通常）为已知条件。实际中通常会使用一些简单的加权函数，此类函数通常为指数函数或高斯函数（平方指数）。加权可为各向异性加权，且在不同方向上有不同的水平衰减范围，这对于研究某一方向上相关性大于另一方向的羽状锋海区或沿海地区来说十分有用。由于垂直和水平范围存在显著差异，因此，各向异性尺度在数据映射到垂直剖面上时也十分有用。

6.4.1　垂向可视化

6.4.1.1　**采样**

由于海洋内垂向变化比水平变化剧烈，所以垂向分辨率要远远超过水平方向。此外，在许多地方，海洋上层的分层现象比海洋深层的分层现象显著，大多数海洋特性和海流数据都存在分层现象。因此，跃层（如密度跃层）以及上层的垂向分辨率大于海洋深处。通常用于垂向观测的仪器有 CTD、XBT、LADCP。如：常用 CTD 仪器能以 24 Hz 的频率进行采样。仪器会连续 1 s 或在 1 dbar 区间内采集数据，并得出平均数值。而平均处理会滤掉微小尺度过程的噪音，所以数据通常应用在诸如海水分层的中尺度与大尺度研究中。

实地采样之前通常需要了解当地水文特性，结合 CTD 数据来确定实地采样的观测深度，过去通常会在标准水深处进行采样。如今需要研究参数的空间分布或者例如等温面分布，不会再采用传统方法。当数据足够多，且能够表现垂向梯度时，最好画

出空间分布图。

6.4.1.2　垂直剖面图

垂向剖面图用来表示单个站点的研究对象如温度、盐度的垂向分布。为了避免影响到后来的数据采集与处理工作，及时指出来自仪器、采样过程、研究分析时的问题，需要时刻了解研究对象（如温度、盐度）的垂向分布，即需要做出对象的垂向剖面图。除此之外，来自于多个站点与不同时间数据可一起显示用来比较现实分布与数据之间的差异。

当面对多年采集的大数据时，需要将数据在标准水深或密度处进行插值平均处理，并且剔除无关值。若采用连续规则的数据，则可以通过基本插值方法确定标准水深（深度、密度、温度处的）参数数值，例如当采样区间小于 10 dbar 时，单纯的线性插值就已足够。而处理更加稀疏的采样数据时，例如多瓶采集器的化学样品数据，采集间隔可能有数百分巴，则需要如三次样条插值等高级插值方法，同时需要确保没有虚假极值混入数据。习惯上通常采用 Akima 三次样条插值。

6.4.1.3　垂直截面图

垂直截面图用来表示研究对象在整个研究区域内的截断面上的垂向分布，通常使用的是多个排列为直线的采样站采集的垂向数据（例如图 4.11，4.13 以及其他示例）。为了对数值进行质量控制以及保证采样后绘图的准确度，通常将采样站点以及采样深度在截面图中表示出来（例如，图 4.24 中含氯氟烃和 $\Delta^{14}C$ 的垂直截面）。绘制截面图时通常会应用插值法。目标映射（第 6.4.1 节）是一种常用的方法。Roemmich（1983 年）介绍了一种对垂直截面数据进行映射的有用方法，该方法依靠采样站的距离设置水平去相关程度，并依靠非常原始的垂直成层现象相关信息对垂直去相关程度进行设置。假设科学家在采集数据时知道在显著动力要素范围内进行更紧密的采样，这些要素包括西边界流、赤道和极锋，那么在对数据进行目标映射的过程中不应丢失此信息。人们已经使用了 Roemmich 的方法，对本文中给出的几乎所有垂直截面进行了目标映射。

因为海流主要沿着等密面流动，仅存在一个较小的对角线分量，将数据作为密度而非压力或深度的函数进行显示可能更切合实际。大西洋盐度截面在图 9.17 中分别作为深度和中性密度的函数进行绘制（第 3.5.4 节）（剖面/样本数据首先通过三次样条插值至中性密度中，而后再进行目标映射）。等密度坐标中的等值线比深度坐标中的等值线更"平顺"。这意味着沿着等密面的水流多于等深面，从而帮助证明沿着等密面的大量特征分析的合理性（第 6.4.2 节）。

6.4.2　水平可视化

通过漂流仪与卫星所测的如温度，表面流速，海表高度，海-气通量等数据可以用水平分布图来表现。即使在海洋内部因为显著的垂直分层现象，大部分海流沿着等密面流动，此类等密面实质上也就是水平面。因此海洋内部海流数据也可以通过准水平分布图来表现，此时准水平面可以是等密面。

　　水平映射图需要首先选定所需的水平面，通过插值得出垂向数据，最后将所得数据映射至水平面中，其手段一般是通过目标映射方法或者分配权重的方法，来完成对经纬度网格或距离区间网格中点的数值插值。

　　图 6.4 展示了地中海中层水的特征。图 6.4 包括三种不同水平面下的盐度分布图：水深 1 200 m、位密度（σ_1）为 32.2 kg/m³ 处及"中心层"的分布情况。所有三种分布图都有它们各自的用途。其中等密面最能代表实际海流，为了更准确地表现实际海流的情况，应当注意等密度线的压力基准，因为地中海中层水中心压力约为 1 200 dbar，所以图中压力基准面为 1 000 dbar。（中性密度表面详见图 6.4。）图 c 采用基准水平面作为地中海中层水盐度最大值的平面。

　　如三图中可见的盐水舌，水舌根据海水混合作用的强弱有着不同解释：混合程度较小时，海流方向会沿着水舌等值线，而混合程度大时，海流方向即为水舌延伸方向。因此中心层分布法可以确定特定水团的影响范围。图 6.4 中的三种分布图相互补充，均表现出该深度范围内高盐水团源地为直布罗陀海峡，因为北大西洋混合作用大，通过中心层法可以说明海流的方向为从直布罗陀海峡流向北大西洋。

　　从中尺度(10 - 100 km)到全球尺度（1 000 km）的水平长度尺度范围内，水平流速接近地转速度，因此无辐散现象。[①] 然后，可以通过流函数对水平流速进行表示（第 7.6 节）。所以，需要绘制与速度向量平行的连续等值线图。此外，可绘制多种误差图，如已映射无辐散速度与原始速度数据之间的误差，或由于映射程序和测量误差所引起的常见误差。

　　其他章节中给出了大比例尺速度和流函数映射图，用于举例说明海面及 900 m 深处环流。这些映射图的基础是表面漂流物加上高度计数据（Niiler，Maximenko & McWilliams，2003）以及浮标数据（Davis，2005）。（这些仪表在第 S16 章第 S16.5 节中的在线补充资料中进行了描述。）可使用略微不同方法对这两种"拉格朗日"数据（第 7.2 节）进行处理，以产生无辐散场，两种方法都以所需产品和可用数据类型为基础，强调了映射技术的合理创建与应用。Niiler 等（2003 年）结合了表面漂流物与卫星高度计数据，使用最小二乘法程序和动态约束产生了平均表面流函数。Davis（2005 年）绘制了受限的平均速度向量图，以产生无辐散场，然后他使用目标映射方法计算地转流函数。Davis 和 Gille（2003）使用水下浮标，得到了南大洋 900 m 深度处速度场，并提供了关于他们所使用映射方法的深入信息，这些深入信息详情并未涵盖在本文的范围内。

　　当今在部分区域研究中，已经将密度仪和 ADCP 部署在了三维空间网格而不是过去单纯的一个界面之中，为绘制水平分布图提供了便利。通过密度数据可以根据热

---

　　① 西边界海流（墨西哥湾流，黑潮）的典型流速介于 1～200 cm/sec 之间，赤道流的表层流速以及南极绕极流的底层流速为几分之一 cm/sec。而伴随大尺度水平环流的垂向速度只有 10^{-5} cm/sec 或者 1 cm/day，只有携带精密仪器或采用过滤方法才能观察到。

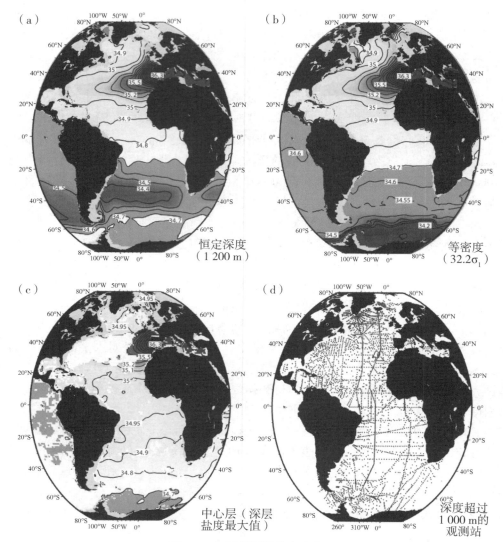

图 6.4　不同类型的盐度分布图

（a）标准深度表面（1 200 m）；（b）等密度表面（相对于 1 000 dbar 条件下，位密度 σ_1 = 32. 2 kg/m³，相对于 0 dbar 条件下，σ_θ 约为 26. 62 kg/m³，且中性密度约为 26. 76 kg/m³）；（c）中心层法，地中海水团与北大西洋水团的盐度极值位置；（d）观测站点位置。（白色区域代表当地无深水盐度极值）

风关系（the thermal wind balance）得到地转速度的垂向剪切。而 ADCP 提供了当地所有的海流数据。图 6.5 为通过三维网格站点数据绘制的加利福尼亚洋流图像。

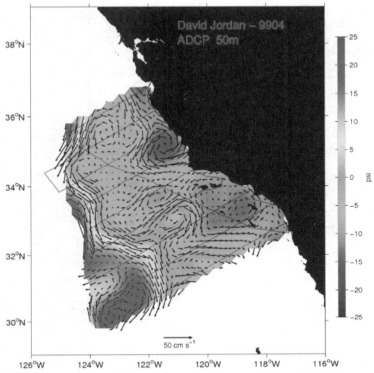

图 6.5 根据密度和 ADCP 速度测量值绘制的 1990 年 4 月加利福尼亚海流矢量分布图

6.5 时间数据可视化

所有洋流与海洋学特性都是时间的函数。本节介绍时间数据可视方法、谱分析方法与经验正交法。

6.5.1 数据可视化

图 6.6~6.9 为数据可视化示例。使用时间序列的第一步通常是制作特性随时间变化的趋势图。绘制时若要研究一个剖面的数据随时间变化，则要将所有剖面图以时间顺序排列在一起，则可以方便比较剖面随时间的变化规律，即绘制"瀑布式"分布图（图 6.6b）。瀑布式分布图既可以表现一个时间内的剖面数据，也可以显示特征随时间的运动方法。剖面数据（例如通过剖面探测浮标得到的数据）通常会形成波状外形，如随着时间和深度（或压力或密度）变化作为轴而非距离和深度的垂直剖面。同样，如果从沿着重复轨迹的大量位置处采集了数据，将数据显示为作为时间和空间维度函数的等值线图可能非常有用。将这类图称为霍夫默勒图（Hovmöller Diagram）。本书中使用了此类显示方式，以表明北极海冰的演变过程（图 12.22）以及罗斯贝波典型中纬度处的向西传播形式（图 14.18）。

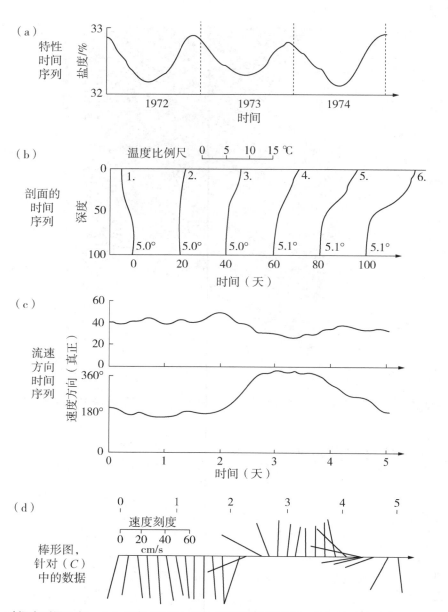

图 6.6　时间序列图示例：（a）特性/时间；（b）剖面的时间序列；（c）流速和方向；（d）为（c）中数据的棒形图

6.5.2　速度（向量）数据时间序列分析

　　与标量可视化相比，矢量图需要同时展示大小与方向。棒状图通过一条线段同时展示了矢量大小与方向（图 6.6d 和 6.7）。

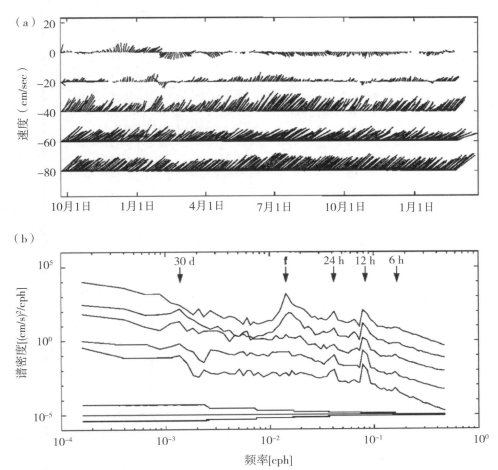

图 6.7　时间序列、频谱和频谱置信区间的示例，（a）速度（cm/sec）棒形图，在 100 h 处，水流从沙孟海道内深层西边界流内一处系泊处的不同深度处 5 个深层海流计周围以低速经过时所绘制（见图 10.16）。垂直方向沿着海道轴。（b）来自于相同海流计的频谱，偏差为十年。底部给出了 95% 置信区间

来源：Rudnick（1997）。

　　另一种展示矢量数据的方法是通过渐进矢量图将每个时间步长的位移进行相加，以产生明显的运动轨迹，而轨迹不代表实际运动。

　　有地理位置的矢量可以通过霍夫穆勒图（图 6.5）进行表示。霍夫穆勒图以经纬度和时间为坐标。

6.5.3　调和分析法（谱分析法）

　　前述已简单涉及调和分析法，并介绍了时间数据的方法，本节将详细介绍如何通过调和分析法分析海洋。

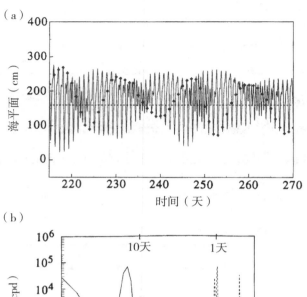

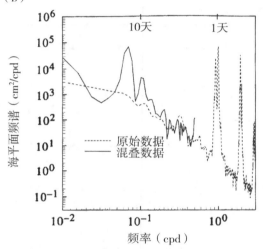

图 6.8　时间序列、频谱以及频谱混叠的示例

（a）不列颠哥伦比亚维多利亚处的潮汐记录（1975 年 7 月 29 日至 9 月 27 日）。黑点是对记录进行的每天一次的二次采样。（b）完整潮汐记录（虚线）和二次采样记录（实线）的功率频谱，其中显示了在 10 天或更长时期内，一日间和半日间潮汐能的混叠方式。来源：Emery 和 Thompson（2001）。

　　调和分析或"傅里叶分析"被广泛地应用于确定潮汐分量中，或确定在存在季节或年际频率下是否存在变化过程中。"显著性"是调和分析的重要概念，其与对各频率信息能量的估计误差有关，并且与第 6.3 节中所描述的概率密度函数的置信区间相关。

　　因为影响海洋的外力过程很多都是周期性的，采用周期函数来拟合再现海洋过程是非常合理的。海洋中变化过程可表示成无穷多正交基函数的加和，也就是说，可通过使用最小二乘法，将无穷时间序列与特定函数进行拟合。例如，图 6.8a 中的潮汐记录直观展示了周期分量。

　　在调和分析中，正交基函数为一系列频率下的正弦函数和余弦函数。使用实际数据集时，我们还必须对离散有限的采样进行处理，并对每个正交基函数在整个过程贡献的误差做估计。

调和分析通常应用于分析过程的空间尺度，研究现象发生的频率与波长。同时其他方法如经验正交方法在针对大规模海洋学信息时会比调和分析实用。

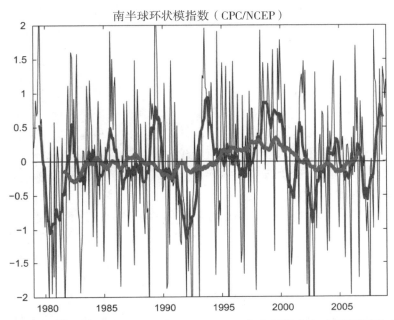

图 6.9 通过时间序列的平均值进行低通滤波：对 NCEP 气象预报中心（细黑线条）测得的时间序列分别进行 1 年和 5 年的滑动平均（代表中度和重度滤波）的南半球环状模月度指数
数据来自于气象预报中心网络团队（2006）。来源：Roemmich 等（2007）。

表示时间序列的最简单方法是使用最小二乘法拟合或傅里叶变换方法（并且起初忽略与离散采样和有限长度时序相关的问题），将时间序列映射到正弦余弦函数中。傅里叶变换方法为每个频率对应一个振幅，从数学方面讲，对时间序列 $x(t)$ 作傅里叶变换得到函数 $x(f)$，f 为信号频率，其频谱密度 $S(f)$ 为：

$$X(f_j) = \sum_{i=1}^{N} x(t_i) e^{-i2\pi f_j t_i} = \sum_{i=1}^{N} x_i e^{-i2\pi(j-1)(i-1)/N} \tag{6.14a}$$

$$S(f_j) = |X(f_j)|^2, j = 0,\ldots,N-1 \tag{6.14b}$$

振幅平方（6.14b）的频率分布称为"周期图"。通常周期图对每个频率都具有很大的误差。通过计算周期图的平均值可以求得统计量"功率谱"，有时可以将长时间序列分成短时间序列，然后计算每个短时间序列的周期图，并算出其功率谱。计算功率谱也可以在周期图上的一个频域内进行，但是频率分辨率将会降低。

事实证明，通过周期图求得的频谱等同于自协方差函数中通过傅里叶变换得到的频谱。随着计算软件的不断发展，可以应用 FFT 软件计算傅里叶变换，因此周期图方法更加常用。

根据帕瓦塞尔定理：功率谱中的总"能量"等于时间序列中的总方差，所以振幅对频率的积分是时间序列的总方差。可以通过除以方差的方式将频谱标准化，此时谱值会给出每个频率的总方差比例。

功率频谱通常显示为除以每个频率对应的频率间隔后的结果，这就是所谓的功率谱密度。功率谱密度的单位是频谱能量/频率。例如，针对海平面频谱，单位可能会为 m^2/cps（其中 cps 为周期/秒）。针对速度记录，单位可能是 $(m/s)^2/cps$。针对温度记录，单位可能是 $(℃)^2/cps$。

在处理现实的离散数据时应当注意调和分析时的细节，因为现实数据不可能是在无限时长内持续采集的，这意味着谱分析会中断。在持续采样过程中，开启和关闭采样会使得数据振幅出现突然上升和突然下降，这是一种不利的现象，被称为 Gibbs 现象。这可能带来不真实的高频能量。为避免这种现象的产生，在采样开始和结束时，可将采样时间序列乘以一个逐渐缩减的窗口值，以使其平滑过渡为 0。了解常用窗口值可以参阅本书网络教材或者相关文献。

分析数据时采用的实际频率取决于数据时间总长和时间序列内部离散采样间隔。（如果不定期对时间序列进行采样，将会出现此处没有讨论到的额外注意事项。）

如数据分析时能采用的最低频率 f_0（也被称为基础频率），如下所示：

$$f_0 = 1/T = 1/(N\Delta t) \tag{6.15}$$

其中时间序列的长度为 T，采样间隔为 Δt，并且时间序列的总长度为 $T = N\Delta t$，其中 N 是样本的总量，f_0 单位是赫兹。然而由于接近最低频率的信号只在数据中出现一次，其分析的可信度是有限的。此外，低于最低频率的信号会使数据出现一个趋势噪音。通常的做法是首先得到数据变化的线性趋势，然后在进行傅里叶分析之前剔除线性趋势。

在频谱中，基础频率也是相邻频率分量（f_1 和 f_2）之间的频率差异。也就是说，

$$\Delta f = |f_2 - f_1| = 1/N\Delta t \tag{6.16}$$

$\Delta f = 2/N\Delta t$ 和 $\Delta f = 3/2N\Delta t$ 的两种频率都可以被很好地分辨，就得对 $\Delta f = 1/N\Delta t$ 一样，但 $\Delta f = 1/2N\Delta t$ 的频率则无法被分辨。

因为要求两个样本针对给定频率（"采样定理"）进行采样。可观测到的最高频率取决于采样间隔 Δt，最大的可分辨频率为：

$$f_N = 1/2\Delta t \tag{6.17}$$

这便是奈奎斯特频率。正如基本频率一样，对奈奎斯特频率中频谱振幅的估算不太理想，因为并未通过采样解出正弦曲线特征值。注意如果 f_N 是我们所能测得的最高频率且 f_0 是频率分辨率的极限，奈奎斯特频率同样也会给出傅里叶变换得到的频率数的最大值。

$$f_N/f_0 = (1/2\Delta t)/(1/N\Delta t) = N/2 \tag{6.18}$$

如果数据中存在频率高于奈奎斯特频率的能量时会产生频谱混淆。对于任何实际的时间序列，总是会有未进行采样的更高频率存在；但仅当它们有非常大的能量时，才会是一个问题。Emery 和 Thompson（2001 年）所给出频谱混淆如图 6.8b 所示。

如果上图中有效测量的潮位记录是在每天仅一次的条件下进行二次采样所得，频谱中将会出现更低且不正确的频率。当对原始记录和二次采样记录进行频谱计算时，正确频谱的峰值将会出现在常见的潮汐频率中，但二次采样记录则会产生一个不同的频谱，此频谱中不仅不存在这些峰值，而且能量还会折回到低频率下。这种不正确的现象会增加较低频率中的频谱振幅。

同时图 6.8b 也说明了采样定理：通过每天采样可以分析的最高频率为 $\frac{1}{2}$ cpd。因此实曲线将会停留在这个频率。

频率混淆同样会出现在卫星测量 SSH 时。卫星会以 10 天为周期对某一位置进行测量，然而，海洋中处处存在以半日或一日频率出现的潮汐运动。同时海洋中大气压力运动和正压运动也会产生波动，采样区域也存在欠采样且高频率的 SSH 变化。因此分析高程频谱时，必须对这些有效且有较高频率的信号进行管理。

使用置信区间可对频谱的显著性进行测定。频率的频谱密度类似能量，是一个振幅的平方。为了获得有用的频谱估计，必须要求出一些平均值。其既可由对同一过程的不同观测数据进行平均得到，也可对相邻频率的频谱估计平均计算。由于频谱估计值是平方的总和，因此符合卡方概率密度函数特性（根据每个频谱估计值中有效数量自由度，可以确定所挑选出的置信区间。这与式（6.10）非常相似，但用来进行评估的函数则是卡方分布）。

常见的做法是显示频谱估计中 95% 的置信区间。Rudnick（1997）给出的示例如图 6.7 所示。因为对频谱估计进行了平均，95% 的置信区间以及自由度会随着频率而变化。

在调和分析中，一般会假设已经进行采样的物理过程是静止（stationary）的。在一个静态过程中一个时间段内的观测结果与另一个时间段内观测结果会产生相同的频谱。然而，潜在的过程也会发生变化。海流会产生不稳定性，例如，季节性或气候变异。涡流会随着时间推移发生变化，所以涡流的频谱将会发生变化。此时复杂的小波分析方法（wavelet analyse），会考虑频谱随时间的变化而改变。而在大尺度海洋过程研究中正交经验也不要求静态而更实用。

6.5.4　过滤数据

在研究过程中，通常只将特定频率下的现象作为变化研究对象加以分离，所以需要对数据进行过滤。例如，进行潮汐研究会剔除数据中较高与较低频率的数值部分；若为年代记变化作为研究，内波与潮汐的数据会被剔除。本节 Matlab 信号处理工具箱包括许多不同的滤波器和设计滤波器的能力。

在时间域中，给定时间中滤波器的输出量是一系列时间中输入数据的加权和。例如在时间域中进行过滤：

$$y(t_j) = \sum_{i=1}^{N} w(t_i - t_j) x(t_i), j = 1, N \qquad (6.19a)$$

其中 x 是原始数据，y 是输出量，而 w 是权重，它们取决于数据点和输出量之间的时间差。滤波器权重可以通过傅里叶转换为频域，并标绘为频率的函数。这就是所谓的滤波器频率响应。

通过权重进行过滤的周期图，并使用傅里叶转换让结果回到时间域中。例如：

$$Y(f_i) = \sum_{i=1}^{N} W(f_i) X(f_i), i = 1, N \qquad (6.19b)$$

其中 f 是频率，X 是傅里叶转换后的数据，Y 是过滤后的频谱，并且 W 是频域中的权重。一种等效方法是在频域内设计一个滤波器形状，然后通过傅里叶转换将此滤波器转换到时间域内，产生的数据则会变成时间域权重为 W 的数据。

"低通"滤波器会过滤掉超过截止频率的高频率，只保留低频率。"高通"滤波器则相反，只保留高频率。"带通"滤波器根据其中心频率与频带宽度保留记录中的中等频率，会过滤掉低频率和高频率。低通滤波相当于将数据平滑化。"box car"平均法是一种简单的低通方法，该方法中对一段数据记录进行平均，且该段中每点的给定权重相等。统一权重类似于 box。"box car"与重叠数据可以在数据中移动即移动平均。式（6.19a）中"box car"的权重在区间内都相同（共计为 1，在整个选定时间范围内数据的平均值），并且所有其他时间均为 0。针对南半球环状模（第 13.8 节）气候指数，1 年和 5 年加权"box car"移动平均示例如图 6.9 所示（Roemmich 等，2007）。

"box car"平均非常重要。但因为吉伯斯现象，"box car"的频率响应不理想：权重突然下降到零意味着过滤数据中存在高频率震荡。低通滤波器权重可在结束过滤时逐渐降低到零，就像是频谱中的窗口一样。

低通滤波器也可以应用在频域中。首先可以对数据进行傅里叶转换，然后可以将所有干扰的高频率设置为零振幅（或逐渐降低为零振幅），最后使用反向的傅里叶转换，将过滤后的数据记录进行还原。

在频域中，高通滤波与带通滤波最简单的方法就是先将时间数据进行傅里叶转换，将所有干扰频率的振幅设置为零，然后采用反向的傅里叶转换对时间序列进行复原。然而，干扰频率的简单移除还会产生类似于吉伯斯现象的问题，需要将范围（窗口）逐渐缩小。

当高通滤波与带通滤波应用在时间域时，高通滤波中最简单的方法就是减去原始数据记录中的低通记录。剔除高频率波与低频滤波后即为带通滤波。然而，设计合理滤波器更贴合实际应用。时间域滤波器构建成为频域滤波器的傅里叶转换。对于带通滤波器来说，需要的频段越窄越需要更长数据。本节篇幅有限，滤波相关的许多微妙之处并未在此处进行描述。

6.6　多维采样

通常在时间和空间的至少三个维度上对海洋进行采样。为了提取分离研究对象的信号，需要应用整个海表的数据。例如，ENSO 就是一个随时间变动的气候过程，其准周期为 3～7 年（参见图 10.28b）。在过去的数年中，热带太平洋中海表的不同区域已经在不同时期的温度和高度这两方面出现了变化。观测者需要知道有多少变化可以追踪 ENSO。

协方差和相关系数是最基本的计算方法，其可用来分析不同位置或不同时期（第 6.1 节和 6.3 节）中数据的关联关系。此类计算方法说明了西太平洋中的温度如何随着东太平洋中温度的变化而变化。

通过从数据集提取波状信号，使用调和分析或分析数据集的空间分布，可用来分析大尺度变量的变化。后一种方法是使用经验正交函数，该函数可以分辨 ENSO、南半球环状模等的模式。对气候模式的时间序列与不同位置处观测到的时间序列作相关分析，这样便可以开始确定局部变异性的来源。

本节首先对调和分析和经验正交函数进行简要描述，然后将介绍分析具有空间分布特征的时均化数据可视化方法。

6.6.1　多维数据和经验正交函数

调和分析可以应用到时空数据采样中。波数－频率谱（双谱）可以表现数据的时空特征，其可以应用于描述波动中频率与波数的色散关系（第 8.2 节），波场通常至少为二维空间，图 6.10 为频率－波数频谱示例：（a）针对大尺度，频率较低的太平洋中的赤道波（Shinoda、Kiladis 和 Roundy，2009）；（b）极高频率的表面重力波（Herbers、Elgar、Sarap & Guza，2002）。两张图中理论色散关系会出现重叠。在图 6.10b 中，可以使用观测值来确定理论是否合乎现实。

调和分析的缺点是其假设过程是周期性的。尽管许多海洋过程如海表波、潮汐和大规模波，如开尔文波和罗斯贝波（图 6.10a）确实满足这个假设的要求，但许多大规模的海洋和气候过程并不满足此假设的要求，因为地形将会开始成为影响分布的主要原因。

经验正交函数（EOF）经常应用在海洋学、气象学和气候科学中，用来分析时空数据集。Lorenz（1956）的气象学研究中首次引入了 EOF 分析。这与其他学科中使用的主成分分析十分相似。与调和分析通过一系列正弦和余弦分析时空相关，EOF 程序对其自身的函数集进行了定义，可用来最有效地对过程进行描述。每个 EOF 都是"正交"于其他函数，这意味着每个 EOF 都表示了过程中的一些独特部分。

EOF 通过最小二乘法，将观测结果和 EOF 之间的差值降到最低。本节篇幅有限，并不详细介绍 EOF 的具体方法，高阶知识需要参考相关文献。

通常根据振幅（EOF 对观测结果的方差的解释）百分比对 EOF 进行排序。也就是说，第一个模式对信号的大多数方差进行了解释，第二个模式对尽可能多的剩余方差等进行了解释。通常，只有具有最大振幅的两个或三个 EOF 才有意义，而其他函数则可能低于观测结果的噪声级。

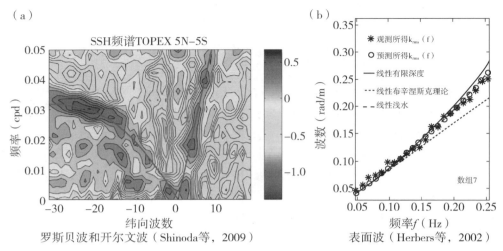

图 6.10　频率-波数谱示例

(a) SSH 异常赤道波（开尔文波和罗斯贝波）与理论色散关系（曲线）相比较。图 6.10a 也可在色彩插图中找到。来源：Shinoda 等（2009）。(b) 表面重力波：观测的各频率的波数平均的二维频谱（＊），并与理论色散关系进行比较。来源：Herbers 等（2002）。

　　作为 EOF 分析的典型海洋应用，其中包括选择 EOF 方法的理由和 EOF 方法的描述性附录，Davis（1976）对北太平洋中的历史（1947—1974）SST 和海平面气压（SLP）异常现象进行了分析。他使用经纬度网格坐标的数据，通过清除每个网格点长期月平均值的方式，构建了月异常值数据，并利用 EOF 对数据进行了分解（图 6.11 和 6.12）。图 6.11 与 6.12 是典型的 EOF 图，包括主要 EOF 的空间分布、各 EOF 对信号整体方差的排序，以及每种模式的空间变化。图 6.11 中的空间分布举例说明了非正弦 EOF，解释了每个连续模式的空间复杂性，以及每个连续模式与其他模式在视觉上的正交。

　　Davis（1976）指出，因为 SLP 分布更平滑，所以应用较少的 EOF 就能解释。另一个重要的结果是此类模式的空间分布。SLP 的第一个 EOF 看起来就像阿留申低压模式，SST 的第一个 EOF 是伴随阿留申低压强度的变化而改变的，气温变化第一个 EOF 本质上是 PDO 的北太平洋部分，称为北太平洋指数（参见含第 S15 章的在线资料）。第二个 EOF 与北太平洋环流振荡（NPGO）有关（DiLorenzo 等，2008）。

　　EOF 的报告通常还包括主要 EOF 模式振幅的时间序列。通过使用调和分析或一些其他的方法可以对这些数据进行与其他区域或模式的相关性分析，Davis（1976）对频谱而非时间序列进行了介绍。通常会用各种气象学指数来指代 EOF 的振幅。例如，图 6.9 中的南半球环状模指数。

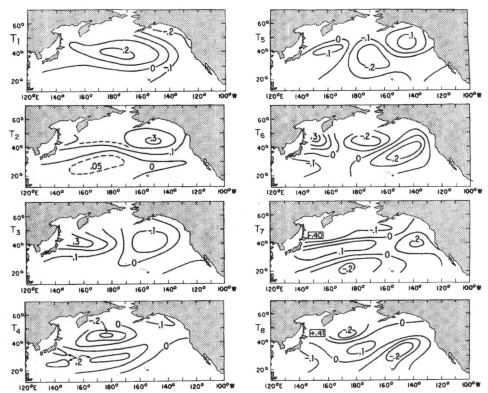

图 6.11　经验正交函数（EOF）的示例：描述海表温度异常现象的 8 个主要 EOF

ⓒ美国气象学会。再版须经许可。来源：Davis（1976）。

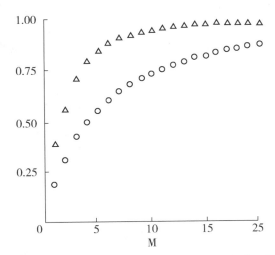

图 6.12　通过前 M 个经验正交函数可代表的海表温度（圆圈○）和海平面气压（三角形△）异常变化的累计分数

ⓒ美国气象学会。再版须经许可。来源：Davis（1976）。

6.6.2　气候态和地图册

通常可以将气候态理解为许多年内至少包括几十年的平均值。平均值可以通过对所有月份进行平均，也可以通过对个别月份或季节进行平均所得，在这种情况下可以将它们称为月度或季节性气候态。

气候态通常根据不定期采样时间的观测结果形成。因此，每个数据点的权重非常重要。例如，可以确保进行充分采样的夏季和不充分采样的冬季所得值不会偏向夏季的值。在构建月平均值到年平均值之前，最好对短时期的平均值（日平均值）进行构建。在求平均值之前，通常会通过一些插值方法或映射过程对数据空白进行填补。

通常在采样数据的空间分布也是不规则的。与处理时间离散问题相同，目标映射是产生空间网格化数据的一种常见方法。如果数据充足，也可以使用简单的地理划分方法。

气候态的建立几乎总是涉及一个数据质量检验步骤。因此，已经出版的气候学（气候态）刊物通常会附有认真进行了质量控制的数据集。

气候态对于数值同化和大规模数值模拟而言非常重要，因为从没有分层的静止状态中进行"起转"的效率极其低下，良好的平均场是这些模式中的一个重要启动条件。

常用的海洋气候态数据集包括 Levitus（1982）首先着手绘制的国家海洋学数据中心（NODC）的《世界海洋图集》（WOA05；NODC，2005a），该图集以高质量的原始《世界海洋数据》（最新版本 WOD05；NODC，2005b）为基础。图 6.13 展示 WOA05 中 500 m 处的盐度分布。另一种常用的水文气候态数据是由 Lozier、Owens 和 Curry（1995），Macdonald、Suga 和 Curry（2001）以及 Kobayashi 和 Suga（2006 年），分别针对大西洋、太平洋和印度洋引入的高质量数据集。该图集中气候态中的水文资料沿着等密度进行平均，在所有较大等密度线梯度（强大水流）区域内数据更加良好。

地图册比气候学（气候态）的定义更加模糊。传统的地图册都是以书籍形式出现，书由许多地图或者海洋特性垂直截面图组成，此类地图是主要平均场或季节性场的可视化地图。采用《国际地球物理年》（1957—1958）中所给出数据的地图册于 20 世纪 60 年代出版（Fuglister，1960；Worthington & Wright，1970）。随后还出版了具有由海洋断面地球化学研究探险队于 20 世纪 70 年代得出垂直剖面的地图册，并得到了广泛使用（Bainbridge 等，1981—1987）。目前，垂直剖面和各种地图的世界海洋环流实验地图册不仅存在印刷版，同时可在线获取（Orsi & Whitworth，2005；Talley，2007，2011；Koltermann、Jancke & Gouretski，2011）。本文的其他章节中对这些地图册中的许多图表进行了再现。

现代地图册的大多数包括基于平均数据（气候态）的图像都是数字图。Levitus（1982）可能出版了第一个基于所有可用 NODC 数据的印刷版地图册，该地图册专门

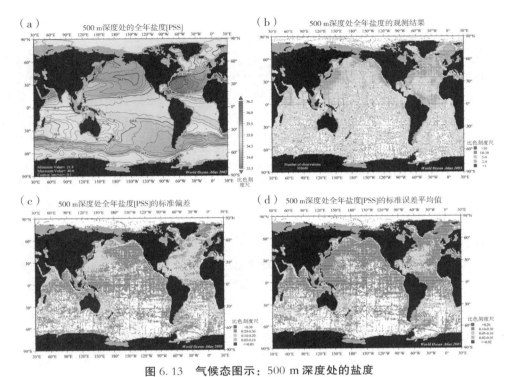

图 6.13 气候态图示：500 m 深度处的盐度

（a）气候年平均值，（b）数据分布，（c）标准偏差以及（d）标准误差。也可以通过在线形式（NODC，2005a）获得许多其他特性和深度的相关信息。来源：Antonov 等（2006）。

是为了向一般海洋环流模型提供气候数据。最新版本的 NODC 地图册是数字版《2005 年世界海洋图集》（WOA05），图 6.13 来自于 NODC 地图册。一些现代化的数字地图册还包括基于个人数据为用户生成自己独特图形数据的软件。20 世纪 90 年代 R. Schlitzer 发布的《海洋数据视图》（ODV，2009）是一种广泛使用的适应多参数分析的显示包和数据库。

6.7 水质（水团）分析

本书其他章节都与大型海洋环流和水团分布有关。描述大型海洋环流与数据集时间长达一个多世纪，除了通过其密度对不同水团进行追踪之外，还使用几种不同特征特性识别水团来源和影响。本节将讲解其中的一些传统技术随着数据集的发展扩大，这些方法也逐渐被更多的统计技术所取代。近年来广泛采用的一项技术就是最佳多参数分析（OMP）法。OMP 方法通过最小二乘法，对给定源水体（第 6.7.3 节）的比例进行估计。

6.7.1　采用两种特性的分析

海洋学特性（如位温、盐度、溶解氧等）之间可能存在重要的相关性。这些相关性可能呈现区域性特征，或者随着时间彼此相互变化。因为大多数海洋水团（第 4.1 节）从海表面获得了其局地性特征，所以源地相近的水团中各特征之间存在高相关性。水团性质由当地的气候决定，并且当水随着密度面进行下沉时，会保留这些特征。根据这些与周围存在明显差异的水体特性，可以定义不同的水团。可以通过水体特性分布以及变化，来识别不同水团。

为了展示这些组合，Helland-Hansen（1916）首先引入了海水性质的特征图，并对个别的海洋观测站数据绘制了温度-盐度（T-S）图。现在通常都是采用位温而不采用温度来消除温度的压力绝热效应，本文始终使用的都是位温-盐度图解，以此说明水团的分布情况。

θ-S 图表中的每个点都与特定的位密度相对应，所以位密度通常为以等值线的形式描绘（图 6.14）。可使用不同压力作为参考压力，如图 3.5 采用的中性密度。

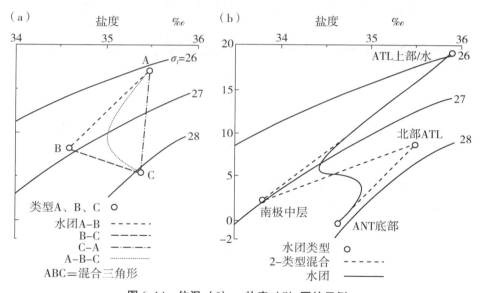

图 6.14　位温（θ）-盐度（S）图的示例

（a）示意图说明了三种水团和其混合产物。（b）标有北大西洋中部各水团的 θ-S 图，阐明混合是如何联系各极值。因为此图是从本文的较早版本中复制出来的图表，所以图中使用的是密度 σ_t，如第 3 章所示，还是建议使用位密度参数。

图 6.14 中的 θ-S 图表说明了水型、水团以及水团的混合（第 4.1.1 节）。水型是海水性质-海水性质空间中的点，其代表源水体。随着平流输送水团远离其来源以及与其他来源处的水团进行混合，此水团的水质特性将会处于一个范围之内。如果水型起源于垂向极值处包络线（如最小盐度值），随着该水团顺流而下进行混合，垂向极值可能依然存在，其标志着仍然受到原水型的影响。通过此类逐渐混合的特性的整

体可以对水团进行确定。然而，密度跃层之下的水源可以在空间中很好地进行分离，因此水型和水团相对容易进行定义。

长期以来的做法是在 $\theta - S$ 特性的基础上，计算给定水质点的端点（源水体）混合率。这很容易扩展到其他守恒及可能的非守恒示踪物中。保守示踪剂的理想假设是混合现象沿着直线发生，θ 和 S 的混合会沿着 $\theta - S$ 平面（第 3.5.5 节）中的直线而产生。因为非保守示踪剂（如氧气和营养盐）取决于在水质点存在的时间，因此它们会存在更多的问题。扩展方法如使用守恒参数（如 "PO"、"NO" 和 "N"），以利用线性混合假设（Broecker，1974；Gruber & Sarmiento，1997）。Redfield 比率（第 3.6 节）以消耗氧气（"O"）时磷酸盐（"P"）和硝酸盐（"N"）生产的固定比例为基础。一旦包含额外的特性，就需要对错误进行估计。此时，不需要对端点进行很好的定义，这种量化方法将会变得可行。因此，此端点混合计算的运用已经演变成了更具统计学意义的 OMP 分析法。

除了位温和盐度，源水体和示踪剂中混合相关的额外独立信息会很明显出现在多种示踪剂（图 6.15）的双参数图中。当得到超过两个参数时，其中一个可以根据多维空间进行考虑，参数之间的相互关系可以通过 OMP 快速成为更容易使用的参数。

最终，特性－特性关系图（如图 6.15）将会是检查数据质量的有用的可视化工具。由于特性－特性空间中剖面的局部轨道往往会相当 "紧密"，或有较小的差异，可以使用异常值对额外的质量检查进行标识和标记。例如，图 6.15 中，硝酸盐和硅酸盐对盐度的平面图表明了可以对获得这些数值的每一步进行检查，如果在数据收集或分析程序中存在任何问题或不确定性，通常可以返回到原有的日志表和实验室笔记本中进行查看。

6.7.2　海洋水体体积的 $\theta - S$ 特征

给定一种特性或一组特性的海水体积可以对海洋水团的相对数量或蓄水大小进行有效的判断。Montgomery（1958）开创了判断位温－盐度的技术方法，随后 Worthington（1981；参见本文中的图 4.17）又针对世界海洋进行了再次研究。原则上，可以产生并显示任意一组特性（不仅是位温－盐度）的体积分析。特性（如氯氟化碳和 CO_2）的详细目录已经成为理解全球碳体系中海洋所扮演角色的重要工具。

通过选择位温和盐度的 "网格" 尺寸（例如，0.1 ℃ 和 0.01 psu）可以产生图 4.17 中的体积 $\theta - S$ 图，并且通过观测数据可以计算出每个区间的体积。当在没有计算机插值的情况下进行计算时，这将会是一个非常乏味的过程。现今借助计算器计算软件可以相对很容易地完成。

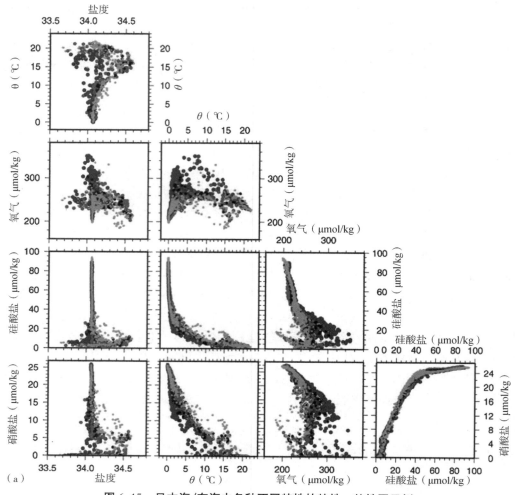

图 6.15　日本海/东海中各种不同特性的特性－特性图示例

来源：来自 Talley 等（2004）。

我们所展示的传统三维特征图的最后一种形式是温度－盐度－时间（$T-S-t$）图。这是一种显示海水性质和时间组合的紧凑方式。例如，图 6.16 说明了澳大利亚大堡礁潟湖（Pickard，1977）中三个区域的月均值。在南部地区中，年变化主要是温度的变化。在北部地区中，温度和盐度会出现较大的变化，而在中心区域中会出现一次极端的盐度变化。产生差异的原因是在南半球夏季（1 月至 4 月），北部和中部地区会出现大量的季风降雨天气，而南部地区并不会遭受此类天气。中心地区会出现非常低的盐度值，这是由于与北部地区中的河流相比，中部地区河流由更大面积的内陆区域供水。

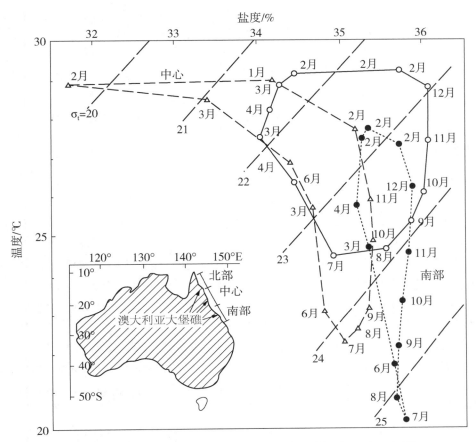

图 6.16 大堡礁内浅泻湖海域的温度-盐度-时间 ($T-S-t$) 图

来源：Pickard（1977）。

6.7.3 最佳多参数分析

海洋内部的所有水体都是海水表面特定区域的水体下沉而来的。根据起源位置的不同，不同水源具有不同的水质特性。所有测量的化学性质可以用于确定源水体和相对混合。海洋中的混合主要呈现线性形式，因此会成比例混合。对于一个给定水质点，可能会存在多种源水体。如果特性数量多于源水体的数量，正式测定每个水质点中源水体相对混合的问题就是"超定"，这意味着方程（每个对应一种性质）的数量多于未知量。

Tomczak（1981）介绍了测定源水体相对比例的规范方法，Mackas、Denman和 Bennett（1987）以及其他人（包括 Tomczak）运用最小二乘法发展起来。

编译的相应 MATLAB 程序促进了方法的发展与传播，Karstensen（2006）对此进行了更进一步的研究且供一般使用，该网站上还包含了有关 OMP 和参考文献的实用信息。给定水质点的 OMP 分析输出是每种假定源水体数值的一个分数，这些分数相加起来等于 1.0。因此，OMP 首先要求的是根据尽可能多的水质数据选择至少两种源水体。例如，假设存在的两种源水体都具有六个参数（温度、盐度、氧气、硝酸盐、硅酸盐以及位势涡度），然后每个水质点将会存在具有两个未知量的六个方程，因此这就是超定方程组。通过 OMP 可以发现最佳的最小二乘解，即每个观测到的水质点处源水体分数的最佳选择。

从数学方面讲，针对三个守恒参数和两种源水体的示例，表示给定水质点的每种源水体数的线性方程为：

$$x_1 \theta_1 + x_2 \theta_2 = \theta_{obs} + R_\theta$$
$$x_1 S_1 + x_2 S_2 = S_{obs} + R_S$$
$$x_1 PV_1 + x_2 PV_2 = PV_{obs} + R_{PV} \tag{6.20}$$
$$x_1 + x_2 = 1 + R_M$$

其中，在此选择的保守参数是位温（θ）、盐度（S）和位势涡度（PV）。第四个方程属于质量守恒。（没有必要包含 PV；如若包含，该系统则为超定。唯一要求的是该系统不能为欠定系统。）x 是所观测（"obs"）水质点中两种源水体的质量分数。右手边的 R' 是剩余量，该剩余量允许以最小二乘法方式得出四个方程和两个未知量的超定系统的解。将每个方程的残差平方 R（左侧的数值和观测值之间的差值）最小化之后，开始得出系统的解。本文篇幅有限，省略计算步骤。

OMP 分析通常包含一个约束条件，该约束条件为源水体分数应为非负数（Mackas 等，1987）。所测量的水质点可以在源水体特征的优先范围以外，并最终成为没有物理意义的负分数（这并不一定意味着需要对源水体进行重新定义，除非许多的观测结果产生了负分数，即源水体的选择不周）。例如，在黑潮－亲潮波及的地区中，明显的源水体是"纯"黑潮和"纯"亲潮水体。然而，此处所产生新的且近海岸的水质点可能在假定的范围之外。如果强制实施非负约束条件，将会把此水质点分配为亲潮水的分数值为 1.0，且黑潮水体数值为 0.0。因为有关是否可以通过选择源水体对水质进行解释的信息可能会丢失，有时不施加约束条件可能更好。

我们给出了西南部大西洋中 OMP 应用的示例，其中大量的水团都在巴西－马尔维纳斯群岛处进行了汇合（Maamaatuaiahutapu 等，1992）。他们在分析中使用了六种性质（温度、盐度、氧气、磷酸盐、硝酸盐和硅酸盐），再加上质量守恒和七种类型的源水体（点源）。这是一个完全正定的方程组而不是超定方程组。其中三种源水团所占分数如图 6.17 所示。源水体可以根据性质的不同进行妥善分离，并且在不同垂直层中也占据着主要地位。处理后的结果是关于该地区中每一位置处每种源水体的定量信息，而不是仅使用温度和盐度进行简单的主观标记，或进行更传统的尝试对水体分数进行计算。第 14 章（图 14.15）中所示的北大西洋深层水和南极底层水部分的全球地图是 OMP 分析的结果。

OMP 分析也可用于在等密度处。如果假设进行等密度混合，温度和盐度将不需要单独进行分析。因为位压此时由于增密不再保守，OMP 方法可以确定增密的程度。

测定海洋中不同源水体分布的方法在持续进行更新和改进。因此，本节只是对一

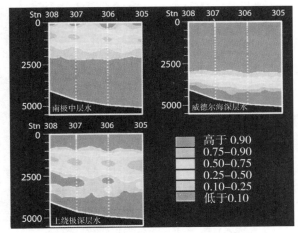

图 6.17　最佳多参数（OMP）水团分析的示例

约 36˚S 西南大西洋，三个不同源水团的分数。南极中层水，AAIW；上绕极深层水，UCDW；威德尔海深层水，WSDW。本图也可在彩色插图集中找到。来源：Maamaatuaiahutapu 等（1992）。

般主题进行了介绍，并强烈建议使用创新方法。

词汇

以下列表总结了本章中出现的许多基本术语。

精确度　估计值和"真实"值之间的差异。高精确度意味着估计值和"真实"值之间的差异较小。

走样现象　奈奎斯特频率之上谱能量的叠合可以进入到低于奈奎斯特频率的部分中，因此将在这些频率中产生实际上高于时间序列中的谱能量。

距平值　观测结果和平均值之间的差值，这与平均值的定义方法无关。

气候态　地理映射域的长时间平均值。

相关数　协方差的规范化表达。相关数等于协方差除以两个变量标准偏差乘积所得值。相关数的取值范围为 $-1 \sim +1$。

协方差　两个变量协变性的度量。通过求两个变量各自平均值变化的交叉乘积的平均总和进行计算。

测定或观测　变量的实际直接测量，例如，使用直尺对一块木头的长度进行测量。同义词包括观测、测量或采样。

经验正交函数（EOF）　可以完整对给定域进行描述（总计）的正交基函数集。通常使用 EOF 对时变场的空间结构进行描述，以代替空间域中的调和分析。

估计值　通过一种或多种测定所得（有利变量或其他相关变量）一个变量的值。例如，通过测定电导性和温度所得到对盐度的估计值。这同样也指使用重复"测定"，以便对统计参数（如平均值或标准偏差）进行定义。因此，我们可以说成"平均值的估计值"。

过滤器　输出一个数据集，将其作为原始数据的加权和。

高斯数量及分布　使用平均值和方差（或标准偏差）所定义，特征为对称钟形曲线的概率密度函数（pdf）。也将其称之为"正态"总体或正态分布。

逆解法　这是通常使用最小二乘法，在欠定方程组中求出未知量最佳估计数的一种方法。在大尺度物理海洋学中，通常使用该方法对地转参考速度进行估计。

最小二乘法　指通过使两个序列之间的平方差总和最小化，使一个函数或数据集与另一个函数和（或）数据集进行拟合的方法。

平均值　固定时间间隔（如一周、一个月、一年等）或特定空间间隔（平方公里、1 度方、5 度方等）中一系列测量结果的平均值。

奈奎斯特频率　一个时间序列中可检测的最高频率，该频率等于时间序列中采样频率的一半。

目标映射　统计学中映射不规则间隔观测结果的无偏方法。

精度　估计值与通过同样方法所得到平均值之间的差值，也就是说再现性（仅包括随机误差）。

概率密度函数（pdf）　采样总体，通过此采样总体进行数据采集。通过柱状图可以对此进行描述，因此能够说明各种数据值出现的频率。

随机误差　这是由于所采用方法的根本局限性而引起的误差，例如，限制某个人对温度计中所显示温度进行读数的能力。通过对足够数量的测量进行统计分析，可能会对这种类型误差的数值进行确定，因为该误差会影响到精度。真正的随机误差具有平均值为零的高斯分布。

标准偏差　方差的平方根。

天气学采样　对在广阔区域内的给定时间处（快照）所存在条件的一种采样方法。

系统误差或偏差　由于所采用方法中基本（未意识到的）故障引起的误差，这种方法会产生持续不同于真值的数值。通过对所得到的数值和影响精确度的数值进行系统分析，无法检测出系统误差。

方差　采样值和样本平均值之间的均方差。

第 7 章　海洋环流的动力过程

本章（第 S7 章）完整版请见教材网站 http://booksite. academicpress. com/DPO/。本书与网络版的章节结构方程相同，但说明性的文字和图像内容在书中大幅缩减。仅出现在网站中的图像、章节均在名称中标有"S"，如图 S7、第 S7 章等。本章提到的表格仅在网站中提供。

7.1　简介：机理

海洋中水体的运动最终由太阳、月球或构造过程推动。太阳能通过浮力通量（热通量和水汽通量）和风传递至海洋。潮汐产生内波，内波的破碎导致湍流和混合。地震和浊流产生不规则的波动，其中就包括海啸。地热过程逐渐加热海水，因此对环流略有影响。地球自转对本文所述一切现象都产生深远的影响。

地转效应并不直观。无地转效应时流体两点的压差驱动流体流向低压处。考虑地转效应后流动可能与压强梯度力垂直，围绕高压或低压中心旋转。

海洋环流通常根据概念分为风生环流和热盐环流（亦称温盐环流或浮力驱动环流）。风力产生波浪、惯性流和朗缪尔环流。在更长时间尺度则同时与科里奥利效应有关，由风驱动海表摩擦层产生的大规模环流与海流，将其称为风生环流。热盐环流与热力学过程（加热和冷却）、蒸发、降水、径流以及海冰的形成相关，与风生环流相比，热盐环流较弱并且流速较慢。讨论热盐效应时，通常与翻转环流相联系。热盐环流的能量来源主要包括风能和潮汐能。风和潮汐产生的湍流会导致穿过等密度面的对流。风生环流和热盐环流都受地转平衡影响。

7.2　动量平衡

三维度流体流由表示速度（或动量）如何变化的三个方程决定，每个方程决定三个物理维度中的一个。三个动量方程中，每个方程都包括加速度项、平流项（见第5.1.3 节）和强迫项：

$$密度 \times (加速度 + 平流项) = 单位体积的受力 \qquad (7.1)$$

$$单位体积受力 = 压强梯度力 + 重力 + 摩擦力 \qquad (7.2)$$

式（7.1）和式（7.2）各包含三个方程，分别表示三种方向中的一种（例如，向东、向北和向上）。方程（7.1）和（7.2）中的各项请见图 7.1。

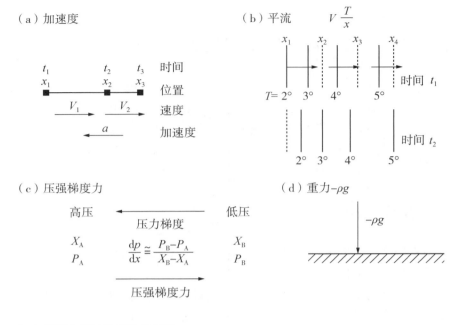

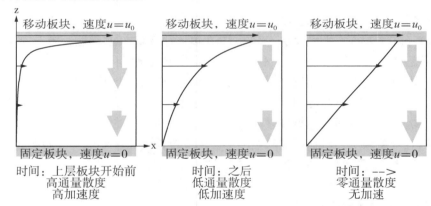

图 7.1 流体力和加速度：(a) 加速度、(b) 平流、(c) 压强梯度力、(d) 重力和 (e) 速度 u 相关加速度。

　　包含平流项的表达式（7.1）是欧拉观点中动量变化的方程，即观察者位于相对于地球的固定位置。方程（7.1）也可不包含平流项，拉格朗日认为，观察者随流体流漂移（参见在线补充资料的第 S16.5 节）。

　　对于旋转的地球物理流，我们作为观察者，将位于与自转中地球相连的旋转"参照系"中。在此参照系中，对方程（7.1）左边的加速度项进行改写，以分隔实际局部力造成的局部加速度和自转作用。分隔后的作用为离心加速度和科里奥利加速度（第 7.2.3 节）。

　　方程中由黏度导致的摩擦力项（式 7.1）引起能量的耗散。

7.2.1 加速度和平流

加速度是速度对时间的导数。如果使用笛卡尔坐标将向量速度表示为 u = （u，v，w），其中，粗体 u 表示矢量，u、v 和 w 分别是向东、向北和向上的速度，那么

$$x \text{ 方向加速度} = \partial u / \partial t \qquad (7.3a)$$

y 和 z 方向的方程式与之类似。

平流定义见第 5.1.3 节。流体通过平流改变性质（包括温度或盐度等标量速度等矢量）。流体流动使流体性质分布存在梯度，则特性通过平流的形式改变。x 动量方程中：

$$x \text{ 方向平流} = u \, \partial u / \partial x + v \, \partial u / \partial y + w \, \partial u / \partial z \qquad (7.3b)$$

随体导数是加速度和平流项的总和：

$$Du / Dt = \partial u / \partial t + u \, \partial u / \partial x + v \, \partial u / \partial y + w \, \partial u / \partial z \qquad (7.4)$$

7.2.2 压强梯度力和重力

压力定义见第 3.2 节。本节将描述流体如何因为压力的变化产生流动。压强梯度力形如：

$$x \text{ 方向的压强梯度} = - \partial p / \partial x \qquad (7.5)$$

重力是物体或流体受地球吸引时收到的力。重力为物体质量×重力加速度 g，g 等于 9.780318 m^2/s（赤道处）。

$$z \text{ 方向的单位体积重力} = - pg \qquad (7.6)$$

7.2.3 离心力和科里奥利力

离心力是一种虚拟力，是一种惯性力，使旋转的物体远离它的旋转中心。由于地球绕固定轴心旋转，离心力方向总是朝向轴心外侧，与赤道处重力方向相反，地球极点处离心力为 0。需要注意的是离心力与向心力之间的差异：向心力是阻止物质直线运动，改变运动方向的力，是真实存在的；离心力与向心力大小相同，方向相反，但这种力是虚拟力。离心加速度的数学表达式为：

$$\text{离心加速度} = \Omega^2 r \qquad (7.7)$$

式中，Ω 是地球的旋转速率，等于 $2\pi / T$，其中 T 是日长，r 是地球的半径。因为离心加速度大小几乎为恒定，并且向外远离地球自转轴线，所以我们通常将其与指向地球中心的重力结合。我们再使用有效重力 g 替代式（7.6）中的 g，有效重力对于纬度的依赖性较弱。此后，不再需要单独表示离心力。将垂直于这一合力的表面称为大地水准面。如果海洋并不相对于地球运动，海表面将与大地水准面对齐。

动量方程（7.1）包括的旋转参照系中第二项是科里奥利力。科里奥利力（Coriolis force）简称为科氏力，是对旋转体系中进行直线运动的质点由于惯性，相对于旋转体系所产生直线运动发生偏移的一种描述。科里奥利力来自于物体运动所具有的惯性。在北半球，科里奥利力导致移动的物体向其运动方向右侧偏移（图 S7.2b）。

在南半球则向左偏移。科里奥利力仅在物体运动时不为零，随速度的增加而增加。科里奥利力的数学形式如下所示。

$$x \text{ 方向方程：} -2\Omega\sin\varphi v \equiv -fv \tag{7.8a}$$

$$y \text{ 方向方程：} 2\Omega\sin\varphi u \equiv fu \tag{7.8b}$$

$$\text{科里奥利参数：} f \equiv 2\Omega\sin\varphi \tag{7.8c}$$

式中，Ω 是旋转速率，φ 是纬度，u 是 x 方向的速度，v 是 y 方向的速度，符号适用于将这些项包含在方程 7.1 左侧。科里奥利参数——f，是纬度的函数，并在赤道处改变符号，单位为 $\sec^{-1}$。

7.2.4 粘性力与耗散

流体的粘度分子过程使速度平稳变化，并降低整体流速。这些分子过程十分微弱，所以流体通常在理论上是"非粘性"，而不是粘性。然而，观测发现，海洋和大气湍流实际运动时，似乎有效粘性远大于分子粘性。为了讲解混合过程，本节将同时介绍涡粘系数（eddy ciscosity）。

7.2.4.1 **分子粘性**

本节通过流体流场以及流体内热运动两者的关系介绍分子粘性。随机分子热运动将以较大的速度从一处位置传递至另一处位置，然后通过与其他分子碰撞，转移分子的动量从而使大规模的速度结构更为平滑。

牛顿流体中的粘性应力与速度成比例。比例常数是动力粘性，米－千克－秒（mks）单位为 kg/m·sec。动力粘性是流体密度乘以运动粘性值所得乘积，单位为 $m^2/\sec$。对于水而言，运动粘性在 0 ℃时是 1.8×10^{-6} $m^2/\sec$，在 20 ℃时是 1.0×10^{-6} $m^2/\sec$。如果一处位置到另一处位置的粘性应力发生变化，流速可能增加或减小（图 7.1e）。

牛顿流体 x 方向粘性应力形如式（7.9）：

$$x \text{ 方向粘性应力} = v(\partial^2 u/\partial x^2 + \partial^2 u/\partial^2 y + \partial^2 u/\partial z^2) \tag{7.9}$$

式中，v 为分子或运动粘性系数（动力粘度为 ρv）。分子粘度将缓慢改变流速。其有效性可通过无量纲参数——雷诺数测量，雷诺数是耗散时间尺度与平流时间尺度的比率：$Re = UL/v$。当雷诺数较大时，流动几乎无粘度，可视为湍流。当地球自转且科里奥利项十分重要时，最适合用于判断耗散效果的无量纲参数是埃克曼数：$E = v/fH^2$。对于几乎无粘度的旋转流而言，埃克曼数很小。从相应的观测和理论，我们可知洋流的能量耗散比我们使用分子粘度预测的结果快很多。

7.2.4.1 **涡粘性**

在比易受分子粘度影响的空间尺度更大的空间中，混合通常是流体中湍流的产物。湍流运动刺激流体，使其变形，并将其拉成更长更窄的细丝。搅动中的流体混合要比静态时快很多，并仅受分子运动控制。我们将这种液体的湍流搅动/混合作用称为涡粘性。对于大型海洋环流而言，"湍流"运动是中尺度涡旋，具有垂直精细结构等，与分子粘性相似，涡粘性应与湍流速度和行程长度的乘积成比例。因此，水平涡粘性一般大于垂直涡粘性（表 S7.1）。

在数学上包含涡粘度时，将方程 7.1 和 7.9 中的粘度项替换为涡粘度项：

$$x \text{ 动量耗散} = A_H(\partial^2 u/\partial x^2 + \partial^2 u/\partial y^2) + A_V(\partial^2 u/\partial z^2) \quad (7.10)$$

式中 A_H 是水平涡粘度，A_V 是垂直涡粘度。A_H 和 A_V 的单位与运动粘度相同，m^2/sec 为 mks 单位〔虽然我们经常使用这些笛卡尔坐标，但是最相关的搅动/混合方向沿着等密度线（等熵面）和跨等密度线（跨密度面混合），所以如果对方程（7.10）中使用的坐标系更好地进行建模，需要将其旋转以得到垂直于等密度面的"垂直"方向，并将 A_H 和 A_V 替换为沿着这些表面并与其垂直的涡粘度〕。

虽然涡粘性远大于分子粘性，但是即使在使用涡粘性的情况下，由于雷诺数很大，埃克曼数很小，所以海洋几乎无粘性。

7.2.5　动量平衡的数学表达

包含粘性项的动量方程为：

$$\begin{aligned}
Du/Dt - fv &= \partial u/\partial t + u\,\partial u/\partial x \\
&\quad + v\,\partial u/\partial y + w\,\partial u/\partial z - fv \\
&= -(1/\rho)\,\partial p/\partial x + \partial/\partial x(A_H\,\partial u/\partial x) \\
&\quad + \partial/\partial y(A_H\,\partial u/\partial y) + \partial/\partial z(A_V\,\partial u/\partial z)
\end{aligned} \quad (7.11a)$$

$$\begin{aligned}
Dv/Dt + fu &= \partial v/\partial t + u\,\partial v/\partial x + v\,\partial v/\partial y \\
&\quad + w\,\partial v/\partial z + fu = -(1/\rho)\,\partial p/\partial y \\
&\quad + \partial/\partial x(A_H\,\partial v/\partial x) + \partial/\partial y(A_H\,\partial v/\partial y) + \partial/\partial z(A_V\,\partial v/\partial z)
\end{aligned} \quad (7.11b)$$

$$\begin{aligned}
Dw/Dt &= \partial w/\partial t + u\,\partial w/\partial x + v\,\partial w/\partial y \\
&\quad + w\,\partial w/\partial z = -(1/\rho)\,\partial p/\partial z - g \\
&\quad + \partial/\partial x(A_H\,\partial w/\partial x) + \partial/\partial y(A_H\,\partial w/\partial y) + \partial/\partial z(A_V\,\partial w/\partial z)
\end{aligned} \quad (7.11c)$$

此处标准符号 "D/Dt" 是方程 7.4 中定义的随体导数。描述海洋物理状态的全部方程也必须包括连续性或质量守恒方程（第 5.1 节）：

$$D\rho/Dt + \rho(\partial u/\partial x + \partial v/\partial y + \partial w/\partial z) = 0 \quad (7.11d)$$

如果不可压缩，方程 7.11d 近似为：

$$\partial u/\partial x + \partial v/\partial y + \partial w/\partial z = 0 \quad (7.11e)$$

一般将其称为连续性方程。

方程组由控制温度、盐度和密度变化的方程组成，如下节所示。

7.3 温度、盐度和密度变化

温度和盐度方程是将密度与盐度、温度和压力的状态方程，方程结合式 7.11a～d 构成描述海洋流体运动的完整方程。

7.3.1 温度、盐度和密度方程

温度因加热、冷却和扩散而变化。盐度因淡水的加入或减少而改变。密度根据海水状态方程通过温度和盐度得出。描述温度、盐度和密度作用的"文字"方程包括：

$$温度变化 + 温度平流 / 对流 = 加热 / 冷却项 + 扩散 \tag{7.12a}$$

$$盐度变化 + 盐度平流 / 对流 = 蒸发 / 沉淀 / 径流 / 盐析作用 + 扩散 \tag{7.12b}$$

$$状态方程（密度对盐度、温度和压力的依赖性） \tag{7.12c}$$

$$密度变化 + 密度平流 / 对流 = 密度源 + 扩散 \tag{7.12d}$$

其数学形式为

$$
\begin{aligned}
DT/Dt &= \partial T/\partial t + u\,\partial T/\partial x + v\,\partial T/\partial y \\
&+ w\,\partial T/\partial z = Q_H/\rho c_p + \partial/\partial x(k_H\,\partial T/\partial x) \\
&+ \partial/\partial y(k_H\,\partial T/\partial y) + \partial/\partial z(k_V\,\partial T/\partial z)
\end{aligned}
\tag{7.13a}
$$

$$
\begin{aligned}
DS/Dt &= \partial S/\partial t + u\,\partial S/\partial x + v\,\partial S/\partial y + w\,\partial S/\partial z \\
&+ Q_s + \partial/\partial x(k_H\,\partial S/\partial x) \\
&+ \partial/\partial y(k_H\,\partial S/\partial y) + \partial/\partial z(k_V\,\partial S/\partial z)
\end{aligned}
\tag{7.13b}
$$

$$\rho = \rho(S, T, p) \tag{7.13c}$$

$$
\begin{aligned}
D\rho/Dt &= \partial\rho/\partial t + u\,\partial\rho/\partial x + v\,\partial\rho/\partial y \\
&+ w\,\partial\rho/\partial z = (\partial\rho/\partial S)DS/Dt \\
&+ (\partial\rho/\partial T)DT/Dt + (\partial\rho/\partial p)Dp/Dt
\end{aligned}
\tag{7.13d}
$$

式中，Q_H 是热源（加热时为正值，冷却时为负值，主要适用于海面附近），c_p 是海水的比热，Q_s 是盐度"来源"（蒸发和盐析作用为正，沉淀和径流为负，适用于海面或海面附近），K_H 和 K_V 是水平和垂直涡动扩散系数，类似于动量方程（7.11a～d）中的水平和垂直涡粘性。可以使用方程（7.13c）中出现的完整状态方程，通过温度和盐度计算密度（方程 7.13d）。方程（7.13d）中三项的系数分别为盐度收缩系数、热膨胀系数和绝热压缩系数。

7.3.2　分子和涡动扩散系数

分子扩散系数 K 取决于物质和流体本身特性。海水中盐分的分子扩散系数远小于比热的分子扩散系数。这种差异形成了一种称为"双重扩散"的过程（第 7.4.3 节）。对于热量和盐度等性质而言，涡动扩散系数与涡粘性相同。根据观测获得的平均垂直密度结构，全球平均垂直涡动扩散系数 $K_V = 1 \times 10^{-4}$ m²/sec（第 7.10.2 节，Munk，1966）。然而，在大部分海洋中，直接观测到的垂直（或跨密度面）涡动扩散系数为其十分之一或更低：$K_V \approx 1 \times 10^{-5}$ m²/sec。测量结果显示，扩散率较高地区出现在海底边界区域，特别是地形崎岖地区，以及潮汐能充沛的大陆架上。跨密度面涡流扩散系数存在明显增强，以及潮汐能充沛的大陆架上表层中，涡动扩散系数和涡粘性同样远大于 Munk 观测值（而水平涡流扩散系数 K_H 远大于 K_V。据估计，水平涡流扩散系数 K_H 为 $10^3 \sim 10^4$ m²/sec，并且空间差异性较大）。

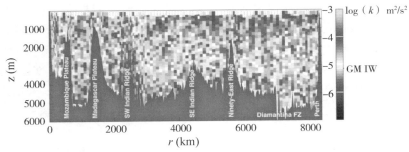

图 7.2　印度洋 32°S 沿线，穿过跨密度面的扩散系数（m²/s²）观测结果

这些结果是其他海洋扩散系数横断面的代表。©美国气象学会。再版须经许可。来源：Kunze 等（2006）。

7.4　混合层

混合出现在海洋各个区域。尽管这种现象较弱，但混合与海水的层化结构密不可分，同时也会影响部分环流强度。

7.4.1　海表混合层

通过表面风应力和浮力（热量和淡水）交换，海水表层直接受到大气的影响（第 4.2.2 节）。对于出现初始稳定层化现象的表层（图 7.3a），足够大的风应力将产生湍流，湍流将海水混合后产生密度均匀的混合层（图 7.3b）。混合层与下层海水的特性会存在差异。

上层也可以通过海面的浮力损失进行混合，顶层密度增加时会对流进水深区（图 7.3c～e 和 f～h）。此时若加入热量或淡水增量，降低了表层顶部密度，会形成了更稳定的层化截面。通过风将其混合，最终混合层深度将小于初始混合层（图 7.3c～e 和 f～h）。

经过数月的累积降温，并增加其密度，将使得混合层更深，冬末混合层达到最大厚度（图 4.5）。在大型海洋研究中，这些冬末混合层将用于确定深入海洋内部的性质（第 7.8.5 节）。

7.4.2　海底混合层

当海流与海底接触时会导致湍流的生成，从而发生混合。在浅层（例如沿海）水域，如果深度足够浅，潮汐足够快，将会出现水体的完全混合。在大陆架上如果长期存在混合现象，可能形成海底埃克曼层，其中摩擦力和科里奥利力平衡（埃克曼，1905 年，以及第 7.5.3 节）。

底边界混合层的湍流会使水流穿过崎岖地形，从而破坏由地形反射出的内波，导致海底涡流扩散系数升高（图 7.2）。这可能在距离混合地点不远处，形成"梯级的"垂向剖面（请见教材网站上的图 S7.6a）。

密度差异形成的底流同样也可导致混合。比如沿海底海坡向下的浊流（第 2.6 节）。再比如直布罗陀海峡越过海底山脊的高密度水流（第 9 章）。高密度水流作为羽流沿大陆坡流下，与周围低密度海水激烈混合（图 S7.6b）。这种湍流过程称为夹卷。同时由于低密度水流注入海洋产生密度差，同样导致混合和夹卷。比如在大洋中脊和热点处注入的热液水，夹带周围水体形成羽流上升。

7.4.3　内部混合层

获得的海洋内部连续结果显示，水体性质（温度和盐度，及密度）的垂直剖面通常并不平滑（图 7.3i），而是呈"梯级"（图 7.3j）。海水内部的湍流与双重扩散是造成内部阶梯分布的原因。

内波破碎（第 8 章）可以造成内部混合（第 8.4 节，Rudnick 等，2003）。其他来源的垂向切力也可能导致湍流。另外，垂直成层结构使混合稳定。表达这种交换的一种方法是通过称为理查森数（R_i）的无量纲参数：

$$R_i = N^2/(\partial u/\partial z)^2 \tag{7.14}$$

$$N^2 = -g(\partial\rho/\partial z)/\rho_0 \tag{7.15}$$

式中，N 是 Brunt-Väisälä 频率（Brunt-Väisälä）（第 3.5.6 节），水平速度的垂向切应力是（$\partial u/\partial z$）。如果理查森数小，层化薄弱，切力较大，则混合较为强烈。

在温度和盐度对比鲜明的两个水层之间发生扰动时，将导致产生交错或精细结构，交错结构与精细结构的尺度很小，通常为厘米级，与交错层接触面的混合有关。

热量散发的速度比盐分快 100 倍。双重扩散因这些不同的分子扩散系数产生，产生深度几厘米乃至几米的混合层。当温暖的咸水位于寒冷的淡水之上，咸水密度会增加，并将沉入下层，淡水则因密度减小上升，形成盐指结构。横向扩散发生在"盐指"之间，将盐指之间的水混合，在海洋中形成厚度数米至数十米的混合层。当寒冷的淡水位于温暖的咸水之上，盐分更少的上层水逐渐升温，并在上层水中上升，这种

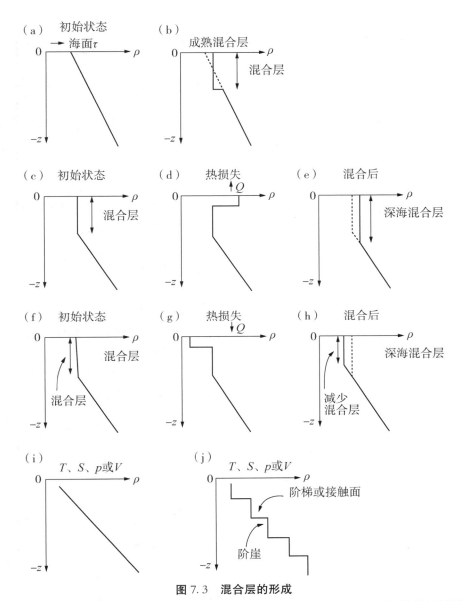

图 7.3 混合层的形成

(a、b) 由风应力产生湍流混合的初始层化；(c、d、e) 受表面热损失控制的初始混合层，热损失使混合层更深；(f、g、h) 初始混合层受到热增量的影响，然后由风引起湍流混合，形成较薄的混合层；(i、j) 经过内部混合的初始层化剖面，形成阶梯剖面。注：τ 为风应力，Q 为热量 (浮力)。

情况称为双重扩散的扩散形式。在盐度对比强烈的海洋中，将观察到盐指效应，例如高盐度地中海水进入大西洋。而在存在冷中间水层的高纬度地区可观测到扩散界面（第 4.2 节和第 4.3.2 节）。

7.5 风力响应

风吹过海面施加压力，导致水在海面下 50 m 内移动。最初，风激发沿风向传播的表面张力波。持续的风动动量交换激发了一系列表面波（第 8 章），这种大气动量输入的净效应是对海洋的压力（风应力）。对于大约一天或更长的时间尺度，地球自转变得重要，科里奥利效应也随之出现。

7.5.1 惯性流

海洋通过惯性流响应风应力冲击。它们是科里奥利力与风应力引起的水平加速度平衡。在北半球，惯性流的方向是顺时针。在南半球惯性流为逆时针。

假设忽略平流项、压强梯度力项与耗散项，惯性流的方程如下：

$$\partial u / \partial t = f v \tag{7.16a}$$

$$\partial v / \partial t = - f u \tag{7.16b}$$

伴随暴风雨时，通过海面漂流物运动轨迹可以观测到惯性流。惯性周期通常非常接近潮汐周期，因此有时很难区分时间序列中的潮汐和惯性成分。

风速增加后，水流将首先在周围振荡，几天后，在摩擦力的作用下，会形成速度方向与风向存在特定角度的平稳流动，即为海表面埃克曼速度。

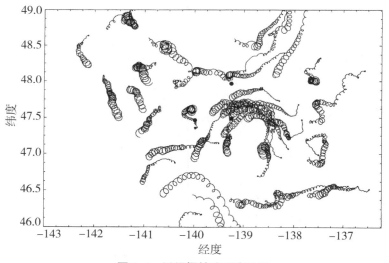

图 7.4 近似惯性流观察结果

暴风雨后海面漂流物轨迹。©美国气象学会。再版须经许可。来源：d'Asaro 等（1995）。

7.5.2 朗缪尔环流

"朗缪尔环流"（LC）是另一种海洋对风应力的响应模式。朗缪尔环流很易于辨识，因为它有着很多较长的平行线或条纹状的漂浮物（"长堆"），它们大多与风向一致。条痕由螺旋涡流产生的辐聚作用形成，典型的深度和水平间距为 4 至 6 m 和 10 至 50 m，但是水平间距可以达到数百米，深度会达到混合层深度的 2 至 3 倍。交替单元在相反的方向上旋转，导致交替的单元对之间存在辐聚和辐散现象。这些单元可能长达数公里。朗缪尔环流通常仅在风速大于 3 m/s 的情况下出现，并且出现在起风后几十分钟内。

7.5.3　埃克曼层

风应力可以通过数十米的水深传至海底内部。运动过程的持续时间超过一天时，反应受到科里奥利加速度的影响。这种风动摩擦层称为埃克曼层。埃克曼层的物理过程只包括摩擦力（涡粘性）和科里奥利加速度。埃克曼层的速度在海面处最强，以指数方式向下衰减，在约 50 m 的深度消失。

埃克曼层与不发生旋转的摩擦流相比，主要的两个特征是：（1）水平速度矢量随着深度增加产生旋转（图 7.5）；（2）埃克曼层的净水量输送在北半球正好位于风的右侧，南半球为左侧。

由于存在科里奥利加速度，埃克曼层海表流向与风向之间形成一定角度。如果涡粘性与深度无关，则北半球为风向偏右 45 度；否则将不会为 45 度。通过摩擦应力，各层水的下表面将下一层加速至右侧（北半球），并且速度比其上层更慢。完整的结构是衰减螺旋。如果速度箭头投影到水平面上，则其尖端将形成埃克曼螺旋（图 7.5）。

埃克曼层深度是衰减速度的 e 折深度。

$$D_E = (2A_V/f)^{1/2} \tag{7.17}$$

假设涡粘度恒定为 0.05 m^2/s，则纬度 10°、45° 和 80° 的埃克曼层深度分别为 63 m、31 m 和 26 m。埃克曼层中速度随深度的积分称为埃克曼输送：

$$U_E = \int u_E(z)dz \tag{7.18a}$$

$$V_E = \int v_E(z)dz \tag{7.18b}$$

式中，u_E 和 v_E 分别为埃克曼层中向东和向北的速度，埃克曼 "输送" 单位为 m^2/sec，关于风应力的埃克曼输送由方程 7.11 得出：

$$U_E = \tau^{(y)}/(\rho f) \tag{7.19a}$$

$$V_E = -\tau^{(x)}/(\rho f) \tag{7.19b}$$

假设没有时间加速度、平流或压强梯度力，并且海表面涡流摩擦应力与风应力相同。以东向与北向分别设为 x，y 方向的风应力正值。埃克曼输送现象正好位于北（南）半球风向右侧（左侧），并与之垂直（图 7.5 中大箭头）。然而当埃克曼层用于一般环流时（第 7.8 节和 7.9 节），仅埃克曼输送需要加以考虑，实际研究中涡粘度

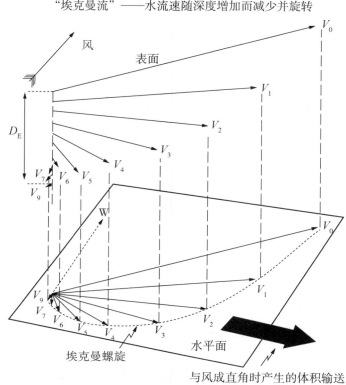

图 7.5　埃克曼层速度（北半球）

水流速度是深度（上部投影）和埃克曼螺旋（下部投影）的函数。大张开箭头指示总埃克曼输送方向，与风向垂直。

与埃克曼层厚度并不重要。

　　如果沿海底存在水流流动，海底可出现 50 至 100 m 厚的埃克曼层。在浅水中，顶部和海底的埃克曼层可能重叠，因此顶层的右转趋势（北半球）将覆盖底层的左转趋势。若顶层的风应力可以在深水中产生深度为 D_E 的埃克曼层，则在深度为 h 的水中，风和海面水流间的近似角度可以通过查表的方式找到。水深越低，静输运就越偏向风向。

7.5.4　埃克曼输送辐聚和风应力旋度

　　当风应力随位置变化时，埃克曼输送随着位置的变化而变化，埃克曼层内水体可能发生辐聚或辐散。辐聚导致水从埃克曼层形成沉降流，辐散导致水向上流入埃克曼层。

　　通过连续性方程（7.11e），结合埃克曼输送的辐散可获得埃克曼层底部的垂直速度 W_E。

$$(\partial U_E / \partial x + \partial V_E / \partial y) = \nabla \cdot U_E$$
$$= -(W_{海面} - W_E) = W_E \tag{7.20}$$

式中，U_E 是水平矢量埃克曼输送（方程 7.18a），并且假设海面垂直速度 $W_{海面}$ 为 0。当方程（7.20）为负时，为辐聚输送，并且一定存在下降流（W_E 在埃克曼层底部为负值）。埃克曼输送辐散与方程（7.19a，b）中风应力的关系为：

$$\nabla \cdot U_E = \partial / \partial x [\tau^{(y)} / (\rho f)] - \partial / \partial y [\tau^{(x)} / (\rho f)]$$
$$= k \cdot \nabla \times (\tau / \rho f) \tag{7.21}$$

式中，τ 是风应力矢量，K 为垂直方向的单位矢量。因此，在北半球，正风应力旋度导致埃克曼层产生上升流，称为埃克曼吸入；负风应力旋度使埃克曼层产生下降流，将这种现象称为埃克曼抽吸。

全球范围内的风应力旋度在图 5.16d 中表明，由于其对埃克曼抽吸/吸入的重要性，因此将经常在后续章节中引用。

因为埃克曼输送由造成的赤道上升流信风的风应力引起，这将导致赤道以北埃克曼输送向北，赤道以南埃克曼输送向南，使赤道区域产生上升流。

埃克曼层水的辐聚/辐散也可能出现在海岸带，但不适用于方程（7.21），因为这种辐聚/辐散是由于海岸的边界条件，而非风应力旋度。当风沿着海岸吹时，埃克曼输送与海岸垂直，所以海岸处必须存在下降流或上升流，以补充埃克曼层（图 7.6）。这种机制产生了沿岸上升流和亚热带东边界流（第 7.9 节）。

7.5.5　埃克曼响应和风力观测

埃克曼理论对风成海洋环流有重大影响。因此有必要通过海洋观察证明并完善埃克曼理论。由于风的时间依赖性，埃克曼响应不易观察。因为所在地区风向较为稳定，加利亚福尼亚海流是易于观察埃克曼响应的地区（图 7.7 和 Chereskin，1995）。

根据海面漂流物采集的数据，太平洋大部分区域内离表面 15 m 内的水深内，对于风的埃克曼响应十分明显（图 7.8）。北半球速度位于风应力右侧，南半球速度位于风应力左侧。

7.6　地转平衡

7.6.1　压强梯度力和科里奥利力平衡

在大多数海洋中，数天时间以及几公里长的海流，其水平受力会在水平压强梯度力梯度力与科氏力之间平衡。称之为"地转平衡"或地转状态。

在"文字"方程中，地转平衡是：

$$水平科里奥利加速度 = 水平压强梯度力 \tag{7.22}$$

如图 7.9 所示，压强梯度力矢量从高压指向低压。无科氏力情况下，水将从高压流向低压。然而，地转流中科里奥利力正好与压强梯度力相对，所以净力为零。因此，海水水体会定常流动。海水水体移动方向与压强梯度力和科里奥利力完全垂直。

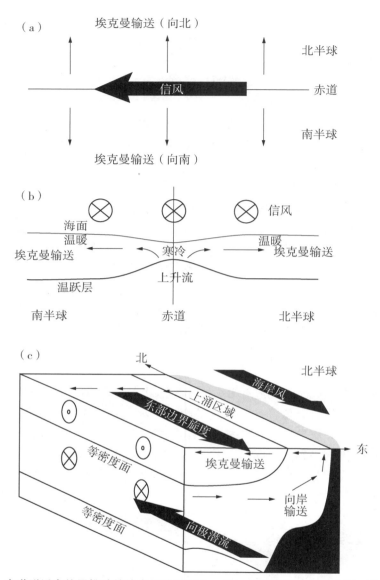

图 7.6 （a）赤道附近东信风推动的埃克曼输送辐散；（b）赤道埃克曼输送辐散对海面高度、温跃层和表面温度的影响；（c）海岸风和离岸埃克曼输送造成的沿岸上升流系统（北半球）

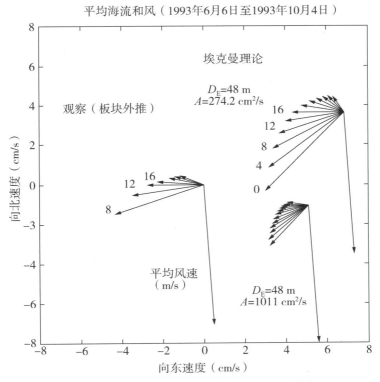

图 7.7　加利福尼亚海流区域埃克曼响应观测

通过不同涡流扩散系数观测平均速度（左）和两条理论的埃克曼螺旋（右）（274 cm²/s 和 1011 cm²/s）。箭头上的数字为深度。大箭头为平均风速。来源：Chereskin（1995）。

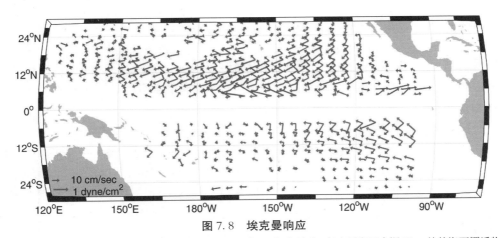

图 7.8　埃克曼响应

平均风矢量（蓝色）和 15 m 深度处平均非地转流（红色）。海流通过 7 年来固定于水深 15 m 处的海面漂浮物计算，地转流基于 Levitus 等 1994a 的平均密度数据（赤道 5°以内未标箭头，因为此处科里奥利力较小）。本图也可在彩色插图中找到。ⓒ美国气象学会。再版须经许可。来源：Ralph & Niiler（1999）。

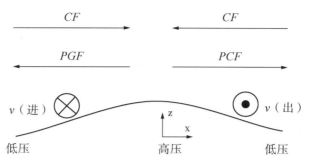

图 7.9 地转平衡：水平力和速度

PGF = 压强梯度力。*CF* = 科里奥利力，*v* = 速度（进出相应区域）。可见图 S7.17。

地转平衡状态下垂向受力平衡属于流体静力平衡（第 3.2 节）。从高压指向低压的垂直压强梯度力与重力平衡。

地转状态和流体静力平衡相关的数学表达式为：

$$- fv = - (1/\rho) \, \partial p / \partial x \tag{7.23a}$$

$$fu = - (1/\rho) \, \partial p / \partial y \tag{7.23b}$$

$$0 = - \partial p / \partial z - \rho g \tag{7.23c}$$

方程（7.23c）亦用于计算动力高度（第 7.6.3 节）。此时形式为：

$$0 = - \alpha \, \partial p / \partial z - g \tag{7.23d}$$

式中，α 为比容。科里奥利参数近乎恒定（$f = f_0$），地转速度近似为无辐散：

$$\partial u / \partial x + \partial v / \partial y = 0 \tag{7.23e}$$

无辐散速度场可写为流函数 ψ：

$$u = - \partial \psi / \partial y \text{ 且 } v = \partial \psi / \partial x \tag{7.23f}$$

在方程（7.23a 和 7.23b）中，地转流的流函数为 $\psi = p / (f_0 p_0)$。因此，压力分布（或代表它的动力高度，比容高度或重力位势异常；第 7.6.2 节）的图像是地转流函数的图像，水流大致沿图像的等值线。

地转平衡广泛地应用于天气预报中。气象图显示了起风地区周围的高压和低压区域。将大气中的低压区域称为气旋。围绕低压区的流动为气旋运动（在北半球为逆时针旋转，在南半球为顺时针），围绕高压区的流动称为反气旋运动。

海洋中，高压由深度上方更高质量水体导致。在海表面，压力差异是由水在大地水准面的实际堆积导致。在大西洋或太平洋反气旋环流的整个区域中，海面高度差约为 1 m。

如果海面平均高度已知，可以计算海表面的地转速度。对于高于水平面的海面高度 η，表面地转速度由方程（7.23a）和（7.23b）得出：

$$- fv = - g \, \partial \eta / \partial x \tag{7.24a}$$

$$fu = -g \partial \eta / \partial y \tag{7.24b}$$

要计算海面以下的水平压差，必须同时参考观察深度以上的水体总高度和密度，因为总质量决定观测深度区域的实际压力（图 7.10）。因此，地转流随深度的变化（地转速度剪切）与观察位置两侧水体密度差成比例。地转速度剪切和密度水平梯度的关系称为热风关系。

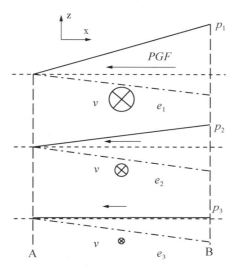

图 7.10　地转流和热成风平衡：压强梯度力（*PGF*）随深度变化原理图

水平地转速度 *v* 由压强梯度力方向进入相关部分，速度在海面最高，随深度增加降低（如圆形尺寸所示）。密度（点划线）随深度增加而增加，等密度线出现倾斜。当 B 点海面高于 A 点时，海面（h_1）压强梯度力朝向左侧。压强梯度力随深度增加而增加（如等压线 p_2 和 p_3 扁率所示）。

热成风关系如图 7.10 所示。假设为北半球，海面出现斜度，右侧海面压力较高，由此出现了向左的压强梯度力，推动了地转流。密度 ρ 随深度增加而增加，等密度线出现倾斜。因此，由于压强梯度力因等密度线倾斜而随深度变化，地转速度也随深度变化。

对于聚集在海面的地转流，有一条实用的经验法则，即当北半球地转流朝向下游时，"低密度/热"水位于右侧（在南半球，水流朝向下游时，低密度水体位于左侧）。记住墨西哥湾流的示例将会有帮助，因为这里的海流向东，暖水在其南部。若地转流中等势面与等压面不重合，通常称其为斜压流；若等势面与等压面重合，通常称其为正压流。正压流仅受海平面水平变化的驱动。多数海洋地转流既有正压流也有斜压流。

热风关系的数学方程如式（7.23）：

$$-f \partial v / \partial z = (g/\rho_0) \partial \rho / \partial x \tag{7.25a}$$

$$f \partial u / \partial z = (g/\rho_0) \partial \rho / \partial y \tag{7.25b}$$

这里我们使用了 Boussinesq 近似，其中 ρ 可以由 *x* 和 *y* 动量方程中的常数 ρ_0 代替，而实际密度 ρ 必须用在流体静力平衡方程中。

为了计算地转速度，我们必须知道两个位置之间的绝对水平压差。如果只有密度分布信息，我们仅能计算地转剪切。为了将这些相对海流转换为绝对海流，我们必须确定或估计某个水平的绝对海流或压力梯度为参考面。一个常用但不太精确的参考方法是假设（不测量）某一深度的绝对海流为零（零流面）。在下一小节中，我们将介绍广泛用于计算地转速度的"动态"方法，并继续探讨参考速度的选择。

7.6.2 位势与动力高度异常和参考面速度

无论以前还是现在，使用仪器直接观测海洋各个深度各个位置的流速，都十分困难，并且非常昂贵。所以根据热风关系，通过收集广泛并且经济的密度剖面数据来估算地转速度是很好的选择。为通过密度剖面计算地转速度剪切，海洋学家得出两个密切相关的函数，重力位势和动力高度，其水平梯度表示水平压强梯度力。另一个联系紧密的概念——比容高度，可用于研究海平面的变化。重力位势梯度局部力方向相同（修改为包括离心力）。重力位势由流体静力平衡（方程 7.23c）定义：

$$ \mathrm{d}\Phi = g\,\mathrm{d}z = -\alpha\,\mathrm{d}p \tag{7.26a} $$

式中，α 为比容。重力位势单位为 $\mathrm{m^2/sec^2}$ 或 $\mathrm{J/kg}$。对于等压面 p_2（上）和 p_1（下），重力位势为：

$$ \Phi = g\!\int\!\mathrm{d}z = g(z_2 - z_1) = -\!\int\!\alpha\,\mathrm{d}p \tag{7.26b} $$

重力位势高度定义为：

$$ Z = (9.8\ \mathrm{m\cdot s^{-2}})^{-1}\!\int\! g\,\mathrm{d}z = -(9.8\ \mathrm{m\cdot s^{-2}})^{-1}\!\int\!\alpha\,\mathrm{d}p \tag{7.26c} $$

位势高度几乎与几何高度相等。这个方程采用 mks 单位，如果使用厘米－克－秒（cgs）单位，乘常数将从 $9.8\ \mathrm{m\cdot s^{-2}}$ 变为 $980\ \mathrm{cm\cdot s^{-2}}$。而在实际的计算过程中（包括海水计算机子程序），更多使用比容偏差 δ 计算重力位势异常：

$$ \delta = \alpha(S,T,p) - \alpha(35,0,p) \tag{7.26d} $$

$$ \Delta\Phi = -\!\int\!\delta\mathrm{d}p \tag{7.26e} $$

因此，将重力位势高度异常定义为：

$$ Z' = -(9.8\ \mathrm{m\cdot s^{-2}})^{-1}\!\int\!\delta\mathrm{d}p \tag{7.26f} $$

重力位势高度异常与比容高度异常等效，比容高度异常由 Gill 和 Niiler（1973年）定义为：

$$ h' = -(1/\rho_o)\!\int\!\rho\mathrm{d}z \tag{7.27a} $$

式中，密度异常 $\rho' = \rho - \rho_0$。使用流体静力平衡并将 ρ_0 定义为 $\rho(35, 0, p)$，方程（7.27a）与 Tomczak 和 Godfrey（1994）的比容高度（异常）相同：

$$h' = \int \delta \rho_o \, \mathrm{d}z \tag{7.27b}$$

可以进一步操作以得出：

$$h' = (1/g)\int \delta \mathrm{d}p \tag{7.27c}$$

这与方程 7.26f 中的重力位势高度异常相同，区别仅在于出现了标准量 g。SI 单位中，比容高度单位是米。

动力高度 D 与重力位势密切相关，只是表示的符号和单位不同。很多现代出版物和常用计算机子程序都没有区分动力高度和重力位势异常。传统上，多使用动力米作为动力高度单位：

$$1 \text{ dyn m} = 10 \text{ m}^2/\text{sec}^2 \tag{7.28a}$$

因此，用动力米表示动力高度与重力位势异常相关，即：

$$\Delta D = -\Delta\Phi/10 = \int \delta \mathrm{d}p/10 \tag{7.28b}$$

它与重力位势高度和比容高度异常的关系为：

$$10\Delta D = -9.8Z' = gh' \tag{7.28c}$$

量 ΔD 和 Z' 通常可交替使用，其差值仅为 2%。使用动力米时，动力地形图与相对于水平面等压面的实际几何高度相近。水平变化，如 1 dyn m，表示等压面约 1 m 的水平深度变化。注意，位势高度异常更能反映实际的高度变化，因此 1 dyn m 的变化将是接近 1.02 m 的实际高度变化。

通过方程（7.25）可以得出相对于某一深度处的地转流速，给定深度的地转流速大小。在使用 SI 单位，并利用动力米表示动力高度时，在相对于压力面 p_1 的压力面 p_2 上，北向速度 v 和东向速度 u 的差值为：

$$f(v_2 - v_1) = 10\,\partial\Delta D/\partial x = -\partial\Delta\Phi/\partial x$$
$$= g\,\partial h'/\partial x \tag{7.29a}$$

$$f(u_2 - u_1) = 10\,\partial\Delta D/\partial y = \partial\Delta\Phi/\partial y$$
$$= -g\,\partial h'/\partial y \tag{7.29b}$$

式中，动力高度或重力位势异常由 p_1 向 p_2 垂直积分。表面 p_1 为参考面。方程 7.29 和方程 7.23 的比较表明动力高度和重力位势异常是一个深度到另一个深度间地转流差异的流函数。

因为在很多区域，海流强度由海面向下减弱，通常假设存在深海零流面。更好的选择是使用基于直接速度观测的"已知运动面"。由于地球大地水准面的空间变化远大于海洋的海面高度变化，卫星高度测量无法应用于计算海洋平均流场。GRavity 和地球气候实验（GRACE）正在解决这项大地水准面问题。现代实践要求多数密度剖面数据计算的流场必须满足质量守恒等总体约束条件，这些约束条件在形式上有助于缩小参考面速度的选择范围（见 Wunsch，1996）。将观测与海洋模型相结合的海洋状态估计（数据同化方法），目前是大多数密度剖面建立速度场研究的重点。

作为地转方法的示例，我们可以根据墨西哥湾流密度剖面，计算动力高度和速度剖面（图 7.11）。在 38°N 和 39°N 之间向北倾斜向上的等密度线表示墨西哥湾流（图 7.11a）。地转速度剖面，在相对于 3 000 m 处任意零流面的站点 A 和 B 之间计算。站点 A 的比容低于站点 B（图 7.11b）。因此，A 的海面动力高度低于 B（图 7.11c），海面压强梯度力从 B 向北指向 A。进而站点中点（图 7.11d）的地转速度向东，并在海表面处最大。这表示海平面必须从 B 到 A 向下倾斜。垂向切力在上方 800 m 处最大，此处动力高度差异最大。

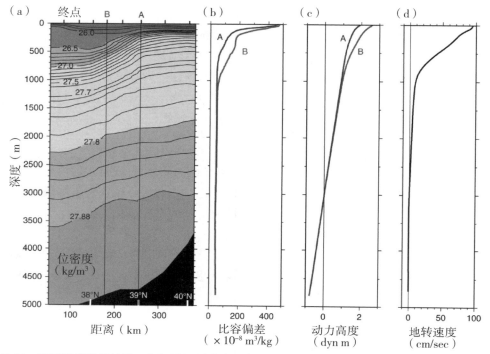

图 7.11　观测得到的地转流，(a) 墨西哥湾流位密度剖面（66°W，1997 年），(b) A 站点和 B 站点的比容偏差 δ（$\times 10^{-8}$ m^3/kg），(c) A 站点和 B 站点的动力高度（dyn m）剖面，从 3 000 m 深度整合，(d) 东向地转速度（cm/s），假设在 3 000 m 处为零速度

7.6.3　动力地形和海面高度图

通过式（7.23f）可以得出：某平面相对于另一平面的动力高度，是此平面地转流（相对于另一平面地转流）的流函数。在北半球，水流沿等高线高"峰"流向水流右侧（南半球流向左侧）。任一点速度均与该点斜坡陡度成比例，即等高线越密集，地转速度越大。

显示地转流场的动力地形图与比容高度地形图，在第 14 章和海盆各章（第 9～13 章）示出。在海平面上，在全部的五个海盆中，最高的动力地形区出现在亚热带西部。环绕这些高点的反气旋式环流称为亚热带环流。北半球海洋动力地形在 50°N

~60°N 处较低，将环绕这些低点的气旋流称为中纬度环流。而西部边界处等高线密集，表示每个涡旋西部边界海流流速较快。低值一直延伸到南极附近；向北的紧密间隔等高线带表示南极绕极流。给出环流中动力高度和海面高度差约为 0.5 至 1 动力米。

7.6.4　两层模式大洋

通常认为海洋由垂直的两层组成，上层密度为 ρ_1，下层密度为 ρ_2（图 S7.21）。假设下层有无限深度。上层厚度为（$h + H$），其中 h 是海平面以上水层的变化高度，H 是该层底部的变化深度。我们从站点 A 和 B 在该层提取样本。使用流体静力方程（7.23c），计算 A 和 B 站点处压力：

$$p_A = \rho_1 g(h + H) + \rho_2 g(Z - H) \tag{7.30a}$$

$$p_B = \rho_1 g(h_B + H_B) + \rho_2 g(Z - H_B) \tag{7.30b}$$

此处 Z 表示两个站点的指定共同参考深度。如果我们假设 $p_A = p_B$，即假设 Z 处为零速面，我们可以计算出 A 和 B 表面坡度，这无法根据观察到的密度数据来测量：

$$\frac{h_A - h_B}{\Delta x} = \frac{\rho_2 - \rho_1}{\rho_1} \frac{H_A - H_B}{\Delta x} \tag{7.31a}$$

之后，我们使用方程（7.30a）估计表面速度 v：

$$fv = g\frac{h_A - h_B}{\Delta x} = g\frac{\rho_2 - \rho_1}{\rho_1} \frac{H_A - H_B}{\Delta x} \tag{7.31b}$$

7.7　涡度、位势涡度、罗斯贝波、开尔文波和不稳定性

地转平衡（方程 7.23a、b）的明显"问题"在于仅存在气压梯度和科里奥利力。在正式的地球物理流体动力学中，我们将在动量方程中表明这些力，但这些力很小，以至于完全可以将水流视为地转流。为了重新加入外力，我们必须引入"涡度"方程，此时所得方程给出了涡度而不是速度的时间变化。它还包括耗散、科里奥利参数随纬度的变化，以及垂直速度。

本节内容是网络版本的删减版，详细讲解在网络版中给出。

7.7.1　涡度

流体某点上的涡度是角速度的两倍。例如想象浸在水中的小桨轮（图 7.12），若流体随桨轮转动，则存在涡度。涡度是一个矢量，并指向流体转动平面以外。涡度的符号由"右手"定则给出。如果沿着桨轮的转动方向卷曲右手手指，并且拇指朝上，则涡度是正值；如果大拇指向下，则涡度是负值。

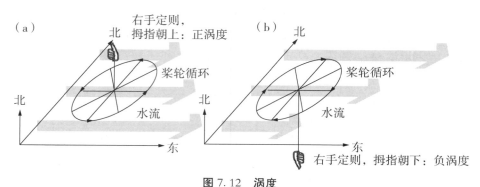

图 7.12　涡度

（a）正和（b）负涡度。（右）手通过拇指方向显示涡度方向（向上为正，向下为负）。

涡度矢量 **ω** 是涡度向量 *v* 的旋量：

$$\boldsymbol{\omega} = \nabla \times \boldsymbol{V} = \boldsymbol{i}(\partial v / \partial z - \partial w / \partial y)$$
$$+ \boldsymbol{j}(\partial w / \partial x - \partial u / \partial z) + \boldsymbol{k}(\partial v / \partial x - \partial u / \partial y) \tag{7.32}$$

涡度单位为反时单位（$\sec^{-1}$）。

仅因为地球自转，地球上的所有物体都有涡度。称之为行星涡度。矢量行星涡度向上，平行于地球的旋转轴线，其角旋转速度为 Ω：

$$\omega_{行星} = 2\Omega \tag{7.33}$$

式中，$\Omega = 2\pi / day = 2\pi / 86160 \ \sec = 7.293 \times 10^{-5} \ \sec^{-1}$，所以 $\omega_{行星} = 1.4586 \times 10^{-4} \sec^{-1}$。

流体运动相对于地球表面（方程 7.32）产生的涡度称为相对涡度。流体的总涡度或绝对涡度，是相对涡度和行星涡度的总和。

对于大尺度海洋运动，仅使用总涡度的局部垂直部分，因为与地球半径相比，流体层很小，所以水流几乎为水平流。行星涡度的局部垂直部分与科里奥利参数 f（方程 7.8c）相等，因此在北极最大且为正（$\varphi = 90°\mathrm{N}$），南极最大且为负（$\varphi = 90°\mathrm{S}$），赤道处为 0。

由方程 7.32 得出相对涡度的局部垂直部分为：

$$\zeta = (\partial v / \partial x - \partial u / \partial y) = 旋度_z v \tag{7.34}$$

式中，v 是水平速度向量。绝对涡度的局部垂直部分因此为 $(\zeta + f)$。由方程（7.23）（第 7.6 节）计算的地转速度通常用于计算相对涡度。

7.7.2　位势涡度

位势涡度是与相对涡度和行星涡度相关的重要力学量。位涡守恒是地球物理流体动力学中最重要的概念之一。位势涡度要考虑水体的高度及涡度。如果水体高度缩短并变平（质量不变），则其旋转速度必须更慢。另外，如果水体拉伸并变薄（质量不变），则其旋转速度将加快（类似于由于角动量守恒，旋转的滑冰者或潜水者，其将手臂伸出并旋转更慢）。当仅考虑垂直分量时，如果流体并不分层，位势涡度 Q 为：

$$Q = (\zeta + f)/H \qquad\qquad (7.35)$$

式中，H 为深度。层化流体的位势涡度 Q 为：

$$Q = -(\zeta + f)(1/\rho)(\partial\rho/\partial z) \qquad\qquad (7.36)$$

当流体上没有力（重力除外），并且没有能够改变密度的浮力源时，位势涡度 Q 守恒：

$$DQ/Dt = 0 \qquad\qquad (7.37)$$

式中，"D/Dt" 为随体导数（方程 7.4）。这里应注意到，f 随纬度而变化，将对海流和层化产生巨大影响。因此，可引入特殊符号 β，以说明科里奥利参数随向北距离 y 的变化，或根据纬度 φ 和地球半径 R_e 表示：

$$\beta = df/dy = 2\Omega\cos\phi/R_e \qquad\qquad (7.38)$$

在讨论纬度如何影响海流时，我们通常使用"β 效应"。对于大规模的罗斯贝波，"β 效应"为复原力（见下一章节）。

7.7.3 罗斯贝波

任何流体都会以波的形式来响应力场变化，我们将在第 8 章讨论波的几种一般属性。大规模的近地转环流主要通过罗斯贝波和开尔文波的形式响应风和浮力强迫变化（第 7.7.6 节）。单纯的罗斯贝波、开尔文波只能在简化模型与实验室实验中观察得到，然而，大多数海洋变化尤其是相对于平均流向西传播的趋势可通过罗斯贝波性质进行解释。

本节将简单介绍罗斯贝波的几条基本性质：

1. 罗斯贝波波长为数十至数千公里。因此，罗斯贝波粒子运动几乎完全是横向的（和地球的水平表面平行）。

2. 罗斯贝波的复原力是 β 效应。当水体推移到新纬度时，其位势涡度必须守恒（方程 7.37）。因此，水体高度（长罗斯贝波）或相对涡度（短罗斯贝波）开始变化。与所有波相同，出现过度响应，然后必须重新复原，形成波。

3. 所有罗斯贝波的波峰和波谷在北半球和南半球只向西移动（也就是说，罗斯贝波相速度向西）。

4. 罗斯贝波群速向西为长波（大于 50 公里），向东是短波（即使相速度向西）。

5. 罗斯贝波速度几乎是地转平衡的。因此，可以利用压力变化计算此类速度，例如通过查看海面高度的卫星高度计数据（如图 14.18 和 14.19 中的罗斯贝波状模式）来测量。

7.7.4 罗斯贝变形半径和罗斯贝波分散关系

将分隔长罗斯贝波和短罗斯贝波的长度尺度称为罗斯贝变形半径。此长度尺度是地转或近似地转流的固有水平长度尺度。

不层化海洋中罗斯贝变形半径为：

$$R_E = (gH)^{1/2}/f \qquad\qquad (7.39a)$$

式中，H 为海洋深度尺度，R_E 称为正压罗斯贝变形半径或"外部"变形半径。正压变形半径约为数千公里。

层化海洋的罗斯贝变形半径为：

$$R_I = NH_s/f \qquad (7.39b)$$

式中，N 为 Brunt-Väisälä 频率（式 7.15），并且 H_s 为流体的固有标高。R_I 称为斜压变形半径（或"内部"变形半径）。与第一斜压模态相关的垂直长度尺度 H_s 约为 1 000 m，这是典型的密度跃层深度。第一斜压模态的 R_I，在赤道处大于 200 公里，在高纬度地区则变为约 10 公里（图 S7.28a）。

第一模式斜压罗斯贝波的频散关系（第 8.2 节）为：

$$\omega = \frac{-\beta k}{k^2 + l^2 + (1/R_I)^2} \qquad (7.40)$$

式中，ω 是波频，k 和 l 是东西向（x）和北南向（y）波数，β 与方程（7.38）中相同，R_I 与方程 7.39b 中相同。最高频率即最短周期出现在罗斯贝变形半径相关的波长处（图 S7.29）。最短周期从热带处的小于 50 天，变化为高纬度地区的大于 2 至 3 年。在向极的 40°～45°纬度处，不存在以年为周期的第一斜压模态，所以季节性大气外力作用不能在这些更高纬度中推动第一斜压模态。

7.7.5 地转海流的不稳定性

几乎所有水流都不稳定。当环流级别的水流发生破裂时，将会形成大型涡旋，其直径可达数十至数百公里或更大（见第 14.5 节）。涡的大小通常与罗斯贝变形半径类似。与罗斯贝波一样，涡旋通常向西移动。

通过考虑平均流，可以找到指数增长的小扰动来研究流体的不稳定性。这种方法称为"线性稳定理论"，之所以称为线性是因为通常假设扰动与平均流相对较小，平均流几乎不会发生改变。当扰动有条件发展至成熟状态时，并且它们相互接触并影响平均流时，研究将成为非线性。

我们定义三种状态：稳定、中性稳定和不稳定。稳定流将在扰动后恢复到原始状态；中性稳定流将保持扰动后状态；不稳定流中，扰动不断发展。

不稳定的两种能量来源是平均流的动能和势能。根据基本物理学，动能是 $1/2 mv^2$，其中 m 是质量，v 是速度；而对于流体，我们用密度 ρ 代替质量，或者只考虑 $1/2 v^2$ 量。同时，势能源于物体被抬升，抬升物体期间的做功给予物体势能。在海洋此类层化流体中，如果等密度线较平缓，则不存在有效势能，这意味着没有物质发生移动，也没有释放物质；如果等密线存在倾斜，则必须引入有效势能。

正压不稳定依靠水流水平切力中的动能，斜压不稳定利用水流的势能。因为地球旋转使其拥有带平均倾斜等密度线结构的平均地转流，斜压不稳定是地转流的特有现象；另外正压不稳定与所有剪切流的不稳定性类似。

7.7.6 开尔文波

海岸线和赤道区域存在一种特殊类型的混合型波——"开尔文波"，同时包括重力波和科里奥利效应。开尔文波"束缚"在海岸和赤道一带，这表示其幅度在海岸处（或赤道）最高，并随着离岸（或向极）距离以指数减少。开尔文波在东部边界尤为重要。此类波对于研究赤道海洋对风力变化的响应而言非常重要，比如在厄尔尼诺现象期间。

开尔文波在北半球沿海岸向右传播，在南半球沿海岸向左传播。在赤道这样类似边界的地区，开尔文波仅向东传播。在沿岸传播方向上，开尔文波与表面重力波表现类似，并遵循重力波频散关系（第 8.3 节）。然而，与表面重力波不同，开尔文波仅可沿一个方向传播。与海滩的一般表面重力波相比，开尔文波的波长也很长，约为数千公里。虽然波传播速度较高，但从给定观察点观察从开尔文波波峰到开尔文波波谷的传播，仍需要几天至几周时间。

在横穿海岸的方向上，开尔文波与表面重力波完全不同。其幅度在海岸处最高，离岸衰减尺度为罗斯贝变形半径（第 7.7.4 节）。

最后，在与海岸垂直方向上，开尔文波水流速度完全为零，水流速度因此与海岸完全平行。此外，沿岸速度由地转引起，所以和横穿海岸方向上的压差有关。

7.8　风生环流：风成环流和西边界流

海盆中大型环流并不对称，西部边界的海流较窄，流速较快，广阔内部区域的水流较缓，向远离两侧边界方向流动。这种不对称现象称为西向强化，出现在南北半球和亚热带及副极地环流中。Sverdrup（1947）首次提出的海洋中部涡度平衡，现在称作"Sverdrup 内部"解（7.8.2 节）。Stommel（1948 年）和 Munk（1950）提出了西边界流的第一种（摩擦）解释（7.8.3 节），而 Fofonoff（1954）表明，在没有摩擦力时，环流将大不相同（7.8.4 节）。

7.8.1　Sverdrup 平衡

（非赤道）海洋的温和内部流可以根据其经向（南北流向）来描述。在亚热带环流中，北半球和南半球内部流均流向赤道。副极地大洋环流中，南北半球内部流均流向两极。这些内部流流向可通过 Sverdrup（1947）引入的位势涡度进行论证解释，因此将其适用的物理现象称为"Sverdrup 平衡"。

参考亚热带北太平洋的示意图（图 7.13）。海面上的风在空间上并不一致（图 5.16a～c 和 S5.10a）。约 $30°N$ 以南的太平洋由东信风主导，此处以北由西风带主导。这导致北向埃克曼输送位于信风以下，南向埃克曼输送位于西风带以下。因此，存在贯穿亚热带北太平洋的埃克曼辐聚（图 5.16d 和 S5.10a）。

亚热带辐聚的表层水必须流向特定区域，所以埃克曼层（50 m 厚）底部存在向下的垂直速度。在海面和海底可见的某些水层中，可能不存在垂直速度。因此亚热带地区存在水体的净"挤压"，也称为埃克曼抽吸。

这种挤压要求行星或相对涡度的减小（方程 7.35）。在海洋内部，相对涡度较

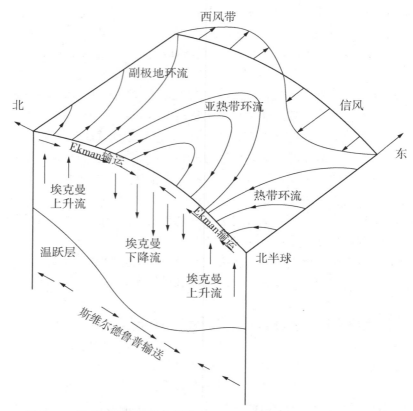

图 7.13 风成环流产生埃克曼抽吸和吸入，并因此产生 Sverdrup 输送

小，所以行星涡度必须增加，由此产生了塑造亚热带环流的赤道向流（图 S7.26）。

北太平洋的盛行西风最大处以北纬度约为 $40°N$。因此，埃克曼输送向南，最高在 $40°N$ 左右，较高纬度输送较弱。因此一定存在上升流（埃克曼吸入），贯穿副极地环流的宽纬度带。这种上升流使水体延伸（方程 7.35），之后向极地移动，产生副极地环流的向极流。

Sverdrup 输送是亚热带和副极地环流中发现的净经向输送，起因是行星涡度发生变化以平衡 Ekman 抽吸。

由于以下各节所述原因，所有的经向水流都在西边界流中返回。因此，亚热带环流必须是反气旋式，而副极地环流则必须是气旋式。

Sverdrup 平衡通过具有科里奥利参数 f 的地转运动方程（方程 7.23a、b）进行表达。x 和 y 方向方程组合形成的涡度方程为：

$$f(\partial u/\partial x + \partial v/\partial y) + \beta v = 0 \qquad (7.41)$$

通过连续性方程

$$\partial u/\partial x + \partial v/\partial y + \partial w/\partial z = 0 \qquad (7.42)$$

变成位涡平衡方程：

$$\beta v = f\,\partial w/\partial z \qquad (7.43)$$

这个重要的方程说明，以旋转方式延伸的水体，借由纬度变化达到平衡（图 S7.26）。

方程（7.43）中，垂直速度 w 来自埃克曼抽吸。从方程（7.20）和（7.21）中可得：

$$w = \partial/\partial x(\tau^{(y)}/\rho f) - \partial/\partial y(\tau^{(x)}/\rho f) = \text{"旋度 } \tau\text{"} \tag{7.44}$$

式中，τ 是矢量风应力，$\tau^{(x)}$ 为纬向风应力，$\tau^{(y)}$ 是经向风应力。假设垂直速度 w 在最大深度处为零，方程（7.43）可以通过垂直整合以得到风成环流：

$$\beta(M)^{(y)} - (\tau^{(x)}/f) = \partial/\partial x(\tau^{(y)}) - \partial/\partial y(\tau^{(x)}) = \text{"旋度 } \tau\text{"} \tag{7.45}$$

式中，经向（南北）质量传输 $M^{(y)}$ 是经向速度 v 乘以密度 ρ 的垂向积分。左边的第二项是经向埃克曼输送。因此，Sverdrup 内部的经向输送，与埃克曼输送修正后的风应力旋度成比例。

经向输送 $M^{(y)}$ 就是 Sverdrup 输送。从东部到西部边界整合的 Sverdrup 输送全球地图，如图 5.17 所示。西部边界的数值大小给出了西边界流当前输送值，因为 Sverdrup 的模型必须用狭窄的边界流实现闭合。该边界流除风成环流之外，至少还有另一个的物理机制，即由埃克曼输送辐聚驱动的水体延伸而出现的纬度变化。边界流的物理性质将在后续章节中论述。

7.8.2　Stommel 解：西向强化和西边界流

由于风成环流适用于整个海盆，回流为狭窄流速较快的经向激流，因此位势涡度平衡与 Sverdrup 平衡不同。Stommel（1948）在方程（7.37）右侧包括位势涡度耗散 Q，显示回流必须沿西边界流动（图 S7.31）。其位势涡度平衡是通过海底摩擦平衡的行星涡度变化。Stommel 的理想环流反映了西向强化的墨西哥湾流和黑潮副热带环流。

7.8.3　Munk 解决方案：西边界流

与 Stommel 相似，Munk（1950）也证明了环流的西向强化，但使用了更为现实且适用于层化海洋的耗散类型。为保持位势涡度守恒（方程 7.37），Munk 在洋流和侧壁之间加入了摩擦力。狭窄的激流沿西边界流动，使 Sverdrup 内部流回到初始纬度（图 S7.32）。

本书将通过 Munk 的模型讲解为什么返回的激流必须在西部而不是东部边界（图 7.14）。在亚热带环流的 Sverdrup 内部，埃克曼抽吸挤压水体，水体向赤道方向流至低行星涡度区域。为返回高纬度（即增加行星涡度），必须通过拉伸或提高相对涡度，使流体重新达到高涡度。非常狭窄的地区不会出现因风应力旋度产生的拉伸。因此，必须存在相对涡度输入。鉴于狭窄边界流的水平切力较高，所以狭窄边界流中的相对涡度较高。在侧壁处，平行于侧壁的速度为零，此速度在海上增加，所以如果边界流在西部边界，则有正相对涡度（图 7.14a）。这种涡度通过壁面摩擦包含至流体中，然后引发行星涡度变化，且流体返回其原始纬度。如果边界流在东部边界，则无法实现此类环流封闭（图 7.14b）。

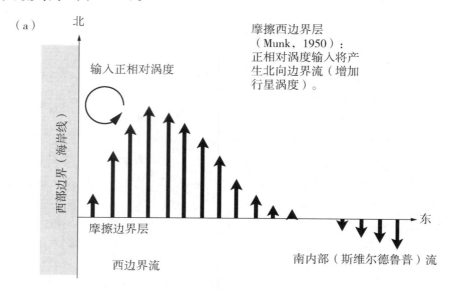

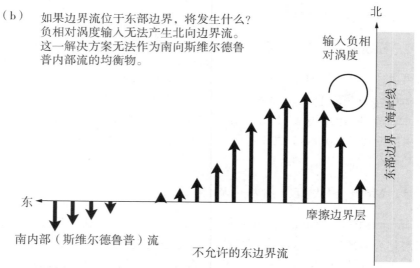

图 7.14 （a）西部边界的涡度平衡，带有侧壁摩擦（Munk 模型）；（b）假设的东部边界涡度平衡，表明只有西方边界可以输入水流向北移动需要的正相对涡度

7.8.4 Fofonoff 解：大型惯性流

除了由埃克曼抽吸或其他外部涡度源产生的内部流外，还有 Fofonoff（1954）在无风力输入和无摩擦的模型中证明的惯性环流模式。没有外涡度输入时，内部流完全为纬向（东西），无法改变其行星涡度。假设存在穿过海洋中部的西向流，当到达西部边界时，通过经向的狭窄水流，将获得返回东边界时所需的相对涡度。假设水流向北流动，则这种无摩擦海流的相对涡度为正，允许其流向更高纬度。然后直接穿过

中部的海洋，到达东部边界，并形成另一条狭窄的激流，向南移动，补偿内部的向西流。

Fofonoff 惯性解出现在高能量区域，例如靠近分离的墨西哥湾流附近，其输送增加远远高于风生环流估计值。对于与墨西哥湾流这一能量部分相关的再循环环流，可以将其视为 Fofonoff 环流。

7.8.5　层化海洋中的 Sverdrup 平衡

水向下流入海洋时，多沿坡度逐渐增加的等密度线流动。当水流流线与海面相连时，我们认为海洋直接通风（图 7.15）。当存在埃克曼抽吸时（负风应力旋度），Sverdrup 内部流向赤道流动（第 7.8.1 节）。局部混合层密度水体向赤道移动，并在海面与密度较低的水体混合。它们沿等密度线向下滑入表层以下，仍向赤道方向移动。将此过程称为俯冲（Luyten，Pedlosky & Stommel，1983），这是借用了板块构造论的术语。随后，俯冲水体绕环流流动，并进入西边界流。

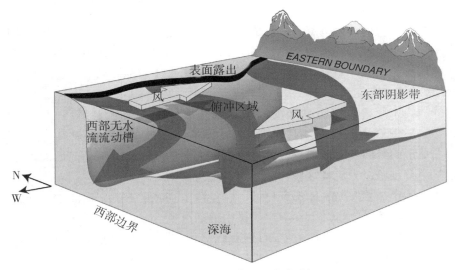

图 7.15　俯冲示意图（北半球）

包括仰冲的补充示意图，见图 S7.35。

在各俯冲层中，可以有三个区域（图 7.15）：（1）如前文所述，与海面相连的流动区域；（2）西部无水流流动槽，有流线从西边界流进出，而不进入海面层；（3）最东部俯冲流线和东部边界之间的东部静水（阴影）带。在亚热带环流中发现了连续的表面密度变化，水体在整个范围内直接流动，各密度的水都源于不同的海面位置，具体取决于该等密度线上的流线外形。这在水团术语中称为"流动温跃层"，这一过程产生了中央水。流动温跃层的最大密度由亚热带环流冬季最大海面密度决定（Stommel，1979）。

仰冲与俯冲相对，在仰冲区域，海面下等密度线处的水体上涌并进入表层。这些区域一般为上升流区域，比如气旋副极地环流、南极绕极流内和以南的地区。

风生环流也出现在无水流流动的层化地区。此类环流在与西边界流相连的区域最为活跃，水体可以进出西部边界。在这些区域，西边界流和分隔的延伸部分一般将到达海底。

7.9 风生环流：东边界流和赤道环流

7.9.1 沿岸上升流和东边界流

在这些亚热带环流的东部边界区域，有着强烈的浅层流，其动力变化独立于开阔大洋海洋环流而存在。海洋上层东边界流由沿岸风应力推动，沿岸风应力产生向海向陆的埃克曼输送，从而产生上升流与下降流。向赤道东边界流以下或近岸处，有向极的暗流或逆流。沿岸上升流系统不仅仅局限于东部边界，阿拉伯半岛南岸也存在类似系统。这些环流与西边界流之间存在根本的不同，西边界流与位势涡度相关（第 7.8 节）。

关于东边界流的传统解释是——赤道向的风推动埃克曼流远离海岸，埃克曼流在临近海岸的狭窄区域（约为 10 km；图 7.6c）内，推动浅层上升流（深度约为 200 m）。上升流速度约为 5～10 m/d。由于层化现象，上涌水体的源头局限在近海面水层，通常在 50 m 至 300 m 之间。

根据随离岸距离增加而增加的沿岸风强度，沿岸上升流区域可以扩大至离岸100 km 处。这是在各东部边界上升流系统中观察到的现象，这些现象是由于风在海陆边界因地形的转向而形成的。因此，海上埃克曼输送随离岸距离而增加，要求上升流穿过整个有正风应力旋度区域带。

上涌水体比初始海面水体温度更低。它发源于真光层下方，因此富含营养物。低海面温度和丰富的生物生产力在卫星图像中清晰可见。

由于风的季节性，上升流也有明显的季节性。沿岸风到来的几天内，上升流开始出现。例如，在俄勒冈离岸海域，出现沿岸风之后，海面温度下降了 6 ℃。

沿岸上升流伴随有朝向海岸的海洋上层等密度线隆起（图 7.6）。因此产生了流向赤道的地转表面流——东边界流。这些海流狭窄（宽度小于 100 km，邻近海岸），深度较浅（100 m 以上），流速较快（40～80 cm/s），并且季节性明显。东边界流系统的实际水流包括：湍急蜿蜒的涡旋和表层水的离岸激流/细流，它们通常与岬角之类的沿岸地形相关（图 10.6）。实际东边界流和海岸之间的距离较远，位于海上埃克曼输送产生上升流锋区轴线处。

向极潜流可以在位于赤道向表面流以下 200 m 深处观测到。向极潜流由沿东部边界的向极压强梯度力推动。当上升流顺风较弱或消失时，赤道流同时消失，且向极潜流将延伸至海面以上。

7.9.2　近表面赤道洋流和皮叶克尼斯反馈

因为科里奥利参数 f 在赤道处消失，赤道 2° 纬度范围内的环流与非赤道环流差异较大，赤道环流由太平洋和大西洋东信风，以及印度洋季节性逆向季风推动。

由于科里奥利参数消失，并且赤道处不存在摩擦埃克曼层，东信风推动赤道表面流，在摩擦表层中向正西方向流动（图 10.27 中"一般模板"）。西向表面流较浅（50～100 m），流速中等（10～20 cm/s）。在三大洋中，这种西向表面流都是南赤道洋流的一部分。水体在西部缓慢堆积（约 0.5 m 高度），并在东部出现下降。由此将产生向东的气压梯度力（从西部高压指向东部低压）。压强梯度力推动东向水流——赤道潜流（EUC），赤道潜流中心位于摩擦表面层正下方 100～200 m 深度处。赤道潜流仅为约 150 m 厚，它是流速最快的海流之一（＞100 cm/s）。在西赤道区域水体堆积，同时导致密度跃层的加深形成暖池；而在东赤道区域，密度跃层由于变浅而形成冷舌。科里奥利效应出现在距离赤道较近的位置，远离赤道的埃克曼输送将加强赤道带的上升流，这将加强冷舌。赤道沿线的东西气温差异，维持着大气的沃克环流，使气流从暖池上升并降落在东部较冷区域。

沃克环流是产生暖池和冷舌的信风的重要组成部分，这表明海洋和大气之间可能存在某种反馈，这种反馈称为皮叶克尼斯反馈（Bjerknes，1969）。如果信风削弱，赤道的西向水流将变弱，上升流也将减弱或停止。因此，东部区域的表层水较为温暖。西部深海暖池中的水体向东沿赤道搅动，使暖池变窄。SST 的变化将使沃克环流/信风进一步减弱，进而加剧海洋变化。

在印度洋中，盛行的赤道风为季风，这表示信风仅在一年中的部分时间出现。这产生了季节性逆向赤道流，并阻止了暖池/冷舌的形成，所以任何经度上，印度洋海面温度都较高。

7.10　浮力（热盐）和深海环流

加热和冷却将改变海洋温度分布，然而蒸发、降水、径流和成冰作用将改变海洋的盐度分布（第 4 章和第 5 章）。总体而言，这些称为浮力（或热盐）。除风搅动混合层之外，浮力过程亦导致了海洋的层化，包括其深海特性、密度跃层、温跃层、盐跃层和上层结构。

深海环流指深海海流的一般类别。翻转流，也称为热盐环流，是深海环流的一部分，在空间上与风生上层海洋环流重叠，同时涵盖独立于深海环流中的浅水成分。在翻转环流中，海表面的冷却和（或）盐化作用导致海水下沉。这些水体必须回升至温暖的表层，这需要热力（浮力）从海面向下扩散。涡流扩散基本源于风和潮汐能。

7.10.1　浮力损失过程（跨密度面下降流）

通过海冰形成过程中的净冷却、净蒸发和盐析作用，海水密度增加。我们之前已对盐析作用进行了说明（第 3.9 节），它导致在全球海洋（南极底层水和部分绕极深层水）及其出现的地区性海盆（北冰洋、日本海等）中，产生密度最大的底层海水。此处，将重点关注表层水密度大于下层海水，并向下平流输送且混合时，开阔大洋中净浮力损失产生的对流。每天表层对流在夜间出现而白天则重新变为层化。在年周期中，降温通常开始于秋分，并几乎持续至春分。形成的对流向下侵蚀表层，并在冬末累积降温达到最大值时，达到最大深度和最大密度。对流混合层可在冬末达到数百米厚，然而由于风生湍流深度，风搅动混合层限制在约 150 m 深处。

海洋对流通常由海面降温推动。过量蒸发也可以产生对流，但蒸发相关的潜热损失一般居于主导地位。"深"对流是通常指代海表混合层（通常深约 1 000 m 以上）产生的对流的宽泛术语。深对流有三个阶段：（1）准备阶段（层化减少）；（2）对流（剧烈混合）；（3）下沉和扩散。

对流区域存在典型结构（图 S7.37）。这些区域包括：（a）直径 10 公里到 100 公里以上的烟囱区，可在此处前提条件的作用下产生对流；（b）直径约 1 公里或更小的对流羽流。对流羽直径与深度几乎相同。

全球范围内，深度较高的对流仅仅出现在几个特殊地点：格陵兰海、拉布拉多海、地中海、威德尔海、罗斯海和日本（或东）海。这些地点（除独立的日本海外），将全球大部分的深层水输送至海面。

7.10.2 跨密度面上升流（浮力获得）

海盆和全球性翻转环流的结构，取决于对流源区的密度增加量和低纬度浮力（热）源的存在情况（其深度至少与下降流时降温范围相同）。因为世界海洋中不存在明显的局部深海热源，流入深海的水体要回到海面，只能依靠海平面向下浮力（热和淡水）跨密度面的涡流扩散（第 7.3.2 节和第 5.1.3 节）。

Munk（1966 年）的跨密度面涡流扩散系数估计值 $k_V = 1 \times 10^{-4} \, m^2/s$（第 7.3 节）。通过温度和盐度方程 7.12 和 7.13 的所有项，Munk 假设大部分海洋都受这种平衡主导：

$$\text{垂直平流} = \text{垂直扩散} \tag{7.46a}$$

$$w \, \partial T / \partial z = \partial / \partial z (k_v \, \partial T / \partial z) \tag{7.46b}$$

Munk 根据平均温度曲线得到了扩散系数估计值，并且估计上升流速度 w 约为 1 cm/d。在远离边界的开阔大洋中，人们观察得到的跨密度面涡流扩散系数比 Munk 的估计值小很多，这对于全球平均的海洋结构而言一定有效。这表明在海洋的某些区域扩散系数一定会更大（第 7.3 节）。

7.10.3 Stommel 和 Arons 的解决方案：深海环流和深层西边界流

通过之前的位势涡度概念，我们已经可以对深海环流进行解释（第 7.8 节）。深水来源的位置非常有限。若不存在向下涡流扩散，深水填入深海层，将抬升这一层的上接触面（第 7.10.2 节）。上升流使深海水体延伸，而水体延伸需要水体的向极流动以使位势涡度守恒（方程 7.36）。因此，预计的内部流与直观想象不同，而是流向深水源头！

深层西边界流（DWBC）连接孤立的深水源头和内部向极流。虽然无法在深海内部观察到清晰的向极流，但是深层西边界流出现在 Stommel 和 Arons 深海环流理论预测的区域（图 7.16，Warren，1981）。其中一条深层西边界流在墨西哥湾流下向南流动，携带了北欧海和拉布拉多海的高密度水体。在 Stommel 说服 Swallow 和 Worthington（1961）对此进行探索后，他们发现了这条海流。

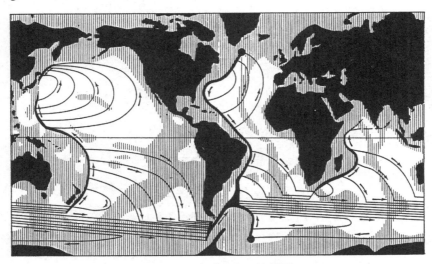

图 7.16 全球深海环流模型

假设在格陵兰岛和南极附近有两处深水源（实心圆），填满了一个深海层。这些水源实际上处于不同的密度。来源：Stommel（1958）。

7.10.4 热盐振荡：Stommel 解

在位涡平衡角度之外，亦可以用一种完全不同的方式理解经向翻转环流，即将海洋理想化为数个箱体，其产生高密度水的变化，即为翻转变化（Stommel，1961）。这类箱体模型说明了如此简单的气候变化模式，也可能导致复杂结果。此处则为多重平衡结果，即系统可在差异较大的平衡态间跳跃。Stommel 将海洋简化为两个相互连接的箱体，这两个箱体分别代表海水密度高、温度低且盐度低的高纬度地区，以及密度低、温度高且盐度高的低纬度地区（图 S7.41）。每个箱体中，温度和盐度由以下内容确定：（1）箱体之间的水通量（热盐环流）；（2）在将温度和盐度恢复至基本状态的时长。

Stommel 发现，对于模型参数给定的一组选择，存在几种不同的温盐环流强度。由于基本状态的缓慢变化，也许通过降低基本高纬度盐度，流量缓慢变化，然后突然变为不同的平衡速率。当基本状态盐度缓慢增加时，系统跳回至更高的流速，但是与其降低阶段相比，基本盐度存在很大的不同。因此，该系统呈现迟滞性：存在的平衡状态不同，取决于从更高盐度还是更低盐度达到平衡状态。

　　由大气－海洋－冰－陆地－物理－生物－化学耦合而成的气候系统，远比简单的 Stommel 振荡模型中两个箱体更为复杂。然而，其多重平衡和滞后行为，可以有效地证明气候突变和潜在的较大变化，更具体地说，可用于解释可能由外部强迫变化引起的翻转环流变化。

第 8 章　重力波、潮汐与海岸海洋学

8.1　简介

本章首先概述波的特性（第 8.2 节），之后介绍表面重力波和内部重力波与潮汐（第 8.3 节至第 8.6 节）。因篇幅所限，本章有所删减，完整内容见教材网站。

8.2　波的一般性质

波的基本特点是，在外力作用下，介质离开其平均位置做周期或准周期的运动。例如，对于表面重力波（第 8.3 节），介质是海气界面的水，回复力是作用于其上的重力，这些水质点在界面进行垂直位移。所有类型的波都是通过一些外力产生，这些外力导致粒子离开其平衡位置而发生初始位移。对于表面重力波而言，最常见的外力是风，海底地震也可以产生此类重力波（海啸）。

通常使用波的波长、周期、幅度、传播方向来描述波的性质。波长（L）是相邻两波峰或波谷的距离。用于描述波长的另一个量是波数（k），其中 $k = 2\pi/L$。周期（T）是相邻两波峰或波谷经过某固定点所需的时间。频率（ω）为 $2\pi/T$（以赫兹为单位的频率为 $1/T$）。振幅通常是从波峰到波谷高度的一半。

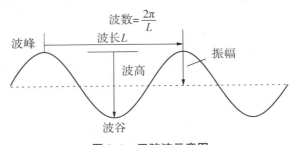

图 8.1　正弦波示意图

相速和群速这两种不同类型的速度描述了所有的波如何传播。相速（c_p）是各波峰的速度。

$$c_p = L/T = \omega/k \tag{8.1}$$

式中，L 是波长，T 是波周期，ω 是频率，k 是波数。如果不同波长的成分相速度为同一常值，则波呈非分散状，如果相速不是常量，则波呈分散状，并且相互分开。通过波长或波数表示频率的函数，即 $\omega = \omega(k)$，被称为频散关系。对于沿几个不同方向移动的波，可为每个方向定义波数。对于（x、y、z）方向，通常将这些波数称

为（k、l、m）。在每个方向也可相应地定义相速（式 8.1）。

对于大多数类型的波，波能以与波峰不同的速度移动。将此速度称为群速。在容易识别的示例（例如船尾的波）中，波群（群组）从源头移出，单个波通过群组传播。群组以群速移动。在深水表面波中，相速大于群速，所以似乎波从群组一侧出现，移动并消失在另一侧。在形式上而言，群速（c_g）是频率对波数的导数。在一维中，群速为：

$$c_g = \partial\omega / \partial k \tag{8.2}$$

在二维和三维中，群速是一个矢量：

$$\boldsymbol{c_g} = (\partial\omega / \partial k, \partial\omega / \partial l, \partial\omega / \partial m) \tag{8.3}$$

对于非分散波，群速和相速必须是相同常量。

8.3 表面重力波

8.3.1 定义和频散关系

表面重力波的回复力是禁止自由表面产生任何干扰的重力。任何能够瞬间使水面上涨的外力都会引起表面重力波，如风、一条经过的船、地震引起的海底塌陷等等。

通常将波长远远小于水深的表面重力波称为深水波或"短波"。在平行于波传播方向的垂直平面内，深水波中的水粒子运动几乎呈圆形。圆的直径随深度呈指数下降，并且波动影响范围并未到达底部。波长大于水深时的波动称为浅水波或"长波"。长波的水粒子在垂直平面内沿着椭圆形状运动，而不是圆形运动。

理想条件（线性，正弦）的、短（深水）表面重力频散关系为：

$$\omega = \sqrt{gk} \tag{8.4a}$$

因此表面重力波的相速（式 8.1）为：

$$c_p = \frac{\omega}{k} = \sqrt{\frac{g}{k}} \tag{8.4b}$$

群速（式 8.2）为：

$$c_g = \frac{\partial\omega}{\partial k} = \frac{1}{2}\sqrt{\frac{g}{k}} \tag{8.4c}$$

因此，短的表面重力波（大 k）比较长的表面重力波（较小的 k）移动得更慢，且其能量以较慢的速度传播。

对于浅水（长）重力波，水深（d），其频散关系为：

$$\omega = k\sqrt{gd} \tag{8.5a}$$

其相速和群速是：

$$c_p = \frac{\omega}{k} = \sqrt{gd} \tag{8.5b}$$

$$c_g = \frac{\partial \omega}{\partial k} = \sqrt{gd} \qquad (8.5c)$$

当相速＝群速且为常数时，如式（8.5c）所示，波非分散。也就是说，所有波长的能量以相同速度移动。

8.3.2　风力表面重力波

随着风开始吹动，海面先形成小的毛细波，海面开始略显波涛汹涌。利用波前波后之间风引起的气压差，风力波将会加强并且发生变化。压差随着表面重力波的加强而增加。波之间的非线性相互作用，将使能量集中于波长较长和频率较低的波，最终形成风浪。

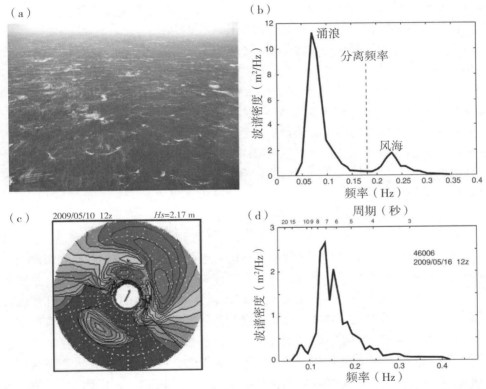

图 8.2　风浪，（a）特万特佩克湾（2009 年 2 月 7 日）内开阔大洋的波，在 20～25 m/s 的风速下，包括活跃的坡碎波、旧泡沫块和泡沫痕迹（K. Melville，私人通讯，2009）。（b）在频率上对涌浪和风海进行良好分离的表面波波谱（波谱密度）示例。来源：国家航标数据中心（2006）。（c，d）没有明确分离涌浪和风海情况下，源于东北太平洋（46006 站，40°53′N 137°27′W，2009 年 5 月 16 日）的方向波谱（谱密度）和波谱。

在（c）中，波周期从环中心的约 25 秒到外环的 4 秒。蓝色表示低能，紫色表示高能。波的方向与圆圈中心相对的方向相同。中心灰色箭头表示风向。"Hs"表示有效波高。图 8.2c 也可在彩色插图中找到。资料来源：c部分来自 NOAA Wavewatch III（2009），d 部分来自国家航标数据中心（2009）。

风浪是指由当地风产生，且一直处于风的作用下的海面波动状态。这些风力表面重力波周期约为 1～25 s，波长在 1～1 000 m 内。由风形成的波振幅和频率/波长取决于风时（风吹时间）、风区（风吹过的距离）和风强。在一场风暴中，风朝不同方向狂吹，使起伏的海面变得波涛汹涌（暴涛）。当风力超过 10 节（3 m/s）时，出现白浪。长风区的风吹了很多天之后，会形成充分扩张的风浪。在这种情况下，例如在东太平洋的特万特佩克湾内，图 8.2a 照片中的白浪和泡沫就是强风的特征（第 10.7.6 节和图 5.16d 中的风旋度图）。

涌浪是指海面上由其他海区传来的或者当地风力迅速减小平息，或风向突然改变后在海面遗留下的波动。涌浪的波长为几十米。涌浪可以几乎没有衰减地传播很长的距离。根据频散关系式（8.4），周期为 14 秒的涌浪以 22 m/s 的相速和 11 m/s 的群速行进，从阿拉斯加湾传播到夏威夷北岸大约需要 5 天，距离约 4 500 km。到达遥远海滩的涌浪频率通常非常小，所以会间隔比较长时间。

因为开阔大洋中同时存在许多不同频率和波长的波，所以通常使用调和分析法描述表面重力波场（第 6.5.3 节）。频谱通常有两个与局部风海和涌浪相关的独立峰值（图 8.2b）。然而，许多频谱在涌浪和风海之间没有明显的分离（图 8.2d）。方向频谱以频率函数和波的方向（图 8.2c）表示能量，可以说明非定向频谱中发生的情况。

开阔大洋中波状态的描述和预报对航运至关重要。图 8.3 用全球波浪模型分析浮标和卫星的波浪观测结果。图 8.3 左侧图中的有效波高是最高波平均高度的三分之一。在右侧图中，可通过每个位置的波谱确定具有最大（峰值）能量的波，其中矢量表示峰值能量波的传播方向。

8.3.3 海滩、破碎波和相关增水以及近岸流

表面重力波从近海地区移动至近岸地区时，会影响这些区域的海滩和海岸线。我们首先需要对海滩、碎浪带（波浪破碎）和冲流带（破碎波的水冲击海滩）这些概念进行区分。离岸沙洲和礁石对于波如何破碎，以及碎浪带内的潮流如何组合也很重要。海滩存在于波浪变化、潮汐和近岸流之间的微妙平衡中。波和当地洋流通常存在较强的季节性，会造成海滩结构和成分的变化。

根据其与冲击波的相互作用，海滩可以分为耗散型或反射型。耗散型海滩消除了大量的波能，中度倾斜的底部斜坡和粗糙的底面增强了耗散；反射型海滩反射了大部分波能，这些海滩坡度很大，并且较为平滑。

当表面波接近岸边时，取决于其波长，它会"触底"，此时水深约为波长的一半。波速降低，波长减小，波高增加，但是周期保守。观测结果表明，当 $H/d = 0.8$ 时，波浪通常发生破碎，式中，H = 波高，d = 表面波至底部的深度。

波浪传入浅水后，由于波速与地形的影响而导致波向垂直于海岸线，称之为折射。发生折射是因为随着深度减小波速也减小。在深水区海浪以更高速度向岸边移动，且整个波峰旋转（这是斯奈尔的折射定律）。当入射波接近岸上时，其部分能量也从岸边的浅滩底部反射出。

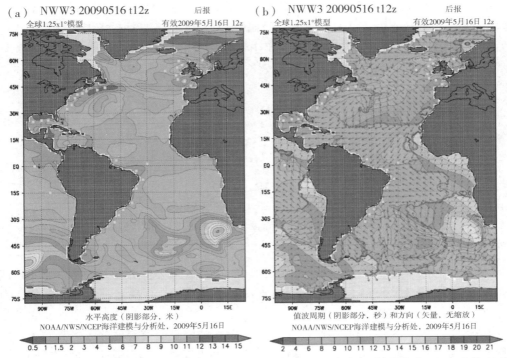

图 8.3　一天的（a）有效波高（m），和（b）峰值波浪周期（s）和方向（矢量）（2009 年 5 月 16 日）
图 8.3a 和 8.3b 也可在彩色插图中找到。来源：NOAA Wavewatch III（2009）。

几乎每个海滩底部深度都存在沿岸变化，那么入射波的折射和反射也会发生沿岸变化。这可能导致一些地区的波能辐聚。如图 8.4a 所示，图中示出了正在接近加利福尼亚州拉霍亚海岸的大涌浪。码头北侧主要的水下峡谷位于照片前方，这反映了大部分涌浪向左移动，而一些涌浪继续在岸上移动。

图 8.4　（a）面向加利福尼亚州拉荷亚斯克里普斯码头南部的碎浪带域。来源：CDIP（2009）。
（b）临近加利福尼亚州拉荷亚的海底峡谷顶端附近水流、组合型涌浪和沿岸流。
照片：由 Steve Elgar 提供（2009）。

破碎波通常分为：（a）崩波型，（b）卷波型，（c）激散波型（图 8.5）。崩波型出现在平坦的海滩，卷波型出现在适度倾斜的海滩，激散波型出现在陡峭的海滩。破碎波的类型也取决于波陡（波高与波长的比值）。发生崩碎波时，最大耗散在碎浪带域内。发生激碎波时，入射波被最大程度上反射回深水。碎浪带域可能包括这些不同类型破碎波的结合。破碎波高定义与有效波高相似，为最高破碎波平均高度的三分之一。

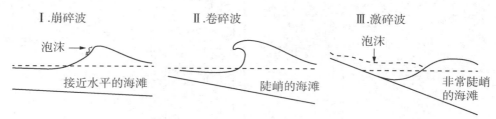

图 8.5　破碎波的类型（I）崩波型，（II）卷波型，（III）激散波型
来源：Komar（1998）。

　　破碎波向近岸地区传递水量。造成波浪增水，波浪增水是指超过平均静水水位线的平均水位上升（图 8.6）。当入射波的波谷到达海滩时，存在互补的波浪减水。海上 3 m 高的波浪能产生 50 cm 的增水。海滩上水量的总上升是增水、个别较大波浪的冲流（水向岸上流动）和由较长周期（＞20 s）拍岸碎浪引起的冲流之和。入射波对反射型海滩上的冲流影响大。具有长周期的边缘波对耗散型海滩上的冲流影响也很大。边缘波是沿着浅水海滩移动的具有相对较长周期（＞20 s）的表面重力波，并且随着振幅向海上减小而陷于海滩，它们受入射表面重力波的推动。

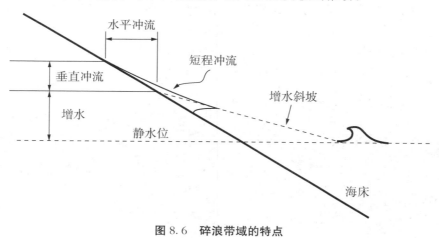

图 8.6　碎浪带域的特点
来源：Komar & Holman（1986）。

　　由破碎波引起的向岸质量传递必须通过离岸流补偿。离岸流分两类：底流和裂流。底流通过底部层的离岸传递，对破碎波区域附近的向岸传递进行平衡；而裂流在水平方向将质量送回海洋（图 8.4b）。裂流产生伴随着波浪破碎时沿岸流的变化。裂流导致增水变化。裂流的位置可以通过海洋测深或海岸线形状来控制，而基于沿岸流的不稳定性，其位置可以为短暂的。裂流强度随着入射波振幅的变化而变化，在振幅较低条件下非常弱，甚至不会存在裂流。

8.3.4　风暴潮

海平面受当地暴风系统的影响而将水带到岸上。风暴来临时的大气压非常低，风力强劲。低压在风暴中局部升高海平面。风引起的大浪，在海岸上形成明显的增水现象。风也可以将水带到岸上。两者都导致当地海平面上升，这种现象称为风暴潮。

风暴潮的大小取决于风暴强度和海底坡度。对于远离海岸逐渐倾斜并存在浅水的陆架如北海地区，风暴潮等级可能非常大。当陆架深度梯度很大时如北美西海岸地区，风暴潮与潮汐相差甚远。许多风暴潮过境时迅速且不明显，但是当发生风暴潮时恰好处于高高潮阶段，它们可能是灾难性的。例如在 1953 年，强飓风与汹涌的大潮淹没了北海的低洼地区。

易受热带气旋影响的低洼地区，是风暴潮重灾区。在孟加拉国，1970 年波拉台风和 1991 年孟加拉国台风引起的风暴潮分别高达 10 m 和 6 m，造成了巨大的生命损失。卡特里娜飓风（2005）在墨西哥湾引起了高达约 9 m 的风暴潮，是美国历史上最具破坏性的自然灾害（图 8.7）。

8.3.5　海啸

表面重力波可以由海底地形的剧变和其他大型突发事件（如水下滑坡、陨石撞击和水下火山爆发）形成。如果在断层一侧的底部突然发生海底地震，结果会造成海水在与底部位移相同幅度的断层上方从顶部向底部转移。突然的海水位移将产生称为海啸的表面重力波。

海啸波长为数百至数千公里。因为这远远大于海洋深度，所以海啸是一个浅水波（式 8.5）。因此，海啸在海洋中从一点传播到另一点的速度和时间由海洋深度确定。频率为 10 分钟到 2 小时左右。在深度为 4 000～5 000 m 的开阔大洋，海啸速度为 200～220 m/s（17 280 km/d），因此海啸只需花费一天时间就能穿过大型海洋盆地，如太平洋或印度洋。

在广阔的海洋区域中，海啸的传播几乎没有衰减。大部分能量集中在初始波群中（图 8.7a 和 b）。海啸最初抵达时，海平面可能上升或下降。峰顶的形状和缺口以及扩散，取决于地震引起的初始形变形状以及海底地形。

底部平坦的海洋中，理想海啸的所有能量最初分布在以地震为中心的圆圈周围。随着海啸的前进，圆半径增加，沿着圆周的单位长度能量减小。海啸在穿过深层地形部位时会发生折射和散射，导致一些地区的能量密度较低，而在其他地区较高。大洋中脊可以作为海啸波的波导管（图 8.7c）。

当海啸到达浅水大陆斜坡时，其波速减小，波向如其他表面重力波一样趋向垂直岸线。其部分能量可以从陆架反射，部分可以产生波浪。因为海啸波长很长，所以波陡很小。浅水海啸像激散波型一样，在其破碎期间抵达海滩之前，几乎没有能量损失。海底地震的准备阶段振幅可达 10 到 30 m。由于强度较大，海啸可以在短时间内（波浪期的一半时间，大约半个小时或更短的时间）淹没大片沿海地区。

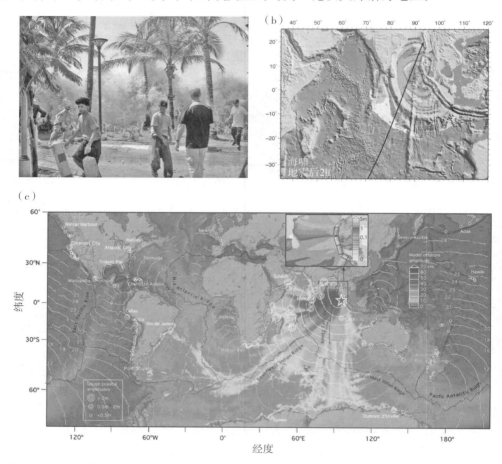

Winter Harbour	温特港
Cresent City	新奥尔良市
Atlanuc City	大西洋城
Trident Pier	特伦托城码头
Bermuda	百慕大
Manzanilfo	曼萨尼约
Callao	卡亚俄
Arica	阿里卡
Rio de Janeiro	里约热内卢
Port Stank	斯坦克端口
Gauge coastal amplitudes	测量沿海振幅
Syowa	昭和

Kerguolen	凯尔盖朗群岛
Sourhwest Indian Ridge	西南印度洋脊
Mossel Bay	莫塞尔湾
St. Herena	圣赫勒拿
Sarcelles	萨尔塞勒
Mate	马累
Safalah	塞拉莱
Ninety East Ridin	东九十度脊
Newlyn	纽林
Adak	埃达克
Severo Kuntsk	维罗库尔斯克
Model offshore amplitude	离岸振幅模型
Hawail	夏威夷
Cocos is	科科斯群岛
Jackson Bay	杰克逊湾
Southeast indian ridge	东南印度洋脊

图 8.7　苏门答腊岛海啸（2004 年 12 月 26 日）

(a) 海啸接近泰国海滩。来源：Rydevik（2004）。(b) 地震后两小时模拟表面高度。来源：Smith 等（2005）。(c) 全球覆盖：波前的模拟最大海表高度和抵达时间（地震后小时）。图 8.7c 也可在彩色插图中找到。来源：Titou 等（2005）。

海啸能量可以通过海洋中部地貌以及特定大陆架和港口的自然共振辐聚。例如，因为在海啸穿过海洋时海上的曼多细诺断裂带以及当地大陆架和海港的自然共振聚集海啸能量，加利福尼亚州克雷森特市特别容易受到大海啸的威胁。

8.4　内部重力波

本节简要介绍内部重力波或内波，包括其海洋内部分层，以及其如何受到地球旋转的影响。海洋几乎到处都是稳定的分层结构。因此，向上移动的水块和较低密度的水体相遇时，会向下回落，反之亦然。这导致振荡，形成波。内波的恢复力为科氏力与弱化重力，正因为其恢复力很弱，所以其运动比表面波慢得多，无论是它的传播速度与水质点的运动都很慢，而以相同的能量激发界面波与表面波时，内波的振幅约为表面波的 30 倍。

内波主要通过潮汐〔与地形相互作用并产生内部潮汐（斜压潮）〕和风〔搅动混合层，产生频率接近惯性频率的内波（与地球旋转相关）〕形成。继 Gill（1982）之后，本书采取两种情况讨论内波：（a）界面内波；（b）密度连续变化海洋中的内波。这两种波的特性存在很大的不同。

8.4.1 界面内波

界面内部重力波如图 8.8 所示。这种内波与表面重力波特别相似：沿水平方向传播，在两层之间的明显界面中上下起伏。设界面密度是 ρ_1 和 ρ_2。表面重力波的主要变化是两层之间的密度差 $\Delta\rho = \rho_1 - \rho_2$。界面内波的相位和群体速度与浅水表面波（式 8.5）相同：

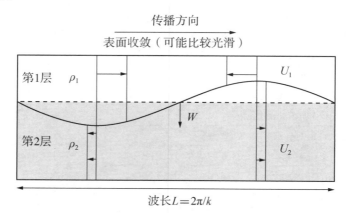

图 8.8　两层流体中的简单界面内波示意图

来源：Gill（1982）。

$$c_p^2 \approx g\,\frac{\Delta\rho}{\rho}H_1 \equiv g'H_1 \tag{8.6}$$

式中，H_1 是上层的平均厚度，ρ 是平均密度，g' 指"约化重力"。这里是假设在式（8.6）中，上层（1）比深层（2）浅得多；如果它们具有相当的深度，则因子 H_1 将变成两层深度的更复杂组合。

在图 8.8 中，波正在向右传播。图表中心节点处的水（波峰和波谷之间的零）正在向下移动。波峰波谷处水平速度最大。由于在同一层中波峰与波谷处流向相反，这将导致水质点运动的辐聚辐散，在峰前谷后出现辐散区，在谷前峰后形成辐聚区。若振幅较大，在海面处会呈现出由它们引起的条状分布图案，辐散区呈光滑明亮条带，辐聚区呈粗糙暗淡状态的条带（图 8.9c）。几乎与界面波相同的内波示例，如图 8.9 所示。

8.4.2 密度连续变化的海洋中的波

垂直层结是描述这些波的最重要的外部海洋性质。Brunt-Väisälä（浮力）频率 N 是内部重力波的最大频率。对于更高分层，最大频率较高（较高的 N）。内波周期从稳定分层的海洋上层的几分钟，到不稳定分层的深海的几个小时。处于 Brunt-Väisälä 频率的波完全以水平方向传播，水粒子完全以垂直方向移动，分层出现最大化（图 8.10）。

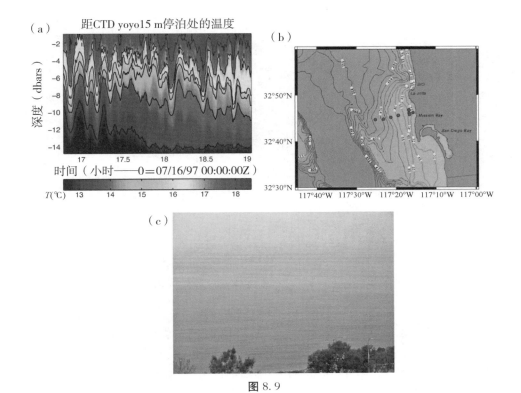

图 8.9

因为内波可以有以小时计算的周期，所以低频内部重力波受地球旋转的影响（式 7.8）。最低频波是纯惯性波，其频率等于科里奥利参数 f。其粒子运动完全在水平面上，没有能够受垂直分层影响的垂直分力。内波频率的全范围 ω 是：

$$f \leqslant \omega \leqslant N \tag{8.7}$$

因为 f 取决于纬度（赤道处为 0，极点处为最大值），所以允许的频率范围取决于纬度以及层结。

式（8.8）为连续分层流中内波的完全频散关系：

$$\omega^2 = \frac{(k^2 + l^2)N^2 + m^2 f^2}{k^2 + l^2 + m^2} \tag{8.8}$$

通常假设 N 没有变化并且 f 是常数来简化关系式（恒定纬度）。即使针对复杂的分层，式（8.8）仍然是一个很接近于当地内波行为的近似值。

从 f 到 N 的内频率完全由波速与铅直方向的角度决定（图 8.10 中的 θ）。随着波矢从水平向垂直方向倾斜，水粒子的层结越来越小，且频率降低直至最终达到其最小值 f。频散关系式（8.8）表明，这完全不同于表面重力波和界面波。频率不取决于实际波数，仅取决于相速度方向与水平面的角度。

内部重力波的群速（c_g）正好与相速（c_p）成直角。因此当波形向斜上（下）传播时波动能量向斜下（上）传播，即物质输运方向为斜下（上）传播。最后，最高频率（N）和最低频率（f）内波的群速在所有方向都为 0（向上以及水平）。

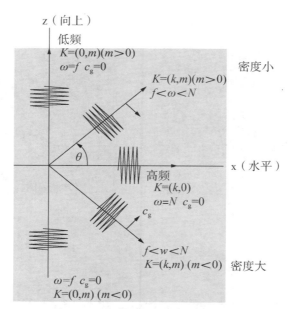

图 8.10　内波性质示意图

相位传播的方向由波矢（k，m）给出（粗箭头）。相速（c_p）在波矢的方向上。群速（c_g）正好与波矢垂直（较短，较细的箭头）。

在接近惯性频率（接近 f）时，向上相速伴随着向下群速，并且粒子以几乎是圆形的椭圆顺时针运动。因为科里奥利参数 f 在赤道处为 0，所以在赤道地区可以发现频率很低的内波，其周期为多天（纬度 $3°$ 周期为 10 天，赤道处为无穷大）。

8.4.3　内波的生成和观测

水柱中的内波（第 8.4.1 节中的界面内波除外），主要是由在表面混合层产生干扰的风和底部地形上的潮汐搅动产生。然后，内波将能量从干扰处传播到海洋内部，内波之间的非线性相互作用，将使能量传播到其他频率的内波中。

一般根据调和分析法，通过消除非内波成分的滤波器来观察滤波。由于一个地方观察的内频率谱与另一个地方如此相似，因此人们花费了数十年的时间，开始对局部形成的频谱变化进行阐述。Garrett 和 Munk 介绍了内频率谱的一般形式，他们后来修改的波谱是 Garrett-Munk 79 频谱，这种频谱仍然在广泛地使用。目前人们对内波分布和形成的大部分了解，都来自对近乎普遍的（经验的）波谱形状成因的理解，以及对这种形状差异的描述。

如果潮汐的频率在 f 和 N 之间，掠过海底地形时会产生内波。因为方向完全由频率决定，所以可精确预测出相对于潮成内波垂线的传播方向。图 8.11b 为从夏威夷山脊观察到向上和向外传播能量的内波。

通常随着波向海岸附近的浅水传播，能量可以在内波中叠加，并产生称为孤立波或孤立子的大规模局部干扰。内部孤波与在岸上或海峡上移动的潮汐相关。在许多地方已经观察到内部孤立波，图 8.11c 中俄勒冈州沿海大陆架特别的图像就是通过波生湍流的声学反向散射现象生成。

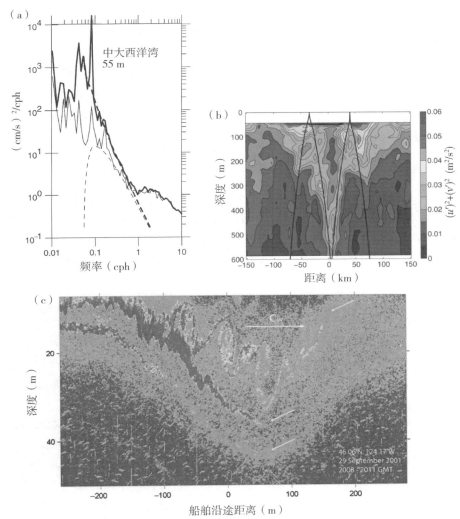

图 8.11　内波观察，(a) 中大西洋湾 55 m 深处，来自测流计的旋转波谱：黑体为顺时针方向，细体为逆时针方向；虚曲线是修改后的 Garrett-Munk 波谱。来源：Levine（2002）。(b) 沿着穿过夏威夷海脊的一段，观察到的速度方差（变率），位于图底部下方 0 km 处；黑线是频率等于 M_2 潮的预期内波（群速）路径；距离（m）是至脊中心的距离。来源：Cole、Rudnick、Hodges 和 Martin（2009）。该图也可以在彩色插图中找到。(c) 在俄勒冈州的大陆架上方破坏内部孤立波。图像显示声学反向散射：红色表示更多的散射，并且与较高的湍流水平相关。图 8.11 也可以在彩色插图中找到。©美国气象学会。再版须经许可。来源：Mourn 等（2003）

8.5　大陆架波和沿海陷波

近海海洋的物理边界允许存在特定等级的大范围表面重力波，地球自转对该重力波有重要的影响。这些沿海陷波的振幅在海岸或海岸附近达到最高值，之后随着向大海方向的移动并逐渐衰减。它们的长度尺度较大（数十到数百千米），并且是次惯性波（频率低于惯性频率）。对于有着平坦海底和垂直侧面的理想海洋，开尔文波（第 7.7.6 节）是这些沿海陷波中最典型的波。

看起来越像开尔文波的一般沿海陷波（或地形波），在经侧面斜坡（大陆坡）大幅调整后，将会更像罗斯贝波（第 7.7.3 节）。这些地形罗斯贝波通常通过浅水向北半球右侧传播（南半球左侧转播）。陆架波和地形罗斯贝波相似，但是其海底地形包括大陆架、大陆坡和一个平坦深海底。

8.6　潮汐

每日一次或两次涨落的潮汐和它们的长期变化是最容易预测的海洋现象。水在涨潮期间堆积在海岸，并在退潮期间逐渐消失。当与深海内潮相关的波碰到海山、山脊或者海岸时，它们发生破碎，并形成湍流，成为深海中的能量主要耗散来源（第 8.4 节）。本节将简要介绍潮汐。

8.6.1　平衡潮

月球和太阳对地球施加引力。1687 年，艾萨克·牛顿爵士发表了两个物体之间重力引力的表达式：

$$F = G\frac{mM}{r^2} \tag{8.9a}$$

式中，F 是重力引力，沿着将两个物体分开的线施加，以牛顿为单位；r 是它们之间的距离，以米为单位；m 是一个物体的质量（如月球）；M 是另一个物体的质量（如地球）；G 是牛顿的万有引力常数（6.67×10^{-11} N·m²·kg⁻²）。

假设地球是一个完全由水覆盖的星球，没有大陆和各种不同的地形，平衡潮则是由月球或太阳在水上的引力而形成的海洋形状。施加至海洋的引潮力，是月球（或太阳）对地球质心的引力与月球（或太阳）对海洋的引力之间的引力之差。如图 8.12a 所示，这是月心和地心之间力（F_C），与月球和地球远侧（F_A 在"对映点"）或地球近侧（F_S 在"月下点"）之间力的差值（这些陈述也适用于太阳）。在图 8.12a 中，力的差异是 $T_A = F_A - F_C$ 或 $T_S = F_S - F_C$。其中 T_A 与 T_S 大小相同，并且互相指向相反的方向。这会造成海洋在月下（近）侧接近月球的方向隆起，并在相反（远）侧远离月球的方向隆起。因为地球旋转，所以这里存在两个隆起部分，因此每天发生两次涨潮。

推导地球上每一个点处平衡潮的形状比较复杂，本书不会详细讲解。但我们可以推导出月下点和对映点处最大潮汐振幅的简单表达式。使用式（8.9a）写下力的表达式，在与月球质心之间距离为 R 的海洋上一个点处，月球重力加速度方向为月球方向，加速度值为 Gm/R^2，式中 m 是月球的质量。与此同时，在地球的中心，地球

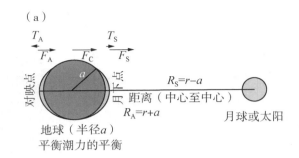

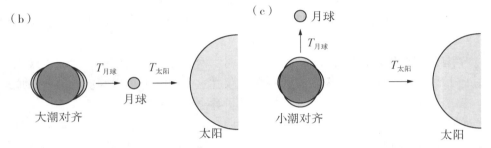

图 8.12　平衡潮，（a）由于月球或太阳形成的引潮力。（b）在大潮期间，地球－月球－太阳的对齐还包括月球在太阳对面的情况。来源：NOAA（2008）。（c）小潮期间对齐

质心的加速度（在围绕地球－月球系统质心的轨道内）方向为月球方向，加速度值为 Gm/r^2，式中 r 是月心到地心的距离。月球到月下点的距离是 $R = R_S = r - a$，a 是地球的半径。月下点处流体块的潮汐加速度方向为月球方向：

$$T_S = \frac{Gm}{R_S{}^2} - \frac{Gm}{r^2} \sim \frac{2Gma}{r^3} \qquad (8.9\text{b})$$

假设 $a \ll r$，用泰勒级数展开可得出这个近似值。月球到对映点的距离是 $R = R_A = r + a$。对映点处流体块的潮汐加速度是：

$$T_A = \frac{Gm}{R_A{}^2} - \frac{Gm}{r^2} \sim \frac{-2Gma}{r^3} \qquad (8.9\text{c})$$

但该加速度的方向为远离月球的方向。图 8.12a 中示出了这些加速度。因此，在地球面向月球的一侧，地球表面一部分引潮力方向为向月球方向；而在地球的另一面，其方向为远离月球的方向。这完全是因为面向月球那一侧的海洋表面上引潮力大于对地心的引潮力，而月球另一侧的海洋表面引潮力小于对地心的引潮力。[1]

――――――――――

① 平衡潮引潮力的同等推导根据与地球围绕月球－地球系统质心旋转相关的离心力完成（重心位于离地球中心 4 670 km 处，因此在地球内）。月心和地心之间的重力加速度 F_C，由这种围绕重心旋转的离心加速度进行平衡（$F_{cf} = -F_C$）。重心周围的离心加速度在地球上的每个点都相同，因为地球是一个刚体（例如，Balmforth 等在 M. Hendershott 的讲座，2005）。在以地球为中心的坐标系中，引潮加速度是这种不变离心加速度与朝向月球的海洋重力加速度之和，这取决于向月球的靠近程度。也就是说，$T_S = F_{cf} + F_S = -F_C + F_S$ 和 $T_A = F_{cf} + F_A = -F_C + F_A$，它们与上文给出的表达式相同。

此外，引潮力以引起潮汐的物体距离的负三次方衰减，即使牛顿引力以距离的负平方减小（式 8.9a）。

地球和地球上的观察者在平衡引潮势下旋转，所以当引起潮汐的物体处于地平线上最高海拔时，地球上的观察者可以看到高平衡潮；而当引起潮汐的物体在地平线下最低海拔时，观察者能看到另一个同等大小的平衡潮。当太阳是引起潮汐的物体时，两个最大的平衡潮相隔 12 个小时。然而，当月球是引起潮汐的物体时，因为月球环绕地球的方向和地球自转的方向相同，它们之间的间隔大约是 12 个小时 25 分钟。因此，由于月球引起的高、低潮出现频率通常略低于每天两次，高、低潮的时间每天都在变化。根据波进行说明时，这些假设的潮汐在每个阳历天和阴历天分别有两个周期的频率，所以称为半日潮。

当引起潮汐的物体在地球的赤道平面上时，两个高潮大小相等。然而，太阳每年只在地球的赤道平面上出现两次，月球每月仅在这个平面上出现两次。因此，地球上某一特定点处每天两次潮汐的大小不同，我们称之为日不等。当太阳在离地球赤道平面最远的距离处时，日不等现象最明显，太阳日差在春秋分点处消失。在分至月，月球日差的变化也相似，分至月按照月球在地球赤道平面上经过的连续向北距离进行定义。日差的发生可能对半日潮（每天两个周期）与全日潮（每天一个周期）起到建设性和破坏性作用。因为太阳日差每年消失两次，所以每年会对两个太阳全日潮起破坏作用。

月球平衡潮振幅约为 20 cm，远远小于许多海岸和港口观测的实际潮汐，出现这种差异的原因是海岸边界的影响（第 8.6.2 节）。和月球相比，太阳与地球之间的距离更大，所以尽管它的质量比月球大得多，但太阳潮汐力仅为月球潮汐力的一半（但是，给定地点的太阳潮汐响应可能大于月球潮汐响应）。当地球、月球和太阳对齐时（图 8.12b），并且当月球与太阳完全相反时，月球和太阳的潮汐相互加强，产生非常大的高潮［将这种对齐方式称为（朔望）］。将此类潮汐称为大潮（每月两次）。当月球垂直于地球－太阳轴线时（图 8.12c），月球和太阳的潮汐不会相互加强，将产生这个月高潮最小的两个时期，将此类潮汐称为小潮。有时将潮汐振幅半月变化的这种潮汐称为半月潮（fortnight tides）。

月球围绕地球的轨道是椭圆形而不是圆形。因此，每个月月球最接近地球的一次位于近地点，且月潮差最大；每个月月球距地球最远的一次位于远地点，月潮差最小。同样，地球围绕太阳的轨道是椭圆形。当太阳离地球最近时（大约在 1 月 2 日左右的近日点发生），日潮潮差达到最大值（近地点的大潮）；当太阳离地球最远时（大约在 7 月 2 日左右的远日点发生），潮差将减小。

地球围绕太阳的轨道平面称为黄道。地球的赤道平面向黄道倾斜约 23°26′。月球轨道的平面向黄道倾斜约 5°，这个倾斜称为月球的偏角。因此，月球的最大偏角约为 28°26′，最小偏角约为 18°26′。月赤纬存在 18.6 年的变化周期，在此期间，月球的偏角从最小值变为最大值。因此，潮差随着 18.6 年的变化周期而变化。

8.6.2 动力潮汐理论

因为地球、太阳和月球的运动众所周知，所以可以非常精确地了解引潮力。鉴于引潮力的规律性和可预测性，为什么海岸线任何特定位置的潮汐与沿海更远的地区的潮汐不同？为什么海岸线的实际潮汐有时比平衡潮更大？为什么一些地区以半日潮为主，而其他的地区则以全日潮为主？大陆阻挡了在地球转动时平衡潮向西的自由传播，结果形成围绕每个海洋盆地移动的复杂潮汐模式。根据每个盆地响应引潮力的每个特定频率的方式，任何给定位置引发的潮汐都是月球和太阳的潮汐力以及盆地和海岸线几何图形的函数。假定真正天体对潮汐的每一种变化，都不是天体本身的作用，而是一个或几个假想天体对潮汐所引起的每一种变化，这些假想天体对海水所引起的潮汐称为"分潮"。每个分潮的频率可以测得。分潮的相对振幅取决于当地。

主要的潮汐频率是半日（每天两次主要是由于月球潮汐）和一日（每天一次）。在某些地方几乎没有半日的分潮，而在其他地方几乎没有每日的分潮。潮汐通常以分潮表示。主要分潮按振幅顺序为 M_2（太阴主要半日分潮）、K_1（太阴太阳赤纬全日分潮）、S_2（太阳主要半日分潮）、O_1（太阴主要全日分潮）、N_2（太阴椭率主要半日分潮）、P_1（太阳主要全日分潮）、K_2（太阴太阳赤纬半日分潮）以及其他半日、全日、两周和更长的周期频率的分潮。许多教材中都给出了分潮表。

利用洛杉矶两个月的水位记录详细绘制了图 8.13 中的大潮和小潮，小圆圈表示与大潮（最高）一致的满月和新月次数。两个大潮之间是小潮。半日潮和全日潮混合之后产生的两个独立结构——中心附近的较低高潮和较高高潮，这两种高潮表示大小潮的循环。根据全日和半日分潮的相对振幅，其他位置的情况看起来会有很大的不同。

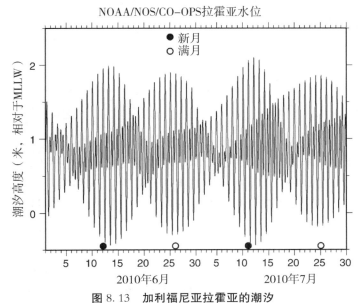

图 8.13 加利福尼亚拉霍亚的潮汐

数据来源：NOAA CO－OPS（2010）。

M_2 潮汐的全球地图如图 8.14 所示。图 8.14a 中的曲线是同潮时线，表示高潮时间相同的点的连线。在同潮时线相交的位置，振幅为零（图 8.14b）。这些特殊点称为无潮点。

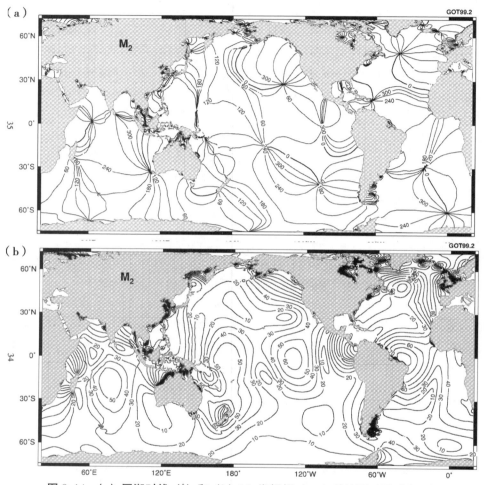

图 8.14 （a）同潮时线（˚）和（b）M_2 潮振幅（cm）的地图（月球半日）

来源：Ray（1999）。

除了海岸水量可能发生每天一次或两次较大的变化之外，潮汐也可以促进水的垂直混合并且破坏分层。将从地下底部中进出的水称为"潮汐冲刷"。George 浅滩为潮汐混合效果提供了一个很好的示例。撞击浅滩的 M_2 潮汐形成顺时针循环，特别是沿其北侧的射流可以达到 100 cm/s（Chen & Beardsley，2002，以及图 8.15a）。当水体发生分层时，George 浅滩边缘出现一个"潮混合锋"，将浅层的混合水从海上的分层水中分离出来（图 8.15b）。通过潮汐混合，可以将较冷的营养丰富水从浅滩的更深处移到浅滩上方。可用从卫星表面彩色图像观察的高叶绿素含量来表示，这种现象的结果是 George 浅滩的生产力非常高的原因（图 8.15c）。

　　在高纬度地区的结冰地区，在更淡更冷（冷冻的）的海水表面层之下，海水经常达到地下温度最高值。这些地方的潮汐混合，可以通过将地下温水混合到表层融化海冰，形成冰间湖（无冰水面）（第 3.9 节；图 3.12、10.29 和 12.23）。

　　在边缘海域、海湾和河口，潮汐力的来源不是开阔大洋。来自开阔大洋的潮汐冲击沿海地区，在近岸海域和河口中强迫移动。将这些潮汐称为共振潮。如果潮汐与盆地的固有频率之间存在共振，共振潮可形成主要潮汐的最高振幅在河口或海湾的前部。缅因湾和芬迪湾（图 8.15a 中的位置）的最大潮汐振幅为 15 m，这是一个强劲的共振潮，与 M_2 潮汐在 13.3 小时内形成共振。

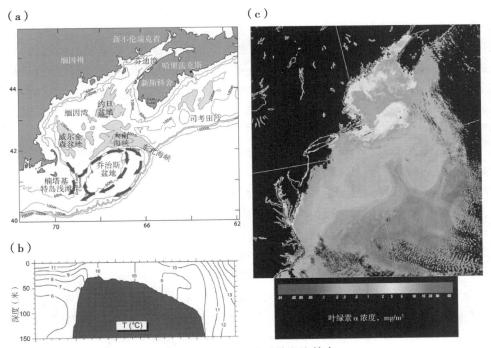

图 8.15　George 浅滩的潮汐效应

（a）循环示意图和（b）夏季温度结构（℃）。TMF = 潮混合锋。SBF = 陆架断裂带。来源：Hu 等（2008）。
（c）1997 年 10 月 8 日，SeaWiFS 卫星观测到的叶绿素 α 浓度（mg/m³）。图 8.15c 也可以在彩色插图中找到。
来源：Sosik（2003）。

第 9 章　大西洋

9.1　介绍和概述

大西洋是由大西洋中脊（MAR）平分的长而窄的海洋盆地（图 2.9）。风力驱动大洋环流和风力驱动热带环流主导着海洋上层的输运过程（图 9.1）。大洋环流及其西边界流包括北大西洋（墨西哥湾流和北大西洋洋流）和南大西洋（巴西海流）的反气旋亚热带环流、北大西洋北部（东格陵兰流和拉布拉多流）的气旋副极地环流。副热带环流包括东边界流上升流系统：北大西洋的加那利海流系统和南大西洋的本格拉海流系统（BCS）。热带环流主要是纬向的（东西向），包括北赤道逆流和南赤道流，并且有低纬度西边界流（北巴西海流；NBC）。

北大西洋北部上层水体向密度更高的中深层和深水层（经向翻转环流或温盐环流）的转变与深海环流相关，包括深海西边界流（DWBC；第 7.10.3 节）。大部分从海表到深层的最终转变发生在拉布拉多海和北欧海域（第 12 章）。这种转变也影响了大西洋的海洋上层环流：它将北大西洋的墨西哥湾流和北大西洋洋流的向北输运量增加了约 10%，并将热带和亚热带水域与副极地北大西洋相连接。该翻转环流导致了大西洋各纬度的北向净热传输，因为它将温暖的地表盐水向北引导，并在深处向南输运密度大、冷却的盐度相对低的海水。在南大西洋，这颠倒了在所有其他亚热带地区发现的亚热带热传输通常向高纬度方向输运的规律（第 5.6 节）。

在南部，大西洋与其他海洋通过南大洋相连（第 13 章）。当南大洋从德雷克海峡进入南大西洋时，南极绕极流（ACC）的副南极锋（SAF）发展为马尔维纳斯（或福克兰）海流，在南美洲沿岸发生重要的北向输运，然后部分向南输运，在向东移动到印度洋并超越太平洋时，开始漫长而缓慢的南移。厄加勒斯洋流环绕非洲的南端，将印度洋的温暖的表层水带入南大西洋。厄加勒斯流的大部分都折回到印度洋（第 11 章），但在这个过程中产生了许多涡，这些涡向西北移动进入大西洋。厄加勒斯流水域的一小部分也进入南大西洋的本格拉海流。来自南极洲的高密度底层水从威德尔海进入大西洋。

在北部，大西洋与北欧海域和北冰洋相连（第 12 章），而北欧海域与北冰洋在地形上被一条海脊所分离，此海脊从格陵兰延伸到冰岛，然后从冰岛绵延到法罗群岛和设得兰群岛。从大西洋到北欧海域的北向流注入挪威沿岸的挪威大西洋洋流中，该洋流向南回流到大西洋回流区域发生在两个地点，一个是在东格陵兰洋流（EGC）的淡水表层，另一个是通过戴维斯海峡进入拉布拉多海，并在格陵兰－设得兰群岛海脊中的三个海峡出现高密度的次表层溢流。这些溢流形成了北大西洋的高密度深层水和

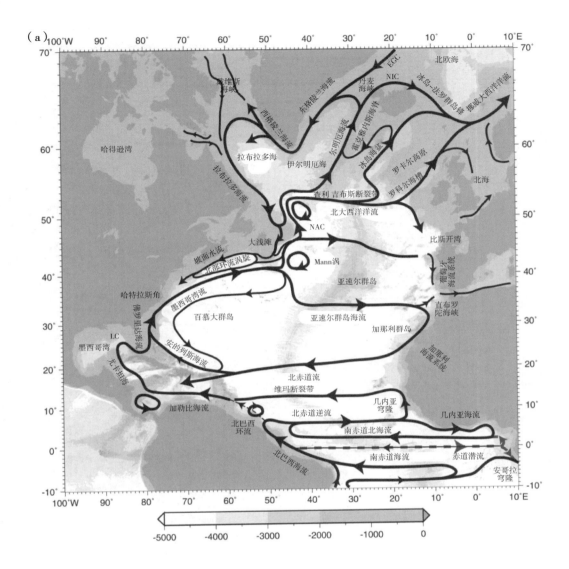

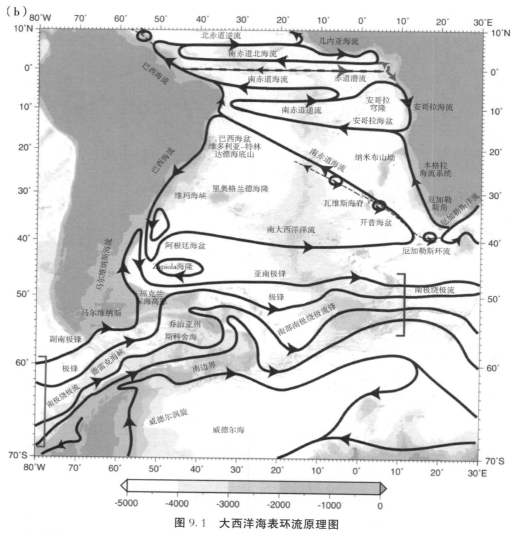

图 9.1 大西洋海表环流原理图

（a）北大西洋和（b）南大西洋；沿着海洋表层正下方的沿赤道向东的 EUC 也已示出（灰色虚线）。

全球翻卷环流的大西洋分支的深层部分（另一个分支与南极洲的高密度水产生有关）。

北大西洋的边缘海是大西洋重要的水团混合和转化的场所。亚热带西边界流流经美洲各国间的海域（加勒比海和墨西哥湾），然后再次返回北大西洋。地中海有一系列近乎完全分离的子海盆（每个都有独具特点的典型水团和环流的形成）和自己的边缘海——黑海。地中海净蒸发量贡献了大西洋和太平洋海域之间观测到的盐度差异的三分之一。地中海的高密度水从直布罗陀海峡重返北大西洋。在大西洋西北部，拉布拉多海是造成经向翻卷环流的中层水形成的区域。巴芬湾北部是大西洋与格陵兰以西北冰洋的连接通道，并拥有自己的内部水团形成过程。大西洋东北部是欧洲内部浅层陆架海，即北海和波罗的海（这些边缘海在 http：//booksite. academicpress. com/ DPO/的在线补充第 S8 章中有详细描述；"S"表示补充资料）。

大西洋上层海域的水团与其他海洋的风生环流内的水团相似，包括与温跃层水体交换有关的水团（中央水团和亚热带次表层水团，STUW），以及与强大海流相关的水团（亚热带模态水，STMW）。副极地北大西洋的北大西洋洋流有自己的模态水——副极地模态水（SPMW）。

北大西洋北部及其邻近的海洋为全球海洋提供新的深层水（北大西洋深水，NADW）。当地的垂向对流水来源是拉布拉多海、地中海和北欧海域。由于当地的深层水及北大西洋北部的深层水相对较年轻，大约为数十年，与北太平洋深层和底层水数百年的年龄（第 10 章）相比较，还是相对年轻的。

在本书中，大西洋的内容安排是在太平洋和印度洋之前讲授，这是因为历史上大西洋是提出海洋环流及水团形式学说的中心区域。从教学角度来看，由于风力驱动的亚热带和副极地流在北太平洋占主导地位，因此首先介绍北太平洋环流（第 10 章）可能会更有利。与之相比，北大西洋的上层海洋环流也包括重要的流入到经向翻卷环流（MOC）的深层流中的海流，较为复杂。在这两个海洋中，风力驱动的副热带环流输运达到 30～140 Sv，有些还超过了 140 Sv（取决于位置）。而另有 15 到 20 Sv 的水迂回流经北大西洋上层环流，作为 MOC 的一部分，形成 NADW，还有小于 2 Sv 的水横穿北太平洋，最终形成北太平洋中层水（第 10 章和第 14 章）。

大西洋的气候是多变的（第 9.9 节和在线补充第 S15 章）。北大西洋的大部分准年代际变化与和北极振荡相联系的北大西洋振荡（NAO）有关。NAO 在海表的影响包括西风、海气浮力通量和海表海洋特性的变化。NAO 影响亚热带和副极地环流以及水团形成的速率和性质。百年到千年的大西洋流长期变化以大西洋多年代际振荡（AMO）进行描述，AMO 对于理解人类活动对大西洋气候变化的可能影响至关重要。目前所观测到的大西洋固有的热带气候模式，与太平洋厄尔尼诺－南方振荡（ENSO）有区别，但应该指出 ENSO 的影响实际也扩展到了大西洋海域。在南部，南部环状模态（SAM）在威德尔海和南大洋的南大西洋区域有一个主要的活动中心。

9.2　驱动力

本节介绍大西洋海洋环流的长期平均外部驱动力，季节性效应大都没有涵盖在内。关于气候多样性的在线补充章节（第 S15 章）讨论了该区域驱动力的一些年际间到年代际变化。

9.2.1　风力

风应力通过摩擦力的埃克曼输运效应在表层驱动海洋环流。[①] 经过表层的辐散和辐聚然后驱动海洋内部环流（第 7 章）。年平均和季节性平均风应力如图 5.16（全球）所示，而大西洋区域的风应力图在线可查（图 S9.3）。风场的东西方向（纬向）

---

① 除赤道以外，因为在赤道，摩擦层输运是直接在下风方向的。

部分主要包括 30°N 以北和 30°S 以南的西风，以及该区域之间的东信风。风场的经向分量特别包括沿东部边界的朝赤道方向的风：沿北部非洲从直布罗陀海峡到约 10°N，并沿南部非洲直到约 10°S。这些大规模的沿岸风推动着加那利和本格拉海流系统。

埃克曼输运辐散（上升流）和辐合（下降流）可以通过式（7.21）和（7.44）由图 5.16d 和 S9.3a 的风应力旋度表示。下降流地区位于亚热带，上升流地区发生在北大西洋北部和约 50°S 南部的南大洋。

斯维尔德鲁普输运（第 7.8 节）如图 5.17 和 S9.3b 所示。副热带环流是朝赤道方向内部流动，并通过向极西边界流闭合的区域。根据向南斯维尔德鲁普输运的位置，北大西洋的副热带环流向北延伸至 50°N～52°N，到达英国所处位置，此环流的向北西边界流包括墨西哥湾流系统和纽芬兰东部的北大西洋洋流。南大西洋的副热带环流向非洲南部延伸，此环流的向南西边界流是巴西海流。

根据国家环境预测中心（NCEP）再分析风场预测的墨西哥湾流的最大斯维尔德鲁普输运量约为 20 Sv。目前已知 NCEP 预测的风太弱（Taylor，2000），斯维尔德鲁普输运量可能更接近 30～50 Sv。这远远低于由其回流引起的 140 Sv 以上的最大墨西哥湾流输运量。在南大西洋，巴西海流斯维尔德鲁普输运量在 30°S（非洲形成东部边界）相当于 25 Sv。在非洲南端（厄加勒斯角）以南，南美洲海岸的斯维尔德鲁普输运量跳跃到 85 Sv 以上，因为进行自东向西的积分时包括了印度洋，从澳大利亚/塔斯马尼亚岛海岸向西到南美洲。实际环流不包括在南大西洋 35°S 的内部纬向射流；反而，加入这一射流的厄加勒斯流会折回（突然向东转），并产生向南大西洋传播的涡。观测到的巴西海流输运量确实在 34°S 以南跃升到更高的值，但这似乎与当地的环流相关，就像墨西哥湾流那样（第 9.5 节）。

9.2.2 浮力强迫

浮力强迫是热量和海气界面淡水通量的总和（图 5.4a、5.12、5.15 和在线补充图 S9.4）。大西洋有两个世界上最大的年平均热量/浮力损失区域：与 35°N～38°N 北美海岸分隔的墨西哥湾流（>200 W/m²）和北欧海域（>100 W/m²）。两者都与向极输运并最后被大气体冷却的温水相关联，包括大的潜热（蒸发）热量损失。同样，在南大西洋，巴西海流和厄加勒斯折回流是热损失（100 W/m²）的地区。净热增益发生在热带地区，沿着赤道具有最高的增益（>100 W/m²）。与上升流系统相关的沿海狭窄的地带也获得了热量。

净蒸发量减去降水量（E−P）减去大西洋的径流量显示典型的大型亚热带净蒸发区域集中在赤道两边 10～20°纬度，位于与热带辐合区（ITZC）相关的热带净降水区域的两侧。在副极地北大西洋，特别是大陆边缘附近和相邻海域（作为径流）出现净降水量/径流量。与太平洋相比，大西洋的（E−P）倾向于净蒸发，因此其平均盐度高于太平洋。大西洋的整体盐度较高是由于亚热带地区的蒸发量较大。

海气界面的浮力通量主要由热通量贡献，而淡水通量贡献较小（在线补充图 S5.8 和 S9.4）。亚热带地区的净蒸发扩大了亚热带浮力损失区域，覆盖了北大西洋和

南大西洋的全部环流区域。来自亚马逊河、刚果河和奥里诺科河的淡水入海通量大于
0.4 Sv，这是全球淡水收支中最大的组成部分（Dai & Trenberth，2002；Talley，
2008）。副极地沿海地区的淡水输入也相当显著（纽芬兰地区、不列颠群岛）。浮力损
失，即使在由蒸发大大增加盐度的地中海，仍然主要由热量损失所控制（蒸发伴随海
洋的潜热损失）。

9.3 北大西洋环流

北大西洋的海表环流（在线补充图 9.1 和 9.2a；图 S9.1 和表 S9.1 以及 S9.2）
包括反气旋副热带环流和向北延伸到北欧海域的气旋副极地环流。自 19 世纪以来，
关于海表环流的基础知识已经发展成熟（例如 Peterson、Stramma & Kortum 的评
论，1996）。到 20 世纪中期，伴随海洋环流输运量的估算工作的开展（Sverdrup、
Johnson & Fleming，1942），密集且狭窄的西边界流和回流获得描述，具现代意义的
海表环流图逐步为人所知（例如 Iselin，1936；Defant，1961；Dietrich，1963）。

北大西洋的副热带环流与所有副热带环流一样，是不对称的。在海洋的西岸，西
边界流强劲、狭窄，而在海洋的中东部亚热带地区则出现宽阔的、向南流动的海流。
亚热带西边界流由两个连接部分组成：约 40°N 以南的墨西哥湾流系统，以及纽芬兰
东部和 40°N 以北的北大西洋洋流系统的部分。东边界上升流系统被称为加那利和葡
萄牙海流系统。在赤道一侧的向西流动的是北赤道流。

气旋副极地环流不对称性与副热带环流相比较弱，其受地形控制程度较强。[1] 东
格陵兰和拉布拉多（EGC 和拉布拉多海流）有迅速、狭窄的西边界流，它们与西格陵
兰流（WGC）（位于东部边界）相连。北大西洋洋流（NAC）是副极地地区南侧
的向东流，NAC 分支向东北流向北欧海域。在海表，气旋副极地环流覆盖了副极地
北大西洋和北欧海域（第 12 章）。北欧海域的南向回流发生在 EGC。

亚热带和副极地海表环流通过 NAC 连接，并出现 MOC 所需海洋上层水的向北
净输运。

随着深度的增加，反气旋副热带环流朝向墨西哥湾流系统向西和向北收缩。气旋
副极地环流在格陵兰－法罗群岛海脊南部关闭。在大约 1 500 m 以下的深度，深海环
流变得明显，出现了 DWBC，将新形成的中层水和深水从副极地北大西洋向南输运
到赤道（第 9.6 节）。在 MAR 的深度之下，环流限制在各种深海盆地，但通常向南
输运北大西洋北部海水，并从南大洋向北输运底层水。

9.3.1 副热带环流

我们从副热带环流开始详细介绍了环流（图 9.1 和图 S9.1 及表 S9.1，见在线补

---

[1] 由于较弱的垂向分层造成海流深层渗透和更大的科里奥利参数，地形控制在副极地带比亚
热带地区的影响更大。

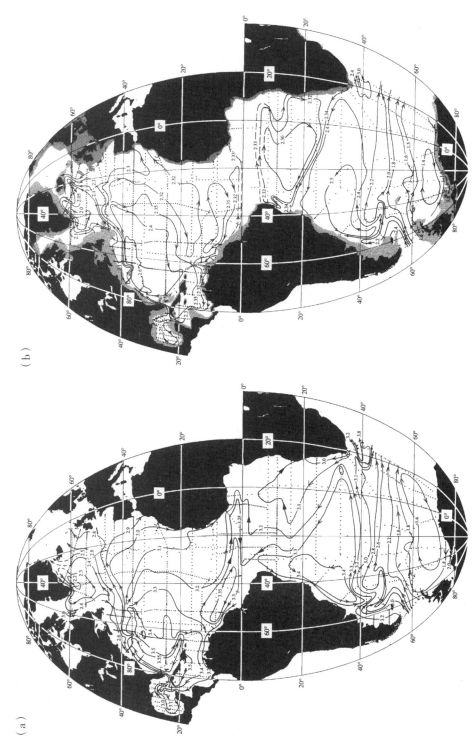

图9.2 （a）0 dbar和（b）500 dbar的比容高度（10 m² · s⁻²），经过调整用于估计绝对地转环流

来源：Reid（1994）。

充）。亚热带西边界流系统由墨西哥湾流系统（第 9.3.2 节）和更北的 NAC（第 9.3.4 节）组成。加那利和葡萄牙海流系统是东边界流系统（第 9.3.3 节）。

9.3.2　墨西哥湾流系统

墨西哥湾流系统由具有不同名称的多个部分组成，具体取决于位置（和对其命名的科学家）。因此，众多不同的命名可能会令人困惑（Stommel，1965）。[①] 我们将遵循 Stommel 的定义，佛罗里达海流是指通过佛罗里达和巴哈马之间狭窄地段的西边界流，墨西哥湾流指的是佛罗里达海峡北部这个边界流的延续，并且之后与哈特拉斯角的西部边界分离，并向东流出海洋的海流。"墨西哥湾流延伸"一词也可用于描述分离的海流，特别是在新英格兰海底山的东部。

亚热带墨西哥湾流系统开始于北赤道流与向北低纬度西边界流汇合的地方，通过安的列斯群岛进入加勒比海（见在线补充资料中的图 9.1 和 9.3 以及图 S9.5）。在阿内加达海峡进入加勒比海的海流的最大海槛深度为 1 815 m（Fratantoni、Zantopp、Johns & Miller，1997），在海槛深度以下海水的物理性质几乎完全一致（见图 9.7）。佛罗里达海峡的出口海槛深度较浅，约为 640 m，这限制了可以通过美洲各国间海域的海水最大密度（高密度水可以向北流过安的列斯群岛东部）。在加勒比地区，上层海洋环流由西向的加勒比海流和哥伦比亚海盆当地风力驱动的气旋环流组成。

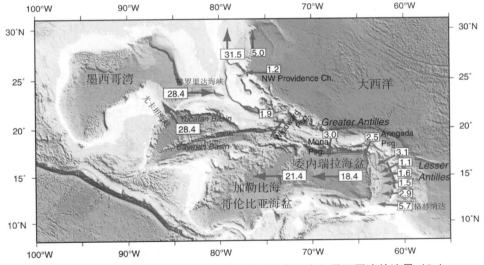

图 9.3　在墨西哥湾流系统形成区域，通过加勒比海和墨西哥湾的流量（Sv）Johns 等（2002）。

北大西洋进入到加勒比海的净输运量约为 28.4 Sv（Johns，Townsend，Fratan-

---

① "我经常使用墨西哥湾流术语，比 Iselin 提出的更为普遍；而我不会说佛罗里达海流延伸到哈特拉斯角，但限制这个术语的用法意味着海流实际在佛罗里达海峡境内。不幸的是，事物的命名更多的是一个普遍的用法，而不是好的意义。"（Stommel，1965） toni & Wilson，2002）。在海槛深度之下，有大约 15 Sv 的剧烈气旋环流，在这个孤立的深海盆中简单地来回运动（Joyce，Hernandez-Guerra & Smethie，2001）。加勒比海流之后形成沿洪都拉斯海岸的西边界流，称为开曼海流，然后通过尤卡坦海峡向北进入墨西哥湾，作为尤卡坦海流。尤卡坦海流从 1999 年至 2001 年的观测数据显示，平均输运量为 23 Sv，最大表面速度超过 130 cm/sec，有时达到 300 cm/sec（Candela 等，2003；Cetina 等，2006）（在线补充图 S9.6）。其速度结构是在狭窄海峡的出现强海流典型结构，具有较强的中央流速核心和弱的侧向逆流（相反方向）。

进入墨西哥湾之后，现在被称为"环流"的西边界流向北流向海湾中部，再向东转向佛罗里达海峡。其特点是在中心出现高海表温度（SST），而且这一环流经常会从主流中分离出来，形成向西传播的反气旋涡，该反气旋涡一般在在东德克萨斯州海岸的陆架上消失（图 9.4a）。

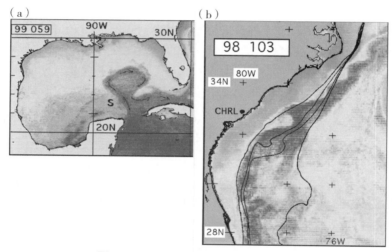

图 9.4　GOES 卫星上显示的海表温度

（a）墨西哥湾，显示从环流开始到形成漩涡。（b）墨西哥湾流，显示查尔斯顿海隆处的曲流和下游叠瓦构造。黑色轮廓是等深线（100 m、500 m、700 m、1 000 m）。本图也可在彩色插图中找到。来源：Legeckis、Brown 和 Chang（2002）。

从墨西哥湾，西边界流最终进入北大西洋。它沿佛罗里达州海岸向北转动，形成佛罗里达海流和墨西哥湾流。墨西哥湾流的一小部分起源于安的列斯洋流，这是一股在安的列斯群岛、波多黎各、古巴和巴哈马以东开阔大洋中时空变化强烈的弱西边界流（Rowe 等，2010）。

佛罗里达海流/墨西哥湾流是狭窄、密集的向北流。在佛罗里达州和巴哈马之间的狭窄海峡，佛罗里达海流情况得到很好的观测（图 9.5a 以及在线补充图 S9.7 和 S9.8）。该海流最大表面速度超过 180 cm/sec，主要集中在大陆坡海峡西段的 20 km 地带内。27°N 断面的平均输运量为 32 Sv，季节性和年际变率各为 ±2 至 3 Sv；夏季季节输运量达到最大值（Baringer & Larsen，2001）。

墨西哥湾流从佛罗里达海峡出现之后，它仍然是西边界流，直到离开哈特拉斯角

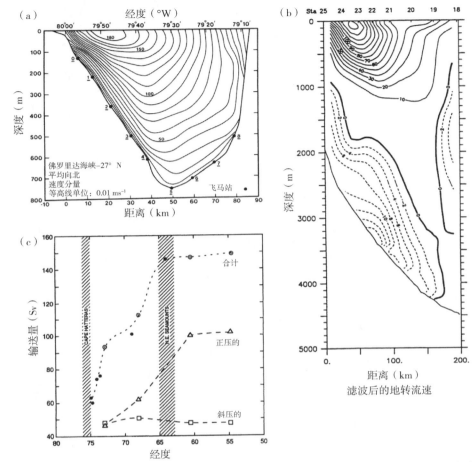

图 9.5 墨西哥湾流速度区间和输运量，（a）27°N 佛罗里达海峡佛罗里达海流的平均速度。来源：Leaman、Johns 和 Rossby（1989）。（b）哈特拉斯角的平滑地转速度。来源：Pickart 和 Smethie（1993）。（c）不同经度的墨西哥湾流输运量（Sv）；哈特拉斯角和新英格兰海底山用剖面线表示。指示了正压和斜压输运量。来源：Johns 等（1995）

的海岸（约 35°N，75°30′W）。该位置被称为分离点。SST 图像（图 9.4b）显示了狭窄的边界流，由于地形（"查尔斯顿海隆"；Bane & Dewar，1988）在 32°N 出现准永久性曲流，以及时间依赖的"叠瓦"构造，其中曲流向后折回海流的近岸侧。

墨西哥湾流系统的这一部分是西边界流的原型，由此提出了适用于墨西哥湾流和其他亚热带西边界流的简单理论模型（例如第 7.8 节）。墨西哥湾流延伸到大陆坡的海底，而其典型宽度仍然小于 100 km；其输运量在分离点增加到 90 Sv 以上（Leaman，Johns & Rossby，1989），输运量中有部分来自马尾藻海向西流入的海流，包括其中部分强烈的回流。哈特拉斯角的平均速度剖面（图 9.5b）显示了高度集中的墨西哥湾流，同时在近岸处有南向流（表层和 DWBC 中）的存在（Pickart & Smethie，1993）。

在哈特拉斯角海域分离点东部，墨西哥湾流是世界海洋中最强大的海流之一，输运量最高达 140 Sv，最大速度高达 250 cm/sec，平均速度约为 150 cm/sec，并且其中的涡变化剧烈。它到达海洋底部的速度超过 2 cm/sec。湾流的宽度仍然较窄（宽 <120 km），但是其强劲的海流输运了数百千米远，携带海表温暖的盐水中心向东进入北大西洋（图 1.1a）。在随深度向南（向东）移动的海流的北（西）侧，其结构不对称，表层流动最强。海流迅速向这个中心的北部衰退，温度和盐度也在这里迅速变化（图 9.7）。这个急剧的过渡通常被称为墨西哥湾流的"冷壁"。

瞬时的墨西哥湾流仍不稳定。它的曲流通常变得足够大，并可以在两侧形成很多的涡（第 9.3.6 节）。其曲流路径的范围由其冷壁的位置指示出来（图 9.6）：它在哈特拉斯角最窄，然后延伸到下游宽度约 300 km 处，比其瞬时宽度宽 3 倍。在哈特拉斯角和大约 69°W 之间，墨西哥湾流的范围沿着倾斜的底部地形变宽，这可能会约束其曲流。在新英格兰海底山东部和 69°W，有大规模曲流。墨西哥湾流的范围宽度和地理位置与历史上富兰克林和福尔格的地图描述的非常相似（Richardson 的图 1.1b，1980a）。

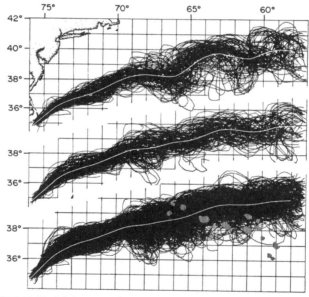

图 9.6　1982 年 4 月至 12 月（上）、1983 年全部（中）和 1982 年 4 月至 1984 年 9 月（下）由海表红外温度观测数据计算得到的湾流北部边缘每两天时空分布
浅白线为湾流路径的平均值。来源：Cornillon（1986）。

墨西哥湾流输运量在下游迅速增加，从分离点的大约 60 Sv 增加到 65°W 的 140 Sv 以上（图 9.5c）。然后向南部失水，其中大部分失水在达到 50°W 前发生。在其分离点和至少 55°W 之间，墨西哥湾流南部有平均向西的表层流，称为墨西哥湾流回流。借助于墨西哥湾流，这形成了回流环流（有时称为"沃辛顿环流"）。在此回流区域内，墨西哥湾流的总输运量比斯维尔德鲁普输运理论预测的要大很多倍（第 7.8 节）。回流可能是由于墨西哥湾流的不稳定性导致的，这种不稳定性迫使其两侧产生向西的流动以及造成分离海流的惯性过冲。

　　在墨西哥湾流的北部，坡面水流的西向流与墨西哥湾流形成了一个细长的气旋环流，称为北回流环流（Hogg，Pickart，Hendry & Smethie，Jr.，1986）。在这里风应力旋度驱动上升。向西的海流部分由拉布拉多海流提供。

　　在海表，沃辛顿环流沿着墨西哥湾流延伸（图 9.1）。佛罗里达海流的南向离岸流向东流入约 22°N～25°N 的北大西洋中西部。这被称为副热带逆流，与北太平洋的黑潮环流十分相似（第 10.3.1 节）。然后东向流折弯回去，汇入北赤道海流的西向流。整个环流和副热带逆流形成所谓的"C 形"海表环流。

　　尽管向南部失水，但部分墨西哥湾流仍然向东延伸至 50°W 的纽芬兰大浅滩。这里有一部分海流向北转，并重新形成为弗莱明角东部的西边界流，称为北大西洋洋流（第 9.3.4 节）。墨西哥湾流的其余部分继续向东和向南，分为两个分支，一个在 42°N～43°N，一个在 35°N 更南部，称为亚速尔海流。42°N 的分支经过亚速尔群岛北部，东部大大减弱。亚速尔海流向东延伸到直布罗陀海峡，少量地表水流入地中海。除了这个显著的纬向急流，副热带环流主要在北大西洋中东部向南转。这些流向西转，并加入到北赤道流[①]，完成了副热带环流的反气旋路径。

　　分离的墨西哥湾流大部分处于地转平衡状态、垂向剪切，因此其等密度线和等温线向北倾斜，在 150 km 宽的海流下，深度变化为 300～500 m（图 9.7 和在线补充图 S9.9）。由于较低纬度的平流，它含有靠近表面温暖且含盐的中心。墨西哥湾流北侧的冷壁（图 9.6 中曲线）是一个宽不到 20 km 的锋。

9.3.3　加那利和葡萄牙海流系统

　　北大西洋副热带环流有一个经典的东边界上升流系统：直布罗陀海峡南部的加那利海流系统和海峡北部的葡萄牙海流系统。这些上升流通过东向亚速尔海流分开，并与地中海入流有关（New，Jia，Coulibaly & Dengg，2001）。东边界流与产生了离岸埃克曼输运的大尺度沿岸风相关（图 5.16 和在线补充图 S9.3a；第 7.9 和 10.3.1 节）。

　　地处北非海岸的加那利海流系统（图 9.8）与葡萄牙海流系统相比，是一个更加充分发展的上升流系统（Mittelstaedt，1991）。加那利海流是朝赤道方向（南向）的近海沿岸流，是全年都存在的，但其在南部的终点随季节性变化。在 20°N 和 23°N 之间，加那利海流离岸运动，汇入北赤道海流。从直布罗陀到布朗角的上升流风在夏季最为强劲。赤道风在离岸海域是最强的，这导致加那利海流区域出现正风应力旋度，这进一步加快了上升流。在 25°N 以北约 600 m 深处，向极潜流沿着加那利海流下方的大陆架流动，平均速度约为 5 cm/sec。像其他东边界流系统一样，加那利海流是相当复杂的，上升流会在海岸线上的海角存在的区域产生急流（图 9.8）。另外，28°N～29°N 的加那利群岛在岛屿南部产生特别有力的条带状 SST 斑块和涡。

────────────

　　① NEC 实际上并不是"赤道流"，因为它通过北赤道逆流的有力向东流与赤道分离。相反，NEC 是副热带环流的赤道侧。

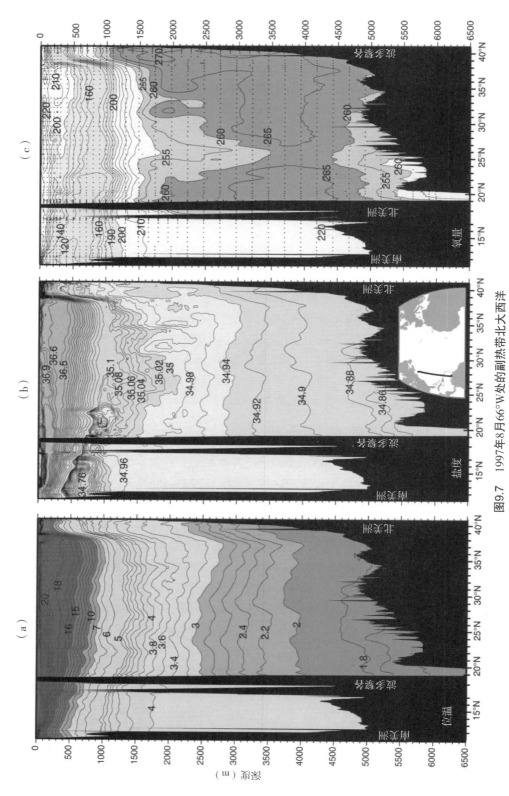

图9.7 1997年8月66°W处的副热带北大西洋

（a）位温（℃），（b）盐度，（c）氧量（µmol/kg）。本图也可在彩色插图中找到。（World Ocean Circulation Experiment 第A22节。）

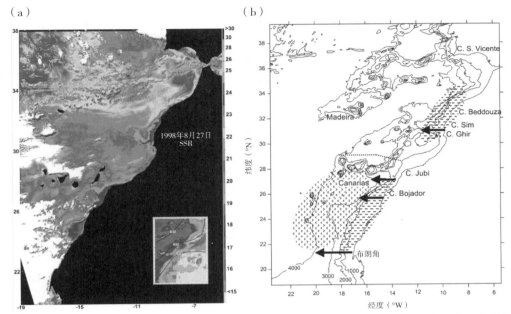

图 9.8 加那利海流系统：（a）1998 年 8 月 27 日的 SST（卫星 AVHRR 图像）。本图也可在彩色插图中找到，（b）上升流（水平条）、涡场（点）和优选暗条（箭头）的示意图。来源：Pelegrí 等（2005）

葡萄牙海流是沿直布罗陀海峡北部东边界南向平均流的一部分。入流的一部分来自位于 45°N 左右的 NAC 分支。葡萄牙海流的季节性变化明显，春季和夏季为北风，秋季和冬季为南风。这产生了夏季朝赤道方向的沿海表层流（葡萄牙海流），以及秋季和冬季的向极表层流（葡萄牙沿海逆流；Ambar & Fiuza，1994）。因此，春季和夏季是上升流的季节。在上升流季节，有一个称为葡萄牙沿海潜流的向极潜流。向极潜流的向极地的深入延伸是直布罗陀海峡出口的地中海水（MW）向北输运的重要渠道（第 9.8.3 节）。

9.3.4 北大西洋洋流

NAC 在纽芬兰大浅滩的东部 40°N、46°W 处是向北西边界流，由墨西哥湾流的一个分支供给。在 51°N，NAC 与边界分离并急剧转而向东输运，分离的地点被称为西北角（Rossby，1996，1999；Zhang & Hunke，2001）。NAC 然后以自由射流向东流动，之后由位于 52°N 的查利吉布斯断裂带引导，并分裂成多个分支。南向分支成为北大西洋反气旋副热带环流的一部分；保留了本地显著锋面结构的北向分支则进入副极地环流，向北进入北欧海域。

作为西边界流，NAC 起到两个作用。首先，它是风力驱动的副热带环流的动态部分，直接导致了跨越整个北大西洋的斯维尔德鲁普输运响应；其次，它还带动了 10 至 20 Sv 的 MOC 向北流。向北流最终进入挪威海和伊尔明厄海，在那里它分别是在北欧和拉布拉多海形成的高密度水的来源。

NAC 的东向流与较简单的北太平洋洋流（第 10.3.1 节）有一些共同之处，但在与亚热带环流和副极地环流的联系上有所不同。作为大西洋 MOC 海洋上层部分的通道，NAC 有比北太平洋洋流更强的净向北输运量，相比之下北太平洋的 MOC 更弱。作为副热带环流的西边界流，NAC 在北太平洋并没有对应的环流系统。

NAC 的形成是复杂的，在线补充图 S9.10 展示了其形成过程。分离的墨西哥湾流的一个分支大致沿着大浅滩东部的 4 000 m 等深线向北转，并与 NAC 近岸一侧的近岸坡面水急流和拉布拉多海流带来的冷水交汇（图 9.9a）。当它到达弗莱明角的南翼时，NAC 可以被认为是真正的西边界流，并延伸到 4 000 m 等深线的近岸区域（图 9.9b）。在本文中，NAC 的速度结构类似于墨西哥湾流速度结构，最大平均表面速度大于 60 cm/sec，向北流延伸到海底（Meinen & Watts，2000）。海流的中心是随着深度的增加而离岸。在 NAC 向岸一侧，在海底增强的南向流是 DWBC（第 9.6 节）。观测到 $42°30'N$ 的 NAC 输运量超过 140 Sv，其中约 50 Sv 在局部永久涡（Mann 涡）中再循环。因此，NAC 的净北向输运量约为 90 Sv（Meinen & Watts，2000 年）。其中 15 到 20 Sv 可以被认为是 MOC 的一部分。

当 NAC 沿着纽芬兰东部西边界的深等深线运动时，它到达了斯维尔德鲁普输运量变为零，并且等深线在西北角转向近海的纬度。NAC 近极侧的水是冷的、淡的，并且在很大的深度高度充氧。温暖侧的水域几乎是亚热带的。NAC 的锋面被称为亚北极锋。沿此锋有一些较淡的地表水俯冲，导致在锋的温暖的一侧存在一个浅滩盐度最小层，称为亚北极中层水。下一节讨论 NAC 的下游的环流系统。

9.3.5 副极地环流

北大西洋副极地环流是 50°N 以北的准气旋环流（见在线补充中的图 9.1 和 9.2，以及图 S9.1 和表 S9.2）。它在雷克雅内斯海脊的两侧分为西部和东部区域。西部区域是拉布拉多和伊尔明厄海的气旋涡。东部区域则是 NAC 的几个地形控制分支向北延伸进入北欧海域的东北向表层流。如果我们将副极地北大西洋与北欧海域一起考虑，表层流就会形成一个完整的气旋环流。在格陵兰－冰岛－法罗群岛海脊的深度以下，副极地北大西洋气旋型环流占据了整个地区（图 9.2b）。

北大西洋西部的东向 NAC 形成副极地环流的南侧以及副热带环流的北侧。副极地锋通过 MAR 的查利吉布斯断裂带引导。其后，NAC 分裂成向南转向亚热带部分（包括葡萄牙海流）和两个东北分支（Fratantoni，2001；Flatau，Talley & Niiler，2003；Brambilla & Talley，2008）。亚热带分支与典型的副热带环流的潜没有关。东北分支是副极地环流的一部分。第一个分支向北转入雷克雅内斯海脊以东的冰岛海盆，第二个向北转入罗科尔海槽，靠近东部边界。当它们到达冰岛－法罗群岛海脊时，两个分支都汇入了冰岛－法罗群岛锋面，并向北移动到北欧海域的挪威大西洋洋流中（第 12.2 节）。

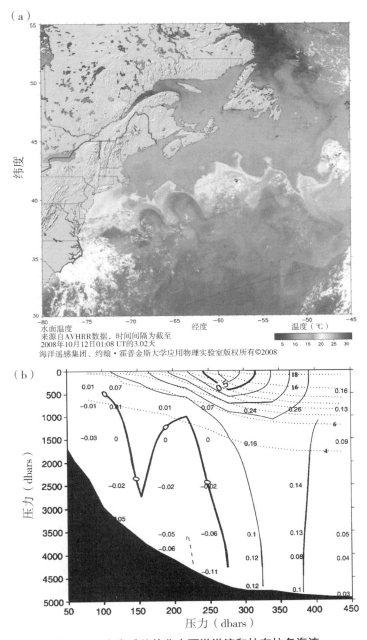

图 9.9　大浅滩处的北大西洋洋流和拉布拉多海流

（a）2008 年 10 月 12 日的 SST（AVHRR），其中显示拉布拉多海流沿大浅滩边缘向南移动。来源：Johns Hopkins APL 海洋遥感（1996）。本图也可在彩色插图中找到。（b）1993 年 8 月至 1994 年 1 月期间，从大约 42°N 处的约 48°W 至 41°W，北大西洋洋流和 DWBC 速度剖面图（实线轮廓和数字）以及等温线。等速线为 10 cm/sec。来源：Meinen & Watts（2000）。

北大西洋副极地海域的西部气旋环流始于 NAC 的一个分支，它沿着雷克雅内斯海脊的西侧向北转入伊尔明厄海流，随后转向西部和南部，汇入北欧海域的 EGC，然后在 WGC 中向北流动，最后沿拉布拉多海岸的拉布拉多海流向南流动。拉布拉多海流还通过巴芬湾和戴维斯海峡从北极区汇入海域。拉布拉多海流和 EGC 是西边界流。WGC 是更不稳定的东边界流，在格陵兰南端的费尔韦尔角产生很多涡，这些涡向西移动到拉布拉多海，增强了当地的涡动能（EKE）。EGC 和 WGC 的输运量据估计分别为 16 Sv 和 12 Sv，其中 EGC 涡吸收了损失量（Holliday 等，2007）。

副极地环流受到地形的强烈影响，所以拉布拉多海周围的流动有时被称为"环流"。在拉布拉多海（也可能是伊尔明厄海）内，气旋边缘海流具有弱的海上逆流，沿海顺时针方向行进（Lavender，Davis & Owens，2000）。逆流反映了边缘海流附近的增强型气旋穹隆。这可能使拉布拉多海水（LSW）产生本地化深对流，使其更靠近海流的离岸区域，而不是拉布拉多海的中心（第 9.8.3 节；Pickart，Torres & Clarke，2002）。

从拉布拉多海开始，拉布拉多海流向南延伸到纽芬兰地区，在 SST 图像中它是冷的（图 9.9a）。大部分海流流经纽芬兰和弗莱明角之间的弗莱明海峡，然后沿着大陆架坡折向南延伸到大浅滩的尾部。这里 SST 图像中显示的冷水消失（图 9.9a）。海流的一部分向北折回，并汇入 NAC 的近岸侧。部分海流沿着大陆坡向西朝新斯科舍（墨西哥湾流北部）继续延伸。在海表，此西向流被称为坡面水流。更深的南向和西向边界流（图 9.9b，低于 1 000 m）是 DWBC，输运新的、高密度的 LSW 和北欧海域溢流水向南流动（第 9.6 节）。

9.3.6　北大西洋涡的变化和墨西哥湾流环

北大西洋涡的变化可见图 14.16 和 14.21 的所示的全球 EKE 分布及相干涡图所示，见 Fratantoni（2001）（在线补充图 S9.11）。从南到北，可发现最高的 EKE 与西边界流相关：北巴西海流、墨西哥湾环流、沿墨西哥湾流，以及分离的墨西哥湾流（曲流大并产生环流）。NAC 沿着 50°N 向北和东方向延续，存在一条 EKE 值较高的轴线。在副热带环流中，亚速尔海流 EKE 在 35°N 附近也有轻微的增强。在副极地区域，EGC、费尔韦尔角产生的拉布拉多海涡带中 EKE 也较高。

副极地环流的 EKE 总体水平低于低纬度地区。这与副极地环流较弱的斜压性有关，也就是说，水体分层越弱，能量海流的垂向切变越小，等密度线倾斜越小。

使用声学跟踪的水下浮标，在北大西洋的墨西哥湾流地区比在任何海洋的任何其他部分能够更好地观测到涡在水体次表层的变化（Owens，1991）。高 EKE 直接发生在墨西哥湾流的高表面 EKE 下方，并且其值随深度而降低。

墨西哥湾流环是从墨西哥湾流的曲流中分离出来而形成的大型高能量闭合涡，在湾流的北面形成反气旋暖心环，而在南面形成气旋冷心环（图 9.10）。与其他亚热带西边界流不同，墨西哥湾流不具有特定的曲流场地，环从 70°W 到大浅滩之间的锋面都会出现。图 1.1a 的海表温度图像反映了墨西哥湾流南部的两个明显的冷心环和北部的一个暖心环。墨西哥湾流环流的表面速度可以超过 150 cm/sec，直径为 150～

300 km，深度超过 2 000 m，寿命可达一年以上。在任何时候，在 55°W 以西、约 30°N 以北的地区，墨西哥湾流以北可能有 3 个（反气旋）暖心环，墨西哥湾流以南有 10 个（气旋）冷心环（Richardson，1983）。每年约有 5 个暖心环、5～8 个冷心环产生。

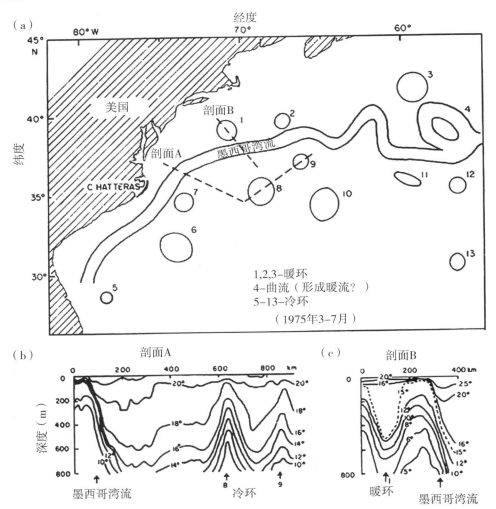

图 9.10　墨西哥湾流环流，（a）1975 年 3 月至 7 月期间的墨西哥湾流以及暖心和冷心环流位置。（b，c）（a）中沿着 A 和 B 线的垂向温度剖面图，显示墨西哥湾流以及冷心和暖心环流结构。Richardson 等（1978）。

　　在环形成过程中，曲流形成、闭合，然后从墨西哥湾流分离（Parker，1971）（在线补充图 S9.12）。环在距离中心约 60 km 处是以近乎刚体的方式进行旋转，如果它只是墨西哥湾流的闭环，则与形成的旋转方式有所不同。一旦形成，冷心和暖心环都向西流动。冷心环也在环流中向南移动，它往往可以在远至 28°S 的墨西哥湾流的远岸处被发现（Richardson，1980c，1983）。环使墨西哥湾流北部高初级生产力的水团，向生产力较弱的马尾藻海水转移。因此，暖心环出现在海洋水色影像中，作为叶绿素含量较低的地区，而冷心环叶绿素含量较高。

9.4　热带大西洋环流

在本节中，我们只对热带大西洋环流做简要的介绍，关于热带和赤道环流更详细的介绍要见太平洋章节的内容（第 10.7 节）。热带和南大西洋的主要近表层流如图 9.1 和 9.11 所示，并列在在线补充表 S9.3 中。在赤道，大西洋从 45°W 延伸到 10° E，距离约 6 000 km。由于赤道太平洋是这个宽度的两倍以上，所以对于风力驱动的赤道海流系统，两者在某些方面有所不同，特别是在强度方面。热带大西洋被 MAR 一分为二，该 MAR 具有东西走向的断裂带——靠近赤道的罗曼什断裂带。在东部，热带地区被弯曲的非洲海岸线限制在北部。

热带环流对信风风力反应强烈，信风有较强的季节变化（Stramma & Schott，1999）以及年际变化（第 9.9 节和在线补充第 S15 章）。季风变化与 ITCZ 的强度和位置的变化有关，ITCZ 在夏半球最为强劲。亚马逊河和奥里诺科河的淡水流入西边界地区，并向西北扩散到加勒比海和墨西哥湾流系统。刚果河淡水沿着非洲边界向南流入安哥拉流。

在赤道两侧 10°以内的环流在复杂地形以上深度的流向几乎都是纬向的。在南赤道海流（SEC）中，表层主要为西向流。"南 SEC"是南大西洋副热带环流北部的西向流。当它到达南美海岸时，它分裂成南向巴西流和北向巴西流。"中心 SEC"和"北 SEC"跨越赤道到约 5°～7°纬度；在赤道上也有较弱的西向流，由信风驱动。SEC 的赤道部分被东向的、与 ITCZ 风力相关联的北赤道逆流（NECC）所限制。NECC 限制了热带环流，将其与北大西洋副热带环流的北赤道流分开。

随着 NECC 向东流动，它到达了非洲，并分裂成朝向达喀尔的北向流和沿海岸的向东几内亚流，表面速度超过 100 cm/sec（Richardson & Reverdin，1987）。几内亚海流沿海岸流动，最终向南转，并汇入西向的北 SEC 中。北向流向西转，汇入北赤道海流（NEC）。NEC 和 NECC 之间的东部热带地区会形成一个气旋涡，是被称为几内亚穹隆的上升流区域（Siedler，Zanbenberg，Onken & Morlière，1992）。

在南 SEC 和中心 SEC 之间约 7°S～8°S 处，有与南半球 ITCZ 有关的准永久性（季节性）南赤道逆流（SECC）。SECC 在非洲海岸终止，在那里它与赤道潜流（EUC）的上升流相连。沿着海岸向南转，形成安哥拉海流，然后向西进入南 SEC，形成被称为安哥拉穹隆的气旋涡上升流区域（Wacongne & Piton，1992）。随着深度的增加，气旋涡扩大并且更像"环流"，因为海表以下的 SECC 东向流更加明显和持久（Gordon & Bosley，1991）。

安哥拉和几内亚穹隆是上升流和生物生产力极高的地区。因此在赤道两侧，都产生了较大的次表层热带最小含氧层，每个穹隆中都有一个低氧中心（Stramma，Johnson，Sprintall & Mohrholz，2008；Karstensen，Stramma & Visbeck，2008）。

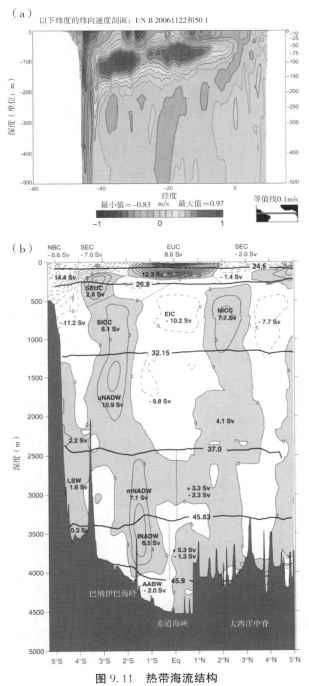

图 9.11 热带海流结构

（a）沿赤道的向东速度，来自数据同化。本图也可在彩色插图中找到。来源：Bourlès 等（2008）。（b）35°W 的平均纬向输运量（Sv）（灰色向东）和水团。来源：Schott 等（2003）。

该低氧信号中心位于 500 m 水深层，是赤道区域垂向溶解氧分布的一个明显特征

（例如图 4.11d）。

沿赤道在海表以下 60～120 m，EUC 向东流动，类似于太平洋的 EUC（图 9.11a 和 10.23c）。东信风产生的向东气压梯度力使地表水堆积在西部，驱动了 EUC。这些导致产生了一个弱化版本的赤道太平洋暖池和冷舌。EUC 中心从西边界附近 100 m 深处延伸到东边界约 30 m 深处。EUC 中心的东向海流可超过 80 cm/sec，偶尔达到 100 cm/sec，但不能达到太平洋 EUC 速度级别（Wacongne，1990；Giarolla，Nobre，Malaguti & Pezzi，2005）。

赤道地区的次表层流（图 9.11b）延续了表层流强烈的纬向运动特性。与太平洋赤道流的关联性是显著的（图 10.20a～10.21）。在 EUC 下面的赤道处，可发现向西的赤道中层流和交替向下流到约 2 000 m 的"堆叠射流"。在 2°～4°纬度的赤道两边，向东流集中在 500～1 000 m 深处。在大西洋，这些被称为南北赤道潜流，而更深部分则称为南北中层逆流（SICC 和 NICC）。这些海流输运量都相当可观，超过 5～10 Sv。

热带大西洋的强烈纬向流是不稳定的，并且通常形成一系列行星波和涡（Legeckis & Reverdin，1987；Steger & Carton，1991）。这些被称为大西洋热带不稳定波（TIW），它们与首先发现的热带太平洋地区的 TIW 相对应（第 10.7.6 节）。TIW 形成在赤道冷舌的北部和南部边缘。它们的波长约为 900 km，这意味着在大西洋的整个宽度上通常有大约 4 到 5 个波，它们以约 25 cm/sec 的速度向西传播。因此，冷舌和 TIW 是季节性特征，在每个夏天都会出现。TIW 在冷舌出现的几个星期内形成，然后成长并开始破裂，类似于太平洋 TIW。支撑 TIW 的能源主要来源于正压不稳定（Jochum 等，2004）。赤道北侧和南侧的 TIW 似乎是彼此独立的。破碎波的卷起在卫星图像中十分显著，这些卷起形成直径约 500 km 的大型反气旋涡，持续一个多月，然后消失。

热带大西洋的低纬度西边界流是 NBC，从大约 10°S～15°S 南美洲海岸 SEC 的分支开始向北流动。它延伸到中深层（约 800 m），将海表水向北通过南极中层水（AAIW）汇入北大西洋。地表水还包括从亚马逊河输入的大部分 0.2 Sv 淡水。NBC 的一部分在赤道附近向东转，汇入了 EUC。剩余部分穿过赤道，然后分裂成连接东向 NECC 的一部分和沿西边界向北延伸的一部分。

NBC 海表流速较高（图 9.12b），速度超过 90 cm/sec，在 200 m 处降低到约 20 cm/sec。根据定点观测结果，NBC 在 4°N 的平均输运量是 26 Sv（Johns 等，1998）。输运量有两个来源：风力驱动的环流和大西洋的 MOC。Fratantoni、Johns、Townsend 和 Hurlburt（2000）发现，在向北运行的 14 Sv MOC 输运量中，7 Sv 由 NBC 输运，并延伸到圭亚那流，3 Sv 由 NBC 环输运（见前一节），其余部分被带到海洋上层内部环流中。

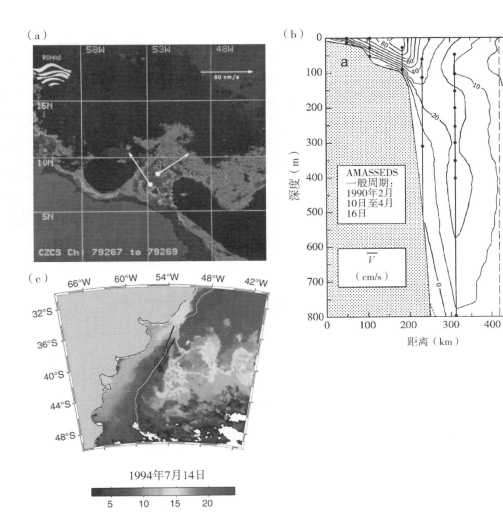

（a）

（b）

（c）

1994年7月14日

5　　10　　15　　20

（d）

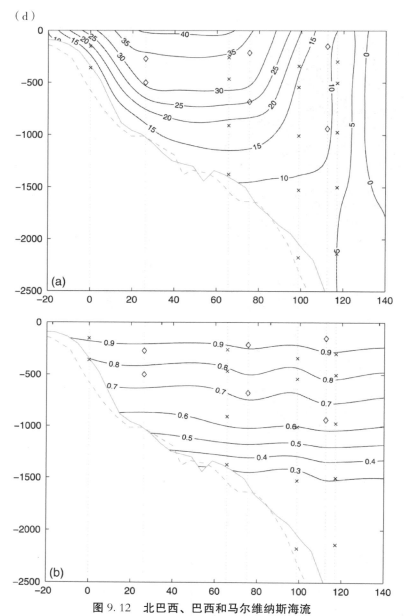

图 9.12　北巴西、巴西和马尔维纳斯海流

（a）环形成前 NBC 折回的卫星海洋彩色图像（CZCS）。来源：Johns 等（1990）。（b）1990 年大约 4°N 的 NBC 中海流计的平均速度（cm/sec）。来源：Johns 等（1998）。（c）巴西－马尔维纳斯汇流处的红外卫星图像。黑线是大约 200 m 深度定点的水流矢量。浅色曲线是 1 000 m 等深线。本图也可在彩色插图中找到。来源：Vivier 和 Provost（1999）。（d）约 41°S 处马尔维纳斯海流平均速度（cm/sec），基于海流计（十字和方块）和卫星测高。正值速度向北。来源：Spadone & Provost（2009）。

NBC 具有显著的中尺度可变性。它不易越过赤道。在大约 5°N～7°N 处，它折回并产生了称为"北巴西流环流"的巨大反气旋涡（直径 400 km）（图 9.12a）。每个涡可向北输运 1 Sv 的 NBC 水。每年形成三个或以上的涡。环流中的海流速度为

30～80 cm/sec，向西北方向的平移速度约为 10 cm/sec。这些环流的影响深入至深水层，很容易在 900 m 处捕获浮标（Richardson，Hufford，Limeburner & Brown，1994）。

继续向北流的 NBC 的回流称为圭亚那海流，但该地区由于涡活动十分强烈，所以动力情况十分复杂。海流和环流冲击加勒比海的南部岛屿，并与向西流一起汇入海洋成为加勒比海流（第 9.3 节）。

在 NBC 下方，有相反的 DWBC（第 9.6.2 节）。一个从北部接近赤道，以 2 000～3 000 m 深为中心输运 NADW。更深的一个来自南部，输运南极底层水（AABW）。在赤道附近，西边界流系统的所有层倾向于沿着赤道向东偏移或渗水。赤道罗曼什破裂带将最深的赤道流通入较深的东部海盆。

9.5　南大西洋环流

南大西洋表面环流由南部的东向南极绕极流（ACC）、与印度洋副热带环流部分相连的反气旋副热带环流和气旋热带环流组成（图 9.1、9.2 和在线补充图 S9.1）。

副热带环流的西边界流是巴西流，沿南美洲海岸向南流动。环流南侧的东向流是南大西洋洋流（SAC）。东部边界上升流系统是本格拉流系统（BCS）。副热带环流北侧的广阔西向流是南赤道海流（SEC），在西部边界分为巴西流和 NBC。

在亚热带巴西流环流的南部，我们进入 ACC 的领域，其最北端的锋面是 SAF（第 13 章）。SAF 沿着德雷克海峡的北边界从太平洋进入南大西洋，然后沿南美洲海岸马上向北转成为马尔维纳斯流（或福克兰流）。马尔维纳斯流可以被认为是气旋（副极地型）环流的西边界流，由德雷克海峡北部的正向风应力旋度所驱动。马尔维纳斯流和巴西流在 36°S～38°S 的巴西－马尔维纳斯群岛汇流处相遇。两者在相遇后分别与海岸分离，向南流动。它们沿着 50°W 以东的独立路径向东移动进入南大西洋，在此过程中，它们保持了它们原有的海水物理性质，成为单独的锋面。在转为东向运动后，马尔维纳斯流的锋面再次被称为 SAF，大约在 50°S 处向东和稍微向南穿过南大西洋和印度洋。

南大西洋的副热带环流是海洋上层水向北流向北大西洋的通道，最终在拉布拉多和北欧海域转换为高密度深层水，作为全球翻卷环流的一部分。南大西洋的大部分净向北流来自通过厄加勒斯的印度洋。这些水流加入西北向的 BCS 进入南大西洋，成为大厄加勒斯环流。一些密度更高的近表层流从德雷克海峡进入，并向北移动通过南大西洋的副热带环流中而成为亚南极模态水（SAMW）和 AAIW。通过中层水，表面净向北流在 SEC 的副热带环流中向西移动，到达西边界，并作为 NBC 输运的一部分向北流动。

在南大西洋的深层，环流受到地形的强烈影响。DWBC 向南输运 NADW，向北输运深海 AABW（第 9.6.2 节）。但是，即使在以 NADW 为主的水层中，除了 DW-BC 之外的区域，还有绕极深层水（CDW）的北向流。

9.5.1 副热带环流

南大西洋的反气旋副热带环流被反气旋风应力旋度所驱动，这使得南大西洋上出现了埃克曼抽吸和朝赤道方向的斯维尔德鲁普输运（图 5.16d、5.17 和在线补充 S9.3）。西边界的巴西流是狭窄的向极回流。

与其他大洋相比，我们强调了南大西洋副热带环流的两大特点，这两个特点与作为印度洋副热带环流西边界流的厄加勒斯流有一定的关联性（第 11 章）。第一个是海洋上层水的流量，作为大西洋 MOC 的一部分（第 9.7 节）。低纬度太平洋和印度洋水通过厄加勒斯折回区域进入大西洋，并最终向南返回深海成为 NADW。南大西洋还通过德雷克海峡从太平洋引水，这些水团进入海洋上层的北向流并最终到达 NADW 形成位置。南大西洋的这些温暖水源都是全球翻卷环流的一部分（第 14.3 节；图 14.11）。

第二个特点是南大西洋和印度洋的风力驱动副热带环流之间的连接。亚热带风力（埃克曼辐合带）可以延伸至非洲大陆以南，到达大约 50°S 处，从南美洲海岸向东到达澳大利亚和新西兰（图 5.16d）。因此，南大西洋和印度的副热带环流从 34°S 到 50°S 相连，主要是 SAC 的东向流和厄加勒斯的西向流。

SAC 的东向流在大约 35°S 和 40°S 处分为两个近纬向锋面（见 Juliano 和 Alvés 的在线补充图 S9.13a，2007）。SAC 输运量包括两个锋面的输运，约为 30 Sv。锋面的最大海表速度约为 20 cm/sec。海流的流速中心可以向下延伸至约 800 m 深处。这些都是由 Krummel（1882）首先确定的副热带锋的一部分，被 Deacon（1933）称为"副热带辐合带"。我们建议按照 Belkin 和 Gordon（1996）以及 Provost 等（1999）的观点，将两个锋面称为南北副热带锋（在西部边界，两条锋面源于分离的巴西流；因此，它们分别于 1992 年被 Peterson 称为巴西海流锋，于 1994 年被 Tsuchiya、Talley 和 McCartney 称为副热带锋）。

北副热带锋在东部终止，在那里它与非洲西部的厄加勒斯逆流和本格拉海流相遇。锋面可能会连续向北转，成为 BCS 的外部锋面。南副热带锋继续向东进入印度洋，与厄加勒斯逆流明显地分开并位于南部（第 11 章；Belkin & Gordon，1996）。

SEC 源于非洲端部 34°S 的本格拉海流，一般向西北方向移动至 15°S～30°S 之间的广阔西边界区域（图 9.1）。与 SEC 相比，在折回流中向产生的厄加勒斯流环向西移动纬向更明显，这从垂向积分的流函数更多的是纬向输运的特征可以看出（Biastoch，Böning & Lutjeharms，2008）。

9.5.2 巴西流

巴西流沿巴西海岸在大约 10°S～15°S 的表层中开始向南流动。巴西海流较深的部分开始于较高的纬度（向南）。在约 30°S 以南，巴西流近海侧的一个反气旋式回流，增强了巴西流向南的输运量。巴西流在约 36°S 的巴西-马尔维纳斯群岛汇流处开始与海岸分离，那里的马尔维纳斯冷水侵入了近海温暖的巴西海流（图 9.12c）。

巴西海流的主要输运部分在约 38°S 左右以南最终偏离了大陆架。

有关巴西海流结构和输运的定量概述比较缺乏。Maamaatuaiahutapu、Gargon、Provost 和 Mercier（1998）提供了根据参考文献和输运量估算的部分总结性研究。巴西－马尔维纳斯群岛汇流通过定点速度观测得到了很好的观测结果，但研究者并没有对它们的上游地区进行观测。大尺度反环流模型一般集中在 32°S。许多研究对于地转流速度的计算采用了假设浅水区底层流速为零的方法，因此低估了海流的强度。考虑到仅估计了超过零参考速度的假设，最初在 12°S 处，向南巴西海流输运量预计为 2.5 Sv，然后向南输运量不断增加，在 15°S、27°S、31°S、34°S 和 36°S 处分别为 4 Sv、11 Sv、17 Sv、22 Sv 和 41 Sv（在线补充图 S9.14b，Zemba，1991；Sloyan & Rintoul，2001；Stramma，Ikeda & Peterson，1990）。巴西海流有一个大的回流环流，从 30°S 以南开始，35°S 以南的输运量大大增加。在 36°S 附近，巴西海流的输运总量为 70～80 Sv，约有一半汇入回流环流（Zemba，1991；Peterson，1992）。约 30 Sv 的输运量实际上向东进入南大西洋环流（Stramma & Peterson，1990）。

9.5.3　马尔维纳斯海流和亚南极锋面

马尔维纳斯海流起源于德雷克海峡中的 SAF（图 9.1 和补充图 S9.14a）。离开德雷克海峡后，它作为西边界流，大致沿 1 000 m 等深线的南美陆架向北流动，直至大约 38°S 处。马尔维纳斯海流与巴西海流在这一点相遇，卫星 SST 数据反映了巴西－马尔维纳斯汇流的情况（图 9.12c）。两个海流从海岸处分离并向南部离岸移动。巴西海流的预期分离位置（根据风应力旋度和斯维尔德鲁普输运量估算）大约在实际分离点（图 5.17 和补充图 S9.3b）纬度以南 10°，因为强大的马尔维纳斯流将巴西流分离位置向北推移（Spadone & Provost，2009）。

马尔维纳斯流的平均海表速度大约为 40 cm/sec。马尔维纳斯流在近海 1 500 m 等深线位置最强，并延伸至海底（图 9.12d）。据来自图 9.12d 锚系基阵的估算，其输运量为 42 Sv，其中 12 Sv 具有可变性（Spadone & Provost，2009），这比 Peterson（1992）估计的 70 Sv 最大输运量要小。

马尔维纳斯流离开海岸急速转为南向时，被称为马尔维纳斯或福克兰环流。由此产生的涡，与更温暖且盐度更高的巴西流海水混合。马尔维纳斯流的次表层水可能不会向南急转，它会向副热带环流注入一些高密度水。这是 AAIW 进入 SAC 的主要机理（Talley，1996a）。

循环回南部以后，马尔维纳斯海流抵达福克兰高原北部悬崖区并沿海底向东运动。在这里它被称为亚南极锋面。SAF 与这两种亚南极锋面不同。它在大约 50°S 位置横穿南大西洋，这一纬度的风应力旋度几乎为零（图 5.16d）。

在 ACC 中，极锋位于 SAF 南面。离开德雷克海峡进入南大西洋后，极锋在 SAF 产生大型北向马尔维纳斯环流时停留在斯科舍海。这两个锋面沿福克兰高原北侧汇合，然后保持彼此相对较近的状态（但水体特性不同），并横穿南大西洋的其余区域（图 13.1）。

9.5.4 本格拉海流系统

BCS 是亚热带南大西洋的东边界流。BCS 从 34°S 非洲南端厄加勒斯角处向北延伸至 14°S。可在 Shillington (1998 年) 和 Field 与 Shillington (2006) 的研究中找到详情。BCS 在东边界流中是独一无二的,这是由它在全球翻卷环流中暖水向北输运中的作用决定的。本格拉海流的某些部分来自围绕非洲南端温暖、含盐的厄加勒斯折回流。在其极向一端温暖且高盐度的水将 BCS 从其他东边界流系统中区分出来。

BCS 具有经典上升流系统 (具有有利于上升流发展的赤道向风) 的特点 (第 7.9 节),以及近海埃克曼输运、朝赤道方向表面流 (本格拉海流) 和向极潜流。赤道向风迫使 BCS 强度在离岸区域达到最高,在近岸海域产生正的风应力旋度 (图 5.16d)。与其他东边界流上升流系统一样,正的风应力旋度在较宽区域带内引起 (而不是仅在近沿海地带范围内) 本地上升流。

根据卫星 SST 图像中出现冷的东边界水 (图 9.13) 可以断定,本格拉南部的上升流季节为南半球夏季 (12 月到 2 月),但在本格拉中部和北部则持续一整年。在其他东边界流系统中,BCS 的标志为与海岸线相关的近海冷水射流。射流出现的位置多在卢德立次西北 24°S~26°S 和 28°S~30°S 位置。

在 BCS 北部边界,北向本格拉流与南向安哥拉流相遇 (安哥拉流是占据南大西洋热带海洋中层气旋环流的一部分,见第 9.4 节中的描述)。产生的安哥拉 – 本格拉锋面位于大约 16°S 位置的弗里乌角附近 (Shillington, 1998)。锋面在图 9.13a 和 9.13b 中 SST 内表现明显。

9.5.5 南大西洋涡可变性和厄加勒斯环流

全球表面 EKE 和拟序涡的分布图中描绘了南大西洋涡可变性 (图 14.16 与 14.21)。最高的 EKE 出现在赤道区和北巴西流内,以及马尔维纳斯/巴西流汇流处和厄加勒斯折回内。此类区域中均会产生反气旋涡。

巴西海流暖心环流在巴西流锋面 (离开海岸后) 的巨大南向曲流处形成,直达 45°S 的 50°W 附近 (Lentini,Goni 和 Olson 的补充图 S9.14c,2006)。每年此曲流处大约产生 6 个直径约为 100 km 的涡。它们以 10 km/d 的平均速度向南漂移,生命周期大约为 40 天。曲流和环流形成区域环绕一种地貌特征,即 Zapiola 海隆,其上存在更低的 EKE (图 14.16),而且其四周存在永久性反气旋流。随着深度的不断增加,"Zapiola 涡"能更好地进行界定 (第 9.6 节)。

厄加勒斯环流为反气旋的暖心环流,它在厄加勒斯向非洲南部以西伸出并向东折回时形成,位于 15°E 和 20°E 之间 (图 9.13c 和第 11.4.2 节)。与局部南大西洋水域相比,环流中心比较温暖且含盐量较高。流环直径为 100~400 km,最大表面速度超过 100 cm/sec,甚至在 4 000 m 深度处速度达到 10 cm/sec (van Aken 等的补充图 S9.15,2003)。和墨西哥湾流环流类似,厄加勒斯环流沿最大表面速度轨迹进行固体自转。

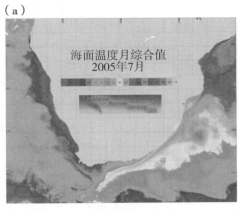
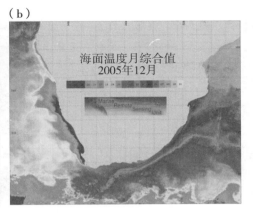

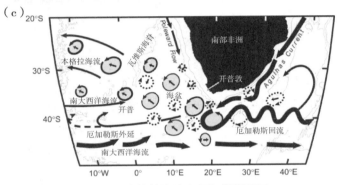

图 9.13　本格拉海流和厄加勒斯折回

（a、b）2005 年 7 月（冬季）和 12 月（夏季）的 AVHRR SST 月综合值。来源：开普敦大学海洋系（2009）。
（c）厄加勒斯折回和涡的图解，包括过渡带水层中的流动方向。灰色阴影圈是厄加勒斯反气旋涡。虚线圈是厄
加勒斯形成的气旋涡。本图也可在彩色插图中找到。来源：Richardson（2007）。

　　每年大约有 6 个厄加勒斯涡形成，它们向西扩散至南大西洋，大约有三个环流会
抵达南美海岸并融入巴西流北部（Gordon，2003）（补充图 S9.13b）。各环流为南大
西洋贡献大约 0.5～1.5 Sv 的海水输运量（Richardson、Lutjeharms & Boebel，
2003）。每年具有 3～9 Sv 的 6 个流环是从印度洋向大西洋交换的一个重要部分，其
余部分则通过与本格拉流相连进行输运。此输运的一部分仅仅是 ACC 以北延伸的大
西洋/印度洋反气旋环流的一部分，而且它的一部分促成了将暖水输运入全球翻卷
环流。

9.6　大西洋海洋环流的深度相关性

　　大西洋上层 1 000～1 500 m 内的环流主要通过埃克曼抽吸和俯冲/仰冲与风力相
联系（第 7.8 节）。这种环流深度相关性取决于地理位置（热带、亚热带、副极地）。
强有力的亚热带西边界流和与风力相关的赤道流系统微弱地向底部延伸，但它们的侧
向延伸非常有限。在强有力的风力驱动西边界流区域外，亚热带和热带密度跃层下的

环流可能主要与浮力强迫和翻卷环流有关。这包括很容易在大西洋内所有纬度观测到的涡场和 DWBC（第 7.10.3 节）掩盖的内部弱海流。相比之下，风力驱动副极地北大西洋环流（当在海表海流强度最强时）延伸至海底且与浮力驱动环流合并，整个环流复合体主要跟随地形等深线而变。

9.6.1 风力驱动环流的深度相关性

副热带和副极地环流随深度变化。海洋上层强有力的风力驱动环流能量随深度增加而减小，且形状发生侧向变化。风力驱动、反气旋副热带环流的深度相关性有关要点适用于所有副热带环流，包括北大西洋和南大西洋环流。

（1）西边界流和它们的延伸部分伸入海底，但会发生垂向切变，这使其在海洋上层达到最高速度。与这些强海流直接相邻并由其产生的回流环流同样伸入海底。

（2）副热带环流随深度不断增加而向西并向极方向减弱，融入它们的西边界流和分隔的延伸部分。

（3）副热带环流可被概念化为多层面，其内部的流线从海表开始并沿等密度线向下移动至海洋内部（通过俯冲过程完成交换，第 7.8.5 节）和未连接至海表（局部不交换）的反气旋环流的较深层。交换层包含不交换区域，其流函数与海表无关。相对于上层和下层，这些层中每一层内的流是循环的，因此在任何给定位置（纬度－经度），形成局部垂向剖面不同等密度线上的水将来自海表不同的地理位置。这将产生亚热带密度跃层结构（中央水）。

风力驱动环流、反气旋副极地环流的深度相关性的有关要点为：

（1）环流几乎为"近似正压"，这意味着表面海流结构伸入海底（正压），尽管其强度随深度增加而减小。

（2）表层内的埃克曼辐散驱动上升流，因此不存在俯冲区，因为内部通风通过沿流线的风力驱动流实现（本区域内的交换则是通过对流或盐析作用由浮力驱动环流实现的）。

（3）在北大西洋副极区，格陵兰岛－冰岛－设得兰群岛海脊强有力地限制了副极地环流。海脊海槛深度上的海流向北伸入北欧海，并成为更大区域性气旋环流的一部分。海槛深度以下，副极地环流受到限制并跟随复杂的等深线运动。因此，在北大西洋内，海脊上下的副极地环流形状会发生较大变化。

（4）共存翻卷环流也具有跟随等深线的深海流。要区分北大西洋副极区环流内的风力驱动和热盐特征并不是一件简单的事情。海底强化表明给定的海流具有显著的温盐差异（例如 DWBC 和来自北欧海和地中海溢流的倒转羽流，两者都不具有风力驱动特征）。

9.6.1.1 副热带环流的深度相关性

海表的北大西洋副热带环流为反气旋环流，具有密集的西边界流，但是副热带"环流"并不是完全封闭的（图 9.2a）。朝赤道方向一侧，环流流线与赤道环流发生大范围合并，并融入向东的 NECC。亚热带巴西海流环流也顺利并入 SECC。北大西洋内，海表最高比容高度区使佛罗里达海流和墨西哥湾流平行于最大的海上安的列斯海流。南大西洋内，最高比容高度区从 15°S 绵延至 40°S。

但是，海表以下 250 m，正如 500 dbar 地图展示的那样（图 9.2b），两个半球内的副热带环流因大区域封闭流线而更像"环流"。对于墨西哥湾流，密闭流线区域从东边界流向分离的墨西哥湾流移动。最高比容高度区向北移动至大约 30°N。巴西流环流同样向极和向西收缩，并向南移至 30°S。在 500 dbar 处，两个副热带环流均进一步向它们的西部和向极方向收缩。

在北大西洋内 1 000 dbar 处（Reid，1994），墨西哥湾流系统在空间上大大收缩分裂为两股海流，分别为墨西哥湾流的东向流，而且它的两个回流环流减小为北向和南向流。在南大西洋内 1 000 dbar 处，环流的最强部分向巴西海流的西南角/分离点收缩。

墨西哥湾流和 NAC 以及它们的回流环流渗透至海底（图 9.14 和补充图 S9.16）。2 000 m 处的声学追踪浮标观测到这种渗透，以及其他区域内统计上重要的平均流的消失（Owens，1991）。海流计在更大深度沿 55°W 获得的观测结果显示了墨西哥湾流和它的侧面四流环流（Hogg，1983）（另见图 9.5b）。

在南大西洋，已利用密度跃层底部和 AAIW 层内的声学追踪浮标观测到副热带环流的向极收缩（Boebel 等，1999；补充图 S9.17）。在此类直接观测中，副热带环流的西向回流比在 Reid（1994）流函数中反映的更加纬向化和强烈。相对于在海表时，嵌入于阿根廷海盆中央（第 9.5.5 节）ACC 和 SAC 西向流内的反气旋 Zapiola 涡在深海更倾向于一个闭式环流。

9.6.1.2　北大西洋副极地环流的深度相关性

副极地环流在海表被分为西区和东区（第 9.3.5 节）。雷克雅内斯海脊以西的西副极地区有一个几乎封闭的气旋表面环流（第 9.3.5 节中介绍的边缘海流）。东区为 NAC，它在大约 50°N 处向东流，然后转向西北方向并穿过冰岛 – 法罗群岛 – 设得兰群岛海脊进入挪威海。

边缘海流随深度扩展至海底（图 9.2 和 9.14）。从中间深度下降至海底，这一环流包含有新形成的中层和深层水（第 9.8 节）。从 700 m 深度开始，平均流还包含边界流的离岸逆流，它在拉布拉多海和西伊尔明厄海周围产生了一个"甜甜圈"形状的气旋穹隆（Lavender 等，2000；补充图 S9.18）。这一甜甜圈是产生最密集 SPMW 和 LSW（第 9.8.2 节）的深对流的首选场所。

在东副极地区，冰岛 – 法罗群岛 – 设得兰群岛海脊改变了东北向的 NAC。海槛深度以下，海流必须向北封闭，而且变为连续气旋性海流，几乎跟随等深线。（图 9.2、9.14 和补充图 S9.19，Bower 等，2002）。该结构需要垂向剪切，而且最有可能主要发生在雷克雅内斯海脊和罗卡尔高原的东侧。

9.6.2　深海环流和深层西边界流

本部分简要概述了主要与密度变化相关的密度跃层下的弱侧向环流部分。深海

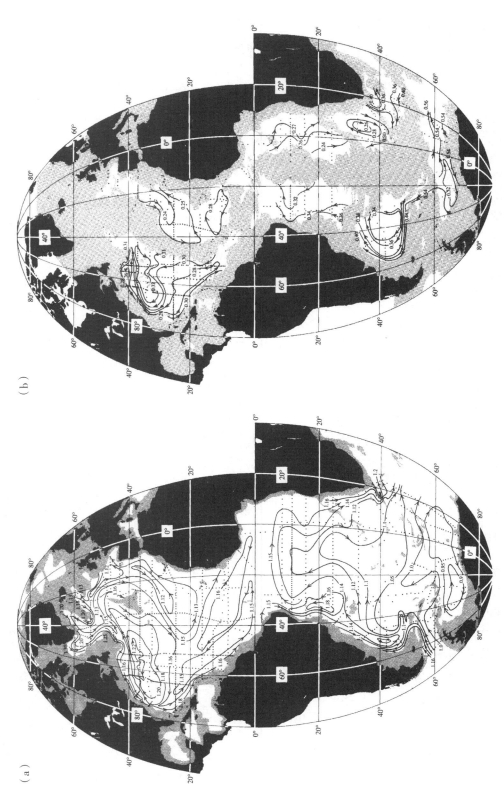

图9.14 （a）2 500 bar和（b）4 000 bar的比容高度（10 m² · s⁻²），经调整用于估计绝对地转环流

来源：Reid（1994）。

环流通常被称为水团（第 9.8 节），因为通常根据特性分布推断其流向（这是因为直接的速度观测结果很少）。第 9.7 节中描述了相关的翻转环流。

9.6.2.1 侧向环流和海盆连接

观测 2 500 dbar 和 4 000 dbar 处的侧向环流（图 9.14）可知，墨西哥湾流及其环流特征仍然存在，这是副极地北大西洋环流和巴西-马尔维纳斯汇流的剩余部分。广义上讲，南大西洋内环流可能是环绕 MAR 的气旋型环流。沿非洲海岸本格拉海流下方，一个深水区的向极边界流出现于 2 500 dbar 位置，类似于大约同一纬度南太平洋内的深海向极流。这将使 NADW 运出大西洋并送入印度洋。在 4 000 dbar 位置，瓦维斯海脊以南开普海盆内的海流有可能是气旋性环流。

深海流受地形影响。深海流通常跟随地形等高线，其混合过程可能与地形结构有关。大洋中脊将深层水限制在深海盆地内。海脊内的断裂带允许有时强烈、湍急的水流实现从一个深海盆地到另一个深海盆地间的有限交换。下游海盆内的底层水往往与在断裂带内的海盆水属性一致。影响深海和底层水的主要包括以下断裂带（已对各个断裂带进行了局部研究）：维玛和亨特海峡（从阿根廷到巴西海盆的 AABW 北向流），瓦维斯海脊内的纳米布山口（汇入开普海盆的 AABW 和 NADW 东南向流），赤道处 MAR 内的罗曼什断裂带（AABW 和 NADW 的东向流），MAR 内 $11°N$ 处的维玛断裂带（汇入北大西洋东部的东向 AABW 海流）和 MAR 内 $52°N$ 处的查利·吉布斯断裂带（丹麦海峡溢流水和拉布拉多海水的东向流）。

9.6.2.2 深层西边界流

北大西洋北部形成的高密度水体通常必须向南输运，而南大洋内形成的高密度水体通常必须向北输运。对空间有限高密度水源和海洋内部净上升流进行响应的 DWBC，是此类新近形成高密度水环流的一部分（有必要回顾第 7.10.3 节的内容，即 DWBC 不一定要远离它的深海水源，但在大西洋中，它们多半会如此）。

历史上，Wüst（1935）的研究发现北大西洋含氧、含盐深海水沿西部边界首先向南扩散，这为随后在那里发现 DWBC 埋下伏笔。20 世纪 50 年代，根据 H. Stommel 的建议，Swallow 和 Worthington（1961）测量了南卡罗来纳州离岸海域墨西哥湾流南向 DWBC（第 7.10.3 节）。20 世纪 60 年代和 70 年代，DWBC 在全世界范围内被追踪（Warren，1981）。从那时起，相关工作就包含细化输运量估计、描述 DWBC 和海洋内部的交换、考虑 DWBC 的连续性和研究 DWBC 与其他强环流系统间相互作用的局部体现等。

沿大西洋西部边界发现了与 NADW 和 AABW 相关联的 DWBC。北 DWBC 起源于加入来自拉布拉多海（图 9.15a）中深层水的北欧海溢流；格陵兰岛东部的直接速度测量显示了向北大西洋北部海底流动的高密度溢流水团（补充图 S9.20，Dickson & Brown，1994）。AABW 的 DWBC 位于 NADW 的 DWBC 下方和离岸区域（图 9.14，9.15b 和图 9.25）。教材网站一系列速度章节阐明了 DWBC 的存在（图 S9.21、S9.22、S9.23）。氧和氯氟化碳（CFC）含量在 DWBC 中得以提升，这是因为它们将新近形成的已提高大气中气体浓度的 NADW（LSW 和北欧海域溢流；NSOW）输运至亚热带北大西洋内（图 9.22 和 9.7）。

　　向南输运 NADW 的 DWBC 集中在 2 500 m 深处左右，但在北大西洋和热带的核心深度上升至 1 500 m，并向下深入北大西洋海底（图 9.5、9.9、9.11）。NSOW 刚溢出格陵兰岛－冰岛－设得兰群岛海脊就进入北大西洋副极地深海区，并在深海形成气旋型边缘海流，NADW 的 DWBC 便开始形成（图 9.15a）。此深海流跟随围绕格陵兰岛的边界进入拉布拉多海，在那里它沿西边界带走 LSW。整个分层复合体流出拉布拉多海并进入 NAC 的西北角。其中一部分加入流经查利·吉布斯断裂带的东向 NAC，一部分沿西边界继续向南进入弗莱明角东部，然后沿纽芬兰的大浅滩流动（图 9.9b）。这部分 DWBC 沿墨西哥湾流下方和近岸西边界向南移动（图 9.5b），这可在哈特拉斯角观测到。图 9.15b 中的棕色字形表明 DWBC 与墨西哥湾流的相互作用非常复杂（Pickart 和 Smethie，1993）。NADW 的 DWBC 向赤道方向移动，在赤道处部分海流沿赤道东转（图 9.11）。部分继续汇入南大西洋，并在 25°S～40°S 位置离开西边界（图 9.14a）。

（a）

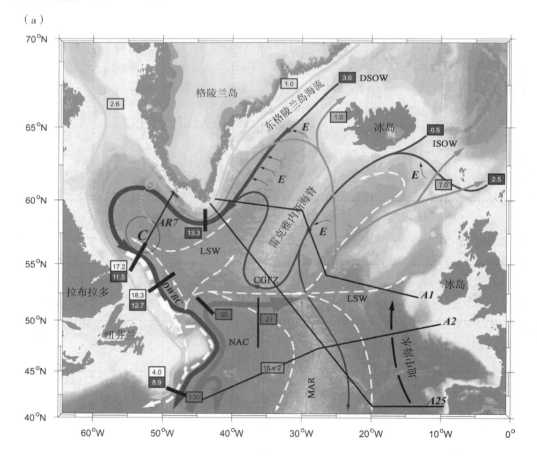

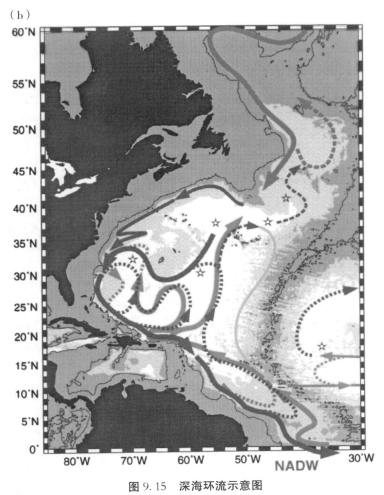

图 9.15　深海环流示意图

（a）北大西洋北部的 NSOW（蓝色）、LSW（白色虚线）和海洋上层（红色、橙色和黄色）。来源：Schott 和 Brandt（2007）。（b）强调 DWBC（实线）及其环流（虚线）的深海环流路径。红色：NSOW。棕色：NADW。蓝色：AABW。本图也可在彩色插图中找到。（M. S. McCartney，私人通讯，2009。）

　　NADW 的 DWBC 内的速度大约为 5～20 cm/sec 及以上。输运量大约为 10～35 Sv，这取决于纬度，这是因为 DWBC 具有如图 9.15b（根据使用示踪物如 CFC 的观测结果绘制）所示的显著回流环流结构。回流环流增加了局部输运量并将 DWBC 水域与内部水体混合，这极大地增加了沿西部边界水团的通过时间。举例来说，在 26.5°N，南向 DWBC 的吞吐量多达 22 Sv，而净南向输运量为 35 Sv，其中 13 Sv 是由深海回流环流引起的（Bryden，Johns & Saunders，2005a）。

　　现在考虑 AABW 的 DWBC 北向流，它成为了南大西洋西南部的组成部分。AABW 的 DWBC 沿南美海岸（位于输运 NADW 的南向 DWBC 离岸方向且比其深的位置）向北移动（图 9.25）。其将南大西洋内大约 7 Sv 的北向输运量带入北大西洋。由于 AABW 接近赤道，其部分输运量和 NADW 一起向东转（图 9.11），剩余部分穿过赤道。在这一点，它穿过海盆东部边界，跨过 MAR 的西侧，而非维持 DWBC（图 9.14b 和 9.15b）。其中一部分通过维玛断裂带进入北大西洋东部深海。AABW 通过上涌进入包含 NADW 的上层等密度面，同时其输运量消失。

9.6.2.3 环流和时间依赖性

DWBC 是深海环流中最有活力的部分，其速度达到每秒几十厘米。根据理论预测的简单、层流式边界流不大可能为简单或层流式的。一个近似的例子是，东边界流在某种程度上被模型化为响应近海埃克曼输运而出现的简单层流，然而，它们实际上包含有局部射流和涡。另一个类比为，根据简单斯维德鲁普平衡/西边界流理论在一定程度上预测的实际墨西哥湾流。相对于简单的理论建议，上述两个环流系统具有更大的时空可变性，尽管简单理论提供了此类系统存在的最基本理解。

DWBC 完全存在于深海中，因此很难观测它的时空可变性。观测到的 DWBC 和简化的理论之间的差异包括 DWBC 的地理定位逸出水，和大规模永久回流环流（例如，图 9.15b）。高分辨率数值模拟表明了正在沿南美海岸形成 DWBC 涡（Dengler 等，2004），同时深海拉格朗日浮筒观测表明了此处存在相当多的涡活动（Hogg & Owens，1999）。

已经有多个 DWBC 的逸出位置和回流环流，在过往的研究中得到了介绍。在各个位置，DWBC 特性变化显著，这是因为 DWBC 的水体与海洋内部的水体进行了交换。从北部 NADW 的 DWBC 开始，拉布拉多海出口处以及沿纽芬兰/弗莱明角区存在逸出（Bower，Lozier，Gary & Böning，2009）。第二个逸出位于哈特拉斯角墨西哥湾分离点处（Pickart & Smethie，1993）。在大约 20°N 和 5°N 处存在一个热带层系，在赤道处存在一个大的逸出流，所有这些都是圭亚那深海环流的组成部分（Kanzow，Send & McCartney，2008）。在南大西洋，DWBC 会在其和 20°S 和 8°S 之间任一回流环流（Reid，1994；Friedrichs，McCartney 和 Hall，1994）通过南美最东部点（大约 8°S）时发生特性变化，或变为更像涡的特性（Dengler 等，2004）。它会在大约 20°S 处遇到 Vitória-Trindade 海底山时发生主要逸出，形成回流环流的南部边界（Tsuchiya 等，1994；Hogg & Owens，1999）。最终逸出地点为 NADW 的 DWBC 和巴西海流遭遇马尔维纳斯海流/SAF 的地点。

通过南大西洋向北流动的 AABW 的 DWBC 也有多个主要转变。在一些直接观测地点发现了较大的时间变化。首次转变发生在 DWBC 离开阿根廷海盆并进入巴西海盆的地点，即大约 32°S 的里奥格兰德海隆，在这里其最深海流受狭窄的维玛和亨特海峡所限制（Hogg，Siedler & Zenk，1999）。第二次转变发生在 Vitória-Trindade 海山，它中断 DWBC 并使其在 20°S 处东转（Hogg & Owens，1999）。第三次大幅改变发生在赤道，AABW 的北向流在这里转向圭亚那海盆东侧（McCartney & Curry，1993）。

9.7　大西洋内的经向翻转环流

大西洋 MOC，作为全球翻转环流（第 14 章）的一部分，是一个双环结构，包括在北大西洋北部密度变大并在深海向南流最终成为 NADW 的海洋上层北向流，以及上涌入 NADW 下部且在北大西洋中纬度消失的高密度 AABW 的北向流。

供给北大西洋内翻转的南大西洋北向流海洋上层水体，是从以下水域起源：（a）来自厄加勒斯折回的印度洋上层水；（b）相对高密度的 AAIW 和上绕极深层水（UCDW；第 9.8.3 节）。这些水团在拉布拉多海、地中海和北欧海域内转化为 NADW 组成部分。第 9.8 节对这些水团进行了介绍。

表层内叠加在上述水团之上的为浅翻转环流圈，它使温暖、低盐度的热带表层水域在亚热带内向极移动，并使较冷、较高密度的表层水潜入到密度跃层以下水域。但是此类浅层环流圈可能无法引起我们的注意，因为它们没有形成全球规模，它们是大部分海洋热量极向重新分配的原因（第 5 章）。

从海表至海底的 MOC 经向输送量根据纬向海岸－海岸截面分层计算（第 14.2 节；参见图 9.16 中的示例，Talley，2008；对比 Bryden 等，2005b 和 Ganachaud，2003，他的结果包含在补充图 S9.24 和 S9.25 中）。NADW 的净南向输送量通常为 15～25 Sv（取决于纬度），这些几乎都由 DWBC 输送（第 9.6.2 节）。维持这一输运所需的北向输送量有 3～7 Sv 发生在底层，其余输运量位于海洋上层（AAIW 和密度跃层）。

为了进行展示，可随即计算翻转输送流函数；第 14.2.3 节对此方法进行了说明。图 14.8 中给出了来自高分辨率全球海洋模型的大西洋翻转流函数（Maltrud & Mc-Clean，2005）。这一特定环流显示了集中在 40°N 的 22 Sv 最大 NADW 环流圈，和沿大西洋长度的 16 Sv 标准 NADW 输送。这一特定模型也几乎没有 AABW 底部环流圈，它是这一时期海洋环流模型的常见问题；基于观测数据的输送估算值表明实际存在更多更稳定的 AABW 流入量（图 9.16）。

所有全球翻转概念模型均包含了大西洋的 MOC（图 14.10 和 14.11 以及这些图所基于的原始资料）。退出大西洋上升流的 NADW 层移动至表层水域，然后沉降至随后回流入大西洋的底层水域。上升流广泛存在于印度洋和太平洋内，以及 ACC 纬度内的南大洋内。"沉降流"由南极洲周围高密度水团形成，这些高密度水团来自包含 NADW（第 14 章）的上升表层水。

第 14.3 节在所有海洋输送量背景下讨论了伴随翻转环流的经向热输送和淡水输送。简单地说，热输送是贯穿大西洋长度的北向输送，最大值位于墨西哥湾流分离点正南的亚热带大西洋内，这里的海洋热损失最大。甚至在南大西洋内发现的向北输送迹象也是由于北欧海域其它的热损失区引起的，因此与全深度 MOC 相关。淡水输送的讨论更加复杂，但大西洋翻卷环流的最重要特征是 NADW 环流圈向南输送淡水，因为向北流动的海洋上层水域含盐，而且新 NADW 为低盐水，因为它包含更多的北极

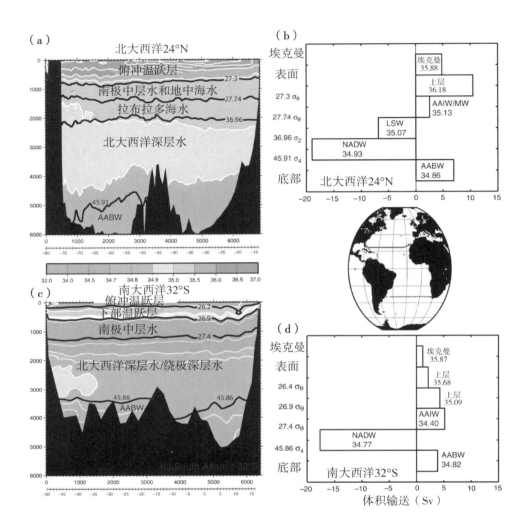

图 9.16　1981 年 24°N（a, b）处和 1959/1972 年 32°S（c, d）处等密度层内的盐度和经向输运
插图显示了截面位置。对各层进行定义的等密度线（σ_θ、σ_2、σ_4）为盐度截面图上的等值线。图 9.16a、c 也可
在彩色插图中找到。另见在线补充图 S9.24 和 S9.25，了解来自 Bryden、Longworth 和 Cunningham（2005b）
与 Ganachaud（2003）的举例。Talley 之后（2008），依据 Reid（1994）论文中记载的速度。

和副极地净降水与径流（它的密度足以导致其发生沉降，因为它比流入的表层水冷）。

9.8　大西洋水团

在本书的第 4 章中以垂向四层形式介绍了大西洋的水文结构和基本水团：表层至
密度跃层、中层、深层和深海。所有海洋中的海洋上层水体结构和过程均类似。但
是，由于北大西洋是在本地形成深层水，与北太平洋和印度洋不同，这导致三大洋之
间存在完全不对称的深水龄期和与深水龄期相关的特性（氧量、营养盐、CFC 等；

第 4.5 和 4.6 节；图 4.11 和 4.22）。连同南极洲年轻水团的供给（对所有三个大洋很常见），大西洋内部多受几十年内表底水体交换变化影响。因此在组合不同年代大西洋数据集时必须特别注意。[①]

在线补充资料中图 9.17 和 9.18 和表 S9.4 分别显示和列举了大西洋的大部分主要水团。我们从简单的位温 - 盐度图（第 9.8.1 节）开始，以物化特性的等值线图及垂向截面图说明各水团由浅至深相关详情。

9.8.1　位温与盐度和氧量

很多水团是根据盐度或氧量的垂向极大值和极小值确定的。因此，大洋中主要水团首先以盐度和氧量与位温对比来表示。图 9.18 包含在 WOCE 收集的上千个水样数据。在线资料中包含本书第 5 版基于斯维尔德鲁普等人（1942 年）的一份较旧但有用的位温 - 盐度（$T - S$）示意图以及一份每 5°纬度 - 经度方形内的 $T - S$ 关系图（图 S9.26 和 S9.27）。将此类图与第 4 章的表面特性图和垂向截面一同用于分析水团的运动是相当有用的。此处介绍的各水团的更详细情况会在后续章节详细说明。

观测海水特性的总体范围发现，热带表层水的最高和最低温度范围为 29～30 ℃，南极地区的底层水温为负值（北大西洋内沿海陆架上的水温处于冰点，但因其太淡而不能出现在此处）。最高温度条件下的最高盐度存在于 11°S～24°S 和 20°N～30°N 位置处的亚热带表层水中。氧气方面，倾斜范围从高温 200 μmol/kg 到低温 350 μmol/kg 的海脊是除表层海水外另一个 100% 溶解氧饱和地点。最低含氧量出现在低纬度海洋上层含氧量最小的区域，这是由高初级生产力导致的。

在温暖的热带表层水下方，北大西洋和南大西洋内接近线性 $T - S$ 关系的水层被称为中央水。这是各大洋副热带环流的主要密度跃层。中央水来源于从不同位置俯冲的表层水，而且具有一定的密度范围（第 4.2.3 和 7.8.5 节）。北大西洋中央水比南大西洋中央水含盐量高，事实上，它是所有五大洋中含盐量最高的中央水（图 4.7）。在中央水内，俯冲的高盐度表层水产生了一个近表面盐度最小水团，被称为亚热带底层水（STUW）。STUW 在 $T - S$ 关系图中，属于一个在 25 ℃ 左右噪声，但在下文给出的垂向截面分布图中却非常清晰。STMW 也是俯冲的，但无法在 $T - S$ 关系图

① 在历史上，已经对大西洋海水性质进行过多次调查，这为气候多样性的现场研究提供了便利。1925—1927 年在德国 Meteor 号科考船上进行了首次海盘尺度范围内从海表至海底的温度、盐度和氧量测量值调查（Wüst，1935）。作为国际地球物理年的一部分，1957—1958 年进行了第二次重点调查，期间有意重复了许多 Meteor 曾经观测过的断面测量，以获得 30 年间隔后海水性质并进行直接比较。从 20 世纪 70 年代开始到 20 世纪 80 年代结束，对大西洋的大部分区域，连同新的涡旋分辨截面，进行了化学示踪物调查以及基本水文特性调查；所有垂向取样包括传导性、温度、深度（CTD）剖面以及水样瓶采样。20 世纪 90 年代，作为世界海洋环流实验（WOCE）的一部分，对所有大西洋海区又进行了调查。Siedler、Church 和 Gould（2001）的多份论文对各种实验进行了概括。WOCE 观测计划之后，各类大西洋的水文观测计划继续不断开展，以便观测深海海水性质变化与与表层变化的联系，以及追踪海洋内人类活动所产生的碳信号。

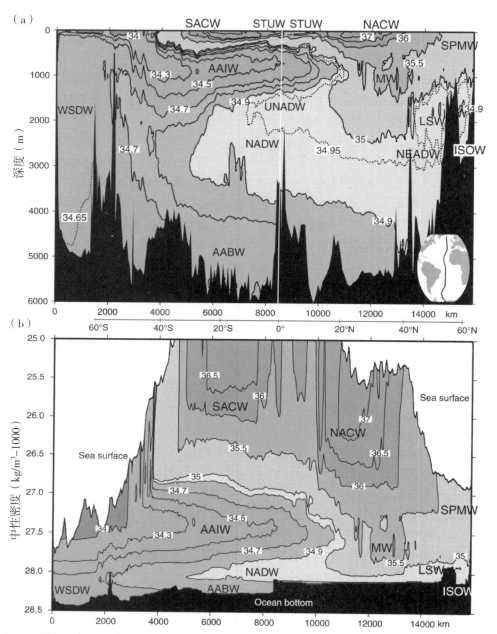

图 9.17　利用 20°W～25°W 经向盐度截面表示的大部分主要大西洋水体的位置，与（a）深度和（b）中性密度（γ^N）呈函数关系

高密度的白色区域为海底。低密度的白色区域（图顶部）位于海表上方。（a）中的插图显示了站点位置。在线补充资料中给出了本文内和表 S9.4 内的首字母缩略词（另见图 4.11b）。（World Ocean Circulation Experiment 第 A16 和 A23 节。）

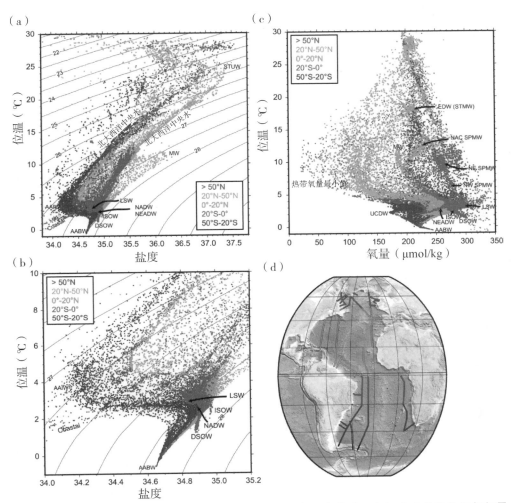

图 9.18 **(a)** 全水体和 **(b)** 温度低于 10 ℃ 水的位温（℃）与盐度。**(c)** 全水体的位温与氧量。**(d)** 站点位置地图

彩色表示纬度幅度。等值线是相对于 0 dbar 的位密度。数据来自 World Ocean Circulation Experiment（1988—1997 年）。本图也可在彩色插图中找到。

中看到它们，这是因为它们与中央水 $T-S$ 关系相符；通过氧气的分布会更容易发现 STMW 的存在（见下文描述）。

在北大西洋内，继续向下，高盐度 MW 为中纬度 $T-S$ 内的含盐突出部分（20°N～50°N 带）。尽管温暖的 MW 温度大约为 12 ℃，但高含盐量使它的密度几乎与非常冷的 NSOW 一样。

50°N 以北 $T-S$ 图给出了高密度北大西洋水域的基本情况（图 9.18a、b 中的红点）。LSW 是主要的最低盐度水团。图 9.18a、b 中向远离 LSW 的低盐度方向扩展的较冷、较淡、密度较低的点的集合为格陵兰岛和拉布拉多海沿岸水体。东北大西洋深层水（NEADW）为温度低于 3～4 ℃ 左右的高盐度水的集合。从 NEADW 向低盐度

方向突出的是两个 NSOW：DSOW 和冰岛－苏格兰溢流水（ISOW）。DSOW 较淡且含氧量高于 ISOW。

低盐度 AAIW（大约 4 ℃和 34.1 psu）和高盐度 NADW（2～3 ℃）存在于热带和南大西洋内。我们可以在海底发现了 AABW 的狭窄尾水。

氧量（图 9.18c）提供了独立的水团信息。热带氧量最小值在前面已被提及。18 ℃、11～14 ℃和 8～11 ℃左右的点群表示高体积模态水（Hanawa & Talley，2001 年）。它们是 18 ℃水（EDW）（和 STMW 相同）、NAC SPMW、东北大西洋 SPMW（NE SPMW）和西北大西洋 SPMW（NW SPMW）。以上所有水团均具有高溶解氧饱和度。

再往下，在较低温度条件下，出现了高氧量 LSW 和 DSOW。ISOW 没有明显的氧量极值，这是因为在溢入北大西洋的同时它会带走低氧量水，所以在海底看到高氧量 AABW。在这些深海水团中，出现的两个氧量特征，而非盐度特征的为 NEADW，它是在 3 ℃条件下朝向北纬（红点）低氧量和大约 2 ℃条件下朝向南大西洋东部区域内低氧量 UCDW 之间的轴线。

9.8.2 大西洋上层水

9.8.2.1 表层水和混合层

ITCZ 中赤道以北区带内的最高表面温度（图 4.1）达 30 ℃。在东部可看到明显的赤道冷舌，10°S 处的暖水带将它与南大西洋较冷的亚热带隔离。墨西哥湾流和巴西流副热带环流均包含沿西边界向极入侵的温暖水域，和东部向赤道方向俯冲的较冷水域。在图 1.1a 中的卫星 SST 图像中，可明显看到以狭窄暖水带形式出现的分离的墨西哥湾流和其南部的冷回流环流。在纽芬兰东部可明显看到 NAC 和其西北角，NAC 的暖水域向北扩散至冰岛和苏格兰。最冷的水域位于 EGC、拉布拉多海、戴维斯海峡内以及拉布拉多海流南部。在南大西洋南部，寒冷的马尔维纳斯海流向北环绕，强大的亚南极锋面和极地锋面向东延伸。

与在所有海洋中一样，大西洋海面盐度（SSS）受区域净降水/径流量与区域净蒸发量的交替变化所控制（图 4.15，第 4.3 节）。热带地区存在较低的表面盐度，特别是 ITZC 之下；低表面盐度明显是亚马逊和刚果河的径流引起的。亚热带的净蒸发导致那里出现了最大表面盐度值。南大西洋内马尔维纳斯群岛低盐水环流的北向摇摆十分明显。在北大西洋副极地环流内，最低盐度出现在格陵兰岛和拉布拉多海沿岸以及墨西哥湾流以北的陆坡水域内。在全球范围内，最远扩展到北欧海域的高大西洋 SSS 反映了大西洋的整体高盐度，这有利于此处深层水的形成，但在盐度较低的北太平洋并不会促成深水水团的形成。

海表密度的海盆尺度分布模式（图 4.19，第 4.4 节）主要遵循 SST 的分布规律，最低密度位于热带地区，最高密度位于高纬度地区。与北太平洋相比，盐度会影响副极地北大西洋的表面密度：在给定纬度，含盐量较高的北大西洋密度明显高于北太平洋密度。大规模河流输入（亚马逊河、刚果河和奥里诺科河）也会导致热带地区的最低表面密度。

大西洋的冬季表面混合层（图 4.4a 和 c，第 4.2.2 节）在整个副极地环流和拉布拉多海内明显很厚；这一厚层被称为副极地模态水（图 9.19b）（McCartney & Talley，1982；Hanawa & Talley，2001）。墨西哥湾流正南方也发现了这种厚混合层带（EDW 或 STMW；图 9.19a）（Worthington，1959）。在南大西洋，冬季混合层也会在向南靠近 ACC（SAMW）时进一步增厚。但在太平洋和印度洋内相近的南半球纬度处，同样发现了更厚的冬季混合层（McCartney，1977）。

9.8.2.2　中央水和亚热带下层水

中央水包括各副热带环流内主要密度跃层内的水（第 9.8.1 和 4.2.3 节）。北大西洋和南大西洋中央水扩展至赤道两侧 300 m 深，并在中纬度向下深入至 $600 \sim 900$ m 处，在环流的向极侧稍微浅些。中央水的密度范围由副热带环流埃克曼抽吸区内冬季表面密度决定。北大西洋内的最高密度大约为 $\sigma_\theta = 27.2$ kg/m³，冬季在 52°N 附近露头。北大西洋中央水的南部边缘为副热带环流的南部边缘，20°N 左右热带地区内出现非常低氧量水团是副热带环流出现的标志（图 4.11d）。

在南大西洋，要想根据艾克曼沉降流确定俯冲的最大密度，可谓困难重重，这是因为在非洲和 ACC 之间广阔的纬度范围内副热带环流与印度洋的副热带环流相连。组合的南大西洋－印度副热带环流内出现的最大密度 σ_θ 约为 26.9 kg/m³，出现在澳大利亚南部。在非洲西部南大西洋中心区域，出现的最大冬季环流密度 σ_θ 可以低至大约 26.2 kg/m³。如同在北大西洋，最小的热带氧量标志着其为副热带环流和中央水的北部边缘。

在 100 m 上层范围内，STUW 是浅水区中垂向盐度最大的，就面积范围、体积和形成速率而言，STUW 是相对小的水团（大约 $1 \sim 2$ Sv；O'Connor、Fine & Olson，2005），但它们很好地阐明了亚热带水团的俯冲过程（在线补充资料中图 S9.28）。它们位于中央水内，由来自亚热带 SSS 极大值水团的朝赤道方向俯冲引起。在南大西洋，STUW 出现在大约 13°S 和 6°S 之间；在北大西洋，该范围为 12°N ~ 25°N，具体由经度决定。北大西洋 STUW 位密度 σ_θ 约为 25.5 kg/m³。南大西洋的 STUW 具有较大的密度范围，南大西洋西部大约集中在 $\sigma_\theta = 24 \sim 24.5$ kg/m³，而南大西洋东部密度较大。

STUW 最大盐度和下层低盐水之间的盐度差异较大，这导致了有利于盐指形成的条件（第 7.4.3.2 节）。Schmitt、Perkins、Boyd 和 Stalcup（1987）通过观测 $5 \sim 30$ m 厚的多级水层指出巴巴多斯东部最大盐度区下的盐指现象。这些水层在水平方向几百公里范围内具有显著的一致性和显著的时间持久性。

9.8.2.3　模态水

模态水为与同一等密度线和垂向上周围水域相比等密度间距相对较厚的水层（第 4.2 节）。北大西洋具有多个 STMW 及其 SPMW。

北大西洋的主要 STMW 位于墨西哥湾流南部，因其典型温度也被称为十八度水。

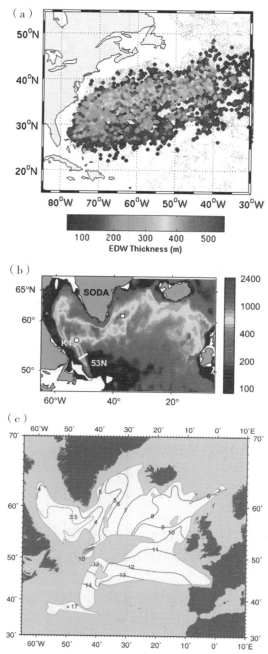

图 9.19 模态水，（a）1998—2008 年所有 Argo 剖面的 EDW 厚度。这里对 EDW 进行了定义，$17\,^{\circ}\text{C} \leqslant T \leqslant 19\,^{\circ}\text{C}$ 和 $\mathrm{d}T/\mathrm{d}Z \leqslant 0.006\,^{\circ}\text{C}/\text{m}$。背景中的小灰点表示不含 EDW 的剖面（Young-Oh Kwon，私人通讯，2009）。（b）来自数据同化模型的 3 月混合层深度（SODA）。来源：Schott 等（2009）。（c）冬末混合层位温（℃），仅显示了混合层厚度超过 200 m 的地方。这就是 SPMW。来源：McCartney & Talley（1982）

EDW 是所有 STMW 的原型（Worthington，1959；Masuzawa，1969）。可在穿过墨西哥湾流的任何垂向剖面上看到它（图 9.7）。EDW 是一个永久特性，其观测结果可追溯到 1873 年的挑战者号科学考察的发现（Worthington，1976）。它具有相对均一的特性，集中在大约 18 ℃、36.5 psu 和 $\sigma_\theta = 26.5$ kg/m³，并具有一定的时空可变性。EDW 起源于墨西哥湾流附近和紧密的回流环流内较厚的冬季混合层（第 9.3.2 节）。混合层厚度可超过 500 m（图 9.19a）。EDW 向南俯冲进入西部副热带环流，产生了横贯马尾藻海大部分区域的远离墨西哥湾流的低稳定性次表层。估算的 EDW 形成速率为 2～5 Sv（Kwon & Riser，2004）。这种形成是从温暖、更轻的墨西哥湾流向典型的 18 ℃ EDW 的转换。

　　位于亚速尔海流锋面南侧的马德拉群岛模态水是另一种 STMW，它明显独立并弱于 EDW。相对于 EDW，它的温度较低（16～18 ℃）、含盐量较高（36.5～36.8 psu）且密度较大（$\sigma_\theta = 26.5～26.8$ kg/m³）（Siedler、Kuhl & Zenk，1987；New 等，2001）。它的形成速率和体积均比 EDW 的小得多。EDW 是全年都会存在，而马德拉群岛模态水每年都会消亡。我们可用它们的滞留时间表达这种差异：EDW 的滞留时间为 3～5 年（这导致永久水团的产生），然而马德拉群岛模态水的滞留时间只有 6～9 个月。

　　南大西洋副热带环流具有大量与复杂锋面系统相关的不同模态水，这种复杂的锋系与巴西和马尔维纳斯流以及 SAF 相关（Tsuchiya 等，1994）。Provost 等（1999）记录了南大西洋西部三种 STMW（在线补充资料中图 S9.29）。温度最低且密度最大（12～14 ℃，35.1 psu，$\sigma_\theta = 26.7$ kg/m³）的 STMW 位于 SAF 北侧。它实际上是最温暖形式的 SAMW（第 13 章），但它像典型 STMW 一样俯冲至南大西洋副热带环流内。第二种模态水（大约 13.5 ℃，35.3 psu，$\sigma_\theta = 26.6$ kg/m³）为与分离的巴西流锋面相关的主要 STMW。第三种 STMW 更轻、更温暖且范围更小。

　　对北大西洋来说，就体积和对内部海洋特性的影响而言，最为显著的模态水为 SPMW，它存在于整个副极地区（在线补充资料中的图 9.19b、c 和图 S9.30）。SPMW 是汇入北欧海和拉布拉多海中 NADW 的海洋上层水的重要组成部分。SPMW（根据 McCartney 和 Talley 于 1982 年的最初描述）是位于气旋环流周围的广阔水团，本质上与冬季混合水层相同。其厚度通常超过 400 m，而且在冰岛 - 法罗群岛海脊和伊尔明厄与拉布拉多海中的厚度更大。最温暖且最轻的 SPMW（14 ℃，$\sigma_\theta = 26.9$ kg/m³）位于 NAC 东部和南部。随着 NAC 横跨北大西洋向东移动，它的 SPMW 越来越冷且密度越来越大，后 NAC 分叉后在到达不列颠群岛附近时其温度和密度分别达到 11 ℃ 和 $\sigma_\theta = 27.2$ kg/m³。SPMW 最轻的部分向南俯冲进入副热带环流，变为如同 NAC 的 STMW。

　　NAC 转向东北方向，分裂为至少三个固定的弯曲锋面，各锋面东（温暖）侧都具有自己的 SPMW 演变（Brambilla & Talley，2008）。这些 SPMW 不会俯冲，但会在表层继续逐步变化，越朝北越冷、越淡且密度越高。雷克雅内斯海脊东侧的分支（冰岛海盆和罗卡尔海槽内）输送着被冰岛 - 法罗群岛海脊冷却至 8 ℃ 的 SPMW。该

SPMW 通过挪威大西洋海流进入北欧海，成为大西洋水域的一部分，大西洋水最终会转化为 NADW（第 12 章）。

第三个 NAC 分支为雷克雅内斯海脊西部的伊尔明厄海流（第 9.3.5 节）。它的 SPMW 在伊尔明厄海周围变得越来越冷、越淡和高密度，然后跟随东和西格陵兰岛海流汇入拉布拉多海。这一 SPMW 是温度大约为 3～3.5 ℃ 的 LSW（和伊尔明厄海水）的来源，形成 NADW 的上层部分（见下节）。

9.8.3 中层水

在表层和密度跃层下方，大约 500～2000 m 中间深度位置，大西洋包含三大中层水团，通常通过垂直面盐度极大值确定。它们是北部的低盐度 LSW，亚热带北大西洋内的高盐度 MW 和南大西洋与热带大西洋内的低盐度 AAIW（图 14.13 中的总图）。

不同于海洋上层水团，这些中层水团以有限的地理源地为特征。LSW 由拉布拉多海中西部的深对流形成，拉布拉多海中西部是全球海洋中此类对流少数位置中的一个（Marshall & Schott，1999）。AAIW 在巴西－马尔维纳斯流汇流处进入南大西洋；它的低盐度来源为太平洋东南部的最淡 SAMW（第 13.5 节）。MW 以密度溢流的形式通过直布罗陀海峡进入北大西洋（在线补充资料中第 S8.10.2 节）。

9.8.3.1 **拉布拉多海水**

LSW 是副极地和北大西洋西亚热带区的中深层水团。LSW 的特点是：（1）副极地北大西洋水平和垂直面盐度最小水团；（2）副极地北大西洋和亚热带西部边界区水平和垂直面位势涡度（水层厚度最大值）最小水团；（3）水平和垂直面溶解气体（标志最近水体交换情况）极值水团，例如氧气和 CFC。

这些 LSW 特点由其对流形成过程和相对同一深度其它水团较短的年龄所造成。LSW 在拉布拉多和格陵兰岛之间的拉布拉多海内形成，这里的冬季混合层厚度超过 800 m 并且可以达到 1 500 m 深（图 9.20a 和补充图 S9.31）（拉布拉多海的深层和底层水为密集的 NSOW 和 NADW，它们不会被拉布拉多海的深对流穿透）。LSW 源水主要为从伊尔明厄海进入拉布拉多海的 SPMW，还包括通过戴维斯海峡从巴芬湾输运而来的表层淡水。拉布拉多海内深冬混合层被春季低密度层覆盖，这一厚层随后瓦解，形成相对均匀且厚实的 LSW 层。所产生的寒冷、淡水、密集且含氧 LSW 厚层的各种特点如图 9.20 中最左图所示。在获得图 9.20 所示观测结果的年份（1997）期间，新 LSW 的特点表现为 2.9～3.0 ℃、34.84 psu 和 $\sigma_\theta = 27.78$ kg/m³。LSW 特点是多变（在线补充资料中第 S15 章）；图中大约 2 000 m 位置的最低温度（<2.8 ℃）为来自多年前处于历史最低温度的剩余 LSW，该 LSW 由更强力对流所产生。

新 LSW 层向南移动并跟随拉布拉多海流离开拉布拉多海（图 9.15a），这一水团在盐度、氧气、CFC 和位势涡度方面的特征表现明显，LSW 中所有这些量均为极值（图 9.21 以及补充图 S15.4）。在到达 NAC 西北角时，一部分 LSW 跟从 NAC 东转，一部分继续向南通过弗莱明角。向东运动的大部分 LSW 向北转入伊尔明厄海，而另一部分向东运动通过查利·吉布斯断裂带进入东部副极地环流，并向北进入冰岛海盆和罗卡尔海槽。由于通往伊尔明厄海的路径较短，与冰岛海盆和罗卡尔海槽相比，那里的 LSW 更淡且含氧量更高（图 9.20 和 9.21）。

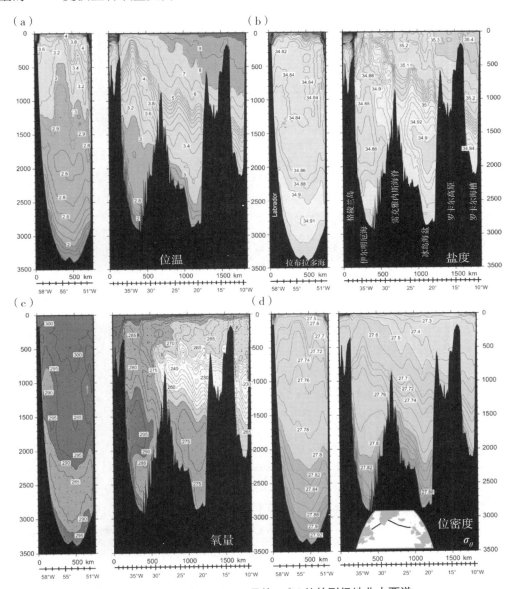

图 9.20　1997 年 5 月至 6 月约 55°N 处的副极地北大西洋

拉布拉多海内（左侧）及从格陵兰岛到冰岛（右侧）的（a）位温（℃），（b）盐度，（c）氧量，和（d）位密度（σ_θ）。本图也可在彩色插图中找到。（World Ocean Circulation Experiment 第 AR7W 和 A24 节。）

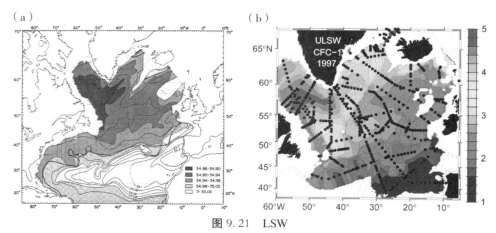

图 9.21 LSW

（a）LSW 最小位势涡度条件下的盐度。深色曲线为 PV 最小值范围；本范围南部和东部显示了相交等密度线上的盐度。来源：Talley 和 McCartney（1982）。（b）σ_θ 约为 27.71 kg/m^3 时，上 LSW 层内的含氯氟烃－11（pmol/kg）。图 9.21b 也可在彩色插图中找到。来源：Schott 等（2009）和 Kieke 等（2006）。

拉布拉多海内的 LSW 西转，作为 DWBC 的一部分进入墨西哥湾流以北的陆坡海域内。它随后向墨西哥湾流近岸和下层流动，这可通过在 24°N 西边界处 1 000～1 700 m深度位置的高 CFC 值观测到；也可在这里发现提高的氧量和降低的盐度（图 9.22）。上述的跟踪方法都不是直接的：本应追踪 LSW 向南发展的拉格朗日浮标没有转变方向（Bower 等，2009），然而与墨西哥湾流之间的相互作用比较复杂，导致大量墨西哥湾流水被周转的水团带走（Pickart & Smethie，1993）。

估计的 LSW 生产率范围为 2～11 Sv；根据副极地北大西洋内 CFC 调查获得的最新结果为 3～9 Sv（Kieke 等，2006）。24°N 处（图 9.16 和 9.22）估计的 DWBC 中南向输出率大约为 6～8 Sv，它在 15～20 Sv 总 NADW 输出中占很大一部分。

9.8.3.2 地中海水

在与 LSW 大致相同的深度和密度范围内，北大西洋还存在高盐度水团 MW（也被称为地中海溢流水）。图 6.4 给出了表示 MW 的盐度分布图，位于恒定深度、等密度线上和最大盐度中心。MW 在直布罗陀海峡以高密度水形式进入大西洋（图 9.23a、b）。在 38.4 psu 和 $\sigma_\theta = 28.95$ kg/m^3 条件下，总流出量大约为 0.7 Sv（在线补充资料中第 S8.10.2 节）。流出水向下倾入，同时夹带着降低其盐度和密度的周围水团。它沿着地形向右方行进，然后北转进入加的斯湾，并在这里分裂为两股核心流（图 9.23c）。它在到达圣文森特角附近之前在 1 000～1 500 m 深度达到中性浮力状态（Candela，2001）。

由于地中海流出水在圣文森特角处遇到向北地势急弯和伊比利亚半岛沿岸的其它地形特征，近乎纯粹由地中海海水组成的 MW 反气旋涡因此分离（Bower、Armi & Ambar，1997；Richardson、Bower & Zenk，2000；Candela，2001）。此类"地中海涡"向西南方向和正西方向扩散然后进入北大西洋，在相当长的距离和超过 2～3

年时间里保持它们的一致性和高盐度（在线补充资料中图 S9.32）。这些涡全部都存在于次表层。在形成的初期，地中海涡为直径大约 9 km 的小尺度涡。经历老化和扩散后，它们的半径变为 20～100 km，厚度约为 650 m，并集中在大约 1 000 m 深度位置。每年可能形成大约 15～20 个地中海涡（在线补充资料中图 S9.33）。它们可能将多达 50% 的 MW 带入北大西洋。

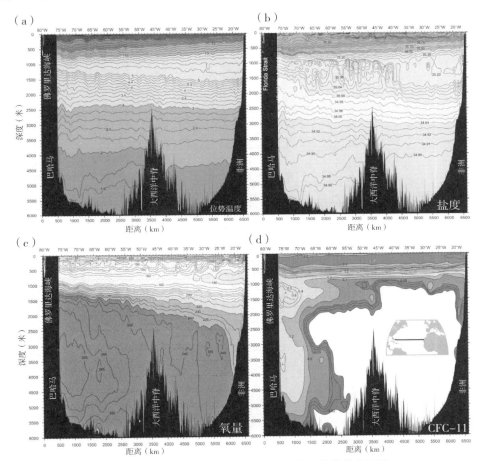

图 9.22　1992 年 7 月至 8 月 24°N 处的亚热带北大西洋

24°N 处的（a）位温（℃），（b）盐度，（c）氧量（μmol/kg），和（d）CFC-11（pmol/kg）。本图可在彩色插图中找到。（World Ocean Circulation Experiment 第 A05 节。）改编自：WOCE 大西洋地图集，Jancke、Gouretski 和 Koltermann（2011）。

　　进入亚热带北大西洋的高盐度 MW 形成典型的"地中海盐舌"（图 6.4）。因为这一现象十分显著，它使我们认为盐舌处有一个对应的环流。但事实上，盐舌并不能反映环流，它和与行星波和涡运动相关的涡动扩散系数有联系（Richardson & Mooney，1975；Spall、Richardson & Price，1993）。相关水平涡流扩散系数牌合理范围，大致在（8～21）×10^6 cm²/sec 之间。

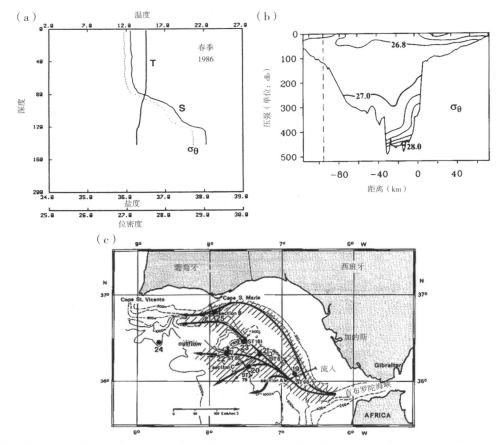

图 9.23 **春季海峡海底山脊附近的（a）温度、盐度和位密度。来源：Bray、Ochoa 和 Kinder（1995）。（b）春季直布罗陀海峡正西方 6°30′W 处的位密度。来源：Ochoa 和 Bray（1991）。（c）MW 的流出路径。来源：Zenk（1975）**

MW 将高盐度向下注入北大西洋中深层，帮助形成了典型的 NADW 高盐度（图 9.17）。另一方面，北大西洋内开阔大洋亚热带蒸发在使北大西洋成为盐度最高海洋方面起主导作用，地中海为这种增强贡献了大约 30% 的作用（Talley，1996b）。

9.8.3.3 南极中层水

AAIW 是大西洋第三大中层水。它为南大西洋和热带大西洋内大约 1 000 m 位置的低盐度层（图 9.17、9.18 和 14.13）。AAIW 的盐度最小水层来源于附近的德雷克海峡，在这里它与密度最大、最冷且最淡的 SAMW 相连（第 13 章）。在大约 20°N 位置，AAIW 的北边界大部分与 MW 的南边界重合（在线补充资料中图 14.3 和图 S9.34 以及 S9.35）。AAIW 的盐度比 LSW 低，因为它的南大洋源水比蒸发更多的北大西洋副极地 LSW 源水盐度低。

在南大西洋南部，AAIW 盐度最小水层的密度略大于 27.1 kg/m³（4 ℃，34.2 psu）。在热带地区，AAIW 层从上方被侵蚀且受制于穿过等密度面的扩散过程，穿越等密度面的扩散过程将它的"核心"密度、位温和盐度分别提高到大约 27.3 kg/m³、5 ℃和 34.5 psu（Talley，1996a）。

据估计，从 AAIW 进入大西洋的净北向输送量为 5～7 Sv（图 9.16）。在南大西洋，AAIW 被对流向东输送并逐渐远离马尔维纳斯－巴西流汇流处，然后在反气旋副热带环流周围向北和向西输送。它返回南美海岸并进入北巴西海流系统。它在赤道附近被对流向东输送，成为区域漫长赤道海流系统的一部分。在热带地区，AAIW 与 UCDM 在垂向上结合（Tsuchiya、Talley & McCartney，1994）。这一复合体向北运动并进入墨西哥湾流系统和 NAC，在那里 AAIW/UCDW 的残余以高营养盐而非低盐度为标志（Tsuchiya，1989）。

9.8.4 深层和底层水

北大西洋深层和底层水由 NADW 和它在北大西洋内形成的前身部分，以及在南大洋内形成的 AABW 和 CDW 组成。第 4.3.4 节对上述水团进行过介绍，而且第 14 章全球翻转环流着重给出了相关配图并进行解释。在之前的章节，我们已经对 NADW 的中层水组分进行了介绍（第 9.8.3 节）。此处我们将讨论 NSOW 的组分，然后是 AABW，接着以整体说明 NADW 结尾，着重讨论热带和南大西洋，因为在这里，单独的北大西洋源水融入从大西洋输出至其它海洋的单个水团中。

9.8.4.1 北欧海溢流水

北大西洋内密度最高的新底层和深层水来源于北欧海。第 12.6 节将对此进行了讨论；相关信息也可在 Dickson 和 Brown（1994）以及 Hansen 和 Østerhus（2000）中找到回顾。格陵兰岛－苏格兰海脊内有三个海底山脊，它们均具有重要且高密度的溢流水：（1）具有汇入伊尔明厄海溢流处于格陵兰岛和冰岛之间的丹麦海峡；（2）具有汇入冰岛海盆溢流的冰岛－法罗群岛海脊；（3）法罗群岛－设得兰群岛海峡。最后一个通道包含两条路径：从法罗群岛浅滩海峡到冰岛海盆和从威维尔－汤姆森海脊到北部罗卡尔海峡。流经三个海峡的高密度水被称为丹麦海峡溢流水和冰岛－苏格兰溢流水，后者包含来自冰岛东部两个海底山脊的水。我们可将上述溢流水统称为北欧海溢流水，尽管这一术语并不普遍。

通过三大海峡的平均输送量分别为 3 Sv（DSOW）、0.5～1 Sv（冰岛－法罗群岛）、和 2～2.5 Sv（法罗群岛－设得兰群岛海峡），总输送量为 6 Sv（图 9.15a 和 12.20）。绝大多数法罗群岛－设得兰群岛溢流通过法罗群岛浅滩海峡，仅有十分之几 Sv 通过威维尔－汤姆森海脊。σ_θ 约等于 27.8 kg/m³ 的等密度线将溢流水从向北流动的表层水中分离出来（图 9.24a）。溢流水起源于北欧海内的多个水团，使得制作它们特性的单独 $T-S$ 图变得很困难；海峡内水体混合的时间可变性引起了溢流水特性的可变性（Macrander 等，2005）。DSOW 特性为 - 0.18 ℃、34.88 psu、σ_θ = 28.02 kg/m³ 至 0.17 ℃、34.66 psu、σ_θ = 27.82 kg/m³（Tanhua、Olsson & Jeansson，2005）。威维尔－汤姆森海脊内 ISOW 特性为 - 0.5～3 ℃，34.87～34.90 psu

和 $\sigma_\theta = 28.02 \sim 27.8$ kg/m³ （Hansen & Østerhus，2000）。一个强锋面将海脊南部海洋上层水团与海脊北部水团分开；在冰岛东部，冰岛－法罗群岛锋面与汇入北向挪威大西洋海流的集中东向流相关。

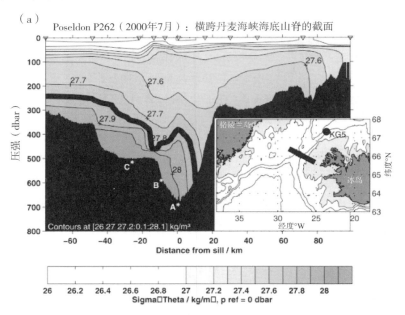

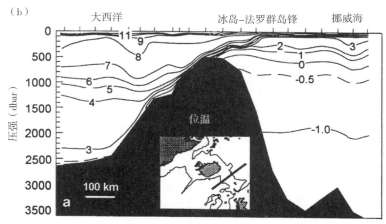

图 9.24　（a）丹麦海峡内的位密度。计曲线标志着海峡内溢流层上的最大值。来源：Macranker 等（2005）。（b）横跨冰岛－法罗群岛海脊的位温（℃）。来源：Hansen & Østerhus（2000）。

　　各海底山脊处的溢流水密度都很高，溢流水面向北大西洋深海层下次至它们各自对应的陆坡（图 9.24）。溢流水在它们俯冲且湍急的夹带它们经过的水团时形成涡流。夹带水包括 SPMW、LSW 和周围深层水。因此，溢流水特性随它们输送量的增加而迅速变化。沿着海底山脊南部的纬向截面（图 9.20），向西倾斜的高密度层内的伊尔明厄海和冰岛海盆溢流十分明显；在罗卡尔海槽内，溢流水虽弱但仍存在于底层附近西侧。与 ISOW 相比，伊尔明厄海盆内的 DSOW 盐度明显更低且含氧量更多

（另见图 9.18），这主要是因为 DSOW 夹带较新的 LSW。一旦 DSOW 和 ISOW 羽流达到平衡并开始深入至北大西洋，它们的最大密度会降至大约 $27.92\sigma_\theta$（$46.1\sigma_4$；图 9.20）。

ISOW 通过雷克雅内斯海脊内的查利·吉布斯断裂带向西循环并加入南部伊尔明厄海内的 DSOW（图 9.15a）；组合的 NSOW 围绕格陵兰岛气旋式流入拉布拉多海，随后向南流至拉布拉多海流下方。这时，NSOW 为新形成的 DWBC 的密度较高的部分（第 9.6.2 节）。相对于 LSW，这一高密度层很容易地从墨西哥湾流下方穿过（Pickart & Smethie，1993），它以 $24°N$ 西边界处的高氧量和高 CFC 为标志（图 9.22）。此处，DWBC 水团通常被称为 NADW，而且与 NSOW 相关的这部分被称为较低的北大西洋深水层（LNADW；第 9.8.4.3 节）。

9.8.4.2　南极底层水

大西洋大部分地区内的密度最高的水来源于 ACC 南部的南大洋。[①] 因威德尔海内盐析作用产生的大西洋区内高密度南极水无法通过复杂的地形向北流动（第 13 章；Mantyla & Reid，1983；Reid，1994）。尽管如此，流走的水通常被称为南极底层水，在这里我们遵循这一惯例。

AABW 为沿整个大西洋经向截面温度低于大约 $2\ ℃$ 且盐度小于 34.8 psu 的水团（图 4.1a 和 b 以及 9.17）。南部位温＜$0\ ℃$。在 $T-S$ 关系中（图 9.18），AABW 为最冷的的一端，温度向下降至小于 $0\ ℃$。AABW 的向北发展和调整被深海地形严格限制（图 14.14）。最冷的 AABW 流入了南大西洋西南部的阿根廷海盆。它通过受限的维玛海峡向北流入巴西海盆，在这里，温度低于 $0\ ℃$ 的 AABW 仅存在于远至 $15°S$ 周围沿海的 DWBC 内（图 9.25）。越向北，AABW 的温度和盐度越高，这是由于上方覆盖的较温暖且盐度较高的 NADW 向下扩散引起的。越向北，AABW 的氧量也一反常态地提高，这进一步证明了高氧量 NADW 的向下扩散过程。

在赤道处，输送 AABW 的 DWBC 分裂为通过罗曼什断裂带横穿 MAR 的东向流和横穿赤道的北向流。东向分支在 NADW 加入后在东热带大西洋向南回转，然后从北部流入南大西洋东北部深海（图 14.14 和 14.15）（瓦维斯海脊封堵了从南部汇入南大西洋东部的北向直流）。AABW 的北向分支转向 MAR 的西侧（第 9.6 节）。它的一部分在 $11°N$ 处通过维玛断裂带横穿海脊，在那里，它是北大西洋东北部深海水的一个源头（van Aken，2000）。大部分 AABW 继续向北前进直至百慕大群岛纬度。由于温度低于 $1.8\ ℃$ 的水向东朝 MAR 堆叠，在 $66°W$ 和 $24°N$ 处，AABW 仍然很明显（图 9.15 和 9.22）。

9.8.4.3　北大西洋深层水

NADW 是在整个大西洋范围内发现的位于大约 $1\ 500\sim3\ 500$ m 深度之间的重要

[①]　虽然 NSOW 的密度大于南极形成的底层水，随着 NSOW 俯冲过海底山脊进入北大西洋，强烈的淡水混合降低了已平衡 NSOW 的密度。

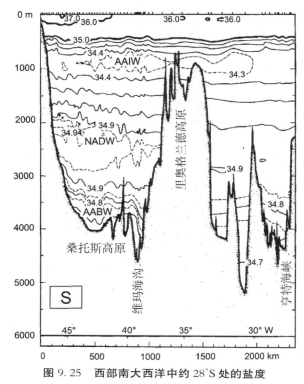

图 9.25　西部南大西洋中约 28°S 处的盐度

来源：Hogg，Siedler & Zenk（1999）。

的高盐度、高氧量和低营养盐层（图 4.11，4.22a、b 和 9.17）。我们在前面的章节中已经分析了北欧海、拉布拉多海和地中海中 NADW 的北大西洋水源。在北大西洋副极地和亚热带区内，这些水团很容易区别（NSOW、LSW 和 MW）。从最狭隘的意义上来说，术语"NADW"用在此类源水团变得不容易区别的地方，即从北大西洋亚热带区 DWBC 内和热带大西洋内开始。但它也适合指代更广义水团研究中如 NADW 一样的整个复合体（例如，如图 14.11 的全球翻转示意图）；在古海洋学中，源水的平衡在千年时间尺度范围内变化，因此将 NADW 视为一个整体比着重强调它的单独部分要更为有意义。

　　NADW 并不是其深度范围内的唯一水团。更淡的 CDW 从南大洋向北流入南大西洋，可从大约位于 2 500 m 的等密度线上的盐度（图 9.26）以及环流看出（图 9.14a）。但就净体积输送而言，NADW 占主导地位（图 9.16）。在北大西洋，图 9.26 内东部亚热带区内的高盐度是由其上覆盖的地中海盐舌的向下盐扩散引起的。在副极地北大西洋，盐度较高的 ISOW（＞34.98 psu）位于东部，盐度较低的 DSOW（大约 34.94 psu）位于西部。盐度较低的 DSOW 盐西部边界向南蔓延，同时也向东朝大约 47°N 处的大西洋中脊（MAR）蔓延。

　　在北大西洋东北部，高盐度 ISOW 和高盐度地中海盐舌之间，图 9.26 中等密度线上盐度较低的为 NEADW（van Aken，2000）。虽然它是侧向盐度最小的水团，

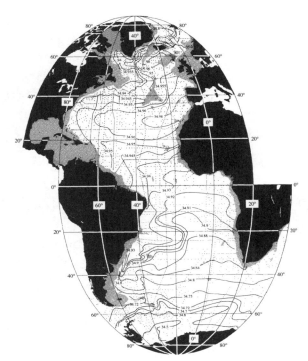

图 9.26 位于大约 2 500 m 深度等密度线 σ_θ = 41.44 kg/m³（参考 3 000 dbar）上的盐度
来源：Reid（1994）。

NEADW 也是垂向盐度最大的水团（图 9.17）以及垂向氧量最大的水团（图 9.18c）。NEADW 是本地深海和中层水团的混合体，具有来自 ISOW 和地中海盐舌的高盐度，以及由长水龄/呼吸作用和地中海盐舌的北向对流所导致的低氧量。这与高氧量 ISOW 形成对比。下面的深层水（包括改变的 AABW）和上面的 LSW 也是造成这种情况的原因（van Aken，2000）。

在亚热带北大西洋，DWBC 中向南扩散的 NADW 以高氧量和高 CFC 为标志（图 9.22 和 9.15）。在 24°N 处的西部边界，NADW 包含 2 000~5 000 m 处的高氧量和 1 500 m~3 500 m 处 CFC 中的两个突出极值（图 9.22）。上层 CFC 最大值来源于拉布拉多海（Bryden 等，1996；Rhein、Stramma & Send，1995）。较深层的 CFC 极大值与下层 NADW（LNADW）的深海高氧量层一致，后者主要来源于 NSOW。

NADW 继续在 DWBC 中向南行进，并在赤道处分裂为东向和南向流。在热带地区，会按照传统方法区别上层（UNADW）、中层（MNADW）和 LNADW（Wüst，1935），这可在赤道 25°W 截面上看到（图 4.11）：UNADW 是盐度最大的水团（大约 1 700 m），MNADW 是上层氧量最大的水团（2 500 m），并且 LNADW 是一个单独较深层的含氧量最大水团（3 500 m）。仅 LNADW 与上游来源中的 NSOW（图 9.22 和 9.27）有简单的联系。

赤道 UNADW 盐度最大水体是由切入 NADW 顶部的低盐度 AAIW 水团引起

的，并在其顶部留下一个盐度最大的水团，它的位置比 MW 深而且密度比 MW 大。MNADW 最大氧量水团比原来的高氧量 LSW 水团深得多，这可通过与热带最大氧量和 CFC 水团对比看出（图 4.11 和 9.27；Weiss、Bullister、Gammon & Warner，1985；Rhein 等，1995；Andrié 等，1999；第 3 章）。在 24°N 处，赤道 CFC（取自 2003—2005 年的观测结果）包含两个直接反映北大西洋南部水源的极大值水团。较深的最大 CFC 水团与来自 NSOW 的较低最大氧量水团相同。上层最大 CFC 水团（1 000～1 500 m）来自 LSW，而且比最大氧量 MNADW 水团浅，后者因热带北大西洋（Weiss 等，1985）上层内的高耗氧量被压低至更大深度（>1 500 m），而 CFC 在生物学上具有惰性。

由于 CFC 具有依赖时间的表面来源，它们是高纬度入侵的显著标志（图 9.27）。20 世纪 80 年代的首个赤道 CFC 观测结果以 1 500 m 观测到非零值 CFC 表明了 LSW 的到来。到 2003—2005 年期间获得第二全套 CFC 观测结果时，这一 LSW 最大值大幅扩大，而且 LNADW（NSOW）同样以 CFC 最大值为标志。大约位于 2 700 m 的 CFC 最小值主要与 MNADW 和 LNADW 之间的氧量最小值有关。氧量/CFC 最小值由赤道东部内 AABW 和较老 LNADW 的上升流引起（Friedrichs 等，1994）。

在南大西洋巴西海盆内，NADW 在 DWBC 内向南移动至 25°S。这里有一个以 2005 年内 25°W 处高盐度和高氧量甚至非零 CFC - 11 为标志的 NADW 东向分支（图 4.11b、d 和 9.27；Tsuchiya 等，1994）。这三个最大值几乎在深度上一致，没有复杂的赤道分层：此处的 NADW 正在成为存在于大西洋中更均匀的单一高盐度和高氧量层。最南边界位于 35°S 的 NADW 横跨巨大的混合屏障 MAR 向东移动。在海脊东部，NADW 的氧量和盐度明显很低。它在非洲南端周围大约 1 000～1 500 km 宽的广阔地带内集结。它的一部分在厄加勒斯下方和近海的广阔 DWBC 中向北移动并进入印度洋（第 11 章）。剩余部分加入东向 ACC，在这里它为 LCDW 提供了高盐度核心水团（第 13 章）。

9.9 气候和大西洋

大西洋气候研究主要集中在围绕北大西洋北部深水层形成过程和北欧海与北极圈内海冰过程的年代际和长期变化（第 12 章）。这是因为北大西洋深水层的平均交换时间大约为几十年或更短，且具有相关可测量的多样性。然而，从年际到十年际、百年际和千年际的所有时间尺度条件下的气候多样性会影响大西洋的所有区域。与气候变化相关趋势（人类活动）已经有不少的记录。

教材网站在线补充资料上第 S15 章（气候多样性和海洋）包括了所有与大西洋气候多样性有关的文章、图像和表格。本章描述了热带大西洋的气候多样性：（1）大西洋经向模态（AMM），它是横跨赤道的模态；（2）大西洋尼诺，它是皮耶克尼斯反馈与厄尔尼诺 - 南方涛动（ENSO）在动态上相似的纬向赤道模态（第 7.9.2 节）；（3）来自太平洋 ENSO 的远距离驱动力。然后第 S15 章描述了大西洋内年代际和多

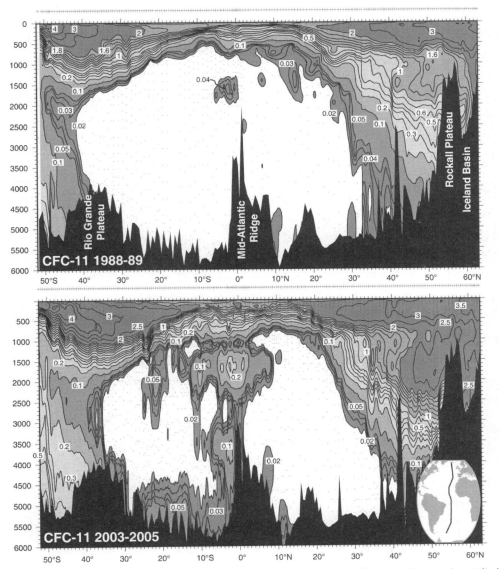

图 9.27 来自（a）1988—198 年和（b）2003—2005 年沿 20˚W～25˚W 的含氯氟烃 – 11 （pmol/kg）。插图显示了截面位置。平面图上的小点指出了样品位置。

年代际可变性模式：（1）北大西洋振荡（NAO）；（2）东大西洋模式（EAP）；（3）大西洋多年代际振荡（AMO）。对海洋特性的巨大可变性进行了说明，并强调了盐度变化。本节以对大西洋上气候变化印记的描述结束，包括探测北大西洋内所有深度特定巨大自然可变性的难度。

第 10 章 太平洋

10.1 介绍和概述

太平洋是三大洋中最大的大洋。太平洋的亚热带地区、北太平洋副极地地区和热带地区内有强有力的风生环流系统（第 10.1 至 10.7 节）。在南部，太平洋环流流动到南大洋内，南大洋连接太平洋与其他海洋（第 13 章）。在较低纬度处，太平洋也会通过印度尼西亚群岛内的海道与印度洋进行连接。非常浅的白令海峡则将太平洋与北极地区（第 12 章）进行连接。

由于海洋之间净蒸发量/降水量的差异较小，太平洋是三大洋中盐度最低的海洋（第 5 章）。与北大西洋相比，此低盐度完全抑制了深层水的形成，并且削弱了北太平洋北部地区内中层水的形成（第 10.9 节）。在全球范围内，太平洋是其中一个深层上升流发育的广阔区域，此类深层上升流使得在其他地方形成的深层水返回至中深层甚至表面。由于其较弱的热盐环流，北太平洋海洋上层环流主要与风力作用相关。因此，首先对北太平洋和赤道太平洋背景下的风成环流进行研究，然后对其他海洋进行研究可能非常有用。

热带太平洋是年际气候模式厄尔尼诺－南方涛动（ENSO，第 10.8 节）的活动中心，厄尔尼诺－南方涛动通过大气"遥相关"作用对地球多数区域产生影响。相关研究者也对太平洋内近十年的重要自然气候多样性进行了观测（第 10.10 节；教材网站 http：//booksite. academicpress. com/DPO/中可以找到补充资料中的第 S15 章；"S"指补充资料）。

太平洋包含了众多的边缘海，它们大多沿太平洋西侧分布，在线补充资料第 S8. 10 节对这些边缘海进行了简短描述。印度尼西亚群岛的复杂海道使海水从热带太平洋区域分流到热带印度洋内。白令海北端的白令海峡允许少量北太平洋海水渗漏到北极地区内，进一步渗漏到大西洋内。西北太平洋区域内的鄂霍次克海是北太平洋区域内密度最大的海水的形成场所，此密度最大的太平洋水仅在中深层内存在，与北大西洋和南极地区内形成的大密度水体相比，此水体密度更小且产生的影响也更小。

太平洋的海表环流（图 10.1、10.2a 和补充网站内的图 S10.1）包括两半球内的副热带环流、北太平洋中的副极地环流以及遥远南部地区内的南极绕极流（ACC；第 13 章）。北太平洋和南太平洋的西边界流分别为黑潮和东澳大利亚暖流（EAC）。这些副热带环流的东边界流分别为加利福尼亚洋流和秘鲁洋流。北太平洋副极地环流的西边界流是亲潮/东堪察加海流（EKC）。因为环流的复杂性和动力学，我们对赤道太平洋内的剧烈纬向（东－西）环流单独进行描述（第 10.7 节），它们与中纬度风成环流的形成过程不同（第 7.8 节）。热带环流还包括低纬度西边界流：棉兰老流和新几内亚沿岸潜流（NGCUC）。太平洋的深海环流（第 10.6 节）由来自于南大洋的深层西边界流（DWBC）的入流构成，此深层西边界流沿着深层海底高原和岛链从新西兰向北流动。许多深层水流通过南太平洋内的沙孟海道，然后进入热带海洋深层。深海流在太平洋西部穿过赤道，然后沿着西边界的深沟向北流动，流入北太平洋深层内。深海环流的"终点"到达东北太平洋，东北太平洋内有全世界最古老的深层海水，这被该区域内的碳 14 含量所证实（第 4 章，图 4.24b）。

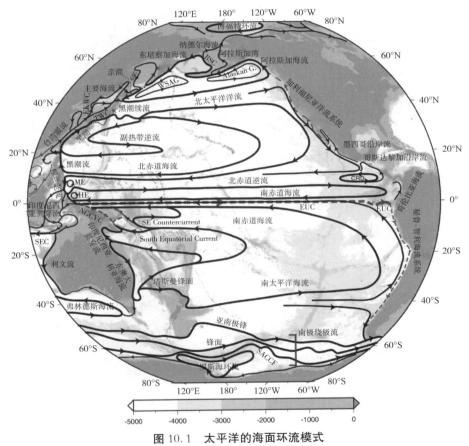

图 10.1 太平洋的海面环流模式

图中给出了赤道处以及沿着东边界的主要近表面潜流（虚线）。中国南海环流代表冬季季风。首字母缩略词：SACCF，南部南极绕极流锋面；EAUC，东奥克兰海流；NGCUC，新几内亚沿岸潜流；EUQ，赤道潜流；CRD，哥斯达黎加穿隆；ME，棉兰老涡；HE，哈马黑拉涡流；TWC，对马暖流；EKWC，东朝鲜暖流；WSAG，西部亚北极环流；ESC，东库页岛海流；BSC，白令陆坡流。

流入的底部水体在太平洋的整个长度范围内生成上升流，尽管大多数向上运输发生在南太平洋和热带地区内。热量和淡水向下扩散改变了水密度，向上流动的深层水域创造了相对同质的大体积水团，我们将此类水团称为太平洋深海深层水（PDW，或普通水）。这些水流回到南大洋内，并在此处与印度洋深层水（形成方式类似）和北大西洋深层水（拥有完全不同的形成机制）汇合。在太平洋内，也存在从深层水域到更浅层（包括中间层和海洋上层）的上升流，它们从所有方向流出到这些层的不同部分：通过印度尼西亚海道到达印度洋，在澳大利亚周围向西南流动，向北通过白令海峡，并且向东通过德雷克海峡（见第 14 章）。

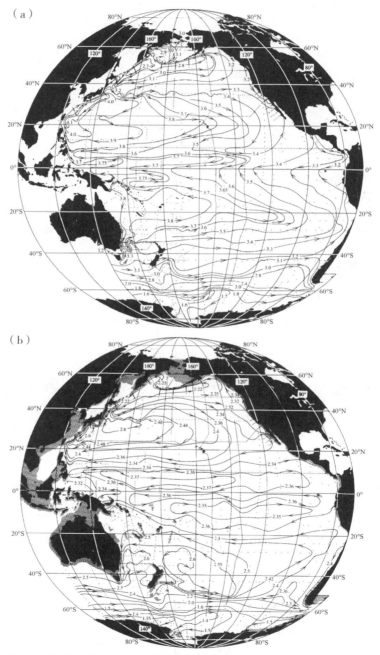

图 10.2 （a）0 dbar 和 （b）500 dbar 条件下调整后的地转流的流函数（比容高度，10 m²/sec²）
来源：Reid（1997）。

10.2 风和浮力的作用

太平洋的海洋上层环流和热带环流主要为风生环流。平均海面风主要由极地周围约 30°范围内（北半球和南北半球）的西风带以及低纬度处的偏东信风组成（图 5.16a～c 和补充图 S10.2a）。由此产生的埃克曼输送辐聚与辐散将会驱动斯维尔德鲁普输送（图 5.17 和补充图 S10.2b），因而形成环流。图 10.1 和 10.2a 中的反气旋副热带环流与埃克曼沉降流区域和朝赤道方向的斯维尔德鲁普输送相对应。副极地北太平洋和罗斯海内南极绕极流南部区域内的气旋式环流与埃克曼上升流区域和朝极地方向的斯维尔德鲁普输送相对应。以约 5°N 为中心的较窄热带气旋环流圈在整个太平洋宽度范围内伸展，其包括棉兰老流和北赤道逆流（NECC）。该较窄热带气旋带与热带辐合带（ITCZ）以下的埃克曼上升流相关。

东部边界处的沿岸风应力分量引发了埃克曼输送辐散，风应力旋度图中并未给出此埃克曼输送辐散的图解。沿着边界的风带内还存在非零风应力旋度，例如沿着加利福尼亚－俄勒冈海岸的支持上升流的非零风应力旋度。两种机制都驱动着加利福尼亚和秘鲁－智利洋流系统（PCCS）。

太平洋的年平均浮力强迫因素（图 5.15）主要为增温/冷却（图 5.12）。在东赤道地区的整个向上流冷舌范围内，热带太平洋出现了高于全球任何区域的最大平均增温。海洋热量获得带在沿着北美和南美西海岸的加利福尼亚洋流和秘鲁－智利洋流上升流系统中出现。北太平洋内的黑潮区域是全球最显著的海气热损失区域之一（>125 W/m²）。沿着 EAC 中澳大利亚海岸的同等区域也出现了显著的热损失（>100 W/m²）。

净蒸发量－降水量（图 5.4a）与太平洋的海面盐度分布直接相关。ITCZ（5°N～10°N）内也存在净降水量。净降水量的更广阔地区出现在沃克环流上升支流下方的热带西太平洋内。净降水量也出现在北太平洋和南太平洋的整个较高纬度范围内。净蒸发量出现在哈德利环流下降支流下方的副热带环流内。

第 5 章中的海－气通量图并不包含当海冰形成时，引发高密水的盐析作用过程。此过程通常会在鄂霍次克海和白令海以及北部日本（东）海内的北太平洋区域内发生。鄂霍次克海盐析作用是北太平洋高密度中层水的来源（第 10.9.2 节）。

10.3 北太平洋环流

中纬度太平洋表层环流，包括副热带环流和副极地环流（图 10.1 和 10.2a），是所有海洋中西风和信风所形成双环流中最清楚的示例。这是因为北太平洋在北部几乎完全闭合，且仅有较弱的热盐环流。所有环流均具有常见的东－西不对称性（剧烈的西边界流和较弱的经向流在海洋大部分剩余部分范围内扩展）。这种理解来源于经向斯维尔德鲁普输送理论（图 5.17 和第 10.2 节）。随着深度不断增大，北太平洋环流逐渐变弱并收缩，而副热带环流中心（最高压强）则向西及向极偏移（第 10.6 节）。

10.3.1 副热带环流

10.3.1.1 概述

像所有副热带环流一样，北太平洋的副热带环流是反气旋环流（在北半球为顺时针方向），与埃克曼下降流和朝赤道方向的斯维尔德鲁普输送相关（图 5.17）。其流速较大而宽度较窄的西边界流是黑潮。黑潮与边界流分离并向东流入北太平洋之后，重新形成的海流被称为黑潮续流。将此环流北侧广阔的东向流称为北太平洋流或"西风漂流"。北太平洋流也包括副极地环流的东向流，也将此海流称为"副极地流"（Sverdrup、Johnson & Fleming，1942）。副热带环流南侧的西向流被称为北赤道流，其中也包括细长的赤道气旋式环流中的西向流。东边界附近的汇聚流系是加利福尼亚洋流系统（CCS），加利福尼亚洋流系统包括局部强制东边界流和向极潜流（戴维森海流），两种海流均受到沿岸上升流的驱动（第 7.9 节）。

西北太平洋内的海面副热带环流整体形状为"C"形（Wyrtki，1975；Hasunuma & Yoshida，1978）。"C"看起来像黑潮在成为黑潮续流过程中的大尺度延伸，该海流在回流过程中摆回至西部，随后形成平行于黑潮的南向流，即在 20°N～25°N 处转向东部的副热带逆流（STCC），然后在 20°N 以南形成北赤道流（NEC）的西向流。此"C"形海流是所有副热带环流内常见的表面流，但副热带逆流部分非常浅，此流动位于海面下 250 dbar 处，是一种简单的、封闭的反气旋式环流。

穿过太平洋的广阔的东向和西向流系中包含较窄的接近纬向（东－西）的锋面或锋区（宽度小于 100 km）。这些术语令人困惑且自相矛盾。我们采用了 Roden（1975，1991）所提出关于中北太平洋的术语来对这些流系进行命名。"亚极地锋区"（SAFZ，或亚北极边界），其中心位于约 42°N 处，被北太平洋流所包围。亚极地锋区大致将副热带环流和副极地环流分开，位于最大西风带略微偏南位置处。中太平洋和东太平洋内约 32°N 位置处的副热带锋区（或辐合区）将东向北太平洋流与西向北赤道流进行分离。

随着深度不断增加，副热带环流朝向西及向日本海方向收缩，且其强度减小。除了在黑潮区域内以外，副热带环流在约 1 500 m 深度处消失（图 10.10 和 10.14）。

10.3.1.2 黑潮和黑潮延续

黑潮（日语中的"黑色流"，其中 shio 的意思是海流）在西边界处出现，在西边界处，北赤道流的西向流在 15°N 处分开并分别流入北向和南向边界流内，形成黑潮和棉兰老流（图 10.1 和 10.3）。黑潮持续向北流动，然后转向沿日本南海岸流动，而后与之分离并出流到中亚热带环流内。黑潮中最大表面流流速变化范围为 75～250 cm/sec，海流的宽度为 80～100 km。从时间尺度方面讲，其主要时间变化尺度为几周到几十年。

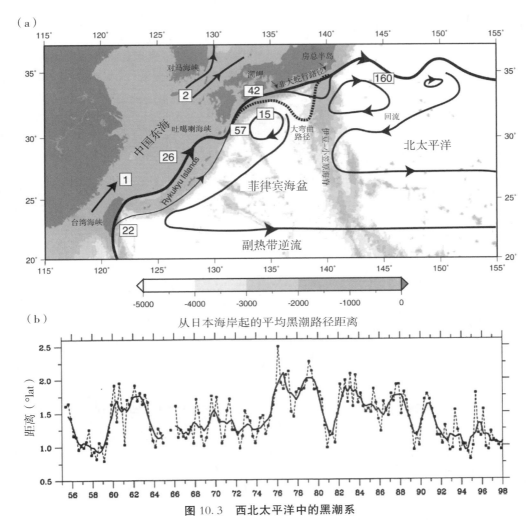

图 10.3 西北太平洋中的黑潮系

（a）大弯曲路径（LM）、直流（近岸部分为非大弯曲路径）以及离岸大弯曲路径（Kawabe 等，1995）的原理图，以及回流环流原理图，体积输送单位为 Sv（Hasunuma & Yoshida，1978；Qiu & Chen，2005）。（b）黑潮弯曲状态指数：在 132°E 与 140°E 之间进行平均的 200 m 处 16 ℃ 等温线离岸距离。©美国气象学会，再版须经许可。来源：Qiu & Miao（2000）。

　　黑潮速度随着深度增加而减小（图 10.4b）。黑潮的北向流速中心有时由于较弱逆流（朝着相反方向流动）而向两侧偏移。当黑潮开始离开西边界时，其向东穿过吐噶喇海峡（图 10.4a、b），向东的轨迹大体平行于日本南海岸，然后通过伊豆－小笠原（Izu）海脊中的间隙，并最终由房总半岛流入太平洋（图 10.3a）。在吐噶喇海峡与伊豆－小笠原海脊之间，黑潮的存在状态为两种（或三种）半稳定状态中的一种：几乎直接沿着海岸流动（直线路径），或以曲流形式在南部较远处流动大弯曲。在几年内，黑潮保持以这些状态中的一种存在，然后在几年过后转换为另一种状态（图 10.3b）。以平均速度向东流动的黑潮续流在靠近沙茨基隆起的地方出现分流，流入一条产生了回流环流（黑潮逆流）的西向流的向南支流，并供给一条最终成为北太平洋流的东向流。此回流环流通常被伊豆－小笠原海脊一分为二，其中一条环流位于海脊西部以及日本南部，另一条环流位于海脊东部，在黑潮分离点的下游（图 10.3a）。

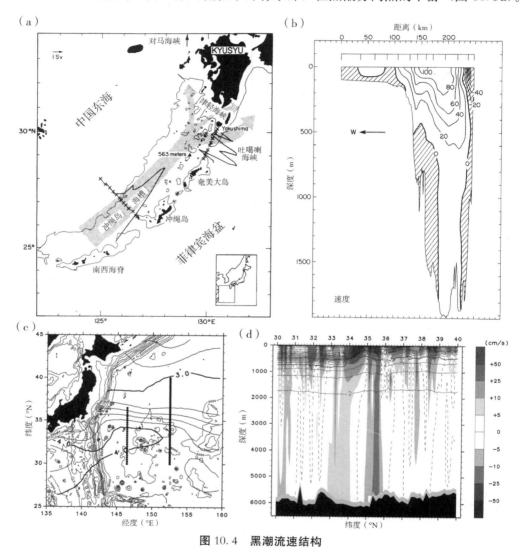

图 10.4　黑潮流速结构

黑潮北向流速的垂直截面（b），其中，黑潮为 24°N 处的西边界流（来源：Bingham 和 Talley，1991），以及 152°30'E 处黑潮续流的东向流速垂直截面（d），红色（蓝色）指向东（向西）流。来源：Yoshikawa 等（2004）。截面位置在（a）和（c）中给出。1 000 m 处的平均温度等温线图在（c）中给出。

　　一旦黑潮穿过伊豆－小笠原海脊并进入深水区域内，其在海洋上层的结构便类似于墨西哥湾流的结构，具有强劲的东向流速中心并在其南侧存在一个较弱的向西回流。黑潮延续在分离点下游的深度最大水域内延伸至海底，但即使在海底，黑潮延续的流速也可达到 10 cm/sec（图 10.4d）。西向回流在海底处位于黑潮延续的侧面。

黑潮的体积输送在下游从 20 Sv 增加到 25 Sv（图 10.3a），当黑潮为台湾东部（Johns 等，2001；Bingham & Talley，1991）的西边界流时，体积输送在吐噶喇海峡东部增加至 57 Sv，但在 145°E 处，分离前的体积输送最大值仍然为 140～160 Sv，但这仅适用于分离点东部。大量回流导致这些增加量更大（Imawaki 等，2001）。在该点的东部，体积输送减小，在向南进入回流环流的过程中出现水损失，并进入黑潮延续分叉锋面（Yoshikawa，Church，Uchida & White，2004）。

黑潮续流极度不稳定。当大弯曲路径断开时，黑潮延续弯曲并形成环流。大弯曲路径通常会有首选位置，这点不同于墨西哥湾流。第一条大曲流路径出现在分离点的下游。这通常会产生直径约为 200 km 向北移动的反气旋暖涡。向北弯曲路径的另一个首选位置为 150°E 处。两条向北弯曲路径之间向南弯曲路径形成了黑潮续流南部的气旋式冷涡。路径的包络图宽度为从分离点到 160°E 附近（沙茨基隆起）的几百千米范围，并拓宽至 500～600 km，拓宽段内路径变得更加随机（Mizuno & White，1983；Qiu & Chen，2005）。

10.3.1.3　北太平洋流和中纬度锋面

北太平洋流是中央和东部副热带环流的广阔东向流。北太平洋流的平均流速较小，小于 10 cm/sec。但是，北太平洋流的天气子午线交叉出现了流速为 20～50 cm/sec 的较大地转流，此地转流以约每 100 km（漩涡尺度下）的间距反向，且此地转流为到达深水层的流。辨别涡流与恒定流的难度使得黑潮延续的下渗深度难以观测，这个问题直到后来才被解决（图 10.3d）。

可将副热带环流的北部和南部"边界"看成是亚极地锋区（40°N～44°N）和副热带锋区（25°N～32°N，取决于经度）。在两个锋区内（从天气学方面讲，宽度约为 100～200 km，且通常至少包含两处陡锋），温度、盐度和密度随着纬度快速变化。锋区为整个大部分北太平洋范围内相对存在的条形区域，它们向南转向东部的加利福尼亚洋流系统内。

亚极地锋区从黑潮续流锋和副热带逆流的支流处开始出现在西北太平洋内。亚极地锋区在太平洋处与副热带环流中央的最大埃克曼辐合带重合。

亚极地锋区可能部分与分离的亲潮锋面相关（第 10.3.2.2 节）。亚极地锋区近似与最大西风区域重合，表明了从副热带环流的埃克曼下降流到副热带环流的埃克曼上升流之间的过渡。亚极地锋区内的北部锋面是副极地环流非常显著的盐跃层的最南部边界，以及西部副极地环流内浅层温度最小值的最南部边界。整个锋区内的营养物含量值呈跳跃式变化，副极地表面水域中有较大值（图 4.23 中的表面硝酸盐图）。

10.3.1.4　加利福尼亚洋流系统

加利福尼亚洋流系统从胡安·德富卡海峡延伸到下加利福尼亚州的顶部（图 10.1 和 10.5）。我们对加利福尼亚洋流系统进行了详细的描述，因为它是本文中东边界流系的一个主要示例。加利福尼亚洋流系统及其多样性的深入概述在 Wooster 和 Reid（1963）、Huyer（1983）、Lynn 和 Simpson（1987）、Hickey（1998）以及 Marchesiello、

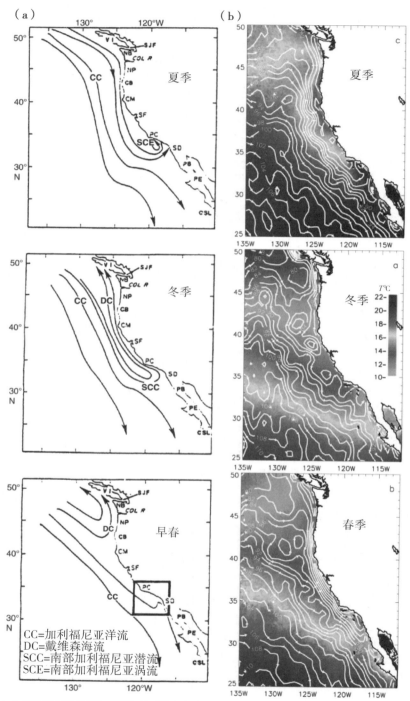

图 10.5 （a）不同季节南部加利福尼亚潜流内表面流的图解。来源：Hickey（1998）。（b）卫星显示的表面温度（彩色）和测高高度的平均季节循环，其显示出表层地转流。来源：Strub & James（2000，2009）

McWilliams 和 Shchepetkin（2003）的论文中可以找到。

　　加利福尼亚洋流系统有两种模式：（1）由南向的、浅层的、较窄的、弯曲的加利福尼亚洋流锋面，以及沿着海岸处的上升流区，离岸平流输送的上升水团，以及向北的潜流或近海岸表面逆流组成的系统；（2）副热带环流的宽广南向流。从动力方面讲，这两个模式的起源完全不同：（1）由于局部风生沿岸上升流所引起的南向流，以及向极的逆流；（2）作为大尺度副热带环流一部分的南向流，该大尺度副热带环流是由于埃克曼下降流及朝向赤道的斯维德鲁普输送所引起的（图 5.17）。我们在此仅对上升流系统进行讨论。

　　以埃克曼输送和上升流为基础的亚热带东边界流系动力学简化方法在第 7.9 节中有所阐述。此框架对于起初的广泛了解而言非常重要，但这些系统远远复杂于此，当我们看到海面温度（SST）的卫星图像以及加利福尼亚洋流系统中的海色时，就能够清楚了解此处所述内容（图 10.6）。加利福尼亚洋流系统上升流由盛行西风的沿岸分量所驱动，该分量是由于西风在遇到北美大陆时向南偏转所形成的（图 5.16）。上升流在从不列颠哥伦比亚到加利福尼亚（50°N～30°N）的美国海岸范围以外较为明显，以距离海岸 80～300 km 区域内冷表面水的不完整的带状形式存在，最强上升流出现在 4 月到 8 月期间（图 10.6a）。上升水具有高生产力，可通过卫星携带的海洋水色遥感器对此特征进行观测（图 10.6b）。上升水并非源自极大深度位置处，因为海洋中出现了分层现象。其水源位于约 150～200 m 深度处，但此深度已经足以到达真光层以下的富营养水团。

　　平均向南加利福尼亚洋流的最大表面流速为 40～80 cm/sec，其宽度为 50～100 km。加利福尼亚洋流由跨海岸压强梯度力保持一种地转平衡关系。跨海岸压强梯度力随着深度增加而快速减弱，且基本限制在海洋顶部 300 m 处（Lynn & Simpson，1987）。因此，加利福尼亚洋流更浅且体积输送比西边界流（如黑潮）的体积输送更少，其体积输送仅仅大致与斯维尔德鲁普体积输送类似。从朝向海岸的等温线向上倾斜现象可以看出非常明显的从海面到 200 m 范围内的地转流速减小现象（图 10.7）。上升流、海面压强梯度力和等温线向上倾斜均由近海埃克曼输送引起，Chereskin（1995）已经直接对此现象进行了观测（图 7.7）。

　　理想化稳态需要上升水在离岸移动的过程中增温。由于适量增温通常并不会发生在合适的时间，因此实际状态更为复杂。季节性近海埃克曼输送现象引起了离岸移动的上升流锋面。加利福尼亚洋流的南侧中心位于上升流锋面处，如图 10.7 所示，随着锋面在上升流季节的向海延伸，该中心随着锋面的移动离岸移动。因此，加利福尼亚洋流的平均位置为近海区域周围约 200～300 km 的位置处，而非位于海岸处。这一点在图 10.5 内的更密集的动力高度等值线中以及图 10.7 内的强锋面内更为明显。

　　在由于强劲涡场所引起增强的动力高度/海面高度变化图中，以及反映表层水的北部水源的低盐度图内，加利福尼亚洋流的平均离岸位置非常清楚（图 10.8）。在加利福尼亚洋流下面及近海岸位置处，平均流向北流动（向极），并以大陆架坡折处为中心。这便是加利福尼亚潜流（CUC）。加利福尼亚潜流的宽度约为 20 km，其中心

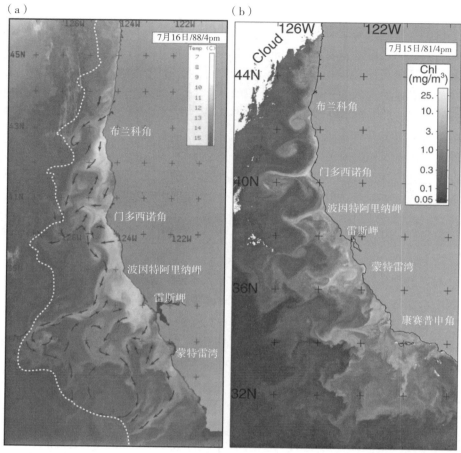

图 10.6 （a）卫星海面温度图（1988 年 7 月 16 日），主观确定的流动矢量以连续图像为基础，（b）1981 年 6 月 15 日来自于 CZCS 卫星的表面色素浓度
来源：Strub 等（1991）。

位于约 250 m 的位置处，尽管它可以延伸到超过 1 000 m 深度处。其最大流速超过 10 cm/sec，其水源位于温度高、盐度高、低氧含量的热带太平洋内。平均加利福尼亚潜流与此深度处的离岸压强梯度力保持着一种地转平衡关系。从海面的向南加利福尼亚洋流到向北的加利福尼亚潜流的沿岸地转流逆转需要两种海流之间的等密度线出现倾斜。然后，加利福尼亚潜流在其中心下方变弱。因此，可以通过等温线和等密度线在加利福尼亚潜流上方向上铺展或是其下方向下铺展的特点对加利福尼亚潜流进行识别。

冬季期间，上升流较弱或没有上升流。加利福尼亚洋流在离岸较远位置处并且相对较弱，沿岸流为北向流（近海逆流或戴维森海流）。此向极流可为对于加利福尼亚洋流系统区域内正风应力旋度所驱动埃克曼抽吸进行响应的斯维尔德鲁普输送，此响应被上升流季节期间的沿岸上升流响应所淹没（Marchesiello 等，2003）。当上升流再次开始出现，上升流锋面便会出现在海岸附近，作为埃克曼输送的离岸边界。剧烈

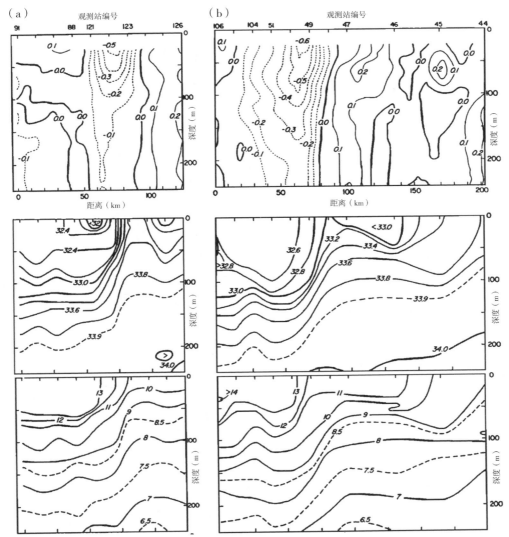

图 10.7　1987 年 6 月，41.5°N（左侧）和 40.0°N 位置处整个加利福尼亚洋流系统的（顶部）速度（m/sec）截面，（中间）盐度截面和（底部）位温截面

海岸位于右侧。来源：Kosro 等（1991）。

的南向加利福尼亚洋流射流与锋面相关，该射流随时间推移逐渐离岸移动（图 10.5；Strub & James，2000）。

　　风力的显著季节性循环通过上升流指数进行量化。在图 10.9 中，一个指数以埃克曼输送为基础，另一个指数以沿岸风分量的强度为基础。[①] 强上升流出现在晚春和夏季（4 月到 7 月），通过夏季增加的海面叶绿素含量（图 10.6b）可明显发现这点，

---

　　①　两个指数都不包括上升流的风应力旋度分量，尽管我们已经注意到上升流的风应力旋度分量可能比较重要（Bakun & Nelson，1991；Pickett & Paduan，2003）。

并且上升流流速在康塞普申角（34°N）附近最大。在 40°N 以北位置处，由于阿留申低压向南延伸，沿岸风实际引起冬季的下降流；在 45°N 以北位置处，将会出现年平均的下降流（Venegas 等，2008）。

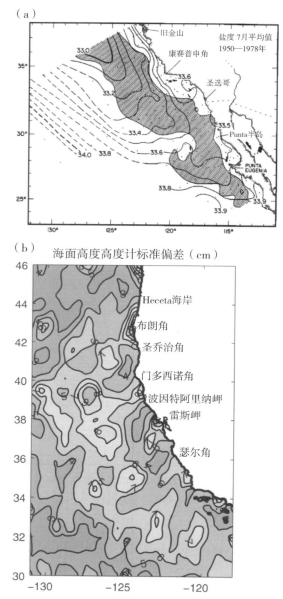

（a）

（b） 海面高度高度计标准偏差（cm）

图 10.8 （a）7 月 10 m（有等值线）处的平均盐度，此处的动态高度标准偏差大于 4 dyn cm，图中用灰色表示。来源：Lynn 和 Simpson（1987）。（b）通过卫星测高法测得的海面高度标准偏差（cm）。©美国气象学会。再版须经许可。来源：Marchesiello 等（2003）

在之前介绍中描述的准连续的沿岸环流平均状态是对加利福尼亚洋流系统的最简单的描述。但是，如卫星图像（图 10.6）所示，上升水并非以"成片流动"形式向离岸方向流动，而是以射流形式反复出现在海岸线上各岬角和角点相关的位置处。环流可为"喷射式"，在此形态中，喷射式水流流向海中并消失，环流也可为"弯曲流"，在这种形态中，水流喷射式流出并返回。加利福尼亚洋流系统内频率较高的中尺度涡流活动（图 10.8）可能由沿岸上升流的斜压不稳定性引起。由于此不稳定性引起的涡流使向上流动的冷水向离岸方向移动，因此能保持平均状态的平衡，涡流中包括埃克曼上升流（Marchesiello 等，2003）。在加利福尼亚洋流当前的研究中，人们开始关注更小的空间尺度，称为"次中尺度"（约为 1～10 km）。这些尺度与中尺度涡场范围内的实际锋面及其不稳定性相关（Capet，McWilliams，Molemaker & Shchepetkin，2008）。

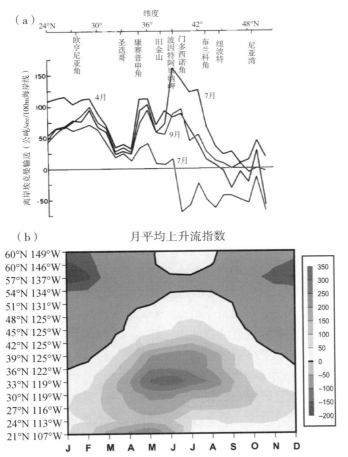

图 10.9　（a）以长期平均风应力为基础的离岸埃克曼输送。来源：Huyer（1983）。（b）以大气压力分布为基础的上升流指数（Bakun，1973），在 1946—1995 年期间进行了平均。下部阴影区（正值或原图中的蓝色）为上升流区域；上部阴影区（负值或原图中的红色）为下降流区域。来源：Schwing，O'Farrell，Steger & Baltz（1996）

10.3.1.5　**北赤道流**

北赤道流是副热带环流南侧的宽广的西向流。北赤道流位于约 $8°N$ 与 $20°N$ 之间，这取决于经度。北赤道流由副热带环流（包括加利福尼亚洋流系统）的南向流逐渐在东太平洋内形成。在东边界处，北赤道流由热带流系（哥斯达黎加穹隆和北赤道逆流）输入。

在北赤道流向西流动的过程中，一部分水流向南移动，并加入北赤道逆流的向东强流中。当北赤道流到达西边界时，会在约 $14°N$ 位置处分叉并流入最终成为黑潮的向北部分，以及最终成为棉兰老流的向南部分（第 10.7.4 节）。在西太平洋内，北赤道流包括一个显著的区域表面盐度锋面，该盐度锋面将来自于副热带环流的盐水与北赤道逆流表层淡水分离。此锋面的位置与北赤道流分叉的纬度相似，这也是对于渔业而言非常重要的生态锋面（Kimura & Tsukamato，2006）。该锋面是热带北赤道流/北赤道逆流气旋式环流内的埃克曼上升流与副热带反气旋式环流内下降流之间的界限。

西太平洋内北赤道流的体积输送在顶部 500 m 范围内达到 50 Sv，且在从顶部到底部的范围内达到 80 Sv（Kaneko，Takatsuki，Kamiya & Kawae，1998；Toole，Millard，Wang & Pu，1990）。

10.3.1.6　**副热带环流的随深度变化**

副热带环流随着深度增加而在空间层面上缩小。像所有副热带环流一样，其在朝向表面流最强劲部分的方向上缩小：向西朝向西边界；向北朝向黑潮延续。如前面所述，黑潮延续延伸到海底。

环流从海面到约 200 m 深度处发生了急剧缩小现象（Reid，1997；见图 10.2）。东向流和西向流之间的边界从 $20°N$ 的海面上移动到 $25°N$～$30°N$ 的 200 m 深度处。包括副热带逆流的"C"形西部环流在到达 200 m 深度时消失。另一方面，黑潮和黑潮延续并未移动（图 10.3d）。在 1 000～1 500 m 深度处，可以发现反气旋副热带环流完全位于黑潮和黑潮延续附近的西北太平洋内（图 10.10）。

由副热带环流搬出的亚热带地区内的水流非常弱。整个 1 000 km 距离内的比容高度差值约为 1 cm，而并非环流本身范围内的 10 cm 差值。动力上，在仍然位于西部区域内环流范围内的等密面上，将搬出的区域称为"阴影区"（第 7.8.5 节）。在副热带环流的东部和南部侧面上，对于几乎不直接与海表面通风的这些区域，氧含量的减少将导致出现反硝化作用（第 10.9.1 节）。

10.3.2　副极地环流

10.3.2.1　**概述**

北太平洋内的气旋式（逆时针方向）副极地环流在海盆的整个范围内延伸，并在约 $42°N$（副极地锋面）与阿留申群岛/阿拉斯加海岸之间的南北方向上受到压缩（图 10.1）。气旋式副极地环流中包含向南的西边界流——亲潮/东堪察加海流。

图 10.10　1 000 dbar 条件下的比容高度（10 m²/sec²）以海道测量数据和基准地转速度为基础，已经对这些数据进行调节以提供所有深度处的绝对循环

来源：Reid（1997）。

　　阿留申群岛最南端位置处（接近日界线）的地理条件限制将副极地环流分成两部分。西部亚北极环流以千岛群岛的东部区域为中心，而阿拉斯加环流以阿拉斯加湾为中心。它们通过沿着环流南侧的东向流（正北极流，它是北太平洋流的一部分，第 10.3.1.3 节）以及沿着阿留申群岛的西向流（阿拉斯加流）连接在一起。阿拉斯加海流是沿着加拿大海岸和阿拉斯加海岸的北向东边界流。

　　部分副极地环流循环经过白令海和鄂霍次克海，从北太平洋到北极地区并进一步到达大西洋的 0.8 Sv 输运出现在白令海北端处的白令海峡整个范围内。在冬季，白令海和鄂霍次克海中都会有大范围冰层。因此，重要的水团转换和变化过程出现在这两个海域。鄂霍次克海产生了副极地北太平洋内密度最大的水团，这些水团主要通过海冰过程形成（第 10.9.2.1 节）。

　　副极地环流循环由埃克曼上升流驱动（抽吸；图 5.16d）。整个区域内的风为西风带，将会产生向南的埃克曼输送。最强的偏西风位于约 40°N 位置处。向南的埃克曼输送具有此处最大的输运量，该输运量随着纬度升高逐渐减小成量值更小的向南输运。这需要出现进入埃克曼层的上升流，此上升流将会引起向北的平均斯维尔德鲁普输运和气旋式环流（图 5.17）。

副极地环流内的上升水来自于埃克曼层下方（由于强密度跃层，上升水不可能来自更深深度处，这主要是由于存在低盐度表面层，因此导致产生盐跃层）。图 4.22 和 4.23 中升高的海面硝酸盐浓度是由上升流引起，上升流使生物生产力显著提高。包括鲑鱼、大比目鱼、秋刀鱼以及白眼狭鳕的主要鱼类可在副极地环流中发现。很明显，使副极地环流的上升流成为其南部边界的亚北极锋面是一个重要的生态系统边界。

随着深度不断增加，不像副热带环流，北太平洋的副极地环流并未移位。其强度变弱，但边界流到达水下非常深位置处的水体内，甚至到达海底。因此，副极地环流为"准正压流"：其表面流延伸到海底（正压），但强度变弱（近似）。在海底附近，还存在由地形和全球温盐驱动（弱上升流）引起的附加流。环流的正压属性可能由地理限制引起，阿拉斯加海岸切断了当没有陆地时环流可能跨越的区域。另外，可在其他高纬度气旋式环流（北大西洋副极地环流和威德尔海环流及罗斯海环流）内发现相似的结构，这意味着存在更普遍的动力支撑机制。

10.3.2.2 副极地西边界流

副极地西边界流系内的南向流包括：（1）沿着堪察加半岛以及其他北部千岛群岛的东堪察加海流；（2）沿着南部千岛群岛和北海道的亲潮。两条海流之间的分界线为罗盘海峡，它是千岛岛链内最深的海峡。它们之间存在区别是因为约一半的东堪察加海流环流经过鄂霍次克海，鄂霍次克海中的水特性相比周围有显著改变。这引起了罗盘海峡处水特性的不连续性，在罗盘海峡处，鄂霍次克海中的水流出并加入亲潮。

在亲潮的离岸约 200 km 处存在称为"亚北极流"的东北向流。亲潮－亚北极流区域非常不稳定，并包括大型（直径为 100～200 km）的到达深处的且存在周期长的反气旋涡旋，此类反气旋涡旋包括冷淡水涡（$<3\,℃$，<33.5 psu），通常可在北海道与罗盘海峡之间发现这些涡。涡有两个不同的起源：位于罗盘海峡局部位置，来自于流出鄂霍次克海的水，或来自亲潮侵入区域（参见下一段）的暖水，此后暖水向北在亲潮与副北极流之间蔓延，并受到局部副极地冷淡水的影响而改变其性质（Yasuda 等，2001）。

亲潮在北海道最南端处与西边界流分离。分离后，亲潮通常会形成两条大曲流，分别将它们称为第一（沿海）和第二（近海）亲潮入侵流。这些与黑潮续流弯曲路径不相关，黑潮续流弯曲路径位于南部更远位置处。来自于沿海亲潮入侵的水可沿着本州岛海岸向南渗透，有时会渗透到南部约 36°N 的黑潮分离点处，此沿海冷水在图 10.11 的海面温度图像中可见。最南端渗透的位置为日本渔业最关注的点，因为与缺乏营养盐的黑潮水体相比，富含营养盐的亲潮水体支持生产力更高的生态系统。因此，可将亲潮渗透到达纬度用作区域气候指数。

亲潮/东堪察加海流是相对较弱的西边界流。最大表面流速为 20～50 cm/sec。以结合的北海道以东的直接海流观测结果和海道测量数据为基础而计算出的总亲潮输运变化范围为 5～20 Sv，具有较大变化性（Kono & Kawasaki，1997；Yasuda 等，2001）。相对于无运动的水层（Talley & Nagata，1995），东堪察加海流输运变化范围

为 10～25 Sv.[①]

　　分离的黑潮和亲潮纬度相差约 5°（图 10.11）。将它们之间的区域称为"过渡区""混合水域"或在更老的文献中称为"扰动区"。该区域内的水特性是亲潮和黑潮特性的过渡特性。两种海流产生主要的中尺度涡旋变化性，一些以"环"形式存在，这些环参与了水团性质改变的过程。有时，这些涡与其母流再合并，将性质改变的水团带回其中。

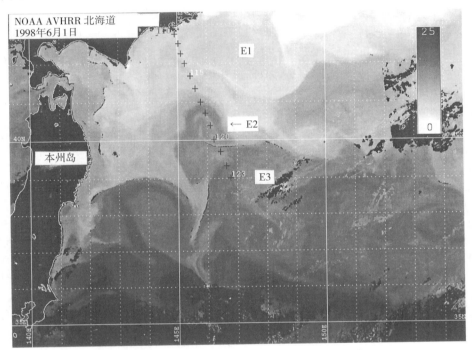

图 10.11　日本海以东的亲潮、黑潮和混合水域

温度标为 0～25 ℃的海面温度（NOAA AVHRR 卫星红外图像）；E1、E2 和 E3 指反气旋涡旋。来源：Yasuda 等（2001）。

10.3.2.3　阿拉斯加湾内的环流

　　北太平洋流在其靠近北美大陆的过程中分离，一部分转向南部进入加利福尼亚洋流系统内。剩余的海流向北转并进入阿拉斯加流内，形成阿拉斯加湾内气旋式阿拉斯加环流的东侧和北侧。在阿拉斯加海岸向南旋转的位置处（约 143°W 处），剩余的海流形成倾斜的西边界，沿此倾斜的西边界，快速向西南运动的阿拉斯加流形成了一条西边界流。此处风场驱动产生气旋式环流系统，包括阿拉斯加湾内的加强的埃克曼上升流。

[①]　这些体积输送估算值可能较小，因为流速通常由于使用不适当的无运动浅层而被低估，以及大型反气旋涡旋可推动更多的亲潮输送至近海区域，从而导致较弱的沿海亲潮和较强的离岸分量。

北太平洋流分流的具体情况取决于大尺度风力，此大尺度风力具有季节变化、年际变化以及年代际变化，这与 ENSO 和太平洋年代际变化有关。（PDO；第 10.8 和 10.10 节）。在冬季，北太平洋流分叉位置为约 45°N 处，在夏季，该位置为 50°N 处（图 10.1）。副极地环流（包括阿拉斯加环流）在大气层的阿留申低压非常强（如：El 年份及低 PDO 年份）时得到强化。当阿留申低压和副极地环流较弱时，更多副极地水便会进入加利福尼亚洋流系统内（Van Scoy & Druffel，1993）。

阿拉斯加海流包含显著的大型反气旋涡旋，这种涡是环流与时间相关的分量。"锡特卡涡旋"形成于阿拉斯加锡特卡以西约 57°N 处，其直径为 150～300 km，表面流速振幅为 10～20 cm（Tabata，1982）。"海达涡旋"或"夏洛特王后涡旋"形成于夏洛特皇后群岛以西位置处，形成位置与海底地形相关。形成后，这些涡旋主要向西扩展进入阿拉斯加湾，这些涡旋是将近岸特性水体输送到内部的一种重要方式。大型涡也出现在阿拉斯加湾西北侧的阿拉斯加流中（Crawford，Cherniawsky & Foreman，2000）。

10.4 南太平洋环流

10.4.1 副热带环流

南太平洋中主要存在的是反气旋亚热带环流，该反气旋副极地环流从约 50°S 处的南极绕极流延伸至赤道。大尺度环流轮廓分明，但其西边界流较为复杂，因为西边界由岛屿构成（从海洋学角度出发，澳大利亚是一个大岛，因为整个澳大利亚位于副热带环流纬度内）。环流与其他南半球海洋之间的连接通过印度尼西亚群岛的复杂通道以及通过澳大利亚和南美以南的南大洋完成。

主要的西边界流是东澳大利亚流，其向南沿着澳大利亚海岸流动，直到新西兰的最北端纬度处。然后，东澳大利亚流分离并向东流到新西兰，在此重新沿着东海岸流动（称为东奥克兰海流的西边界流）并持续向南流向稍微更远的位置处。东澳大利亚流非常具有时间依赖性，其中主要包含一系列气旋和反气旋涡旋。

根据 Stramma，Peterson 和 Tomczak（1995）的研究，可将副热带环流南侧的宽阔东向流称为"南太平洋流"（SPC），这与北半球内西风漂流的"北太平洋流"和"北大西洋流"用法相似。环流的南部边界为亚南极锋，它是南极绕极流最北面的锋（第 13 章）。

沿着南美海岸的北向流为秘鲁-智利海流。像加利福尼亚洋流一样，秘鲁-智利海流是副热带环流和所有沿岸上升流系（PCCS）的北向流，该沿岸上升流系由沿岸风驱动。副热带环流的西向流为南赤道流（SEC）。在海面上，SEC 位于从约 20°S 以北到穿过赤道的整个范围内，其在低纬度处的结构通过第 10.7.3 节中的热带环流进行了描述。

10.4.1.1 东澳大利亚流（EAC）

东澳大利亚流是沿着澳大利亚海岸的向南西边界流（图 10.12）。完整说明在

Ridgway 和 Dunn（2003）的论文中提供。东澳大利亚流在南赤道流穿过珊瑚海并到达澳大利亚海岸的过程中形成。在海面上，南赤道流在约 15°S 处分叉，分别进入南向东澳大利亚暖流以及沿着昆士兰的北向流内。此分叉点随着深度增加逐渐朝南移动，在约 22°S 处到达 500 m 深度（图 10.12b）。在其沿着澳大利亚海岸流动的过程中，东澳大利亚流输运加强，在 30°S 处达到约 90 cm/sec 的最大流速。它从约 31°S～32°S 的海岸处开始分离。分离后不久，在 33°S 处达到约 35 Sv 的最大输运量，在此处，东澳大利亚流遭遇南向曲流及翻转，部分输运向北返回到回流内。平均向北回流出现在 33°S 和约 24°S 纬度之间的东澳大利亚暖流的离岸区域内，并且可能有两个独立的瓣面（图 10.12）。

未回流的大多数东澳大利亚流向东转进入塔斯曼锋区内，并穿过塔斯曼海到达新西兰的北岬。塔斯曼锋面内的输运量约为 13 Sv。塔斯曼锋面内的东澳大利亚暖流在新西兰处重新与海岸连接，并形成了东奥克兰海流（Roemmich & Sutton，1998 年）。东奥克兰海流持续向南流动，并最终在约 43°S 处与新西兰分离（图 10.12），在此处，其与亚南极锋（ACC）的向北环流汇合。

东澳大利亚流的剩余部分在经过塔斯曼海和塔斯曼尼亚后到达南部。将沿着塔斯曼尼亚的东澳大利亚流水体向南渗透的最远位置用来计算作区域气候指数，这非常类似日本海的亲潮水向南渗透的最大纬度用作区域气候指数的做法（第 10.3.2.2 节）。一小部分海流持续向南经过塔斯曼尼亚并向西转进入印度洋内，连接南太平洋的西向流和印度洋副热带环流（Speich 等，2002；Ridgway & Dunn，2007）。

东澳大利亚流在约 32°S 处与海岸分离，并在南北方向上大幅摆动前进。部分曲流整齐地截断并形成环状流动。在此类涡流分离之后，东澳大利亚流会经历主要缩小和变形过程，涡流分离的时间间隔约为 100 天（Mata，Wijffels，Church & Tomczak，2006）。

很长时间内，人们就知道东澳大利亚流是涡非常丰富的海流（Hamon，1965 年；Godfrey 等，1980 年）。EAC 涡有时似乎是平均环流的主要构成部分。涡直径为 200～300 km，表面流速不超过 180～200 cm/sec，存在时期长达一年（Boland & Church，1981）。涡心充分混合并达到 300 m 的深度（Nilsson & Cresswell，1981 年）。在南半球冬季期间，涡中的表面水温度可能比周围水温高 2 ℃。

东澳大利流内涡的形成位置趋向于有周期性特征，因此，涡出现在平均动力地形和测高高度图内（图 10.12）。沿着澳大利亚海岸的东澳大利亚暖流回流内可发现 2 个涡，塔斯曼锋面和东奥克兰海流内则存在 3 个涡。这些涡出现地点的恒定性表明其受到地形控制作用的影响（Ridgway & Dunn，2003）。

10.4.1.2 南太平洋流和副热带锋

南太平洋副热带环流的东向流为南太平洋流（Stramma，1995；Wijffels，Toole & Davis，2001）。长久以来，人们将宽广较弱的南太平洋流东向流看成是 ACC，但南太平洋流与 ACC 有显著差异。作为北太平洋流的类似海流，我们认为南太平洋流是亚南极锋以北的南太平洋副热带环流的所有东向流。南太平洋流流入北向的秘鲁 -

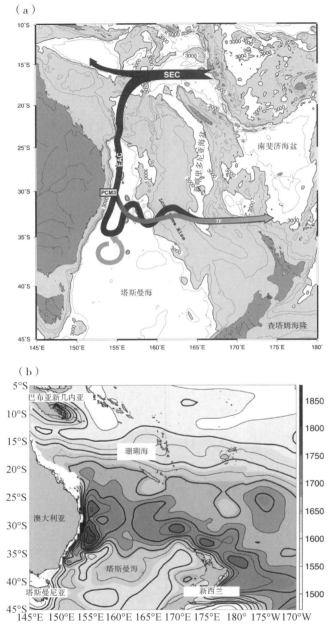

图 10.12　（a）西南太平洋内环流示意图（SEC 为南赤道流；EAC 为东澳大利亚暖流；TF 为塔斯曼锋面）。东澳大利亚暖流的涡流分离用浅灰色描绘。来源：Mata 等（2006）。（b）相对于 2 000 dbar 的质量输送流函数；等值线间距为 25 m²。来源：Ridgway & Dunn（2003）

智利海流的开阔大洋部分，并在此处形成西向的南赤道流。这三条流构成了南太平洋副热带环流的开阔大洋部分。副热带环流的最大斯维尔德鲁普体积输送出现在约 30°S 处，此处输运量约为 35 Sv（图 5.17；Wijffels 等，2001）。

南太平洋流形成了东澳大利亚流及东奥克兰海流的东向流。在海洋中部会出现一种略呈弓形的结构，该结构从 EAC 的离岸部分略微向北偏移到中部环流（约 170° W），然后向南偏移至约 140°W 处，最终向北进入秘鲁－智利环流流动。此种海流结构似乎是一种永久性结构。

南太平洋流的东向流在 40°S 与 45°S 之间的东边界处分叉。北向流在经过德雷克海峡后汇入秘鲁－智利海流，而南向流在经过德雷克海峡后汇入 ACC。

南太平洋流内有显著的接近带状的副热带锋，早期的论文中（包括本文的早期版本）将其称为"副热带辐合带"。当海洋上层内温度和盐度出现较大经向梯度，且向北增加 4 ℃和 0.5 psu，有时这种现象仅出现在几公里范围内时，可识别为存在副热带锋（Deacon，1982；Orsi，Whitworth & Nowlin，1995）。副热带锋的北部流动着中央副热带环流的高盐度暖水，盐度大于 34.9 psu；副热带锋的南部为环流向极部分的较冷、较淡海水。

目前尚未对南太平洋流的输运量进行估计。副热带锋的输运量估算值小于 5 Sv（Stramma 等，1995）。另外，广阔副热带环流的输运量主要通过环流内穿过东西剖面的经向（北－南）分量进行估算。

10.4.1.3　副热带环流的北向流及秘鲁－智利流系（PCCS）

亚热带南太平洋内的北向流包含宽广的副热带环流和沿着南美海岸的流速较快且较窄的东边界流系，我们将其称为 PCCS（图 10.1 和 10.13）。180°与东边界之间向北输运量估计为 15 Sv（Wijffels 等，2001）。在宽广的环流内，来自于南部的密度更大表层水向北潜没在密度较小低纬度水的下方。这产生了中央南太平洋密度跃层的层状结构（第 10.9.1 节），垂直层内的盐度/氧分层可以帮助识别各种水团。

在东边界处，PCCS（图 10.13）是一个典型的东边界流上升流系（第 7.9 和 10.3.1.4 节），其受到大尺度风的沿岸分量以及正风应力旋度的离岸分量的驱动。PCCS 包括北向秘鲁－智利海流（也称为秘鲁流，之前称为洪保德海流）。与典型的东边界流系预计的一样，向极潜流（也称为冈瑟海流）在位于表层下方的沿岸区域内被发现。PCCS 还包含其他海流：离岸 100～300 km 处的向极秘鲁－智利逆流，以及近岸侧的朝赤道方向秘鲁沿岸流。秘鲁－智利海流和秘鲁沿岸流与赤道 SEC 以及赤道东太平洋内的冷舌相连（图 10.13）。赤道潜流（EUC）流入到当地向极潜流和秘鲁－智利逆流中（Strub 等，1998）。

沿智利海岸向南延伸到 45°S 处的最大上升流出现在南半球夏季期间。PCCS 上升流为大家所熟知的原因是此处有丰富的渔业资源。卫星海色图像形象地展示了沿岸上升流的影响。沿岸上升流将营养物移升到真光层，从而导致真光层具有高生产力。永久上升流区域从约 32°S 向北延伸到赤道；季节性上升流出现在此区域以南到约 40° S 的范围内。

在 33°S 处穿过 PCCS 的垂直剖面（图 10.13）展示了地转东边界流系的典型等温线结构，包括约 500 m 以上朝赤道方向的秘鲁－智利海流以及海岸附近的向极表面下的秘鲁－智利潜流（PCUC）。潜流的特征是低氧含量，这种特征来自于热带区域和局部高生产力区域，此类高生产力区域捕获大量营养物并造成表层以下出现低氧含量区（Montecino 等，2006）。与低氧含量相关的高营养物含量促进了当地东边界区域高生产力特征的出现。

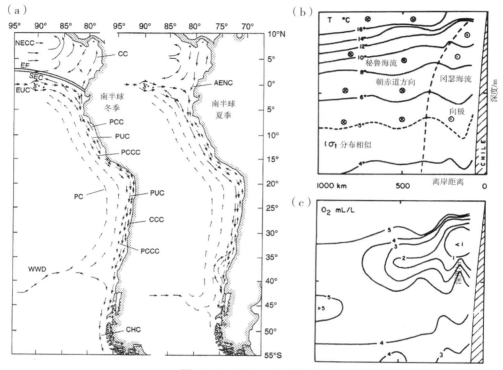

图 10.13　秘鲁‐智利流系

（a）南半球冬季和夏季中的图。首字母缩写词：WWD，西风漂流；PC，秘鲁寒流；PCCC，秘鲁‐智利逆流；PUC，向极潜流；PCC，秘鲁沿岸流；CCC，智利沿岸流；CHC，合恩角海流。此外，在赤道附近：CC，哥伦比亚海流；AENC，年度厄尔尼诺海流；NECC，北赤道逆流；SEC，南赤道流；EUC，赤道潜流。来源：Strub 等（1998）。（b、c）33°S 处的南太平洋东部区域垂直截面：带有经向海流方向和溶解氧（ml/L）值的温度（℃）；配套盐度和磷酸盐含量截面在教材网站的图 S10.11 中给出。

PCCS 受到厄尔尼诺‐南方振荡现象（第 10.8 节）的显著影响。由于变化的上升流条件引起的 PCCS 渔业灾害是 ENSO 的最早显著证据之一，目前已经了解到 ENSO 出现在整个赤道太平洋内。正常情况下，秘鲁‐智利海流在向西转向南赤道流内之前，延伸到赤道以南几度的位置处。秘鲁‐智利海流表面水的较低温度与北部的较高温度形成对比。厄尔尼诺现象（暖位相）期间，高温的延伸范围比通常情况下远（向南）5 到 10 度，且温跃层比通常深 100 m 左右。上升流变弱或将来自于此较厚暖层的暖水带到表层，从而引起海面温度上升。之前我们认为温度的升高扼杀了鱼类，但最新研究已经表明鱼类很少游至异常暖表层以下。在每个南半球夏季期间，将会出现海面温度略微升高现象，伴随的是降水的增加。但是，发生厄尔尼诺现象的年份内，升温量和降雨量远远超过正常状态。

10.4.1.4　**南赤道流**（SEC）

南赤道流是南太平洋副热带环流的北部支流内宽广的西向地转流（图 10.1 和 10.12）。南赤道流来自于东太平洋内的副热带环流北向流的向西偏转。较窄的东边界流（秘鲁－智利海流）也会流入赤道附近的南赤道流内。

在其到达南太平洋西部的过程中，SEC 将水带入澳大利亚东北部以外的珊瑚海内。该区域内的许多岛屿使南赤道流变得复杂，包括在东西方向上较为显著的强烈纬向射流（Webb，2000；Qu & Lindstrom，2002；Ganachaud，Gourdeau & Kessler，2008）。当南赤道流到达澳大利亚海岸时，它将分叉并流入南向东澳大利亚暖流以及北向北昆士兰海流内。北向北昆士兰海流流入 NGCUC，将南太平洋海水带到赤道西太平洋内并流入 EUC 中（第 10.7.4 节）。

南赤道流还包括赤道表面摩擦流（第 10.7 节），赤道表面摩擦流的北部边界为强有力的东向 NECC。由于南赤道流在整个赤道范围内延伸，而北赤道流由于北赤道逆流而与赤道分离，与北太平洋环流相比，南太平洋副热带环流更直接地与赤道相连。由于直接与 SEC 连接，亚热带热量或盐度异常现象可以更容易地从南太平洋（与北太平洋相比）到达赤道（Johnson & McPhaden，1999）。

10.5　太平洋中尺度涡变化性

本文着重描述的海流是具有高时间相关性的紊流的平均流。使用相关观测仪器，方便地检测出在周至周时间尺度内的中尺度涡的变化，如用卫星高度计对表面高度变化性进行测量。在海洋内部，可使用定点观测法在点位处，以及使用通常在单一深度处布置的拉格朗日浮筒对涡的变化进行测量。

太平洋内的表面 EKE 和水平涡流扩散性在图 14.16 和 14.17 中给出。高 EKE 主要与强劲的平均流相关，这些平均流包括黑潮延续（30°N～40°N）、EAC（25°S～40°S）、ACC（50°S 以南）以及 NECC（5°N～10°N）。20°N 和 25°S 处的两个纬向的条带状区域中的强涡流能量与较弱东向表面流不具相关性。这些是由于两个半球内存在副热带逆流，在表面（甚至在 200 dbar 处）略下方的水流为西向流（图 10.2）。这种不稳定平均流内的能量主要通过斜压不稳定性释放，从而引起了高 EKE（Stammer，1998；Qiu，Scott & Chen，2008；第 7.7.5 节）。

图 14.16 和 S10.14 中太平洋内的涡高度不稳定性也出现在回流环的位置处，包括热带东太平洋内的特万特佩客涡（第 10.7.6 节）、黑潮环、EAC 环以及沿着副极地环流边界的环（海达涡和锡特卡涡；亲潮内的涡）。

10.6　太平洋环流和经向翻转流随深度的变化

在风成副热带环流以下与影响较深的北太平洋副极地环流共存的区域内，太平洋环流较弱，流速通常小于几厘米每秒，但在热带区域内除外。流速更快的海流

（>10 cm/sec）出现在海洋上层西边界流的更深部分以及 DWBC（深层西边界流）内，但体积输送相对较小，约为 10 Sv 或更少。

当我们离开海面时，副热带环流逐渐缩小并远离赤道，远离东边界，并朝向能量较大的西边界流。黑潮环流的收缩在第 10.3.1.6 节中进行了描述。在南太平洋内，副热带环流逐渐缩小并进入新西兰和汤加－克马德克海岭以东的西南太平洋海盆内。

在由这些收缩环流替代的热带侧，除了靠近西边界和东边界的区域之外，其他区域内的水流接近纬向流状态（图 10.2b、10.10 和 10.14）。此纬向流型持续到达大洋中脊的顶部以下，大约在 20°N 与 20°S 纬度之间。在热带区域以外，深层流型受到上层环流、下垫面地形和 DWBC 的影响（图 10.14）。在深于 2 000 dbar 的西南太平洋内，环流是北向 DWBC 和填充东部与北部剩余海盆的反气旋流的组合。在东南太平洋内的别林斯高晋海盆中，水流较弱并在从约 800 dbar 位置处到海底的范围内形成气旋，其中的南向东边界流将 PDW 的较厚低氧层向南带到南大洋内（Shaffer 等，1995；图 10.15b；第 10.9.3 节）。在约 10°N 以北的北太平洋深层区域内，深海流包含两条反气旋环流，一条以夏威夷群岛以南区域为中心，另一条以约 45°N 区域为中心（图 10.14b）。在深层等密度线上的硅分布图中也可清楚看到这两条环流（Talley & Joyce，1992）。

深层流包括轮廓清楚的 DWBC（第 7.10.3 节）。在西南太平洋内，DWBC 将来自于南大洋的深层和海底水带到太平洋内，如 32°S 处的观测结果中所示（Whitworth 等，1999）。汤加－克马德克海岭东部几个海洋观测站内等温线上的较大向上斜率显示出了从海底到温度为 1.8 ℃ 位置处（−2 500 m；图 10.15）的窄深层西边界流。在海底窄倾斜带（大部分区域温度低于 1 ℃）中可测得 16 Sv 的向南体积输送。此 DWBC 持续向北流向热带区域内。DWBC 最窄的位置在 10°S、169°W 的沙孟海道处（图 10.16）。在温度低于 1.1 ℃ 的所有水域内观测到的输运量（包括在海道中和马尼希基海底高原斜坡内的输运量）为 11.7 Sv（Roemmich，Hautala & Rudnick，1996）。沙孟海道内 4 000 m 以下区域内的平均向南体积输送为 6.0 Sv，速度在图 6.7 中给出（Rudnick，1997）。

DWBC 从沙孟海道区域继续向北流动并在深层西边界处穿过赤道（图 10.17）。在此处，DWBC 分离成两条支流，一条沿着西边界流动，另一条朝向威克岛海道（168°30′E，18°20′N）流动。可观测到西边界支流携带了下绕极深层水（LCDW；1 Sv）和上绕极深层水（UCDW；11 Sv）。威克岛海道内的水流流速在海底的几百米范围内不超过 10 cm/sec，且 LCDW 的体积输送为 4 Sv（Kawabe，Yanagimoto，Kitagawa & Kuroda，2005；Kawabe，Yanagimoto & Kitagawa，2006）。

在威克岛海道以北，深层流向西流动到西边界处，然后向北流动与黑潮延续相遇。在沿着近极边界的更偏北位置处，深海环流理论表明 DWBC 应向南流（即使此处没有局部深水源；图 7.16）。西边界和北边界由于非常深的海沟而变得复杂，在这些海沟内，观测流在大陆界线处为南向/西向流，而在沿着海沟的离岸侧为北向/东向流（图 10.17；Owens & Warren，2001）。DWBC 净体积输送较小（约为 3 Sv）并且

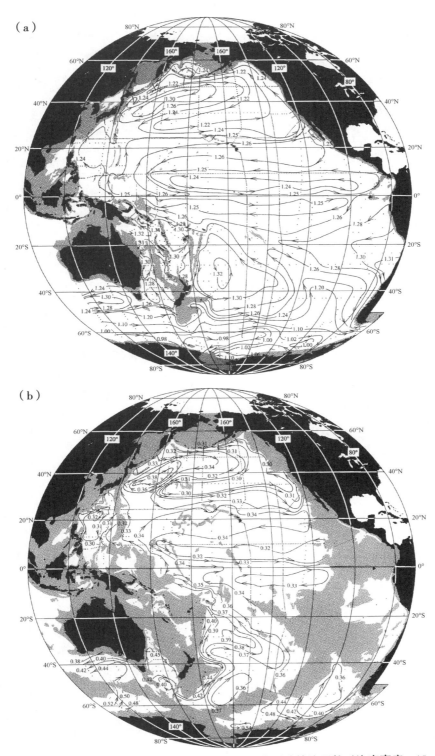

图 10.14　(a) 2 000 dbar 和 (b) 4 000 dbar 条件下调整后地转流函数（比容高度，10 m²/sec²）
来源：Reid（1997）。

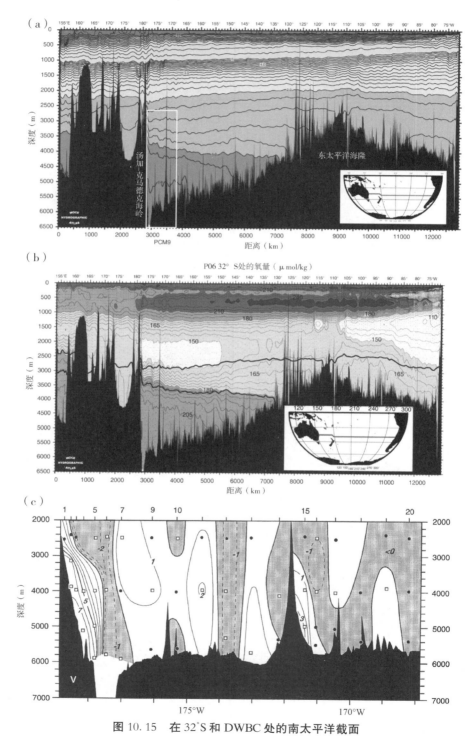

图 10.15　在 32°S 和 DWBC 处的南太平洋截面

（a）位温（℃）和（b）氧量（μmol/kg）。（a）中的中性密度 28.00 kg/m³ 和 28.10 kg/m³ 进行了叠加。来源：WOCE 太平洋图像集，Talley（2007）。（c）1991—1992 年，在新西兰东北部 32°30′S 处使用海流计得到的平均向南流速（cm/sec）。阵列位置在（a）中的白框内。来源：Whitworth 等（1999）。

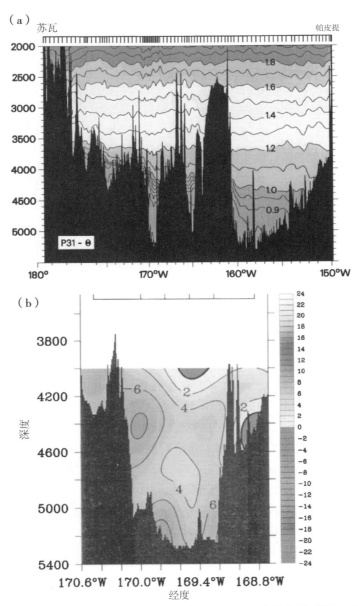

图 10.16　沙孟海道内的 DWBC，（a）穿过海道的 WOCE P31 上的位温（℃），（b）使用海流计所测量经过海道的平均向北流速（1992—1994 年）

来源：Roemmich 等（1996）。

为南向/西向输送，从而与理论吻合。太平洋内的净经向翻转流包括从南大洋到深海层内的北向输运，以及深层到中间层内的南向输运（见图 10.18、14.6 以及教材网站上的图 S10.15）。向北输送到南太平洋（LCDW 或南极区海底水；AABW）内的体积输送估算值变化范围为 7～20 Sv，如此大的取值范围可能简单地是由于对于估算水层的选择引起。大部分水向上升进入 PDW 并向南回流。大部分上升流出现在南太平洋和热带区域内，在北太平洋内的 24°N 处，海底上升流环流圈更弱且更多地局限在底层内。

10.7　热带太平洋环流和海水性质

10.7.1　简介

太平洋赤道流系中占主导地位的是较强的纬向（东－西）流，其中携带海洋内部的较弱经向（北－南）海流（图 10.2a；教材网站上的表 S10.3 和图 S10.1）。海面上有三条主要纬向流，海面以下是一整组反向纬向流。在西边界处，强劲的经向海流与纬向流连接。

三条主要纬向表层流为 8°N 与 20°N 之间向西流动的 NEC，从约 3°N 到 10°S 范围内的西向 SEC，以及在它们之间流向东部以约 5°N 区域为中心的窄 NECC。这些海流是 1940 年前太平洋表面环流众所周知的组成部分。另一条主要赤道海流位于 SEC 薄表层的下方，它是一条向东流动的 EUC，EUC 是全世界最快的永久性海流之一。与这些海流相比，10°S 与 12°S 之间的西南太平洋内东向南赤道逆流（SECC）更弱且更具时间相关性。然后，便形成了明显的一组海面下复杂东向和西向平均流（第 10.7.3 节）。

低纬度西边界流（第 10.7.4 节）汇集了来自南赤道流和北赤道流的水，并使它们流入东向的赤道潜流和东向的北赤道逆流内。棉兰老流是主要朝赤道方向的北半球边界流，它将北赤道流的西向流与北赤道逆流的东向流连接在一起。NGCUC 是主要朝赤道方向的南半球边界流，它将南赤道流的西向流与海面下赤道海流的东向流连接在一起（EUC、北海面下逆流，NSCC；以及南海面下逆流，SSCC），并穿过赤道与棉兰老流的南向流汇合，然后流入 NECC 内。风生赤道表面海流以及 EUC 的动力学在第 7.9.2 节中进行了简单介绍，直接在赤道上，水流方向为风应力（摩擦表层内）和压强梯度力方向。稍微离开赤道后，科里奥利力迅速变得重要。海流几乎是地转流，上层海洋的环流可用由风生埃克曼层中的辐聚作用驱动的斯维尔德鲁普动力理论进行解释（第 7.5 节）。

10.7.2　热带风和浮力强迫

热带海面流系由海面处的偏东信风所产生（图 5.16，教材网站上的图 S10.16，以及图 10.20b 中的棒形图）。信风是大气层的沃克环流圈和哈得莱环流圈的一部分（第 7.9.2 节）。信风并非一律向西，这些海面风在赤道以北的 ITCZ 处聚集（较弱的次级热带辐合带出现在西南太平洋内）。与热带辐合带相关的风应力旋度为正值，从而产生了埃克曼抽吸（图 5.16d）。这种现象产生了纬向非常细长的气旋式环流，其中包括北侧的西向流（NEC 的一部分），以及南侧的东向流，即 NECC（Yu，McCreary，Kessler & Kelly，2000）。出现在西南太平洋热带区域内的 SECC 由与南半

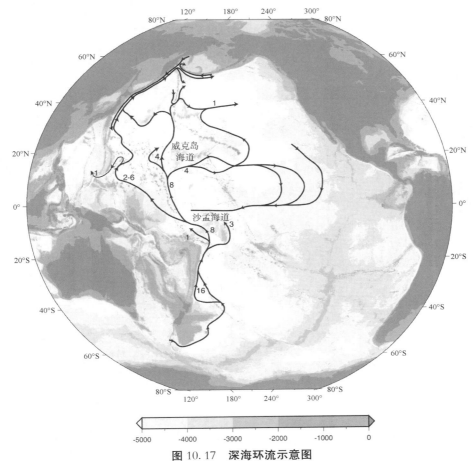

图 10.17 深海环流示意图

Owens & Warren（2001 年），Johnson & Toole（1993 年），Kato & Kawabe（2009），Komaki & Kawabe（2009），Yanigomoto，Kawabe & Fujio（2010），Whitworth 等（1999），以及 Roemmich，Hautala & Rudnick（1996）。

球热带辐合带相关的类似机制引起。

　　在不同季节，半球冬季的信风更强（图 5.16）。2 月和 8 月，北半球热带辐合带在东部约 5°N 处，非常靠近赤道。8 月，北部热带辐合带在整个太平洋内向北移动到 10°N 处。热带西太平洋内存在季节性季风，这是北半球和赤道区域内风的逆转现象。这尤其会对表面赤道环流产生影响（第 10.7.3.1 节）。

　　热带太平洋内热量和淡水的海 - 气通量对于这些量的全球平衡而言非常重要（图 5.4 和 5.12）。热带海洋变暖是由较高太阳辐射引起的（图 5.11a）。升温最显著的是东太平洋内的赤道冷舌（参见下一节），在东太平洋内，较低海面温度导致潜热和长波热损失量减少，因此，净热量更高。

　　热带太平洋也是出现净降水的区域。降水并不均匀（图 5.4）。北半球的热带辐合带以下是净降水带。西太平洋也是净降水区域，降水集中在以北半球和南半球热带辐合带为中心的两个带内。热带东太平洋是净蒸发区域。这些降水模式直接与哈德利环流和沃克环流相关，在沿着热带辐合带空气上升的区域内以及热带西太平洋内降水量更多。

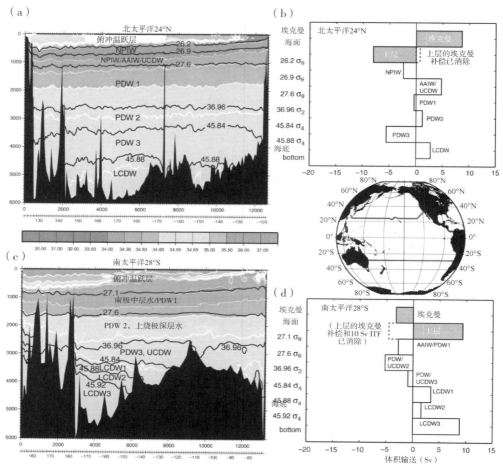

图 10.18 在 24°N（a、b）和 28°S（c、d）处等密度层内的盐度和经向体积输送
地图插图显示了截面位置。对各层进行定义的等密度线（σ_θ，σ_2，σ_4）为盐度截面图上的等值线。Talley 等（2005）。Ganachaud（2003）的翻转输送在教材网站上的图 S10.15 中给出。

西部热带区域内的净降水产生了低盐度表层，其下方为显著盐跃层。此处的平均蒸发区域包含所谓的屏障层，在屏障层内，较高表面温度的延伸深度大于表面淡水深度。因此，混合层分层现象主要由盐度引起。

10.7.3 赤道太平洋海流结构

10.7.3.1 纬向流及相关的中部大洋经向流

在热带区域内，纬向流强于经向流，但在西边界处除外。中央太平洋（154°W）内的平均海洋上层纬向流速、温度和盐度结构在图 10.19 和 10.20 中给出（Wyrtki &

Kilonsky，1984；WK）。图 10.21 还对附近经度的深层赤道海流进行了描述。除了直接位于赤道上以外的这些纬向流均为地转流①，因此，它们可反映表面动力高度的坡度（ΔD；图 10.19），并以等密度线斜率表示，等密度线斜率将与地转流的垂直剪力有关。西向北赤道流和西向南赤道流的最南端部分（SEC-3）是北太平洋和南太平洋副热带环流的主要西向流（图 10.1），并且其向下延伸经过温跃层。它们的动力高度朝向赤道向下倾斜，等温线朝向赤道向上倾斜。

东向的 NECC 是强劲的恒定流，该恒定流在太平洋的整个宽度范围内延伸，且相应地有较大动力高度和等温线斜率，该倾斜方向为 NEC/SEC 的反方向。相比之下，较弱的东向 SECC 大部分限制在西太平洋内，仅有一股较弱流出现在中央太平洋内，看上去像通过将海面动力高度斜率略微反向所得（图 10.19）。

在赤道表面上，表面流为西向流（SEC-1）。此赤道 SEC 仅位于 EUC 上方的薄层内。赤道 SEC 的水流方向为下风向，是在不存在科里奥利力和埃克曼层时，对于偏西信风进行的一种顺风摩擦赤道响应（第 7.9.2 节）。此流有时可能消失，因为它直接由风所产生，在许多情况中，对风的变化快速做出响应。东向的反向流则定期出现在厄尔尼诺现象开始时的偏西风突发期间（第 10.8 节；Hisard & Hénin，1984）。

在赤道处，EUC 位于 SEC 的下方。其在此中央太平洋位置处的最大流速中心位于 130 m 处，平均流速大于 90 cm/sec。② EUC 在 WK 等的测量期内被认为相对较弱，但它仍可定期达到 120 cm/sec 的流速。尽管其在垂向上较薄，其较快的流速通过较大的体积输送体现（WK 的测量结果在年平均范围内为 32.3 Sv ± 3.5 Sv）。通过赤道处的等温线结构可轻易识别 EUC：13～26 ℃ 等温线向上延伸到其以上，向下延伸到其以下。由于它并非海面流，所以没有海面动力高度。这产生了赤道两侧的地转垂直剪切力，此地转垂直剪切力驱动了海面下的东向流，而西向流从其上方（SEC）和下方（赤道中层海流；EIC）流过。

东部的北侧海面下逆流和南侧海面下逆流只是位于赤道以北及以南地区，且稍微深于赤道潜流。北侧海面下逆流并不总是可以很容易区别于表面强化的北赤道逆流的更深部分。在等温线结构图（图 10.19）中，海面下逆流在远离赤道的有强烈的向上斜率趋势的 10 ℃ 和 11 ℃ 等温线中较为明显。Tsuchiya（1975）首次通过等密度线的属性示意图对海面下逆流进行标识。它们将西太平洋中的盐度、氧气和营养成分等特性往东部输送。为了纪念对其进行的首次描述，人们通常将海面下逆流称之为"Tsuchiya 喷射流"。

---

① 地转在赤道的约四分之一度范围内有效，并且具有充分的时间平均作用。使用 12 个月为一组的 43 个截面表示 WK 内的平均结构。

② 1951 年，当来自火奴鲁鲁市内美国鱼类及野生动物管理局的研究人员发现尽管存在西向海面流，但它们的"长线"深层钓鱼用具仍然显著地向东偏移时，首次发现了 EUC（也可称为"克伦威尔海流"）。当流速约为 1.5 m/sec 时，它们的剪力向西移动，此流速约为西向海面流流速的 3 倍。随后，由 Townsend Cromwell 带领一批研究人员进行巡查，对此现象进行调查。不幸的是，Cromwell 博士在接下来一年的海洋探险过程中死于一场空难。参见 Knauss（1960）的著作。

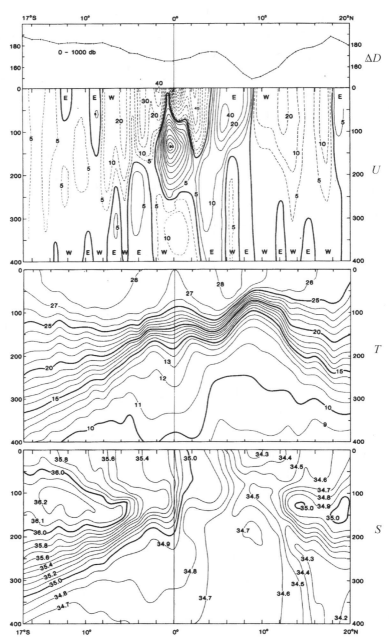

图 10.19　1979 年 4 月起往后的 12 个月内，夏威夷岛和塔希提岛之间，相对于 1 000 db（dyn cm）的海面动力高度（ΔD dyn cm）的平均分布，及纬向地转流速（U，单位为 cm/sec）、温度（T，单位为 ℃）和盐度（S）垂直经向截面

ⓒ美国气象学会。再版须经许可。来源：Wyrtki & Kilonsky（1984）。

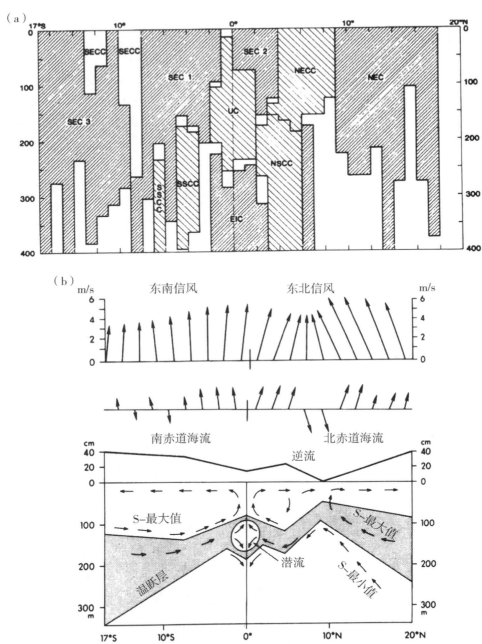

图 10.20 （a）自 1979 年 4 月起往后的 12 个月内夏威夷岛和塔希提岛之间纬向流所占据平均面积的示意图。浓阴影表示西向流，淡阴影表示东向流，空白区域的纬向流速小于 2 cm/sec。首字母缩写词：NEC，北赤道流；NECC，北赤道逆流；SEC，南赤道流（三个截面）；SECC，南赤道逆流；UC，赤道潜流（我们注释中的 EUC）；EIC，赤道中间海流；NSCC/SSCC，北/南次表层逆流（土屋射流）。（b）整个赤道范围内经向截面的示意图，图中展示了（顶部）平均信风、（中间）海面环流和（底部）海面动态地形、温度结构以及海面下经向环流的示意图。（"逆流" = 我们注释中的"NECC"。）ⓒ美国气象学会。再版须经许可。来源：Wyrtki & Kilonsky（1984）

西部的 EIC 呈现出较弱现象，但在赤道潜流之下持续沿着赤道进行流动。EIC 下方的地区，1 000～2 000 m 之间的向东和向西逆向流称之为赤道堆叠射流（图 10.21）。在远离赤道的 700～900 m 深度处同样也存在逆向带状流，但在厚层中的速度大约为 15～20 cm/sec。图 10.21 中最深层赤道流的平均速度较小（小于 5 cm/sec），但该速度可能较为恒定。[①] 根据的 159°W 位置处的局部地形地势，地形在北部可以上升到 3 000 m 的位置处，强劲的水流则位于赤道的南部地区。这些水流中每条流的体积输送速度约为几个斯维尔德鲁普。离赤道更远的地区是在赤道 15°～20°的范围内以及高于大洋中脊（高于 3 000 m）地势的地区中，中层环流和深层环流与高纬度地区的水流相比，主要的仍然是纬向流。在 900 m（Davis，2005；教材网站上的图 S10.13）位置处，在中间深度（图 10.2b）的空间高度图中以及海洋的等密度线特征及漂浮轨迹中，水流纬向性质十分明显。在 2 500 m 位置处，水流包括 2°S 左右的狭窄向东冷舌和以 5°N～8°N 以及 10°S～15°S 为中心的两侧宽广向西流（Talley & Johnson，1994）。在底部位置处，西向赤道流可能是由赤道北部宽阔的向西水流汇聚而成（Johnson & Toole，1993）。这些复杂且呈带状的深层水流很可能受到了风力的作用（Nakano & Suginohara，2002）。

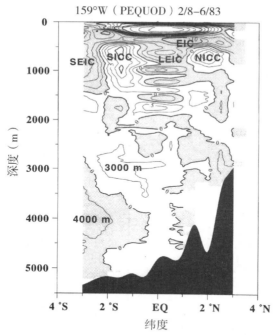

图 10.21　赤道太平洋内的纬向流速（cm/sec），这是使用 1982—1983 年间所采集直流测量值的 41 个截面进行平均所得到的值。

白色是东向流，灰色是西向流。来源：Firing，Wijffels & Hacker（1998）。

---

①　根据 Firing（1989）的研究，"10 年一次时间序列是研究年变化和年际变化的理想时间序列"。

返回到海洋上层，赤道太平洋（图 10.20b）中的经向流与主要的纬向流有关。在海洋表面，偏东信风会使埃克曼层输送到北半球的北部地区中，同时也会输送到南半球的南部地区中。这会导致赤道辐散带中产生赤道上升流（如果风向转为西风，将会产生赤道上升流，就像在赤道西太平洋中厄尔尼诺事件开始时一样）。

赤道上升流是由朝赤道方向的次表层流汇聚而成。根据水体性质，包括盐度等，可判断入流海水是否流入温跃层中。朝赤道方向的入流可以看成是地球自转的结果，这是由于表层水沿着赤道向西流动到西部边界产生的由西向东的压强梯度力所致。这样在西部地区中将会产生高压区，东部地区中则为低压区。

10.7.3.2　赤道流的纬向构造

赤道流系从至少 143°E（巴布亚岛北部、新几内亚）位置处延伸到加拉帕戈斯群岛（90°E），并向东延伸到厄瓜多尔海岸，波及范围大约为 15 000 km。赤道带中西部地区的海面高度较高，且海面高度逐渐向东部降低（教材网站上的图 10.2 和图 S10.1）。西部和东部海面高度的差值在 40～60 cm 范围内，其中显著的年际变化与 ENSO 有关，最大的斜度将会出现在拉尼娜现象（图 10.22c）期间。表面动力高度说明了同样的西－东部对比大约为 40 dyn cm（教材网站上的图 S10.17）。赤道海面高度的斜率是由沿着赤道的南赤道流中风力驱动表层水向西流动所致。这将会使暖水堆积在西部地区中，因此该地区将成为暖池。向西赤道流同样也与东部地区中的赤道上升流有关。将东部地区中寒冷且上涌的表层水称为冷舌。平均 SST 分布图（图 4.1 和 10.22）中明显地展示了这些构造。沿着赤道截面的位温、盐度和位密度说明了西部地区表层水温暖且密度较小，东部表层水寒冷且密度较大。表面营养成分具有相似的结构，冷舌中的营养成分更高，暖池（图 4.22）中的营养成分几乎完全耗尽。

沿着赤道的冷水有两个来源：东太平洋中由信风沿着赤道驱动向西的南赤道流所致的上升流，以及同样是由于信风驱动的埃克曼输运所致的辐散引起的上升流，其可以出现在所有的精度上。由于西太平洋中暖池的厚度比较厚，因此上升流的埃克曼辐散部分将不会把冷水带入到该处的海洋表层中。

西部地区中海水的堆积效应将会产生沿着赤道向东的压强梯度力。此压强梯度力将会使赤道潜流向东流动。由西向东的压强梯度力也会产生朝赤道方向的地转流，该地转流将会流入赤道上升流中。

赤道密度跃层在西部较深处，在往向东移动的过程中向上倾斜（图 10.23）。此向上倾斜将会弥补向下倾斜的海面，以至于密度跃层下方沿着赤道的压强梯度力将会减弱。事实上，赤道潜流之下的赤道流向西（EIC）流动能力较弱。EIC 处在密度跃层的范围之内，沿着密度跃层其会向东逐渐变浅（图 10.23）。赤道西太平洋中的 EIC 有减弱的趋势，其速度小于 40 cm/sec。其会在日界线的东部地区加快速度，140°W 位置处可达到最大强度。这对应于较大的向东压强梯度力的经度，其有明显的表面高度和动力高度特征。其在中央太平洋中的体积输送峰值大约为 2.5 Sv（Leetmaa & Spain，1981）。

处于西部边界时，赤道潜流将由含盐分的新几内亚沿岸潜流（第 10.7.4 节）汇

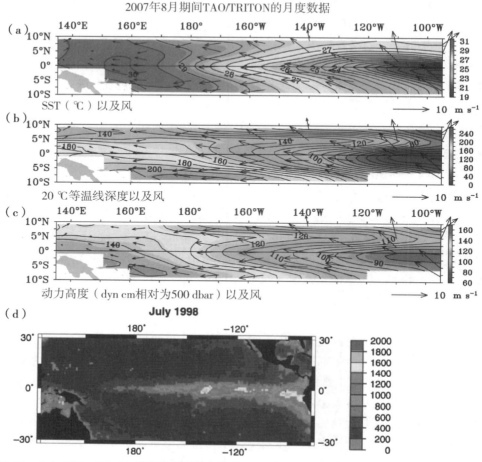

图 10.22 （a）SST。（b）20 ℃ 等温线是表明温跃层深度的一种指示标志。（c）冷舌（拉尼娜现象；2007 年 8 月）完全形成的期间，动力高度（dyn cm）和叠加风速向量。来源：TAO 项目办公室（2009a）。（d）在拉尼娜现象（1998 年 7 月）出现期间，以水色指示的初级生产力（mg · cm^{-2} · d^{-1}）来源：McClain 等（2002）

聚而成。随着赤道潜流向东流动，其会遇到位于赤道且经度为 91°W～89°W 的加拉帕戈斯群岛。赤道潜流会在 92°W 左右位置处对群岛的上游部分发生分裂，并流入岛屿附近的北部和南部地区中。南部地区的流动比较强烈，赤道潜流的主要中心实际上在 98°W 的赤道以南地区；而对于加拉帕戈斯群岛的东部地区，部分赤道潜流会向东南地区到 5°S 位置处，在表面汇入到秘鲁逆流中，并在南美海岸（第 10.4.1.3 节；Lukas，1986 年）位置处汇入到 PCUC 中。

其他的主要热带水流中明显地呈现出纬向的"不对称性"。东向的北赤道逆流将会在东向流动中向北部偏转。东向的北次表层逆流和南次表层逆流同样也会转向极地地区。SECC 永远只存在于西太平洋中，中太平洋中将会逐渐消失。

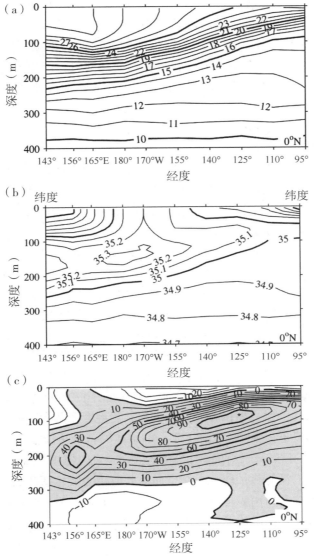

图 10.23 **赤道平均 (a) 位温 (℃)、(b) 盐度和 (c) 纬向速度 (cm/sec)**
阴影为东向的速度。来源：Johnson 等（2002）。

10.7.3.3 赤道上升流和生物生产力

太平洋赤道的 SST 结构受到了密度跃层/温跃层中冷水上升流的强烈影响。如果温跃层较浅，上升流将会导致表面温度较低；如果当温跃层较深时，上升流对表面的冷却作用将不显著。处于非厄尔尼诺年（图 4.1 和 10.24）时，可以在卫星图像中很明显地看到冷舌和暖池。通过与赤道冷舌相汇，沿着厄瓜多尔的沿岸上升流同样也很明显。

上涌水体中的营养成分通常比所排出表层水的营养成分更为丰富。表层营养成分的全球图像展示了太平洋冷舌（图 4.24 中的硝酸盐）中所出现的最大值，这是由向东变浅的密度跃层所致，此密度跃层同样也是营养跃层。此最大营养成分促进了生物的生产。冷舌（图 10.22d，上升流强度增强的拉尼娜现象期间）上涌水体中的生物生产力较高，而此生产力是根据单位面积内每天产生的碳量测量而得。生产力是以 SeaWIF 卫星（教材网站上的图 S10.318）中海洋水色为基础进行计算所得的结果。

10.7.4　低纬度西边界流

棉兰老流是一条宽度为 200 km 的西边界流，沿着热带北太平洋的西边界向南流动。它是一条不断变化的西边界流，与细长热带气旋环流的斯维尔德鲁普输送有关。棉兰老流带着亚热带北太平洋水体向赤道流动，包括亚热带温跃层中的海水和北太平洋中层水中的示踪物（Bingham & Lukas，1994）。

棉兰老流在 14°N 位置附近形成，该位置处向西流动的 NEC 与形成黑潮（教材网站上的图 10.1 和图 S10.1 以及 S10.19）的向北流产生了分离。在 5°N 左右的位置处往东流动，并汇入了北赤道逆流。棉兰老流的速度是典型的西边界流速度，最高速度可达到 100 cm/sec。体积运输估算值的范围在 20～40 Sv 之内，与计算的斯维尔德鲁普输送值相符合（Wijffels，Firing & Toole，1995）。

棉兰老涡（图 10.1 中的 ME）是热带气旋环流西边界中的一种再循环气旋特征。棉兰老涡在向西 NEC 和向东北赤道逆流之间形成。它的西侧是棉兰老流。哈马黑拉涡（图 10.1 中的 HE）是一种反气旋特征，其仅处于向东的北赤道逆流和向西的南赤道流之间赤道以北的西边界位置处。哈马黑拉涡混合了北太平洋和南太平洋中的水体。因此，流入印度尼西亚贯穿流（ITF）中水体的特征可能取决于此哈马黑拉涡的强度（Kashino 等，1999）。这两种涡均高度依赖于风力作用。

新几内亚沿岸潜流是热带南太平洋中向北的西边界流。新几内亚沿岸潜流是西边界流的最北端部分，其由南赤道流（Qu & Lindstrom，2002）的向西流形成，并在澳大利亚海岸进行分流，向南流形成了 EAC（第 10.4.1.1 节）。分流出现在 15°S 的海面位置处，并向极转向 23°S 的 800 m 位置处。15°S 的向北边界流北部称为北昆士兰海流（NQC）[23°S 和 15°S 之间的向北潜流称为大堡礁暗流（GBRUC）]。NQC 流经珊瑚海、所罗门海，然后流经新几内亚和新不列颠之间的勇士号海峡。超过临界点时，需要将其称为新几内亚沿岸潜流。新几内亚沿岸潜流先转向北部，然后沿着 143°E 左右的赤道向东流，直到汇入赤道潜流中。以 200 m 深度为中心的新几内亚沿岸潜流速度为 50 cm/sec，且在 2°S 位置处的输送速度为 7 Sv，这与赤道位置处赤道潜流的速度相等。

最终，热带太平洋和印度洋将通过印尼群岛（图 11.11；第 11.5 节）的复合通道——印度尼西亚贯穿流进行连接。经过通道的海流有显著的变化，输运量大约为 10～15 Sv，其变化主要是 ENSO 所致。太平洋中低纬度西边界流是 ITF 的来源。流经望加锡海峡的海流起源于棉兰老流。新几内亚沿岸潜流中的南太平洋海水汇入哈马黑拉海，与相同水源中的更深层南太平洋海水通过利法马托拉海峡（Hautala、Reid & Bray，1996）进行汇合。

10.7.5 赤道特征分布

尽管在第 10.9 节中对大多数的太平洋水团进行了描述，但我们在本节中仍要对热带海洋上层分布进行简短的回顾，因为热带海洋上层分布明显与赤道流系有关。

赤道位置处的温度结构具有高度对称特征（图 10.19）。赤道以北和以南数个纬度地区中的温跃层作用最为强烈，且等温线沿着 $10°N$ 和 $10°S$ 对称地向北部和南部地区分散开。在赤道处，等温线的分散标记出赤道潜流的中心位置。$5°S$ 和 $12°N$ 之间低于温跃层的部分是一个恒温层（低垂直梯度）。

对于盐度，几乎不会出现沿赤道形成对称的形式（图 10.19），这是由于南太平洋中盐分更高，由于南赤道流可流经赤道但北赤道流无法流经赤道，以及由于热带辐合带所处的北半球位置。最大盐度层从南太平洋和北太平洋的最大蒸发带向赤道逐渐减小；南太平洋和北太平洋的中心盐度分别是 36.2 psu 和 35.0 psu（这些称为亚热带下层水，Johnson & McPhaden（1999）的研究中也称之为热带水）。因为南赤道流延伸到了赤道，所以赤道位置处的盐度最大值直接来源于南太平洋副热带环流系。由于加利福尼亚洋流中的低盐度和多雨热带辐合带之下的向下扩散，南太平洋和北太平洋的盐度最大值呈现横向分离趋势（Johnson & McPhaden，1999）。最低表面盐度出现在北赤道逆流中，而北赤道逆流直接位于热带辐合带的下方。$20°N$ 左右的 300 m 位置处海面下低盐度水体为北太平洋中层水（第 10.9.2.1 节）。

10.7.6 季节内变化和季节变化

赤道太平洋包括季节内（20～30 天）、季节性、月－年际间、年际间（3～7 年）以及年代际（10～30 年）时间尺度的时间变化。最活跃的季节内变化是热带不稳定波（TIW）。季节变化包括对南北半球热带辐合带中位置和强度变化的响应。其他尺度从一周到年际范围的变化与罗斯贝波和开尔文波（第 7.7 节）有关，而年际周期和更长周期中的其他变化与南方振荡以及其他气候模式（第 10.8 节和教材网站上的第 S15 章）有关。

热带不稳定波是沿着冷舌（图 10.24）北部边缘的海面水温所呈现大规模尖点般的空间涛动现象（Legeckis，1977）。海色/叶绿素中也会出现明显的振荡变化（McClain 等，2002）。热带不稳定波的波长大约为 1 000 km，其会以平均相速度为 30～50 cm/sec 的模式向西传播，从而导致一个周期大约为 20～30 天。热带不稳定波主要是由南赤道流和北赤道逆流之间水平切变引起的（正压）不稳定性所致（Philander，1978）。由于产生热带不稳定波的高流速水流的表面受到了强化，因此热带不稳定波的波及范围较浅（100～200 m 深）。

当热带辐合带向北迁移，且信风加速了位于赤道以北部分南赤道流的流动时，热带不稳定波将会出现在夏季（6 月）（Vialard，Menkes，Anderson & Balmaseda，

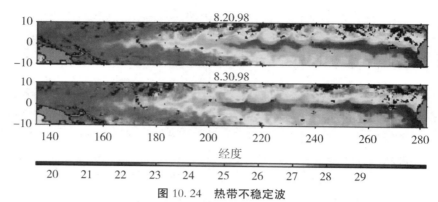

图 10.24　热带不稳定波

拉尼娜现象期间形成冷舌后，从热带降雨观测卫星（TRMM）微波成像仪（TMI）中可以得到 1998 年 8 月时连续两次为期 10 天的海面水温。教材网站上的图 S10.20 中复制了更完整的时间序列（1998 年 6 月 1 日—8 月 30 日）。本图也可在彩色插图中找到。通过遥感系统产生微波成像仪数据，并且该微波成像仪数据由 NASA 地球科学测量与发现项目所提供。数据可在 www.remss.com 网站上获取。来源：遥感系统（2004）。

2003）。在图 10.24（教材网站上的图 S10.20）的时间序列中，赤道冷舌将会出现在 6 月初；到 6 月 10 日时冷舌会出现贯通南北的涛动，这是由热带不稳定波所致。波的槽部可以发现闭合的反气旋涡。热带太平洋中的季节性风力会直接对海面水温以及表层和上层洋流（图 10.25）产生影响。在最强劲信风产生的 8 月～9 月期间，伴随着暖池中的极端高温，冷舌的活动将最为强烈，西部和东部的温度差异差不多可达到 10 ℃。到 3 月时，西部和东部的温度特征相对减弱，两者之间的温度差异将下降到 5 ℃左右（图 10.25 中年循环上叠加的较大年际变化是由南方振荡所致）。

　　处于赤道位置处的南赤道流受到了风应力的影响，主要是在季节性阶段发生变化。赤道潜流对南赤道流的西-东压力梯度产生响应，此响应更加复杂，从而能够使其响应落后于风的影响。Johnson、Sloyan、Kessler 和 McTaggert（2002）通过逐渐同步风力和空间结构，对每条海洋上层海流的季节变化进行了详细的讨论。显著的季节变化仅出现在中美洲山脉（图 10.26）的近海地区中。大西洋中的信风呈漏斗形状并经过山脉中的三个主要间隙处，在一些持续时间为 5～7 天的事件中，冬季风速可达到 20 m/sec。出现在太平洋风力显著的局地环流中的风生射流和上层混合中（台宛太白风、帕帕加约风以及巴拿马风），会导致海面水温降低（Chelton，Freilich & Esbensen，2000）以及海洋水色异常。根据 Chelton 等（2004；图 5.16d）的研究，即使在影响全球的平均风应力旋度图像中也可看到其效果。

　　风生急流会产生反气旋涡流，因为海岸环流系统（海岸陷波）和射流中较强的风应力旋度进行了组合。这些涡都将进行离岸输运。最有名的就是特万特佩克涡流（教材网站上的图 10.26 和图 S10.22）。在每年的 10 月和厄尔尼诺年中的 7 月，都将会形成有较大的频率和强度的 3～4 个台宛太白涡和 2～3 个帕帕加约涡（Palacios & Bograd，2005）。

每月纬向风和2°S和2°N海面水温的平均值

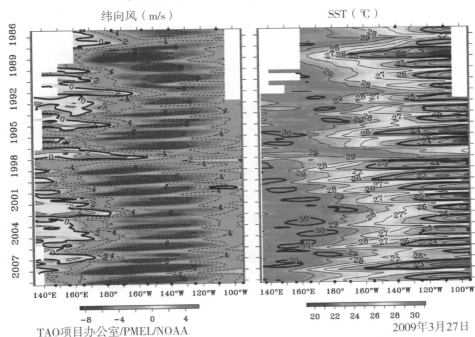

图 10.25　说明年度循环的赤道太平洋内纬向风速和 SST

正向风速朝向东。教材网站上的图 S10.21 中显示了 2 月和 8 月的气候平均值和 2000—2007 年的扩大时间序列，以便强调季节循环。本图也可在彩色插图中找到。来源：TAO 项目办公室（2009a）。

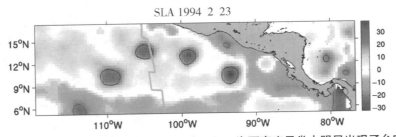

图 10.26　从 1994 年 2 月的卫星高度计资料中可知，海面高度异常中明显出现了台宛太白涡

来源：Palacios & Bograd（2005）

10.8　厄尔尼诺/拉尼娜－南方涛动（ENSO）

　　厄尔尼诺/拉尼娜现象是一种自然的气候变化现象，动态地集中在热带太平洋中。其"年际"时间尺度是 3～7 年，在厄尔尼诺状态和拉尼娜状态之间进行准周期交替。南方振荡是基于两个南太平洋热带地区之间压力差的一个指数，与厄尔尼诺状态密切相关。由于该指数与厄尔尼诺事件密切相关，因此完整的气候现象通常称之为厄尔尼诺－南方涛动（ENSO）。在此气候"循环"中，海洋和大气可以达到完全耦合。一

般将此耦合作用称之为皮叶克尼斯反馈机制（第 7.9.2 节；Bjerknes，1969）。

厄尔尼诺事件的标志是赤道地区暖水（＞28 ℃）向东出现异常漂移，并与东部地区减弱的东南信风以及西部地区中更强劲的西风带有关。拉尼娜现象则和厄尔尼诺现象相反，其在东部地区具有强劲的东南信风（且在远西部地区为弱西风带），这将会使冷水（＜25 ℃）比正常情况下沿着赤道向西流动的距离更远。由于许多不同的海洋和大气现象与整个系统相关联，再加上一些随机且短时间尺度的动力的影响，所以这两种状态之间的交替变化并没有明确的规律。因此，厄尔尼诺－南方涛动的可预测性与潮汐的预测性并不一样，潮汐的可预测性受到地球、月球和太阳轨道中非常规律且可预测过程的影响。

有时，厄尔尼诺/拉尼娜事件不仅会对海洋生态系统造成巨大甚至毁灭性的影响，尤其是对沿着南美海岸的地区，而且其波及范围也会北至加利福尼亚洋流系统。厄尔尼诺－南方涛动会对全球尺度（教材网站上的图 S10.24 和 S10.25）范围内的气温和降水产生影响，通过大气的大尺度波进行传播，以及沿着太平洋东边界的开尔文波（第 7.7.6 节）进行传播。厄尔尼诺现象出现期间的降水异常包括降水异常少的地区，这些地区容易受到干旱和火灾的影响，并且降水量较大的地区也容易受到洪灾的影响。虽然不是处于热带地区，但美国的大气温度仍然受到了 ENSO 的影响。厄尔尼诺现象的鲜明特征包括：美国西北地区和高平原上的异常温暖现象；南部地区和佛罗里达州中的低温现象；西北地区、东部地区以及阿巴拉契亚山区中的异常干燥环境；以及穿过美国东南部地区加利福尼亚州中的潮湿环境。

早期对厄尔尼诺产生原因的研究，主要关注沿南美洲海岸的局部机制，例如由于秘鲁的沿岸风减弱导致海岸上升流的减弱或消失。由于 1972 年发生的厄尔尼诺事件导致秘鲁/厄瓜多尔的凤尾鱼渔业出现了崩塌，因此 20 世纪 70 年代初所产生的更多深入研究表明了厄尔尼诺现象具有更大的地理尺度。根据 1949—1980 年中发生的厄尔尼诺现象，Rasmusson 和 Carpenter（1982）对 ENSO 的规范描述是一项研究 EN-SO（1985—1995）国际项目（热带海洋全球大气；TOGA）的重要基础。当 1982 年和 1983 年的厄尔尼诺事件为实验的发展提供了额外动力时，TOGA 计划也正在进行之中。正因为 ENSO 分析和预测十分重要，自 20 世纪 80 年代起，热带太平洋中已经部署了大规模的永久观测系统（TAO 和 TRITON；教材网站上的第 S6.5.6 节）。

关于 ENSO 重要且定期更新的信息（包括关于 ENSO 在动力学和影响、预测方面的背景信息和相关数据产品）可以通过国家海洋和大气管理局经管的几个不同网站获取。

10.8.1 ENSO 说明

我们首先对热带太平洋（第 7.9.2 节；图 10.27b）中的"正常"海洋和大气条件进行回顾。偏东信风使热带西太平洋中的赤道暖水发生了积聚，还导致了沿赤道方向出现了上升流。这导致东部热带地区的 SST 中出现了冷舌，并且还导致温跃层从西向东（第 10.7.3 节）向上倾斜。沿赤道方向的暖－冷 SST 差异导致沃克环流可保持存在于大气中，因此将会保持信风的分量。这是一种简单海气耦合的平衡状态，并且如果它不包括大尺度的传播波（如开尔文波和罗斯贝波），系统将会继续维持着这一状态。

增强版本的正常状态是拉尼娜状态（图 10.27a）。在拉尼娜现象中，温暖的 SST 将会轻微地向西转移，西部地区中的温跃层略微较深，西部地区中的海面较高而东部地区中的海面较低，并且大气中的沃克环流较为强劲。

在厄尔尼诺状态中，由于沃克环流较弱且为逆转环流，并且温跃层变得更加扁平（图 10.27c），因此信风将会呈现出较弱趋势。东部地区中的冷舌会逐渐减弱并慢慢消失，这是由热带太平洋中部和西部中暖水的向东运动和温跃层的松弛现象所致。这并不表明缺少上升流，而是热带东太平洋中正充满着暖水。示意图说明了东太平洋中存在偏东信风，但此类偏东信风只是将更厚且温暖表层中的暖水吹动向上翻涌。

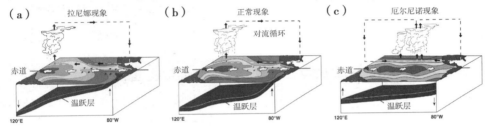

图 10.27 （a）拉尼娜现象；（b）正常现象；（c）厄尔尼诺现象

本图也可在彩色插图中找到。来源：NOAA PMEL（2009）。

沿赤道（图 10.25）的 SST 时间序列中，较高的 SST 和强度较弱的信风是几次厄尔尼诺事件的标记，其中相反的标记则是针对拉尼娜事件。表明厄尔尼诺和拉尼娜现象发生次数的时间序列将会以不同的方式进行构建。第一个指数——南方涛动指数（SOI）是热带南太平洋西部和东部之间大气压力中的差值。达尔文、澳大利亚和塔希提岛中的气象台数据均可用于计算 SOI，因为这些地方都已进行很长时间的观测。每一次的厄尔尼诺事件都与低 SOI 有关。然而，并不是每一个低 SOI 都对应于一次厄尔尼诺事件。由于热带东太平洋中反映了冷舌状态下的条件，所以一些指标是根据部分热带东太平洋的空间平均 SST 所得（例如，图 10.28 中的海洋尼诺指数）。基于 SST、海平面气压、海表温度、海面风以及云量所得的多元指数同样也有用（Wolter & Timlin，1993；Wolter，2009）。长时间序列已经根据珊瑚岬中所测得温度的代用指数进行了重构（Cobb，Charles，Cheng & Edwards，2003）。针对热带太平洋 SST 所进行的长期重构说明了虽然强度和持续时间发生变化，但 2～7 年间出现的厄尔尼诺事件仍然普遍存在。大量资料所记录的厄尔尼诺事件发生在 1941—1942 年间、1957—1958 年间、1965—1966 年间、1972—1973 年间、1977—1978 年间、1982—1983 年间、1997—1998 年间以及 2002—2003 年间。其中 1982—1983 年间和 1997—1998 年间发生的厄尔尼诺事件是自 19 世纪 80 年代以来最严重的两次事件。

ENSO 的全球覆盖性明显地体现在 SST 和海平面气压与 ENSO 指数（图 10.28b

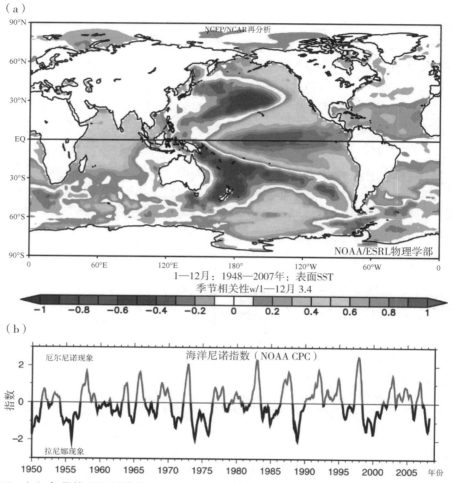

图 10.28　(a) 每月的 SST 异常与 ENSO Nino3.4 指数的相关性，1948—2007 年的平均情况。指数在厄尔尼诺现象期间是正数，因此显示的迹象在这一期间具有代表性。（数据和图形界面来自 NOAA ESRL，2009。）本图可在彩色插图中找到。(b) "海洋指数"是基于 5°N～5°S 和 170°W～120°W 地区中的 SST 所得。（数据来自于气象预报中心网络团队，2009。）灰色和黑色分别对应厄尔尼诺现象和拉尼娜现象。代表 ENSO 的额外指标以及月海平面气压异常现象与 ENSO Nino3.4 指数的相关性在教材网站上的图 S10.23 中给出

和教材网站上的图 S10.23d) 的相关性中。赤道太平洋的 SST 体现了在厄尔尼诺阶段中出现了先前描述的异常温暖的东部赤道表面水体。更简单的海平面气压模式充分延伸到 ACC 地区中，这类似于南半球环形模式（第 10.10 节和教材网站上的第 S15 章）。

10.8.2　ENSO 机制

Bjerknes（1969）反馈机制是 ENSO（第 7.9.2 节）的核心，但其并没有对如何

发展 ENSO 的每一阶段或为什么从一个状态过渡到另一个状态需要 3～7 年的"涛动"时间尺度进行描述。Bjerknes 推测此过渡是由海洋动力学所致,但他没有进行下一步的分析。持续时间为几年的振荡可通过一种模式产生,该模式包括能够反映东部边界的向东传播的赤道开尔文波,由此可以产生向西传播的罗斯贝波(Cane,Münnich & Zebiak,1990;Jin,1996;Van der Vaart,Dijkstra & Jin,2000)。

根据 Rasmusson 和 Carpenter(1982)、Jin(1996)以及 Van der Waart 等(2000)的研究,在此对 ENSO 循环进行简短的总结。关于正常情况下向全盛期的厄尔尼诺现象转变,其步骤是:(1)西太平洋中信风到西风的变化通常与大气 30～60 天的 Madden-Julian 振荡有关;(2)作为回应,海洋开尔文波沿着赤道向东传播;(3)赤道太平洋东部和中部将会产生温暖 SST 异常现象;(4)通过大气中 SST 的反馈机制,沃克环流将会遭到破坏。"补给振子"将会使其返回到拉尼娜现象发生时的状况:(1)开尔文波在东边界中得到了响应,并产生了向西传播的罗斯贝波;(2)罗斯贝波将温水带动到远离赤道的位置处,这样会减少赤道 SST 异常温暖现象的发生;(3)作为对 SST 下降的回应,信风会有所加强;(4)强劲的信风开始推动温跃层回到正常状态;(5)然后皮叶克尼斯反馈机制将会产生拉尼娜现象。

几乎自由振荡的调整时间尺度将会产生 3～7 年的 ENSO 时间尺度。此系统中一个重要的特征是西太平洋中温跃层深度的变化和东太平洋中 SST 升温之间会出现延迟,该现象可以通过开尔文波传播(Jin,1996)进行部分解释。

实际的 ENSO 系统是非线性和混乱的。Fedorov 等(2003)将其描述为"在随机时间通过适度锤击方式维持的缓慢衰减的摆动状态"。从一种状态到另一种状态的转变以及所产生状态的强度和持续时间都取决于许多因素。这些因素包括与季节周期相关的相位偏移,以及热带西太平洋中爆发西风的发生次数、时间以及强度,这些都与大气内(30～60 天)的 Madden-Julian 振荡有关。因此,事件发生的开始时间、强度和持续时间的可预测性将会受到限制。

由于 ENSO 会产生广泛的经济影响,因此准确地对未来几个月中的天气情况进行预测是长期以来的目标。对此进行预测的两种方法是进行动力学建模和统计建模。动力学模型是通过基于观测结果作为初始条件而采用的耦合海气模式。统计模型以采用回归法对所得的观测参数(如 SST 或热含量和风力)进行统计分析的方式对未来几个月中 ENSO 的现象进行了预测。预测通常也存在概率性,这意味着整体(大量)模式的运行是由稍微不同的初始条件所组成。Philander 和 Fedorov(2003)以及 Fedorov 等(2003)强烈推荐使用随机的模型触发机制。目前,哥伦比亚大学中的国际气候与社会研究所(IRI)正在监测 15 个动力学模型和 8 个统计模型的预测结果(http://iri. columbia. edu/climate/ENSO/currentinfo/SST_table. html)。

10.9　太平洋水团

太平洋海水性质与其他海洋的海水性质一样,都可以认为它们具有四层(第 4.1

节）海水性质。海洋上层中包含混合层和主要密度跃层（温跃层/盐跃层），该层与大气进行了广泛的接触。中间层包含两个低盐度水团，此类水团产生于副极地/亚南极纬度的海面中。深层包含两个深层水团，其中一个来自北太平洋，另一个来自南大洋。北太平洋的深水"源"完全是来自南大洋的内部混合海域以及上升流海域。南大洋深水源包含所有三个海洋（大西洋、印度洋和太平洋）以及南大洋局部通风海域中的深层水混合体。底层包含远离南大洋向北流动的高密度水。深层和底层水团之间的差异并不显著，通常是根据这两层中净经向输运的方向进行区分，其中深层会出现净向南输运，而底层会出现净向北输运。

太平洋是三个主要海洋盆地中含盐量最少的海洋。大西洋和印度洋都是净蒸发盆地，因此整个海洋都处于高盐度状态。太平洋中的蒸发－降水平衡几乎都为中性，这使得太平洋中的盐度低于大西洋和印度洋。

区分太平洋海水性质的最重要方法是看北太平洋中有没有产生高密度水的表面源。这一点完全不同于大西洋。北太平洋中层水中局部区域内形成的海水其密度相对较轻。在全球范围内，太平洋是翻转环流的低密度端元组分。其底层水来源于其他海洋且含有较大的盐分，其上层水相对来说盐分较低。降温到冰点这一现象会出现在西北太平洋的白令海和鄂霍次克海位置处，但不会使表层水的密度增加到能够穿透深层和底层的程度。

表示主要水团的温－盐（T－S）图解如图 10.29 所示。教材网站上的表 S10.4 列出了主要的水团并对最初形成水团的过程进行了简短的描述。太平洋世界海洋环流实验（WOCE）中的水文计划图像集（Talley，2007）是书中剖面、地图和特征图的主要来源。

10.9.1 太平洋上层水

太平洋表层水温分布（图 4.1）说明了热带地区中常见的表层水温最大值出现在赤道处并在南北半球中向两极降温。最高温度（＞29 ℃）出现在赤道暖池中。处于较低温度中的赤道冷舌也十分明显。由于受到朝赤道方向平流和上升流的影响，海岸附近的海水温度较低，因此 PCCS 和 CCS 中的等温线出现了变形。最低温度出现在了鄂霍次克海和白令海的海冰区中，并且也出现在了南极地区中。

太平洋表层盐度在亚热带地区和主要亚热带蒸发中心（图 4.14 和 5.4）位置处存在典型最大值。由于降水过多，$5°N \sim 10°N$ 位置处 ITCZ 下的热带地区中会呈现出南－北最小值。同样由于降水过多，高纬度地区的盐度也会较低。由于更大的径流和降水问题，北太平洋的表层盐度远低于北大西洋的表层盐度。南太平洋的平均表层盐度高于北太平洋的表层盐度，但低于南大西洋的表层盐度。

在亚热带地区，有两种产生上层海水的重要方式：除去表层水在低纬度更低密度的表层水之下朝赤道方向和朝下运动外，还有在强劲海流锋面（如黑潮）的暖区侧上产生厚且均匀的混合层。这些引起的几种公认的亚热带水团（教材网站上的表 S10.4）如下所示。

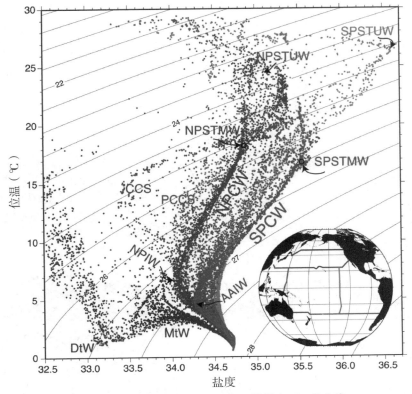

图 10.29　所选测点（插入地图）的潜在 $T-S$ 曲线

缩略词：NPCW，北太平洋中央水；SPCW，南太平洋中央水；NPSTUW，北太平洋副热带下层水；SPS-TUW，南太平洋副热带下层水；NPSTMW，北太平洋副热带模态水；SPSTMW，南太平洋副热带模态水；NPIW，北太平洋中层水；AAIW，南极中层水；DtW，中冷水；MtW，中温水；CCS，加利福尼亚洋流系统水；PCCS，秘鲁-智利洋流系统水。教材网站上的图 S10.45 中显示了每 10°平方内的平均 $T-S$ 曲线。本图也可在彩色插图中找到。

　　亚热带地区中组成温跃层/密度跃层的水域称为中央水（图 10.29），大西洋和印度洋中同样也可找到此类水域。密度跃层或中央水由潜沉和跨密度面混合（第 9.8.1 节）所产生。"中央水"是 $T-S$ 关系中较大范围的一块温度和盐度区域而不是一些特征的极端值。

　　从 NECC 延伸到 40°N 左右的北太平洋中央水（NPCW）是盐度最低的世界海洋（图 4.7）中央水。它由于盐度更低的水团 CCS 的影响而从东边界进行分离。此盐度较低的 CCS 水团从东副极地环流中向南平流输送。

　　由于南太平洋整体的含盐量都比较高，所以南太平洋中央水（SPCW）的盐度高于 NPCW 的盐度。SPCW 从 10°S 左右向南延伸到 55°S 左右的亚南极锋位置处。与 NPCW 相似的是，SPCW 通过另一个水团从东边界进行分离，其盐度较低的水团在 PCCS 范围内，并且从盐度较低的高纬度表层水中向南平流输送。

　　第二个水团是南北半球中与副热带下沉相关的副热带下层水水团（STUW），或称盐度最大亚热带水团。可以将其识别为亚热带环流（图 10.30）朝赤道方向部分内浅处的盐度最大值。STUW 是由于每个副热带环流中心处极高盐度表层水的潜沉所致。STUW 存在于 25°S 和 25°N 之间太平洋中的每个经向截面位置处。其深度非常浅，盐度最大值不超过 200 m 深的位置处，这是由于盐度最大表层水中露出的等密度线温度较高（南太平洋和北太平洋中分别为约 26 ℃ 和 24 ℃），且为低密度（南太平洋和北太平洋中分别为 24.0 kg/m³ 和 23.5 kg/m³）。

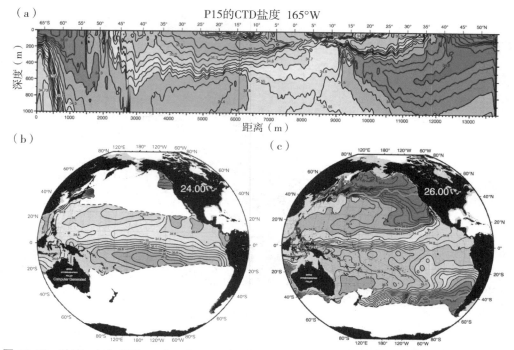

图 10.30　盐度：（a）**沿着** 165°W（WOCE P15）；（b）24.0 kg/m³ **中性密度下具有 STUW 特征；**（c）26.00 kg/m³ **中性密度下具有 SPSTMW 特征**

等密度线沿着虚线轮廓相交于表面，其中灰色轮廓（c）表明的是冬天露头。来源：WOCE 太平洋地图集，Talley（2007）。

我们所选出的第三种副热带水团是副热带模态水（STMW；Masuzawa，1969）。"模态"是指体积的位温－盐度图解中较大的一部分体积。模态水是一种嵌入在主要密度跃层中的水团，它是由不同西边界流（Kuroshio & EAC；Hanawa & Talley，2001；教材网站上的图 S10.26）的暖水侧特别是厚冬季混合层的潜沉所致。北太平洋副热带模态水（NPSTMW）的温度范围为 16～19 ℃，并且以 $\sigma_\theta = 25.2$ kg/m³（图 10.29 和教材网站上的图 S10.26b）的位密度为中心。其源于冬季，以黑潮南部的一层较厚混合水层形式存在。厚层下潜至西部副热带环流的一般区域中，并且很明显是在温跃层范围内（图 10.31a 和教材网站上的图 S10.26c）。STMW 的最高温度（＞18 ℃）仅位于日本的南部地区，且向东转移时温度逐渐降低。

在南太平洋中，南太平洋副热带模态水（SPSTMW）出现在塔斯曼锋和东奥克兰海流（图 10.31b 和教材网站上的图 S10.26c；Roemmich & Cornuelle，1992）的北部地区中。其中心温度、盐度和密度分别为 15～17 ℃（仅限于新西兰北部地区）和 17～19 ℃（29°S 的北部地区），35.5 psu 以及 $\sigma_\theta = 26.0$ kg/m³（图 10.29 和 10.30 中的 SPSTMW）。因此，其与 NPSTMW 有相同的温度范围。由于南太平洋中的含盐量高于北太平洋中的含盐量，因此其密度较大是由于盐度较高所致。SPSTMW 是全球 STMW 中活力最弱的一种模态水，如果没有垂直密度梯度的补充计算，垂直相交剖面中等密度线和等温线的扩大有些难以进行分辨（图 10.31b）。北太平洋的副极地环流是埃克曼上升流地区，而不是沉降流。因此并不存在风生潜沉。表层密度沿着环流周围的气旋路径增加，其在西部地区的表层密度均高于东部地区，并且在鄂霍次克海、沿着北海道以及仅在北海道以南的地区中表层密度会达到最大值。在表层密度最大的地区中，会形成密度最大（中等密度）的北太平洋水团（第 10.9.2 节）。

副极地环流中的低表层盐度和上升流进行组合会产生一个强劲的盐跃层。如果表层水在冬季变得很冷，此盐跃层中将会出现最低温度。具有最低温度的水域称为中冷水，存在于西部副极地环流和邻近的鄂霍次克海和白令海中。与温度最小值相关的是夏季的高氧饱和度，这是由于其被温暖的表层水覆盖且次表层的温度最小层有略微的升温。低于中冷水时，温度会逐渐上升到最大值，然后开始下降至海洋底部。温度最高一层的水域称为中温水。温度最大值表明了东部地区和南部地区存在大量的平流组成部分，其将在表层产生低温。

热带太平洋的海水性质如第 10.7.5 节中所述。通过北太平洋和南太平洋海域的交错会产生复杂的垂直结构（图 10.19）。在盐度方面，沿着赤道几乎会产生纬向锋面（图 10.30c）。在温度和密度方面，赤道温跃层/密度跃层将从西部地区中的 150～200 m 位置处上升并增强到东部地区中低于 50 m 的位置处（图 10.23）。密度跃层抑制了海水特性的垂直输送。在西部地区中，盐跃层位于上（暖池）层范围内且高于温跃层，所以密度跃层是根据盐度（而不是温度）进行确定。

通过名称进行区分的一种热带水团是 13 ℃ 赤道水团（Montgomery & Stroup，1962；Tsuchiya，1981）。这是一种模态水——75～300 m 深度（图 10.19）左右以温度 13 ℃ 为中心的赤道层出现的明显的增厚层。此温度下的水域从低纬度西边界流中横跨太平洋平流向东输送。增厚现象的产生可能与赤道洋流的局部动态有关，因为该水团与北海面下逆流和南海面下逆流（图 10.20b）密切相关。

最终，可以在热带东太平洋中找到氧含量显著较低（<1 μmol/kg）的两大区域，并且这两个区域是以 10°N 和 7°S 为中心，最强烈的反应将出现在东边界（图 10.32 和 4.20）附近。氧含量的最小极限值与完全发展的亚硝酸盐（NO_2；图 10.32b）海面下最大值相一致。亚硝酸盐通常出现在真光层（图中 200 m 以上的广泛分布带内）范围内或真光层的底部，作为硝化过程的一部分。海面下出现的亚硝酸盐最大值是反硝化作用的一种独特特征。值得注意的是，氯氟碳化物（CFC）在氧气最大值（WOCE 太平洋地图集，Talley，2007）中处于非零状态，这意味着由于高生物生产力（而不是水团太老）的影响，此类水域是通风水域且氧含量较低。

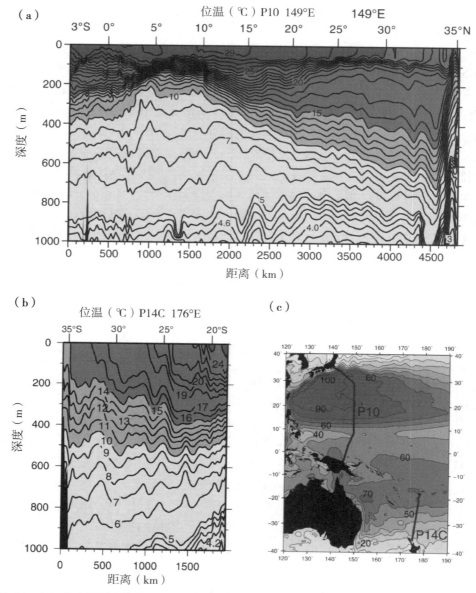

图 10.31 （a）北太平洋中沿着 149°E 位置处的位温（摄氏度）。（b）南太平洋中沿着 170°E 位置处的位温。来源：WOCE 太平洋地图集，Talley（2007）。（c）测点位置放在表层流函数之上。（数据来源于 Niiler，Maximenko & McWilliams，2003）

10.9.2 中层水

　　太平洋的中间层由两个低盐度水团所占据，其分别是北太平洋中层水（NPIW）和南极中层水（AAIW）（例如，图 4.12b、14.13 和教材网站上的图 S10.27）。这两处中层水的源水均来自于副极地纬度地区中的低盐度且寒冷的表层水。在亚热带太平

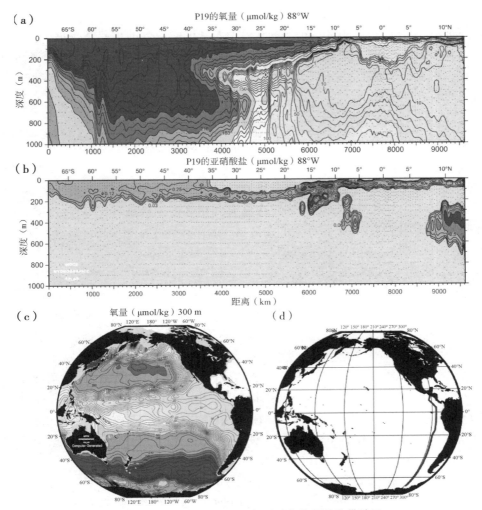

图 10.32　最小氧含量和进行反硝化作用的热带地区

88°W（WOCE P19）位置处（a）氧气（μmol/kg）和（b）亚硝酸盐（μmol/kg）在东太平洋中的垂直剖面。（c）300 m深度处的氧气（μmol/kg）。（d）P19 测点位置。来源：WOCE 太平洋地图集，Talley（2007）。

洋和赤道太平洋中，上覆水是盐度较高的中央水，其来源于高盐度的中纬度表层水。中层水的底层是盐度较高的绕极深层水，其高盐度的水均来自北大西洋。因此，NPIW 和 AAIW 都将在亚热带和热带地区中表现出在垂向上的最小盐度。

NPIW 盐度极小值只限于亚热带北太平洋中。相反，AAIW 盐度极小值出现在整个亚热带南太平洋、热带太平洋以及大西洋和印度洋的相似地区中。NPIW 和 AAIW 均在水体通风且氧气浓度较高的位置处。但二者在太平洋中没有特别高的氧含量，这表明其存留时间远长于上覆中央水的存留时间。

等密度线中表示 NPIW 和 AAIW（图 10.33）的盐度和氧含量反映了：（1）NPIW 中涌入的低盐度/高氧量来自鄂霍次克海；（2）AAIW 中涌入的低盐度/高氧量来自

东南太平洋。这些都是此类水团的源地。

处于中性密度（27.30 kg/m³）的盐度为跨密度面混合的重要性提供了一个简单的示例。整个热带地区中的盐分含量都较高，并且由于此等密度线的影响，海水也较为温暖。由于此等密度线并没有出现温暖且含盐的表面露头，所以热带特征必然是由跨密度面混合所致。

10.9.2.1　北太平洋中层水

NPIW 是密度最大的水域，其通常直接在北太平洋中进行通风。整个 NPIW 的密度范围是在 σ_θ = 26.7～27.2 kg/m³（直接通风）之间，或在 26.7～27.6 kg/m³（通过千岛海峡中的跨密度面混合进行通风）之间。盐度最小的副热带 NPIW 中的位密度 σ_θ = 26.7～26.8 kg/m³。在鄂霍次克海和相邻的副极地环流（图 10.33）中的 NPIW 的一条等密度线中，存在最低含盐量（因此会最冷）和最高含氧量，这表明其为最近通风的水域。NPIW 的主要直接通风过程是在鄂霍次克海中西北角内的海岸（潜热）冰间湖内形成海冰期间的盐析作用（图 10.34b 中的 "NWP"）。所有沿着陆架的冰间湖都可以导致盐析作用的产生，且由于 NWP 处在气旋环流的末端，所以水域中会积累大多数的盐水。历史数据表明抑制盐水的流入会对密度造成影响，使其达到 σ_θ = 27.1 kg/m³ 左右。另请参见鄂霍次克海相关的在线补充资料（第 S8.10.6节）。

通过潮汐混合（图 3.12b）维持的感热冰间湖几乎总是产生于卡舍瓦罗夫浅滩（图 10.34b 中的 "KBP"）。海面下温度最大值呈现向上混合趋势，以便海冰融化并将营养成分输送至表层，这是一个高生物生产力地区。通过千岛群岛（深度大约为 1 500 m）中的深层海峡，鄂霍次克海水域将退回到西北太平洋中。强劲的潮汐完成了通过混合高氧含量直到海底山脊中达到最大密度（σ_θ 大约为 27.6 kg/m³）这一过程（Talley，1991）。退回到亲潮中的更新的水团并非海面下的盐度最小值；相反，海面中的盐度为最低。亲潮更新水水团会遇到亲潮和黑潮之间过渡区域中黑潮较暖、盐度较高且密度较小的表层水，因而会形成含盐量最小的 NPIW。

穿过 24°N 经向对流的 NPIW 形成速率为 2 Sv，与其他低盐度中层水相比，其形成速率较小。如果在副极地环流范围内进行局部测量，大多数重新进行通风的水团仍然存在，再循环率可能会更高。

向南输送到亚热带地区中的低盐度 NPIW 将会对副极地地区中的净降水量和亚热带地区中的净蒸发量进行平衡。部分副极地淡水的流入同样也通过白令海峡向北流出，其最终将成为北大西洋深层水中的一部分，并且还会输出到低纬度的北大西洋中（Talley，2008）。

10.9.2.2　南极中层水

AAIW 是 ACC（图 14.13；第 13.4.2 节）北部地区所有南半球海洋中的一种低盐度中间层。

太平洋 AAIW 穿过了南太平洋的大部分地区，其盐度最小值深度大约为 700～

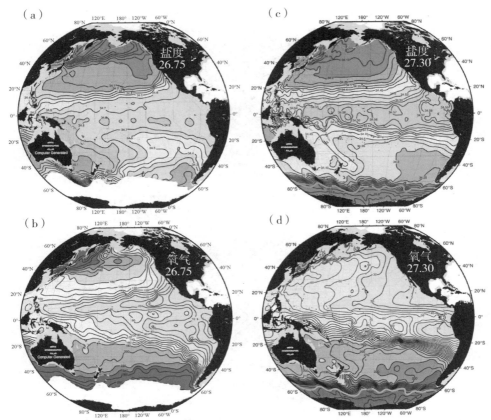

图 10.33　分别在 NPIW 和 AAIW 的特征中，处于 26.75 kg/m³ 和 27.3 kg/m³ 中性密度下的（a、c）盐度和（b、d）氧量（μmol/kg）

在南大洋中，26.75 kg/m³ 下白色表示的是等密度线露出部分，（c）和（d）中的灰色曲线表示的是冬天露出部分。表面深度参见 WOCE 太平洋地图集。本图也可在彩色插图中找到。来源：WOCE 太平洋地图集，Talley（2007）。

1 000 m。在东南太平洋中，其位密度 σ_θ 在 27.05 kg/m³ 和 27.15 kg/m³ 之间，仅来自亚南极锋北部的厚表层（亚南极模态水）中。在此地区，其位温和盐度分别为 4～6 ℃和 34.1～34.5 psu。盐度最小值仅出现在 AAIW 层的顶部。根据一些特性，我们将密度低于约 σ_θ = 27.5 kg/m³ 的层标识为 AAIW，上述特征指示了从绕极深层水中所分离可识别的水团（第 13.5.2 节）。

AAIW 在南太平洋副热带环流周围进行反气旋循环。中性密度层上（27.30 kg/m³）低盐度且高氧水的冷舌起源于东南太平洋，并且横跨南太平洋（图 10.32c 和 d）向西北方向延伸。沿着其流动方向侧，盐度最低的 AAIW 开始变得略温暖，盐度和密度也增大。流入西太平洋中的热带地区后，由于其盐度的增加，密度也出现了明显的上升（15°S 和赤道地区之间温度、盐度和密度的平均值分别为 5.4 ℃、34.52 psu 和 27.25 kg/m³）。

AAIW 的北面分界线位于 15°N 左右北半球热带和亚热带的过渡地区（图

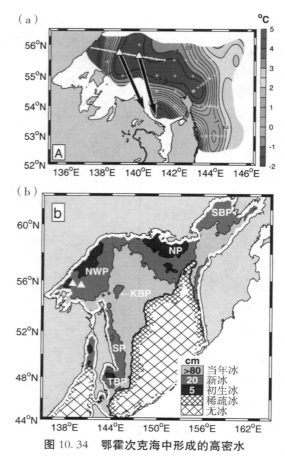

图 10.34 鄂霍次克海中形成的高密水

（a）1999 年 9 月的底部位温和两个系泊处的平均速度矢量。（b）SSM/I 微波成像仪中 2000 年 1 月 1 日这一天的冰分布。如果形成了密度最大的水域，"NWP" 是西北方向上形成高密水的冰间湖。图 10.34a 也可在彩色插图中找到。来源：Shcherbina，Talley & Rudnick（2003，2004）。

14.13）；AAIW 并未沿着东边界向北流入到副热带环流之外"阴影区"，大概在 35°N 左右的地区内。

根据海–气通量，太平洋 AAIW 的形成速率大约为 5～6 Sv（Cerovecki，Talley & Mazloff，2011）。通过 Schmitz（1995）的研究可以获得稍微较低的 4 Sv 速率，而大西洋/印度洋中 AAIW 的形成速率为 10 Sv。

10.9.3 深层水

在太平洋中可以对两种与底层水不同的深层水进行确定：太平洋深层水和绕极深层水。历史上，Sverdrup 认为（实际上与大西洋进行类比）深层水的缓慢向南运动必须发生在南太平洋中。事实就是如此，但与大西洋不同的原因是其在北部地区中会产生活跃的深层水形成过程。PDW 也称为常水（common water），其产生于上涌底层水和改变后的 UCDW。由于 PDW 和印度洋深水层（IDW；通过低氧含量进行标记）以及南大洋中局部形成的深水层进行混合，所以 UCDW 源自南大洋。PDW 和 UCDW 在太平洋中占据大约相同的密度（和深度）范围，其中 UCDW 流入太平洋中而 PDW 则流出。由于净输送的方向是向南运动，因此深层水受到 PDW 的主要影响（图 10.18）。

PDW 是全球海洋中一个主要的深层水，其与 IDW 有很多相似之处（第 11 章）。PDW 并没有表面源，这一点与北大西洋深层水并不同。PDW 完全从内部的上升流和扩散中形成。因为 PDW 形成于来自南大洋的内部水团，因此 PDW 中的水团是全球海洋中水龄最大的水团。PDW 以低氧、高营养、无 CFC 以及大 $\Delta^{14}C$ 年龄（图 10.35、4.12、4.22 和 4.24）为标志。最大水龄的在垂向上分布在以 2 000～2 500 dbar 为中心的位置处，其中中纬度和高纬度北太平洋地区中会产生最极端的数值。这些水龄标志沿着太平洋的整个长度范围向南向下朝着南大洋延伸。随着 PDW 向南流动，其与周围新出现的水体进行了混合，因此其水龄出现了向南下降的趋势。水龄示踪物（尤其是低氧）标志着南大洋中存在 PDW。由于其存在时间非常久远，所以 PDW 的 $T-S$ 特性混合充分。其形成在 1.1～1.2 ℃ 和 34.68～34.69 psu（对应于 $\sigma_4 = 45.87$ kg/m³）的条件下，具有全球体积 $T-S$ 图（图 4.17）中目前讲述到的最高峰值（PDW 所包含的范围比 $T-S$ 图的范围更广）。针对此原因，Montgomery（1958）将其命名为（海洋）常水。在图 4.12 所在的小节中，从 3 500 m 左右到底部位置处 20°N 以北的北太平洋中可以发现此类 $T-S$ 特性。

40°N 以北的北太平洋中，在图 10.35 中的等密度线上可以发现最极端的 PDW，如图中所示的最高二氧化硅含量和最低含盐量（以及图 4.24b 中处于最高负极的 $\Delta^{14}C$）。这就是"新"PDW，其是由年代最久远的水体形成。低盐度是通过从上部向下部进行扩散而得。北太平洋北部地区中的高二氧化硅含量也是 PDW 形成的一个标记，其形成于老化的水体和下方高硅氧沉积物的分解（Talley & Joyce，1992）。

PDW 和 UCDW 呈现出水平并列现象，尤其是在南太平洋中。沿一条等密度线（图 10.35a 和 b）上的盐度和硅酸盐含量说明了流入东南地区的是较高盐度/较低硅酸盐含量的 UCDW，与向南流入西部地区中高盐度/高硅酸盐含量的 PDW 形成了鲜明对比。

PDW 同样也沿着南美洲边界向南流，图 10.35b 中的较高硅酸盐含量可以对此进行证明，但在 32°S（图 10.15b）位置处氧含量的垂直断面上表现得更为明显。由于东太平洋海隆中地热供暖所产生小而明显的影响，所以图 10.35a 中的盐度并不能反映此向南流。受地热影响的水团都以 $\delta^3 He$ 的羽流为标志（Talley，2007）。这些与图 10.35a 中热带地区具有较高盐度的两处向西延伸的羽流相匹配（在一条等密度线上，较温暖的水体必定具有更多的盐分）。南太平洋东边界位置处具有较高盐度的地区与东太平洋海隆的供暖相符合，掩盖了向南流的盐度特征。

当其流出太平洋且流入南大洋时，PDW 会与具有相似密度范围的 IDW 相结合，并且还会以低氧含量和高营养盐为标志。然后该层将会被称为 UCDW，其也会上涌

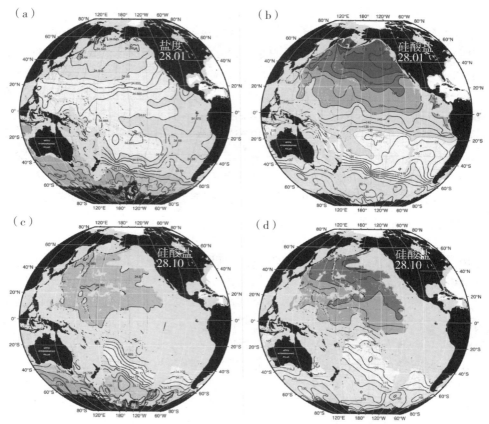

图 10.35　PDW/UCDW （γ^N = 28.01 kg/m³；$\sigma_2 \approx$ 36.96 kg/m³）和 LCDW （γ^N = 28.10 kg/m³；$\sigma_4 \approx$ 45.88 kg/m³）的 （a、c) 盐度和 （b、d) 硅酸盐

ACC北部地区中两层水的深度分别大约为 2 600～2 800 m 和 3 500～5 200 m。教材网站上的图 S10.31 和 S10.32 中可以发现 γ^N = 28.10 kg/m³ 时的深度和位温，以及 γ^N = 28.01 kg/m³ 时 Δ^{14}C （/mille） 和 δ^3He （%）的地图。来源：WOCE 太平洋地图集，Talley （2007）。

至 ACC 的海面位置处。此上涌的 UCDW 最有可能是向北输送出南大洋表层水的来源（第 14 章）。

10.9.4　底层水 （LCDW)

太平洋中密度最大的水体来源于南大洋。其来源是所有三个海洋（大西洋、印度洋和太平洋）的深层水混合物，这三个海洋都受到南极大陆（第 13.5.3 节）周围高密水的产生的影响而改变性质。在太平洋和印度洋中，通常会引用此密度的底层水团作为下绕极深层水 （LCDW)。大西洋中与其有相似特征的水层通常被称为南极底层水 （AABW)，该名称是我们在全球范围内进行讨论时所使用的术语（第 14 章）。

根据低温和高于上覆 PDW （图 4.12 中的纵断面）的较高盐度，可以在太平洋识别出 LCDW。其较高的氧含量和较低的营养盐含量反映出其相比年代久远的 PDW （图 4.12 和 4.22）而稍微显得年轻。

在太平洋部分的地区中，ACC 范围内的 LCDW 以垂直盐度的最大值为标志。较高的盐度是北大西洋深水层的远距离示踪物（Reid & Lynn，1971）。大约与等密度线一致的盐度最大值向北延伸到太平洋的深处，最终该最大的盐度值会到达海洋底部。在 165°W 的截面中，此类触底现象会发生在 5°S 左右的地区中，但在 88°W 的远东太平洋中，其已经发生在了 45°S 的地区中（WOCE 太平洋地图集中的第 P19 节，Talley，2007）。

LCDW 流入新西兰（第 10.6 节）东部地区，位于太平洋东部的 DWBC 中。此流入明显地出现在太平洋西南部地区中的深层等密度面中，向北延伸的高盐度和低硅含量显示了 LCDW（图 10.35）的存在。其中的一些信号成功地穿过了 10°S 位置处的沙孟海道，紧贴着北半球的西边界。特别是沿着北太平洋北部的西边界，二氧化硅表明了向北流动的存在。

由于水层侵蚀现象，LCDW 性质向北发生改变，并穿过等密度线上涌至 PDW 中，热量和淡水穿过等密度面向下扩散形成浮力源。第 10.6 节中对上升流输送进行了描述，其中假设大多数的上升流会出现在南太平洋和热带地区中。沿着 LCDW 的流动路径，其特性的变化证明了其中存在大量的跨密度面混合扩散。典型的 LCDW 等密度线上的盐度向北逐渐开始下降，其盐度最低值会出现在夏威夷海脊附近的中北太平洋以及北太平洋西北部地区中（当然，温度也会出现类似变化）。类似的模式明显地出现在一定深度的表面上以及底部特性中（图 14.14）。

底层水受到较弱的地热供暖的影响，其温度会从热带地区到北太平洋北部地区慢慢上升 0.05 ℃ 左右。此变化符合地热供暖的影响，并且还对 1 000 m 厚的底层产生了影响（Joyce，Warren & Talley，1986）。这种浮力源可能对北太平洋北部区域内最深层的向上流量来说十分重要，在北太平洋北部区域内，翻转流的延伸范围并未大幅高于此底层深度（第 5.6 节；图 10.18）。

10.10 年代际气候多样性和气候变化

由于太平洋代表全球海洋表层的很大一部分，因此存在很强的耦合海气反馈。热带地区中产生最大振幅影响的年际变化——ENSO（第 10.8 节）是一次有效耦合的典范示例。十年和更长时间尺度的气候模式的特征为具有更大的南北空间模式，其在温带的振幅与热带的较为相似。热带地区以外的地区中，海洋和大气的耦合作用相对较弱，所以得出的反馈信息也相对较弱且难以辨别。

除了 ENSO 以外，教材网站上的第 S15 章（气候多样性和海洋）包括了所有与气候多样性有关的文章、图像和表格。第 S15 章涵盖了以下最直接影响太平洋年代际气候多样性的模式：太平洋年代际振荡（PDO）、北太平洋环流振荡（NPGO）、北美太平洋遥相关型（PNA）、北太平洋指数（NPI）、南半球环状模。其通过对气候变化（温度、盐度和氧气的趋势）进行讨论从而得出结论。

第 11 章 印度洋

11.1 介绍和概述

印度洋是太平洋、大西洋、印度洋这三大洋中最小的大洋。与大西洋和太平洋不同，印度洋没有北部高纬度水域，其水域只延伸到 $25°N$。其环流的南边界是南极绕极流（ACC），印度洋的内部和北部与大西洋和太平洋相连。同时，印度洋在低纬度地区通过印度尼西亚群岛与太平洋相连。在北部，印度洋在印度西部和东部存在两个较大的海湾：阿拉伯海和孟加拉湾。由于其构造史的复杂性（图 2.10），印度洋深处的地理结构比大西洋和太平洋复杂得多。许多深层洋脊将与南大洋相连的深层环流划分为许多复杂的输运路径。

历史上对印度洋的探索晚于大西洋和太平洋，首次真正意义上的科考活动开展于印度洋国际探险（1962—1965）期间，这次探险的观测结果收集在国际印度洋海洋科考图集中（Wyrtki，1971）。20 世纪 80 年代与 90 年代，作为世界海洋环流实验（WOCE）的一部分，印度洋环流国际海洋科考及有关阿拉伯海和红海、印度尼西亚贯穿流/利文流和厄加勒斯海流/返回流的主要项目以及许多国家级观测项目大大丰富了人们对印度洋海区环流和水团的认识。与北大西洋相比，人们对印度洋的探索还相对较少，但现在它已经完全融入了全球观测系统，并且还有一些正在进行的区域项目。

印度洋主要的上层洋流机制是南印度洋的亚热带环流以及热带和北半球的季风环流（图 11.1）。在 $10°S\sim12°S$ 附近，一股夹带了盐分较低的太平洋海水的纬向洋流（南赤道海流：SEC）穿过印度洋向西，将上述的两股洋流分割开来。该反气旋副热带环流和其他四个海盆的副热带环流类似。不同点在于其西边界流（厄加勒斯海流）越过非洲海岸，因而具有与西部边界不同的分离类型，并且其东边界流（利文流）沿着"错误路线"流向南边。在热带和北印度洋，环流具有很强的季节性，由方向相反的西南和东北季风驱动。另外，阿拉伯海和孟加拉湾的环流由完全不同的海洋动力机制主导。含盐量大的阿拉伯海及其边沿海（红海和波斯湾）由蒸发作用主导，而含盐量小的孟加拉湾则由印度、孟加拉和缅甸的主要河流的径流主导（教材网站 http://booksite.academicpress.com/DPO/上的第 S8.8 节；"S"表示补充资料）。热带印度洋的表层水是全球开阔大洋中最温暖的海水，通常超过 29 ℃。

印度洋的中层和深层运动机制与南太平洋相似，例如与南大洋的水体交换，这两者的差异很大程度上是地形因素造成的。印度洋的主要区别是印度洋西北部红海的中层（深层）水体的来源有限。该水团与大西洋地中海溢流水类似。两者的含盐量都很高，因此中层和深层的"死"水含盐量较高，但是两者输运能力较低，因此对深层海水与上层海水的交换过程影响有限。

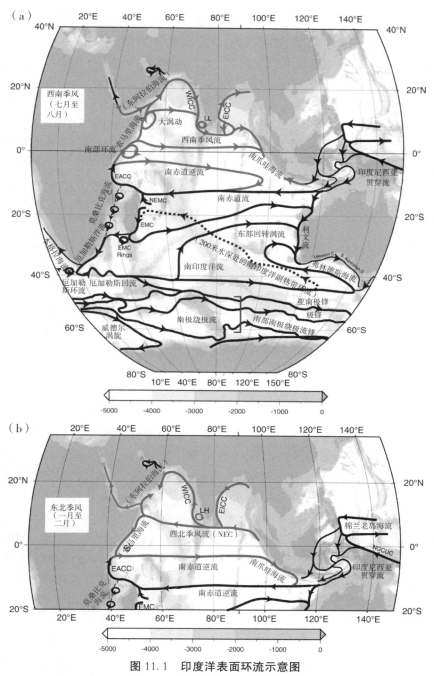

图 11.1　印度洋表面环流示意图

黑色：无季节性差异的洋流，灰色：受季风影响的洋流（Schott & McCreary，2001）。（a）西南季风（7 月至 8 月）；（b）东北季风（1 月至 2 月）。ACC 锋面直接取自 Orsi、Whitworth 和 Nowlin（1995）。南半球中海面下方 200 m 处的亚热带环流与海表环流有显著差异，如虚线所示。缩略词：EACC，东非沿岸流；EICC，东印度沿岸流；EMC，东马达加斯加流；LH 和 LL，高拉克沙群岛和低拉克沙群岛流；NEC，北赤道流；NEMC，东北马达加斯加流；WICC，西印度群岛沿岸流。另见教材网站中的图 S11.1（这是一张基于 Niiler、Maximenko 和 McWilliams（2003）的海表高度图，图中标有洋流）以及图 S11.2（转载自 Schott & McCreary，2001）。

　　印度洋在全球翻转环流中是一个上升流海域，与太平洋类似。来自北大西洋和南极的近底水从南部进入印度洋，并参与一种复杂上涌模式，其中就可能包括印度洋深层水返回至南大洋以及上升至靠近海面处。参与全球环流的太平洋上层水体也穿过印度洋（印度尼西亚贯穿流或 ITF），进入厄加勒斯流中，并最终进入大西洋。

　　印度洋的主要洋流如图 11.1 所示，另参见教材网站补充资料中的图 S11.1，以及表 S11.1 和表 S11.2。第 11.2 节描述了印度洋海区的风力驱动情况，包括季风在内的风力，随后第 11.3 节中描述了季风和热带环流。第 11.4 至 11.6 节和教材网站上的第 S8.10 节中描述了亚热带环流、ITF 和红海/波斯湾。第 11.7 节中展示了中层和深层环流。第 11.8 节中描述了水团，教材网站上的表 S11.3 中对水团进行了总结。教材网站上的第 S15 章介绍了有关气候变化对印度洋影响的相关内容。

11.2　风力和浮力

　　影响印度洋的风力是其最独特的特性之一。南印度洋的平均风场（图 5.16a）与大西洋和太平洋类似，其高纬度区域（南大洋）是西风带，低纬度区域是信风带。然而，季节性反转的季风主导着北印度洋的环流系统（图 5.16b、图 5.16c 和教材网站上的图 S11.3 和 S11.4），它会季节性地改变海洋环流。

11.2.1　平均风力

　　受埃克曼作用影响，南半球的平均风场在 50°S 与 10°S 之间的区域产生了大范围下降流（图 5.16d 和教材网站上的图 S11.3a）。由此产生的斯维尔德鲁普输送强迫导致了标准的反气旋亚热带环流的出现（图 5.17 和图 S11.3b）。该环流的驱动力与南太平洋和南大西洋的环流的驱动力不同，因为非洲南角大约位于 35°S，正处于主要的亚热带环流影响范围内。副热带环流在"耗尽"环流风力之前"跑出"了西部边界。因此，西边界流（厄加勒斯海流）超出了非洲顶端，使其不同于其他四种处于副热带的西边界流。风力使亚热带环流继续向西延伸至南美洲海岸，那里有向南运动的西边界流（巴西海流）。需要指出的是，实际的环流更加复杂，因为厄加勒斯海流与非洲海岸分离后回到东部，在向西扩散到南大西洋的折回处产生大型涡，而不是继续向西延伸顺利流向南美洲海岸。无论如何，风力确保了印度洋和南大西洋的副热带环流是相连的。

　　在印度洋副热带环流区域的东边，与南太平洋副热带环流存在一些连接。在塔斯马尼亚东部，亚热带环流更多地是南太平洋环流的一部分，尽管部分东澳大利亚流（EAC）会流入印度洋环流（第 10.4.1 节）。

　　热带和北部印度洋的平均风场在赤道与 15°S～20°S 之间产生了一块净上升流区域。这与处于印度洋南部并向西流动的 SEC、北边向东的南赤道逆流（SECC）以及向北的西边界流（东非沿岸流；EACC）组成的气旋型环流有关。

　　西南季风会产生平均反气旋型环流，导致净下沉流和斯维尔德鲁普输送强迫，并在阿拉伯海平均风中占主导地位。然而，东北季风机制与西南季风却有很大的不同（见下节）。

11.2.2　季风风力

印度洋的北部及热带区域均处于季风风力下。季风一词源自阿拉伯语"mausim"，其意思是季节。从夏季到冬季，印度洋的季风风向完全相反，其海洋环流也会相应地做出响应。

季风是指大尺度风的季节性变化（图 5.16b、5.16c 和网上补充资料中的图 S11.4，来自 Schott，Dengler & Schoenefeldt，2002，其中也包括海表温度 SST），主要是由海洋与陆地的巨大温差变化所造成。陆地在夏季受热升温，而在冬季则散热降温，夏冬两季温差较大。与陆地相比，海洋表面温度随季节变化很小。因此，在热带，夏季的大尺度风会从海洋吹向温暖的大陆，而冬季它们则从大陆吹向海洋。有关季风运动的更完整解释要比本书所介绍的复杂得多，这超出了海洋学所能解释的范围。

季风通常以其盛行风向来命名。在夏季，北印度洋的西南季风从西南吹向东北方向，从印度洋西部和阿拉伯海吹向印度（西南季风是横穿赤道的东南季风的延续，全年持续）。西南风主要集中体现为一条狭窄的射流，该射流被称为索马里（或芬勒特）射流，其在教材网站图 S11.4 所示的七月风中十分明显。夏季是印度和东南亚大部分地区的雨季。在冬季（十一月到次年三月），东北季风从东北方向吹向西南方向，从陆地吹向海洋。这是旱季季风，相对凉爽。

在印度洋海区，西南季风比东北季风风力强劲，因此该海区的年平均风场主要为西南风所主导。

西南季风与东北季风之间的过渡时间很短，通常发生在 4 月到 6 月之间和 10 月到 11 月之间的 4～6 周内。在过渡期间，东向的赤道风主导了印度洋的风场。

11.2.3　浮力

大气与海洋之间的热量和淡水通量分布如第 5 章中的图 5.15 所示。印度洋中没有可能导致大量热量损失的北部高纬度水域。其最北端流域，如红海和波斯湾经历净冷却和蒸发后会形成高密度水团。红海出水的密度很高，足以渗透到水体深处，但是其翻转水体的体积输送量很小，盐含量高的溢流主要导致印度洋北部深层水中含盐量较高。

热带印度洋是一个单向吸收热量的地区，非洲沿岸的索马里流热量最大，这与上升流和大型永久性涡有关。由于印度洋非常温暖的表层水体上方的空气抬升，东部存在净降水。与太平洋和大西洋中热量最高区域和净降水区域相比，这些特征在东西方向上是相反的，因为印度洋最温暖的区域是东部热带地区，这里没有赤道冷舌。这是热带印度洋强季风导致的，这种季风完全不同于太平洋和大西洋盛行的西向季风。

在亚热带区域，印度洋表层强迫也不同于亚热带其他海洋，因为东部边界机制是由向南利文流而不是朝向赤道的东边界流主导的。因此，厄加勒斯海流和利文流区域存在净热量损失。在整个印度洋海域，厄加勒斯区域热量损失最高。这种较高的热量损失沿厄加勒斯回流向东延伸到很远的区域（第 11.4.2 节）。同时，亚热带区域也是一个净蒸发区域，尽管对总浮力通量造成的影响很小。

11.3　季风和热带海洋环流

在热带和北印度洋，海洋环流由季风风力主导。Tomczak 和 Godfrey（1994）以及 Schott 和 McCreary（2001）提供了这些环流的全面概述和讨论。海洋对变化强烈的风做出的调整包括产生诸如罗斯贝波和开尔文波等大尺度波动（第 7.7.3 节）。对洋流反转和对潜流以及漩涡产生等的动力机制的理解需要结合这些波动过程来分析。在这里，我们不对这些机制进行描述。

季风驱动环流在 SEC 锋的北面（10˚S～15˚S 北面）。SEC 一年四季都向西流动，并且在马达加斯加沿岸分支为两股海流，分别是东北马达加斯加流（NEMC）和东马达加斯加流。后者会进入厄加勒斯流。NEMC 会向西北流动并到达非洲沿岸，在这里它将再次分开，一支海流向南流经过莫桑比克海峡，另一支海流汇入向北流动的 EACC。沿马达加斯加和非洲向北流动的海流由赤道南部贯穿整个印度洋的气旋强迫大气场产生（图 5.17）。

EACC 到达赤道后的动向是由季风决定的。在西南季风及其积聚期间，EACC 汇入向北运动的索马里海流，并穿过赤道。该股海流的流动速度很快，现场观测数据显示其流速高达 360 cm/sec。它的输送量约为 65 Sv，大部分的输运量集中在上层 200 m 的水体中。在西南季风期间，沿阿拉伯半岛向北流动洋流的延续部分在历史上并没有被命名，Tomczak 和 Godfrey（1994）和 Böhm 等（1999）将其称为阿拉伯流，因此我们在图 11.1 中沿用了这一名称（在阿拉伯半岛的东北端，在西南季风期间有一股始终向东流的射流，称作哈德角射流）。在北印度洋，SEC、索马里海流和西南季风流组成了一个强大的季节性风生环流。

在西南季风期间，从赤道南边到北部边界的中部海洋环流是向东流动的。7˚S 处和斯里兰卡/印度南部之间向东流动的水流被称作西南季风洋流。在阿拉伯海和孟加拉湾中，带有反气旋运动倾向的环流向东流动（图 11.1 和 11.2）。西印度和东印度沿岸流都向东流动。

西边界流在西南季风期间具有非常大的周期性漩涡结构（图 11.3）。当索马里海流穿过赤道时，在 4˚N 处，它其中的一部分向东流并汇入南部环流。另一个大的漩涡，大涡动，形成于 10˚N 处。在东北季风向西南季风过渡期间，大涡动的形成先于南部环流的形成（Schott，McCreary，2001）。12˚N 处存在另一个较小的周期性漩涡，即索科特拉岛环流（或漩涡）。向东北运动的海流沿阿拉伯半岛继续流动，其动力过程与阿曼海岸一个主要的上升流区域有关。

在东北季风期间（十一月到三月），赤道洋流（SECC）继续向东流动，但是从赤道到 8°N 处沿斯里兰卡和印度南侧出现了一个向西流动的水流，即西北季风洋流。从 8°S 处到赤道，南赤道逆流向东流动；阿拉伯海和孟加拉湾的海表环流出现逆转；索马里海流向南流动；西印度和东印度沿岸流都向西流动。和西南季风期相比，印度洋整体环流都显得比较弱并且在空间分布规律上较为杂乱。这是因为在印度洋海域，西南季风比东北季风风力强劲（图 11.2），因此海洋会更多地对西南季风做出更为一致的反应。

在春季和秋季的季风过渡期，当赤道风是西风而不是信风时，赤道区域的海面环流会出现逆转。由信风引起的正常 SEC 是向西运动的海流。西风带导致海表环流向东流动（图 11.4）。这些水流被称为 Wyrtki 射流，其表层速度超过 100 cm/sec。Wyrtki 射流比由信风驱动的西向流更强大，因此年平均表面洋流也是向东流动的。

太平洋和大西洋赤道环流都有十分明显的永久性东向次表层赤道潜流（EUC）。因为印度洋赤道风是相反的并且赤道信风相对较弱，所以这里的 EUC 较弱并且只在一年中的部分时间出现。印度洋的 EUC 在 2 月到 6 月这段时间，出现在 60°E 东边的温跃层中。

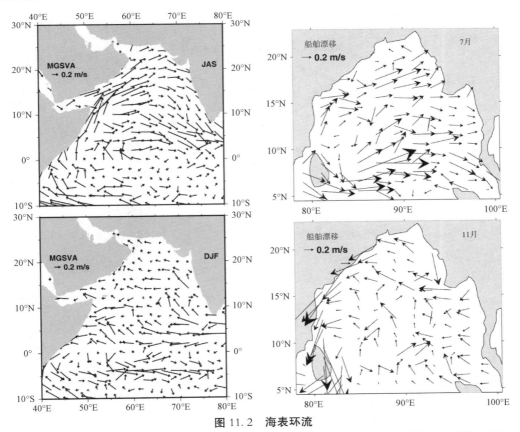

图 11.2 海表环流

左：阿拉伯海（表面漂流浮标数据）。右：孟加拉湾（船舶漂移数据）。上图：西南季风期间。下图：东北季风期间。来源：Schott & McCreary（2001）。

在西南季风期，风沿索马里海岸和阿拉伯半岛吹向东北方向（图 11.2）。这导致了离岸埃克曼输送和沿岸上升流。与热带表层水（＞27 ℃；图 11.5）相比，该沿岸区域的上升流温度更低（−20～24 ℃）。除沿岸上升流区外，还存在一个规模更广的上升流区，因为索马里射流的轴线位于离岸区，因此埃克曼输运量在从海岸向离岸区域增加。风应力旋度导致从沿岸到射流中心出现上升流。索马利射流离海岸更远的风应力旋度造成下降流（这些区域在图 5.16d 平均风应力旋度图中十分明显，因为西南季风是阿拉伯海的主导风）。

在西南季风期，上升流中的营养物质很丰富。在该区域季风的逆转会使海洋生产力发生戏剧性的变化。在季风期，沿阿曼海岸西南部、波斯湾、沿印度西海岸和索马里东海岸存在显著的高海洋初级生产力（图 4.29 中的全球图像；教材网站中图 S11.5 的阿拉伯海图像）。

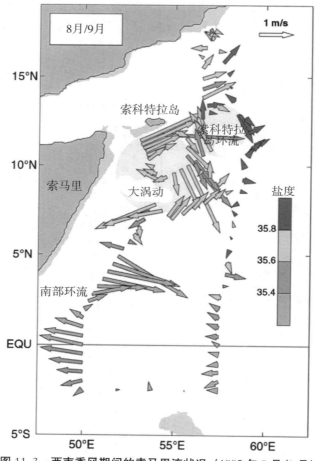

图 11.3 　西南季风期间的索马里流状况（1995 年 8 月/9 月）

本图也可在彩色插图中找到。来源：Schott & McCreary（2001）。

在西南季风期间，索马里流中的上升流系统的垂直剖面显示了沿岸海区的等温线向陆地方向提升，相应地，上升流也带来了高营养盐和低氧水团（图 11.6）。表面温度和生物量的逐月时间序列显示 9 月份气温最低，与此同时，在西南季风上升流峰值处，出现最高生物量。最高温度和最低生物量出现在 1 月到 3 月的东北季风期间。

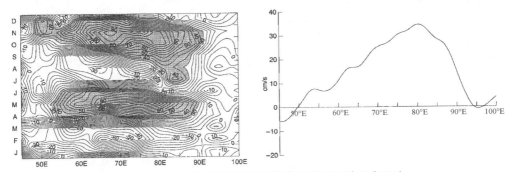

图 11.4　基于船舶漂移数据计算的赤道平均纬向表层流

左：月平均表层流。右：年平均值。ⓒ美国气象学会。再版须经许可。来源：Han、McCreary、Anderson & Mariano（1999）。

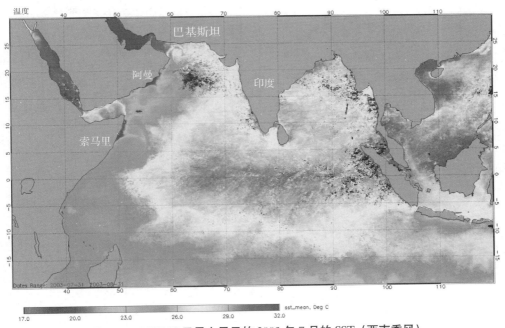

图 11.5　MODIS 卫星上显示的 2003 年 7 月的 SST（西南季风）

本图也可在彩色插图中找到。来源：NASA 戈达德地球科学（2007）。

11.4　南印度洋副热带环流

南半球印度洋的副热带环流与其他大洋海盆的副热带环流不同，其不同点在于该副热带环流与南大西洋和南太平洋环流连接以及与周边大陆的相对位置不同。澳大利

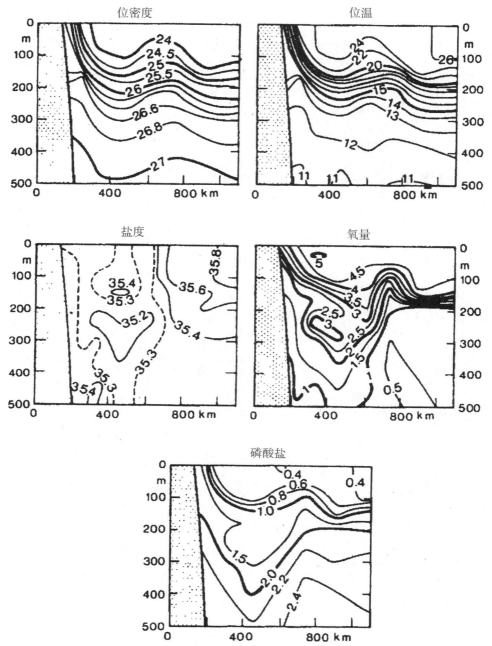

图 11.6 1964 年 8 月 29 日至 9 月 1 日，12°N 处索马里海流上升流区截面

来源：Schott & McCreary（2001）；Swallow & Bruce（1966）。

亚、塔斯马尼亚和新西兰构成了印度洋副热带气旋的东部边界。非洲海岸只构成了部分西部边界，仅在好望角北部存在印度洋副热带环流。然而，南半球的风应力模式决定了印度洋环流向西一直延伸至南大西洋的西部边界。因此，印度洋和南大西洋的环流系统是密不可分的，非洲东岸的厄加勒斯流（世界上最强大的西边界流之一）使得连接两个大洋之间的环流更加复杂。印度副热带环流的东南端边界也不完整，并且这里的南太平洋副热带环流会通过 EAC 的一条小支流进入南印度洋。同时，印度洋副热带环流的最南部向东流有一部分继续流入南太平洋。因此南大洋连接所有三种南半球的亚热带环流。

11.4.1　副热带环流

风力驱动的南印度洋反气旋亚热带环流包括北部 SEC 向西流动的洋流，南印度洋流南部向东流的洋流，东马达加斯加海流（EMC）向南流的洋流以及沿其西部边界向南流的厄加勒斯流。在环流东部向北流动的水流覆盖了很广的经度范围，该洋流有时被称为西澳大利亚流。与其他全球性海洋亚热带环流不同，南印度洋没有狭窄的东部边界线北向海流。其东边界流利文流是沿澳大利亚海岸向南流动的狭窄海流。

海洋上层中的北部边界副热带环流边界可通过 SEC 在约 $10°S \sim 15°S$ 处的显著的密度锋进行清楚区分。SEC 从印度尼西亚海峡携带淡水向西流动，形成锋面。

副热带环流中的表层地转流在任何描述中似乎都不像环流（如图 11.1、图 11.8a 和图 14.1；以及 Stramma & Lutjeharms，1997）。这一宽广的北向洋流向东汇入南向的利文流而不是向西汇入反气旋流。海洋表面的东向洋流汇集在 $17°S$ 处，该洋流被称为东部回转涡流（Wijffels 等，1996；Domingues 等，2007），它与北太平洋的副热带逆流类似。一部分反气旋环流以弗林德斯流形式再次出现在澳大利亚南部（Bye，1972；Hufford，McCartney & Donohue，1997；Middleton 和 Cirano，2002），其表层流转回并汇入利文流，但在海面下方 200 m 水深处（图 11.1a 中的虚线），澳大利亚南部的西向水流穿过南印度洋的整个广阔地区继续向西北方向流动。

在南印度洋 200 m 水深处，形成了完整的反气旋环流，该环流结构符合净环流和由风驱动的斯维德鲁普输送的形状（图 5.17）。反气旋环流一路向东流并延伸到塔斯马尼亚岛。在这一深度，环流的中心在 $35°S \sim 36°S$ 处，恰巧对应非洲南端。这里的西边界流是厄加勒斯海流。在这一深度环流的北部，SEC 向西流动的海流到达马达加斯加海岸并分成向南和向北流的海流。南向的海流是 EMC，沿马达加斯加沿岸流动然后向西流至非洲海岸形成厄加勒斯流。北流的海流是 NEMC，也继续西流到达非洲海岸并在此分散。向南流动的部分穿过莫桑比克海峡汇入厄加勒斯流。向南流动的部分汇入 EACC 变成热带环流的一部分。

副热带环流随深度的增加沿南极和西部边界方向逐渐缩小，这是所有副热带环流的典型特征（图 11.7 和 11.8）。这可采用 EMC 的分支点对极向转移进行有效判别。在水深 $800 \sim 900$ m 处，分支点转移到马达加斯加中心附近。在水深 1 000 m 处，分支点转移到马达加斯加南端。在 2 000 dbar 处（图 11.14），反气旋环流整个位于西部海盆内，厄加勒斯流仍是能到达海底的强大西边界流。

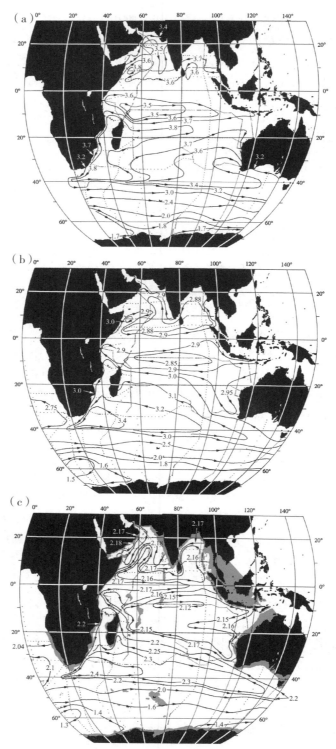

图 11.7 （a）0 dbar，（b）200 dbar 和 （c）800 dbar 处调整后的比容高度（10 m²/s²）
来源：Reid（2003）。基于水下浮标观测的地转流函数来自 Davis（2005），参见教材网站补充图 S11.6。

11.4.2　厄加勒斯流及折回

在全球海洋中，厄加勒斯流是最强的洋流之一。它既狭窄又迅速，速度超过 250 cm/sec（图 11.8）。它能到达海洋底部，并且在 33°S 处，紧贴西边界，洋流宽度达到最窄。副热带环流斯维尔德鲁普输送可很好地表示厄加勒斯流的位置（图 5.17）。它主要由 EMC 南向流动的水流和流经莫桑比克海峡较弱的南向流动的对流形成，主要形式为大型反气旋涡。

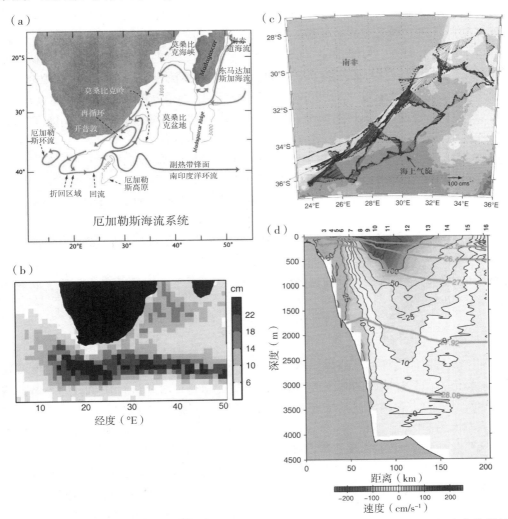

图 11.8　(a) 厄加勒斯海流系统和局部地形示意图。来源：Schmitz（1995b）。(b) 来自海洋地貌实验测高计/波塞冬高度计的八年 RMS 海面高度变化。来源：Quartly & Srokosz（2003，厄加勒斯海流系统的卫星观测，Phil. Trans. Roy. Soc. A，361，p. 52、图 1b）。(c) 0～75 m 水深的平均速度。(d) 36°S 处的流速截面，覆盖的等值线为海水密度。来自 2003 年 2～3 月的 ADCP 观察。来源：Beal、Chereskin、Lenn & Elipot（2006），图 c 和图 d 来自ⓒ美国气象学会。再版须经许可。

厄加勒斯流的输运量接近 70 Sv。在厄加勒斯流的近岸一侧，有一股界限清楚的狭窄逆流/潜流，能到达海洋底部。它的表层速度也很大，超过 50 cm/sec（图 11.8d）。其输运量约为 15 Sv。该潜流是北大西洋深层水（NADW）进入印度洋的一个路径（Bryden & Beal，2001）。

厄加勒斯流沿着大陆架流动，在大约 36°S 的地方终止，然后从边界分离，进入南大西洋，最后折回印度洋。它在向西流动进入南大西洋的折回处脱离大型环流。厄加勒斯折回流和厄加勒斯流对南大西洋环流和水特性会造成重要影响，它们在第 9 章已有介绍。图 9.13 中显示了厄加勒斯海流及其漩涡和折回流的红外卫星图像，说明了厄加勒斯折回流和涡流发生脱落。

厄加勒斯折回流中的涡动能（EKE）很高（图 11.8c），包括一条远至折回流东部又长又窄的环带，该环带随副热带锋面（南印度洋海流）流动，在图中也被称为厄加勒斯回流。EKE 变化在 27°E 西部处达到高峰，这里是厄加勒斯高原的所在位置。高 EKE 的环带在全球 EKE 图像中十分明显（图 14.16）。增强的 EKE 也出现在马达加斯加西南部，在此处 EMC 出现分流并向西流向非洲海岸。

EKE 峰值出现的位置存在季节性变化。在南半球冬季，变化的区域更偏西，在夏季变化的区域更偏南。从卫星 SST 数据（AVHRR）中观测厄加勒斯锋面的位置可以看出，在南半球冬季，SST 中的厄加勒斯锋面也更加偏西（Quartly & Srokosz，1993；教材网站中的图 S11.7）。

厄加勒斯回流（副热带锋面）中的准永久曲流在厄加勒斯锋面位置中显而易见（图 11.8a）。26°E 处有一条北向曲流，第二条曲流位于 32°E。第一条曲流绕厄加勒斯高原北边流动。这些永久性曲流类似于黑潮（第 10 章）中的曲流，曲流之间有相似的带状间距。

11.4.3　利文流

利文流是南印度洋的东边界流，位于西澳大利亚沿岸。人们在 1969 年之前就发现了该海流，但只在大量的观察开始之后，才于 1980 年对其进行命名（Cresswell & Golding，1980）。它与其他副热带东边界流不同，因为它流向极地方向而不是赤道方向。该海流约 50～100 km 宽，2 000 km 长。它沿着海岸 100 km 内的大陆架坡折流动，从西北角沿岸大约 22°S 处流向 35°S 处的澳大利亚的西南端（利文角）。然后向东流向大澳大利亚湾（图 11.9），在大澳大利亚湾它继续沿大陆架流动，将温暖的含盐量高的水带入该区域。它继续向东流，在南澳大利亚海流改变方向，向南经过澳大利亚和塔斯马尼亚岛之间的巴斯海峡，然后沿塔斯马尼亚岛西海岸向南流，此处的边界流在历史上被称为 Zeehan 流（Ridgway & Condie，2004）。

在海洋表面，利文流主要为南向流，平均速度为 25 cm/sec，峰值超过 50 cm/sec。它的流向和北向的风应力相反（图 5.16a、11.2）。在 33°S，其在上层 250 m 水深处的最大极向输运量是 5 Sv（Smith，Huyer，Godfrey & Church，1991；Feng，Meyers，Pearce & Wijffels，2003）。其下方有一股朝赤道方向的潜流（利文潜流），速度

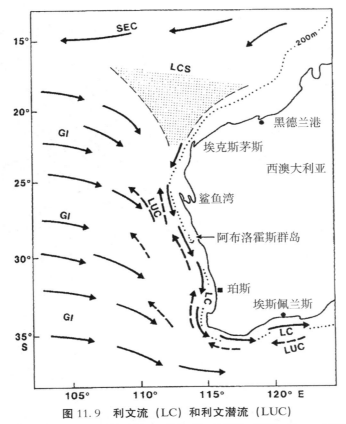

图 11.9　利文流（LC）和利文潜流（LUC）

其他缩略词：SEC，南赤道流；LCS，利文流源区；以及 GI，地转流。来源：Pearce（1991）；Schott 和 Mc-Creary（2001）。

达到 40 cm/sec，深度范围在 300～800 m，输运量为 1～2 Sv。

　　利文流有明显的季节性变化，表面速度的峰值出现在 4 月到 5 月，输运量的峰值出现在 6 月到 7 月，此时与海流相反的沿岸北向风应力最弱（Feng 等，2003）。与其他海洋中的东边界流区域相比，利文流的中尺度涡变化程度较高（见图 14.16 中的表层 EKE 图像）。在与海岸线形状相关的有利位置，反气旋（暖心）和气旋（冷心）环流均来自利文流，并流出（Morrow & Birol，1998；Fang & Morrow，2003）。这些涡向西流动很长距离后进入印度洋，优先沿着与东部涡流有关的高涡流能量环带流动。

　　除上述的极向海流外，利文流和其他东边界流不同，其上升区没有出现在陆架上。澳大利亚西部边坡的等温线在离岸约 200 公里处到大陆斜坡急剧向下倾斜（图 11.10），相比之下，在美国西部、南非和南美洲副热带东边界流区域，在靠近岸边时等温线向上倾斜并且在冷水区出现上涌现象。

　　北部利文流（在上层 150 m 中）温度较高且含盐量较少（35.0 psu），其中的可溶性氧含量低，磷酸盐含量高。其北部来源是热带印度洋水和 ITF。当它流向南边

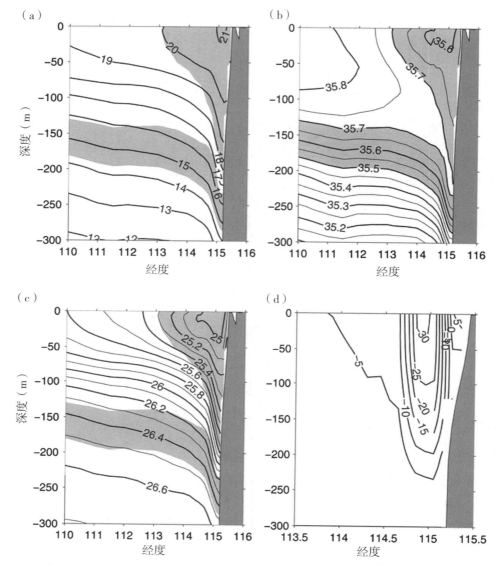

图 11.10　利文流在 32°S **处的平均位温（℃）、盐度、位密度和速度（cm/sec）**
阴影部分表示盐度 35.5～35.7 psu。来源：Feng 等（2003）。

时，它的核心温度仍然很高，因此会携带大量的热量流向南边。当它向南流动时，利文流含盐量增多，在 33°S 时达到约 35.7 psu（图 11.10），这是副热带环流水体的汇入造成的（Smith 等，1991；Domingues 等，2007）。结合它的强涡旋活动，整体情况是南印度洋水体流入南流向的利文流，这产生了将水体向西输运的涡。因此利文流不再继续一路从澳大利亚西北陆架输送 ITF 水到利文角（Domingues 等，2007）。

　　利文潜流以及宽的北向西澳大利亚流运送南印度中央水、亚南极模态水（SAMW）和南极中层水（AAIW）至北边。上述这些海流是较宽的反气旋副热带环流的一部分，由斯维德鲁普输送驱动。

利文流的极向流动是由与来自太平洋流经印度尼西亚群岛的海流相关的南向压强梯度力推动的（Godfrey & Weaver，1991；Feng，Wijffels，Godfrey & Meyers，2005）。从 20°S 到 32°S 沿澳大利亚西海岸海表存在一个大约 0.3 m 的梯度，这在图 11.7a 和教材网站补充资料图 S11.1 中十分明显。这一梯度力远大于当地的朝向赤道风的东部边界强迫。而风的变化主导着利文流输运的季节性变化（Smith 等，1991）。来自印度尼西亚群岛沿澳大利亚海岸向南传播的厄尔尼诺－南方振荡（ENSO）信号主导着利文流的年度变化（Feng 等，2003）。

11.5　印度尼西亚贯穿流

印度尼西亚群岛是太平洋和印度洋之间的低纬度连接通道。流经印度尼西亚群岛的洋流被称为 ITF。ITF 是单方向流动的，从太平洋流向印度洋，因为太平洋端的海表压力（海平面）较高。印度尼西亚群岛地形极其复杂（图 11.11）。超过 10 Sv 的含盐量较低、养分较高的太平洋海水流经该复杂区域。全球翻转环流的输运量与 ITF 的输运量处于同一量级。ITF 是该全球环流主要的上层海洋输运过程的组成之一，是从太平洋流经印度洋回到大西洋的 10～15 Sv 输运的一部分（第 14 章）。

太平洋的水主要通过望加锡和利法马托拉海峡进入印度尼西亚群岛。本书在第 10.7.4 节中简要讨论了太平洋水体的来源。望加锡海峡比较浅（在德瓦康海槛处为 680 m），但输运量的大部分由此通过，至少为 9 Sv，携带的海水来自北太平洋（Gordon，Susanto & Ffield，1999）。较深的利法马托拉海峡（1 940 m）是南太平洋水进入印度尼西亚群岛和贯穿流的深层部分进入印度洋的路径。通过该海峡的运输量至少有 2～3 Sv（Gordon，Giulivi & Ilahude，2003；Talley & Sprintall，2005）。一部分上层南印度洋水也流经哈马黑拉海。在印度尼西亚群岛中，海水会进行水平和垂直混合，也会通过局部加热和轻微淡化进行一些内部调整。

贯穿流通过三个主要的路径离开印度尼西亚群岛，分别是龙目海峡、翁拜海峡（与萨武和松巴海峡连接）和莱蒂海峡（连接帝汶海峡）。出水最深的海槛位于莱蒂海峡，位于帝汶海峡东北部，水深达 1 250 m。科学家在不同的时间对流出海峡的海流进行了观测，每一股海流的输运量约为 2～5 Sv（图 11.11）。除了在上述这些主要海峡中安装流速仪，在 1995—1999 年间，所有海峡中都配有一对浅压力表，能同时观测流出这些海峡的流量。观测的结果显示在不同年份，通过海峡的海水流量的变化很大，其中就包括一个 ENSO 信号（Hautala 等，2001）。目前，已经在印度尼西亚群岛各主要海峡放置了一组国际流速计和压力计阵列，用来监控进水和出水（图 11.11）。

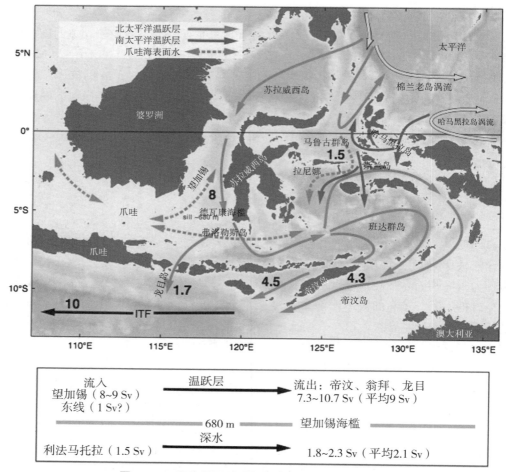

图 11.11 印度尼西亚群岛和贯穿流输运情况（Sv）

图片下方的框内总结了 680 m（望加锡海峡海槛深度）上方和下方的运输情况。本图也可在彩色插图中找到。
来源：Gordon（2005）。

在 ITF 水离开印度尼西亚群岛之后，它们在 SEC 内形成一个狭窄的西向海流，并汇集在 12°S 处。在任何经向盐度截面都能很容易观察到东印度洋中上层的低盐度水（图 4.13b）。就像从南部流至该纬度附近的低盐度 AAIW 一样，由于在同一深度处具有盐度最小值和密度，因此在该处可以观察到贯通流较深层部分。

基于水体中较高的营养水平，特别是二氧化硅含量，可知 ITF 的深层水流明显来自印度尼西亚群岛（Talley & Sprintall，2005）。盐度最低的水被称为印尼中层水（在早期研究中也被称为班达海中层水）。

SEC 是一股携带贯穿流向西横穿印度洋的纬向海流。厄加勒斯流中的收支平衡分析表明印尼水体一定汇入了该海流并最终流出印度洋。厄加勒斯流的斜压结构表明来自贯穿流的输运更多集中在海洋上层。进入厄加勒斯流，与流经印度尼西亚群岛的输运量相当的水体不太可能还是与在印度尼西亚群岛时一样的水体，因为它在通过印度洋时内部已经发生很大的变化。

模型研究表明如果 ITF 中断一段时间，全球上层海洋环流、温度和盐度、风力以及降水会发生急剧变化（Schneider，1998；Song，Vecchi & Rosati，2007）。Song 等（2007）说明了东部热带太平洋温暖，热带印度洋寒冷，这减弱了信风的强度，加强了 SST 变化，并会转移降水（在线补充资料中的图 S11.8）。ENSO 的变化将会发生改变。太平洋水体含盐量变小而印度洋水体含盐量变大，因为盐度较小的太平洋水将不再流入印度洋。正常情况下将流经印度尼西亚群岛的水流，会转而沿着澳大利亚海岸向南流，这会使澳大利亚东南部的海洋表面显著变暖。

11.6　红海和波斯湾出水

红海是全球高盐度中层水的两大来源之一；另一个来源是地中海（第 9 章以及教材网站第 S8.10 节）。虽然红海的纬度相对较低，但它仍然具有这一特点，因为那里的蒸发量巨大，造成海水盐度和温度相对较高。在第 S8 章边缘海章节中的第 S8.10.7 节中，描述了红海内盐度非常大的水体的环流、形成以及属性（图 S8.25）。

纯净的新形成的红海水溢出曼德海峡并进入亚丁湾（图 11.12）。相当多的水文和海流观测都记录了亚丁湾中红海流出的高盐度、高密度海水的情况（Bower、Johns、Fratantoni & Peters，2005）。这一高盐、高密度水的总输运量不超过 0.4 Sv，但它的盐度和密度极大：39.7 psu，$\sigma_\theta = 27.5 \sim 27.6$ kg/m³。由于它在红海中的不断更新，其中的含氯氟烃（CFC）含量也很高（Mecking & Warner，1999）。高盐度、高密度的羽流俯冲流过海槛时会发生强有力的混合。它流经具有不同混合特性的两个路径，如图 11.12 所示。由于科里奥利力，盐度大的水团整体向右转，汇入亚丁湾南部边界并在此继续混合稀释。该平衡水团被称为红海溢流水（RSOW）或红海水，其含盐量为 38.8 ~ 39.2 psu，$\sigma_\theta = 27.0 \sim 27.48$ kg/m³，深度位于 400 ~ 800 m 处。当它下沉到阿拉伯海中层，RSOW 会影响深度为 400 ~ 1 400 m，$\sigma_\theta = 27.0 \sim 27.6$ kg/m³ 的水层。其最高垂向盐度核心大约位于 $\sigma_\theta = 27.3$ kg/m³ 处，这在西部热带印度洋和北印度洋所有剖面中都可以观察到（图 11.13 和 11.19）。当它向南扩散时会被极大地稀释，但仍可以在莫桑比克海峡甚至厄加勒斯流中发现（Beal、Ffield & Gordon，2000）。

与红海不同，水深较浅的波斯湾中高盐度水的密度相对较低，在流入阿拉伯海时，该水团处于浅水层。环流从霍尔木兹海峡北边进入海湾并从南边流出（在线补充资料图 S8.25b）。当地的蒸发量超过 1.6 m/yr，而且年平均热损失较小。温度介于 15 ℃和 35 ℃之间，盐度高达 42 psu。高密水的形成（$\sigma_\theta > 29.5$ kg/m³）出现在冬季末期的波斯湾南部，这里冬季气温较低，盐度较高（温度 < 19 ℃，盐度 > 41 psu；Swift & Bower，2003；Johns 等，2003）。据观察，冬季霍尔木兹海峡出水的盐度在 21 ℃时高达 41 psu（平均值为 39.5 psu），位密度为 29 kg/m³，比印度洋底层水密度大的多。然而该水团的输运量较小，约为 0.15 Sv（Johns 等，2003）。该水团在流入

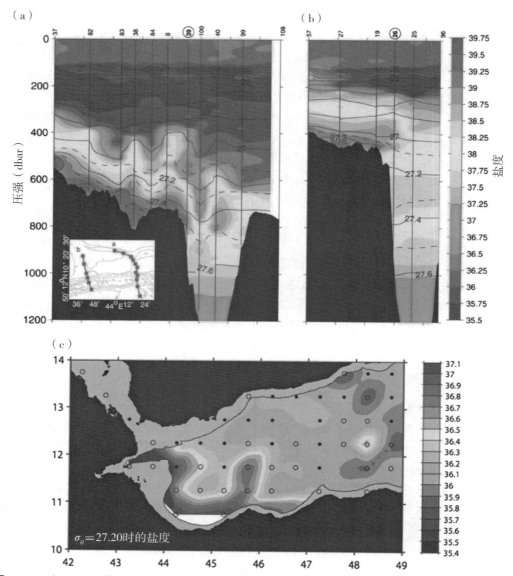

图 11.12 （a，b）红海溢流水：2001 年 2—3 月亚丁湾截面上覆盖的盐度和位密度等值线。北方在左侧。来源：Bower 等 （2005）。ⓒ美国气象学会。再版须经许可。 （c）亚丁湾红海出水：$\sigma_\theta =$ 27.20 kg/m³ 等密度线上的气候盐度。来源：Bower、Hunt & Price （2000）。本图也可在彩色插图中找到

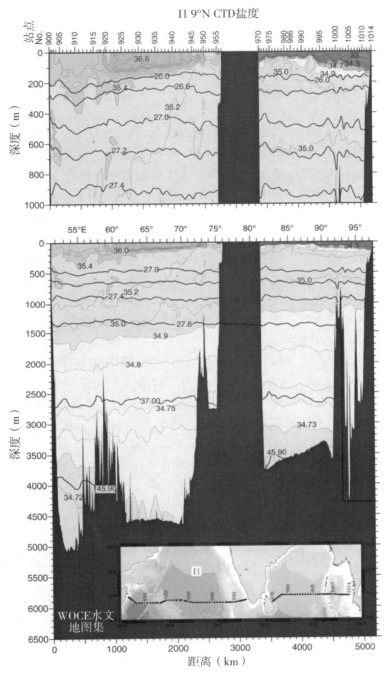

图 11.13 沿 9°N 选择的位密度 σ_θ、σ_2 以及 σ_4 等值线的盐度和站点轨迹重叠
WOCE 印度洋地图集，Talley（2011）。

阿拉伯海上层 200～350 m（σ_θ 为 26.4～26.8 kg/m³）期间，海水在很大程度上被稀释了。图 11.13 为来自该海区海洋表面的高盐度向下凸出（阿拉伯海表面的高盐度是局部蒸发作用引起的）。

11.7 中层和深层环流

在印度洋中约 1 000 m 深处的中层循环流，在热带区域主要是由热带纬向环流主导，而在南印度洋则主要是由反气旋环流主导（图 11.7）。在 2 000 dbar（图 11.14）处，反气旋环流仅限于西印度洋。SEC 和 SECC 的影响仍然存在于热带地区，其中洋流仍然基本上是纬向的。阿拉伯海和孟加拉湾中的环流很弱。大洋中脊顶部开始伸入该水深层。在 3 500 dbar 处，环流主要受地形影响（详见图 2.10）。

深层西边界流（DWBC）携带绕极深层水（CDW）在印度洋的各盆地中沿深层西部边界向北流入印度洋。主要的西部路径是通过克罗泽和马达加斯加海盆，沿着马达加斯加海岸向北通过阿米兰特海峡，进入索马里和阿拉伯海盆。东部深层路径是通过 120°E 处的东南印度洋脊进入南澳大利亚海盆，然后通过断裂高原的东西两边的缝隙进入中印度和西澳大利亚海盆。来自西澳大利亚海盆最深的水流将通过 90°E 海岭中的多个裂缝进入中印度海盆。

北向的深层海流可以通过在各种垂直剖面上看到的深层和深海水团来识别（下文第 11.8 节）。在 33°S 的交叉口处，在由各种洋脊和海底高原形成的各个深层西部边界（5 个）中，可以看到 NADW 和由于混入 NADW 而具有高盐度的 CDW。最明显的一个例子，是起源于南极洲深层高密水的寒冷、密度高且盐度较低的低层绕极深层水（LCDW）沿莫桑比克高原和西南印度洋脊向北流动。

印度洋的净经向翻转是从印度洋一个完整贯穿东西的等密度层的总运输中获得的（图 11.15）。很难从环流图中辨别出任何指定水深层的运输方向。印度洋没有北部深水源头。在中层有来自红海的少量海流。因此在深水中应该有一个净北流向的进水，上层海洋中应该一个净南流向的出水。基于对相同数据集的两次单独分析，33°S 处等密度层中的纬向综合运输如图 11.15 所示；另一个来自 Talley（2008）的分析如教材网站图 S11.10 所示（这里展示的两种分析均从底部到顶部进行积分求输运量，因此指定水深层的实际流向是从该水深层的下方到上方变化的）。根据这两种分析，从深层到中层/上层 33°S 北部海洋的净经向翻转运输量为 11～12 Sv。北流向的运输过渡到南流向运输出现在压强约 2 100 dbar，中性密度为 27.96 kg/m³ 处（由于 ITF 水向南移流经 33°S 处，上层还有另外 5～10 Sv 的南向水流）。垂直剖面北侧所需的上涌率约为 3～5×10⁻⁵ cm/sec。上升流是全球深水返回上层海洋的重要组成部分，在太平洋就有类似的上升流现象。该上升流要求有 2～10 cm²/sec 的穿过等密度面的扩散率，这一速率在全球海洋深层水向上层水输运速度的范围内。

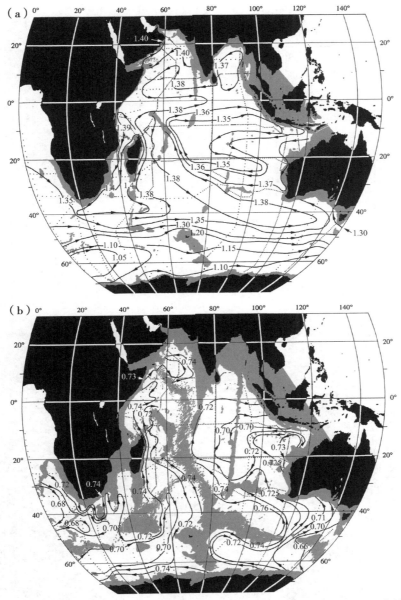

图 11.14　(a) 2 000 dbar 和 (b) 3 500 dbar 处的调整后比容高度（10 m²/s²）
来源：Reid（2003）。

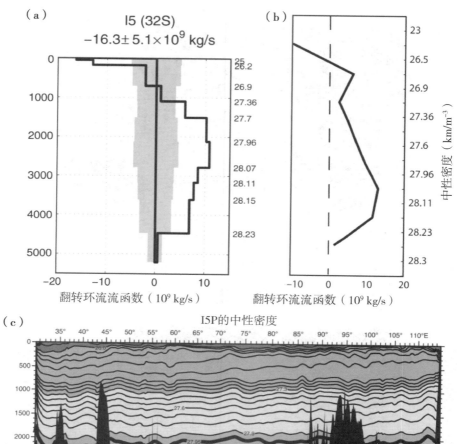

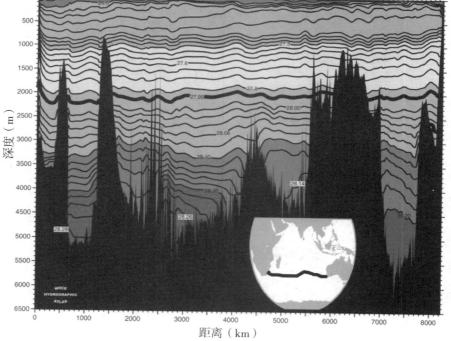

图 11.15 （a）和（b）33°S 处印度洋的净北流向（经向）输送量（Sv），输运量是从底部到顶部进行了积分所得。另参见在线补充资料中的图 S11.9。（a）来源：Ganachaud、Wunsch、Marotzke & Toole（2000）。（b）来源：Robbins & Toole（1997）。右边纵坐标是中性密度。（c）33°S 处的中性密度（kg/m³）。粗的等高线是密度为 27.95kg/m³ 的中性面，代表下方净北向流和上方南向流的分界线。WOCE 印度洋地图集，Talley（2011）

11.8 水团

我们用四个普通层对海表到海底的水团进行描述：上层海洋和温跃层/密度跃层、中间层、深层和底层。在图 11.6、图 11.3、图 11.9、图 4.13 和图 4.22 中，通过 33°S、9°N、60°E 和 95°E 处的垂直剖面分别对这些层面进行了阐释。印度洋的主要水团见在线补充资料中表 S11.3，这些水团通常遵循大西洋和太平洋的命名法。被标记水团的温度–盐度（T–S）示意图如图 11.17 所示。整个水域 T–S 图和基于 WOCE 数据的位温–氧气图如图 11.18 所示。

11.8.1 上层海洋

印度洋表层水具有近似于带状的温度分布，这是所有海洋的典型特征（图 4.1～4.6）。热带印度洋是太平洋暖池向西的延伸。西部印度洋中发现了较寒冷的 SST，可能是 NEMC 和 EACC 的北向平流所致（第 11.3 节）。在热带印度洋的东部海域并没有像大西洋和太平洋一样出现低温冷舌，这是因为在印度洋赤道区域缺乏持续的信风所致。

西部热带太平洋和北印度洋拥有全球最暖的 SST，共同构成热带海洋最暖池，水温保持在 26 ℃ 至 30 ℃ 之间。然而，热带太平洋和印度洋的表面热量收支是完全不同的。正如 Loschnigg 和 Webster（2000）所指出的，由于热带印度洋几乎无云，而西热带太平洋被云遮蔽，与太平洋相比，北部夏季热带印度洋有大量的净热量（75～100 W·m^{-2}，太平洋为 10～20 W·m^{-2}）。太平洋 SST 的调整过程可能是局部平衡的组合，包括云反馈和大气环流（Ramanathan & Collins，1991；Wallace，1992）；印度洋的热量平衡则必须由横跨赤道的海洋热量运输来维持，这是由夏季季风主导的非常浅的经向翻转完成的，然而，目前尚不清楚这种翻转是否具有显著的热传递（Schott 等，2002）。

南半球印度洋的表面盐度包括由净蒸发造成的一般亚热带盐度最大值（图 4.15）。表面盐度最大值并不像南太平洋或南大西洋那样高，并且高盐度值集中在更远的南边。在北半球，阿拉伯海和孟加拉湾具有相反的表面盐度特征。因为蒸发作用，阿拉伯海的表面盐度很高，高达 36.5 psu，然而在孟加拉湾，盐度从 5°N 处的约 34 psu 降至北方的 31 psu 或更低。孟加拉湾低盐度值是相当大的河流径流进入所致。SEC 中大约在 10°S 处的低盐度带是热带辐合区的净降水量和携带太平洋水向西流的 ITF（第 11.5 节）共同造成的。

在 9°N 处的盐度垂直剖面（图 11.13）中，高盐度阿拉伯海表层水和较低盐度的孟加拉湾表层水之间的对比是显而易见的。两者都出现在 150 m 以上水域。两个区域的表面温度都很高，因此由于孟加拉湾盐度较低，孟加拉湾的表层密度比阿拉伯海面低得多。这些低盐度水有时会经过印度洋，特别是当东北季风向西吹的时候。在印度大陆西部 75°E 处，很容易发现这个低盐度迹象（图 11.13）。

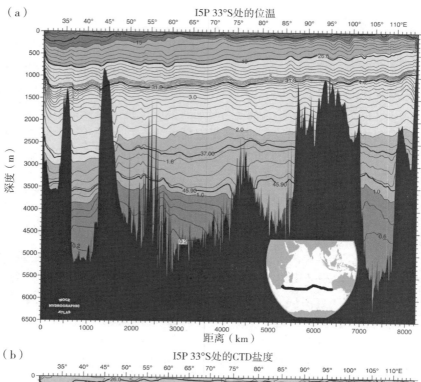

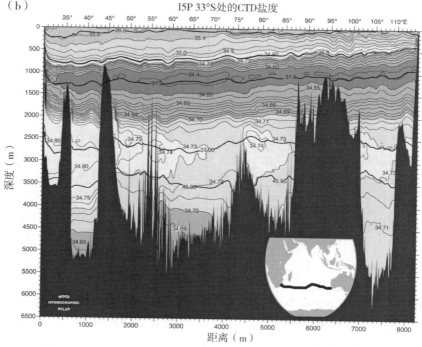

图 11.16　1987 **年** 33°S **处（a）位温（℃）和（b）盐度的剖面图**

相应的氧气剖面图见教材网站图 S11.10. 在其他图中选用于图像等密度线是叠加的（粗体）。站点位置见插页图像。来源：WOCE 印度洋地图集，Talley，（2011）；另参见 Toole & Warren（1993）。

高盐度水（34.9～35.5 psu）发现于热带表层以下以及 SEC 锋面北部 10°S 处。这个高盐度层的较深部分根据其高盐度水的来源被称为红海溢流水，而较浅层的高盐度来自波斯湾（Beal 等，2000）。在孟加拉湾薄的淡水表层下方也发现了高盐度层。尽管盐度最高的水被限制在 SEC 北部，但是在南印度洋的亚热带环流下方，稀释的高盐度深层进一步向南延伸（图 11.19 和 4.13b）。在 95°E 处，其核心（用 34.73 psu 等高线标记）位于 2 000 m 水深处，尽管在约 15°S 更偏南的区域仍未发现高盐度水。该深层水团将在后面进一步展开讨论。

在 10°S 处的 SEC 锋面，标志着热带与亚热带分界线的海洋上层水团是印度尼西亚贯穿水流（第 11.5 节）。该水团在中层深度的延伸是印度尼西亚中层水（IIW）。两者在南北方向上的盐度都是最小的。IIW 也有一个垂直盐度最小值，与在其南部的亚热带环流中的 AAIW 的不同。

在南印度洋副热带环流［从 10°S～12°S 的 SEC 锋面向南延伸到约 45°S 的亚南极锋面（SAF）处］中，温跃层/密度跃层是所有副热带环流的典型特征。副热带环流主要通过海洋表面水体潜没到下层水体，实现表层水体与下层水体的交换。与潜没过程相关且具有独特的 $T-S$ 特征的两个水团是中央水（具有密度跃层的主要 $T-S$ 关系）和亚热带次表层水（STUW）（中央水上层中的浅盐度最大层，大约在 $\sigma_\theta = 26.0$ kg/m^3 处）。$T-S$ 图中标记了这些水团（图 11.17 和 11.18）。正如前面所描述的，中央水顶部的环流中心处的表层水盐度大。密度跃层（中央水）的底部基本是 AAIW 含盐量最小的水，在 40°S 处比 1 000 m 水位略深，在 SEC 锋面处上升到大约 500 m 水深处。STUW 是较浅的（浅于 300 m）高盐度表层，从环流中心向赤道延伸。它只出现于 25°S 北边，即最大盐度表层北边。

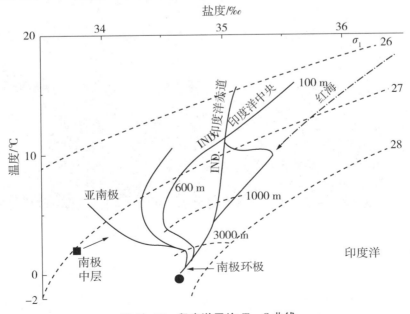

图 11.17　印度洋平均 $T-S$ 曲线

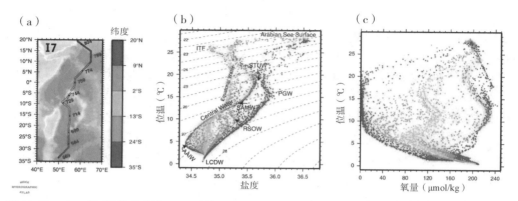

图 11.18 **在** $60°E$ **沿线印度洋** (a) **站点位置**，(b) **位温** (℃) －**盐度图和** (c) **位温** (℃) －**氧量** (μmol/kg) **图**

这些数据也可在彩色插图中找到。WOCE 印度洋地图集，Talley（2011）。

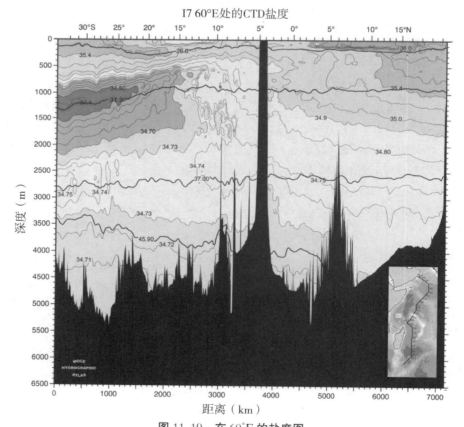

图 11.19 **在** $60°E$ **的盐度图**

盐度图中使用了位密度等值线。覆盖有站点轨迹。WOCE 印度洋地图集，Talley（2011）。

$\sigma_\theta = 26.0$ kg/m³ 等密度线处的盐度（图 11.20）表明了高盐度 STUW 的存在，尤其是它位于东印度洋澳大利亚的高盐度源头。该等密度线同样说明了 ITF 在 $10°S$

附近横穿印度洋时的低盐度，以及阿拉伯海和孟加拉湾盐度的巨大差异。

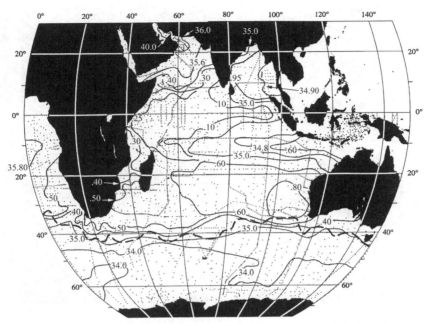

图 11.20　印度洋大部分水深 150～200 m，$\sigma_\theta = 26.0$ kg/m³ 处的盐度

来源：Reid（2003）。

　　南印度洋副热带环流的上层海洋中有两种主要的模态水。它们的盐度没有任何特征，但是有易于识别的位势涡度（逆等密度层厚），因为它们是由冬季厚的表面混合层所致。33°S 处的位势涡度截面（图 11.21a）展示了这两个水团，即厄加勒斯的印度洋副热带模态水（STMW）和 SAMW。在遥远的西边约 26.0 kg/m³ 处，STMW 有弱位势涡度最小值（Toole & Warren，1993；Fine，1993）。在 $\sigma_\theta = 26.5 \sim 26.8$ kg/m³ 处，有 SAMW 的主要位势涡度最小层，横穿整个截面。印度洋 STMW 在厄加勒斯回流北部形成一个较厚层（图 11.1 和图 11.8）。它的位温、盐度和位密度分别为 17～18 ℃、35.6 psu 以及 $\sigma_\theta = 26.0$ kg/m³。如 EAC 的 STMW 一样，印度洋的 STMW 与墨西哥湾流和黑潮的 STMW 相比较弱，可能是因为厄加勒斯地区的海气热损失远远低于任意北半球西边界流。在图 11.20 中的等密度线图像中，STMW 没有特征——不可以通过盐度极值进行识别。

　　相比于印度洋 STMW，印度洋 SAMW 是更强大和更普遍的模态水。SAMW 一直沿 SAP 从西印度洋到东印度洋（McCartney，1982）。在西印度洋（60°E 西边）它的位密度约为 $\sigma_\theta = 26.5$ kg/m³（14 ℃，35.4 psu），并且占据着厄加勒斯回流和 SAF 回流区。SAMW 在东南印度洋甚至更强。东南印度洋亚南极模态水（SEISAMW）是全球最强的 SAMW：南大洋东南印度扇区的混合层厚于其他地方，冬季达 700 m（图 4.4）。新的 SEISAMW 的位温、盐度和位密度分别为 8～9 ℃、34.55 psu、$\sigma_\theta = 26.8 \sim 26.9$ kg/m³（Hanawa & Talley，2001）。

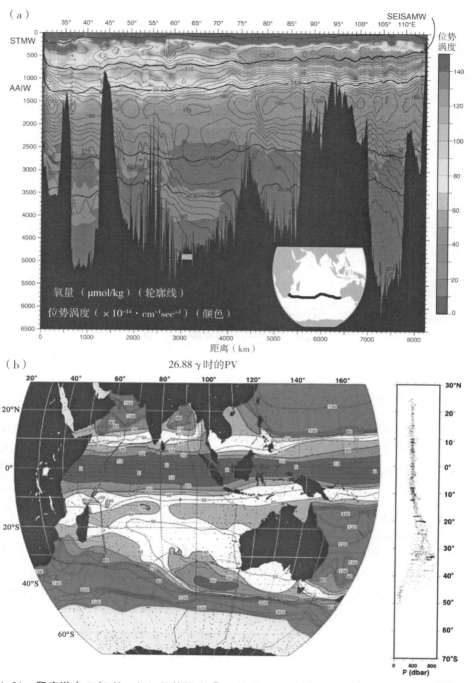

图 11. 21　印度洋中 33°S 处，(a) 位势涡度 $[10^{-14}$ $(cm \cdot s)^{-1}]$ （阴影部分）、氧气（浅色等值线）以及选择的等密度线（深色等值线）（附加的氧气和等密度线见教材网站补充图 S11.9 和 S11.10）。对 STMW 和 SEISAMW 位势涡度最小值进行了标记，如 AAIW（盐度最小值）。(b) 在中性密度层 $\gamma^n = 26.88$ kg/m³，相当于 $\sigma_\theta = 26.8$ kg/m³ 的位势涡度 $[10^{-14}$ $(cm \cdot s)^{-1}]$，代表 SEISAMW。来源：McCarthy & Talley (1999)

　　所有的印度洋 SAMW 向北汇入副热带环流。SEISAMW 是密度最大的水体，在副热带环流中直接流通并形成密度跃层的基础和中央水。它没有盐度极值，源自西南大西洋马尔维纳斯－巴西环流汇流的底层 AAIW 盐度较低。SEISAMW 的等密度表面代表上的位势涡度显示了形成和环流俯冲区域（图 11.21b）：低位势涡度表示印度洋南部和中部的厚层，这些低值向北延伸到副热带环流，在 SEC 的南边大约 18°S 处终止。

　　作为一个较厚的良好流通层，SEISAMW 携带高氧水且厚度较大。在图 4.13d 和图 11.21a（以及补充资料中的图 S11.10）中，它作为汇集在 500 m 处的高氧层，是可以被观测到的，与低位势涡度所处位置一致。大约在 12°S 处，该高氧层向北延伸到 SEC。在西印度洋，与 SEISAMW 相关的氧气最大值可以沿着西边界一直追溯到阿拉伯海。

11.8.2　中层水

　　印度洋中两个低盐度中层水是 AAIW 和 IIW。第 11.5 节在讨论 ITF 时已经讨论了 IIW，在这里提及 IIW 是为了保持文章的完整性。RSOW 是一种高盐度中层水体，其最大盐度核心的密度范围与 AAIW 相同，第 11.6 节对其进行了部分描述。图 11.22 通过展示 AAIW 和 RSOW 核心处的等密度线上的盐度来说明两个水团的扩散。IIW 也影响着同一等密度面。

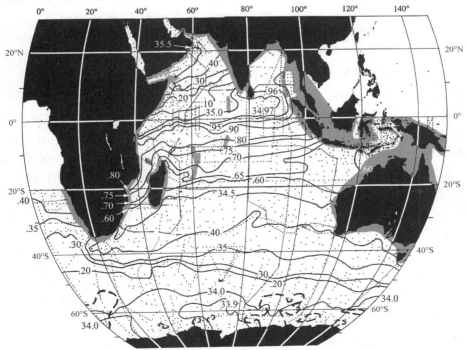

图 11.22　印度洋大部分水深处于 900～1 200 m 的位置，$\sigma_1 = 31.87$ kg/m³（相当于 $\sigma_\theta = 27.3\sim$ 27.4 kg/m³）时的盐度

来源：Reid（2003）。

AAIW 是一个全球性的南半球水团，其特征是垂直方向上盐度最小值出现在密度 $\sigma_\theta = 27.0 \sim 27.3$ kg/m³，深度为 500~1 000 m 处（图 14.13）。在印度洋中，12°S 左右，AAIW 可被认为是温跃层之下贯穿 SEC 以南亚热带印度洋的低盐度层（最低盐度）。大幅度降低的最小盐度值沿西边界（在 EACC 和索马里海流中）延伸到热带，并沿赤道延伸到阿拉伯海西部。副热带环流中 AAIW 的主要部分，位于 SAF 以北 1 100 m 处，热带环流等密度线位于 15°S 处上升至 500 米水深层。它的 25°S 以南盐度最小值核心的平均位温、盐度和位密度分别为 4.7 ℃，34.39 psu，$\sigma_\theta = 27.2$ kg/m³（$\sigma_1 = 31.8$ kg/m³）。

印度洋中的 AAIW 来自西南大西洋，马尔维纳斯（福克兰）流的寒冷低盐度水在更远的北方形成环流，并与南大西洋的亚热带水相遇。该海流所携带的东南太平洋的 SAMW 和 AAIW 会沉入新南大西洋 SAMW 下面，产生一个相比东南太平洋 AAIW，密度更大和位势涡度更高且含氧量更低的不同类型 AAIW。该大西洋的 AAIW 汇入大西洋和印度洋副热带环流。印度洋的 AAIW 并不源自该处，这在 AAIW 等密度线处的全球盐度、氧气和位势涡度图中是显而易见的，最低盐度值、最高的含氧值和最低的位势涡度来自马尔维纳斯流区域。东南印度洋 AAIW 的位势涡度比太平洋和大西洋 AAIW 的高，这说明印度洋 AAIW 被侵蚀得最为严重，所以距离其表面源最远（图 11.21a；Talley，1996）。

来自南边的 AAIW 自由输运至 20°S。在其北边出现一个大的深度梯度，盐度最小值层上升使密度降低，北部盐度偏高，被 IIW 和 RSOW 所取代。这一转变在垂直剖面图中 60°E 处非常清晰（图 11.19）。这一纬度是该深度和密度的副热带环流的北部边界，在 800 m 和 900 m 环流图中很容易看出来（图 11.7）。AAIW 的一张位势涡度图中显示了特别显著的亚热带－热带边界，副热带环流内部具有混合均匀的位势涡度，并且边界以北有近似带状的等值线（McCarthy & Talley，1999）。

在全球经向翻转的情况下，印度洋的 AAIW 层反常地向南运输，尽管其低盐度水体在副热带环流周围是向北平流。然而，从深水进入 AAIW 层上涌过程及其向南移动比实际 AAIW 向北移动的输运量更大（图 11.15 和教材网站中的图 S11.9）。

RSOW（或红海水，取决于作者）在阿拉伯海和西印度洋 $\sigma_\theta = 27.2 \sim 27.4$ kg/m³ 处有最大盐度核心（图 11.13、图 11.19 和图 11.22 中的图像）。RSOW 是 0.4 Sv，密度 $\sigma_\theta = 27.6$ kg/m³ 的高盐度红海溢流水在曼德海峡流过海槛进入亚丁湾时（第 11.6 节）形成的。高盐度水体在 RSOW 等密度线处汇入阿拉伯海，在 5°N 处向东延伸至东部边界，沿西部边界向南延伸至厄加勒斯（Beal 等，2000）。

阿拉伯海域内的高盐度水体穿过等密度线向下延伸，到达比 RSOW 盐度最大值深得多的深度。CFC 存在于 RSOW 深度范围内，但在阿拉伯海 1 500 m 以下基本不存在，这表明任何高盐度向下扩散的过程都是缓慢的（Mecking & Warner，1999）。下一节中将描述更深层的高盐度。

11.8.3　深层和底层水

在印度洋中没有深层和底层水的海面来源，即使新的红海水和波斯湾水的密度足够，可以比得上底层密度。两种溢流运输量都小，并且分别在中层和浅层进行混合而趋于稳定。根据水团收支，印度洋最深处的水体会上升到深层、中层和温跃层。因此在大西洋和南大洋，最深层的海水水团来自海洋表面。从南边进入印度洋的水团是CDW。在西印度洋中，NADW 不经过 ACC 而直接从南大西洋流入。

尽管印度洋的深层和底层水缺少表面通风，我们识别了印度洋起源的一个深层水（印度洋深水；IDW）。这就是在印度洋中通过扩散和上升而不是表面通风形成的深层水。当它平流回南大洋时，它的低含氧量和高营养含量说明其年代久远。在这里IDW 汇入了盐度较低的太平洋深层水，其特征也是低含氧量和高营养盐值，并且它们作为上绕极深层水一起上升到南大洋表面。因此底层和深层水流经印度洋（和太平洋）的环流是全球翻转环流的一个重要部分。

我们可以在印度洋深处任何既定的等密度线上或在任何既定的深度找到 CDW 和IDW，因此它们之间的区别是运动区域的不同。区分深层和底层的一个方法是根据净经向运输（第 11.7 节；图 11.15 以及教材网站上的图 S11.9）。2 000 m 水深处（σ_2 约为 37.0 kg/m³ 或中性密度为 27.96 kg/m³）下方的水体具有净北流向输运的特征，其上方的水具有净南流向输运的特征。比如，我们可以认为南流向层和北流向层分别是深层和底层。然而，这掩盖了"底层"中的重要改变，我们定义为"印度洋深水"的大部分水体会出现在底层。

就水团而言，我们认为深水是包含 CDW/NADW 的高盐度核心和 IDW 高盐度核心的水层，底层水是较冷、盐度较低的底层。后者也是 CDW，并且印度洋的大多数水团在描述中被称为 CDW。在本文有关太平洋和南大洋的描述中（第 10 章和第13 章），我们称这些最深的水域为低绕极深层水（也称之为南极底层水）。

在深水层，南部和北部源都有盐度最大值（如图 11.19 中 60°E 处的 2 500～3 000 m深度的盐度截图）。这些是具有 NADW 高盐度的 CDW（发现于 25°S 以南）以及来自北部的 IDW，其中升高的盐度是由伴随着西北印度洋（阿拉伯海）中深层水上涌及表层水的向下扩散造成的。这两个盐度大的深层水对一个有代表性的等密度线（图 11.23 中 $\sigma_2 = 37.0$ kg/m³ 处）有影响。阿拉伯海的高盐度从 CDW/NADW明显分开。南部 CDW/NADW 最大盐度值具有高含氧量和低二氧化硅的特点（Reid，2003；Talley 的 WOCE 印度洋图集，2010），并且其位势涡度在 25°S 突然转变（McCarthy & Talley，1999）。南部 CDW 和北部 IDW 高盐度层的分离在东印度洋中甚至更加明显（图 4.13b）。

印度洋底层存在净北向输运。由于跨密度面混合、从底部沉积物中获取二氧化硅和水体老化带来的氧气减少以及营养物质增加，当它们向北流动进入印度洋时，底层水已大大改变。各底层水体的活动量很大程度上依赖于深层海盆。因此，通过深度和密度范围区别 CDW 和 IDW 的方法并不有效，除非将这一方法只应用于某一特定区域。

印度洋海域主要的底层水团是 LCDW，在南大洋和全球背景下也称之为南极底层水（第 13.5 节）。在南极洲周围 LCDW 形成高密水，尽管向北延伸到印度洋的水并不是密度最大的南极水。如第 11.7 节中所述，LCDW 北向的循环路径包括 DWBC。

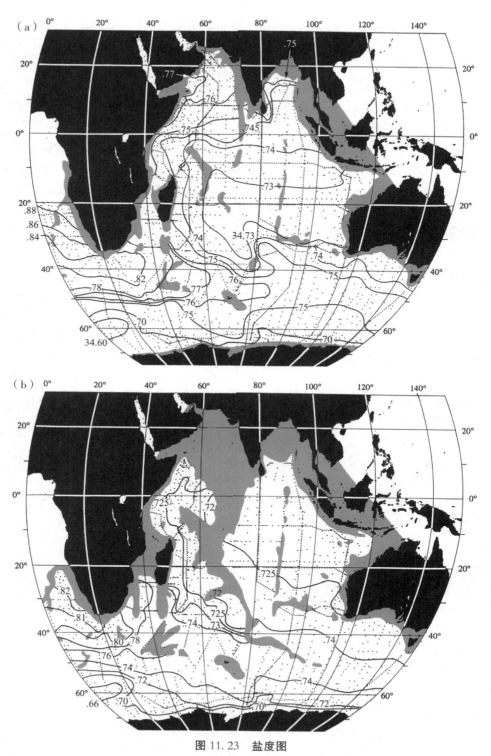

图 11.23 盐度图

（a）在 $\sigma_2 = 37.0 \text{ kg/m}^3$，2 600 m 水深处，代表深层水。（b）在 $\sigma_4 = 45.89 \text{ kg/m}^3$，3 500 m 水深处，代表底层水。来源：Reid（2003）。

在 33°S 处，寒冷、密度大、含氧量高的深层淡水水团（温度＜10 ℃，盐度＜34.71 psu，σ_4＞45.96 kg/m³，含氧量＞210 μmol/kg）发现于与南大洋（厄加勒斯区域和莫桑比克、克罗泽以及珀斯盆地）连接的深层海盆。密度最大、最寒冷的水并非位于马达加斯加和中印度洋海盆中，因为它们并不与南部连通。到达西北部的阿拉伯海盆和东北部的孟加拉湾底层水的密度分别为 σ_4＞45.88 kg/m³ 和 σ_4＞45.94 kg/m³，位温分别为 1.4 ℃ 和 0.8 ℃。中印度洋海盆通过西澳大利亚盆地中 90°E 海岭的几个缝隙与南部源水相连，因此，其底部的水比西澳大利亚海盆更温暖，密度更低（1.0 ℃，45.92 kg/m³）。

LCDW 通过上升流进入 IDW。到用 WOCE 数据对其转换和翻转输运计算的观测可以在几个不同的研究成果中找到（Johnson 等，1998；Warren & Johnson，2002）。底层水上涌量大约在 12 Sv 左右（第 11.7 节），约 4 Sv 在印度洋最西部的海盆（马斯克林海盆）向北流，不到 2 Sv 通过阿米兰特海峡进入索马里海盆。这些均为上升流。剩余的 8 Sv 将进入印度洋中部和东部。其中，2 Sv 从西澳大利亚海盆进入中印度洋海盆并上涌。相比之下，包括 IDW 在内的西印度洋深水的南向输运，可能形成了整个印度洋的所有上涌水。

11.9　气候和印度洋

研究者们记录了印度洋年际到年代际气候变率有相当多的研究。由于其对于农业的重要性，季风的年际和更长时期的变率具有特殊的意义。尽管海-气偶联过程使 ENSO 汇集在热带太平洋，但是 ENSO 也主导着印度洋年际气候变率。除了对 ENSO 的响应外，热带印度洋还有内部年际变化。研究者们对热带印度洋偶极子模态进行了描述，这一描述是热带 SST 的东西差异的简单指标。在南半球，印度洋受年代际南半球环状模（南极振荡）影响。

教材网站上的第 S15 章（气候多样性和海洋）包括了和气候变化有关的文章、图像和表格。它涵盖了最直接影响印度洋的以下气候变化模式：印度洋中的 ENSO 影响、印度洋偶极子模态、南半球年代际模态和气候变化（温度、盐度和循环趋势）。

第 12 章　北冰洋和北欧海

12.1　介绍

北冰洋是一个由北美洲、欧洲和亚洲大陆包围的地中海（图 2.11 和 12.1）。它通过浅的白令海峡与格陵兰两岸的大西洋以及太平洋相连。北欧海是斯瓦尔巴特群岛以南和冰岛以北的区域。该区域是全球海洋中部分密度最大水体的转换和生产中心，北大西洋深层水（第 9 章）中密度最大水体形成于此处，并且该区域是盐度较低的北太平洋海水和盐度较高的北大西洋海水的高纬度连接部分。北极海冰盖是地球气候的重要组成部分，因为其具有高反照率（高太阳能反射率，见第 5.4 节）。北极海冰盖对气候变化很敏感。20 世纪 90 年代，由于重要的气候变化，人们开始艰难地对冰盖区的水文时间序列进行测量，有关北极地区环流、水团和冰盖的信息大量增加。除了许多期刊出版物之外，北极 - 亚北极海洋通量研究（Dickson，Meincke & Rhines，2008）的最新纲要和北极气候系统研究（ACSYS；Lemke，Fichefet & Dick，编写中）中即将发行的一卷都对 Hurdle（1986）编辑的书卷中首次引入的术语"北欧海"进行了描述。Rudels（2001）的评论对本章中出现的资料进行了很好的概述。

北冰洋可分为加拿大海盆（深度约为 3 800 m）和欧亚海盆（深度约为 4 200 m；第 2.11 节和图 2.11）。这些海盆被罗蒙诺索夫海岭分开，该海岭从格陵兰穿过北极延伸到西伯利亚。最深的海槛深度约为 1 870 m（Björk 等，2007）。欧亚海盆可进一步分为南森海盆和阿蒙森海盆；加拿大海盆可进一步分为马卡罗夫海盆和加拿大海盆。50 至 100 m 深处宽阔的大陆架具有欧亚大陆以北北极边缘和阿拉斯加海岸的特征，占北冰洋面积的（弗拉姆海峡以北）53% 左右，但这里的海水不到北冰洋海水总量的 2%（Jakobsson，2002）。

北冰洋与其他海洋的最深层连接是通过弗拉姆海峡到达北欧海，弗拉姆海峡位于格陵兰和斯匹次卑尔根岛之间，海槛深度为 2 600 m（第 12.2 节）。位于斯瓦尔巴德（Svalbard）北部和东部，将其与法兰士约瑟夫地群岛和新地岛分开的海槛深度约 200 m（Coachman & Aagaard，1974）。连接白令海和太平洋的白令海峡很狭窄，且海槛深度仅为 45 m，但是它从太平洋到北极的运输量尤其是其中的淡水含量很高，大约为 1 Sv。也存在一些北极与北大西洋之间的连接，海水通过几个海峡［主要是内尔斯海峡（海槛深度 250 m）和兰开斯特海峡（海槛深度 130 m）］穿过加拿大群岛到达巴芬湾然后进入大西洋。

位于弗拉姆海峡和格陵兰 - 苏格兰洋脊之间的北欧海域包括挪威、格陵兰和冰岛海域。这些常用的海洋学名称与正式的地形名称之间存在不太明确的联系（Perry，

1986）。格陵兰－苏格兰洋脊由三个主要部分组成（Hansen & Østerhus，2000）：位于格陵兰和冰岛之间的丹麦海峡（海槛深度 620 m）、冰岛－法罗群岛洋脊（海槛深度 480 m）以及法罗群岛－设德兰群岛洋脊（位于法罗岸海峡，海槛深度 840 m）。在北欧海域中，摩恩海脊将格陵兰海从挪威海中分离，扬马延岛断裂带将其从冰岛海中分离，埃吉尔洋脊将挪威海和冰岛海分开。以上各海洋都存在一个相对独立的环流和水团结构，第 12.2 节对其进行了讨论。格陵兰海西部、北极以及大西洋通过巴芬湾和戴维斯海峡以及哈得逊湾相互连接。第 12.3 节中对这些区域进行了讨论。本章的剩余部分将讨论北冰洋环流（第 12.4 节）、水团结构（第 12.5 节）、海冰（第 12.7 节）和气候变化（教材网站 http：//booksite. academicpress. com/DPO/第 S15 章中的第 S15.4 节；"S"指补充资料）。

本章中一直提及的海面环流如图 12.1 所示。北冰洋和北欧海域海面环流和水团形成的总体示意图如图 12.2 所示，这与过去几十年的情况有关，那时深水仍然在格陵兰海中大量形成。该示意图依然有用，即使北欧海对流目前只出现在中间深度。图 12.1 和 12.2 展示了来自大西洋和太平洋的进水和流回大西洋的表层出水。北冰洋表面循环分为北欧海和欧亚海盆中主要的气旋式环流，以及加拿大海盆中主要的反气旋式环流（博福特环流）。北极贯穿流（TPD）是这两个系统间的主要交叉极化环流。图 12.2 还显示了北欧海中由于开阔大洋对流引起的翻转和北冰洋中由陆架盐析作用引起的翻转，图中还可看到密度较大的出水流回北大西洋。

12.2　北欧海

北欧海由格陵兰海和挪威海组成，冰岛海盆位于冰岛和扬马延岛之间，玻瑞阿斯海盆位于格陵兰岛和斯瓦尔巴特之间。在北半球，密度最大的海水在格陵兰海中得到补充。形成于格陵兰海中的水体密度比北冰洋的大，因为它距离来自大西洋的高盐度进水较近，该盐度较高的水经过冬季的冷却，产生了比盐度较低的北冰洋海水密度更大的水。高密度北冰洋水也流入格陵兰海，并且是最终越过海槛进入北大西洋的混合海水的一个重要组成部分（Aagaard，Swift & Carmack，1985）。

流过格陵兰－苏格兰洋脊变成北大西洋深层水（NADW）高密核心的北欧海水并不是北欧海深层水，北欧海深层水位于海槛深度之下。因此，自 20 世纪 80 年代起，有关北欧海深层水的更新是否延伸到海洋底部的问题没有再出现过，对于 NADW 的形成来说，这一过程并不像决定海槛深度处性质的过程一样重要。这些也包括最深层水的属性，因为它们影响北欧海的整体分层。

以下几个小节简要描述了环流、水团以及深水的形成。

12.2.1　北欧海环流

北欧海的整体环流是气旋性的（图 12.1 以及教材网站上的图 S12.1）。北欧海和

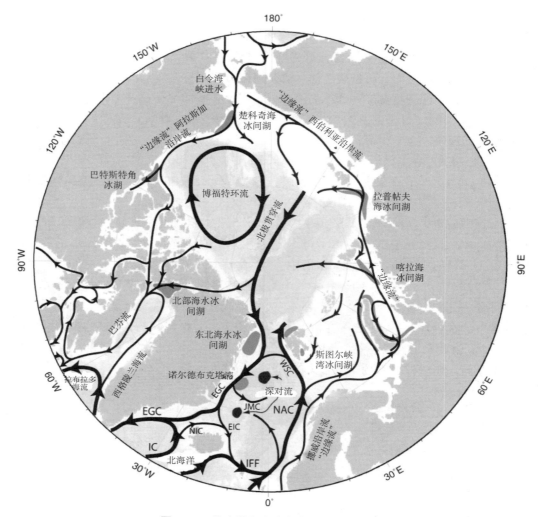

图 12.1　北冰洋和北欧海表面环流示意图

包括一些主要的冰间湖（灰色阴影）和格陵兰海以及冰岛海深层对流区（深灰色）。地形如图 2.11 所示，在那里可以找到地名。粗线表示主要的环流部分，通常比细线所表示环流的运输量大。缩略词：EGC，东格陵兰海流；EIC，东冰岛海流；IC，伊尔明厄海流；IFF，冰岛－法罗锋面；JMC，扬马延海流，NAC，挪威大西洋海流；NIC，北伊尔明厄海流。（Rudels 等，2001；Loeng 等，2005；Rudels 等，2010；Østerhus & Gammelsrød，1999；Straneo & Saucier，2008；冰湖位置来自 IAPP，2010；Martin，2001）。

北大西洋的交换出现在海洋上层，位于格陵兰和苏格兰之间洋脊的上方。来自北大西洋温暖且盐度高的海水进入挪威大西洋海流东部，这是北大西洋流的部分延续（第 9 章）。北大西洋流通过两条分支进入挪威海：一条东部（近海岸）分支沿爱尔兰海岸到达并穿过位于设德兰群岛和法罗群岛之间的 Wyville-Thompson 洋脊（图 2.11 中的"法罗－设得兰群岛洋脊"）；一条西部（海洋中部）分支到达冰岛东部沿岸，然后向东沿冰岛－法罗洋脊流动，在这里，该分支形成一股强大的海流/锋面，最后汇入挪威大西洋海流。

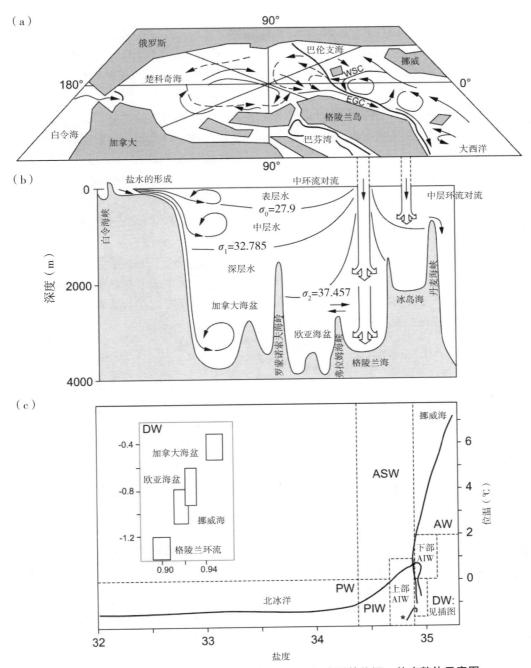

图 12.2　(a) 环流;(b) 水团层和转换区;(c) 水团的位温 - 盐度整体示意图

自 20 世纪 80 年代起,图 (b) 中格陵兰海的深层对流已由中深度对流取代。图 (a) 中的缩略词:EGC,东格陵兰海流;WSC,西斯匹次卑尔根海流。图 (c) 中的缩略词:AW,大西洋水;AIW,北冰洋中层水;ASW,北冰洋表层水;DW,深层水;PIW,极地中层水;PW,极地水。来源:Aagaard、Swift & Carmack (1985);由 Schlichtholz & Houssais (2002) 修订。

北欧海中向南流动的西边界流是东格陵兰海流（EGC）。EGC 通过弗拉姆海峡从北冰洋进入北欧海（这是北冰洋中海冰的主要流出路径）。在大约 72°N 处，部分 EGC 沿格陵兰海岸继续向南流，另一部分向东分流进入扬马延海流。可能由于地形原因，该分流引导着整个水体中的环流。扬马延海流对于格陵兰海中高密水的形成很重要。挪威大西洋海流和 EGC 速度高达 30 cm/sec，但平均速度更接近 20 cm/sec。

挪威大西洋海流沿挪威沿岸向北流入北冰洋。其中包括一条独立的沿岸流——挪威大西洋沿岸流。当它环绕挪威北部边缘时，挪威大西洋海流的一个分支沿海岸向东分流进入巴伦支海。挪威大西洋海流的剩余部分继续流向斯匹次卑尔根岛/斯瓦尔巴特群岛并再次分流，一部分作为西斯匹次卑尔根海流向北流穿过弗拉姆海峡，而剩余部分改变方向向南流汇入 EGC。来自北冰洋的上层海洋水体作为 EGC 通过弗拉姆海峡进入北欧海。在北欧海域中有一些旋转环流，每种环流都和导致边界流分流的地形要素有关。

亚表层水体离开北欧海向南流，作为溢流水越过格陵兰和苏格兰之间的三个海槛。在溢流水中起主导作用的水团取决于海槛深度，同时中层水在丹麦海峡和冰岛 - 法罗洋脊离开，密度最大的溢流水（仍然在中层深度）穿过较深的法罗岸海峡。来自北冰洋的深水也通过弗拉姆海峡（深度 2 500 m）进入北欧海。

12.2.2　北欧海水团

由于局部海 - 气通量变化引起的中层与深层对流的局部特性，同时由于北欧海的位置位于北大西洋北部和北冰洋之间（二者都有多变的表层水），北欧海中的水团很复杂并且随时发生变化（教材网站第 S15.4 节）。在这里，我们跟随 Aagaard 等（1985）、Rudels（2001）以及 Jones（2001），对主要的北欧海水团进行描述。这些水团包括两种表层水，三种中层水和三种深层水（列于教材网站中的表 S12.1）。

两种主要的表层水分别是温暖、盐度大的大西洋水（AW）和寒冷、盐度小的极地表层水。水温 7～9 ℃，盐度约为 35.2 psu 的 AW 进水流入挪威大西洋海流（图 12.1）。水深 400 m 处存在一个强密度跃层，该密度跃层将上层与下层的挪威海洋深水分开（本小节末尾对其进行了描述）。当 AW 在挪威大西洋海流中向北流动时，其温度和盐度会降低。当它到达斯匹次卑尔根岛时，其表层的温度为 1～3 ℃，盐度为 35.0 psu。由于挪威大西洋海流的上层非常温暖，东部的挪威海在冬季通常是无冰的（图 12.20a）。该海流的温暖性对斯堪的纳维亚相对温和的气候来说非常关键。

极地表层水的含盐量相对较少（<34 psu），温度接近冰点（< - 1.5 ℃）。极地表层水在 EGC 中通过弗拉姆海峡从北冰洋进入北欧海。在图 12.3 中，截面西侧上层 200 m 水域中非常寒冷的淡水表层即极地表层水。当该表层水到达格陵兰海中部时（图 12.4，73.5°N 处），该水层变薄（上层 100 m）并且变得更温暖。冰盖区的典型特征是存在非常寒冷、含盐量相对较少、具有强盐跃层的表层水，冰盖区包括北冰洋上游，也包括局部 EGC 区。极地表层水的存在导致格陵兰海上层水比挪威海上层水寒冷得多（图 12.3）。在格陵兰环流中，EGC 的离岸部分上层海洋温度和盐度层

化较弱，这是因为局部对流会将水体混入中层深度。

我们描述了北欧海中的三种中层水。第一种是 EGC 中位于表层下方浅的、温暖的、盐度较大的水层（约 150 m，＞2 ℃，35 psu）（图 12.4 中两个图的西侧）。这是 AW 的剩余部分，该剩余部分已经冷却、密度变大并且顶部被极地表层水覆盖（盖住），它的源头是来自北冰洋的改造后的 AW 和在北欧海内经过改造的再循环水流。该剩余部分有时被称为再循环 AW。

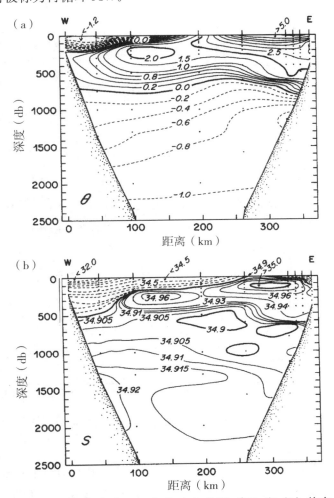

图 12.3　弗拉姆海峡 1980 年的 (a) 位温（℃）和 (b) 盐度

海峡位置见图 2.11。来源：Mauritzen（1996）。

第二种中层水是北冰洋中层水（AIW），该层寒冷且盐度较小（−1.2 ℃，34.88 psu），集中于真正的中间深度（约 800 m）。在绝大部分北欧海中，AIW 是盐度最小的水层，位于盐度最大层 AW 的下方。AIW 通过弗拉姆海峡得到来自大西洋的补充，并受到格陵兰海中的深层对流影响而发生了改变。尽管密度最大的格陵兰海深水的产生在 20 世纪 90 年代早期已经停止，但 AIW 的产生（转变）延续至今。AIW 形成于格陵兰环流，当该环流仅在非冬季的月份中被较温暖的表层覆盖时，存在盐度极值。

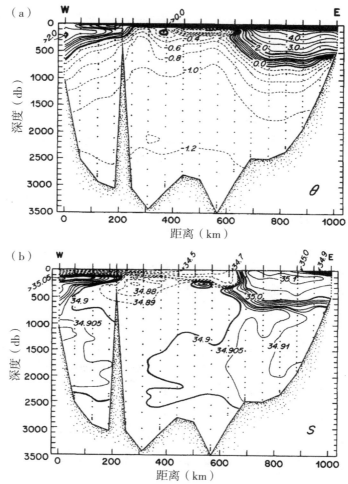

图 12.4　1985 年 73.5°N 处横穿南格陵兰海的（a）位温（℃）和（b）盐度
来源：Mauritzen（1996）。

　　北欧海中的第三种中层水名为上层极地深水（uPDW），来自北冰洋的 uPDW通过弗拉姆海峡进入北欧海。在北欧海域，在 EGC 中发现了 uPDW，相比于更南边地区，uPDW 在弗拉姆海峡更明显。其特点是温度较低（−0.5～0 ℃），盐度为34.85～34.9 psu。

　　北欧海中至少存在三种不同的深层水体：格陵兰海深水、挪威海深水和北冰洋深水。图 12.4 中，格陵兰海深水是底层水，温度低于−1.2 ℃，盐度小于 34.896 psu。它是通过格陵兰环流中的间歇性深层对流形成的。对流也出现在格陵兰海北部的玻瑞阿斯海盆中，形成了类似于格陵兰深层水的高密水。该最大密度层并非形成于近几十年，并且目前正在减少。在过去的几十年，对流被限制在 1 700～2 000 m 水深处，形成于此处的水主要包括 AIW。

在北欧海中，北冰洋深层水是盐度较大的深层水（盐度＞34.92 psu），它的高盐度是北冰洋大陆架海域的盐析作用（第 12.5 节）所致。北冰洋深层水由来自欧亚海盆和加拿大海盆的深层水组成。它向南流穿过弗拉姆海峡作为深层边界流进入北欧海。它的高盐度核心位于 1 500～2 000 m 水深处，紧挨格陵兰沿岸（图 12.3）。

挪威海深层水是北冰洋深层水和格陵兰深层水的混合水，它没有单独的对流源或盐析源。挪威海深层水也发现于东部和北部的格陵兰海，并且它在寒冷格陵兰深水进入北冰洋通道中形成了一道屏障。

12.2.3　北欧海中的垂向对流和高密水的形成

在历史上，北半球密度最大深层水的更新发生在格陵兰海（以及与其相邻的玻瑞阿斯海盆）。该深水和北欧海中层水在流过格陵兰－苏格兰洋脊群并沉入北大西洋北部底层之后（第 9 章），汇入 NADW 密度最大的部分（由于海槛深度，密度最大的北欧海水不能穿过该洋脊）。高密水的更新在挪威和格陵兰海含氧量高（260～325 μmol/kg 或 6～7.5 ml/L）的深层水中，很明显，反映了约为 40 年的短暂滞留时间。北欧海深层水的形成是由于与开阔大洋的对流过程，这可能仅由于是冬季现有水体混合层的加深，或是通过穿透现有的中等深度层的深层渗透羽状对流（Ronski & Budéus，2005a）。不同于北冰洋，通过盐析作用形成的高密水在北欧海中并不是一个重要因素，可能是因为缺少大量能增加水体含盐量的浅大陆架。

根据 20 世纪上半叶收集的数据，冬季海水的冷却造成了海水从海面到海底的翻转。最深的对流出现在格陵兰海。然而，20 世纪 80 年代中期以后，海面到海底的对流变得非常罕见，以至于格陵兰海的垂直分层从单层结构变为双层结构（Ronski & Budéus，2005b；参见教材网站图 S12.2）。

在北部格陵兰海，深层垂向对流室或对流烟囱（第 7.10.1 节）对北欧高密水进行更新（在对流区，烟囱的尺度大约为 50 km，而烟囱中的对流羽尺度约为 1 km）。在玻瑞阿斯海盆至少还有两个其他的对流区，一个对流区位于格陵兰海正北方，更接近弗拉姆海峡，另一个对流区位于冰岛海中（Swift & Aagaard，1981），两者都促进了重要的高密中层水的产生。这里我们重点描述格陵兰海烟囱，因为研究者对它已经进行了明确的界定和观察。

格陵兰海烟囱形成区被明确界定在 EGC 东部、扬马延海流北部和斯匹次卑尔根岛西部（Clarke，Swift，Reid & Koltermann，1990）。这里的深层环流是气旋式的并由地形引导，这些深层环流也部分引导上层海洋环流和决定烟囱位置。沿扬马延海流经常出现冰舌，称之为 Odden，延伸到该气旋环流周围（图 12.1 和 12.5a）。冰舌近岸的无冰水面叫做诺尔德布克塔湾。该区域一般被称为 Odden-Nordbukta。Odden 是海冰形成的活跃区。诺尔德布克塔湾是一个部分冰间湖（第 3.9.6 节），通过深层混合和离岸风来保持无冰，深层混合可以将较温暖的下层水带到海面；它具有潜热冰间湖和感热冰间湖的特点，并且不是永久无冰（Comiso，Wadhams，Pedersen &

Gersten，2001）。Odden 中存在的海冰和深层对流之间的关系并不明确，尽管有人认为盐析作用造成了浮力损失和对流，海冰的存在可能抑制深层对流，并认为这就是 Odden 中的深层水更新机制。

人们已经对 Odden-Nordbukta 附近的深层垂向对流室和对流烟囱的形成进行了直接观测（图 12.5；Morawitz 等，1996；Wadhams，Holfort，Hansen & Wilkinson，2002；Wadhams 等，2004）。在 1988—1989 年冬季，研究者们使用声波层析成像法（参见教材网站补充资料第 S6.6.1 节）和定点测量法对冬季混合层及其温度进行了观察。没有观察到真正混合均匀的层面，最可能的原因是断层摄影术的水平清晰度是烟囱范围而不是羽流范围，但是烟囱的深化很清晰。在三月下旬（春分），接近冰点的水体几乎延伸到了 1 500 m 水深处。2001 年，在更传统的冬季时间进行的航测同样显示出格陵兰海中深至 1 800 m 处存在"深层"对流，该对流穿过温度最低层（1 000～1 500 m）并延伸至下层的温度最高层（Wadhams 等，2002；教材网站上的图 S12.3）。

在这两种实验中，近几十年中的对流都是两层垂直结构并且没有渗透到底部，因此没有更新格陵兰深层水的寒冷的底部水层（现在较老的）（例如，Ronski & Budéus，2005b；见教材网站图 S12.2）。

除了深层对流，要使格陵兰海最深层的水流通，其他可行性机制包括双扩散（第 7.4.3.2 节；Carmack & Aagaard，1973）和深羽状对流过程（Clarke 等，1990；Ronski & Budéus，2005a）中的温压（第 3.5.5 节）。格陵兰海中的双扩散具有扩散差异，寒冷的盐度较低的水覆盖着较温暖的盐度较高的水。仅由较寒冷上层海水水团向下移动几百米进入较温暖的下层水而产生的热压作用，可能已足以引起使羽流延伸到底部的翻转，因为状态方程是非线性的（冷水比暖水的可压缩性更大）。

北部北欧海中高密水的产生也是因为海冰的形成和盐析作用，尤其是在斯图尔峡湾南侧斯瓦尔巴特群岛中的一个周期性、风力驱动的（潜热）冰间湖（Haarpaintner，Gascard & Haugan，2001）。冰间湖出现在与海岸相连的固定冰和近岸浮冰之间。盐析作用使大陆架盐度增加了不止 1 psu。产生的点状的高密度羽流串联后沿大陆架汇入挪威海深层水，并且改变了穿过邻近弗拉姆海峡向北流动进入北冰洋的 AW。

12.3　巴芬湾和哈德逊湾

拉布拉多海位于格陵兰西部地理意义上的北大西洋中，是进入 NADW 的中层深度通风的主要来源。由于拉布拉多海是近极北大西洋的一部分，第 9 章中对其过程进行了描述。然而拉布拉多海有一个重要的北极来源，来自加拿大北极群岛，穿过哈德逊和巴芬海盆，分别通过哈德逊和戴维斯海峡与拉布拉多海相连。大部分北太平洋海水通过白令海峡进入北极，通过这些海湾到达北大西洋。表面流只有一个方向，即从北极流向拉布拉多海；然而，也有水流从拉布拉多海流入巴芬湾和哈德逊湾。淡水

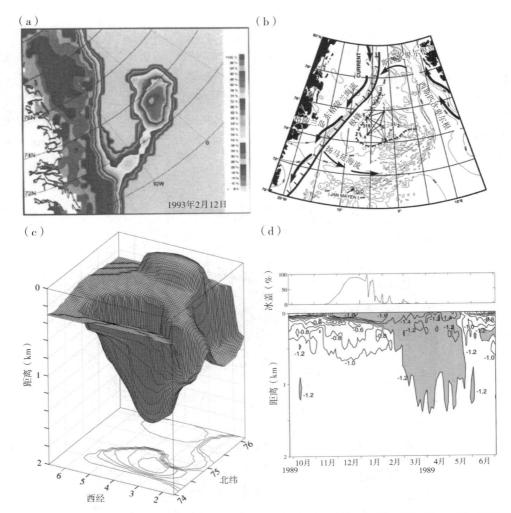

图 12.5　（a）格陵兰东部沿岸 Odden 冰舌，1993 年 2 月 12 日。来源：Wadhams 等（1996）。
（b）格陵兰海烟囱区 1988—1989 年层析成像阵列位置。（c）混合层深度（底平面上有等值线）。
来源：Morawitz 等（1996）。（d）阵列中的位温（℃，等值线间隔为 0.2 ℃）时间序列。来源：
Morawitz、Cornuelle & Worcester（1996）。图 b、c 和 d 来自ⓒ美国气象学会。再版须经许可。另
参见在线补充资料图 S12.3

（其中包括大量海冰）通过戴维斯海峡流出，这些淡水是拉布拉多海深层对流条件的
一个重要因素。淡水流通量越大，拉布拉多海越可能被"覆盖"，且无法进行有效的
对流。

　　哈德逊湾（图 12.6）是一个宽的浅水域，平均深度只有 90 m，最大的深度大约
为 200 m。在冬季哈德逊湾被冰覆盖，在夏季是无冰的。根据在哈德逊海峡进行的观
测（Straneo & Saucier，2008），哈德逊湾贡献了相当多（约占 50%）的拉布拉多海
流淡水运输量。有大量的河流淡水汇入哈德逊湾，这些汇入的淡水来自许多（42 条）

河流，每一条河流都流量适中（Déry，Stieglitz，McKenna & Wood，2005）。来自南侧和东侧的季节性河流径流量相当大，形成了明显的水平分层和河口型环流。在夏季，上层水温范围为 1～9 ℃，盐度 S 的范围为 25～32 psu，而较深层水的温度范围为 -1.6～0 ℃，盐度范围为 32～33.4 psu。低盐度通常出现在南部和东部，靠近径流的主要来源并且与上层的一般逆时针方向环流一致。在冬季通过对冰的一些观测可发现上层水域的盐度范围为从东南部的 28 psu 到北部的 33 psu，而且每一个地方的冰点温度都与盐度相匹配。这表明哈德逊湾每年水都会发生垂向混合。最深层水中高溶解性氧值为 200～350 μmol/kg，符合该条件。

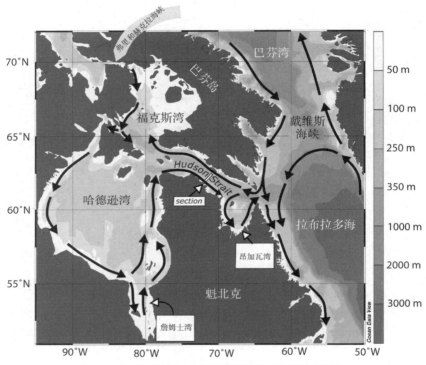

图 12.6　巴芬湾和哈德逊湾及附近的环流示意图
来源：Straneo 和 Saucier（2008）。

　　戴维斯海峡中的海槛将最大深度为 2 400 m 的巴芬湾与拉布拉多海分开（因此也与大西洋分开），该海槛深度大约为 640 m（Rudels，1986）。位于北极和巴芬湾之间的海槛深度为 120～150 m（Jones 等，2003）。巴芬湾的温度和盐度结构中包括深度200 m 的寒冷淡水表层、大约在 700 m 水深处的温度和盐度最大值（>0.5 ℃，34.5 psu）以及寒冷、含盐量较少的底层水（<-0.4 ℃，34.25～34.5 psu；Rudels，1986）。巴芬湾中冬季对流深度可能仅限于 200 m，因此不会产生最大温度值或寒冷的底层水。最大温度值信号通过西部格陵兰海流（第 9 章）来自拉布拉多海。然而，温度最大层中的大部分水体和大部分深层和底层水来自北极并流经内尔斯海峡（Bailey，1957；Rudels，1986）。巴芬湾的年流入量相对较小，和入口海槛相比，该

海湾是一个深洞，而且其中深层水的形成是最少的。其深层水有很长的滞留时间，这从耗尽的含氧量和增加的营养值可以看出来，并且反硝化作用出现在深层水中（Jones 等，2003）。

12.4　北冰洋：环流和海冰漂移

北冰洋的表层环流主要是欧亚大陆侧的气旋式（逆时针）环流和加拿大盆地博福特环流中的反气旋式（顺时针）环流（图 12.1 和第 12.4.2 节）。一股主要的海流 TPD 直接穿过这两种环流之间的北极地区，从白令海峡到达弗拉姆海峡。流入北极的海水通过挪威大西洋海流从北欧海进入，挪威大西洋海流来自太平洋，通过白令海峡分流进入西斯匹次卑尔根海流（在匹次卑尔根西部），然后进入巴伦支海。一些来自拉布拉多海的水流流入巴芬湾和哈德逊湾，但这些水流并没有继续向前流动进入北极。中层和深层的环流（图 12.10 以及第 12.4.3 节）彼此相似并且自始至终都是气旋性的，它们主要由地形决定。

人们对表层环流的大部分了解来源于海冰漂移，但两者之间还有一些不同。有关地转的计算和水团踪迹也可提供有关表层环流的信息。海冰漂移十分重要，因为大量离开北极进入北欧海的冰会影响该地区的盐度结构和北部高纬度地区的反照率（表面反射率），进而影响地球气候。

12.4.1　海冰漂移和风力驱动

有关北极冰运动最古老的记录来源于固定在冰中的船只，例如费拉姆（图 12.7）和谢多夫以及冰上的营地移动。现代海冰漂移是通过微波卫星图像和部署在冰上的浮标（国际北极浮标项目；图 12.8 和 12.9）获得的。这些不同的来源产生了一致的表层运动图像。海冰漂移的一些特征和该地区上层海洋环流相反（第 12.4.2 节）。平均海冰漂移包括加拿大海盆中通向 TPD 的反气旋环流（博福特环流），以及作为博福特环流的一部分，沿阿拉斯加海域向西漂流的海冰。来自巴芬湾的海冰漂移经过戴维斯海峡进入拉布拉多海。除夏季外，总存在远离欧亚海岸、漂向 TPD 的平均海冰漂移。在欧亚海盆，冰从拉普捷夫海流入 TPD，随后进入弗拉姆海峡（和弗拉姆船轨迹一致，图 12.7）。TPD 经过弗拉姆海峡和反气旋博福特环流汇入强劲的南流向水流（冰的输出）。在欧亚海盆，冰也从新地岛北端附近的喀拉海进入巴伦支海然后进入挪威海。

海冰漂移的速度大约在 1～4 cm/sec，相当于 300～1 200 km/y；相比之下，北冰洋直径大约为 4 000 km。该速度和距离可以和弗拉姆从拉普捷夫海到斯匹次卑尔根岛所花费的 3 年时间以及谢多夫漂移约 3 000 km 花费的 2.5 年时间相比。该运动并不稳定，具有频繁变化的速度和方向。冰运动具有明确的季节性变化。最微弱的海冰漂移出现在夏季。海冰漂移中大的变化与北极振荡阶段和大西洋多年代际振荡有关（教材网站第 S15 章）。

（a）

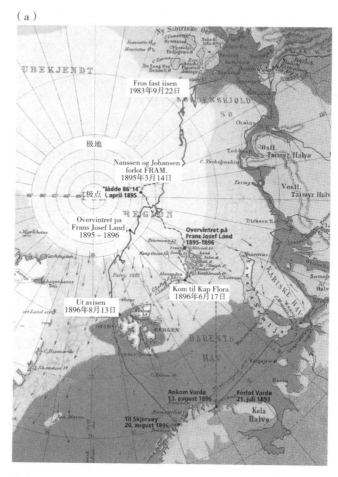

（b）

图 12.7 （a）弗拉姆踪迹（1893—1896 年）。（b）在 1893 年该船被故意冻结在冰中并随着包裹它的浮冰一起漂流直到 1896 年

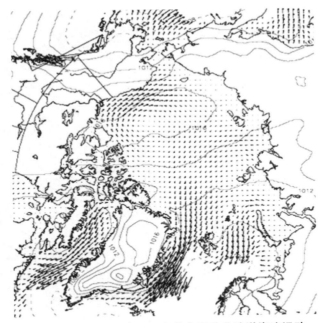

图 12.8 自 1979 到 2003 年的年平均北冰洋海冰运动

来自特殊传感器微波成像仪（SSM/I）无源微波卫星数据（根据 Emery，Fowler & Maslanik，1997 进行扩展；数据来自 NSIDC，2008a）。月平均北冰洋海冰运动如教材网站图 S12.4 所示。

　　海冰的移动与风的驱动作用（如埃克曼响应）和非埃克曼表层环流的平流运动有关，包括地转流。冰浮标轨迹和与风力有关的平均海平面气压（SLP）如图 12.9 以及图 12.8 中的重叠等值线所示。在西伯利亚/加拿大海域，SLP 由波弗特高压主导，这是亚伯利亚高压的延续。该高压区驱动着反气旋博福特流。极地的平均地转风从欧亚大陆吹向加拿大/格陵兰岛，方向大致为 TPD 方向。冬季格陵兰的 SLP 洋脊形成强劲的北风经过弗拉姆海峡并沿格陵兰海岸向南流，大致方向和主要的出冰路径平行（另参见教材网站补充资料中的图 S12.5，来自 Bitz，Fyfe & Flato，2002）。北欧和巴伦支海的低气压是冰岛低压的延续，并且在这些海中驱动气旋环流。在夏季，SLP 反差要小得多，风力也弱得多，并且低气压集中在北极。波弗特高压被推到非常接近加拿大/西伯利亚的一边。

12.4.2 上层环流

　　欧亚海盆和大陆架上方北极边缘的上层海洋环流模式（见教材网站图 12.1 和表 S12.2）是气旋式的。大规模的反气旋环流（博福特环流）出现在加拿大海盆。进水来自北欧海和白令海（太平洋）。EGC 中的出水通过弗拉姆海峡进入北欧海并通过加拿大北极群岛进入巴芬湾和拉布拉多海。

　　主要的海流（图 12.1 中的粗线）包括：

1. 流入的挪威大西洋海流，其分流进入北流向的西斯匹次卑尔根海流并向东流

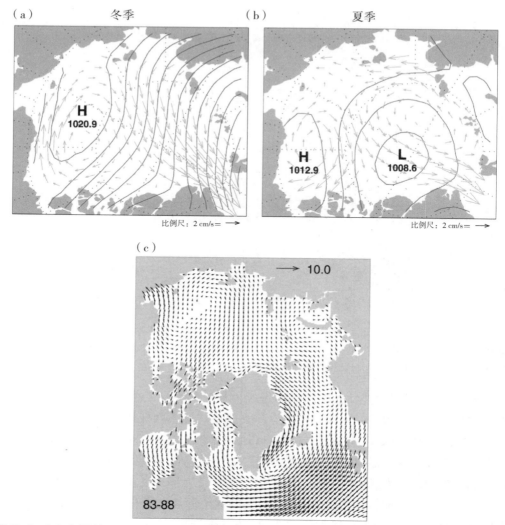

图 12.9　(a) 冬季（1～3 月）和（b）夏季（7～9 月）平均海平面气压（1979—1998 年）和平均冰浮标速度。©美国气象学会。再版须经许可。来源：Rigor、Wallace & Colony（2002）。(c) 1983—1988 年来自 ECMWF 的平均风矢量。来源：Zhang & Hunke（2001）
来自 Bitz 等（2002）的平均海平面气压图如教材网站图 S12.5 所示。

入浅的巴伦支海。后者汇入来自挪威沿岸流（图 12.1）的近岸进水。

　　2. 来自阿拉斯加和亚洲东部海岸的 TPD 穿过极地流向格陵兰和弗拉姆海峡，形成 EGC。

　　3. 反气旋博福特环流，该环流受到博福特海上方的平均高压系统驱动。反气旋环流只占据表面。中层和深层环流是气旋式的（图 12.10）。

　　图 12.1 中所示较细的曲线表示较弱但仍十分重要的水流。这些包括来自太平洋的白令海峡进水，比来自北欧海的运输量小很多。一股气旋边缘流连接陆架海并汇入形成于大陆架上的高密水（Rudels，Friedrich & Quadfasel，1999）。该海流的各部分

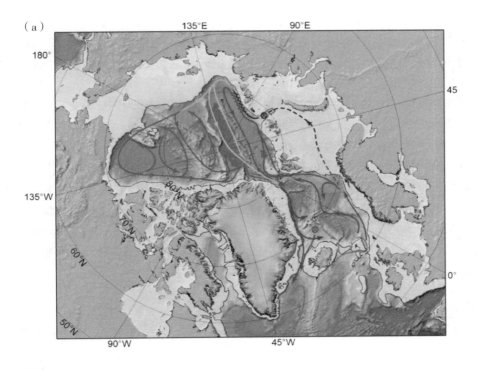

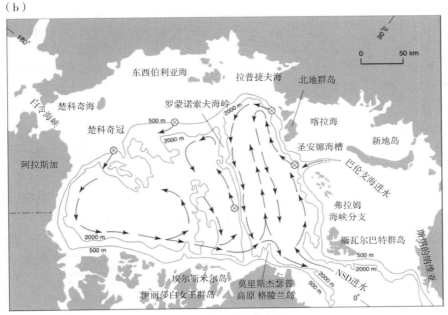

图 12.10　环流示意图

(a) 北冰洋和北欧海域的亚表层大西洋和中间层。图中还显示了格陵兰岛和冰岛海域以及伊尔明格和拉布拉多海域内的对流场地（浅蓝色），这里也是巴伦支海高盐海水的收集点。来源：Rudels 等（2010）。本图也可在彩色插图中找到。(b) 深层环流。带圆圈的十字架表示来自高密陆架水的进入区域和罗蒙诺索夫海岭流出区域。来源：Rudels（2001）。

有独立的名称（见 Rudels，2001；Rudels 等，2010）。边缘流从挪威海流入巴伦支海，并在北极附近进入喀拉海和拉普贴夫海。它从各海域中的各主要群岛处分流进入北极内部，并汇入 TPD 流向格陵兰岛。巴伦支海和喀拉海中的群岛包括岛屿和沿岸边缘流之间的气旋流以及岛屿周围的反气旋流。

边缘流继续进入加拿大海盆，与白令海峡进水汇合，作为阿拉斯加沿岸流继续向东流，携带白令海峡水进入加拿大北极群岛（Jones，Anderson & Swift，1998；Rudels，2001）。

海水沿几种不同的路径进入加拿大北极群岛。最重要的路径是流经兰开斯特海峡的西部路径、流经琼斯海湾的中间路径以及流经内尔斯海峡的东部路径（图 12.1）。

该环流和海冰漂移有一些不同，尤其在马卡罗夫海盆。TPD 和反气旋博福特环流（加拿大海盆）在环流和海冰漂移中都非常明显。不过，边缘流在海冰漂移中并不明显。同样地，巴芬湾和拉布拉多海中的气旋流在海冰漂移中的体现并不明显，这些气旋流由南流向的出水主导。

12.4.3 中层和深层环流

中层环流包括亚表层温暖的 AW 层（第 12.3 和 12.5 节），北冰洋中层如图 12.10a 所示，代表水深介于 200～900 m 之间的水流。大规模的环流是气旋式的。气旋室嵌在整个气旋环流中，单独的气旋环流位于各个主要的海盆（南森海盆、阿蒙森海盆、马卡罗夫和加拿大海盆）中。该环流与表层流和海冰漂移有许多相似之处（图 12.1、12.8 和 12.9），而反气旋博福特环流则完全消失，由贯穿加拿大海盆的气旋流代替。在这一水平，水团的主要来源如图 12.10 所示，包括来自西伯利亚陆架流入北极深处的无盐海水，以及北欧海（第 12.2 节）、伊尔明厄海和拉布拉多海的深层对流区。

深层环流模式（图 12.10b）几乎和中层环流相同，也就是说，北极环流几乎是正压的。由于地形的原因，深层流无法穿过罗蒙诺索夫海岭进行连接，因此中层深度处的连续边缘气旋流在深层中是不存在的。

来自北欧海的深层水体通过弗拉姆海峡进出北极，并且这些水流的右侧存在边界（东侧有北流向水流，西侧有南流向水流）。欧亚海盆和加拿大海盆中的整体洋流是气旋式的，其中罗蒙诺索夫海岭就像一个屏障。北极中的深层水是来自大陆架的高盐水，在图 12.10b 中通过带圆圈的十字架表示从大陆架到深层海洋的注入点。罗蒙诺索夫海岭的鞍部也如图所示，2005 年的密集试验表明在该处来自马卡罗夫海盆汇入的水流向海岭的欧亚边缘（Björk 等，2007）（图 12.10b 表示相反的方向，在本试验以前，该方向为人们所普遍接受）。

12.5 北冰洋水团

我们可以通过三个主要的水层对北冰洋进行描述（图 12.11 和 12.12；教材网站

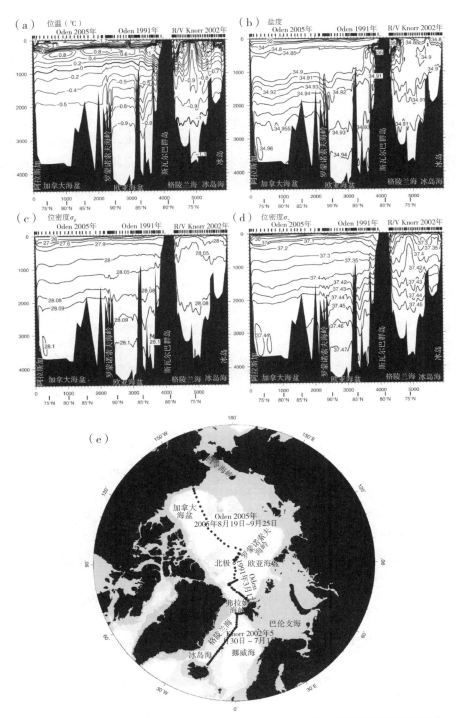

图 12.11　北冰洋和北欧海：（a）位温（℃）；（b）盐度；（c）相对于海洋表面的位密度；（d）相对于 2 000 dbar 处的位密度；（e）站点位置

氧量和 CFC－11 如图 12.16 所示。数据集收集于 2000 年和 2005 年之间。Aagaard 等（1985）。

上的表 S12.3)：(1) 从海面到 200 m 水深处的极地表层水；(2) 大约 200～800 m 之间的中层水，包括 AW（0 ℃等温线）；(3) 800 m 深度之下直到海底的不同深层/底层水。在主要的水团分类中，细节也许很复杂。我们主要沿用 Swift 和 Aagaard (1981)，Aagaard 等 (1985)，Rudels (2001) 和 Loeng 等 (2005) 的观点，后两者是综述。

北冰洋海水有两个外部海洋来源：通过北欧海进入挪威大西洋海流中的大西洋水，和流经白令海峡的太平洋水。在北冰洋深处可发现这些进水。[①] 另外，这里大量汇入的淡水主要来自于河流径流。由于它密度较低，白令海峡和河流汇入的水流入近表层（第 12.5.1 节），而 AW 会流入中层（第 12.5.2 节）。

海冰形成是北极水团转换的机制。通过宽阔陆架上的盐析作用，形成了高密陆架水。其高产量出现在拉普帖夫海、巴伦支海和喀拉海的周期性潜热冰间湖中（图 12.1）。当这些高盐水离开陆架时，它们大部分混合进入密度跃层，但它们也是较深层水体的来源，这取决于它们的初始密度和混合的程度。

也因为盐析和无盐的海冰，在北极开阔大洋水域，海冰的形成和融化使表层含盐量降低，导致形成了一个强大的下层盐跃层。河流出水也有助于该表面淡水层的形成。该盐度结构可以稳定支持垂直方向上温度的反转，就像在南大洋（第 13 章）和北太平洋北部（第 10 章）中一样。

横向上，在欧亚海盆和加拿大海盆之间有一个重要的界限。在上层海洋中，这来源于单独大西洋和太平洋进水的不同性质。在深层水中，罗蒙诺索夫海岭阻止了水体的交汇。

12.5.1　表层和近表层水

表层（海面至海面下约 200 m 水域），由极地混合层（PML）、一些地区（加拿大海盆）中的浅温度最大层，以及盐跃层组成。它包括大量来自白令海峡（夏季和冬季白令海峡水）、河流径流以及无盐的大陆架水的入流水。根据 Rudels (2001)，这一复杂的水体被命名为极地表层水（图 12.12；见教材网站表 S12.3）。

PML 存在于整个北极，它从表层一直延伸到 25 m 和 50 m 深度之间。冰的形成和融化对其盐度的影响很大，并且其盐度范围较大，从 28 psu 到 33.5 psu。冰的形成和融化也决定着它的温度，这包括恒温（冰点）时大量的热传递。因此，温度依然接近冰点，从盐度为 28 psu 时的 -1.5 ℃ 到盐度为 33.5 psu 时的 -1.8 ℃。海水性质的季节性变化在很大程度上局限于该层，盐度变化范围为 2 psu，温度变化范围为 0.2 ℃。

在欧亚海盆中，浅的盐跃层中的温度接近恒温（等温）并接近冰点（图 12.12 中的实线，包括表层的较温暖水体，因为该观测是在夏季进行的）。盐跃层的深度为 25

---

① 北冰洋中的水团性质在离开其来源后保持了很长一段距离，这说明这里的湍流度较低，因此混合程度比其他主要海洋盆地低，这是因为冰盖保护海洋免受直接风力和波浪运动影响。

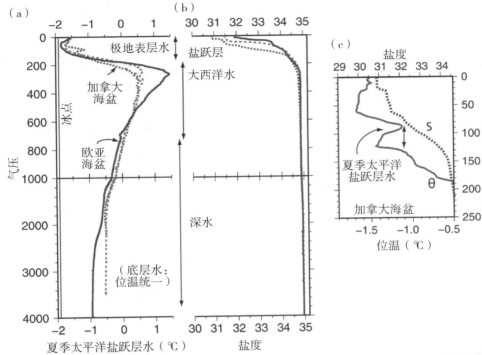

图 12.12 北冰洋: 加拿大海盆 (虚线) 和欧亚海盆 (实线) (a) 位温 (℃) 和 (b) 盐度的剖面。站点位置如图 12.17a 所示: 虚线剖面表示站点 CaB 和 MaB, 实线剖面表示 NaB。(c) 加拿大海盆中扩大的位温和盐度剖面 (图 12.17a 中的 CaB), Steele 等 (2004)

到 100 m, 由于它几乎是等温的, 因此盐跃层不可能是 PML 和 AW 的简单垂直混合。当然, 它包括来自欧亚陆架的陆架水 (Coachman & Aagaard, 1974; Aagaard, Coachman & Carmack, 1981)。大量西伯利亚河流径流汇入寒冷的低盐度表层。在冰点, 冰的形成创造了盐度较大的陆架水。这些水混合在一起继续流出汇入北冰洋深度 25 到 100 m 处的水层, 形成了等温盐跃层。含盐的 AW 沿大陆架主要峡谷汇入大陆架, 该垂直混合过程类似于一个河口, 在该河口河流淡水会流过含盐分高的海水 (第 8.8 节)。

在欧亚海盆, 100 m 水深以下有一个温跃层, 温度向下增加到中深度大西洋水层 (AW) (从北欧海进入) 的最大温度值。

和北极中的其他排盐水相比, 欧亚海域中的排盐陆架水盐度较大, 因为盐度较大且温暖的 AW (第 12.5.2 节) 是它的一个来源。这些陆架水可以达到一个足够高的密度来给欧亚海域中的深层水通风, 尤其包括来自巴伦支海和喀拉海的陆架水 (Aagaard 等, 1981)。

在加拿大海盆, 混合层以下的极地表层水包括夏季和冬季白令海峡水和阿拉斯加沿岸水 (ACW), 以及排盐陆架水部分 (图 12.12c)。这些多源形成了比欧亚海盆更复杂的垂直和水平结构。ACW 和夏季白令海峡水 (sBSW) 是温暖的, 这使得在 PML 下方 50~100 m 深处 (图 12.12 中标注的 "夏季太平洋盐跃层水") 将出现一个最大温度值。该最大温度值由一个强大的盐跃层支持。由于冬季白令海水的进入，在其下方 150 m 深处有一个最小温度值。在最小值下方，AW（见下节）中的温度向下增加到最大值。

上层最大温度层（ACW 和 sBSW）中的环流及温度如图 12.13 所示。相对最大的最大温度值出现在博福特环流中，并且是 ACW 造成的。较低的最大温度值出现在 sBSW 中。ACW 从楚科奇海东部沿岸进入北极，而白令海峡水从中部和西部进入。ACW 汇入东流向的沿岸环流并且也形成向波弗特海中央移动（图 12.13a 中的环形）的漩涡。白令海峡水更多滞留在北极中央并汇入 TPD。

在加拿大海盆中，陆架上盐析产生的水进入盐跃层（极地表层水）。楚科奇海中排盐水冬季末期盐度分布示例如图 12.14 所示。由于周围的水并不是盐水，这些新形成的排盐水的盐度（密度）不足以穿透大西洋水层，并且不会汇入加拿大海盆深层水（CBDW；第 12.5.3 节）。

12.5.2　大西洋水

在该寒冷极地表层水下方，北冰洋的特点自始至终是深度 200 到 900 m 的 AW 具有最大温度值（图 12.11、图 12.12、图 12.15 和图 12.17）。在北欧海中，AW 是一个表层水团，其温度最大值出现在海洋表面。在弗拉姆海峡中，它在汇入西斯匹次卑尔根海流的地方，温度在亚表层出现最大值，同时寒冷的极地淡水表层水位于顶层。一些 AW 分支在 EGC 中回流进入北欧海。剩余部分绕北极循环流动，大多数作为一股"边缘"流沿着大陆架坡折流动（图 12.1；Rudels 等，1999）。该环流的方向与表层环流或海冰漂移的方向不同。

沿着其气旋式运动的路径，AW 的温度和盐度都有所下降（图 12.12 和图 12.15 以及教材网站第 S15 章中的图 S15.12）。在弗拉姆海峡，AW 的温度大约为 3 ℃，盐度大于 35.0 psu。在北冰洋，AW 温度逐渐下降到 0.4 ℃，盐度下降到 34.80～34.9 psu。其核心从表层向下移动（从弗拉姆海峡中的 200 m 下降到加拿大海盆中的 500 m）并且密度变大。这些变化是由于该部分水体与其上方和下方水体混合以及从边缘平流汇入的寒冷陆架水造成的（Aagaard 等，1981；Rudels 等，1999）。

12.5.3　深层和底层水

深层水从大约 800 m 深度处的较低 0 ℃ 等温线延伸到底层（图 12.11 和 12.12；教材网站表 S12.3）。深层水包括北冰洋总水量的 60% 左右（Aagaard 等，1985）。在北极，密度最大的水体产生于北极圈内。因为相对较浅的海槛将北冰洋与大西洋和太平洋分开，大部分深层水无法流出进入大西洋或太平洋，来自这两个地区的深水也无法进入。因此填充该独立的深水层的深水生产量必须通过上涌保持平衡。所以，北极深层水在温度和盐度上相对统一，包括在垂直方向上。

我们沿用 Jones（2001）的观点识别了三种深水层。第一种是 uPDW，存在于整个北极并经弗拉姆海峡汇入北欧海。该水层位于 AW 下方和罗蒙诺索夫海岭上方约

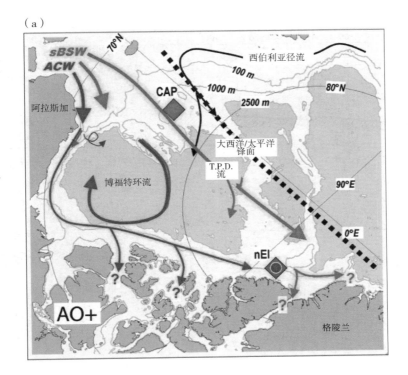

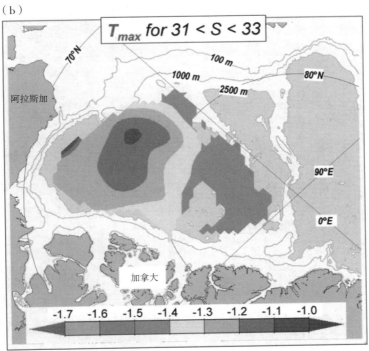

图 12.13　（a）夏季循环示意图。北极振荡活跃期间的白令海峡水（蓝色）和阿拉斯加沿岸水（红色）（教材网址上的第 S15 章）。（b）加拿大海盆中较浅的最高温度层的温度（℃），在 50 m 和 100 m 深度之间。本图也可在彩色插图中找到。来源：Steele 等（2004）

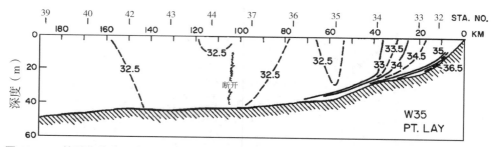

图 12.14　楚科奇海中一个剖面沿线的盐度（1982 年 3 月），包括盐析作用形成的高盐度底层
来源：Aagaard 等（1985）。

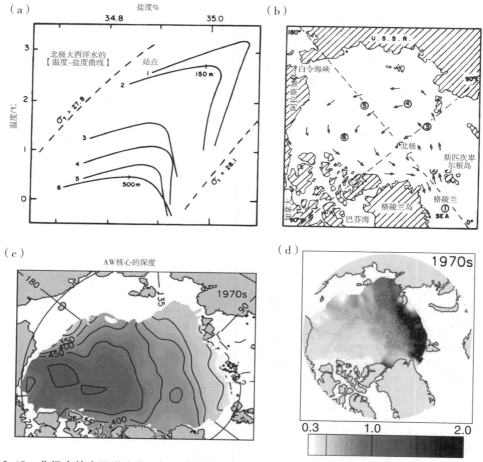

图 12.15　北极中的大西洋水体：（a）用温度－盐度图中的最大温度值核心分析方法分析大西洋水流动方向；（b）图（a）中站点 1 到 6 中所示的由核心连续侵蚀推导的环流；（c）深度；（d）20 世纪 70 年代大西洋水最大温度值处的位温（℃）

（c、d）来自©美国气象学会。再版须经许可。Polyakov 等（2004）；Polyakov 等（2010）。

1 700 m 水深处，因此北极所有区域的水可以在此交汇。uPDW 的位温和盐度特点并不显著：在 uPDW 中随着深度的增加，位温降低而盐度增加。通过氧气、硅酸盐以及含氯氟烃（CFC）可轻易识别 uPDW。在罗蒙诺索夫海岭深度的上方，北冰洋的通风相对良好。在加拿大海盆侧，海岭深度下方的海水含氧量较低、硅酸盐含量较高且 CFC 含量较低（图 12.16）。在该深层的上方和温暖的 AW 下方，水体通风良好，并包括一个最大氧气值。

另外两个主要的深水层被罗蒙诺索夫海岭分开，位于加拿大海盆和欧亚海盆之间。欧亚海盆中的深水为欧亚海盆深水（EBDW）。在罗蒙诺索夫海岭加拿大侧的深水为加拿大海盆深水（CBDW），其具有不同于 EBDW 的特性（图 12.12 和 12.17）。Worthington（1953）根据加拿大海盆和欧亚海盆深水的性质差异推导出存在罗蒙诺索夫海岭。来自北欧海的深水也通过弗拉姆海峡进入北极，因此寒冷、盐度低、密度大的格陵兰深水和略微温暖、盐度略大的挪威海深层水都存在于欧亚海盆（Aagaard 等，1985）。

EBDW 和 CBDW 可在垂直方向上分为深层和底层水。底层水可通过其在垂直方向上均一的特性进行识别，因此它近似绝热（见本小节结尾部分）。

就位温而言，其范围是从北欧海中最寒冷的深水到欧亚海盆中略微温暖（约 −0.95 ℃）的深水（在图 12.17 中，包括马卡罗夫和阿蒙森海盆中的站点；这些分别是加拿大海盆和欧亚海盆的次级海盆，从马卡罗夫－加拿大和阿蒙森－欧亚的相似特性中可以看出）。当考虑到绝热压缩的影响时，抹去深层最小温度值，深水中的位温比原位温度更加统一。厚度可能超过 1 000 m 的最底层是绝热的（见本小节结尾部分）。另一方面，在 EBDW 和 CBDW 中都有一个非常小但非常明显的最小位温值，这与位温－盐度（T－S）空间（图 12.17b 和图 12.18b）特有的平滑上升曲线对应。该最小值并非是参考压力面的选择造成的。位温－盐度关系中的"钩"是因为地热能，在图 12.18 中甚至更加明显（Timmermans，Garrett & Carmack，2003）。

就盐度而言，盐度最小的底层水位于北欧海，欧亚海盆中的海水盐度较高，加拿大海盆中的海水盐度最高。在任何指定区域，深层水中盐度的垂直变化比这些区域之间的整体盐度差异要小。

这些区域中位密度的变化由位温主导。因此寒冷且盐度较低的北欧海深层水比 EBDW 密度高，并且 CBDW 的密度最小。为比较底层水的盐度，应使用一个深层压力参考水平。在 4 000 dbar 处，位密度的范围是从密度最大的北欧海到密度最小的加拿大海盆。然而，在 0 dbar 处，欧亚海盆中水体的密度最大。

EBDW 通过盐析作用从而与北极圈周围欧亚大陆架流通，盐析作用有助于盐度增加。密度最大的陆架水形成于巴伦支海和喀拉海。大约 10% 的 EBDW 可以归因于盐析作用，其余部分通过弗拉姆海峡进入原始北欧海深层水（Östlund，Possnert & Swift，1987）。

在加拿大海盆中（加拿大海盆的次级海盆，见图 2.11），无盐陆架水的密度不大，不足以更新深层水。相较于欧亚海盆中底层水 250 年的水龄，加拿大海盆中的底

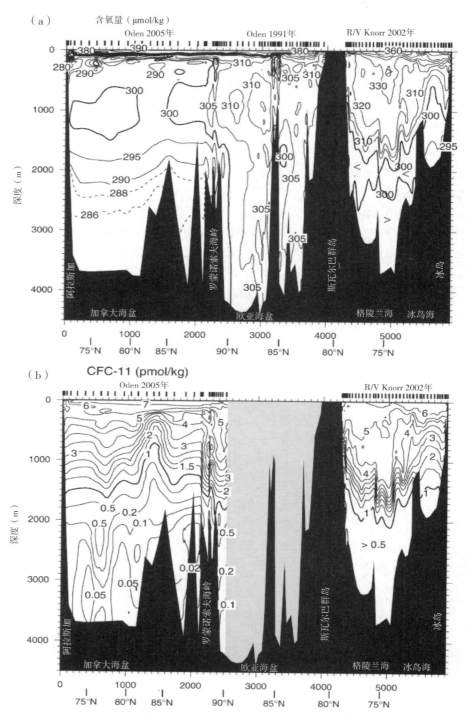

图 12.16　横穿北冰洋和北欧海的垂直剖面：（a）含氧量（pmol/kg）；（b）CFC－11（pmol/kg）
该剖面从白令海峡北部的楚科奇海延伸至北极到斯瓦尔巴特群岛和冰岛（在右边）。位温、盐度和位密度相应的
部分如图 12.11 以及站点位置图所示。站点位置如图 12.11e 所示。加拿大海盆（Swift 等，1997）和欧亚海盆
（Schauer 等，2002）的垂直剖面如教材网站上的图 S12.6 所示。

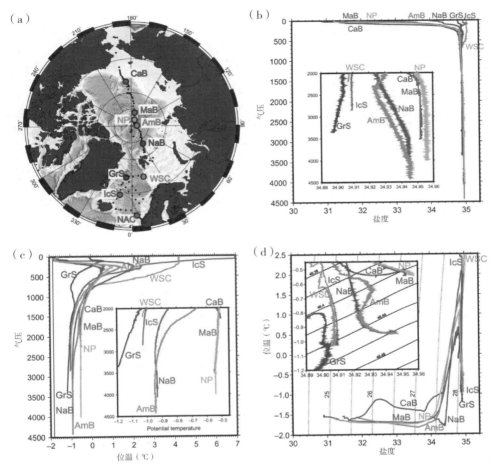

图 12.17　(a) 站点图像（1994 年和 2001 年）；(b) 盐度；(c) 位温（℃）；(d) 位温－盐度

缩略词：CaB，加拿大海盆；MaB，马卡罗夫海盆；NP，北极；AmB，阿蒙森海盆；NaB，南森海盆；WSC，西斯匹次卑尔根海流；GrS，格陵兰海；IcS，冰岛海；NAC，挪威大西洋海流。本图也可在彩色插图中找到。在 Timmermans 和 Garrett（2006）的基础上扩展。

层水的平均水龄大约为 450 年，这是以[14]C 和人为示踪剂的低浓度为依据的（Mac-donald，Carmack & Wallace，1993；Schlosser 等，1997）。

　　对于仅位于罗蒙诺索夫海槛深度上方的深层水，其连接主要是从加拿大海盆端到阿蒙森海盆端。也就是说，阿蒙森海盆底层水等同于欧亚海盆底层水，但是在 2 000 m 水深处上方存在一个向较温暖、盐度较大的加拿大海盆水体的明显过渡区域（图 12.17；Björk 等，2007）。

　　在图 12.17 中，厚度大约为 500 m 的绝热（垂直方向一致）底层在阿蒙森和南森海盆位温和盐度剖面中非常明显，并且在北极站点也非常明显，其位于罗蒙诺索夫海岭的马卡罗夫海盆端。加拿大海盆中有一个更厚的绝热底层，从 2 600 m 水深处延伸到海底（图 12.18）（图 12.17 中的"加拿大海盆"剖面不够深，不能捕捉到该层）。绝

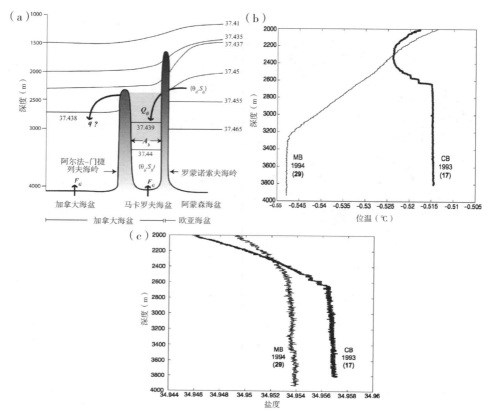

图 12.18 （a）底层水连接示意图，包括大概的海槛深度。位密度指相对于 2 000 dbar 的位密度。箭头表示溢流到海盆的水团通量，底部箭头表示地热通量。（b）马卡罗夫和加拿大海盆（分别为 MB 和 CB）中站点的位温（℃）和（c）盐度

在图 12.17a 中，马卡罗夫站的 "MB" 为 MaB。©美国气象学会。再版须经许可。来源：Timmermans 和 Garrett（2006）。

热底层的存在说明水穿过海槛汇入深层海盆，接着在海槛深度下方性质开始统一。海槛深度可以根据绝热底层顶部的 "断开" 推测出来。

在阿蒙森和加拿大海盆，绝热底层比覆盖在其上方的水更温暖，具有将最小温度值与绝热底层连接的非常平滑的曲线。该温度结构的形成是由于存在来自下方的地热（Timmermans 等，2003）。马卡罗夫海盆中该结构的缺失表明来自阿蒙森海盆的冷水不断（溢出）汇入该海盆。根据各个海盆中深层水的特性，阿蒙森海盆深层水的一些小水流很有可能会流入马卡罗夫海盆，而从马卡罗夫海盆到加拿大海盆的任何大量的深层水流都可以排除（Timmermans & Garrett，2006）。

12.6 北冰洋运输和收支

北冰洋/北欧海是全球范围内热损失和高密水团产生的重要区域。流经北欧海的

AW 冷却是唯一发生在高纬度地区的主要海－气热交换。假设墨西哥湾流和黑潮区域在大西洋和太平洋的热量损失方面的作用是相等的，和赤道对称的太平洋相比，北欧海的热量损失造成了整个大西洋长度上的北向热量运输的存在，包括南大西洋（第 5.5、9.7 和 14.3 节）。

由于其在太平洋和大西洋之间的连接作用、它的净径流和降水以及其流入大西洋的海冰，北冰洋/北欧海域对于全球淡水收支也很重要。从北冰洋流出进入北大西洋的淡水变成了新形成的 NADW 的一部分，并且对该水团的盐度有很重要的控制作用。作为自然气候循环的一部分以及作为对人类活动引起的变化的一种回应，北冰洋冰盖也在发生变化。这改变了北半球的反照率并且可能成为气候反馈的一个重要部分。

尤其是北欧海/北冰洋、拉布拉多海，它们包含了上层海洋水转换为高密水的主要北半球区域，从而提供与北大西洋相关的部分全球翻转环流的向下"分支"。从海洋上层到深层海洋水的转换是由大量热损失引起的。该转换过程将淡水从表层向下转移到深水层，因此高密水的产生是将淡水从北冰洋输出并向南汇入中纬度大西洋的主要途径。

温暖的 AW 通过几个路径进入北欧海并汇集在挪威大西洋海流（图 12.1 和 12.19）。一部分在北欧海中再次循环，一部分继续向北流进入北冰洋。它与通过白令海峡的水流和来自雨水和径流的表层水汇合在一起。这整个上层在北极进一步冷却并且是高密度 EBDW 的一个来源，部分 AW 只是密度变大了。改造后的 AW 和北冰洋深层水的绝大部分通过 EGC 回到北欧海，而较小的一部分向南流回到格陵兰岛西部。

在北欧海中，返回的改造后的北极水汇入当地流通的 AW 和表层水中。进一步的稠化的发生主要是通过格陵兰海中的深层对流（以及玻瑞阿斯海盆，毗邻格陵兰海的北部）进行的。浮力损失以及深层混合也出现在冰岛海中（图 12.1 和 12.10），整体促成了新的 AIW 层。在北欧海中，盐析作用，尤其在斯瓦尔巴特群岛南部的斯图尔峡湾（图 12.1）进行的盐析作用，也是一个稠化的过程。净结果是产生 AIW（在当前几十年），而在早先的几十年是产生格陵兰海深水。其中流过相对较浅海槛进入北大西洋的部分水体后来变成了 NADW 的一部分。

在该翻转系统中由北欧海和北冰洋组成的运输如图 12.19 所示。挪威大西洋海流运输 8.5 Sv 的 AW 向北流进入北欧海。来自太平洋的水流经过白令海峡后有 0.8 Sv 进入了北冰洋（Roach 等，1995）。北冰洋和北欧海中大约有 0.2 Sv 为径流和降水。因此，净流入量为 9.5 Sv。穿过格陵兰－苏格兰洋脊的溢流水包括 6 Sv 大西洋进水下方密度较大的水体和 3.5 Sv 来自北冰洋西部和格陵兰东部（分别流经戴维斯海峡和 EGC）密度较小的水体。在高密度溢流水中，3 Sv 位于丹麦海峡，1 Sv 位于冰岛－法罗群岛洋脊上方，还有大约 2 Sv 穿过法罗群岛－设得兰群岛海峡。因此，在整个系统中，9.5 Sv 密度较小的进水中有 6 Sv 转变成了密度较大的水体（图 12.19；Jones，2001；Rudels 等，1999）。

图 12.19 **体积运输收支**

红色和橙色是上层海洋进水，绿色是上层海洋出水，蓝色是中层/深层出水。斯维德鲁普运输在图中已经列出。彩色版本见教材网站图 S12.7。

单就北极部分而言，进水包括进入到巴伦支海的 1.8 Sv、西斯匹次卑尔根海流中进入北极的 1～1.5 Sv、流经白令海峡的 0.8 Sv 以及 0.1～0.2 Sv 的径流。因此进入北极的净流入量是 3.7～4.3 Sv。来自北极的出水包括从格陵兰西部流入拉布拉多海的 1 Sv 和流经弗拉姆海峡进入北欧海 2.8～3.3 Sv 的水流。在弗拉姆海峡运输中，0.5 Sv 是极地表层水，剩余部分是密度较大的水——改变后的 AW（约 1 Sv）和 uP-DW/EBDW（约 1.3 Sv）。这里"改变后的大西洋水"是在北冰洋中已经被改变的 AW 核心，其密度变大（$\sigma_\theta > 27.97$ kg/m^3）、温度变低以及盐度变小并向南回流。位于最北边的转换路径导致了 NADW 的产生，转换成密度较大水的净转换量为 2.2～2.8 Sv。

为了达到 6 Sv 高密溢流水的总转化量，该来自北极密度已较大的水汇入北欧海水，并且全部进一步转化为密度大于格陵兰－苏格兰 AW 进水的水体，净转化量为 6 Sv。因此约一半汇入 NADW 的转换量来自依然位于北欧海域并且不通过北极参与循环的水体；另一半在通过北极参与循环期间首先转化为密度较大的水体。

滞留时间是根据体积运输和层容量来估算的（第 4.7 节）。通过统计它们完整的体积收支，Aagaard 和 Greisman（1975）预计表层水的全部替换需要 3 到 10 年，深层水需要 20 到 25 年，而欧亚海盆中的底层水大约需要 150 年。

12.7　北极中的海冰

前面在第 3.9 节中介绍了海冰的属性，并讨论了盐水如何结冰以及伴随着结冰的盐析过程。我们也介绍了冰间湖的概念，即冰覆盖区域中的无冰水面。这里我们对北极海冰及其季节性循环进行了特别描述。波弗特海中海冰的图片见教材网站上的图 S12.8。

12.7.1　北极海冰的分布

海冰覆盖了北极的大部分。在北极的一些地区可发现全年（多年）海冰，尽管覆盖范围正在减小（第 S15 节）。甚至在冬季末，也有一些区域一直都是无冰的（图 12.20a）。这些区域包括北欧海东部和部分巴伦支海陆架，在这里，温暖的大西洋水在挪威大西洋海流中向北流动。可在整个加拿大海盆和北极的格陵兰端发现多年海冰（图 12.21）。根据定义，当年冰是夏季末无冰水域中的冰。通过比较图 12.20 中的冬季末和夏季末图片，可以知道当年冰出现的地方：欧亚端的巴伦支海和喀拉海，以及加拿大端的楚科奇海和波弗特海外围。拉布拉多海和哈德逊湾中的冰也是当年冰。

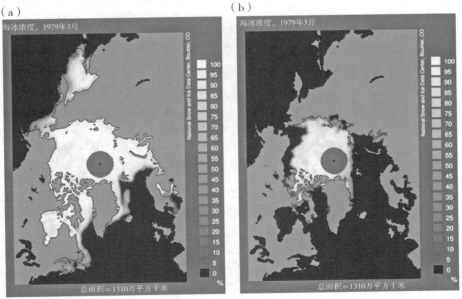

图 12.20　1979 年（a）冬季末（三月）和（b）夏季末（九月）的海冰浓度

来源：NSIDC（2009a）。

在北极中部，尤其在加拿大海盆中可发现多年积冰（如图 12.20b 中 1979 年夏季末的覆盖范围）。最老的积冰（＞4 年）毗邻加拿大北极群岛（图 12.21）。因为海冰盖正在减少，所有的陆架区以及加拿大北极群岛区域在夏季末的无冰区已经变大，并且在北极的某些地方将不会再有多年冰（教材网站第 S15.4 节）。

除了通过年龄来识别海冰之外，北极冰可分为和年龄紧密相关的三类：极冠冰、浮冰和固定冰。最广泛的是极冠冰，它一直存在并覆盖了大约 70% 的北冰洋，从极地延伸到大约 1 000 m 等深线处。极冠冰是接近半圆形的，平均年龄为数年。在冬季，海冰的平均厚度是 3 到 3.5 m。但是半圆形局部增加的高度高出海平面 10 m。在夏季，该极冠冰的一部分融化并且平均厚度减少至约 2.5 m。可能形成冰沟和冰间湖，即无冰水域。在秋季，这些水域会全面结冰并且其中的冰被挤成洋脊或成筏（在成脊过程中，两块浮冰相遇并发生垂直变形后形成一个脊，脊的三分之一向上凸起，剩余的三分之二下潜；在成筏过程中，也是两块浮冰相遇，但是是一块上升并覆盖另一块）。只有最重的破冰船能穿透极冠冰。

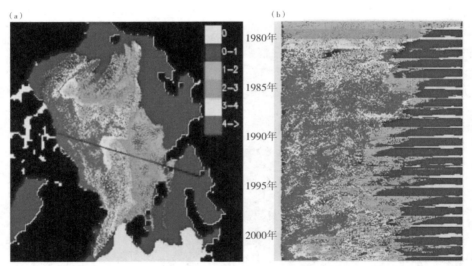

图 12.21　北极冰年龄：(a) 2004 年和 (b) 作为时间函数的北极冰年龄等级横截面（右）（Hovmöller 图），沿横断面延伸，从加拿大北极群岛穿过北极地区到 (a) 中所示的喀拉海

本图也可在彩色插图中找到。来源：Fowler 等（2004）。

偶尔出现的冰岛屿具有相当均匀的冰厚度，该厚度明显大于通常的极冠冰，这些冰岛屿源于北部埃尔斯米尔岛上的冰川。

浮冰位于极冠冰的外围。它由一小部分多年冰和更多当年冰而非极冠冰组成。它比极冠冰轻并且厚度高达几米。它大约覆盖了北极地区的 25%，延伸到 1 000 m 等深线近岸处。它的面积每年都会有一些变化。它的面积范围是季节性的，在 9 月份最小，5 月份最大。其一部分会在夏季融化，一些会通过成筏作用增加到极冠冰上。浮冰会向南漂流汇入 EGC 和巴芬岛以及拉布拉多海流。虽然破冰船可以穿透浮冰，但浮冰仍阻碍了其在加拿大北极群岛北部、沿格陵兰东海岸、巴芬湾、拉布拉多海和白令海的航行。

　　浮冰的边缘是陆缘海冰带。这一区域可能宽达数十到数百公里，海冰是松散和破碎的。海面波浪会提供能量来打碎海冰。当波浪进入陆缘海冰带，它们就会被浮冰分散并且它们的能量会衰弱。上涌、漩涡和射流会沿冰缘线出现。相对于周围水域，陆缘海冰带会有更高的生物生产力。

　　最后，固定冰形成于岸边，延伸到浮冰，包括每年冬天形成的当年冰。这些冰"紧贴"或固定在岸边并大约延伸到 20 m 等深线处。在冬季，其厚度会达到 1～2 m，但在夏季它会破裂并完全融化。当它发生破裂并离开海岸时，可能会有海滩泥沙冻结在里面，而且海滩泥沙在冰融化下沉前会被带到别处，造成底部沉积物中存在"不稳定"泥沙。

　　通常情况下，极冠冰和浮冰的循环类似于极地表层水的环流过程（第 12.4 节）。该循环使冰在周围移动并使其从北极流出。在某一指定区域，尽管极冠冰一直存在，但并不总是相同的冰。每年所有极冠冰和浮冰中多达三分之一的冰会在 EGC 中通过弗拉姆海峡被运走，而来自浮冰的其他冰会加入原来的冰。海冰通过弗拉姆海峡和沿格陵兰沿岸流出的速度约为 3 km/d。通过弗拉姆和戴维斯海峡进行的冰输出是北极淡水收支的主要因素。作为冰输送出去的淡水量约等于进入北极海盆的大陆径流总量。

12.7.2　北极海冰的堆积和破碎；冰间湖

　　为了说明海冰的变化与纬度的关系，我们描述了加拿大北部从大约 48°N 到 80°N 处海冰堆积和破碎的概况。在圣劳伦斯海湾（46°N～51°N）只有当年冰。海冰的形成首先在内部区域（河流），然后沿北部海岸，到 1 月份，由于冰覆盖了大部分区域，在主要海湾会阻碍航运，到 2 月底冰的厚度达到 0.6 m。冰的破碎从 3 月中旬开始，到 4 月中旬，在劳伦斯海峡深处沿着中部海湾，船可以自由移动。夏季，所有的冰都融化了。在寒冬，冰的堆积和破碎可能会提前或推迟两个月。

　　在巴芬湾/戴维斯海峡（63°N～78°N），大多数当年冰的厚度为 1.5～2 m，来自北部从史密斯海峡进入的时间更长的海冰厚度高达 3 m。在该区域，冰盖比无冰水面更常见。到 5 月中旬，巴芬湾和戴维斯海峡西部的很大一部分都被冰覆盖；到 8 月中旬，除了巴芬岛，大部分冰都融化了；然后到 10 月底，海冰从北部开始形成。年际变化非常大，在"好"的年份，一些区域到 6 月中旬都是无冰的，但是在"不好"的年份，早在 8 月底就开始出现结冰现象。一个名为"北方水域冰间湖"的大面积周期性冰间湖位于巴芬湾北端（图 12.1、图 12.22），在整个冬季它通常没有持久性冰并且它是巴芬湾高密水的一个来源。

图 12.22 加拿大北极群岛中的冰间湖

1 巴特斯特角	9 富兰克林海峡	17 地狱之门－卡迪根海峡
2 兰伯特海峡	10 贝洛特海峡	18 安女士海峡
3 罗斯·韦尔卡姆海峡	11 摄政王湾	19 拜洛特岛
4 科米蒂湾	12 兰开斯特海峡	20 科堡岛
5 福克斯湾	13 梅尔维尔子爵海峡	21 巴芬湾北部的可航水域（NOW）
6 弗罗比舍湾	14 卡勒克布鲁曼	22 弗拉格勒湾
7 坎伯兰湾	15 昆斯海峡和彭尼海峡	23 林肯海
8 弗里和赫克拉海峡	16 邓达斯岛	

主要潜热冰间湖：巴芬湾北部的可航水域、巴特斯特角。潮汐混合冰间湖：科米蒂湾、邓达斯岛、兰伯特海峡以及可能的昆斯海峡、贝洛特海峡、弗里和赫克拉海峡。巴伦支海、喀拉海和拉普贴夫海中的冰间湖如教材网站图 S12.9～S12.11 所示。来源：Hannah 等（2009）。

  在加拿大北极群岛，冰盖可能会破碎但是浮冰可以全年一直存在，而且在这里需要破冰船为北部前哨站供应表层水源。当年冰厚度为 2.4 m，多年积冰厚度为 4.5 m。兰开斯特海峡（74°N 从巴芬湾向西）会出现一些冰间水面，到 7 月出现在海峡更西部，但是浮冰依然存在。

  北极西部（120°W 到白令海峡）是加拿大/阿拉斯加沿岸北部主要的大洋区域，大约位于 70°N，这里存在一股缓慢的东向海流（阿拉斯加沿岸流）。厚度高达 4.5 m 的多年冰（北极冰）通常位于大洋南部到 72°N 处，而沿岸的固定冰厚度会达到 2 m。无冰水域通常在 8 月中旬到 9 月中旬出现在海岸附近，甚至可能延伸到 73°N 处，但在情况极端的年份，在 8 月北极冰可能会延伸到海岸。船只沿海岸的移动通常限于 9 月份。

在北太平洋无冰水域，不会出现（海）冰，但（海）冰会形成于北部和西部的边缘海中，即白令海、鄂霍次克海和日本海北部。在白令海，冬季浮冰会延伸到 58°N 处，但到了夏天会完全消失，向北收缩穿过白令海峡到达 70°N～72°N 处。同样，在鄂霍次克海和日本海，海冰是季节性的，在每年夏天会完全消失。

冰间湖（第 3.9.6 节）发现于整个北冰洋沿岸和整个加拿大北极群岛（图 12.1，图 12.22）。一些北冰洋冰间湖的卫星图像如教材网站图 S12.9～S12.11 所示。由于海冰的不断产生和海冰中的盐水析出，靠风力作用的潜热冰间湖对高密水的形成尤为重要。大部分 AIW（北极中层水）形成于西伯利亚陆架冰间湖中（Martin & Cavalieri，1989；Smith 等，1990）。潜热冰间湖如图 12.1 所示，包括巴芬湾北部的可航行水域、格陵兰岛周围的东北部水域、拉普捷夫海、巴瑟斯特角冰间湖、斯瓦尔巴特群岛周围的冰间湖、法兰士约瑟夫地群岛、新地岛和北地群岛。斯瓦尔巴特冰间湖（Svalbard）是北欧海中高密水的源头。拉普捷夫海裂缝冰间湖是北极中海冰产量最高的区域。加拿大北极群岛中的许多冰间湖如图 12.22 所示，其中有些通过潮汐力向上混合较温暖的表层水以保持无冰（感热冰间湖），而其他冰间湖是靠风力作用（Hannah，DuPont & Dunphy，2009）。

12.7.3　北极冰山

冰山和海冰的不同之处在于它起源于陆地，不含盐，密度大约为 900 kg/m³（密度小于纯冰，因为冰山中存在气泡），并且垂直尺寸更大。由于其体积较大，它们对航运的阻碍作用大于海冰。在北大西洋中，冰山的主要来源为正在崩离的格陵兰西部的冰川，另外少数冰山来自正在崩离的巴芬湾西部边缘。预计每年冰山形成的总数量多达 40 000 座。冰山的尺寸（海平面以上高度/长度）差异相当大："碎冰山"高 1.5 m，长 5 m；"冰山片"高 1～5 m，长 10 m；小冰山高 5～15 m，长 15～60 m；大冰山高 50～100 m，长 120～220 m。海平面以下和海平面以上冰山体积的比值为 7 比 1，但是海平面下最大深度与海平面上方的高度比值小于该比值，这取决于冰山的形状。

冰山吃水深度很大，因此它们的移动主要由洋流决定（浮冰运动更多取决于风应力）。冰山的平均寿命为 2～3 年。在西格陵兰海，它们从源头移动的距离可能高达 4 000 km。从该处，它们在 WGC（西格陵兰海流）中向北移动穿过巴芬湾然后以大约 15 km/d 的速度向南到达巴芬岛并汇入阿布拉多海流，其中许多会停在陆架上。一小部分冰山会进入纽芬兰旁的北大西洋水域，在这里它们通常有几十米高。在该区域记录到的最高冰山为 80 m，最长冰山为 500 m 左右。在大浅滩地区出现冰山的季节主要是从 3 月到 7 月。自 1912 年泰坦尼克号海难后，1914 年成立了美国海岸警卫队国际冰情巡逻队，以提供有关拉布拉多洋流中向南移动至浅滩区域的冰山信息。在该区域对海冰和海洋地理情况的定期年度调查以及对该区域情况的基本描述和理解，提供了一个世纪以来有关海冰、环流、拉布拉多海水团和纽芬兰区域（第 9 章）的大量信息。

12.8　气候多样性与北冰洋

北冰洋和北欧海是北半球气候多样性的核心。人们经常使用气候多样性/变化的四种模式描述该区域的气候多样性：北极振荡（也称为北半球环形模态）、北大西洋振荡、大西洋多年代际振荡以及人类活动引起的全球性变化。人为的气候改变情况显示为北极地区最大的温度变化。从 20 世纪 70 年代开始，北冰洋海冰的范围和体积一直在减少，并且海冰年龄不断变小，厚度不断变薄。涉及北冰洋海冰盖的气候反馈对于理解和预测气候变化至关重要。受海冰、盐度以及环流和海气通量影响的上层海洋温度结构是理解海冰的一个重要因素。

教材网站上第 S15 章（气候多样性和海洋）中的第 S15.4 节中包括了所有与北极气候多样性有关的其他文章和图表。第 S15.4 中涵盖了以下北冰洋主题：（1）北极振荡或北半球环形模态；（2）大西洋多年代际振荡；（3）北冰洋冰盖的变化；（4）北欧海变化和 AW 特性，包括对反映人类活动引起的气候变化的长期趋势进行的讨论。在第 S15.1 节中对北大西洋振荡进行了讨论。

第 13 章　南大洋

13.1　介绍

"南大洋"是围绕南极洲的广阔海洋区域（图 13.1 和 2.12）。从太平洋、大西洋、印度洋或许多边缘海意义上考虑，它不算一个正式的地理区域，因为它并未被陆地环绕。然而，南大洋的概念很重要，因为在南美洲和南极半岛之间的德雷克海峡的纬度范围没有南北边界（深水区除外）。因此，强劲的南极绕极流（ACC）持续向东，环绕南极洲但并没有向西回流；它是南大洋大尺度环流中的主导环流。在上层海洋中，尽管在深层水和深海水体中地形为西边界流提供了边界（第 7.10.3 节），但德雷克海峡纬度地区没有西边界来支撑西边界流和风生环流。ACC 是海洋中与风系统，包括西风带以及东风带最近似的对应存在，因为大气层也没有边界。然而，ACC 最强劲的洋流大多位于德雷克海峡北部或南部，有西部边界的地方（南美洲以北和南极半岛以南），这增加了其复杂性，并且实际上它在德雷克海峡中只做短暂的停留。南极洲海岸线，位于 ACC 南部，包括两个主要的海湾：威德尔海和罗斯海。它们具有西边界，因此可以通过西边界流对局部风动环流提供支持。

南大洋的南部以南极大陆为界。它的北部"边界"尚不明确。可以将 60°S 处的南极条约约定界看成是政治意义上的南大洋北部边界。然而，南大洋海洋地理上的边界延伸到远远超过 60°S 以北的位置处。如果用 ACC 的存在定义南大洋，它最北边的边界大约在 38°S 处，是 ACC 可到达的最北边的位置（图 13.1；第 13.3 节）。最新使用的最广阔的定义将该区域延伸到 30°S 处，以完全涵盖向北到达各大洋中副热带锋的所有南大洋现象（第 9~11 章）。我们并不坚持使用一个南大洋定义。本章中描述的过程主要与 ACC 及其南面区域有关，也包括 ACC 和其北部洋盆之间的连接。

南极洲北部最狭窄的压缩区域是德雷克海峡，位于南美洲和南极半岛之间。在此处以及和东部的斯科舍岛弧内的复杂地形，对 ACC 的流动造成了最大的纬向堵塞。两个较宽的限制区域为非洲南部和澳大利亚。在所有这三个限制区域内，向南流动的副热带西边界流（巴西海流、厄加勒斯海流和东澳大利亚海流）与南大洋环流相互作用。大洋中脊横穿南大洋，从而对穿过洋脊缝隙的 ACC 有强力的引导作用。一些大的海底平原（凯尔盖朗群岛、坎贝尔和福克兰群岛）使 ACC 发生了偏转。在德雷克海峡的纬度，可以引起经向地转流的深层地形出现在德雷克海峡 – 斯科舍岛弧地区、凯尔盖朗海岭和新西兰南部的麦夸里海岭（Warren，1990；第 13.5 节）。

因为 ACC 连接着三个主要的洋盆，也因其是一个可以到达海洋深处的洋流，所以它是不同大洋中大部分水流的运载工具（有大约 1 Sv 从太平洋穿过北冰洋流到大

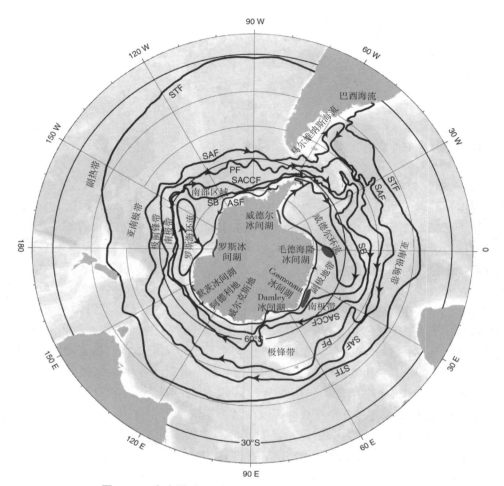

图 13.1　南大洋地形、主要的锋面和海洋区（见表 13.1）

副热带锋（STF）是该地区海洋地理上的北部边界。东流向的南极绕极流（ACC）包括这些锋面：亚南极锋（SAF）、极锋（PF）、南部南极绕极流锋（SACCF）和南部边界（SB）。锋面的位置来源于 Orsi 等（1995）。西流向的南极陆坡锋（ASF）（细小部分）沿陆坡流动。并未表示出 SAF 北部的海盆环流；见第 9、10 和 11 章中的图像。对主要的冰间湖进行了标注（深灰色的斑块）；所有的冰间湖如图 13.20 所示。

西洋的输运量以及 10~15 Sv 太平洋和印度洋之间流经印尼海峡的输运量，但是这些都小于 ACC 中超过 100 Sv 的输运量）。起源于各个海洋中的深层水团的独特性存在于 ACC 中。水团混合、上升并被转化为密度更大或更小的水团，然后再次出现，以进入 ACC 北面的海盆中。

　　由于它南部的高纬度和海冰的形成，南大洋会沿南极洲海岸自产密度非常大的深层水和底层水。这些高密水汇入了海洋最深层并流向北部。

13.2　风的作用

在南大洋 40°S～60°S 纬度带，年平均风力由西风带主导，而在 60°S 以南靠近南极洲的区域，则以东风带为主（图 13.2a）。西风带并不具有区域一致性，它们在印度洋海域集中在 50°S 获得最大风力。西风带还有一个明显的南向组成部分，尤其在印度洋东部和澳大利亚以南。在亚南极锋（SAF）和极锋（PF）纬度区域，西风带产生北向的埃克曼输送，其为 ACC 的一部分（第 13.3 节）。横穿（绕极）SAF 的北流向净输送量非常大，大约为 30 Sv，此处输送的水流必须由来自于南部的上升流进行补偿。

风应力旋度与埃克曼上升流和下降流有关（第 7.5.4 节）。与零埃克曼上升流相关的零风应力旋度出现在最大风应力处——约在 50°S 的位置。上升流（图 13.2a 中的正值）出现在其南部靠近大陆的区域，并且有着最大的埃克曼上升流速。埃克曼下降流出现在西风最大风力的北边，在大西洋东部最强劲并贯穿整个印度洋海域。

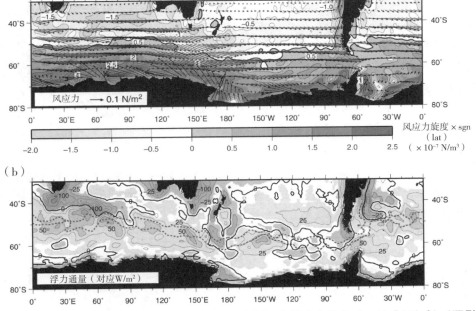

图 13.2　（a）南半球的年平均风应力（N/m²）（矢量）和风应力旋度（×10⁻⁷ N/m³）（阴影）乘以 −1，因此正值（深灰色）表示埃克曼上升流，来自 NCEP 再分析 1968—1996（Kalnay 等，1996）。（b）年平均海气浮力通量，转换成同等热通量（W/m²），依据 Large 和 Yeager（2009）海气通量。正值表示海洋密度持续变小。等值线间隔为 25 W/m²（已经删除南极海岸沿线的网格等值线）。虚线等值线是 Orsi 等（1995）提供的亚南极和极地锋面

离南极大陆较近的风带为东风带，并且由于大陆驱动作用，风力可能非常强劲（下沉风，也包括北向的分量）。东风带驱动埃克曼输送向陆地方向，包括在边界处的

下降流。这导致了海面升高和紧邻陆地的密度跃层的加深，在大多数地区形成了在陆地附近向西的地转流。

表层浮力作用是海气热量和淡水通量的总和（全球范围内的这两个独立部分如图 5.4 和 5.12 以及 S5.8 所示，可在教材网站 "http：//booksite. academicpress. com/DPO/" 查看；"S" 表示补充资料）。转化为图 5.15 中的等效热通量单位 W/m^2 的南大洋净浮力通量如图 13.2b 所示。大约 45°S 以南的净浮力通量为正值，这说明表层水体的密度变小（该图像明显缺少沿岸冰间湖中的浮力损失及其引起的密度增加，它们并不存在于这些数据产品中但却形成了南大洋深层和底层水）。这是全球海洋中唯一一个淡水通量构成海气通量主要成分的较大区域，但此处热通量的量级与此类似且使海洋温度升高。如此寒冷的高纬地区如何在平均状态下变暖？包含极寒冷水体的上升流及其后来的北流向埃克曼输送的出现控制了海气通量，因此略微温暖的海洋气团平衡了较寒冷的水。最大浮力/热增量沿 ACC 的 SAF 和 PF 出现，在该处为西风，因此北流向埃克曼输送速率非常大。

在南大洋中，几乎是由热量损失造成的最高浮力损失地区（图 5.15 和教材网站补充资料中的图 S5.8），位于西边界流区域（厄加勒斯海流、东澳大利亚海流和巴西海流）以及利文流区域（澳大利亚西海岸）内。在这些区域，年平均热量损失超过 $100\ W/m^2$。带状浮力（热量）损失沿厄加勒斯回流从非洲向南延伸，其中有超过一半的路程横穿印度洋，损失量超过 25～50 W/m^2。在太平洋中，SAF 北部类似的位置也有一个准带状浮力损失区域。最高浮力损失区域和南流向平均流有关，这些南流向平均流可将较温暖水体带入较寒冷的系统中。

13.3 南大洋锋面和地带

因为开阔的带状海峡和近带状的 ACC（第 13.4 节），南大洋中所有海水性质从表层到深处的等值线都近乎带状分布（东西方向）。在德雷克海峡纬度范围内的近表层位温、盐度和重力势异常（图 13.3 和 13.7）说明了这一带状特征。ACC 南部，在威德尔海和罗斯海表面的特性和环流由气旋式环流组成（在南半球为顺时针），并且不同于 ACC 纬度带中的带状结构。

将 ACC 中各个特性的近乎带状等值线组织成三个主要的锋面，这些锋面分隔出四个区，在这四个区内等值线的间距更宽（图 13.1）。在这些锋面中，洋流为东流向并且非常强劲。在这些锋面之间的地带，海流由涡主导并且可能为任意方向。

这些作为 ACC 一部分的绕南极锋面是 SAF、PF 以及南 ACC 锋面（SACCF；图 13.1 和表 13.1）。SACCF 南部，Orsi、Whitworth 和 Nowlin（1995）明确了南部边界，即上绕极深层水（UCDW）低含氧层的南部边缘。上述锋面不为动力锋面（见第 13.5.3 节）。从 ACC 南部分离的南极陆坡锋（ASF）发现于沿陆坡的多个地区，该陆坡锋向西流动并将高密陆架水从近岸水中分离（Jacobs，1991；Whitworth，Oris，Kim & Nowlin，1998）。西流向的宽阔南极沿岸流（ACoC）发现于大陆架上，尤其是在离岸非常近的地方。

锋面分割开的区域包括：亚南极带（SAZ；SAF 以北）、极地锋带（PFZ；位于 SAF 和 PF 之间）、南极带（AZ；位于 PF 和 SACCF 之间）、南区（SZ；位于 SAC-CF 和 SB 之间）以及副极地带（SB 以南；Oris 等，1995）。副极地区域（或副极带，SPZ）包括威德尔海和罗斯海环流。高密陆架水发现于 ASF 以南的大陆架，这可能被认为是陆架区域。

Orsi 等（1995）创造的该分类方法取代了不包括 SACCF 和 SB 而确定了一个陆缘水边界和大陆区域（CZ）的常用分类法。旧方法只适用于德雷克海峡区域。

示意图 13.4 中总结了锋面、地带以及典型经向（南北方向）的环流和水团。第 13.5 节中对水团进行了讨论。

13.3.1　锋面

依据 Orsi 等（1995）分类的 ACC 锋面以及 ASF 的平均位置如图 13.1 所示。在图 13.5 中，ACC 锋面出现在已经被制成图像和被描述的两个区域。地形对锋面路径的巨大影响非常明显。在德雷克海峡和西南大西洋（图 13.5a），SAF 紧随边界流动，它是沿南美海岸真正的西边界流，称为马尔维纳斯（或福克兰）洋流。其他 ACC 锋面在许多岛屿链中流经海峡并沿着地形循环运动。SAF 和 PF 在福克兰深海高原的北部边缘汇合在一起。ACC 锋面汇合并不罕见，SACCF 和 SB 之间的差异也并不总是非常明显。

同样地，在一些区域，这些锋分成了许多稳定锋面，正如在塔斯马尼亚岛和南极洲之间所观测到的一样（图 13.5b）。这些锋面同样受到地形的显著影响，在这种情况中，涉及的地形有印度洋东南海岭和麦夸里海岭。

ACC 锋面在表层中或略低于表层的地方梯度最大。这与在它们下面的水柱中非常倾斜的等密度线有关，并且跨越的纬度范围远大于表层锋面（图 13.6）。使用表层锋面命名法（SAF、PF 等）对等密度线倾斜较大的下层区域进行命名。这些锋面携带了大多数 ACC 的东向流。

ACC 锋面和 ASF 也与海水性质的过渡相关，正如横穿 ACC 的位温－盐度（$T-S$）剖面图（图 13.7）所示。这些过渡经常是识别 ACC 锋面非常实用的方法，尤其是在使用一些针对 ACC 各交叉点大量数据的详细检查不可行或速度测量不可取的情况下使用大型数据集时。锋面的"代用"标记包括：（1）特定深度处存在的一种特定海水性质（如：温度、温度梯度、盐度和含氧量）；（2）锋面之间区域内典型的海水性质机制之间的过渡。这些标记以将最强东流向海流和次表层温度以及盐度结构联系起来的观测为依据。这些标记并非完全可靠，它们可能具有地域性差异，而且在一些区域锋面会分成许多不同时间相关的锋面，或在其他区域进行合并（如图 13.5）。但是标记对于在许多地区在寻找锋面是十分有用的。

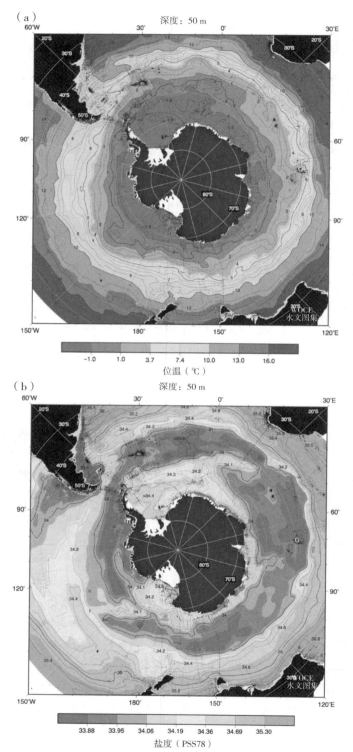

图 13.3　50 m 深度处的海水性质：（a）**位温**（℃）；（b）**盐度**
本图也可在彩色插图中找到。来源：WOCE 南大洋地图集，Orsi & Whitworth（2005）。

表 13.1 南极绕极流和南大洋的锋面和区域

特征	缩略词	简要说明
亚南极锋	SAF	最北 ACC 锋面
极锋	PF	中部 ACC 锋
南 ACC 锋面	SACCF	最南部动态南极绕极流锋
南部边界	SB	大多数沿大陆架,但也包括威德尔海锋面
南极陆坡锋	ASF	陆坡锋,ACC 南边
南极沿岸流	ACoC	西流向沿岸流
亚南极带	SAZ	SAF 北边
极前锋带	PFZ	在 SAF 和 PF 之间
南极带	AZ	在 PF 和 SACCF 之间
南部区域	SZ	在 SACCF 和 SB 之间
副极地带	SPZ	在 ASF 和 SB 之间
大陆地带	CZ	南极陆坡锋以南

沿用了 Orsi 等 (1995) 以及 Whitworth 等 (1998) 的论文成果。

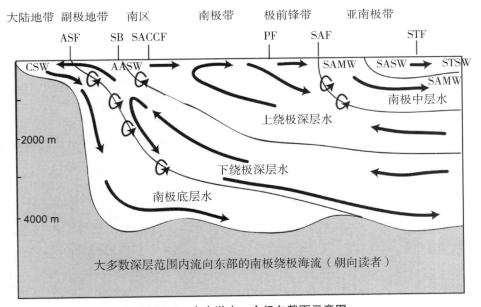

图 13.4 南大洋中一个经向截面示意图

图中展示了水团、经向环流、锋面汇入大多数地带。缩略词:大陆架水 (CSW)、南极表层水 (AASW)、亚南极模态水 (SAMW)、亚南极表层水 (SASW)、副热带表层水 (STSW)、南极陆坡锋 (ASF)、南部边界 (SB)、南 ACC 锋面 (SACCF)、极锋 (PF)、亚南极锋 (SAF) 和副热带锋 (STF)。Speer、Rintoul 和 Sloyan 等 (2000)。

横穿所有 ACC 锋面的塔斯马尼亚岛南部的垂向断面用于对锋面指示特征进行说明 (图 13.6)。

SAF 是 ACC 的北部边缘。它是在澳大利亚南部区域首次被识别的,并且存在于南大洋的所有其他海域 (Emery,1977;Orsi 等,1995)。SAF 有一个大的东流向水

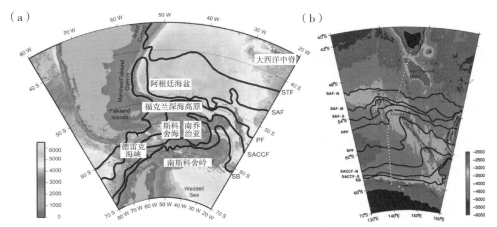

图 13.5 （a）德雷克海峡和西南大西洋锋面。锋面来自 Orsi 等（1995）；水深测量（m）来自于 Smith & Sandwell（1997）。（b）澳大利亚南部（塔斯马尼亚岛）锋面。N、M 和 S 表示指定锋面的北部、中部和南部分支。来源：Sokolov & Rintoul（2002）。

流，这体现在各深度中非常倾斜的等密度线上。在大多数区域，SAF 是低盐度中间层、南极中层水（AAIW）以及表层水厚层和亚南极模态水（SAMW；第 13.5 节）最南边的界线。许多其他 SAF 指示特征也已经被使用，一些和上层海洋中水平（南北）方向大的性质变化有关（见 Belkin 和 Gordon 中的列表，1996）。在许多地方通过 200 m 水深处 4 ℃或 5 ℃等温线的出现或 3 ℃和 5 ℃等温线之间最大水平梯度可以识别 SAF（Sievers & Emery，1987）。所有的这些指示特征如图 13.6 所示。

SAF 在南大洋西部（39°S～40°S 处）的阿根廷沿岸到达其最北端（图 13.1 和 13.5a）。它在向东前进的过程中同时向南移动，并且当它到达南太平洋东部和德雷克海峡，它也到达了最南端（大约 58°S 处）。在德雷克海峡东端，SAF 在 55°S 处接近北部边界。当它离开德雷克海峡，SAF 涌入西部边界，向北流到大约 39°S 处，重新到达其在最北端的位置。沿该海岸，SAF 成为真正意义上的西边界流－马尔维纳斯海流。

PF 存在于 ACC 中，它也是一股强劲的东向水流。通过海水属性，PF 被认为是浅层最小温度值的北边界（第 13.5 节）。此外，这里有许多指示特征（见 Belkin 和 Gordon 中的总结，1996）。例如，在大多数地区它会被认为是围绕温度最小层 2 ℃等温线的最北端位置（Botnikov，1963；Joyce，Zenk & Toole，1978；Orsi 等，1995），或者是浅层最小温度值开始向北急剧下降的地方。在大西洋和印度洋，PF 平均发现于 50°S 左右，在太平洋发现于 60°S 左右，在德雷克海峡西面 63°S 左右到达它的最南端（图 13.1 和 13.5）。

由 Orsi 等（1995）引入的 SACCF 是 ACC 附近的一个主要锋面，而且在 ACC 南边具有一股大的洋流。SADCCF 的实用指示特征，至少在大西洋西南部，包括小于 150 m 深度处最小温度值水域内低于 0 ℃的位温，或大于 500 m 深度处最大温度值水域内高于 1.8 ℃的位温（Meredith 等，2003）。它不同于下节中描述的 SB 的地方是 SACCF 具有一个明显的动力特征，然而就水特性而言，SB 标志着 ACC 的南部边缘。

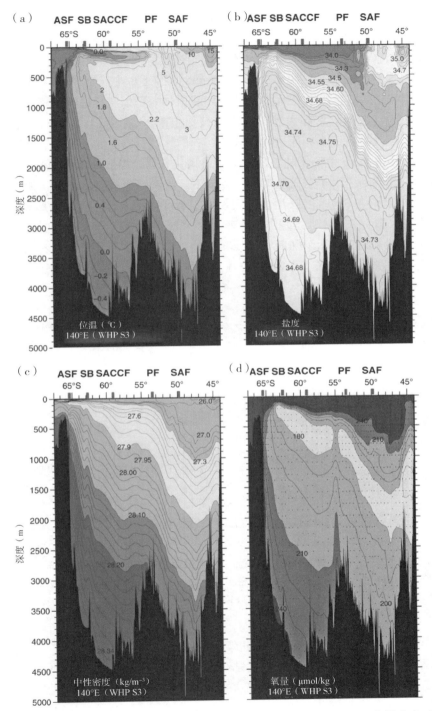

图 13.6 从南极到塔斯马尼亚岛沿 140°E 的 (a) 位温 (℃)、(b) 盐度、(c) 中性密度 (kg/m⁻³) 以及 (d) 氧含量 (μmol/kg)

WOCE 水文计划地图集第 S3 节，来自 Talley，2007。锋面：亚南极锋 (SAF)、极锋 (PF)、南 ACC 锋 (SAC-CF) 和南部边界 (SB) 以及南极陆坡锋 (ASF)。区域位置如图 13.5b 中的站点所示。

SB 是以最低含氧量为特征的 UCDW（第 13.5.3 节）的南部边界。在主要的 ACC 水团中，只有低层绕极深层水（LCDW）发现于该区域南边。SB 也是温度非常低、近乎等温水团的北部边界，该水团发现于南极洲附近。就范围而言，SB 是环极地的。在德雷克海峡的观测（Sievers & Emery，1978）中，它第一次被观测到并被命名为陆缘水边界。因为在很大的区域内如威德尔海，该绕极边界并不靠近南极洲大陆，于是更为普遍的"南部边界"的概念被提出来（Orsi 等，1995），并在此使用。它位于大陆架仅沿南极半岛西边的地方。

在许多地方 ASF 位于大陆坡沿岸，围绕着南极洲（Whitworth 等，1998）。ASF 中的水流向西流动。由于东风驱动的埃克曼下降流和高密陆架水的向下渗透，它以一个朝大陆坡向下倾斜的密度跃层为主要特征。ASF 在大陆架上将非常寒冷的高密水从 SZ 近海水域分离出来，包括南极表层水（ASW）和上升流的低层绕极深层水（LCDW）。图 13.17 展示了锋面密度线典型的"V"形分布。ASF 并不存在于南极半岛的西边界，在这里 ACC 距离大陆坡很近并且此处的等密度线向上倾斜而不是向下倾斜。

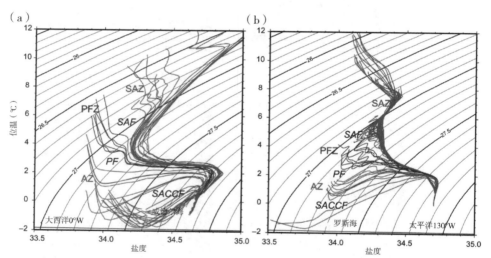

图 13.7 位温－盐度关系：（a）大西洋（格林威治子午线）和（b）太平洋（130°W）
围绕着 ACC 锋面和分区（表 13.1）。等值线是位密度 σ_θ（kg/m³）（线）。靠近底部的线代表冰点。缩略词如表 13.1 所示：SAZ（亚南极带）、SAF（亚南极锋）、PFZ（极前锋带）、PF（极锋）、AZ（南极带）以及 SACCF（南 ACC 锋面）。

ACoC 是位于大陆架顶部，高密陆架水中的西向沿岸流。它不是一个水团边界。它有时候几乎和 ASF 相同，尤其在大陆架狭窄的地方。另外，在一些地方，明显沿南极半岛西部边缘，唯一的西流向水流在 ACoC 中（Klinck 等，2004）。

13.3.2 区域

SAZ 是 SAF 北部的区域。在 SAZ 大多数经度范围内，盐度从表层向下减少，在 500 m 水深或更深的地方达到一个最小值，然后在其下方开始增大。该盐度最小值所在的水域被认为是南极中层水（AAIW；第 13.5.2 节）。盐度最小值上方盐度较高的表层水具有蒸发性副热带环流特征。在靠近 SAF 区域，SAZ 也具有性质几乎一致的近表面的厚层特征，被称为亚南极模态水（SAMW；第 13.5 节）。SAZ 的北部边界可以被当作副热带锋，在各个海洋中大约位于 30°S 处的位置（图 13.1）。

尽管名称中含有"亚南极"，SAZ 在太平洋、大西洋和印度洋中是亚热带环流体系中向极的部分，其表层水流主要是东向流。南大洋亚热带体系和两个北半球亚热带环流的不同在于，太平洋中 SAZ 的部分东流向水流通过德雷克海峡进入到南大西洋的 SAZ 中。同样，SAZ 不断从大西洋进入印度洋，因为亚热带环流的向东流部分连接着这两个海洋。

PFZ（Gordon，Georgi & Taylor，1977）位于 PF 和 SAF 之间。该区域在宽度和形状上有巨大的变化。SAF 和 PF 在有些地方会合并，尤其是在大西洋西南部，并且这里并不存在 PFZ。在 PFZ 中，从 PF 以南的 ASW 几乎等温的 $T - S$ 曲线到 SAF 以北更温暖并且盐度更高的区域，$T - S$ 特征有一个巨大的转变（图 13.7）。由于相互作用，PFZ 中的 $T - S$ 关系图较为复杂（在 AZ 的 $T - S$ 剖面和 SAZ 的 $T - S$ 剖面之间进行锯齿形运动期间，相互作用非常明显）。

PFZ 被强大的涡流占据，该涡是 PF 北流向的曲流（Savchenko，Emery & Vladimirov，1978）或者 SAF 南流向的曲流所产生（图 13.18）。PF 冷涡可能向北移动与 SAF 汇合，进而将 PF 南边的水带到 PFZ 北部，反之亦然，这促进了北部和南部之间经向热量的交换（第 13.6 节）。

AZ 在 PF 南部和 SACCF 的北部。它是薄的冷 ASW 水表层（第 13.5.1），在夏季，由于海冰融化，该表层盐度很低。在非冬季剖面中，在上层 200 m 内存在一个次表层最小温度值，温度范围在 -1.5 ℃ 和 2 ℃ 之间。

SPZ 位于 SACCF 和 SB 之间。在 SPZ 中，含氧量低的 UCDW 上涌到表层并转变成温度非常低的 ASW。

SZ 位于 SB 和南极陆架锋之间。在一些水域，这是一个非常宽阔的区域，包括大多数的威德尔海和罗斯海环流。在其他区域，它极其狭窄，例如在 SB 侵入南极半岛西部大陆架的地方。

在 CZ 中，南极陆架锋以南有一个非常寒冷的水团（<0 ℃）。在冬季，该层几乎是等温的并延伸到海洋深处（>500 m）。其密度由盐度决定。在一些位置，这些大陆架水是高密深层水以及被称为南极底层水（AABW；第 13.5.4 节）的底层水的来源。

13.4　南大洋环流及输送

南大洋环流由强劲的深层东流向海流主导，该海流被称为南极绕极流（ACC）并完整地绕地球流动（图 13.1、13.8 和 14.2）。ACC 曾经被认为是"西风漂流"，因为在该区域它部分由强劲的西风驱动，换句话说，来自西方的风使海水向东流动。

在南半球的航行的日子里，西风令人讨厌。它和东流向的海流使得船舶很难从大西洋绕过合恩角到达太平洋。风应力和科里奥利力也为表层海流贡献了北向的埃克曼输送。这影响了强烈锋面（第 13.3 节）的形成和辐聚。北流向的埃克曼输送是南大洋经向翻转的一个重要部分。在该风驱动表层下方，密度结构和环流处于地转平衡关系。

ACC 并不完全是带状的。ACC 作为一个整体，最北端处于西大洋西南部（北部边缘，38°S）阿根廷沿岸，最南端处于太平洋西南部（北部边缘，58°S）德雷克海峡以西。从大西洋西部到太平洋东部的 2 000 km 的 ACC 南流螺旋分布对南大洋水团有重要影响（第 13.5 节）。

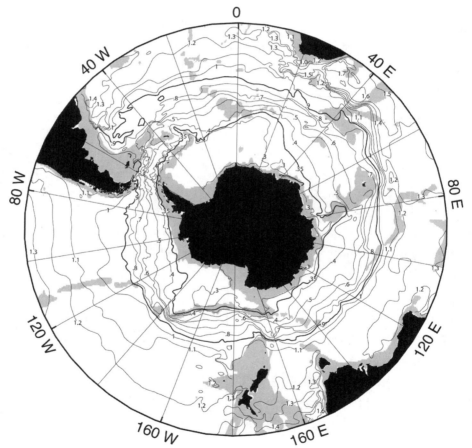

图 13.8　**相对于** 1 000 dbar **的** 50 dbar **处的位势高度异常**
用动力米表示（10 J·kg⁻¹）。来源：Orsi 等（1995）。

ACC 的南部有两个气旋式"副极地"环流，一个在威德尔海，一个在罗斯海。这些环流导致了沿南极海岸的西流向水流，正如在大西洋、太平洋和印度洋的海表面高度图中所看到的（图 13.8 和图 9.2、10.2 和 11.7）。Deacon（1937）假设了一股由东风产生的几乎一直持续的绕极西向流。在印度洋中沿大陆架坡折的两个涡流和西流向水流造成了这一现象，但在德雷克海峡并没有明显的西向水流（图 13.9）。

13.4.1　南极绕极流

在早期概念中，ACC 是一股宽阔的匀速海流。现在我们知道了 ACC 是由一系列狭窄的射流组成，这些射流提供了 ACC 的整体的大量东向水体输运（第 13.3 节）。狭窄的射流被限制在由南部和最北端流线决定的 ACC 较宽包线中，而这些流线一直不断地围绕着南极洲（图 13.8；另参见图 14.2）。在它沿大陆地的环道中，ACC 在狭窄的德雷克海峡（图 13.9）严重受阻，紧随其后的是沿南美洲西边界（马尔维纳斯/福克兰海流）的一股主要北向漂流。在澳大利亚海域，坎贝尔水下平原（新西兰）的底部地形也限制着 ACC，水下平原对连同 ACC 的一股北向漂流起到了一个西边界的作用。ACC 路径也受到了第 13.1 节中所提及的洋中脊的影响。

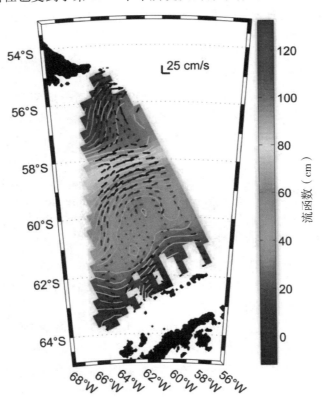

图 13.9　5 年内，对 30～300 m 深度范围内从 128 个交叉处得到的数值进行平均的德雷克海峡平均海流

从北到南的强海流为亚南极锋（56°S）、极峰（59°S）和南部 ACC 峰（62°S）。本图也可在彩色插图中找到。Lenn，Chereskin & Sprintall 等（2008）。

　　ACC 射流延伸到了海洋底部，并且底层速度方向和射流方向一致（第 13.4.3 节）。这意味着根据温度和盐度测量值以及通过假定"在某个水深处没有海水运动"的地转流计估算得到的水通量偏小。总的输运量需要通过直接水文观测，至少要为地转流流速计算提供一个参考速度。

研究者已经在许多位置对 ACC 的速度和输运量进行了观测。因为德雷克海峡相对封闭并且相对容易靠近，所以大多数综合性观测都在这里进行，从 1933 年开始并一直持续到现在（总结见 Peterson，1988）。最近的监测计划包括每年的水文断面观测和每月的用声学多普勒海流剖面仪（ADCP）的流速观测和吊放式温深仪（XBT）的温度剖面（图 13.9）。塔斯马尼亚岛和南极洲的长时间序列观测也正在继续，并且在南大西洋中部和印度洋中也已经进行了相关通量估算。

整个 ACC 平均表层流速度大约为 20 cm/sec。然而正如先前指出的那样，锋面中携带了大多数的水流。根据 1976 年收集的数据，人们第一次清楚地识别出德雷克海峡中的三个射流（Nowlin，Whitworth & Pillsbury，1977；图 13.5）。根据贯穿南大洋的表面漂流浮标数据，最大速度出现在 SAF 中，平均速度为 30～70 cm/sec；PF 几乎同样强劲，平均速度为 30～50 cm/sec（Hofmann，1985）。在德雷克海峡中，近表层的 SAF 和 PF 速度高达 50 cm/sec；而 SACCF 速度偏低（图 13.9）。

大多数 ACC 的输运测量都在德雷克海峡中进行，因为在此处 ACC 有明显的北边界和南边界。在德雷克海峡中观察的锋面结构是第 13.3.1 节中描述的规则结构。仅仅在海峡东部，PF 在 ACC 接触到福克兰深海平原后分成两股（Arhan，Naveira Garabato，Heywood & Stevens，2002）。正常情况下，在其他 ACC 密集观测区域和塔斯马尼亚岛南部、SAF、PF 以及 SACCF 中各自都会有两个或更多独立的锋面（Sokolov & Rintoul，2002）。

Peterson（1988）提出了从 1933 年到 1988 年德雷克海峡中 ACC 的输运量估值。早期一个可靠的估算值 110 Sv（见 Sverdrup，Johnson & Fleming，1942）在目前的估算范围内。首个现代观测是在 20 世纪 70 年代的国际南大洋研究期间进行的，使用了流速计、地转计算和压力计。根据不同时间长度的不同组数据，估算的平均值分别为 124 Sv（范围从 110 Sv 到 138 Sv）、139 Sv（范围从 28 Sv 到 290 Sv）和 134 Sv（范围从 98 Sv 到 154 Sv）（数据分别来自 Nowlin 等，1977；Bryden & Pillsbury，1977；Whitworth & Peterson，1985）。

Cunningham、Alderson、King 和 Brandon（2003）根据 1993—2000 年德雷克海峡中六组重复的水文截面观测数据报告了一种基于 3 000 m 深处无运动区域的东向斜压输运，输运量为 107.3 Sv ± 10.4 Sv。该输运的大部分在 SAF（53 Sv ± 10 Sv）和 PF（57.5 Sv ± 5.7 Sv）内。沿德雷克海峡东部的垂向剖面，在福克兰群岛和南乔治亚岛之间，Arhan 等（2002）发现一个平均东向输运，输运量为 129 Sv ± 21 Sv，它集中在 SAF（52 Sv ± 6 Sv）和 PF 两个分支——一个位于福克兰深海高原海槛（44 Sv ± 9 Sv），另一个位于乔治亚海盆西北部（45 Sv ± 9 Sv）。

在澳大利亚海域，塔斯马尼亚岛和南极洲之间，六组重复的水文截面观测数据计算出一个相对于海洋底部平均 147 Sv 的输运量（Rintoul，Hughes & Olbers，2001 年）。该输运大于德雷克海峡输运。澳大利亚南部的东向输运包括进入太平洋和通过印尼海峡回流到澳大利亚以北印度洋的大约 10 Sv 输运量（第 10 章、第 11 章）。

海底零速度的假设对于 ACC 中参考地转输运很有用，因为这些锋面中的水流从顶部到底部为同一个方向。然而，根据直接的流速观测，底层速度大约为 4～10 cm/sec，因此在底层速度为零的假设下计算出的输运量可能有较大的误差（Donohue，Firing & Chen，2001）。全球和南大洋反演模型使用了通过受限制水文数据计算的地转速度，以便通过闭合段的输送保持平衡，并提供 ACC 净输送的独立估计值。Macdonald 和 Wunsch（1996）获得了穿过德雷克海峡 142 Sv 以及澳大利亚和南大洋之间 153 Sv 的输运量。Sloyan 和 Rintoul（2001）获得了德雷克海峡以及非洲和南极洲之间海域 135 Sv 输送量，和塔斯马尼亚岛与南极洲之间 147 Sv 输送量，与底部参考水平结果相似。

13.4.2　威德尔海和罗斯海环流

在威德尔海和罗斯海环流中，这两个在 ACC 南部的气旋环流是南极洲乃至全球海洋中最大密度水形成非常重要的区域。威德尔海环流锋面将威德尔海环流和 ACC 分隔开，该威德尔海环流与 SACCF 等量并且几乎和 SB 在同一位置（第 13.3.1 节；Orsi 等，1995）。在威德尔海中，海流是气旋式的（第 13.8 节）。1914 到 1916 年，由 Sir Ernest Shackleton 领导的船只 Endurance 被困于浮冰之中，它的航迹证明了气旋式水流的存在（图 13.10）。

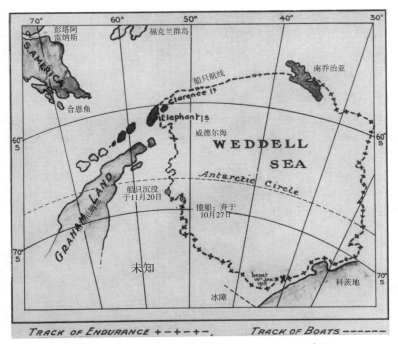

图 13.10　Endurance 号的航迹（1914—1916 年）

来源：Stone（1914）。ⓒ皇家地理学会。

威德尔海环流远远向东延伸到达非洲纬度地区 20°E、54°S 处（Orsi，Nowlin &

Whitworth，1993）。在西部，其北边界是斯科舍岭，然后它大致沿 4 000 m 和 5 000 m 等深线流动。完整的威德尔涡流可能包括两个独立的气旋式涡，中心在 30°W 和 10°E 处。南向水流将 ACC 中的水带入威德尔环流。

威德尔海涡流有一个沿南极半岛向北流的西边界流。它携带着来自于威德尔陆架新形成的高密水。

根据绝对速度分析（Reid，1994），威德尔涡流净输运超过 20 Sv，或具有相对于 3 000 dbar 深度的 15 Sv 输运量（Orsi 等，1995）。在 90 年代早期，根据直接流速测量的运输量为 30 到 50 Sv（Schröder & Fahrbach，1999）。

威德尔海南部被菲尔希纳 - 龙尼冰架占据（图 13.11a）。东部是菲尔希纳，西部是龙尼，由伯克纳岛隔开。在冰架下面有一个由海水形成的冰架下空腔。潮汐作用使其进行了激烈的混合，并且它是威德尔海南部水团发生变化的一个因素（Makinson & Nicholls，1999）。尽管威德尔涡流是气旋式的，但在冰架洞中的水流是反气旋式的，并且有海洋水团（新形成的高密度陆架水，第 13.5.4 节）从西边进入，在冰架下方发生改变，并在东部出现温度更低、密度更小的水。在东部，来自菲尔希纳冰架下面的溢流水是变成威德尔海底层水的一个主要高密陆架水来源（Jenkins & Holland，2002）。

罗斯海环流在南大洋的太平洋水域。其北部边缘和地形有密切的关系（就像威德尔环流），沿太平洋 - 南极洋脊流动。根据绝对的地转速度（Reid，1997），它的输送量大约为 20 Sv，或为相对 3 000 m 水深的 10 Sv（Orsi 等，1995），并且它也有一个携带高密陆架水沿维多利亚地的北向西边界流。

罗斯海冰架是全球最大的冰架（图 13.11b）。冰架下面的冰下空腔是大密度陆架水形成和改变的一个重要地点。水从东部流入，在西部和北部流出。

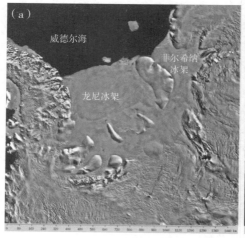 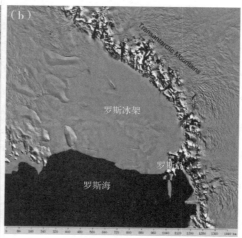

图 13.11 （a）威德尔海南部的菲尔希纳 - 龙尼冰架；（b）罗斯海南部的罗斯海冰架

来源：Scambos 等（2007）数据库。

围绕南极洲有许多其他冰架。NSIDC（2009c）网站有这些冰架的相关信息。

13.4.3　中等深度至底层环流

东流向的 ACC 从表层跨过中层几乎延伸到海洋底部，正如第 14 章全球环流图（图 14.1～14.4）所示，以及在浮标测得的太平洋和印度洋内 900 m 深度处那样（如教材网站图 S10.13 和 S11.6 所示，来自于 Davis，2005）。这些海流的特定部分是否到达海底取决于海底深度和地形，但是在至少 3 000 dbar 的深度下，ACC 和环流持续流动（Reid，1994，1997，2003）。在这个深度以下，洋中脊开始阻碍 ACC 继续东流。3 500 dbar 深度处没有经过德雷克海峡的连续流线，因此在这个深度以下将太平洋和大西洋分开。

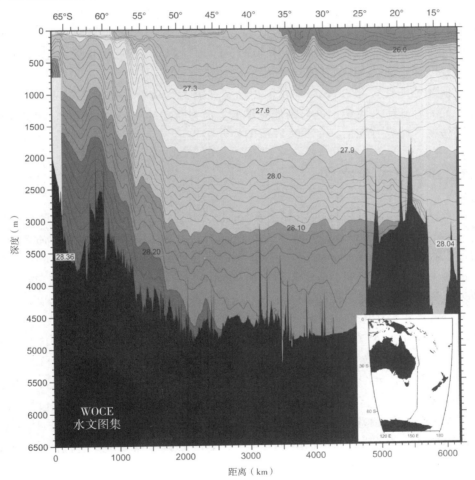

图 13.12　从太平洋西部到塔斯马尼亚海的中性密度截图

WOCE 第 P11 节，位于插图中。来源：WOCE 太平洋地图集，Talley（2007）。

在 4 000 dbar 深度处，环流被分解为区域性深层环流，限制在深层海盆中。这些环流是气旋式的。深层西边界流（DWBC）作为这些深层环流的一部分非常明显，尤其沿南美东部沿岸（进入南大西洋）和新西兰（进入南太平洋）。DWBC 把高密 AABW 向北带离陆地。因为存在普遍的气旋式深层流，在大约 3 000 dbar 深度以下沿南极洲沿岸的海流是西向的。这是连接高密南极洲陆架水从一个形成区到另一个形成区的一个重要路径。

威德尔海和罗斯海环流也延伸到了海洋底层（图 14.4b）。很明显威德尔环流至少延伸到了 5 000 dbar 深度处，罗斯海环流至少向下延伸到了 4 000 dbar 深度处，两者都被限制在它们的深层海盆中。

ACC 的地转剪切力很大，这体现在向下倾斜的等密度线穿过海流向北延伸（图 13.12）。表层海流的速度从海洋表面处大约 50 cm/sec 下降到海洋底层的 4～10 cm/sec（Donohue 等，2001 年在太平洋中进行的直接水流观察）。通过位温和盐度（没有展示）识别的 ACC 锋面在海底明显包含在 ACC 等密度线的斜坡内。在 ACC 南部，中层深度和深层的等密度线上升到海洋上层，这是形成密度非常大的 AABW 的一个重要因素，而 AABW 从海洋北部进入 ACC 的深层水。

从顶部延伸到底部的 ACC 非常值得注意，因为其动力平衡由表层西风应力和与地形有关的底部应力决定。这与其他海洋上的风力驱动环流的动力不同，因为在德雷克海峡纬度区域没有支持一个西边界流的经向边界。

13.5　南大洋水团

南大洋中的水团可以分为四层：表层/上层海洋水、中层水、深层水和底层水（图 13.4；教材网站的在线补充资料中的表 S13.2）。对于南大洋中水团的命名有不同的习惯，我们沿用 Whitworth 等（1998）和 Orsi、Johnson 和 Bullister（1999）的方法。这些大多是通过盐度、位温和位密度辨别的，只有一个深层水团（UCDW）经常通过氧量极值来识别。表层水体具有本地性。一个南大洋中层水团（AAIW）起源于德雷克海峡水域中密度相对较大的淡水表层。这些深层水体主要起源于大西洋、太平洋和印度洋并在 ACC 中进行混合变成 CDW。它在 ACC 南面上涌，并且在此处其中一部分变成了围绕南极洲的底层水的来源。一些高密南极水也改变了 CDW。

一个位温-盐度图（图 13.13）展示了来自大西洋来自 ACC 各区域的一个典型站点。可以通过这些区域中的水团对这些区域进行分类。PF 南部的 AZ 包括 ASW、上层 CDW 和下层 CDW、威德尔海深层水、罗斯海深层水以及底层水。PFZ 位于 PZ 和 SAFs 之间，包括同样的水团，但位于海洋更深层内。SAZ 包括亚南极表层水、SAMW、AAIW 和深层以及底层水。

13.5.1　表层水

13.5.1.1　亚南极表层水和亚南极模态水

亚南极表层水在 SAF 北部的水体中，最大深度达 500 m。在冬季它的温度为 4～10 ℃，在夏季温度最高达 14 ℃；冬季盐度为 33.9 psu 到 34 psu，在夏季由于海冰融

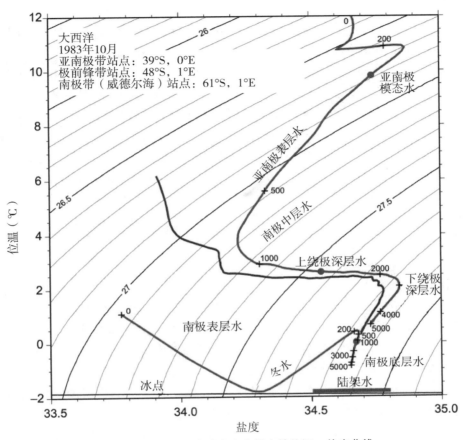

图 13.13　大西洋水域中南大洋水的位温－盐度曲线

化，盐度低至 33 psu。最低温度和盐度发现于太平洋水域，而最高温度和盐度发现于大西洋水域。表层水的温度和盐度向北逐渐增大。所有海域中均存在延伸到 150 m 和 450 m 深度之间的高盐度表层水。这是由蒸发作用主导的三个（大西洋、印度洋和太平洋）副热带环流表层。

在亚南极表层水中，冬季在 SAF 北部有非常厚的混合层。这些混合层被称为 SAMW（McCartney，1977，1982；Hanawa & Talley，2001）。在印度洋中部和东部，这些混合层在很大的区域可以到达 500 m 深度以下（图 4.4 以及教材网站图 S13.1）。在南太平洋，冬季混合层的深度并没有达到极值，但是在大多数经度区域它们的厚度超过了 300 m。在南大西洋，冬季厚混合层较薄，厚度大约有 200 m。在夏季，这些厚的混合层被温暖的表层水覆盖，并且沿 SAF 向东平流或向北下潜进入三大洋的亚热带环流以下。在它们下潜的地方，厚的表面混合层在恒温层变成厚层。考虑到这些厚层以环流的典型速度循环移动，环流中 SAMW 的输运量高于同样俯冲进入涡流的较薄层的输送量。因此，SAMW 水层为亚热带密度跃层提供了相对大量的表层水。这或许可以解释为什么 SAMW 在亚热带环流中可以通过高含氧量来识别。

图 13.6c 和 13.12 中中性密度的经向（南北）断面展示了 SAF 北部 SAMW 的局部类型。SAF 在其北边很远的地方，南美洲东部 SAMW 温度最高（＞14 ℃）。当 SAF 向南移动时，它们的温度向东逐渐下降。在澳大利亚经度范围，SAMW 温度为 8~9 ℃。在该区域，非常厚的冬季混合层是印度洋副热带环流中露出的密度最大的水体，并且它们变成了印度洋密度跃层底部高含氧量的主要来源。由于这个原因，为该区域 SAMW 赋予一个特别的名字是有用的，即东南印度洋 SAMW 或 SEISAMW。

在南太平洋，SAF 继续向南移动并且 SAMW 温度继续向东递减，在德雷克海峡西部减小到最小值 4 ℃。这是最寒冷、密度最大（同样也是最新形成）的 SAMW。其几乎和 AAIW 的盐度最小值相同（第 13.5.2 节）。太平洋东南部的 SAMW 和 AAIW 是南太平洋亚热带环流中露出的密度最大的水体。因此部分 SAMW 和向北下潜的 AAIW 在副热带环流中形成了永久恒温层的底部。

13.5.1.2 南极表层水

SAF 南部的表层被称为南极表层水（ASW）。ASW 是非常寒冷的淡水，因为冬季会进行冷却和结冰，而且夏季会有海冰融化。在冬季 ASW 会延伸到混合层底部。在夏季，ASW 由厚度小于 50 m 的温暖淡水层覆盖着寒冷淡水层组成，该寒冷的淡水层是冬季寒冷表层残余水。该最小温度值有时会被称为"冬水"。在冬季，温暖的表层会冷却结冰，垂向温度结构会消失。

ASW 下方的次表层最大温度层位于冬季结冰范围以下。该温暖的水是 CDW。

因为横穿 SB 和 SACCF 时表层水很容易发生交换，Whitworth 等（1998）认为密度小于 CDW 的陆架水应该是 ASW 的一部分。在大陆架上，ASW 下方有时不存在 CDW 最大温度值。他们建议使用 CDW 附近的密度定义陆架上的 ASW。

开阔大洋 ASW 层厚度为 100 到 250 m。其盐度范围为 33 到 34.5 psu。在冬季，ASW 温度在 -1.9 ℃ 到 1 ℃ 之间，夏季温度在 -1 ℃ 到 4 ℃ 之间。海冰形成和融化的季节性周期限制了冬季-夏季的温度变化。在夏季需要吸收大量的热量来融化海冰，只有一小部分热量来使水温升高。

SACCF 南部，ASW 是真正的表层水，在夏季所有经度区域最小温度值位于大约 50 m 深度处。因为它和冬季海冰形成密切相关，在整个南大洋 SADDF 南部，ASW 最小温度值（如冬水）的温度几乎是统一的。因此，ASW 水团变化由盐度变化控制。正如 Whitworth 等（1998）的评论中所述，陆架上的 ASW 有时可以到达底层，或在威德尔海陆坡上深度甚至达到 600 m。

在 SACCF 和 ASW 之间，ASW 的最小温度值随深度的增加而增加并且温度向北增加，这可能是因为夏季吸收了较多热量。ASW 底层深度不超过 250 m。在大多数地方 PF 被认为是 ASW 最小温度值的最北端。

13.5.1.3 陆架水

位于陆架上的 ASF 南部是一个非常寒冷且几乎等温的厚层。在冬季该层非常接近冰点。在某些地方，它具有盐度随深度的增加而增加的特征。该盐度分层很可能是因为海冰形成出现的盐析，这形成了位于陆架底部的密度较大盐度较高的水体。南极陆架相当的深（400～500 m），因为南极洲上的大型冰架压低了整个大陆及其大陆架的深度。

陆架水由 Whitworth 等（1998 年）定义，密度和 AABW（中性密度大于 28.27 kg/m³）一样大，但是温度接近冰点，小于 −1.7 ℃。位于陆架水上方但密度大于 ASW 的水是变性绕极深层水（CDW）（第 13.5.3 节）。

因为陆架水温度接近冰点，所以其属性上的变化由盐度决定。盐度最大的陆架水是高密底层水的来源（第 13.5.4 节）。

13.5.2 南极中层水

在南半球的整个副热带涡流和太平洋与大西洋的热带中，在 500 到 1 500 m 深处存在一个低盐度层（图 13.6、13.7、13.13 和 13.14），称为 AAIW。它发现于 SAF 北部，通过存在于其北边所有纬度区域的 AAIW 被识别出来（第 13.3.2 节）。在太平洋中，AAIW 向北流至大约 10°N～20°N 处，在该处它与密度和盐度较低的北太平洋中层水（NPIW）相遇（第 10 章）。在大西洋中，AAIW 同样流至大约 15°N～20°N 处，在该处它与盐度远大于它的地中海水（MW）相遇（第 9 章）。在墨西哥湾暖流中也可以发现一股弱 AAIW 流（Tsuchiya，1989）。在印度洋中，AAIW 大约到达 10°S 处，在该处它与源于印尼贯穿流（ITF；班达海中层水）（Talley & Sprintall，2005）的中层淡水相遇。

在 SAF 南边和冰岛北边之间大西洋的位温−盐度图（图 13.14）中可轻易辨别出 AAIW 的盐度最小值（另见第 9 章）。其温度为 4～5 ℃，位密度大约为 $\sigma_\theta = 27.3$ kg/m³，这是 AAIW 在大西洋和印度洋中的特征。在整个太平洋中，其位密度偏低，大约为 $\sigma_\theta = 27.1$ kg/m³。

在大西洋中，尽管 AAIW 密度保持相对恒定，但其温度和盐度沿朝北的方向上有所改变。在 SAF 处，AAIW 盐度最低水体的含盐量最少也最寒冷。随着纬度的增加，其盐度和温度有所上升。在亚热带北大西洋中（图 13.14 中 15°N 以北的大部分剖面），AAIW 盐度最小值消失，由地中海溢流水的盐度最大值代替。

在太平洋东南部和大西洋西南部，AAIW 含氧量相对较高，为 250～300 μmol/kg，因为在这些水域中，它离开海洋表面的时间很短。AAIW 等密度线上的氧气表明它存在于德雷克海峡西部和智利南部沿岸的表层中（Talley，1999）。在太平洋东南部，该低盐度表层向北下潜并成为了太平洋中的 AAIW。

大西洋和印度洋中的 AAIW 是经过改变的太平洋 AAIW。SAF 将新的太平洋 AAIW 经过德雷克海峡输送到南美洲东部的马尔维纳斯环内。在始自太平洋的输运过程中，AAIW 的属性有一定程度的改变，密度增大并且温度降低。在副热带南大西洋中，当 AAIW 围绕着环时，它下潜到温跃层以下。在那里，它沿 SAF 向东扩散，接着向北流动进入南大西洋的亚热带环流。该大西洋 AAIW 的一部分继续向东

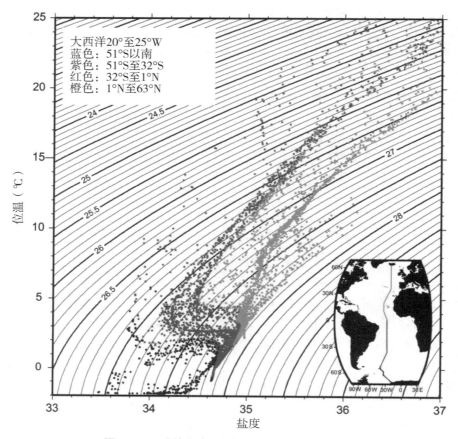

图 13.14   威德尔海和大西洋中的位温－盐度图

本图也可在彩色插图中找到。

流进入印度洋并向北平流进入印度洋副热带环流。在印度洋中 AAIW 距离其表层的源头很远，因而其含氧量不是很高。

　　AAIW 的源头长期存在争议。传统的观点认为在南极洲整个经度区域，AAIW 是由于横穿 SAF 的 ASW 下降流而形成的，是 ASW 北流向埃克曼输送的自然结果。相反的观点认为东南太平洋和德雷克海峡中盐度最小值的源头是在局地的，正如先前所描述的，AAIW 等密度线上氧含量、盐度和位势涡度（逆层厚度）的分布支持此观点（Talley，1999）。

　　环极形成的传统观点可能适用于 AAIW 盐度最小值正下方的水体。从这个角度看，AAIW 应该定义为盐度最小且不同于 CDW（见下一小节）的位于最小值下方的水层。在位温－盐度图（图 13.14）中，将 AAIW 定义为包括盐度最小值以及位于其下方和 UCDW（见下一小节）最小含氧量上方近乎等温层的一部分。AAIW 和 UCDW 之间的区分大概出现在 $\sigma_\theta = 27.5 \ kg/m^3$ 处。SAF 北部密度最大的露出部分决定限定该层顶部的盐度最小值。然后如此定义的 AAIW 层剩余部分来自横穿 SAF 的 PFZ 表层水。

13.5.3 绕极深层水

CDW 是非常厚的一层水，从 ASW 下方（SAF 南部）或 AAIW 下方（SAF 北部）延伸到形成于南极陆架上的高密底层水上方。CDW 部分来源于各海洋盆地的深层水：北大西洋深层水（NADW）、太平洋深层水（PDW）和印度洋深层水（IDW）。这些北部深层水在其交汇处汇入 ACC。在 AZs 和 PFZs 中，CDW 穿过 ACC 并上升进入上层海洋，并在这里转换成了南极水团（图 13.4）。围绕南极形成的陆架水成为 CDW 的一部分，这些陆架水密度不够大，不足以形成底层水。威德尔海深层水是 CDW 更新的一个主要来源。因此，CDW 的一个重要成分是局地形成的南极水。

CDW（绕极深层水）通常分为上绕极深层水和下绕极深层水（UCDW 和 LCDW）。关于如何区分两者有不同的说法。沿用 Whitworth 等（1998），Orsi 等（1999）以及 Rintoul 等（2001）的观点，我们认为 UCDW 是一个氧含量最小的水层，LCDW 是一个盐度最大的水层。沿用 Whitworth 等（1998）和 Orsi 等（1999）的观点，我们认为 CDW 底部是等密度的，在南大洋是完全绕极的并通过德雷克海峡连接。这些定义不同于本书先前的版本。

. 在 AZ（PF 南部）中，UCDW 包括 ASW 下方 200～600 m 水深处的温度最大层，温度为 1.5 ℃ 到 2.5 ℃。在 AZ 中，氧含量最小层（氧气 <180 μmol/kg）的位置和温度最大层几乎一致。含氧量最小是 ACC 北部底层水非常大的一个特征，然而最大温度值只发现于 PF 南部海面表层温度接近冰点的地方。因此，含氧量最小是识别 UCDW 最有用的方法。在形成 CDW 的三个深层水体中，PDW 和 IDW 含氧量低（第 10 章和第 11 章）。它们汇入 CDW 使 UCDW 中氧含量最小。在 SAF 北部，UCDW 氧量最小值大约位于 1 500 m 深度，汇聚在位密度约为 $\sigma_\theta = 27.6$ kg/m^3 和位温约为 2.5 ℃ 的地方。氧气最小值与向上倾斜的等密度线一直向上倾斜穿过 SAF。在 ACC 南部，UCDW 中氧含量较高而位温较低，因为在该区域 UCDW 与较寒冷、较新的表层水发生混合。

UCDW 中营养盐含量也很高。在 AZ 中 UCDW 上升至表层下方，为表层提供营养盐。这是该区域浮游植物（植物）多产从而浮游动物多产的一个原因。浮游动物是海中大型动物的一个食物来源，这带动了南大洋捕鲸与相关产业发展。

LCDW 包括来自 NADW 的垂向盐度最大值（第 9 章；Reid & Lynn，1971；Reid，1994）。LCDW 的下边界是中性密度 28.27 · kg/m^3（大约为 $\sigma_4 = 46.06$ kg/m^3）处，这大致和旧版定义中作为 AABW 顶端的 0 ℃ 相对应（第 13.5 节）。在 AZ 中 LCDW 位于 400 到 700 m 深度。SAZ 中，在 SAF 北部，LCDW 发现于大西洋 2 500～3 000 m 深度，但是在太平洋和印度洋大部分水域，LCDW 到达了海洋底部。

LCDW 和 AABW 之间界线的定义有点混乱。因此，LCDW 定义为南大洋以外全球大多数海洋的底层水，除了在北大西洋北部，那里的最大密度水源于北欧海（第 9 章）。在许多情况下，LCDW 被称为 AABW，但在此我们保留更加严格的定义。在

第 9 章和 14 章，我们将 LCDW 整体称为 AABW。

LCDW 中的海水性质分布如图 13.15 所示。LCDW 核心的位温是 $1.3 \sim 1.8 \,℃$，位密度大约为 $\sigma_\theta = 27.8 \,kg/m^3$。LCDW 盐度最大值处的盐度在大西洋海域最高，大约为 34.8 到 34.9 psu。在印度洋中其盐度最大值大约为 34.75 psu，在太平洋中盐度最大值约为 34.72 psu。盐度向东降低是因为盐度较低的 IDW 和 PDW 在各自海域汇入了 ACC。ACC 南部盐度较低的深层水也降低了 LCDW 的盐度（LCDW 在 AZ 中的盐度低于其在 PFZ 中的盐度）。

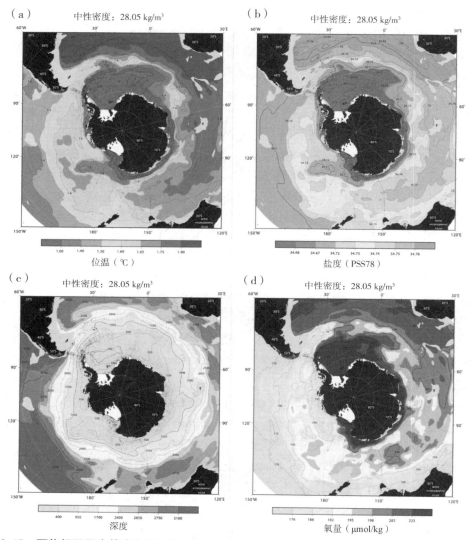

图 13.15　下绕极深层水等密度线（中性密度 $28.05\,kg \cdot m^{-3}$）沿线的属性（大致与盐度最大值核心对应）：（a）位温（℃），（b）盐度，（c）深度（m），（d）氧量（$\mu mol/kg$）
本图也可在彩色插图中找到。来源：WOCE 南大洋地图集，Orsi & Whitworth（2005）。

在 1821 年，人们首次在产生 LCDW 盐度最大值的大西洋对 NADW 盐度最大值进行了观测，但是后来 Merz 和 Wüst（1922）认为 NADW 盐度最大值起源于北大西洋。在南大洋西部，NADW 盐度最大值甚至有一个较小的位温最大值，大约为 3 ℃，位于温度略低的 AAIW 下方（垂向剖面见图 4.11a，$T-S$ 图见图 13.14）。在 SAZ 和 ACC 中该较小的最大温度值完全消失并且不具有 LCDW 的特征。LCDW 从 SAZ 向北流入南大西洋东部，其盐度最大值小于西边 NADW 的盐度最大值，并且没有位温最大值。

LCDW 也向北流入印度洋和太平洋，高盐度可以证明它的存在。在印度洋中，高盐度核心仍然在底层的上方，但是在太平洋大约 $10°S\sim20°S$ 以北，该核心位于底层，这取决于经度。

一些研究者将整个南大洋内且向北远至印度洋和太平洋海盆内的 LCDW 盐度最大值核心称为 NADW。该命名忽略了来自南极、太平洋和印度洋区域的汇入量，因此我们更倾向于南大洋专家使用的 CDW 这一名称。

尤其值得注意的是最大密度的 LCDW 在世界海洋中的面积大于最大密度的 NADW。AABW/LCDW 在全球范围的影响见第 14 章（图 14.14 和 14.15）。

13.5.4　南极底层水

AABW 是南大洋中密度大于 CDW、温度高于冰点的水（Orsi 等，1999；Whitworth 等，1998）。正如第 13.5.3 节中所描述的，CDW 被认为是真正的绕极水，并通过德雷克海峡延伸。将 AABW 和 CDW 分开的等密度线为中性密度 $28.27 \cdot kg/m^3$ 处。该中性面上的位温和盐度如图 13.16 所示。在南大西洋西部，该中性面覆盖着整个 ACC 区域并向北延伸，并且在印度洋西部进入两个海盆中。在其他方面，它被南大洋的主要洋脊限制在南部区域。在南极大陆架上该密度和较高密度最寒冷的水处于冰点，这种水就是陆架水并被认为来源于 AABW。

一个较旧的定义认为 AABW 是所有温度低于 0 ℃ 的南部深层水。图 13.16 底层位温图像表明，和中性密度 $28.27 \ kg/m^3$ 相比，在南太平洋该区域的底层位温受到的限制更大，并没有到达德雷克海峡。因此，我们采用中性密度的定义。

AABW 和 CDW 之间更加随意的中性密度分布说明全球海洋的南部起源底层水在南大洋只有 AABW，并且距离南半球海盆有一小段距离。在其北面，底层水是 LCDW（图 13.16 与图 13.15 相比）。AABW 严格的中性密度定义包括南大洋中所有的区域性底层水，包括威德尔海、阿黛利和罗斯海底层水（Whitworth 等，1998）以及水温低于 0 ℃ 的威德尔海深层水。

AABW 形成于沿威德尔海陆缘、澳大利亚南部、南极阿黛利海岸，可能还有普里兹湾的冰间湖（Tamura，Ohshima & Nihashi，2008）。AABW 是接近冰点的高密陆架水（第 13.5.1.3 节）和离岸 CDW 的混合体，被 ASF 分离。当密度非常大的陆架水沿陆坡向下溢流时，它会和 CDW 混合形成 AABW。在一个取自威德尔海的例子中（图 13.17 来自 Whitworth 等，1998），接近冰点的大陆架水（在陆架上的和沿陆坡流下

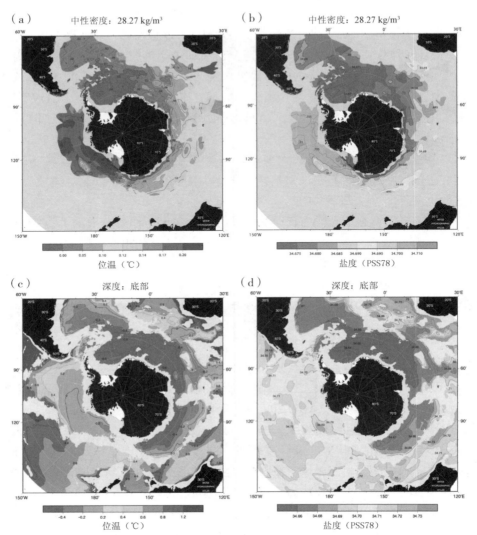

图 13.16 南极底层水等密度线（中性密度 28.27 kg m⁻³）上的属性：(a) 位温（℃）和 (b) 盐度。底层水属性（深度超过 3 500 m）：(c) 位温（℃）和 (d) 盐度

本图也可在彩色插图中找到。来源：WOCE 南大洋地图集，Orsi & Whitworth（2005）。

的）和温度在冰点以上的 AABW 都很明显。两者的中性密度都大于 28.27 kg/m³。图中，通过离岸观测也得到了 CDW 的温度和盐度最大值。"V"形的 ASF 也非常明显，反映了由沿陆架坡西向流所引起的地转剪切力。

　　形成于威德尔海的 AABW 盐度最小且温度最低（34.53～34.67 psu，−0.9～0 ℃），沿阿黛利海岸形成的 AABW 处于中间状态（34.45～34.69 psu，−0.5～0 ℃），而形成于罗斯海中的 AABW 最温暖且盐度最高（34.7～34.72 psu，−0.3～0 ℃；Rintoul，1998）。就体积而言，大多数 AABW 源于威德尔海（66%），阿黛利地的贡献 AABW 量居中（25%），而罗斯海中 AABW 量最少（7%；同样来自 Rintoul，

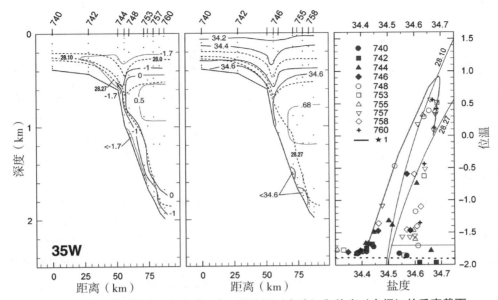

图 13.17　在威德尔海西部大约 35°W 处位温（左边）和盐度（中间）的垂直截面
（右边）位温 - 盐度垂直截面。（左边的）和（中间的）等值线（虚线）是中性密度。在右图中近水平的虚线
是 0 dbar 的冰点。来源：Whitworth 等（1998）。

1998）。在图 13.16 中，中性表层上盐度小的威德尔海 AABW 和盐度大的罗斯海
AABW 非常清晰。而由于阿黛利地的 AABW 盐度和温度居中，因此图像并不明显。

在威德尔海中，参与高密水形成的水团有 ASW、CDW（也称"温暖深层水"）、
陆架水、威德尔海深层水和威德尔海底层水。威德尔海深层水和威德尔海底层水的位
温分别被界定在 0 ℃与 - 0.7 ℃之间和小于 - 0.7 ℃。威德尔海深层水是一个非常厚
的水团，占据的深度大约为 1 500 到 4 000 m，并且没有特殊的海水性质极值。它形
成于威德尔海，形成方式类似于威德尔海底层水。

威德尔海底层水通过两个过程形成：（1）ASW、UCDW（威德尔海文献被称为
温暖深层水）、威德尔海西部陆架上形成的陆架水的混合；（2）冰架水（在冰架下被
改变的西部陆架水）和威德尔海深层水以及 UCDW 的混合。西部陆架水温度几乎为
- 2.0 ℃且处于冰点，这可能是因为它的压强大约为 400 dbar（图 13.17 中的 742 号
观测站）。它的盐度沿陆架从东到西增加，从 34.4 psu 增加到 34.8 psu，并且通过海
冰形成期间沿其气旋环流的盐析作用使盐度增大。南大洋的最高位密度达到 $\sigma_\theta =$
27.96 kg/m^3（中性密度为 28.75 kg/m^3）（位密度值 $\sigma_\theta = 28.1$ kg/m^3 发现于罗斯海
中，该处陆架水的盐度大于威德尔海中的盐度）。

只有来自于威德尔海的 AABW 可以从南极地区经过南斯科舍海岭中的一个很深
的海沟流向北边。该 AABW 进入斯科舍海，向西流入德雷克海峡然后和 ACC 一
起向东流。当它穿过 ACC 时，向北传播进入南大西洋西部，向北到达巴西海盆。在
印度洋中它同样向北传播进入莫桑比克海盆和克罗泽海盆（图 13.16）。

13.5.5　翻转流收支

南大洋的南部翻转环流如图 13.4 所示。表层中的埃克曼输运是北向的。UCDW 和 LCDW 向南移动进入南大洋并出现上升现象。由于冷却作用和盐析作用导致的浮力损失，形成了高密陆架水。这些陆架水和 LCDW 混合产生了改性 CDW 和 AABW，这些高密度水从南大洋向北流出进入北部海盆。

通过淡水汇入和热量吸收，UCDW 获得了浮力（变得更轻）（Speer，Rintoul & Sloyan，2000）。UCDW 包含于 ASW 并且与北流向的埃克曼输送一起向北流动。该北流向输送包含了 AAIW 中密度较大的部分。

不同来源的翻转率的估算值差异较大。根据不同的风力产品计算结果，横穿 SAF 的北流向埃克曼输送在 20 到 30 Sv 之间。Orsi 等（1999）根据示踪剂估计 AABW 形成速率大约为 10 Sv。LCDW 和 AABW 密度较大的水体向北流出南极区域，净北向输送流速的各估计值为 22～27 Sv、32 Sv、48 Sv 和 50 Sv（分别来自 Talley 等，2003；Macdonald & Wunsch，1996；Schmitz，1995a；Sloyan & Rintoul，2001）。将这些与 Orsi 等（1999）对于 AABW 形成的估计值放在一起，LCDW 在南极的形成率至少等于 AABW 的形成率，也可能远大于 AABW 的形成率。UCDW 中，也可能在 LCDW 中的南向输运量一定与北向的埃克曼输运以及高密水输运量的总和平衡。

南大洋中翻转的动力超出了本书范围。然而，我们注意到上层海洋中净南向地转输运不可能穿过德雷克海峡纬度带，因为该输运需要必须由一个经向边界以支撑东西方向上的压强梯度（Warren，1990）。在海底地形深度上，没有这种边界[①]。但是它恰恰在这一深度范围，UCDW 必须穿过该深度范围到达南方。Speer 等（2000）和其他人提出这一输运量通过涡来实现。在下一小节对南大洋涡场进行了描述。

13.6　南大洋内的涡

涡存在于全球海洋中的所有区域（第 14.4 节），但是它在南大洋中扮演着一个特殊的角色，因为德雷克海峡纬度范围上层海洋缺少一个南北方向的边界。我们提到的"涡流"是指在水平尺度上，至少几公里，最大可达 200 km，是与时间平均值偏离的速度或性质（如温度）。（我们并不是单纯地指等值线呈现封闭椭圆特征的总流场或属性，尽管与平均值的偏离有时候也会呈现出此形状。）在一些南大洋的文献中也提到了"滞性涡"，这是与纬向（东西方向）平均值的偏离，但是不具有时间依赖性。与时间性涡相比，这些涡的空间尺度更大。大多数涡是由洋流的不稳定性引起的。强劲

[①]　更准确来说，在德雷克海峡纬度范围内的海槛处的密度之上没有经向边界。该海槛实际位于新西兰南部麦夸里海岭而不是德雷克海峡中。德雷克海峡纬度范围内的另一个浅海区是在印度洋中央的凯尔盖朗深海高原。

的洋流，如 ACC 锋面特别不稳定，因此具有高强度的涡场。

在所有其他洋盆中的风驱动涡流会输送一些海水性质如热量、淡水和化学物质。这些涡包含了由埃克曼辐合和辐散驱动的大型上层洋流，由一个西边界流所封闭（第7.8 节）。穿过德雷克海峡的纬度带不存在类似风驱动涡流，因为这里没有经向边界。我们从海水性质分布知道确实发生了主要的交换。一种交换机制是涡场。因此，对涡场的估算是了解 ACC 的关键。在这方面，这一纬度范围内的南大洋类似于中纬度大气层，在此处，涡在动力中发挥主导作用。

德雷克海峡纬度地区的热量输运是南向输运，并且是由涡而不是平均流输运（deSzoeke & Levine，1981）。这个结果最初是基于南大洋平均热量输运和海－气热通量估值而来的推论，但近年来已经通过涡分析研究证实。

由于其偏远，有关 ACC 中涡变化的现场观测研究很少。只在德雷克海峡和澳大利亚南部对速度和温度数据进行了长时间的数据收集，但结果推广到了其他区域。面积宽广但深度有限的地理信息可从次表层浮标、表面漂流瓶和高度计测量中获得。

ACC 的大多数涡变化为中尺度的，其空间尺度和时间尺度大约为 90 km 和 1 个月（Gille，1996）。该中尺度的可变性与 SAF 和 PF 曲流有很大关系，这大概是因为它们的不稳定性。通过高度计测量得到的太平洋东南部涡流场瞬时图如图 13.18 所示。SAF 和 PF 的气候态位置是重叠的。最大距平约为 20～30 cm，它们是锋面的曲流或来自于锋面的截断涡。

经常使用涡动能（EKE）描述涡活动，涡动能和速度偏离的均方根成正比（总速度减去时间平均值）。近年来，EKE 全球分布图的绘制以拉格朗日表层漂流浮标、次表层浮标为基础，也以根据卫星高度计所测量海面高度计算的地转速度偏离值为基础（图 14.16）。

高 EKE 值的环带位置与 ACC 一致，这主要由 SAF 和 PF 涡流引起，此类涡为强劲的不稳定东向海流。太平洋中 ACC 的 EKE 带最容易确定，在太平洋，它在 ACC 经过新西兰（坎贝尔高原）时向北跃动，然后平稳地向南移向德雷克海峡。在大西洋中，沿西边界的高 EKE 带也包括从南美向东延伸的巴西海流的涡流以及厄加勒斯回流的涡流（第 9 章和第 11 章）。在印度洋中，厄加勒斯锋面向东延伸并向南移动与 ACC 合并，因此仅从 EKE 很难确定 ACC 的高 EKE 带是从哪里开始的。

人们已经对 ACC 在澳大利亚海域的气旋式涡进行了现场研究。这些气旋式涡是由 PF 和 SAF 曲流衍生的。Savchenko 等（1978）调查的单一涡流起源于 PF 南面，并且有一个冷核心（教材网站图 S13.2）。Morrow、Donguy、Chaigneau 和 Rintoul（2004）将现场观测结果与卫星测高计数据结合，对 SAF 曲流产生的存在时间很长的大型气旋式涡的形成进行了研究。他们得出的结论是这些涡对模态水形成的 SAF 北部区域中的冷却和淡化有重要作用，相当于埃克曼输送的作用。

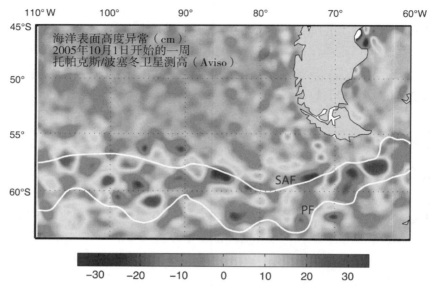

图 13.18 太平洋东南部和德雷克海峡中的涡流快照；通过托帕克斯/波塞冬卫星测高计（Aviso 产品）得到的 2005 年 10 月 1 日开始一周内，海洋表面的高度异常值（cm）

图中标注了气候性亚南极锋（SAF）和极锋（PF）。

13.7　南大洋海冰

13.7.1　海冰盖

南大洋中的海冰对南半球反照率和水的性质有重大影响，包括南半球深层和底层水的形成。在晚冬范围最大时，南大洋海冰覆盖了一个巨大的区域，但是与北冰洋不同，每年几乎所有的海冰都会消失（图 13.19）。因此南大洋中大多数海冰是"一年冰"。威德尔海和沿罗斯海冰架的区域除外，在这些地方冰盖通常全年都存在。

在冬季，浮冰会延伸至 65°S 到 66°S 处。在 50°S 和 40°S 之间可能会发现冰山。海冰边缘的相对纬向分布可能是由南大洋中海流的纬向特征所决定的。

第 13.4.2 节的部分内容对南大洋中起源于循环式冰架的平顶冰山进行了描述。包含所有陆架的图像如教材网站图 S13.3 所示。陆架冰非常厚且面积宽广：罗斯冰架在海平面以上有 35~90 m，海平面以下还有相类似的深度，延伸 700 km 到达太平洋。陆架冰是冰川从南极大陆到海洋（冰川消融后冰块漂浮）的延伸。这些平顶冰山可能有 80~100 km 长，几十公里宽。在 1987 年后期，有记录以来的最大冰山从罗斯冰架断裂。它有 208 km 长、53 km 宽以及 250 m 厚，据称如果它融化了，产生的淡水能够满足洛杉矶或新西兰 1 000 年的淡水需求。

在 2002 年 3 月，冰架最北端的拉森 B 冰架，面积和罗得岛州的冰架区域类似，由于南极半岛变暖而断裂。冰架顶端存在的融冰水塘导致了出乎意料的高速断裂，这

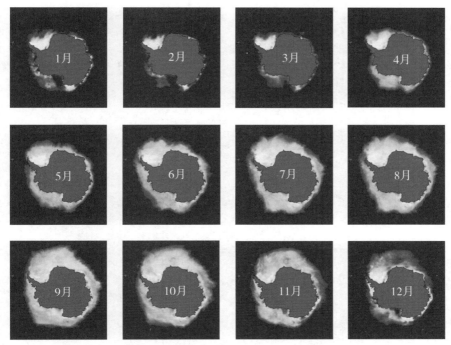

图 13.19 **1991 年海冰密度的年度变化**

根据国防气象卫星计划卫星上携带特殊传感器微波成像仪（SSM/I）得出。来源：Cavalieri，Parkinson，Glo-
ersen & Zwally（1996，2008）。

些融冰水填满了裂缝并流向冰架底部，因此形成的断裂速度大于裂缝被空气填充时的
情况（Scambos，Hulbe，Fahnestock & Bohlander，2000）。

当漂浮的冰架断裂并融化时，海平面没有任何变化，因为冰融化前所占的体积已
经被水的体积替代了。但是当断裂包括大陆冰或断裂使得附着于陆地的冰川冰流向海
里的水流增加时，那冰架断裂就会造成海平面上升。

低冰盖区域或冰间湖出现在南极以及北极（第 12.7.2 节；第 3.9 节）。已经从卫
星观测以及航测中获得了更多有关它们的信息（Comiso & Gordon，1987）。在海岸
线和冰架边缘周围的许多地方发现了潜热冰间湖。产生的盐析作用形成了高密陆架
水，其中一些密度大到足以形成 AABW。AABW 生成率最高的三个冰间湖区域是：
威德尔海南部（68%）、罗斯海（8%）和阿德利地（24%；Rintoul，1998；Barber
& Massom，2007）。潜热冰间湖中海冰的产生量很大，因此该海冰形成的分布图（图
13.20）很好地表明了冰间湖和高密水的形成位置，尽管海冰生成和高密水形成并不
是一一对应。在南极洲东部的多个冰间湖中，多产的默茨冰川地区是阿德利地高密水
的主要来源（Williams 等，2010）。在普里兹湾西边的达恩利冰湖是高密水的另一个
潜在来源，才刚刚开始被研究（Tamura 等，2008）。

人们已经在 Cosmonaut 海域（43°E，66°S 处）和毛德海隆（2°E，66°S 处）对南
极威德尔海域中的感热冰间湖进行了观测（Comiso & Gordon，1987）。然而从潜热

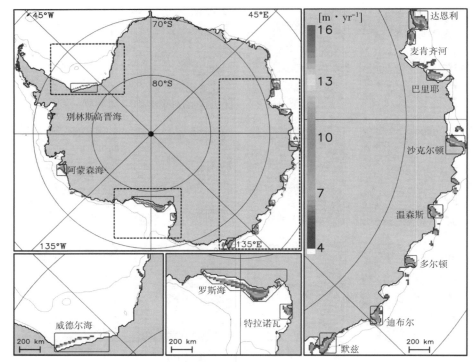

图 13.20　南极潜热冰间湖：海冰生产量（1992—2001 年平均值）

本图也可在彩色插图中找到。来源：Tamura 等（2008）。

冰间湖的角度讲，这些并不是"冰工厂"，它们可能是开阔大洋深层对流区。在 1974 年，毛德海隆冰间湖（"威德尔冰间湖"）非常大并且持续了三个冬天。这是一次异常事件，截至 2008 年没有再次出现，其与南半球环状模相关，即增大了由于整个隆起范围内上升流引起的现有驱动力（Gordon，Visbeck & Comiso，2007）。

　　海冰盖显著的年际变化出现在南大洋。这些与年际尺度到多年尺度的气候变化联系在一起，包括厄尔尼诺－南方振荡现象、已经决定的年代际变化的多种环极模式以及南半球环状模（第 13.8 节）的变化。

13.7.2　海冰运动

　　南大洋冰盖运动与风以及次重要的环流有关。研究者已经用无源微波卫星 SSM/I 传感器对海冰进行了追踪，海冰长周期日平均的数据可从国家冰雪数据中心获取（Fowler，2003）。年平均冰运动如图 13.21 所示。漂冰一般向西运动紧挨陆地，这和威德尔海和罗斯海涡流中的气旋式环流对应。ACC 中东移的冰运动与该处风应力以及平均环流对应。北移的冰运动出现在罗斯海和威德尔海环流的广泛区域，以及普里兹湾北部 90°E 和 150°E 的广泛区域。吹离南极大陆的下降风是向北运动的一个因素。根据使用相同的数据集的月平均值图，可以看到这些大规模的冰运动的年平均值在整年内保持不变。

13.8　南大洋气候变化性

由于缺少良好的时间序列数据，南大洋气候变化的特点仍在研究中。它由绕极的南半球环状模主导。厄尔尼诺－南方振荡现象（第 10 章）对南大洋气候模式有影响，尤其在年际时间尺度上。较长时间尺度或许可与人类活动引起的变化部分联系在一起。

教材网站上的第 S15 章（气候多样性和海洋）包括了本书其余所有与南大洋气候变化有关的文字、图片和表格。

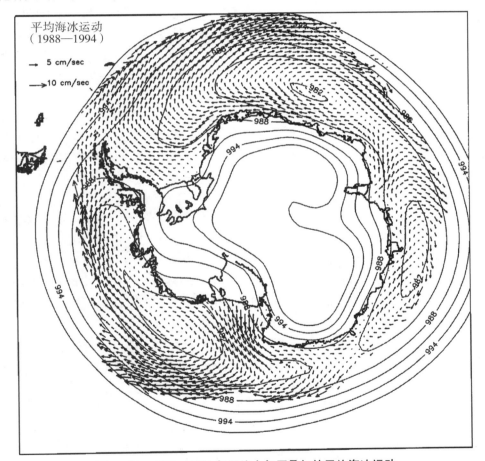

图 13.21　1988—1994 年平均大气压叠加的平均海冰运动

来源：Emery，Fowler & Maslanik（1997）。

第 14 章　全球环流和海水性质

本章通过整合单个海盆的区域性因素（第 9～13 章），总结了全球范围的环流和海水性质，并提出了一些有关全球翻转环流的发展性观点。对于仅提供海洋环流和海水性质粗浅介绍的课程而言，使用第 4 章和本章的材料绰绰有余，需要重点强调的是第 5 章的力场以及第 6～13 章关于海盆的介绍性材料。

表层环流系统（第 14.1.1 节）复杂多变，数世纪以来，海洋学家一直颇为关注，因其容易观察，表层环流也成为环流系统中绘测得最好的部分。这些环流影响着航海、污染物散布、海洋上层的多产真光层以及大陆架和海岸带。海表层和环流作为与大气的接触面，直接参与海-气反馈，而海-气反馈不仅影响着海洋和大气的平均状态，还影响着季节尺度至气候尺度的变化。

在海表面下方数百米处，随着风生环流的收缩和减弱，环流的某些部分发生了巨大改变。在中等及深海深度（第 14.1.2 节），环流由最强劲表面环流在深度上的穿透，大尺度的浮力驱动的环流，及可以改变海水内部密度的跨等密度面过程所控制（第 14.5 节）。

大尺度环流具有非常弱的垂直速度，使得各层水体相互连接，并与海洋上层相连，将这种环流称为翻转环流（第 14.2 节）。翻转环流包括在最温暖、密度最低的海洋部分循环海水的浅海环流，它们是从热带和亚热带向两极输送热量的关键。连接中层水域和深层水域与海面的深层翻转环流通常比风驱动的海洋上层环流系统范围广得多。范围最广的翻转环流是与在北大西洋北部和北欧海域北大西洋深层水（NADW）生成相关的，以及与南大洋高密度水生成相关的环流。较弱且范围较小的翻转环流是指在北太平洋与北太平洋中层水（NPIW）相关的环流。

海洋环流及其变化、混合的驱动力包括风和气海冰浮力通量；潮汐是湍流能量耗散的其他来源，而湍流能量耗散是翻转环流的核心。第 5 章中描述了所有力场。第 14.3 节回顾了海洋的热量和淡水输送，强调了其与海洋环流各因素的关系。

时间依赖性是所有时间尺度的流体运动为特征。本章重点介绍各种大尺度的、时间平均的环流，而各海盆章节也介绍了持续时间长的局部涡的区域。此处总结了涡流多样性及相关涡流扩散的全球分布（第 14.5 节）。第 14.6 节概述了全球海洋的气候多样性和气候变化，但是主要材料在本书第 S15 章的补充资料中给出，网址为 http://booksite.academicpress.com/DPO/，"S"代表补充资料。

14.1　全球环流

14.1.1　海洋上层环流系统

图 14.1 给出了全球表层环流系统的示意图。表层环流的大部分特征形状和强度受到来自各洋盆范围的风力控制（第 5.8 节，图 5.16 和 5.17）。五个洋盆中的反气旋式亚热带环流非常明显，有向极地方向的西边界流系统：墨西哥湾流和北大西洋洋流（NAC）、黑潮洋流、巴西海流、东澳大利亚海流（EAC）以及厄加勒斯海流系统。各反气旋环流都有东边界流体系，分别为加那利、加利福尼亚、本格拉、秘鲁－智利以及利文洋流系统。这些东方边界洋流都向赤道方向流动，只有利文洋流例外，为向极流动。

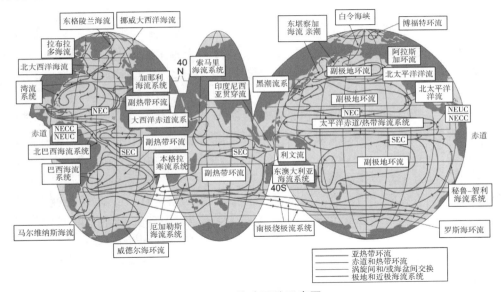

图 14.1　海表环流示意图

本图也可在彩色插图中找到。经 Schmitz 修改（1996b）。

高纬度气旋式环流以及它们的向赤道方向的西边界流在北冰洋和北欧海域、北大西洋、包括边缘海在内的北太平洋，以及威德尔海和罗斯海都是很明显的。其边界流分别为东格陵兰海流（EGC）和拉布拉多洋流、东堪察加海流（EKC）和亲潮，以及威德尔海和罗斯海环流的边界流。

在热带地区，准纬向环流系统非常明显，包括赤道逆流、赤道流以及低纬西边界流。大范围热带气旋式环流包括在太平洋和大西洋 5°N～10°N 纬向延伸的北赤道洋流与逆流"环流"、安哥拉海穹（南大西洋）以及哥斯达黎加海穹（北太平洋）的环流。

尽管所有环流在某种程度上具有时间依赖性，热带地区的环流相对于平均值的变化十分显著，对于具有强烈季节性和年际多样性的风反应迅速。在主要的西方边界洋流中，仅印度洋西北部的索马里海流系统以及孟加拉湾海流会彻底（季节性）改变方向，对反向季风的响应十分迅速，因为这两个海流系统盆地宽度很窄，可以减少对风向改变的响应时间。

海洋环流彼此相连。北太平洋环流有少量水体（<1 Sv）输运穿过白令海峡、北极圈，从格陵兰岛西部和东部两侧南下，从而与北大西洋相连。热带太平洋的水通过印度尼西亚通道有中量水体（约 10 Sv）输运至印度洋。南美（德雷克海峡）、非洲和澳大利亚/新西兰南面的三大海洋通过南极绕极流（ACC）相连，输运量大（>100 Sv）。（太平洋流出的白令海峡水流和印度尼西亚贯穿流（ITF）也是由南大洋供应。）

边缘海也对开阔大洋内海水性质有一定的影响。图 14.1 描述了一部分关联，大部分关联在海盆的章节有讨论。

因愈加完整的表面浮标数据集和卫星高度计，用数据直接绘制的表层环流示意图近年来得到大幅改善（见教材网站第 S16 章）。图 14.2a（Maximenko 等，2009）给出了基于浮标数据的海面动力地形图，该图反映了海表面地转流。在全球，动力高度最高之处在亚热带北太平洋，其比亚热带大西洋动力地形最高的地方高出约 70 cm。动力高度最低之处在 ACC 南部南极洲附近。动力高度较低的地方为近极的北大西洋和北太平洋地区。

海面速度（图 14.2b）重点包括高速度和窄边界海流、纬向热带环流系统以及 ACC。表层海流总速度场包括地转流和埃克曼流两部分。在用海面动力高度等值线表示的地转流量场（图 14.2a）中，完全闭合的亚热带环流在某些区域（尤其是北大西洋）消失或者受到扭曲。然而，当总流场把埃克曼流考虑在内时，表层洋流的形态更趋近于环流，也与 200 m 深度处的地转流更加相似（图 14.3）。表层总速度的流线图也给出了流线以中尺度环流结束的辐合区以及流线以中环流开始的辐散区域。辐合与辐散仅与埃克曼速度有关，因为地转流在定义上是不会辐散的（第 7.6 节）。

在海洋表层以下，甚至只有 200 dbar 处，五个风驱动的亚热带环流比表层海流更加紧密（更局地化）（图 14.3）。在此深度并没有埃克曼流，所以总平均速度由海盆章节的绝对动力地形来表示，其与图 14.3 的相对动力地形非常相似。与表层海流相比，亚热带环流向强烈的西方边界流及其扩展流方向移动，即向西和极地方向移动。

在 1 000 dbar 至 2 000 dbar 深的地方，反气旋环流退向其西边界流扩展的方向（图 14.3b）[①]。太平洋和大西洋最大动力高度的对比依然存在，太平洋的动力高度高于大西洋。南半球环流在 1 000 dbar 深度处比海洋上层的规模要大，而黑潮洋流和墨西哥湾流较弱。图 14.3b 中，为支持进入极地区域的东北向海流，墨西哥湾流在计算

---

① 因为 1 000 dbar 和 2 000 dbar 环流都很弱，海盆章节所示的 1 000 dbar 处绝对地转流与图 14.3b 中相对于 2 000 dbar 的 1 000 dbar 处相对地转流存在多多少少的不同之处。因此，计算相对于 2 000 dbar 的 1 000 dbar 流时，2 000 dbar 处的非零流场必须包含在内。

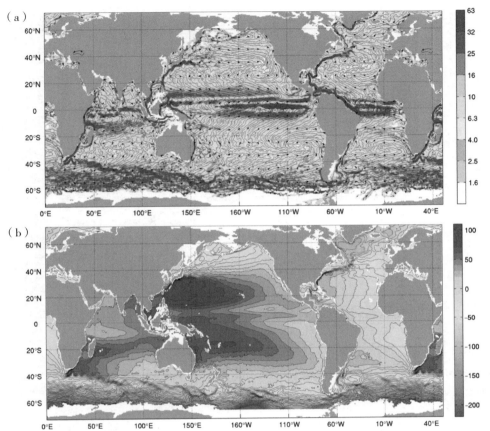

图 14.2　（a）**海表动力地形**（dyn cm），10 cm 等值线间隔。（b）**海表速度流线，包括地转和埃克曼组成部分；彩色表示平均速度**（单位：cm/sec）

本图也可在彩色插图中找到。来源：Maximenko 等（2009）。

相对速度时甚至已经忽略不计，但是第 9 章（图 9.14a）中深度为 2 500 dbar 的绝对地转流为一种闭合型反气旋式墨西哥湾流。

近极环流和 ACC 比亚热带环流更具正压特征，位置从海面轻微变向海底。此项标记的从亚热带向近极区域的移动更可能是因为层化减弱的缘故，这使得海面信号穿透深度更深。

14.1.2　中层和深层环流

在中等深度区域（图 14.4a），以比容高度表示的地转环流保留着西边界海流、二次环流以及海洋上层 ACC。它也保留了热带地区强烈的纬向特征（海流在本图所用研究中并未得到妥善解决）。重要的是，深海西边界流（DWBC，第 7.10 节）在此深度出现，而开阔大洋的深层海流结构受地形尤其是海洋中脊的影响而发生了转变。

与海面洋流不同，深海洋流并非是海面洋流在深处的表现，而仅为一个通用名

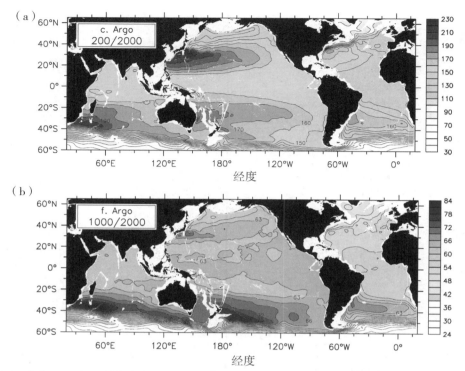

图 14.3 （a）200 dbar 以及 （b）1 000 dbar 处相对于 2 000 dbar 的比容高度（dyn cm），使用浮标剖面五年的平均温度和盐度计算（2004—2008 年）

来源：Roemmich & Gilson（2009）。

称，它们大部分是通过位置识别。

更详细地说，五个亚热带环流在 2 000 dbar 处分别保留着某些表现，包括与海岸分离并向东流动的西边界海流，以及离岸侧赤道方向的紧密反气旋式环流。墨西哥湾流、巴西海流、厄加勒斯以及南太平洋反气旋环流的深海版（因地形原因，在此深度的环流位于新西兰东部某地）呈现于此。图 14.4a 中黑潮表面位置向北移动，但是在第 10 章，我们注意到黑潮续流并未微弱延伸至海洋底部与表面中心相同的位置（图 10.3）。

在海面显而易见的高纬气旋式环流也出现在北大西洋北部、北太平洋以及威德尔海和罗斯海 ACC 南部，延续着之前提及的近正压特征。

出现在 2 000 dbar 处但未出现在海面的主要环流特征包括 DWBC 以及沿着东边界的极向流。2 000 dbar 处的 DWBC 在大西洋是向南流动，但在太平洋和印度洋则多是向北流动。大西洋的 DWBC 携带来自北大西洋北部的 NADW 向南流至 40°S，在此汇入 ACC 系统。与 4 000 dbar 深度不同，在此深度的亚热带南太平洋并没有 DWBC，而 DWBC 包含影响范围深远的亚热带环流。然而，北向 DWBC 确在热带太平洋地区形成，并且可以看到它沿西方边界北向穿过日本北部边界，并在那里和一股南向 DWBC 相遇。这些海流在 4 000 dbar 处更易界定。在印度洋，北向 DWBC

图 14.4　（a）2 000 dbar 处的中等深度环流以及（b）4 000 dbar 处的深层环流流线（调整后的比容高度，代表绝对地转流）

来源：Reid（1994，1997，2003）。

在 4 000 dbar（下一处）深度更加容易识别，但其包含了马达加斯加东海岸的北向流以及印度洋中脊沿线中部盆地的少量北向流。

　　在 2 000 dbar 处，三条海洋输出水都向南流向南大洋。部分南向输运聚集于东方边界附近的宽阔极向流，其海水性质在南太平洋和南大西洋非常容易区别出来（见海盆章节，第 9~13 章）。在印度洋，极向流海水性质在澳大利亚西部非常明显，但它并不继续向南流至 ACC。在南大西洋，NADW 南向流是西方边界沿线 DWBC 中最具活力的海流。为了动态地完整描述，我们注意到北大西洋和北太平洋东方边界附近的 2 000 dbar 流也是极向流，这说明海盆尺度的气旋式环流在此深度是普遍存在的。

　　4 000 dbar 深度处的环流（图 14.4b）大大受到地形的影响。在此处，DWBC 携带深层水和底层水向北从南极洲分别流向三个大洋。南大西洋的北向 DWBC 携带南极底层水（AABW），在赤道上向东移动，成为大西洋中脊的东边界流（第 9 章）；北大西洋大陆西边界的 DWBC 携带 NADW 最深层组成物向南移动。印度洋的北向

DWBC 沿马达加斯加东部的海脊系统，北向移动至阿拉伯海，沿印度洋东南脊和印度洋中脊东部，以及断裂高原东部进入澳大利亚盆地西部区域。在太平洋，主要的北向 DWBC 在新西兰东部，流经沙孟海道到达热带地区，穿过赤道，然后沿北方边界北向移动，穿过威克岛海道，至伊豆－小笠原海脊。

在北太平洋北部边角，DWBC 向南移动。DWBC 必须携带海水远离其下沉源的假定是违反常理的（不正确）。北太平洋北部的深层水并没有表层水源。因此，此 DWBC 是由底层水和深海水层的上升流驱动至中层和浅水层深海环流动力的最好证据。根据 Stommel 和 Arons 的解释（1960a，b），上升流延伸深海水体，从而通过位涡守恒在海洋中部深海层产生极向流（第 7.10.3 节）。鉴于海盆主要海流都是流向深层水的高纬源，此极向流有违常理。在此理论框架下，DWBC 是结束上升流质量平衡的一个后果，并非简单的高密度海水排放口。

14.2　全球质量输运与翻转环流

第 9 至 13 章给出了各大洋的翻转环流。此处描述了体积/质量翻转的全球分布。第 14.3 节总结了它们在全球热量和淡水运输中的作用。

全球翻转环流复杂，且具三维特征，我们尝试用简化方法描述其主要路径。读者应留意：这些路径并非穿过海洋的独立管道。许多系统描述为窄"带"的运输路径实际为宽而厚的水流，其覆盖大面积区域。一条"路径"与另一条"路径"间有很多环流和混合的过程。总体而言，尤其在海洋上层，路径中的风驱动环流更加强劲。

过去一直强调经向翻转环流（MOC），其对于热量、淡水和其他属性的纬向再分配至关重要。然而，全球翻转环流及其再分配的某些重要元素并非为经向。太平洋、印度洋和大西洋间的盆地内部输运对于全球海洋平均状态至关重要。即使是海洋环流尺度，平均状态仍由某些纬向现象组成，例如西边界气－海热量损耗区域以及东方边界气－海热量收益区域。

MOC 计算和叙述通常包括各海岸至海岸的经向质量运输、等密度（或深度）层的纬向横断面（第 14.2.1 节），可通过计算两个横断约束下的闭合地理区域各层间的上升流和下降流输运量（第 14.2.2 节），以及计算翻转流函数，以使翻转流可视化于两维中（第 14.2.3 节）。通常需构建翻转示意图（14.2.4）来帮助理解，但这对于计算来说不是必要的。

更普遍来说，此方法适用于任何闭合区域，并可用于横跨经向截面的纬向运输，或者用闭合的站点数据计算开阔大洋区域的输运。

14.2.1　海层质量运输至闭合区域

翻转环流的计算步骤如下：首先限定闭合的地理区域，其净质量必须（近似）守恒。[①] 例如，闭合区域可以通过两个海岸至海岸，顶部到底部的断面（在图 14.5 标为 "N" 和 "S"）限定；同时，该区域内的海水通过一个断面的流出量必须与通过另一个断面的流入量一致（第 5.1 节）。为数据分析之便，纬度是指沿线获取海洋数据的横断面。对模型而言，可选择任何纬度，通常使用多个纬度，以便考虑第 14.2.3 节描述的翻转流函数的计算。

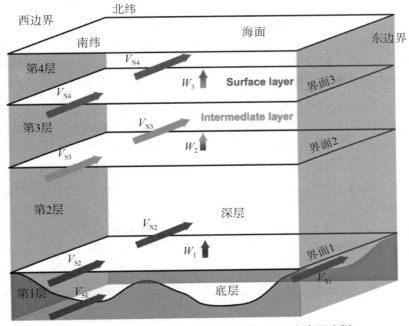

图 14.5　经向翻转环流输运计算：以四个海层为例

在第 "i" 层穿过南边界和北边界的质量输运为 V_{Si} 和 V_{Ni}。越过各接触面的垂向输运为 W_i，箭头方向为正向方向，而实际运输可为任何量级与方向。给定闭合层四个（两个横向和两个垂直）输运方向上的总和必须为 0 Sv。因蒸发和沉降，并未描述越过海面的少量输运。

为研究翻转流，闭合区域可进一步垂直分为多层（图 14.5 中 c.f. i = 1，2，3，4）。各层间的边界可用不同方法确定。具体的选择取决于计算目的。一般选择是等密度线（或中性密度面）、恒定深度，有时甚至为（位温）等温线。等密度线（或中性密度面）通常包含的信息量最大，因为其与气－海浮力通量以及从一层向另一层转换海水的跨密度面扩散直接相关。

然后，计算区域内南和北边界沿线各层净质量输运（图 14.5 V_{Si} 和 V_{Ni}）。对于动

[①]　质量平衡并非恰好为零，因为淡水与大气间有少量交换。考虑到时间依赖性，某些区域也会有质量的时间依赖型储存或不足。在大区域，时间依赖性也会成比例地变小。

力地形截面，输运的计算通常是基于截面的地转流速度以及垂直于截面的埃克曼运输。用水文站数据计算地转速度并不容易，因为参考速度是必要条件（第 7.6 节）。总质量守恒约束是确定最佳参考速度集的其中一个重要参考信息。

图 14.6a 叠加了三种不同的全球计算（两种是基于数据，一种是基于全球海洋模型），图 14.6b 给出了第四种计算；图 14.9b 和 c 通过翻转流函数描述了第五种计算（Lumpkin & Speer，2007）。翻转环流最强劲的部分在所有计算结果中都常见。

图 14.6 和 14.9 的五种分析中，首先应计算大量等密度层的质量输运。这些被合并为三层或四层，它们是：主密度跃层上方的海洋上层；北大西洋、太平洋和印度洋深层水；主要为高密度南极水（下绕极深层水，LCDW 或 AABW）的底层水。

对于海洋上层，可靠结果有：（a）横跨整个大西洋的北向质量输运净值（也包括图 14.6b 的中层水）；（b）离开印度洋的南向输运；（c）进入太平洋的北向输运；（d）从太平洋沿印度尼西亚海道进入印度洋的西向输运（ITF）；（e）离开太平洋沿北极圈（白令海峡）进入大西洋的北向输运。太平洋和印度洋中这些路径沿线还有从深层进入暖水路径的微弱上升流。

图 14.6 和 14.9 的深层水南向输运越过整个大西洋，并向南运出太平洋。它们分别为 NADW 和太平洋深层水（PDW）。图 14.6a 的印度洋的深海水输运量少并且向西移动。如图 14.6b，当深层印度海洋层被细分时，较薄的海洋层存在约 6 Sv 近似平衡的北向和南向输运，它们分别为北向移动的 NADW 和以稍低密度南向移动的印度洋深层水（IDW）。

底层水从南极向北运动至所有三个大洋。图 14.6b 表明了底层水北向渗透进入亚热带北大西洋，而图 14.6a 使用的较厚海层包含了南向运输至 NADW 底部的南极水。

各层的输运图各不相同。因此，每个部分之间有辐合和辐散。上升流和下降流的结果如下文所述。

图 14.6b 还给出了北太平洋的微弱翻转流。此区域向北输运了约 2 Sv 的暖水，向南输运了密度较大的 NPIW。

14.2.2 上升流和下降流

回到上述提及的方法（图 14.5），我们接着计算闭合区域内越过各层界面的垂向（跨密度面）输运。第 i 层的输运量和速度为：

$$M_{Ti} = V_{Ni} - V_{Si} + W_{i-1} - W_i = 0 \qquad (14.1a)$$

$$W_i = V_{Ni} - V_{Si} + W_{i-1} \qquad (14.1b)$$

$$w_i = W_i / A_i \qquad (14.1c)$$

其中，越过底部的垂向速度（"w_0"）为零。A_i 是界面的面积，w_i 是越过界面的平均垂向速度。越过各层上界面的上升流或运输量 W_i（单位：Sv）通过闭合区域水平

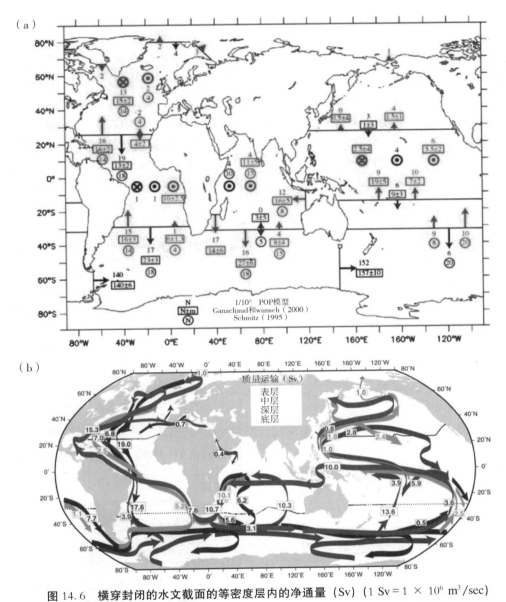

图 14.6　横穿封闭的水文截面的等密度层内的净通量（Sv）（1 Sv = 1 × 10⁶ m³/sec）

（a）不同来源的三个计算值叠加，每个使用三个等密度层（见标题）。截面间的圆圈表示进出圆圈彩色所限定层的上升流（箭头）和下降流（箭尾）。本图也可在彩色插图中找到。来源：Maltrud & McClean（2005），结合 POP 模型的结果，Ganachaud & Wunsch（2000），以及 Schmitz（1995）。（b）第四种计算是基于 Reid 速度（1994，1997，2003），用条带概要显示了流动方向和翻转位置。来源：Talley（2008）。

输运的辐散量加上越过下界面的上升流量计算而来（式 14.1b）。首先计算底层，底层没有穿越底部边界的流量，图 14.5 中标为 $i = 1$。进入闭合区域的总输运量 M_{T1} 根据连续方程必须为 0（式 14.1a）。由此得到了穿过底层上界面的上升流或下降流 W_1，因为海洋底部没有输运量。越过此界面的平均上升流速度 W_1（单位为 m/sec）

为此输运量除以界面表面面积 A_i。

接着上移至各层，计算出穿过侧边界和底部界面的输运量（V_{Ni}、V_{Si} 和 W_{i-1}）之和。由此得到穿过此框上界面的净输运量 W_i。按此计算所有海层，直至表面。因为整体速度本应在质量守恒下计算而得（包括最上层的埃克曼输运量），没有越过海表面的通量，即最上层的界面没有净上升流或下降流。

例如，如果有 2 Sv 的北向水流流入底层的南侧，以及 1 Sv 的北向水流流出该区域的北侧，则该水流在此闭合底部区域内一定有 1 Sv 的净损失。因此，1 Sv 必须上升越过上界面。例如，10^{13} m^2 的界面面积上的平均上升速度为 10^{-5} cm/sec。

现在，转回实际全球海洋的结果（图 14.6），我们发现：（a）北大西洋北部的净侧运输（经向）存在从表面向深层海水的下降流；（b）南极也有从上层海洋和深层海水向底部海水的下降流；（c）约 30°S～24°N 之间的低纬区域三大洋都有底部海水跨密度面上升流。虽然大部分上升流仅流入覆盖在上面的深海层，但是印度洋和太平洋中的某些上升流可以到达海洋上层。

大西洋北部的"下降"过程为附近海水卷夹之后的格陵兰岛和拉布拉多海的局部深层对流，这是 NADW 的产物（第 9 章）。南极"下降流"是大陆架和近海冰架沿线的连同卷夹的局部海水注入，这是 AABW 的产物（第 13 章）。

低纬的"上升流"与深层湍流驱动的涡流扩散有关，此深层湍流具有很大的地理非均匀性（参见第 7.3.2 节和第 14.5 节；图 14.7）。在印度洋和太平洋，上升流产生了印度洋深层水（IDW）以及来自上升流 AABW 的 PDW。在大西洋，上升的 AABW 汇入 NADW。

更详细而言，印度洋有从底层至深层、从深层至中层的上升流，甚至少量至温跃层的上升流。虽然数量和垂直分布与印度洋不同，但太平洋南部有相似过程：底层有净流入，其上各层有流出，因此各层具有净上升流。

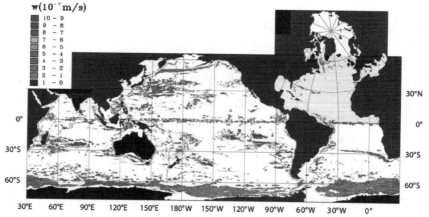

图 14.7　模型计算的穿过 27.625 kg/m^3 等密度线的上升流，其代表 NADW 层的上升流

本图也可在彩色插图中找到。来源：Kuhlbrodt 等（2007）；改编自 Döös & Coward（1997）。

在南大洋，采用比图 14.6 更精细的海层分区方式，可以发现从海洋深层至海洋上层的跨密度面上升流。上升流海水源大部分是进入南大洋的 IDW 和 PDW，与 NADW 相比，其密度稍低，深度较浅。所有的三个北部深源海水（NADW、PDW 和 IDW）在此处上升至海洋表面，其大部分区域沿坡度陡峭的等密度面绝热上升。实际南大洋密度面"上升"大部分会出现在海面附近，那里海-气浮力通量可直接改变上升水流的性质。图 5.15 的海-气浮力通量图给出了沿 ACC 产生密度较小的表层水的必要（少量）净热量和净降水量。部分绝热上升流海水也会经历冷却和盐析作用，从而产生浮力损失，沉降为南极深层和底层水。

跨密度面上升流（浮力收益）的实际位置可能非常复杂。然而，因为观测和预算相对不足，所以并未从观测中得出详尽的分布图。从普通环流模型得到的详情比根据数据得到的多，并可以说明非常局部的过程。对于与 NADW 相关的等密度层，大部分密度面上升流发生在 ACC 南部的南大洋，但是在赤道和其他区域有所增强，这与环流以及复杂地形有关（图 14.7）。

14.2.3　经向翻转流流函数

描述翻转环流的最后一个量化步骤是计算各海洋和全球的经向翻转输运流函数。翻转流流函数是研究气候所用海洋模型的其中一个基本诊断性输出，如耦合模型的相互比较项目。第 7 章介绍了水平面上地转流的流函数概念（式 7.23f）：速度与流函数方向平行，大小等于流函数在垂直于海流方向上的导数。因此，地转流函数是地转速度场的水平积分。

翻转输运流函数在概念上与此相似。它在具有单一水平方向的垂向平面上进行计算和描述。对于 MOC，此水平方向为南北向。在任一给定纬度，翻转流函数 ψ 是质量输运的垂向积分，是海洋底部（底层）至表面各值的总和。

$$\Psi_i = \sum_{i=1}^{N} V_i \tag{14.2a}$$

$$\Psi(z) = \int_0^z \int_{x_{\text{west}}}^{x_{\text{east}}} v(x', z') \mathrm{d}x' \mathrm{d}z' \tag{14.2b}$$

$$\Psi(\rho) = \int_o^\rho \int_{x_{\text{west}}}^{x_{\text{east}}} v(x', \rho') \mathrm{d}x' \mathrm{d}\rho' \tag{14.2c}$$

运输流函数 Ψ 具有运输单位（Sv）。离散形式的求和（14.2a）在 N 层上进行，各层可以通过深度或密度（或其他任何虚拟垂直坐标）划分。大写 V_i 是指越过各层截面的输运量，即该层的速度积分（无论各层如何限定）。对于数学较强的读者/学生，式（14.2b, c）给出了两种积分形式，便于明确了解对深度积分和对密度积分的区别。小写 v 是指垂直于横断的速度（单位：m/sec），它从位于 x_{east} 的一海岸行进至位于 x_{west} 的另一海岸。

计算翻转流流函数 Ψ（14.2a）时更可取的方法是将各纬度的水体细分为大量水层，远超过图 14.5 和 14.6 描述的 3 层或 4 层。再次强调，尽管大部分已公布的翻转流流函数是用深度层计算而得，但最优层为等密度面或中性密度面，而非以深度限定的水层。

翻转流函数可用于各纬度处的计算（极少数用水文地理数据；多数是用海洋模型）。然后，所有纬度的运输流函数可成为纬度和垂直坐标函数的等值线（图 14.8 和 14.9）。如果所有水层是由等密度面或中性密度面限定，通过选择各纬度等密度面的平均深度，可将流函数转化为深度坐标。

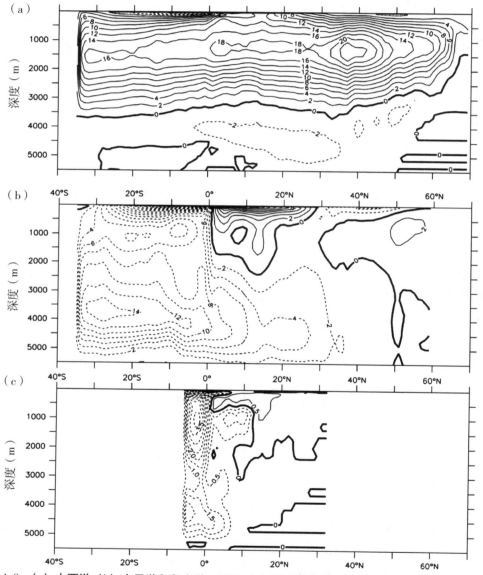

图 14.8 （a）大西洋 （b）太平洋和印度洋，以及 （c）印度洋北部 ITF 来自高分辨率普通环流模型的经向翻转流流函数 （Sv）

南大洋并未包含在内。来源：Maltrud & McClean（2005）。

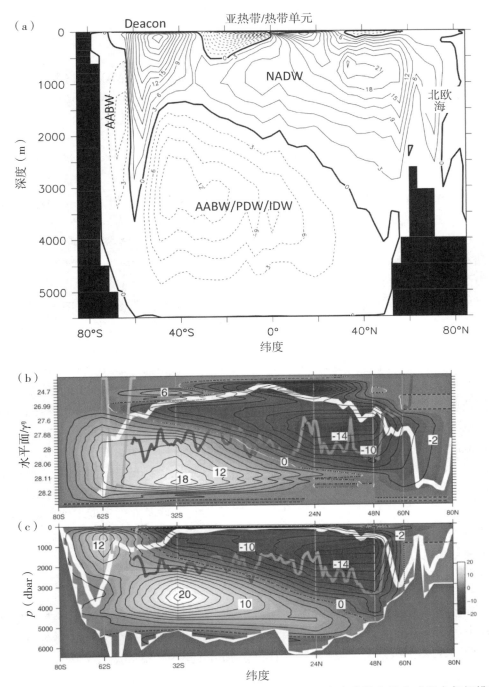

图 14.9　全球经向翻转流流函数（Sv），其适用于（a）纬度上有高分辨率的全球耦合气候模型；来源：Kuhlbrodt 等（2007）。（b，c）多个纬度的水文地理截面数据，描绘为中性密度和压力的函数；等值线间隔为 2 Sv。白色等值线为典型的冬季混合层密度；灰色等值线表示测深特征（海洋中脊和海沟）。来源：Lumpkin & Speer（2007）

尽管翻转流的实际数值（单位：Sv）各有差异，但依据全球海洋模型的各独立海洋中的翻转流描述（图 14.8）代表的是多数已公布的计算。这些单个海洋翻转在第 9 至 13 章中给出。

1. 大西洋有北部沉降的 NADW 区域、南部涌入的 AABW 区域以及流入 NADW 层的上升流。

2. 太平洋/印度洋联合翻转流包括被上升至海洋深层和温跃层的底部海水涌入（大部分为 AABW），大部分位于南半球和热带。

3. 太平洋和印度洋在北半球的经向翻转流很弱。NPIW 的 2 Sv 翻转流非常明显，印度洋红海水（RSW）的微弱、更深翻转流同样很明显。

全球翻转流函数通过计算各纬度所有海洋的层输运总和而得（图 14.9）。计算中发现的主要特征有：（a）在约 30°纬度下降而在热带上升的浅海亚热带－热带翻转区域；（b）NADW 引起的大量深水环流在北部下沉，占据大部分北半球水体，并向南延伸至 35°S 附近；（c）在南半球 3 000 m 水深的深水环流，有北向底部流（AABW）和南向深层流（主要为 PDW 和 IDW）；（d）在南半球紧挨南极的自上而下翻转流，其形成了 AABW。这些主要与具有上升流和下降流分支的跨密度面过程有关。

当全球平均翻转流流函数在深度层（图 14.9a，c）而非等密度层（图 14.9b）计算时，南大洋中也出现在 50°S 附近下沉、在 35°S～50°S 存在强烈的表层强化翻转环流，称为"迪肯环流"。当翻转在等密度层计算时，此环流大部分会消失不见，即它并没有大量的跨密度通量。沿等密度面（绝热）流：南大洋有大部分的北向流，其以相同的密度但在更深的深度南向回流（Döös & Webb，1994；Kuhlbrodt 等，2007）。

南大洋还有完整记录的跨密度上升流（第 13 章）。主要由于深度平均所引起的迪肯环流的部分是 50°S 和 40°S 之间的下降流分支。涉及跨密度运输的"非绝热"的迪肯环流（Speer，Rintoul & Sloyan，2000）包括越过 ACC 的海面北向埃克曼运输，其由来自深水的上升流组成。深水南向越过 ACC 时，该上升流大部分以绝热形式（沿等密度面）上升至海面。ACC 附近区域海面的浮力收益允许密度增加的海水向北移动。其大部分沉降至 ACC 正北部的亚南极模态水（SAMW）层，然后向北移动至南半球环流。

14.2.4 翻转环流示意图

基于前述水量输运、上升流及流函数计算，在此我们用示意图总结全球环流的各组成因素。所有此类示意图都是不完整的，随着时间变化，路径呈现出复杂性。因此，解释这些示意图时应小心谨慎。Richardson（2008）很好展示了从最早的 19 世纪至今的翻转流示意图历史。

广为人知的全球 NADW 环流，通常称为"大洋输送带"，在图 14.10 中给出（Broecker 等，1987、1991，基于 Gordon，1986）。尽管此示意图在表示实际全球翻转流方面有很大缺陷，但它简单且代表全球，所以对普通教学而言，非常有用。它精细阐述了深海形成中大西洋－太平洋/印度洋的非对称性，在北大西洋北部附近某处有沉降，但其他另两个大洋并没有。此特别简化方法仅抓住了全球翻转的一部分，因为南大洋重要的多重作用被有意排除在外，其他过度简化的描述并未包括印度洋和太平洋的基本特征。

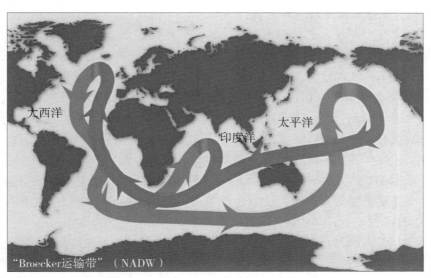

图 14.10　简化的全球 NADW 环流

该图仅保留了北大西洋北部附近某处的下降流和印度洋和太平洋的上升流。有关全球环流普及的有用性以及相关事宜参见本书，但并不包括任何南大洋过程。来源：Broecker 等（1987）。

　　下面三种简化示意图阐述了我们认为对于基础教学所要展示全球翻转基本的构成。大量的全球翻转示意图涵盖了大多数方面，我们尤其要关注 Gordon（1991）、Schmitz（1995）、Lumpkin 和 Speer（2007）以及 Kuhlbrodt 等（2007）的工作。

　　全球翻转流可分为两大主要的互连全球单元：一个为北大西洋附近的高密度海水形成，另一个为南极附近的高密度海水形成。这些分别为 NADW 和 AABW 环流。这两个环流是互通的，尤其是在南大洋，这使得翻转的任何简单表述变得复杂。第三种微弱的翻转环流在北太平洋被发现，它形成少量的中层水（NPIW）。其大部分与 NADW/AABW 环流并不互通，但是被包括在内，因为它突出了此高纬区域高密度海水形成与大西洋和南大洋高纬区域形成过程相比有所减弱。

　　全球 NADW 环流的基本特征如下。[①] NADW 环流来自从印度洋穿过厄加勒斯以及从太平洋穿过德雷克海峡进入大西洋的暖水。此上层海水北移穿过整个大西洋（首先密度变小，然后密度变大），然后在北大西洋北部的几个区域（北欧海域、拉布拉多海以及地中海）下沉。这些高密度海水向南流动，流出大西洋，成为 NADW。底层水（AABW）也从南部流入大西洋，它在扩散过程中上升至 NADW 层的底部。

　　NADW 的印度洋暖水源包括来自下列区域的水：（1）来自 ITE 的太平洋；（2）澳

---

　　①　我们需要忽略海洋间等密度沿线的深水交换。我们还不得不忽略大范围上涌进程的更精细步骤，好比多层楼房里不同楼梯的数百台阶，其而非从一个厚层向另一厚层的单一跃进。

大利亚南部的东南印度洋（来自南大洋以及部分来自太平洋）；（3）来自印度洋深水层的上升流。太平洋 ITE 水来自太平洋底层和中层水的上升流（南太平洋和热带）以及太平洋东南部的上层海洋。德雷克海峡海洋上层源水在太平洋东南部处（SAMW 以及某些南极中层水）上升。

随着其离开大西洋，部分海水沿着 NADW 直接进入非洲南部角落附近的印度洋，形成 IDW。大部分进入 ACC，并在此上升。在此，其成为南极附近深层水的源头。这是 NADW 和 AABW 环流的主要联系。

AABW 环流起源于南极海面附近的 NADW 上升流，源头与那里的冰间湖中的盐析作用有关（第 13 章）。密度最大的海水因此沉降；北向越过地势至主大洋盆地的那部分海水被称为 AABW（尽管密度最大的底部海水被约束在南大洋）。此 AABW 在大西洋、印度洋和太平洋底部区域向北移动。在三个大洋中，AABW 上涌至局部深层水，即 NADW、IDW 和 PDW。因为北部印度洋和太平洋区域的密度较大的水并没有体积非常重要的表面源，所以此上升流 AABW 是 IDW 和 PDW 的主要体积源，而 AABW 仅是 NADW 的微量组成部分。

IDW 和 PDW（因其由陈旧的上升水组成，可通过其低氧的特征追踪）向南流至 NADW 层之上的南大洋，因为其密度低于 NADW。和 NADW 一样，其在此上升至海面。然而，因其密度较低，它们上升至比 NADW 更北之处。此南极上升的 IDW/PDW 为两个环流提供动力：（1）越过 ACC 的表层海水北向通量，此汇入初步由埃克曼运输实现的上层海洋环流；以及（2）密度较大的 AABW 形成，其随后通过深水路线和 NADW 一起重新循环此质量。这些环流首先是上层海水的主要源头，接着北向供应至 NADW 形成区域，再一次与 AABW 和 NADW 环流相连。

连接 NADW、AABW 以及同样重要的 IDW 和 PDW 的垂直路径如图 14.11c 所示，该图为图 14.11a 和 b 的二维简化版。如果尝试直接从全球经向流函数中草绘 NADW 和 AABW 环流（图 14.9a），其会呈现完全分开状态。此做法并不正确，因为全球平均值缺少了印度洋和太平洋上升流和 IDW 与 PDW 分散形成的重要海盆特征性作用，且其为大体积水团，大部分与经向和上升运输息息相关。

14.3 热量和淡水输运与海洋环流

全球环流再分配了海盆内和海盆之间的热量和淡水。第 5 章阐述了热量和淡水收支、海－气通量以及经向输运。在此，我们简单描述环流中再分配热量和淡水的组成部分。

就全球平均情况而言，热量是通过海洋从热带经向输运至较高纬度。热量收益最大的地方是热带，上升流区域也有热量收益，例如东边界流。单独而言，太平洋和印度洋热量为极向输运。大西洋在整个宽度上北向输运热量，以平衡墨西哥湾流和北欧海域热量损耗区域。

大部分经向热量输运与上层海洋环流息息相关，其为风驱动的。浅海热带环流将来自热带区域的热量携带至亚热带区域。然后，亚热带环流将热量输送到热损失较强烈的西边界部分。受到一定冷却作用的海水潜至亚热带环流表层的下方，向南移动。这导致所有五个反气旋亚式热带环流中都有净极向热量运输（参见教材网站中的图S14.2）。北太平洋和北大西洋的副极地气旋式环流也极向运输热量，东部的海面暖流受到冷却，在各环流北部和西部形成更冷、密度更大的海水（NPIW 和拉布拉多海水/NADW）。

在亚热带北太平洋、南太平洋和印度洋区域，此上层海水环流进程包括了几乎所有的净极向热量输运。然而，在北大西洋，墨西哥湾流环流仅提供了部分北向热量输运（约为 1.2 PW 环流总量中的 0.4 PW；Talley，2003）。南大西洋净热量输运为北向运至赤道（约 0.4 PW），即使上层海洋洋流携带热量南向移动（约 0.1 PW）。与北大西洋和北欧海域北部热量损失相关的 NADW 的形成过程包括有北向热量输运剩余流，因为存在上层海洋暖水的北向体积运输和较新的低温 NADW 的南向回流（图5.12 以及教材网站的图 S5.9 和 S14.3）。

淡水在海洋中从净降水区域输运至净蒸发区域。热带辐合带向净蒸发中心输运淡水（图 5.4a）。在蒸发中心的极地方向侧，亚热带环流向赤道方向运输淡水（西方边界环流中的盐水极向移动，而被淡化的下潜水向蒸发中心移动）。

在较深的翻转环流中，仅 NADW 和 NPIW 翻转流携带较多的向极地方向的淡水。这两种环流都由含较多盐分的海表面极向流组成，其由高纬淡水淡化并融合（北欧海域、NADW 的北极圈和白令海峡输入），并有携带淡水的南向流。

与 AABW、IDW 和 PDW 的形成相关的其他三个主要深水翻转流对于热量或淡水输运影响甚微。对 IDW 和 PDW 而言，因为其是由 AABW 和 NADW 上升流而形成，所以性质变化的原因是跨密度面扩散，此变化与海表面的直接海－气通量相比是一种缓慢、微弱的变化方式。对于 AABW，即使存在直接的大气作用，热量和淡水输运也非常少，因为源水本来就是冷的，所以仅可以轻微冷却，且仅可以进行少量淡化，依然保持足够大的密度并导致下沉。[①]

热量和淡水也由以下方式在全球翻转环流中运输：ITF，从太平洋输运 10～15 Sv 至印度洋；通过白令海峡的洋流，从太平洋输运少于 1 Sv 的低盐水（32.5 psu）至大西洋。ITF 循环从太平洋输出热量和淡水，因为 ITF 比从南大洋进入太平洋的补偿性输入水流更暖和、更淡。在印度洋，ITF 输入热量和淡水，因为 ITF 比输出ITF 水的厄加勒斯流更暖和、更淡。白令海峡从太平洋输出淡水至大西洋，因为盐度为 32.5 psu，所以其比来自南大洋体积上补偿的输入水流更淡。

---

① 尽管上涌的南极表层水包含了大量的南极淡水，新形成的 AABW 仅可少量淡化，并保持足以沉降的密度。剩余淡水存留在海洋上层，并出口至南大洋的上层翻转，形成南极中层水（Talley，2008）。

（a）

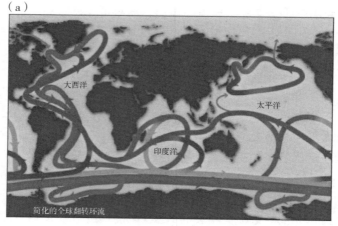

（b）

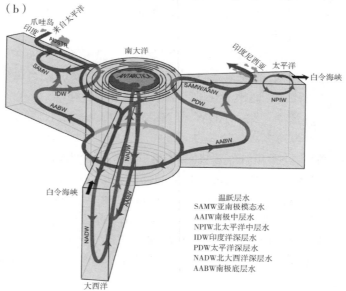

温跃层水
SAMW亚南极模态水
AAIW南极中层水
NPIW北太平洋中层水
IDW印度洋深层水
PDW太平洋深层水
NADW北大西洋深层水
AABW南极底层水

（c）南大洋风动上涌和表面浮力通量

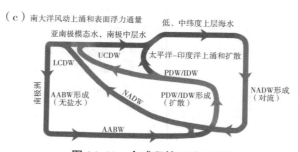

图 14. 11　全球翻转环流示意图

（a）NADW 和 AABW 全球环流和 NPIW 环流；（b）从南大洋角度看的翻转。来源：Gordon（1991），Schmitz（1996b）以及 Lumpkin 和 Speer 等（2007）。（c）互通的 NADW、IDW、PDW 和 AABW 环流的二维示意图。示意图并未准确描述出下降位置或上升的广泛地理范围。颜色：表层水（紫色）、中层和南大洋模态水（红色）、PDW/IDW/UCDW（橙色）、NADW（绿色）、AABW（蓝色）。整套的示意图参见教材网站上的图 S14.1。本图也可在彩色插图中找到。来源：Talley（2011）。

14.4　全球海水性质分布

我们回到第 4 章介绍的海水性质的全球视角。我们首先描述海平面高度的全球分布，因为其与温度/盐度分布部分相关。然后，我们重点关注第 9～13 章介绍的水团全球总结，其与全球环流和翻转流的性质结构相关。

14.4.1　海面高度

海洋平均表面高度分布（与全球平均表面高度相关）可从图 14.2a 的全球动力地势中推断得出（Maximenko 等，2009）。实际海表面高度（与大地水准面相关）与动力高度除以 $g = 981\ cm/s^2$ 所得出的结果相近（式 7.28）。

根据动力地势也能算出海表面地转流。利用全球分布图，我们可比较各海洋对应的大尺度特征。例如，越过北太平洋亚热带环流自西向东的表面高度差异大约为 70 cm。对比之下，越过北大西洋亚热带环流自西向东的高度降大约为 40 cm。这与南太平洋和南大西洋亚热带环流间高度差异的对比相似，约为 70 cm：40 cm。这意味着太平洋亚热带环流中的赤道方向的体积输运比大西洋环流中的多。最简单的原因是由于太平洋比较宽阔，所以太平洋的斯维尔德鲁普输运成比例地高于大西洋，太平洋的风也更大，因此埃克曼抽吸也有同样的对比。

从全球范围看，南大洋与世界其他大洋相比水面高度十分低。南大洋的低压与其北面的高压形成了东向流动的 ACC 的地转流部分，ACC 主要是风驱动。

由于受到风生环流的分隔和在一定程度上受其遮蔽，全球海面高度的一个特征是太平洋的整体海面高度高于大西洋。这和大平洋中与大西洋相比的较低的密度有关，而太平洋密度较低与太平洋较低的平均盐度相关。

14.4.2　水团分布

此处大部分使用示意图来描述海洋上层、中等深度（密度跃层下方）、深海（2 000～4 000 m）以及底部海洋附近的水团；全球分布图和剖面图在第 9～13 章给出。前面章节介绍的水团中仅有一部分包含在此，但是这些是代表了决定性质结构的大部分过程。

此处通过模态水描述了上层海洋水团，由 Hanawa 和 Talley 更为详细地描绘出来（2001，图 14.12）（此示意图未表现的是上层海洋水团，其与各洋盆主密度跃层中层水和亚热带水次表层水）。所有模态水都与强锋面有关，大部分是熟知的强环流，例如墨西哥湾流、亚南极锋等。这些锋具有强烈的倾斜等密度面，其较弱分层在锋的暖和侧形成更深的混合。

亚热带模态水（STMW）与各亚热带西边界流相关。STMW 占据了西部亚热带环流的很大部分。各 STMW 温度为 16～19 ℃左右，此温度比较普遍的原因是与西方边界环流分离纬度以及各亚热带环流表面温度分布相似（图 4.1）。然而，STMW 的

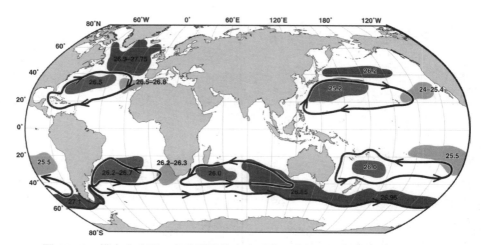

图 14.12　模态水分配，有典型的位密度以及示意性亚热带环流和 ACC 环流

来源：Hanawa 等（2001）。各亚热带环流的中等灰色区域为 STMW。浅灰区域为各亚热带环流的东部 ST-MW。深灰区域为 SPMW（北大西洋）、中间模态水（北太平洋）和 SAMW（南大洋）。

位密度因海洋间的盐度差异而差异很大。北大西洋盐度最高，所以 STMW 的密度最大，如此类推。

STMW 形成机制包括靠近强锋面的冬季深混合层露头，前提条件是有与锋相关的等密度斜坡和风动跨锋面输运或锋动力。各 STMW 俯冲至亚热带环流的内部，与锋面数百公里之内的海面分离。

各洋盆的东部 STMW（图 14.12 中浅灰色区域）没有大部分海洋中的 STMW 密度大，其为分布图所示模态水中密度最低的。它们出现在驱使环流南向流动的锋面之处，北大西洋除外，那里的亚速尔洋流是相关锋，并直接流向直布罗陀海峡。

北大西洋的亚极低模态水（SPMW）与 NAC、伊尔明厄海和拉布拉多海环流的东北向海流有关。在 NAC 隔离区，SPMW 发挥类似 STMW 的作用并南向俯冲至亚热带北大西洋环流以下。北大西洋东北部的 SPMW 与进入挪威海的 NAC 东北分支有关。北大西洋西北部的 SPMW 最终成为新拉布拉多海水（LSW），其发生下沉并从拉布拉多海扩散开（McCartney & Talley，1982）。SPMW 的形成与 STMW 相似：在强锋面暖水侧的冬季深混合层形成。

北太平洋的中间模态水与北太平洋洋流的亚南极锋的东向海流相关，其或多或少为亲潮的延续，并且处于黑潮锋面之北。此锋面再一次支持了暖水侧的较深的混合层。

SAMW 是亚南极锋北侧的一系列模态水（McCartney，1977，1982）。与 STMW 一样，它们与强锋面数百公里或更近距离之内的冬季深混合层相关。SAMW 北向俯冲至亚热带环流以下，在那里成为密度跃层的一个重要部分。发展最好的 SAMW（最厚且分层最弱）出现在印度洋东部，并横跨冬季混合层最厚的太平洋。这些 SAMW 俯冲至密度跃层后，将与大海面通风（高氧化物、含氯氟烃和 CFC）相关的示踪物携带至遥远的印度洋和南太平洋。

图 14.13 所示的是垂向盐度极值标识的全球海洋中层水。绿色和蓝色区域为低盐中层水，而橙色区域为高盐中层水。各中层水主要形成在局部区域（地图标识的位置），然后被环流平流输送。各中层水与全球翻转流有关，形成过程涉及表层水向高密度水的转变并到达密度跃层以下的中层深度。各中层水的整体延伸大于其垂向极值显示的位置，这是海面源水扩散的不完美标记。例如，鄂霍次克海海水提供了亚热带北太平洋中盐度最低的 NPIW，但是大部分鄂霍次克海海水残留在近极环流中；然而，由于不是垂向盐度极值，因此不能轻易识别。

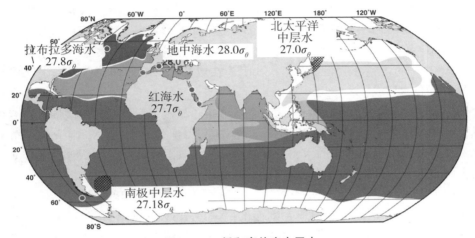

图 14.13 低和高盐度中层水

AAIW（深绿）、NPIW（淡绿）、LSW（深蓝）、MW（大西洋中是橘色）、RSW（印度洋中是橘色）。太平洋中是淡蓝色：AAIW 和 NPIW 重叠。印度洋中是淡蓝色：AAIW 和 RSW 重叠。交叉影线：对水团来说尤其重要的混合区域。红点表示每个水团的主要形成区域；暗点标记的是连接地中海和红海与公海的海峡。图中列出了形成的近似位密度。本图也可在彩色插图中找到。来源：Talley 等（2008）。

三大主要低盐中层水——LSW、NPIW 和 AAIW——由近极纬度上相对淡、冰冷且密度大的海水形成，并下沉在较温暖、高盐度、较轻的亚热带水以下。其形成机制与水团截然不同：LSW，深海对流并沉降于拉布拉多海；NPIW，无盐水，在与千岛海道强混合后沉降于鄂霍次克海；AAIW，深度混合层和下层亚南极淡水，其下沉于德雷克海峡区域并平缓北向俯冲至太平洋，并与其他海水发生强烈混合一起北向俯冲至大西洋/印度洋。

这些低盐中层水的温度大抵相同：3～5 ℃。但密度有天壤之别，因为各海洋的整体盐度截然不同。NPIW 形成于相对较淡的北太平洋，是最淡、密度最低的中层水；而 LSW 形成于含盐量高的北大西洋，其盐度最高，密度最大。

高盐度的中层水、地中海水（MW）和 RSW 由地中海/中东地区的高蒸发及冬季冷却造成。引起的深海对流是地中海和红海的局部强劲现象。密度较大的海水通过狭窄海峡流出海底山脊，汇入各自的海洋环流。随着在开阔大洋中获得深度平衡，它们沉降于中等深度，并吸入大量周围的海水。一旦获得平衡，它们比低盐中层水暖和

12～15 ℃之多，但是因为含盐高，它们的密度相对较大。

NADW 和 AABW（或 LCDW）是概述全球翻转环流时始终包含在内的两个大范围密度大/底部水团。因为海－气通量引起的浮力损耗，它们都形成于海面。与 NADW 相关的翻转流估计为 15～20 Sv。与 AABW 相关的翻转流估计为 12～25 Sv。

此文中的分布图并未描述 IDW 和 PDW。它们由底层水（AABW）上升和与各自海洋的 NADW 混合而形成。来自上层的下降扩散改变了与深层源水的相关性质。

它们有甚少或者没有表面源，因此图 14.14 和 14.15 所示的水团分解注重 NADW 和 AABW。

NADW 和 AABW 源在图 14.14a 的分布图中有描述，说明了深海等密度面的位置。在此密度，这两项源被新斯科舍和纽芬兰南部地形隔离（因而模糊代表以下各段描述的 NADW 的全球延伸范围）。北欧海溢流水的高密度源是格陵兰岛东部的深海对流。AABW 的多项分散源为无盐水，因为在威德尔海和罗斯海以及南极海岸沿线若干位置有海冰形成。

图 14.14b、c 中的底部位温和盐度全球分布图显示了形成对比的暖和且盐度高的北欧海域和冰冷盐度低的 AABW 性质。NADW 占据了北大西洋和南大西洋东部底层水的大部分，与下文所述的水团分解中所见一致（图 14.19）。较冷的 AABW 占据了南大洋、南大西洋西部区域，并主导了印度洋和太平洋。

垂向混合的作用在这些全球分布图中显而易见。印度洋西部底层水盐度高于填充最底层的 AABW，这是由于覆盖在上面的高盐度 RSW 的向下混合作用造成的。在太平洋，底层盐度分布也说明了存在覆盖水层的向下混合作用：在太平洋西南部，深层垂向盐度最大值来自 NADW 对绕极深层水的影响，使得底层有更高的盐度。在太平洋北部较远区域，底层水较淡、也更暖和，部分是因为通过上升（跨密度面混合）以及覆盖淡水的向下混合，密度最大的海水被清除分离。全面解释这些现象需要详细考虑深层等密度面的性质。

NADW 的全球延伸范围使用 NADW（与 AABW 相比）在某个等密度面的比例进行说明，此等密度面代表着 ACC 中高盐度中心（见图 14.15 和教材网站中的图 S14.4）。分布图由 G. Johnson（通讯作者，2009）使用其（Johnson，2008）关于全球水团的最佳多参数分析（OMP）方法（第 6.7.3 节）计算而得。Reid 和 Lynn（1971）最先描述此 NADW 等密度面的盐度全球分布。图 13.17 给出了南大洋几近相同等密度面的盐度。

含大量 NADW 的海水从北大西洋北部源头南移，沿南大西洋西侧下移，然后在 20°S～30°S 处东移。这是向 30°S～40°S 间较低 NADW 比例（即盐度）过渡的区域，其显示了更多 AABW 的开始之处。一片高 NADW 比例（即盐度）的海水在非洲南部向东扩展，然后分批沿着 ACC 中心向东移动进入太平洋。然后，具有较高比例（盐度）的模式向北延伸至新西兰东部 DWBC 的太平洋。在整个路径沿线，随着 AABW 比例的增加，NADW 比例（较高盐度）在下游有所降低。

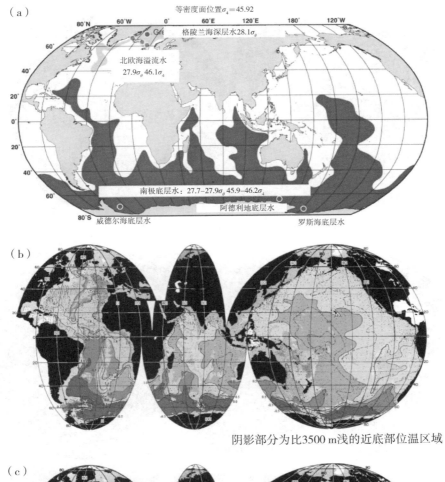

（b）

阴影部分为比3500 m浅的近底部位温区域

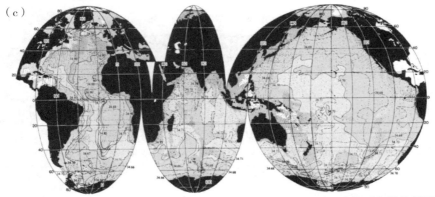

（c）

阴影部分为比3500 m浅的近底部盐度区域

图 14.14　深层和底层水：（a）比 $\sigma_4 = 45.92$ kg/m³ 密度更大的海水分布。这大约是沿线存在北欧海域高密度海水与南极高密度水之间物理隔离的最浅的等密度线。这两项源密度更低，很活跃，但是海水却相互交融。大点表示每个水团的主要形成区域；暗点标记的是连接北欧海域与公海的海峡。图中列出了形成的近似位密度。来源：Talley 等（1999）。（b）位温（℃），以及（c）海洋底部/深度大于 3 500 m 的盐度。来源：Mantyla & Reid 等（1983）

（a）

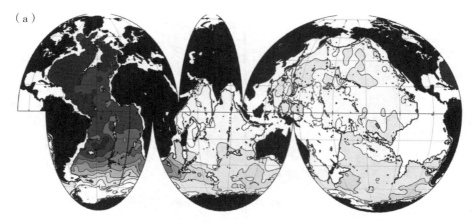

=28.06 kg/m³（2500～3000 m）处的NADW比例

（b）

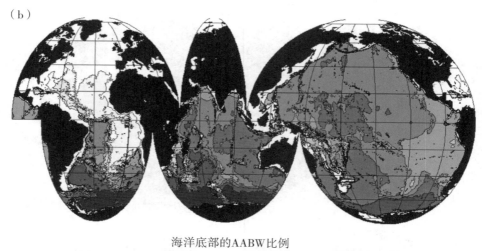

海洋底部的AABW比例

| 0 | 0.1 | 0.2 | 0.3 | 0.4 | 0.5 | 0.6 | 0.7 | 0.8 | 0.9 | 1 |

比例

图 14.15　NADW 和 AABW 比例

（a）$\gamma^N = 28.06$ kg/m³ 处等中性面 NADW 比例（σ_4 约 45.84 kg/m³，深度为 ACC 北部 2 500～3 000 m；G. Johnson，通讯作者，2009）。（b）底层水 AABW 比例（剩余的部分大部分为 NADW）。来源：Johnson（2008）。地图来自 OMP 分析，北欧海域溢出流下游格陵兰岛南部某位置的 NADW 以及威德尔海 AABW 的属性作为输入数据。教材网站有完整图，表示在图 S14.4 和 S14.5 中。

　　AABW 全球延伸范围也是用应用于海洋底部的 OMP 分析进行说明（图 14.15b 和教材网站的 S14.5）。其分布规律与用于深海等密度面的分布相似（图 14.15 a）。AABW 主导着全球海洋的底层水，但是有比例为 0.3 左右的 NADW。大部分 AABW 被堵塞，无法穿越南大西洋的大西洋中脊和瓦维斯海脊，因此 NADW 主导着南大西洋东部以及北大西洋区域。

　　在深层和底层海水分布图中，AABW 占据着比 NADW 明显多出很多的海洋区域。Johnson（2008）预计三分之二的深层和底层水来自 AABW，而三分之一来自 NADW。如果图 14.5 中 NADW 和 AABW 分别为 19 Sv 和 28 Sv 的翻转率以及 Johnson（2008）对 NADW 和 AABW 容量的计算都考虑在内，可得出两种水团有大约 500 年的滞留时间。然而，如果两种水团的翻转速率分别为 Johnson（2008）总结的 17 Sv，其滞留时间就有所区别：NADW 大约为 500 年，而 AABW 大约为 870 年。这些数值有很大的不确定性。鉴于两种水团在深层/底层海水环境下相似，滞留时间的不同将取决于其被地理上非均匀的跨密度面扩散影响的方式的差异。

14.5　涡多样性和扩散性

本介绍性内容主要是从平均流状态以及与平均值偏离的角度而写，包括某些季节和气候变化以及能量较高的时间依赖型特征，例如墨西哥湾流或厄加勒斯圈。然而，海洋所有区域都存在某种程度的涡多样性，其定义为瞬时速度或海面/等密度面高度与平均值的偏离。涡多样性涵盖了随机噪声、海浪类干扰以及封闭的连贯的特征。涡多样性是近水平方向（等密度面沿线）海面搅动的原因，因此其对等密度面沿线涡扩散至关重要（第 7.2.4 节和第 7.3.2 节）。

大规模洋流的迂曲运动产生的暖涡和冷涡规模很大且封闭，所以通常与"涡"相关。另外，环流中间部分的涡多样性看似更像光谱噪声。某些类型的涡从海面延伸至海底，而另外一些涡集中于海面层，还有一些涡可以全部藏身于海水次表层。

涡的水平方向上长度尺度为几公里至几千公里。时间尺度通常为几周至几月，但是对于诸如地中海涡流（第 9 章）等连续漩涡而言，时间尺度有时为数年之久。这被视为海洋的中尺度规模。这些是与诸如 Rossby 和 Kelvin 波等行星波相关的长度和时间尺度。对此多样性最为重要的是罗斯贝形变半径，其取决于纬度和垂向层化（第 7.7.4 节，教材网站图 S7.30）。现在通过理论、模型和观测广泛分析了一种新的时间尺度较短的亚中尺度变化，此变化大部分与海面层相关。此层比较浅，所以水平空间量级非常小，约为几公里（这可视为与使用 100 m 而非 1 000 m 左右垂向长度尺度的内部罗斯贝形变半径有关）。

内波和潮汐（第 7.5.1、8.4 和 8.6 节）具有更短的时间尺度。高频度的变化对于海洋湍流以及由此形成的跨密度面扩散和混合至关重要（第 7.3 和 7.4 节）。因此，我们给出了最近某些近惯性和潮汐多样性的全球结果。

14.5.1　涡能量和侧向涡流扩散分布

动能和势能的基本物理概念在第 7.7.5 节海洋相关术语中给出。无论平均值如何定义（模棱两可应该在任一给定研究中仔细描述）涡动能（EKE）使用瞬时（天气时间尺度）速度与平均速度的偏离计算而得。EKE 图多数始终基于侧向洋流，而非垂向速度。垂向速度相对较小，但是对于下面章节描述的跨密度面涡流扩散至关重要。海面环流 EKE 最先来源于船只漂流观测，但是现在更容易从海面浮标速度和来源于卫星高度计计算的海面速度推导而出。较深层海水的 EKE 地图从拉格朗日浮筒观察中计算而得；系留式海流计阵列也可用于计算局地涡流能量。涡流势能是用瞬时海面高度和等密度面高度与其平均值的偏离计算而得。当前，卫星高度计数据对此计算非常有用，现场 Argo 剖面浮标数据集经多年的数据积累后也会非常有用。

海面 EKE（见图 14.16 和教材网站中图 S14.6）很大程度上与洋流平均速度相关（图 14.2b，第 14.1 节）。涡流能量有多种来源，包括洋流不稳定性（第 7.7.5 节）。在水平和垂直方向上具有强大速度剪切（应变）的平均流趋向成为最不稳定的流。水平剪切产生从剪切吸取能量的正压不稳定性；地转流的垂向剪切与倾斜等密度面有关，涡流能量产生于由等密度面倾斜造成斜压不稳定性导致的势能释放。总体而言，卫星高度计分析强调了所有区域流动不稳定性的重要性，尤其是斜压不稳定性（Stammer，1998）。

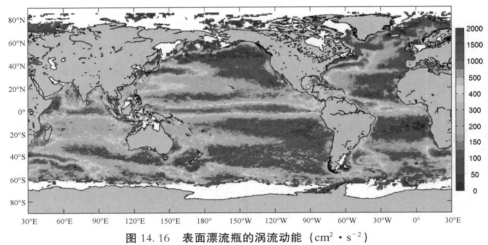

图 14.16　表面漂流瓶的涡流动能（$cm^2 \cdot s^{-2}$）

来源：NOAA AOML PHOD（2009）。教材网站上的图 S14.6c 中再现了依据卫星测高的补充图（来自 Ducet，Le Traon 和 Reverdin，2000）。本图也可在彩色插图中找到。

另外，远离强烈洋流的海洋中部涡流可以是由于除了流动不稳定性的其他原因造成，例如风直接驱动生成。图 14.16 中一个显而易见的示例为中美西部的高 EKE 带，它们是特万特佩克湾的涡流，由通过相邻山口的强劲风力驱动（图 5.16 和 10.21）。

尽管 EKE 分布很大程度上与洋流相关，但是 EKE 分布在重要方面与速度分布不同（图 14.2b 和教材网站图 S14.6）。诸如 Agulhas 圈等的最强劲涡流向远离创造此类强劲涡流的平均流的方向扩展，并考虑了相比于速度（平均动能）更广的 EKE 极大值。EKE 与平均速度分布之间最显著的大尺度区别在于约 20°至 30°纬度之间的高 EKE 带，尤其是在太平洋和印度洋，以及在大西洋存在的迹象。这些区域的平均表层速度很低，然而，强化后的 EKE 明显超出了全球平均值。这些区域具有较浅的东向表层流以及下层的西向流（太平洋亚热带逆流、印度洋东部回转涡流以及大西洋南北半球的亚速尔洋流和亚热带逆流）。此处的垂向与倾斜等密度面和增强的斜压不稳定性有关（Palastanga，van Leeuwen，Schouten & deRuijter，2007；Qiu，Scott

& Chen，2008）。

　　水平涡扩散可由拉格朗日浮筒测得的涡变化性计算而得。海面涡扩散的最高值可超过 2×10^4 m²/sec（2×10^8 cm²/sec）（图 14.17a 和教材网站图 S14.7）。海面扩散分布大致对应于 EKE 分布。涡扩散并非完全与 EKE 成正比，因为扩散时间尺度取决于产生此变化的位置和潜在过程（Lumpkin，Treguier & Speer，2002；Shuckburgh，Jones，Marshall & Hill，2009）。图 14.17a 中地图给出了标量扩散率，其使用修正版 Davis 方法（1991）计算而得。全部水平扩散为张量，因此鉴于速度多样性在任一方向可与平均速度相关，纬向和经向存在不同的数值。

　　海面以下超出卫星和海面漂浮物范围的区域，涡统计数据较难编纂①。水平涡扩散是依据 900 m 处的水下浮球（图 14.17b），其最大值约为 0.8×10^4 m²/sec，大致低于海面的值（尽管计算方法不同），包括使用显示扩散方向的椭圆展现其差异。对于海表面，大部分 900 m 深度的涡扩散非常高的位置都是洋流强劲的区域的。除在热带地区外，其大部分为各向同性的（椭圆为"圆形"）。其在热带地区具有高方向性，东西向数值较大，与强劲的纬向热带环流相配（Davis，2005）。

14.5.2　涡多样性尺度、速度以及连续性的观测

　　此为描述海洋涡多样性的大量工作的简单介绍。各海洋中纬地区海面高度（SSH）异常现象有一个简单的时空展示（Hovmöller 图表）（图 14.18），此图说明了向西传播的主要特征，这是 Rossby 波的典型行为（第 7.7.3 节）。几乎在所有纬度的强劲东向流中［例如，平流向东输送多样性的 ACC（多普勒频移）］都存在相似模式，赤道附近区域除外，那里还发现了东向传播的 Kelvin 波。

　　从诸如图 14.18 的 SSH 图中计算出的相速度大致会产生西向传播，且速度接近第一模式斜压 Rossby 波的速度（图 14.19；Chelton & Schlax，1996；Stammer，1997）。然而，与简单 Rossby 波速度的不同之处非常重要：观测到的速度几乎是中纬速度的两倍之多。多样性中非 Rossby 波行为有可能是因为与其他模式的非线性作用的结果（Wunsch，2009），以及与盛行的西向传播的连续涡有关（图 14.21）。此类连续涡在定义上为非线性。

　　频率和波数谱（第 6.5.3 节）提供了从卫星、环流计等观察到的多样性相关统计信息。图 14.20b 中来自卫星高度计的方向性波数谱再次显示了多数能量西向（实线）而非东向（虚线）传播。在频率谱中，年际变化是最强的信号（峰值在左面板用虚垂直线表示），因为这是与季节性变化相关的最强劲外力频率。除此峰值外，频率谱变化相对平缓。

---

　　① EKE 最佳估算值依赖长期的流速观测，往往更多设置于诸如墨西哥湾流等动力活跃区域，而在其他地方比较少。水下浮标提供目标深度的信息。声学追踪浮标提供了最佳统计数据，因为其空间观测是连续的，但是这些浮标并非全球都有。剖面浮标在露出水面时被追踪，大约每 10 天一次，可提供全球统计数据，尽管全球分布图尚不可用。

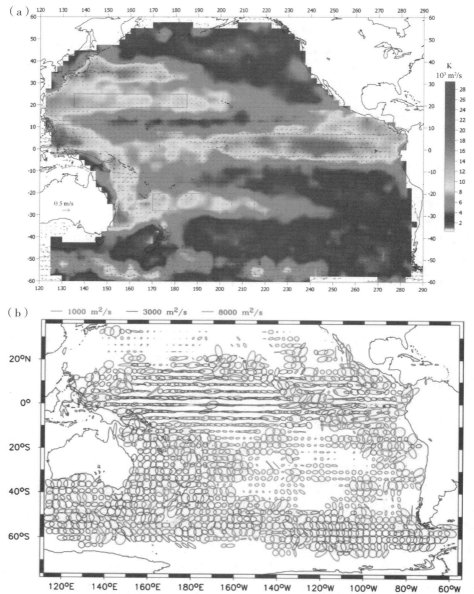

图 14.17 （a）海表（红色）的水平涡流扩散系数（m²/sec）与平均速度矢量，依据表面漂流瓶的观测。来源：Zhurbas & Oh（2004）。（b）依据次表层水深 900 m 处的浮标流速计算的涡流扩散系数椭圆。彩色表示不同的尺度（见图标题）。来源：Davis（2005）

教材网站上的第 S14 章（图 S14.7 和 S14.8）中再现了相同来源的大西洋表面地图和印度洋 900 m 地图。图 14.7a 和 14.7b 也可在彩色插图中找到

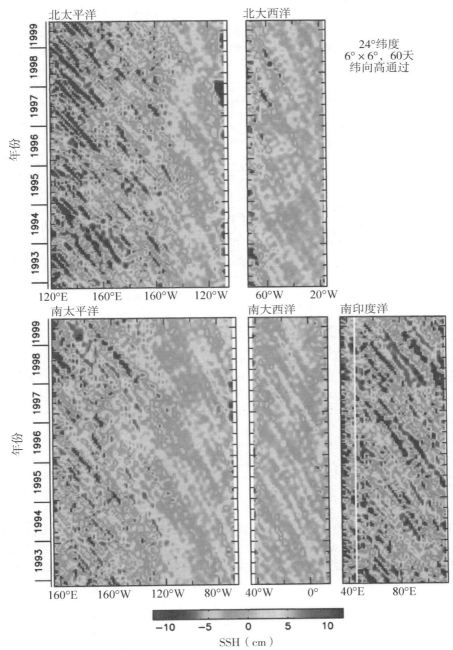

图 14.18　卫星高度计上显示的每个大洋 24°纬度处的表面－高度异常

本图也可在彩色插图中找到。来源：Fu & Chelton（2001）。

　　图 14.20 中的谱在较低频率和波数（较长的时间和空间尺度）时几乎为平面，在较高频率和波数成陡坡状（平缓部分称为"白区"，因为白噪声包括具有相同能量的所有频率；坡度部分称为"红区"，因为它们在较低频率倾斜上升至较高能量）。从平

缓向陡坡过渡至坡度的谱对应某个特定频率和波数，其被称为"分界"频率或波数。分界标志着主导谱红白部分对峙的物理过程的转变。谱坡度与通过斜压不稳定性（第 7.7.5 节）产生的能量而非外用力（主要为风力）的外部变化一致（Stammer，1997）。

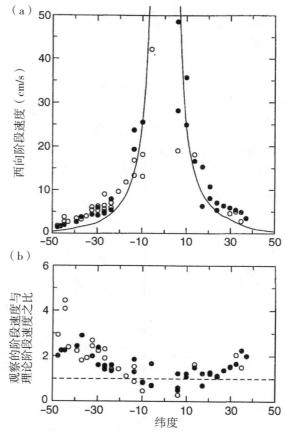

图 14.19　（a）太平洋的西向相速度（cm/sec），其由来自卫星高度计的视觉上占主导地位的 SSH 异常情况中计算而得。下面曲线是各纬度最快的第一模式斜压 Rossby 波速度。（b）观察的和理论相速度之比，说明了观察的相速度通常快于理论速度

来源：Chelton & Schlax（1996）。

Rossby 波西向观测结果和初步明显解释之间缺乏详细的对应，对此，其中一个解释是连续涡中实际包含着大量能量，这与 Rossby 波的行为在许多方面大相径庭，但是仍维持着 Rossby 波的西向传播。在各洋盆章节（第 9～13 章），我们描述了其中一些涡流（环流）的形成的传播位置。这些现象通常都有固定名称（"哈马黑拉涡""墨西哥湾环流""厄加勒斯环流""夏洛特女王涡"以及"巴西环流"等），因为它们在特定位置发生频率很高，主导着变化性，并且通常在这些位置附近进行海水性质的输运。拉格朗日数据集中给出了更为广泛传播的连续涡（Shoosmith，Richardson，Bower & Rossby，2005）。

据卫星高度计数据所示，连续漩涡（涡流）出现在大的海洋区域（图 14.21；Chelton，Schlax，Samelson & de Szoeke，2007）。这些分布图在某种程度上与图 14.16 的 EKE 分布相似。主要涡流带在西方边界流及其延伸区、中纬洋流东向移动的大面积区域（亚热带逆流和亚速尔洋流）以及 ACC。大部分涡流向西传播；而在 ACC 东向海流，涡流向东平流输送。西边界流延伸区的涡流最强（SSH 最高），但是涡流数量在 ACC 以及中纬带（亚热带逆流）最多。涡流直径通常大于罗斯贝形变半径（见教材网站图 S7.30），在涡流主导区域超过 200 km，并在高纬下降约 100 km（Chelton 等，2007）。

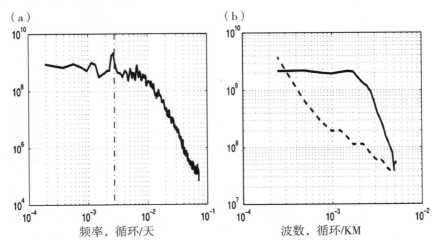

图 14.20　北太平洋东部亚热带地区 SSH 谱的（a）频率以及（b）波数

利用的是 15 年的卫星高度计观察数据。（a）中的虚线为年度频率。在波数面板，实线为西向传播能量，虚线为东向传播能量。来源：Wunsch（2009）。

14.5.3　跨密度面扩散和近惯性运动

对于海洋翻转流，密度沿环流路径变化（第 7.10 节）。在一些特定的小区域，表层海水的密度变得足够大，可以下沉至很大的深度。密度较大海水最终因为浮力跨密度面向下的扩散而回到较低密度的状态（教材网站中图 S7.40）。海洋内部存在一个微弱缓慢的过程，其与内波破碎产生的湍流相关（第 7.3.2 节）。依据观测到的海洋层化和简单模型，全球平均跨密度面的涡流扩散大约为 10^{-4} m²/sec（Munk，1966；见第 7.3.2 节和第 7.10.2 节）。在主密度跃层，跨密度面的涡流扩散小得多，量级为 10^{-5} m²/sec（Gregg，1987；Ledwell，Watson & Law，1993）。另外，在海洋底部附近观测到的进入地形起伏较大的区域水体的跨密度面扩散高于 Munk 值（图 7.2）。

如果等密度面被力的作用（例如，风应力旋度引起的埃克曼吸入）或者与强地转流剪切相关的倾斜抬升至海面，这些在等密度面的海水具有更高扩散，因为存在风力和海−气通量作用力引起的较高水平近海面湍流。此抬升发生于热带及东边界沿线上升流强烈的浅海区域，以及南大洋和近极北太平洋的浅海区域，那里的开阔大洋等密度面上升至海面。

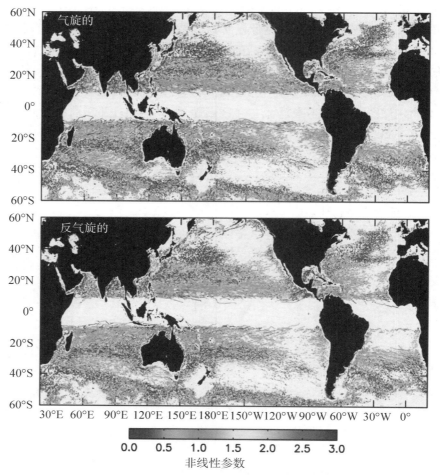

图 14.21　时间超过 4 周的连续气旋和反气旋涡旋的踪迹

依据测高 SSH，彩色编码是"非线性参数"，其是涡旋内速度与涡旋传播速度的比。白色区域表示赤道 10°纬度范围内无涡旋或轨迹。本图也可在彩色插图中找到。来源：Chelton 等（2007）。

　　海表层的风驱动近惯性运动（图 7.4）预计会造成较高的跨密度面扩散，此运动的地理分布显示了海表层扩散的地形变化性。通过漂流瓶数据集已对近惯性运动进行全球性描述（图 14.22a）。近惯性运动的平均速度为 10 cm/sec，可增大至大气中纬风暴路径下方、热带太平洋东部和热带大西洋西部的 20 cm/sec 以上。观测到的惯性环流半径为 10～30 km（Chaigneau，Pizarro & Rojas，2008）。

　　海面漂流瓶速度的能量谱表明惯性可以出现于所有纬度（图 14.22b）。这至关重要，因为其证明了风能的确集中于惯性带，因此，用于海面层湍流混合的能量大部分为近惯性。因此，图 14.22a 的惯性能量分布图反映了海洋表面混合能力的空间变化。惯性频率取决于纬度，在赤道为 0，到 70°纬度频率变为每天接近两个循环（图中实体曲线）。所有纬度还存在低频率能量，其大部分是因为地转运动以及多由潮汐引起的半日周期能量（每天 2 个循环；图中垂直黄色带）。

14.6　气候与全球海洋

当前应用中，气候变化性是指自然气候变化性，而气候变化是指人为驱动的气候改变。后者也被称为"全球变化"。海洋学教材中涉及气候不一定是因为海－气反馈，除可能非常微弱的热带模式外，还因为气候变化性和变化会影响海洋性质和环流的变化性。

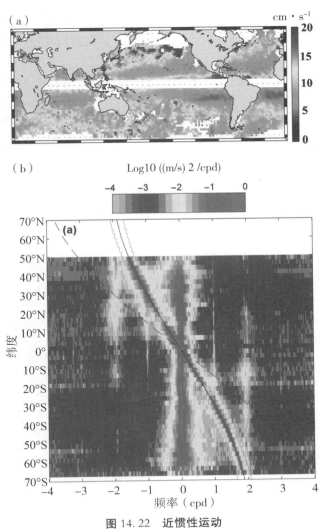

图 14.22　近惯性运动

（a）依据表面漂浮物的平均惯性流速（cm/sec）。来源：Chaigneau 等（2008）。（b）太平洋 2.5°纬度处的回转功率谱。实曲线是每个纬度处的惯性频率；虚曲线是惯性频率的两倍。负频率逆时针旋转，正频率顺时针旋转。来源：Elipot & Lumpkin（2008）。图 14.22a 和 14.22b 也可在彩色插图中找到。

　　其余与气候变化性相关的文本、图片和表格都已移至本书补充性网站第 S15 章（气候多样性和海洋），该章还包含了各海盆章节的气候变化性材料。补充材料中给出了在海洋会受到影响的年间、十年间以及更长时间的气候变化性模式图和表。我们还讨论了海水性质（温度、盐度、氧气）的变化，甚至某种程度的环流变化，因为它们与气候变化性及气候变化息息相关。

参考文献

Aagaard, K., Coachman, L. K., Carmack, E., 1981. On the halocline of the Arctic Ocean. Deep-Sea Res. 28, 529 - 545.

Aagaard, K., Greisman, P., 1975. Toward new mass and heat budgets for the Arctic Ocean. J. Geophys. Res. 80, 3821 - 3827.

Aagaard, K., Swift, J. H., Carmack, E. C., 1985. Thermohaline circulation in the arctic mediterranean seas. J. Geophys. Res. 90, 4833 - 4846.

Ambar, I., Fiuza, A. F. G., 1994. Some features of the Portugal Current System: A poleward slope undercurrent, an upwelling-related summer southward flow and an autumn-winter poleward coastal surface current. In: Katsaros, K. B., Fiuza, A. F. G., Ambar, I. (Eds.), Proceedings of the Second International Conference on Air-Sea Interaction and on Meteorology and Oceanography of the Coastal Zone. American Meteorological Society, pp. 286 - 287.

Andrié, C., Ternon, J. -F., Bourlès, B., Gouriou, Y., Oudot, C., 1999. Tracer distributions and deep circulation in the western tropical Atlantic during CITHER 1 and ETAMBOT cruises, 1993 - 1996. J. Geophys. Res. 104, 21195 - 21215.

Ångström, A., 1920. Applications of heat radiation measurements to the problems of the evaporation from lakes and the heat convection at their surfaces. Geogr. Ann. 2, 237 - 252.

Annamalai, H., Xie, S. P., McCreary, J. P., Murtugudde, R., 2005. Impact of Indian Ocean sea surface temperature on developing El Niño. J. Climat. 18, 302 - 319.

Anselme, B., 1998. Sea ice fields and atmospheric phenomena in Eurasiatic arctic seas as seen from the NOAA-12 satellite. Int. J. Rem. Sensing 19, 307 - 316.

Antonov, J. I., Locarnini, R. A., Boyer, T. P., Mishonov, A. V., Garcia, H. E., 2006. World Ocean Atlas 2005, vol 2: Salinity. In: Levitus, S. (Ed.), NOAA Atlas NESDIS 62. U. S. Government Printing Office, Washington, D. C., 182 pp.

Aoki, S., Bindoff, N. L., Church, J. A., 2005. Interdecadal water mass changes in the Southern Ocean between 30E and 160E. Geophys. Res. Lett. 32, doi: 10. 1029/ 2004GL022220.

Arhan, M., Naveira Garabato, A., Heywood, K. J., Stevens, D. P., 2002. The Antarctic Circumpolar Current between the Falkland Islands and South Georgia. J. Phys. Oceanogr. 32，1914－1931.

Armi，L.，1978. Some evidence for boundary mixing in the deep ocean. J. Geophys. Res. 83，1971－1979.

Armi，L.，Farmer，D. M.，1988. The flow of Mediterranean Water through the Strait of Gibraltar. Progr. Oceanogr. 21，1－105 (also Farmer and Armi，1988).

Assaf，G.，Gerard，R.，Gordon，A.，1971. Some mechanisms of oceanic mixing revealed in aerial photographs. J. Geophys. Res. 76，6550－6572.

Bailey，W. D.，1957. Oceanographic features of the Canadian Archipelago. J. Fish. Res. Bd. Can. 14，731－769.

Bainbridge，A. E.，Broecker，W. S.，Spencer，D. W.，Craig，H.，Weiss，R. F.，Ostlund，H. G.，1981－1987. The Geochemical Ocean Sections Study (7 volumes). National Science Foundation，Washington，D. C.

Bakun，A.，1973. Coastal upwelling indices，west coast of North America，1946－71. U. S. Dept. of Commerce，NOAA Tech. Rep. NMFS SSRF-671，103 pp.

Bakun，A.，Nelson，C. S.，1991. The seasonal cycle of wind-stress curl in subtropical eastern boundary current regions. J. Phys. Oceanogr. 21，1815－1834.

Balmforth，N. J.，Llewellyn-Smith，S.，Hendershott，M.，Garrett，C.，2005. Geophysical Fluid Dynamics/WHOI 2004 Program of Study：Tides. WHOI Technical Report，WHOI-2005－08，327 pp. http：//hdl. handle. net/1912/98 (accessed 10.01.09).

Bane，J. M.，1994. The Gulf Stream System：An observational perspective. Chapter 6. In：Majumdar，S. K.，Miller，E. W.，Forbes，G. S.，Schmalz，R. F.，Panah，A. A. (Eds.)，The Oceans：Physical-Chemical Dynamics and Human Impact. The Pennsylvania Academy of Science，pp. 99－107.

Barber，D. G.，Massom，R. A.，2007. Chapter 1：The role of sea ice in Arctic and Antarctic polynyas. In：Polynyas：Windows to the World，Elsevier Oceanography Ser，vol. 74. Elsevier，Amsterdam，pp. 1－54.

Baringer，M.，Larsen，J.，2001. Sixteen years of Florida Current transport at 27 N. Geophys. Res. Lett. 28，3179－3182.

Barnett，T. P.，Pierce，D. W.，AchutaRao，K.，Gleckler，P.，Santer，B.，Gregory，J.，et al.，2005. Penetration of human-induced warming into the World's Oceans. Science 309，284－287.

Barnston，A. G.，Livezey，R. E.，1987. Classification，seasonality and persistence of low-frequency atmospheric circulation patterns. Mon. Weather Rev. 115，1083－1126.

Beal，L. M.，Chereskin，T. K.，Lenn，Y. D.，Elipot，S.，2006. The

sources and mixing characteristics of the Agulhas Current. J. Phys. Oceanogr. 36, 2060 – 2074.

Beal, L. M., Ffield, A., Gordon, A. L., 2000. Spreading of Red Sea overflow waters in the Indian Ocean. J. Geophys. Res. 105, 8549 – 8564.

Beal, L. M., Hummon, J. M., Williams, E., Brown, O. B., Baringer, W., Kearns, E. J., 2008. Five years of Florida Current structure and transport from the Royal Caribbean Cruise Ship Explorer of the Seas. J. Geophys. Res. 113, C06001. doi: 10. 1029/2007JC004154.

Beardsley, R. C., Boicourt, W. C., 1981. On estuarine and continental-shelf circulation in the Middle Atlantic Bight. In: Warren, B. A., Wunsch, C. (Eds.), Evolution of Physical Oceanography. MIT Press, Cambridge, MA, pp. 198 – 223.

Becker, J. J., Sandwell, D. T., 2008. Global estimates of seafloor slope from single-beam ship soundings. J. Geophys. Res. 113, C05028. doi: 10. 1029/2006JC003879.

Becker, J. J., Sandwell, D. T., Smith, W. H. F., Braud, J., Binder, B., Depner, J., et al., 2009. Global bathymetry and elevation data at 30 arc seconds resolution: SRTM30 _ PLUS. Mar. Geod. 32, 4355 – 4371.

Belkin, I. M., 2004. Propagation of the "Great Salinity Anomaly" of the 1990s around the northern North Atlantic. Geophys. Res. Lett. 31, L08306. doi: 10. 1029/ 2003GL019334.

Belkin, I. M., Gordon, A. L., 1996. Southern Ocean fronts from the Greenwich meridian to Tasmania. J. Geophys. Res. 101, 3675 – 3696.

Bendat, J. S., Piersol, A. G., 1986. Random Data: Analysis and Measurement Procedures, second ed. Wiley, New York, 566 pp.

Bennett, A. F., 1976. Poleward heat fluxes in southern hemisphere oceans. J. Phys. Oceanogr. 8, 785 – 789.

Bernard, E. N., Robinson, A. R. (Eds.), 2009. The Sea, vol. 15: Tsunamis. Harvard University Press, Cambridge, MA, 462 pp.

Bevington, P. R., Robinson, D. K., 2003. Data Reduction and Error Analysis for the Physical Sciences. McGraw Hill, Dubuque, IA, 320 pp.

Biastoch, A., Böning, C. W., Lutjeharms, J. R. E., 2008. Agulhas leakage dynamics affects decadal variability in the Atlantic overturning circulation. Nature 456, 489 – 492.

Bindoff, N. L., McDougall, T. J., 2000. Decadal changes along an Indian Ocean section at 32 degrees S and their interpretation. J. Phys. Oceanogr. 30, 1207 – 1222.

Bindoff，N. L.，Willebrand，J.，Artale，V.，Cazenave，A.，Gregory，J.，Gulev，S.，et al.，2007. Observations: Oceanic climate change and sea level. In: Solomon，S.，Qin，D.，Manning，M.，Chen，Z.，Marquis，M.，Averyt，K. B. （Eds.），Climate Change 2007: The Physical Science Basis. Contribution of Working Group I to the Fourth Assessment Report of the Intergovernmental Panel on Climate Change. Cambridge University Press，Cambridge，UK and New York.

Bingham，F. M.，Lukas，R.，1994. The southward intrusion of North Pacific Intermediate Water along the Mindanao Coast. J. Phys. Oceanogr. 24，141 − 154.

Bingham，F. M.，Talley，L. D.，1991. Estimates of Kuroshio transport using an inverse method. Deep-Sea Res. 38（Suppl.），S21 − S43.

Bishop，J. K. B.，1999. Transmissometer measurement of POC. Deep-Sea Res. I 46，353 − 369.

Bitz，C. M.，Fyfe，J. C.，Flato，G. M.，2002. Sea ice response to wind forcing from AMIP models. J. Clim. 15，522 − 536.

Bjerknes，J.，1969. Atmospheric teleconnections from the equatorial Pacific. Mon. Weather Rev. 97，163 − 172.

Bjerknes，V.，Bjerknes，J.，Solberg，H.，Bergeron，T.，1933. Physikalische Hydrodynamik mit Anwendung auf die Dynamische Meterologie，3. Springer，Berlin.

Björk，G.，Jakobsson，M.，Rudels，B.，Swift，J. H.，Anderson，L.，Darby，D. A.，et al.，2007. Bathymetry and deep-water exchange across the central Lomonosov Ridge at 88 − 89° N. Deep-Sea Res. I 54，1197 − 1208.

Boccaletti，G.，Ferrari，R.，Fox-Kemper，B.，2007. Mixed layer instabilities and restratification. J. Phys. Oceanogr. 37，2228 − 2250.

Boebel，O.，Davis，R. E.，Ollitrault，M.，Peterson，R. G.，Richardson，P. L.，Schmid，C.，Zenk，W.，1999. The intermediate depth circulation of the western South Atlantic. Geophys. Res. Lett. 26，3329 − 3332. doi: 10. 1029/1999GL002355.

Böhm，E.，Morrison，J. M.，Manghnani，V.，Kim，H. -S.，Flagg，C. N.，1999. The Ras al Hadd Jet: Remotely sensed and acoustic Doppler current profiler observations in 1994 − 1995. Deep-Sea Res. II 46，1531 − 1549.

Boland，F. M.，Church，J. A.，1981. The East Australian Current 1978. Deep-Sea Res. 28A，937 − 957.

Botnikov，V. N.，1963. Geographical position of the Antarctic Convergence zone in the Southern Ocean. Sov. Antarct. Exped. Inf. Bull.，Engl. Transl. 4（41），324 − 327.

Bourlès, B., Lumpkin, R., McPhaden, M. J., Hernandez, F., Nobre, P., Campos, E., et al., 2008. The Pirata program: History, accomplishments, and future directions. B. Am. Meteorol. Soc. 89, 1111 – 1125.

Bowden, K. F., 1983. Physical Oceanography of Coastal Waters. Ellis Horwood Series in Marine Science. Halsted Press, New York, 302 pp.

Bower, A. S., Armi, L., Ambar, I., 1997. Lagrangian observations of Meddy formation during a Mediterranean undercurrent seeding experiment. J. Phys. Oceanogr. 27, 2545 – 2575.

Bower, A. S., Hunt, H. D., Price, J. F., 2000. Character and dynamics of the Red Sea and Persian Gulf outflows. J. Geophys. Res. 105, 6387 – 6414.

Bower, A. S., Johns, W. E., Fratantoni, D. M., Peters, H., 2005. Equilibration and circulation of Red Sea Outflow Water in the western Gulf of Aden. J. Phys. Oceanogr. 35, 1963 – 1985.

Bower, A. S., LeCann, B., Rossby, T., Zenk, W., Gould, J., Speer, K., et al., 2002. Directly measured mid-depth circulation in the northeastern North Atlantic Ocean. Nature 410, 603 – 607.

Bower, A. S., Lozier, M. S., Gary, S. F., Böning, C. W., 2009. Interior pathways of the North Atlantic meridional overturning circulation. Nature 459, 243 – 247.

Boyer, T. P., Antonov, J. I., Levitus, S., Locarnini, R., 2005. Linear trends of salinity for the world ocean: 1955 – 1998. Geophys. Res. Lett. 32, L01604. doi: 1029/2004GL021791.

Brambilla, E., Talley, L. D., 2008. Subpolar Mode Water in the northeastern Atlantic: 1. Averaged properties and mean circulation. J. Geophys. Res. 113, C04025. doi_10.1029/ 2006JC004062.

Bray, N., Ochoa, J., Kinder, T., 1995. The role of the interface in exchange through the Strait of Gibraltar. J. Geophys. Res. 100, 10755 – 10776.

Bretherton, F. P., Davis, R. E., Fandry, C. B., 1976. A technique for objective analysis and design of oceanographic experiments applied to MODE-73. Deep-Sea Res. 23, 559 – 582.

Brink, K. H., 1991. Coastal-trapped waves and wind-driven currents over the continental shelf. Annu. Rev. Fluid Mech. 23, 389 – 412.

Brink, K. H., 2005. Coastal physical processes overview. In: Robinson, A. F., Brink, K. H. (Eds.), The Sea, vol. 13: The Global Coastal Ocean: Multiscale Interdisciplinary Processes. Harvard University Press, Cambridge, MA, pp. 37 – 60.

Brink, K. H., Robinson, A. R. (Eds.), 1998. The Sea, vol. 10: The Global

Coastal Ocean: Processes and Methods. Harvard University Press, Cambridge, MA, 628 pp.

Broecker, W. S., 1974. "NO," a conservative water-mass tracer. Earth Planet. Sci. Lett. 23, 100 – 107.

Broecker, W. S., 1987. The biggest chill. Nat. Hist 97, 74 – 82.

Broecker, W. S., 1991. The great ocean conveyor. Oceanography 4, 79 – 89.

Broecker, W. S., 1998. Paleocean circulation during the last deglaciation: A bipolar seesaw? Paleoceanography 13, 119 – 121.

Broecker, W. S., Clark, E., Hajdas, I., Bonani, G., 2004. Glacial ventilation rates for the deep Pacific Ocean. Paleoceanography 19, PA2002. doi: 10. 1029/2003PA000974.

Broecker, W. S., Peng, T., 1982. Tracers in the Sea. Lamont-Doherty Geological Observatory. Columbia University, 690 pp.

Bryan, K., 1963. A numerical investigation of a nonlinear model of a wind-driven ocean. J. Atm. Sci. 20, 594 – 606.

Bryden, H. L., Beal, L. M., 2001. Role of the Agulhas Current in Indian Ocean circulation and associated heat and freshwater fluxes. Deep-Sea Res. I 48, 1821 – 1845.

Bryden, H. L., Candela, J., Kinder, T. H., 1994. Exchange through the Strait of Gibraltar. Progr. Oceanogr. 33, 201 – 248.

Bryden, H. L., Griffiths, M. J., Lavin, A. M., Millard, R. C., Parrilla, G., Smethie, W. M., 1996. Decadal changes in water mass characteristics at $24°$ N in the subtropical North Atlantic Ocean. J. Clim. 9, 3162 – 3186.

Bryden, H. L., Imawaki, S., 2001. Ocean heat transport. In: Siedler, G., Church, J. (Eds.), Ocean Circulation and Climate, International Geophysics Series. Academic Press, San Diego, CA, pp. 455 – 474.

Bryden, H. L., Johns, W. E., Saunders, P. M., 2005a. Deep western boundary current east of Abaco: Mean structure and transport. J. Mar. Res. 63, 35 – 57.

Bryden, H. L., Longworth, H. R., Cunningham, S. A., 2005b. Slowing of the Atlantic meridional overturning circulation at 26. 5 N. Nature 438, 655 – 657.

Bryden, H. L., Pillsbury, R. D., 1977. Variability of deep flow in the Drake Passage from year-long current measurements. J. Phys. Oceanogr. 7, 803 – 810.

Bye, J. A. T., 1972. Ocean circulation south of Australia. In: Hayes, D. E. (Ed.), Antarctic Oceanology I, The Australian-New Zealand Sector, Antarctic Research Series, 19. AGU, Washington, D. C, pp. 95 – 100.

CalCOFI ADCP, 2008. CalCOFI ADCP. Scripps Institution of Oceanography.

http：//adcp. ucsd. edu/calcofi/ (accessed 10. 18. 18).

Cameron, W. M. , Pritchard, D. W. , 1963. Estuaries. In: Hill, M. N. (Ed.), The Sea, vol. 2: Ideas and Observations. Wiley-Interscience, New York, pp. 306 – 324.

Candela, J. , Tanahara, S. , Crepon, M. , Barnier, B. , Sheinbaum, J. , 2003. Yucatan Channel flow: Observations versus CLIPPER ATL6 and MERCATOR PAM models. J. Geo-phys. Res. 108, 3385. doi: 10. 1029/2003JC001961.

Candela, J. , 2001. Mediterranean Water and global circulation. In: Siedler, G. , Church, J. (Eds.), Ocean Circulation and Climate, International Geophysics Series. Academic Press, San Diego, CA, pp. 419 – 430.

Cane, M. A. , Münnich, M. , Zebiak, S. F. , 1990. A study of self-excited oscillations of the tropical ocean-atmosphere system. Part I: Linear analysis. J. Atmos. Sci. 47, 1562 – 1577.

Capet, X. , McWilliams, J. C. , Molemaker, M. J. , Shchepetkin, A. F. , 2008. Mesoscale to submesoscale transition in the California Current System. Part III: Energy balance and flux. J. Phys. Oceanogr. 38, 2256 – 2269.

Carmack, E. , Aagaard, K. , 1973. On the deep water of the Greenland Sea. Deep-Sea Res. 20, 687 – 715.

Cartwright, D. E. , 1999. Tides: A Scientific History. Cambridge University Press, Cambridge, UK, 292 pp.

Castro, S. L. , Wick, G. A. , Emery, W. J. , 2003. Further refinements to models for the bulk-skin sea surface temperature difference. J. Geophys. Res. 108, 3377 – 3395.

Cavalieri, D. , Parkinson, C. , Gloersen, P. , Zwally, H. J. , 1996, updated 2008. Sea ice concentrations from Nimbus-7 SMMR and DMSP SSM/I passive microwave data, 1991. Boulder, Colorado USA: National Snow and Ice Data Center. Digital media. http: //nsidc. org/data/nsidc-0051. html (accessed 11. 11. 08).

Cayan, D. R. , 1992. Latent and sensible heat flux anomalies over the northern oceans: Driving the sea surface temperature. J. Phys. Oceanogr. 22, 859 – 881.

CDIP, 2009. The Coastal Data Information Program, Scripps Institution of Oceanography. http: //cdip. ucsd. edu/ (accessed 5. 15. 09).

Cerovecki, I. , Talley, L. D. , Mazloff, M. , 2011. Transformation and formation rates of Subantarctic Mode Water based on air-sea fluxes, in preparation.

Cetina, P. , Candela, J. , Sheinbaum, J. , Ochoa, J. , Badan, A. , 2006. Circulation along the Mexican Caribbean coast. J. Geophys. Res. 111, C08021. doi: 10. 1029/2005JC003056.

Chaigneau, A., Pizarro, O., Rojas, W., 2008. Global climatology of near-inertial current characteristics from Lagrangian observations. Geophys. Res. Lett. 35, L13603. doi: 10. 1029/2008GL034060.

Chang, P., Ji, L., Li, H., 1997. A decadal climate variation in the tropical Atlantic Ocean from thermodynamic air-sea interactions. Nature 385, 516 – 518.

Chapman, B., 2004. Initial visions of paradise: Antebellum U. S. government documents on the South Pacific. J. Gov. Inform. 30, 727 – 750.

Chatfield, C., 2004. The Analysis of Time Series: An Introduction, sixth ed. Chapman and Hall/CRC Press, Boca Raton, FL, 333 pp.

Chelton, D. B., deSzoeke, R. A., Schlax, M. G., El Naggar, K., Siwertz, N., 1998. Geographical variability of the first baroclinic Rossby radius of deformation. J. Phys. Oceanogr. 28, 433 – 460.

Chelton, D. B., Freilich, M. H., Esbensen, S. K., 2000. Satellite observations of the wind jets off the Pacific coast of Central America. Part II: Regional relationships and dynamical considerations. Mon. Weather Rev. 128, 2019 – 2043.

Chelton, D. B., Ries, J. C., Haines, B. J., Fu, L. L., Callahan, P. S., Cazenave, A., 2001. Satellite altimetry. In: Fu, L. -L., Cazenave, A. (Eds.), Satellite Altimetry and Earth Sciences. Academic Press, San Diego, CA, 463 pp.

Chelton, D. B., Schlax, M. G., 1996. Global observations of oceanic Rossby waves. Science 272, 234 – 238.

Chelton, D. B., Schlax, M. G., Freilich, M. H., Milliff, R. F., 2004. Satellite measurements reveal persistent small-scale features in ocean winds. Science 303, 978 – 983.

Chelton, D. B., Schlax, M. G., Samelson, R. M., de Szoeke, R. A., 2007. Global observations of large oceanic eddies. Geophys. Res. Lett. 34, L15606. doi: 10. 1029/ 2007GL030812.

Chen, C., Beardsley, R. C., 2002. Cross-frontal water exchange on Georges Bank: Some results from a U. S. GLOBEC/Georges Bank Program Model Study. J. Oce-anogr. 58, 403 – 420.

Chen, C. T., Millero, F. J., 1977. Speed of sound in seawater at high pressures. J. Acoust. Soc. Am. 62, 1129 – 1135.

Chereskin, T. K., 1995. Direct evidence for an Ekman balance in the California Current. J. Geophys. Res. 100, 18261 – 18269.

Chereskin, T. K., Trunnell, M., 1996. Correlation scales, objective mapping, and absolute geostrophic flow in the California Current. J. Geophys. Res. 101, 22619 – 22629.

Chiang, J. C. H., Vimont, D. J., 2004. Analogous Pacific and Atlantic meridional modes of tropical atmosphere-ocean variability. J. Clim. 17, 4143−4158.

CIESM, 2001. CIESM Round table session on Mediterranean water mass acronyms. 36th CIESM Congress, Monte Carlo, 26 September 2001. https://www. ciesm. org/ catalog/WaterMassAcronyms. pdf (accessed 6. 5. 09).

Clark, C. O., Webster, P. J., Cole, J. E., 2003. Interdecadal variability of the relationship between the Indian Ocean zonal mode and East African coastal rainfall anomalies. J. Clim. 16, 548−554.

Clarke, R. A., Swift, J. H., Reid, J. L., Koltermann, K. P., 1990. The formation of Greenland Sea Deep Water: Double diffusion or deep convection? Deep-Sea Res. Part A 37, 1385−1424.

Climate Prediction Center Internet Team, 2006. AAO, AO, NAO, PNA. NOAA National Weather Service Climate Prediction Center. http://www. cpc. noaa. gov/products/ precip/CWlink/daily_ao_index/teleconnections. shtml (accessed 4. 20. 09).

Climate Prediction Center Internet Team, 2009. Cold and warm episodes by season. NOAA National Weather Service Climate Prediction Center. http://www. cpc. noaa. gov/products/analysis_monitoring/ensostuff/ ensoyears. shtml (accessed 3. 26. 09).

Coachman, L. K., Aagaard, K., 1974. Physical oceanography of arctic and subarctic seas. In: Herman, Y. (Ed.), Marine Geology and Oceanography of the Arctic Seas. Springer-Verlag, New York, pp. 1−81.

Cobb, K. M., Charles, C. D., Cheng, H., Edwards, R. L., 2003. El Niño/Southern Oscillation and tropical Pacific climate during the last millennium. Nature 424, 271−276.

Cole, S. T., Rudnick, D. L., Hodges, B. A., Martin, J. P., 2009. Observations of tidal internal wave beams at Kauai Channel, Hawaii. J. Phys. Oceanogr. 39, 421−436.

Comiso, J., Wadhams, P., Pedersen, L., Gersten, R., 2001. Seasonal and interannual variability of the Odden ice tongue and a study of environmental effects. J. Geophys. Res. 106, 9093−9116.

Comiso, J. C., Gordon, A. L., 1987. Recurring polynyas over the Cosmonaut Sea and the Maud Rise. J. Geophys. Res. 92, 2819−2833.

Conkright, M. E., Levitus, S., Boyer, T. P., 1994. World Ocean Atlas 1994 vol 1: Nutrients. NOAA Atlas NESDIS 1. U. S. Department of Commerce, Washington, D. C., 150 pp.

Cornillon, P., 1986. The effect of the New England Seamounts on Gulf Stream meandering as observed from satellite IR imagery. J. Phys. Oceanogr. 16, 386 - 389.

Cox, R. A., McCartney, M. J., Culkin, F., 1970. The specific gravity/salinity/temperature relationship in natural seawater. Deep-Sea Res. 17, 679 - 689.

Cox, R. A., Smith, N. D., 1959. The specific heat of seawater. Philos. Trans. Roy. Soc. London A 252, 51 - 62.

Craik, A. D. D., 2005. George Gabriel Stokes on water wave theory. Ann. Rev. Fluid Mech. 37, 23 - 42.

Crawford, W., 2002. Physical characteristics of Haida Eddies. J. Oceanogr. 58, 703 - 713.

Crawford, W., Cherniawsky, J., Foreman, M., 2000. Multi-year meanders and eddies in the Alaskan Stream as observed by TOPEX/Poseidon altimeter. Geophys. Res. Lett. 27, 1025 - 1028.

Cresswell, G. R., Golding, T. J., 1980. Observations of a south-flowing current in the southeastern Indian Ocean. Deep-Sea Res. 27A, 449 - 466.

Cunningham, S. A., Alderson, S. G., King, B. A., Brandon, M. A., 2003. Transport and variability of the Antarctic Circumpolar Current in Drake Passage. J. Geophys. Res. 108 (C5), 8084. doi: 10.1029/2001JC001147.

Cunningham, S. A., Kanzow, T., Rayner, D., Baringer, M. O., Johns, W. E., Marotzke, J., et al., 2007. Temporal variability of the Atlantic meridional overturning circulation at 26.5 N. Science 317, 935 - 938.

Curray, J. R., Emmel, F. J., Moore, D. G., 2003. The Bengal Fan: Morphology, geometry, stratigraphy, history and processes. Mar. Petr. Geol. 19, 1191 - 1223.

Curry, R., Dickson, B., Yashayaev, I., 2003. A change in the freshwater balance of the Atlantic Ocean over the past four decades. Nature 426, 826 - 829.

Curry, R. G., McCartney, M. S., 2001. Ocean gyre circulation changes associated with the North Atlantic Oscillation. J. Phys. Oceanogr. 31, 3374 - 3400.

Cushman-Roisin, B., 1994. Introduction to Geophysical Fluid Dynamics. Prentice Hall, Englewood Cliffs, NJ, 320 pp.

da Silva, A. M., Young, A. C., Levitus, S., 1994. Atlas of surface marine data, vol. 1: Algorithms and Procedures. NOAA Atlas NESDIS 6. U. S. Department of Commerce, NOAA, NESDIS.

Dai, A., Trenberth, K. E., 2002. Estimates of freshwater discharge from continents: Latitudinal and seasonal variations. J. Hydromet. 3, 660 - 687.

d'Asaro, E. A., Eriksen, C. C., Levine, M. D., Paulson, C. A., Niiler, P., Van Meurs, P., 1995. Upper-ocean inertial currents forced by a strong storm. Part 1: Data and comparisons with linear theory. J. Phys. Oceanogr.

25，2909－2936.

Davis, R. E., 1976. Predictability of sea surface temperature and sea level pressure anomalies over the North Pacific. J. Phys. Oceanogr. 6, 249－266.

Davis, R. E., 1991. Observing the general circulation with floats. Deep-Sea Res. 38 (Suppl.), S531－S571.

Davis, R. E., 2005. Intermediate-depth circulation of the Indian and South Pacific Oceans measured by autono-mous floats. J. Phys. Oceanogr. 35, 683－707.

Davis, R. E., deSzoeke, R., Niiler, P., 1981. Variability in the upper ocean during MILE. Part II: Modeling the mixed layer response. Deep-Sea Res. 28A, 1453－1475.

Deacon, G. E. R., 1933. A general account of the hydrology of the South Atlantic Ocean. Disc. Rep. 7, 171－238.

Deacon, G. E. R., 1937. The hydrology of the Southern Ocean. Disc. Rep. 15, 3－122.

Deacon, G. E. R., 1982. Physical and biological zonation in the Southern Ocean. Deep-Sea Res. 29, 1－15.

deBoyer Montégut, C., Madec, G., Fischer, A. S., Lazar, A., Iudicone, D., 2004. Mixed layer depth over the global ocean: An examination of profile data and a profile-based climatology. J. Geophys. Res. 109, C12003. doi: 10. 1029/2004JC002378.

Defant, A., 1936. Die Troposphäre des Atlantischen Ozeans. In Wissenschaftliche Ergebnisse der Deutschen Atlantischen Expedition auf dem Forschungs-und Vermessungsschiff "Meteor" 1925－1927, 6 (1), 289－411 (in German).

Defant, A., 1961. Physical Oceanography, vol. 1. Pergamon Press, New York, 729 pp.

Del Grosso, V. A., 1974. New equation for the speed of sound in natural waters (with comparisons to other equations). J. Acoust. Soc. Am. 56, 1084－1091.

Delworth, T. L., Mann, M. E., 2000. Observed and simulated multidecadal variability in the northern hemisphere. Clim. Dynam. 16, 661－676.

Dengler, M., Quadfasel, D., Schott, F., Fischer, J., 2002. Abyssal circulation in the Somali Basin. Deep-Sea Res. II 49, 1297－1322.

Dengler, M., Schott, F. A., Eden, C., Brandt, P., Fischer, J., Zantopp, R. J., 2004. Break-up of the Atlantic deep western boundary current into eddies at 8 S. Nature 432, 1018－1020.

Déry, S. J., Stieglitz, M., McKenna, E. C., Wood, E. F., 2005. Characteristics and trends of river discharge into Hudson, James, and Ungava Bays, 1964－2000. J. Clim. 18, 2540－2557.

Deser, C., Holland, M., Reverdin, G., Timlin, M., 2002. Decadal variations in Labrador Sea ice cover and North Atlantic sea surface temperatures. J. Geophys. Res. 107, 3035. doi: 10.1029/2000JC000683.

Deser, C., Phillips, A. S., Hurrell, J. W., 2004. Pacific inter-decadal climate variability: Linkages between the tropics and the North Pacific during boreal winter since 1900. J. Clim. 17, 3109 – 3124.

deSzoeke, R. A., Levine, M. D., 1981. The advective flux of heat by mean geostrophic motions in the Southern Ocean. Deep-Sea Res. 28, 1057 – 1085.

Deutsch, C., Emerson, S., Thompson, L., 2005. Fingerprints of climate change in North Pacific oxygen. Geophys. Res. Lett. 32, L16604. doi: 10.1029/2005GL023190.

Dickson, R., Brown, J., 1994. The production of North Atlantic Deep Water: Sources, rates, and pathways. J. Geophys. Res. 99, 12319 – 12341.

Dickson, R., Lazier, J., Meincke, J., Rhines, P., Swift, J., 1996. Long-term coordinated changes in the convective activity of the North Atlantic. Progr. Oceanogr. 38, 241 – 295.

Dickson, R., Yashayaev, I., Meincke, J., Turrell, B., Dye, S., Holfort, J., 2002. Rapid freshening of the deep North Atlantic Ocean over the past four decades. Nature 416, 832 – 837.

Dickson, R. R., Curry, R., Yashayaev, I., 2003. Recent changes in the North Atlantic. Phil. Trans. Roy. Soc. A 361, 1917 – 1933.

Dickson, R. R., Meincke, J., Malmberg, S. -A., Lee, A. J., 1988. The "Great Salinity Anomaly" in the northern North Atlantic 1968 – 1982. Progr. Oceanogr. 20, 103 – 151.

Dickson, R. R., Meincke, J., Rhines, P. (Eds.), 2008. Arctic-Subarctic Ocean Fluxes: Defining the Role of the Northern Seas in Climate. Springer, The Netherlands, 736 pp.

Dietrich, G., 1963. Allgemeine Meereskunde. Gebruder Borntraeger Verlagsbuchhandlung, Berlin-Stuttgart. (English translation: General Oceanography. Wiley-Interscience, New York), 492 pp.

DiLorenzo, E., Schneider, N., Cobb, K. M., Franks, P. J. S., Chhak, K., Miller, A. J., et al., 2008. North Pacific Gyre Oscillation links ocean climate and ecosystem change. Geophys. Res. Lett. 35, L08607. doi: 10.1029/ 2007GL032838.

Dittmar, W., 1884. Report of researches into the composition of ocean water collected by HMS Challenger during the years 1873 – 76. Voyage of the H. M. S. Challenger: Physics and chemistry, 1, part 1. Longmans & Co., London.

Dmitrenko, I. A., Tyshko, K. N., Kirillov, S. A., Eicken, H., Hölemann, J. A., Kassens, H., 2005. Impact of flaw polynyas on the hydrography of the Laptev Sea. Global Planet. Change 48, 9-27.

Dmitrenko, I. A., Wegner, C., Kassens, H., Kirillov, S. A., Krumpen, T., Heinemann, G., et al., 2010. Observations of supercooling and frazil ice formation in the Laptev Sea coastal polynya. J. Geophys. Res. 115, C05015. doi: 10.1029/2009JC005798.

Domingues, C. M., Church, J. A., White, N. J., Gleckler, P. J., Wijffels, S. E., Barker, P. M., et al., 2008. Improved estimates of upper-ocean warming and multi-decadal sea-level rise. Nature 453, 1090-1093.

Domingues, C. M., Maltrud, M. E., Wijffels, S. E., Church, J. A., Tomczak, M., 2007. Simulated Lagrangian pathways between the Leeuwin Current System and the upper-ocean circulation of the southeast Indian Ocean. Deep-Sea Res. II 54, 797-817.

Dong, S., Gille, S. T., Sprintall, J., Talley, L., 2008. Southern Ocean mixed-layer depth from Argo float profiles. J. Geophys. Res. 113, C06013. doi: 10.1029/2006JC004051.

Donohue, K. A., Firing, E., Chen, S., 2001. Absolute geostrophic velocity within the Subantarctic Front in the Pacific Ocean. J. Geophys. Res. 106, 19869-19882.

Döös, K., Coward, A., 1997. The Southern Ocean as the major upwelling zone of North Atlantic Deep Water. Interna-tional WOCE Newsletter, 27, 3-4. http://woce.nodc.noaa.gov/wdiu/wocedocs/newsltr/ (accessed 09.01.09).

Döös, K., Webb, D. J., 1994. The Deacon cell and the other meridional cells of the Southern Ocean. J. Phys. Oceanogr. 24, 429-442.

Doron, P., Bertuccioli, L., Katz, J., Osborn, T. R., 2001. Turbulence characteristics and dissipation estimates in the coastal ocean bottom boundary layer from PIV data. J. Phys. Oceanogr. 31, 2108-2134.

Doronin, Y. P., Khesin, D. E., 1975. Sea Ice (Trans., 1977). Amerind Publishing Company, New Delhi, India, 323 pp.

Ducet, N., Le Traon, P. Y., Reverdin, G., 2000. Global high-resolution mapping of ocean circulation from TOPEX/Poseidon and ERS-1 and-2. J. Geophys. Res. 105, 19477-19498.

Durack, P. J., Wijffels, S. E., 2010. Fifty-year trends in global ocean salinities and their relationship to broad-scale warming. J. Clim. 23, 4342-4362.

Dyer, K. R., 1997. Estuaries: A Physical Introduction, second ed. Wiley, New York, 195 pp.

Egbert, G. D., Ray, R., 2001. Estimates of M2 tidal energy dissipation from TOPEX/Poseidon altimeter data. J. Geophys. Res. 106, 22475 - 22502.

Ekman, V. W., 1905. On the influence of the Earth's rotation on ocean currents. Arch. Math. Astron. Phys. 2 (11), 1 - 53.

Ekman, V. W., 1923. Uber Horizontalzirkulation bei wind-erzeugten Meeresströmungen. Ark. Math. Astron Fys. 17, 1 - 74 (in German).

Elipot, S., Lumpkin, R., 2008. Spectral description of oceanic near-surface variability. Geophys. Res. Lett. 35, L05606. doi: 10. 1029/2007GL032874.

Emery, W. J., 1977. Antarctic polar frontal zone from Aus-tralia to the Drake Passage. J. Phys. Oceanogr. 7, 811 - 822.

Emery, W. J., Fowler, C. W., Maslanik, J. A., 1997. Satellite derived Arctic and Antarctic sea ice motions: 1988 - 1994. Geophys. Res. Lett. 24, 897 - 900.

Emery, W. J., Meincke, J., 1986. Global water masses: summary and review. Oceanol. Acta 9, 383 - 391.

Emery, W. J., Thomson, R. E., 2001. Data Analysis Methods in Physical Oceanography, second ed. Elsevier, Amsterdam, 638 pp.

Enfield, D., Mestas-Nuñez, A., Trimble, P., 2001. The Atlantic Multidecadal Oscillation and its relation to rainfall and river flows in the continental U. S. Geophys. Res. Lett. 28, 2077 - 2080.

Eriksen, C. C., 1982. Geostrophic equatorial deep jets. J. Mar. Res. 40 (Suppl.), 143 - 157.

Fang, F., Morrow, R., 2003. Evolution, movement and decay of warm-core Leeuwin Current eddies. Deep-Sea Res. II 50, 2245 - 2261.

Farmer, D. M., Freeland, H. J., 1983. The physical oceanography of fjords. Progr. Oceanogr. 12, 147 - 219.

Favorite, F., Dodimead, A. J., Nasu, K., 1976. Oceanography of the subarctic Pacific region, 1960 - 71. International North Pacific Fisheries Commission, Vancouver, Canada, 33, 187 pp.

Fedorov, A. V., Harper, S. L., Philander, S. G., Winter, B., Wittenberg, A., 2003. How predictable is El Niño? B. Am. Meteorol. Soc. 84, 911 - 919.

Feely, R. A., Sabine, C. L., Lee, K., Berelson, W., Kleypas, J., Fabry, V. J., et al., 2004. Impact of anthropogenic CO_2 on the $CaCO_3$ system in the oceans. Science 305, 362 - 366.

Feng, M., Meyers, G., Pearce, A., Wijffels, S., 2003. Annual and interannual variations of the Leeuwin Current at 32 S. J. Geophys. Res. 108, C11. doi: 10. 1029/ 2002JC001763.

Feng, M., Wijffels, S., Godfrey, S., Meyers, G., 2005. Do eddies play a role in the momentum balance of the Leeuwin Current? J. Phys. Oceanogr. 35, 964 – 975.

Field, J. G., Shillington, F. A., 2006. Variability of the Benguela Current System. In: Robinson, A. R., Brink, K. H. (Eds.), The Sea, vol. 14B: The Global Coastal Ocean: Interdisciplinary Regional Studies and Syntheses. Harvard University Press, Boston, MA, pp. 835 – 864.

Fine, R. A., 1993. Circulation of Antarctic Intermediate Water in the South Indian Ocean. Deep-Sea Res. I 40, 2021 – 2042.

Fine, R. A., Lukas, R., Bingham, F. M., Warner, M. J., Gammon, R. H., 1994. The western equatorial Pacific: A water mass crossroads. J. Geophys. Res. 99, 25063 – 25080.

Fine, R. A., Maillet, K. A., Sullivan, K. F., Willey, D., 2001. Circulation and ventilation flux of the Pacific Ocean. J. Geophys. Res. 106, 22159 – 22178.

Firing, E., 1989. Mean zonal currents below 1500 m near the equator, 159 W. J. Geophys. Res. 94, 2023 – 2028.

Firing, E., Wijffels, S. E., Hacker, P., 1998. Equatorial sub-thermocline currrents across the Pacific. J. Geophys. Res. 103, 21413 – 21423.

Flatau, M. K., Talley, L. D., Niiler, P. P., 2003. The North Atlantic Oscillation, surface current velocities, and SST changes in the subpolar North Atlantic. J. Clim. 16, 2355 – 2369.

Fofonoff, N. P., 1954. Steady flow in a frictionless homogeneous ocean. J. Mar. Res. 13, 254 – 262.

Fofonoff, N. P., 1977. Computation of potential temperature of seawater for an arbitrary reference pressure. Deep-Sea Res. 24, 489 – 491.

Fofonoff, N. P., 1985. Physical properties of seawater: A new salinity scale and equation of state for seawater. J. Geo-phys. Res. 90, 3332 – 3342.

Forch, C., Knudsen, M., Sorensen, S. P., 1902. Berichte über die Konstantenbestimmungen zur Aufstellung der hydrographischen Tabellen. Kgl. Dan. Vidensk. Selsk. Skr., 6, Raekke, Naturvidensk. Mat., Afel. XII. 1, 151 (in German).

Forchhammer, G., 1865. On the composition of seawater in the different parts of the ocean. Philos. Trans. Roy. Soc. Lond. 155, 203 – 262.

Foster, T. D., 1972. An analysis of the cabbeling instability in seawater. J. Phys. Oceanogr. 2, 294 – 301.

Fowler, C., 2003, updated 2007. Polar Pathfinder daily 25 km EASE-Grid sea ice motion vectors. National Snow and Ice Data Center. http://nsidc. org/data/

nsidc-0116. html. ftp：//sidads. colorado. edu/pub/DATASETS/ice_motion/ browse（accessed 11.01.08）.

Fowler，C.，Emery，W. J.，Maslanik，J.，2004. Satellite-derived evolution of Arctic sea ice age：October 1978 to March 2003. IEEE Remote Sensing Lett. 1，71 - 74.

Frammuseet，2003. Picture archived 1st Fram voyage. http：//www. fram. museum. no（accessed 3.17.09）.

Fratantoni，D. M.，2001. North Atlantic surface circulation during the 1990s observed with satellite-tracked drifters. J. Geophys. Res. 106，22067 - 22093.

Fratantoni，D. M.，Johns，W. E.，Townsend，T. L.，Hurlburt，H. E.，2000. Low-latitude circulation and mass transport pathways in a model of the tropical Atlantic Ocean. J. Phys. Oceanogr.，301944 - 301966.

Fratantoni，D. M.，Zantopp，R. J.，Johns，W. E.，Miller，J. L.，1997. Updated bathymetry of the Anegada-Jungfern Passage complex and implications for Atlantic inflow to the abyssal Caribbean Sea. J. Mar. Res. 55，847 - 860.

Friedrichs，M.，McCartney，M.，Hall，M.，1994. Hemispheric asymmetry of deep water transport modes in the western Atlantic. J. Geophys. Res. 99，25165 - 25179.

Fu，L. -L.，Chelton，D. B.，2001. In：Fu，L. -L.，Cazenave，A. （Eds.），International Geophysics Series. Large-scale ocean circulation. In Satellite Altimetry and Earth Sciences：A Handbook of Techniques and Applications，69. Academic Press，San Diego，CA，pp. 133 - 170.

Fuglister，F. C.，1960. Atlantic Ocean Atlas of temperature and salinity profiles and data from the IGY of 1957 - 1958. Woods Hole Oceanographic Institution Atlas Series 1，209 pp.

Fyfe，J. C.，2006. Southern Ocean warming due to human influence. Geophys. Res. Lett. 33，L19701. doi：10.1029/ 2006GL027247.

Ganachaud，A.，2003. Large-scale mass transports，water mass formation，and diffusivities estimated from World Ocean Circulation Experiment（WOCE）hydrographic data. J. Geophys. Res. 108，3213. doi：10.1029/ 2002JC002565.

Ganachaud，A.，Gourdeau，L.，Kessler，W.，2008. Bifurcation of the subtropical south equatorial current against New Caledonia in December 2004 from a hydrographic inverse box model. J. Phys. Oceanogr. 38，2072 - 2084.

Ganachaud，A.，Wunsch，C.，2000. Improved estimates of global ocean circulation，heat transport and mixing from hydrographic data. Nature 408，453 - 457.

Ganachaud，A.，Wunsch，C.，2003. Large-scale ocean heat and freshwater transports during the World Ocean Circulation Experiment. J. Clim. 16，696 - 705.

Ganachaud, A., Wunsch, C., Marotzke, J., Toole, J., 2000. Meridional o-verturning and large-scale circulation of the Indian Ocean. J. Geophys. Res. 105, 26117 - 26134.

Gardner, W. D., 2009. Visibility in the ocean and the effects of mixing. Quar-terdeck 5 (1), Spring 1997. http://oceanz.tamu.edu/~pdgroup/Qdeck/gardner-5.1.html (accessed 2.18.09).

Gardner, W. D., Mishonov, A. V., Richardson, M. J., 2006. Global POC concentrations from in-situ and satellite data. Deep-Sea Res. II 53, 718 - 740.

Garrett, C., 1972. Tidal resonance in the Bay of Fundy and Gulf of Maine. Na-ture 238, 441 - 443.

Garrett, C. J., Munk, W., 1972. Space-time scales of internal waves. Geo-phys. Fluid Dyn. 2, 255 - 264.

Garrett, C. J., Munk, W., 1975. Space-time scales of internal waves: A pro-gress report. J. Geophys. Res. 80, 291 - 297.

Garrison, T., 2001. Essentials of Oceanography, second ed. Brooks/Cole, Pa-cific Grove, CA, 361 pp.

Gent, P. R., McWilliams, J. C., 1990. Isopycnal mixing in ocean circulation models. J. Phys. Oceanogr. 20, 150 - 155.

Giarolla, E., Nobre, P., Malaguti, M., Pezzi, L. P., 2005. The Atlantic E-quatorial Undercurrent: PIRATA observations and simulations with GFDL mod-ular ocean model at CPTEC. Geophys. Res. Lett. 32, L10617. doi: 10.1029/2004GL022206.

Gill, A. E., 1982. Atmospheric-Ocean Dynamics. Academic Press, New York, 662 pp.

Gill, A. E., Niiler, P., 1973. The theory of seasonal variability in the ocean. Deep-Sea Res. 20, 141 - 177.

Gille, S. T., 1996. Scales of spatial and temporal variability in the Southern O-cean. J. Geophys. Res. 101, 8759 - 8773.

Gille, S. T., 2002. Warming of the Southern Ocean since the 1950s. Science 295, 1275 - 1277.

Gille, S. T., 2003. Float observations of the Southern Ocean. Part 9: Estima-ting mean fields, bottom velocities, and topo-graphic steering. J. Phys. Oceanogr. 33, 1167 - 1181.

Gille, S. T., 2005. MAE 127: Statistical methods for environmental sciences and engineering. http://www-pord.ucsd.edu/~sgille/mae127/index.html (ac-cessed 4.14.09).

Giosan, L., Filip, F., Constatinescu, S., 2009. Was the Black Sea catastrophically flooded in the early Holocene? Quaternary Sci. Rev. 28, 1 - 6.

Girton, J. B., Pratt, L. J., Sutherland, D. A., Price, J. F., 2006. Is the Faroe Bank Channel overflow hydraulically controlled? J. Phys. Oceanogr. 36, 2340 - 2349.

Gladyshev, S., Talley, L., Kantakov, G., Khen, G., Wakatsuchi, M., 2003. Distribution, formation and seasonal variability of Okhotsk Sea Intermediate Water. J. Geophys. Res. 108, 3186. doi: 10. 1029/2001JC000877.

Godfrey, J., Cresswell, G., Golding, T., Pearce, A., Boyd, R., 1980. The separation of the East Australian Current. J. Phys. Oceanogr. 10, 430 - 440.

Godfrey, J. S., Weaver, A. J., 1991. Is the Leeuwin Current driven by Pacific heating and winds? Progr. Oceanogr. 27, 225 - 272.

Gonzalez, F. I., 1999. Tsunami! Sci. Am., 56 - 63. May 1999.

Gordon, A., 1991. The role of thermohaline circulation in global climate change. In: Lamont-Doherty Geological Observatory 1990 & 1991 Report. Lamont-Doherty Geological Observatory of Columbia University, Palisades, New York, pp. 44 - 51.

Gordon, A. L., 1986. Interocean exchange of thermocline water. J. Geophys. Res. 91, 5037 - 5046.

Gordon, A. L., 2003. Oceanography: The brawniest retro-flection. Nature 421, 904 - 905.

Gordon, A. L., 2005. Oceanography of the Indonesian Seas and their throughflow. Oceanography 18, 14 - 27.

Gordon, A. L., Bosley, K. T., 1991. Cyclonic gyre in the tropical South Atlantic. Deep-Sea Res. 38 (Suppl.), S323 - S343.

Gordon, A. L., Georgi, D. T., Taylor, H. W., 1977. Antarctic polar front zone in the western Scotia Sead Summer 1975. J. Phys. Oceanogr. 7, 309 - 328.

Gordon, A. L., Giulivi, C. F., Ilahude, A. G., 2003. Deep topographic barriers within the Indonesian seas. Deep-Sea Res. II 50, 2205 - 2228.

Gordon, A. L., Susanto, R. D., Ffield, A., 1999. Throughflow within Makassar Strait. Geophys. Res. Lett. 26, 3321 - 3328.

Gordon, A. L., Visbeck, M., Comiso, J. C., 2007. A possible link between the Weddell polynya and the Southern Annular Mode. J. Clim. 20, 2558 - 2571.

Gregg, M. C., 1987. Diapycnal mixing in the thermocline: A review. J. Geophys. Res. 94, 5249 - 5286.

Grist, J. P., Josey, S. A., 2003. Inverse analysis adjustment of the SOC air-sea flux climatology using ocean heat transport constraints. J. Clim. 20, 3274 - 3295.

Grötzner, A., Latif, M., Barnett, T. P., 1998. A decadal climate cycle in the

North Atlantic Ocean as simulated by the ECHO coupled GCM. J. Clim. 11, 831 - 847.

Gruber, N., Sarmiento, J. L., 1997. Global patterns of marine nitrogen fixation and denitrification. Glob. Biogeochem. Cyc. 11, 235 - 266.

Guza, R., Thornton, E., 1982. Swash oscillations on a natural beach. J. Geophys. Res. 87, 483 - 491.

Haarpaintner, J., Gascard, J. -C., Haugan, P. M., 2001. Ice production and brine formation in Storfjorden, Svalbard. J. Geophys. Res. 106, 14001 - 14013.

Häkkinin, S., Rhines, P. B., 2004. Decline of subpolar North Atlantic circulation during the 1990s. Science 304, 555 - 559.

Hall, A., Visbeck, M., 2002. Synchronous variability in the southern hemisphere atmosphere, sea ice and ocean resulting from the annular mode. J. Clim. 15, 3043 - 3057.

Hamon, B. V., 1965. The East Australian Current, 1960 - 1964.
Deep-Sea Res. 12, 899 - 921.

Han, W., McCreary, J. P., Anderson, D. L. T., Mariano, A. J., 1999. Dynamics of the eastern surface jets in the equatorial Indian Ocean. J. Phys. Oceanogr. 29, 2191 - 2209.

Hanawa, K., Talley, L. D., 2001. Mode Waters. In: Siedler, G., Church, J. (Eds.), Ocean Circulation and Climate. International Geophysics Series. Academic Press, San Diego, CA, pp. 373 - 386.

Hannah, C. G., Dupont, F., Dunphy, M., 2009. Polynyas and tidal currents in the Canadian Arctic Archipelago. Arctic 62, 83 - 95.

Hansen, B., Østerhus, S., 2000. North Atlantic-Nordic Seas exchanges. Progr. Oceanogr. 45, 109 - 208.

Hansen, B., Østerhus, S., Turrell, W. R., Jónsson, S., Valdimarsson, H., Hátún, H., et al., 2008. The inflow of Atlantic water, heat, and salt to the Nordic Seas across the Greenland-Scotland Ridge. In: Dickson, R. R., Meincke, J., Rhines, P. (Eds.), Arctic-Subarctic Ocean Fluxes: Defining the Role of the Northern Seas in Climate. Springer, The Netherlands, pp. 15 - 44.

Hardisty, J., 2007. Estuaries: Monitoring and Modeling the Physical System. Blackwell Publishing, Maiden, MA, 157 pp.

Hasunuma, K., Yoshida, K., 1978. Splitting of the subtropical gyre in the western North Pacific. J. Oceanogr. Soc. Japan 34, 160 - 172.

Hautala, S., Reid, J., Bray, N., 1996. The distribution and mixing of Pacific water masses in the Indonesian Seas. J. Geophys. Res. 101, 12375 - 12389.

Hautala, S. L., Sprintall, J., Potemra, J., Chong, J. C. C., Pandoe, W.,

Bray, N., et al., 2001. Velocity structure and transport of the Indonesian throughflow in the major straits restricting flow into the Indian Ocean. J. Geophys. Res. 106, 19527－19546.

Hecht, M. W., Hasumi, H. （Eds.） 2008. Ocean Modeling in an Eddying Regime. AGU Geophys. Monogr. Ser. 177, 350 pp.

Heezen, B. C., Ericson, D. B., Ewing, M., 1954. Further evidence for a turbidity current following the 1929 Grand Banks earthquake. Deep-Sea Res. 1, 193－202.

Helland-Hansen, B., 1916. Nogen hydrografiske metoder. In: Forhandlinger ved de 16 Skandinaviske Natur-forskerermote, pp. 357－359 （in Norwegian）.

Helland-Hansen, B., 1934. The Sognefjord section. Oceanographic Observations in the northernmost part of the North Sea and the southern part of the Norwegian Sea. J. Johnstone Mem. Vol., Liverpool, 257 pp.

Herbers, T. H. C., Elgar, S., Sarap, N. A., Guza, R. T., 2002. Nonlinear dispersion of surface gravity waves in shallow water. J. Phys. Oceanogr. 32, 1181－1193.

Hickey, B. M., 1998. Coastal oceanography of western North America from the tip of Baja California to Vancouver Island. In: Robinson, A. R., Brink, K. H. （Eds.）, The Sea, vol. 11, The Global Coastal Ocean: Regional Studies and Syntheses. John Wiley and Sons, New York, pp. 345－394.

Hisard, P., Hénin, C., 1984. Zonal pressure gradient, velocity and transport in the Atlantic Equatorial Undercurrent from FOCAL cruises （July 1982－February 1984）. Geo-phys. Res. Lett. 11, 761－764.

Hofmann, E. E., 1985. The large-scale horizontal structure of the Antarctic Circumpolar Current from FGGE drifters. J. Geophys. Res. 90, 7087－7097.

Hogg, N. G., 1983. A note on the deep circulation of the western North Atlantic: Its nature and causes. Deep-Sea Res. 30, 945－961.

Hogg, N. G., Owens, W. B., 1999. Direct measurement of the deep circulation within the Brazil Basin. Deep-Sea Res. II 46, 335－353.

Hogg, N. G., Pickart, R. S., Hendry, R. M., Smethie Jr., W. M., 1986. The northern recirculation gyre of the Gulf Stream. Deep-Sea Res. 33, 1139－1165.

Hogg, N. G., Siedler, G., Zenk, W., 1999. Circulation and variability at the southern boundary of the Brazil Basin. J. Phys. Oceanogr. 29, 145－157.

Holliday, N. P., Meyer, A., Bacon, S., Alderson, S. G., de Cuevas, B., 2007. Retroflection of part of the east Greenland current at Cape Farewell. Geophys. Res. Lett. 34, L07609. doi: 10. 1029/2006GL029085.

Holte, J., Gilson, J., Talley, L., Roemmich, D., 2010. Argo mixed layers.

Scripps Institution of Oceanography, UCSD. http: //mixedlayer. ucsd. edu (accessed 2. 24. 10).

Holte, J., Talley, L., 2009. A new algorithm for finding mixed layer depths with applications to Argo data and Subantarctic Mode Water formation. J. Atmos. Ocean. Tech. 26, 1920 – 1939.

Horrillo, J., Knight, W., Kowalik, Z., 2008. Kuril Islands tsunami of November 2006: 2. Impact at Crescent City by local enhancement. J. Geophys. Res. 113, C01021. doi: 10. 1029/2007JC004404.

Hosoda, S., Suga, T., Shikama, N., Mizuno, K., 2009. Surface and subsurface layer salinity change in the global ocean using Argo float data. J. Oceanogr. 65, 579 – 586.

Hu, J., Kawamura, H., Hong, H., Qi, Y., 2000. A review on the currents in the South China Sea: seasonal circulation, South China Sea Warm Current and Kuroshio intrusion. J. Oceanogr. 56, 607 – 624.

Hu, S., Townsend, D. W., Chen, C., Cowles, G., Beardsley, R. C., Ji, R., et al., 2008. Tidal pumping and nutrient fluxes on Georges Bank: A process-oriented modeling study. J. Marine Syst. 74, 528 – 544.

Hufford, G. E., McCartney, M. S., Donohue, K. A., 1997. Northern boundary currents and adjacent recirculations off southwestern Australia. Geophys. Res. Lett. 24 (22), 2797 – 2800. doi_10. 1029/97GL02278.

Hughes, S. L., Holliday, N. P., Beszczynska-Möller, A. (Eds.), 2008. ICES Report on Ocean Climate 2007. ICES Coop-erative Research Report No. 291, p. 64. http: //www. noc. soton. ac. uk/ooc/ICES_WGOH/iroc. php (accessed 7. 1. 09).

Hurdle, B. G. (Ed.), 1986. The Nordic Seas. Springer-Verlag, New York, 777 pp.

Hurlburt, H. E., Thompson, J. D., 1973. Coastal upwelling on ab-plane. J. Phys. Oceanogr. 19, 16 – 32.

Hurrell, J., 2009. Climate Indices. NAO Index Data provided by the Climate Analysis Section, NCAR, Boulder, Colorado (Hurrell, 1995). http: //www. cgd. ucar. edu/ cas/jhurrell/nao. stat. winter. html (accessed 6. 23. 09).

Hurrell, J. W., Kushnir, Y., Ottersen, G., Visbeck, M., 2003. An overview of the North Atlantic Oscillation. In: The North Atlantic Oscillation: Climate Significance and Environ-mental Impact. Geophys. Monogr. Ser. 134, 1 – 35.

Huyer, A., 1983. Coastal upwelling in the California Current System. Progr. Oceanogr. 12, 259 – 284.

IAPP, 2010. International Arctic Polynya Programme. Arctic Ocean Sciences

Board. http：//aosb. arcticportal. org/ iapp/iapp. html (accessed 11/26/10).

Ihara，C.，Kushnir，Y.，Cane，M. A.，2008. Warming trend of the Indian Ocean SST and Indian Ocean dipole from 1880 to 2004. J. Clim. 21，2035－2046.

Imawaki，S.，Uchida，H.，Ichikawa，H.，Fukasawa，M.，Umatani，S.，2001. Satellite altimeter monitoring the Kuroshio transport south of Japan. Geophys. Res. Lett. 28，17－20.

IOC，SCOR，IAPSO，2010. The international thermodynamic equation of seawater — 2010：Calculation and use of thermodynamic properties. Intergovernmental Oceano-graphic Commission，Manuals and Guides No. 56. UNESCO (English)，196 pp.

IPCC，et al.，2001. Climate Change 2001：The Scientific Basis. In：Houghton，J. T.，Ding，Y.，Griggs，D. J.，Noguer，M.，van der Linden，P. J.，Dai，X. (Eds.)，Contribution of Working Group I to the Third Assessment Report of the Intergovernmental Panel on Climate Change. Cambridge University Press，Cambridge，UK and New York，881 pp.

IPCC，2007. Summary for Policymakers. In：Solomon，S.，Qin，D.，Manning，M.，Chen，Z.，Marquis，M.，Averyt，K. B.，et al. (Eds.)，Climate Change 2007：The Physical ScienceBasis. Contribution of Working Group I to the Fourth Assessment Report of the Intergovern-mental Panel on Climate Change. Cambridge University Press，Cambridge，UK，New York.

ISCCP，2007. ISCCP and other cloud data，maps，and plots available on-line. NASA Goddard Institute for Space Studies. http：//isccp. giss. nasa. gov/ products/onlineData. html (accessed 10. 16. 10).

Iselin，C. O' D. 1936. A study of the circulation of the western North Atlantic. Papers in Physical Oceanography and Meteorology，4 (4)，10 pp. MIT and Woods Hole Ocean-ographic Institution.

Iselin C. O' D，1939. The influence of vertical and lateral turbulence on the characteristics of the waters at mid-depths. Trans. Am. Geophys. Union 20，414－417.

Ishii，M.，Kimoto，M.，Sakamoto，K.，Iwasaki，S. I.，2006. Steric sea level changes estimated from historical ocean subsurface temperature and salinity analyses. J. Oceanogr. 62，155－170.

Ivers，W. D.，1975. The deep circulation in the northern Atlantic with special reference to the Labrador Sea. Ph. D. Thesis，University of California at San Diego，179 pp.

Jackett，D. R.，McDougall，T. J.，1997. A neutral density variable for the world's oceans. J. Phys. Oceanogr. 27，237－263.

Jacobs, S. S., 1991. On the nature and significance of the Antarctic Slope Front. Mar. Chem. 35, 9 – 24.

Jakobsen, F., 1995. The major inflow to the Baltic Sea during January 1993. J. Marine Syst. 6, 227 – 240.

Jakobsson, M., 2002. Hypsometry and volume of the Arctic Ocean and its constituent seas. Geochem. Geophys. Geosys. 3 (5), 1028. doi: 10.1029/2001GC000302.

Jenkins, A., Holland, D., 2002. A model study of ocean circulation beneath Filchner-Ronne Ice Shelf, Antarctica: Implications for bottom water formation. Geophys. Res. Lett. 29, 8. doi: 10.1029/2001GL014589.

Jenkins, W. J., 1998. Studying thermocline ventilation and circulation using tritium and 3He. J. Geophys. Res. 103, 15817 – 15831.

Jerlov, N. G., 1976. Marine Optics. Elsevier, Amsterdam, 231 pp.

Jin, F. F., 1996. Tropical ocean-atmosphere interaction, the Pacific cold tongue, and the El Niño-Southern Oscillation. Science 274, 76 – 78.

JISAO, 2004. Arctic Oscillation (AO) time series, 1899 — June 2002. JISAO. http://www. jisao. washington. edu/ ao/ (accessed 3.18.10).

Jochum, M., Malanotte-Rizzoli, P., Busalacchi, A., 2004. Tropical instability waves in the Atlantic Ocean. Ocean Model. 7, 145 – 163.

Johannessen, O. M., Shalina, E. V., Miles, M. W., 1999. Satellite evidence for an arctic sea ice cover in transformation. Science 286, 1937 – 1939.

Johns Hopkins APL Ocean Remote Sensing, 1996. Sea surface temperature imagery. http://fermi. jhuapl. edu/ avhrr/sst. html (accessed 6.10.09).

Johns, W., Lee, T., Schott, F., Zantopp, R., Evans, R., 1990. The North Brazil Current retroflection: seasonal structure and eddy variability. J. Geophys. Res. 95, 22103 – 22120.

Johns, W. E., Beal, L. M., Baringer, M. O., Molina, J. R., Cunningham, S. A., Kanzow, T., et al., 2008. Variability of shallow and deep western boundary currents off the Bahamas during 2004 – 05: Results from the $26°$ N RAP-ID-MOC Array. J. Phys. Oceanogr. 38, 605 – 623.

Johns, W. E., Jacobs, G. A., Kindle, J. C., Murray, S. P., Carron, M., 1999. Arabian Marginal Seas and Gulfs: Report of a Workshop held at Stennis Space Center, Miss. 11 – 13 May, 1999. University of Miami RSMAS. Technical Report 2000 – 01.

Johns, W. E., Lee, T. N., Beardsley, R. C., Candela, J., Limeburner, R., Castro, B., 1998. Annual cycle and variability of the North Brazil Current. J. Phys. Oceanogr. 28, 103 – 128.

Johns, W. E., Lee, T. N., Zhang, D., Zantopp, R., Liu, C. -T., Yang, Y., 2001. The Kuroshio east of Taiwan: Moored transport observations from the WOCE PCM-1 array. J. Phys. Oceanogr. 31, 1031 – 1053.

Johns, W. E., Shay, T. J., Bane, J. M., Watts, D. R., 1995. Gulf Stream structure, transport, and recirculation near 68° W. J. Geophys. Res. 100, 817 – 838.

Johns, W. E., Townsend, T. L., Fratantoni, D. M., Wilson, W. D., 2002. On the Atlantic inflow to the Caribbean Sea. Deep-Sea Res. I 49, 211 – 243.

Johns, W. E., Yao, F., Olsen, D. B., Josey, S. A., Grist, J. P., Smeed, D. A., 2003. Observations of seasonal exchange through the Straits of Hormuz and the inferred heat and freshwater budgets of the Persian Gulf. J. Geophys. Res. 108 (C12), 3391. doi: 10. 1029/2003JC001881.

Johnson, G. C., 2008. Quantifying Antarctic Bottom Water and North Atlantic Deep Water volumes. J. Geophys. Res. 113, C05027. doi: 10. 1029/2007JC004477.

Johnson, G. C., Gruber, N., 2007. Decadal water mass vari-ations along 20 W in the northeastern Atlantic Ocean. Progr. Oceanogr. 73, 277 – 295.

Johnson, G. C., McPhaden, M. J., 1999. Interior pycnocline flow from the sub-tropical to the equatorial Pacific Ocean. J. Phys. Oceanogr. 29, 3073 – 3089.

Johnson, G. C., Musgrave, D. L., Warren, B. A., Ffield, A., Olson, D. B., 1998. Flow of bottom and deep water in the Amirante Passage and Mascarene Basin. J. Geophys. Res. 103, 30973 – 30984.

Johnson, G. C., Sloyan, B. M., Kessler, W. S., McTaggert, K. E., 2002. Direct measurements of upper ocean currents and water properties across the tropical Pacific during the 1990s. Progr. Oceanogr. 52, 31 – 61.

Johnson, G. C., Toole, J. M., 1993. Flow of deep and bottom waters in the Pacific at 10° N. Deep-Sea Res. I 40, 371 – 394.

Jones, E. P., 2001. Circulation in the Arctic Ocean. Polar Res. 20, 139 – 146.

Jones, E. P., Anderson, L. G., Swift, J. H., 1998. Distribution of Atlantic and Pacific waters in the upper Arctic Ocean: Implications for circulation. Geophys. Res. Lett. 25, 765 – 768.

Jones, E. P., Swift, J. H., Anderson, L. G., Lipizer, M., Civitarese, G., Falkner, K. K., et al., 2003. Tracing Pacific water in the North Atlantic Ocean. J. Geophys. Res. 108, 3116. doi: 10. 1029/2001JC001141.

Josey, S. A., Kent, E. C., Taylor, P. K., 1999. New insights into the ocean heat budget closure problem from analysis of the SOC air-sea flux climatology. J. Clim. 12, 2856 – 2880.

Josey, S. A., Marsh, R., 2005. Surface freshwater flux variability and recent freshening of the North Atlantic in the eastern subpolar gyre. J. Geophys. Res. 110, C05008. doi: 10. 1029/2004JC002521.

Joyce, T. M., Hernandez-Guerra, A., Smethie, W. M., 2001. Zonal circulation in the NW Atlantic and Caribbean from a meridional World Ocean Circulation Experiment hydrographic section at 66° W. J. Geophys. Res. 106, 22095 – 22113.

Joyce, T. M., Warren, B. A., Talley, L. D., 1986. The geothermal heating of the abyssal subarctic Pacific Ocean. Deep-Sea Res. 33, 1003 – 1015.

Joyce, T. M., Zenk, W., Toole, J. M., 1978. The anatomy of the Antarctic Polar Front in the Drake Passage. J. Geophys. Res. 83, 6093 – 6114.

Juliano, M. F., Alvés, M. L. G. R., 2007. The Subtropical Front/ Current systems of Azores and St. Helena. J. Phys. Oceanogr. 37, 2573 – 2598.

Kalnay, E., Kanamitsu, M., Kistler, R., Collins, W., Deaven, D., Gandin, L., et al., 1996. The NCEP-NCAR 40-year reanalysis project. Bull. Am. Meteorol. Soc. 77, 437 – 471.

Kaneko, I., Takatsuki, Y., Kamiya, H., Kawae, S., 1998. Water property and current distributions along the WHP-P9 section (137° – 142° E) in the western North Pacific. J. Geophys. Res. 103, 12959 – 12984.

Kanzow, T., Send, U., McCartney, M., 2008. On the variability of the deep meridional transports in the tropical North Atlantic. Deep-Sea Res. I 55, 1601 – 1623.

Kaplan, A., Cane, M., Kushnir, Y., Clement, A., Blumenthal, M., Rajagopalan, B., 1998. Analyses of global sea surface temperature 1856 – 1991. J. Geophys. Res. 103, 18567 – 18589.

Kara, A. B., Rochford, P. A., Hurlburt, H. E., 2003. Mixed layer depth variability over the global ocean. J. Geophys. Res. 108, 3079. doi: 10. 1029/2000JC000736.

Karbe, L., 1987. Hot brines and the deep sea environment. In: Edwards, A. J., Head, S. M. (Eds.), Red Sea. Pergamon Press, Oxford, UK, 441 pp.

Karstensen, J., 2006. OMP (Optimum Multiparameter) analysis — USER GROUP. OMP User group. http: //www. ldeo. columbia. edu/~ jkarsten/ omp_std/ (accessed 4. 24. 09).

Karstensen, J., Stramma, L., Visbeck, M., 2008. Oxygen minimum zones in the eastern tropical Atlantic and Pacific oceans. Progr. Oceanogr. 77, 331 – 350.

Kashino, Y., Watanabe, H., Herunadi, B., Aoyama, M., Hartoyo, D., 1999. Current variability at the Pacific entrance of the Indonesian Throughflow. J. Geophys. Res. 104, 11021 – 11035.

Kato, F., Kawabe, M., 2009. Volume transport and distribution of deep circulation at 156°W in the North Pacific. Deep-Sea Res. I 56，2077－2087.

Kawabe，M.，1995. Variations of current path，velocity，and volume transport of the Kuroshio in relation with the large meander. J. Phys. Oceanogr. 25，3103－3117.

Kawabe，M.，Yanagimoto，D.，Kitagawa，S.，2006. Variations of deep western boundary currents in the Melanesian Basin in the western North Pacific. Deep-Sea Res. I 53，942－959.

Kawabe，M.，Yanagimoto，D.，Kitagawa，S.，Kuroda，Y.，2005. Variations of the deep circulation currents in the Wake Island Passage. Deep-Sea Res. I 52，1121－1137.

Kawai，H.，1972. Hydrography of the Kuroshio Extension. In：Stommel，H.，Yoshida，K. （Eds.），Kuroshio：Physical Aspects of the Japan Current. University of Washington Press，Seattle and London，pp. 235－352.

Kawano，T.，Doi，T.，Uchida，H.，Kouketsu，S.，Fukasawa，M.，Kawai，Y.，et al.，2010. Heat content change in the Pacific Ocean between 1990s and 2000s. Deep-Sea Res. II 57，1141－1151.

Kawano，T.，Fukasawa，M.，Kouketsu，S.，Uchida，H.，Doi，T.，et al.，2006. Bottom water warming along the pathway of Lower Circumpolar Deep Water in the Pacific Ocean. Geophys. Res. Lett. 33，L23613. doi：10. 1029/2006GL027933.

Kelley，D. E.，Fernando，H. J. S.，Gargett，A. E.，Tanny，J.，Özsoy，E.，2003. The diffusive regime of double-diffusive convection. Progr. Oceanogr. 56，461－481.

Kennett，J. P.，1982. Marine Geology. Prentice Hall，Englewood Cliffs，NJ，813 pp.

Kern，S.，2008. Polynya area in the Kara Sea，Arctic，obtained with microwave radiometry for 1979－2003. IEEE T. Geosc. Remote Sens. Lett. 5，171－175.

Kessler，W. S.，2006. The circulation of the eastern tropical Pacific：A review. Progr. Oceanogr. 69，181－217.

Kessler，W. S.. The Central American mountain-gap winds and their effects on the ocean. http：//faculty. washington. edu/kessler/t-peckers/t-peckers. html （accessed 3. 27. 09）.

Key，R. M.，2001. Ocean Process Tracers：Radiocarbon. In：Steele，J.，Thorpe，S.，Turekian，K. （Eds.），Encyclopedia of Ocean Sciences. Academic Press，Ltd.，London，pp. 2338－2353.

Kieke，D.，Rhein，M.，Stramma，L.，Smethie，W. M.，LeBel，D. A.，Zenk，W.，2006. Changes in the CFC inventories and formation rates of Upper

Labrador Sea Water, 1997 – 2001. J. Phys. Oceanogr. 36, 64 – 86.

Killworth, P. D., 1979. On chimney formation in the ocean. J. Phys. Oceanogr. 9, 531 – 554.

Killworth, P. D., 1983. Deep convection in the world ocean. Rev. Geophys. 21, 1 – 26.

Kimura, S., Tsukamoto, K., 2006. The salinity front in the North Equatorial Current: A landmark for the spawning migration of the Japanese eel (Anguilla japonica) related to the stock recruitment. Deep-Sea Res. II 53, 315 – 325.

Kinder, T. H., Coachman, L. K., Galt, J. A., 1975. The Bering Slope Current System. J. Phys. Oceanogr. 5, 231 – 244.

King, M. D., Menzel, W. P., Kaufman, Y. J., Tanre, D., Bo-Cai, G., Platnick, S., et al., 2003. Cloud and aerosol properties, precipitable water, and profiles of temperature and water vapor from MODIS. IEEE T. Geosc. Remote Sens. 41, 442 – 458.

Klein, B., Roether, W., Civitarese, G., Gacic, M., Manca, B. B., d' Alcalá, M. R., 2000. Is the Adriatic returning to dominate the production of Eastern Mediterranean Deep Water? Geophys. Res. Lett. 27, 3377 – 3380.

Klein, B., Roether, W., Manca, B. B., Bregant, D., Beitzel, V., Kovacevic, V., et al., 1999. The large deep water transient in the Eastern Mediterranean. Deep-Sea Res. I 46, 371 – 414.

Klein, S. A., Soden, B. J., Lau, N. C., 1999. Remote sea surface temperature variations during ENSO: Evidence for a tropical atmospheric bridge. J. Clim. 12, 917 – 932.

Klinck, J. M., Hofmann, E. E., Beardsley, R. C., Salihoglu, B., Howard, S., 2004. Water mass properties and circulation on the west Antarctic Peninsula continental shelf in austral fall and winter 2001. Deep-Sea Res. II 51, 1925 – 1946.

Knauss, J. A., 1960. Measurements of the Cromwell Current. Deep-Sea Res. 6, 265 – 286.

Knauss, J. A., 1997. Introduction to Physical Oceanography, second ed. Waveland Press, Long Grove, IL, 309 pp.

Knudsen, M. (Ed.), 1901. Hydrographical Tables. G. E. C. Goad, Copenhagen, 63 pp.

Kobayashi, T., Suga, T., 2006. The Indian Ocean HydroBase: A high-quality climatological dataset for the Indian Ocean. Progr. Oceanogr. 68, 75 – 114.

Koltermann, K. P., Gouretski., V., Jancke, K., 2011. Hydro-graphic Atlas of the World Ocean Circulation Experiment (WOCE). Vol 3: Atlantic Ocean.

In: Sparrow, M., Chapman, P., Gould, J. (Eds.). International WOCE Project Office, Southampton, UK in press.

Komaki, K., Kawabe, M., 2009. Deep-circulation current through the Main Gap of the Emperor Seamounts Chain in the North Pacific. Deep-Sea Res. I 56, 305 – 313.

Komar, P. D., 1998. Beach Processes and Sedimentation. Prentice Hall, Upper Saddle River, NJ, 544 pp.

Komar, P. D., Holman, R. A., 1986. Coastal processes and the development of shoreline erosion. Annu. Rev. Earth Pl. Sc. 14, 237 – 265.

Kono, T., Kawasaki, Y., 1997. Modification of the western subarctic water by exchange with the Okhotsk Sea. Deep-Sea Res. I 44, 689 – 711.

Kosro, P. M., Huyer, A., Ramp, S. R., Smith, R. L., Chavez, F. P., Cowles, T. J., et al., 1991. The structure of the transition zone between coastal waters and the open ocean off northern California, winter and spring 1987. J. Geophys. Res. 96, 14707 – 14730.

Kossina, E., 1921. Die Tiefen des Weltmeeres, Veröffentil. des Inst. für Meereskunde, Neue Folge, Heft 9, E. S. Mittler und Sohn, Berlin (in German).

Kraus, E. B., Turner, J. S., 1967. A one-dimensional model of the seasonal thermocline, II. The general theory and its consequences. Tellus 19, 98 – 105.

Krishnamurthy, V., Kirtman, B. P., 2003. Variability of the Indian Ocean: relation to monsoon and ENSO. Q. J. Roy. Meteorol. Soc. 129, 1623 – 1646.

Krummel, O., 1882. Bemerkungen über die Meer-esstromungen und Temperaturen in der Falklandsee, Archiv der deutschen Seewarte, V (2), 25 pp. (in German).

Kuhlbrodt, T., Griesel, A., Montoya, M., Levermann, A., Hofmann, M., Rahmstorf, S., 2007. On the driving processes of the Atlantic meridional overturning circulation. Rev. Geophys. 45, RG2001. doi: 10. 1029/ 2004RG000166.

Kunze, E., Firing, E., Hummon, J. M., Chereskin, T. K., Thurnherr, A. M., 2006. Global abyssal mixing inferred from lowered ADCP shear and CTD strain profiles. J. Phys. Oceanogr. 36, 1553 – 1576.

Kuo, H. -H., Veronis, G., 1973. The use of oxygen as a test for an abyssal circulation model. Deep-Sea Res. 20, 871 – 888.

Kushnir, Y., Seager, R., Miller, J., Chiang, J. C. H., 2002. A simple coupled model of tropical Atlantic decadal climate variability. Geophys. Res. Lett. 29, 2133. doi: 10. 1029/2002GL015874.

Kwon, Y. -O., Riser, S. C., 2004. North Atlantic Subtropical Mode Water:

A history of ocean-atmosphere interaction 1961 – 2000. Geophys. Res. Lett. 31, L19307. doi: 10.1029/ 2004GL021116.

Langmuir, I., 1938. Surface motion of water induced by wind. Science 87, 119 – 123.

Laplace, P. S., 1790. Mémoire sur le flux et reflux de la mer. Mém. Acad. Sci. Paris, 45 – 181 (in French).

Large, W. G., McWilliams, J. C., Doney, S. C., 1994. Oceanic vertical mixing: A review and a model with a non-local K-profile boundary layer parameterization. Rev. Geo-phys. 32, 363 – 403.

Large, W. G., Yeager, S. G., 2009. The global climatology of an interannually varying air-sea flux data set. Clim. Dynam. 33, 341 – 364.

Lavender, K. L., Davis, R. E., Owens, W. B., 2000. Mid-depth recirculation observed in the interior Labrador and Irminger seas by direct velocity measurements. Nature 407, 66 – 69.

Lavín, M. F., Marinone, S. G., 2003. An overview of the physical oceanography of the Gulf of California. In: Velasco Fuentes, O. U., Sheinbaum, J., Ochoa de la Torre, J. L. (Eds.), Nonlinear Processes in Geophysical Fluid Dynamics. Kluwer Academic Publishers, Dor-drecht, Holland, pp. 173 – 204.

Le Traon, P. Y., 1990. A method for optimal analysis of fields with spatially variable mean. J. Geophys. Res. 95, 13543 – 13547.

Leaman, K., Johns, E., Rossby, T., 1989. The average distribution of volume transport and potential vorticity with temperature at three sections across the Gulf Stream. J. Phys. Oceanogr. 19, 36 – 51.

Ledwell, J. R., Watson, A. J., Law, C. S., 1993. Evidence for slow mixing across the pycnocline from an open-ocean tracer-release experiment. Nature 364, 701 – 703.

Ledwell, J. R., Watson, A. J., Law, C. S., 1998. Mixing of a tracer in the pycnocline. J. Geophys. Res. 103, 21499 – 21529.

Lee, Z., Weidemann, A., Kindle, J., Arnone, R., Carder, K. L., Davis, C., 2007. Euphotic zone depth: Its derivation and implication to ocean-color remote sensing. J. Geophys. Res. 112, C03009. doi: 10.1029/2006JC003802.

Leetmaa, A., Spain, P. F., 1981. Results from a velocity transect along the equator from 125 to 159 W. J. Phys. Oceanogr. 11, 1030 – 1033.

Legeckis, R., 1977. Long waves in the eastern Equatorial Pacific Ocean: A view from a geostationary satellite. Science 197, 1179 – 1181.

Legeckis, R., Brown, C. W., Chang, P. S., 2002. Geostationary satellites reveal motions of ocean surface fronts. J. Marine Syst. 37, 3 – 15.

Legeckis, R., Reverdin, G., 1987. Long waves in the equatorial Atlantic Ocean during 1983. J. Geophys. Res. 92, 2835 – 2842.

Lemke, P., Fichefet, T., Dick, C., 2011. Arctic Climate Change — The AC-SYS decade and beyond. Springer Atmospheric and Oceanographic Sciences Library, in preparation since 2005.

Lenn, Y. -D., Chereskin, T. K., Sprintall, J., Firing, E., 2008. Mean jets, mesoscale variability and eddy momentum fluxes in the surface layer of the Antarctic Circum-polar Current in Drake Passage. J. Mar. Res. 65, 27 – 58.

Lentini, C. A. D., Goni, G. J., Olson, D. B., 2006. Investigation of Brazil Current rings in the confluence region. J. Geophys. Res. 111, C06013. doi: 10. 1029/2005J C002988.

Lentz, S. J., 1995. Sensitivity of the inner-shelf circulation to the form of the eddy viscosity profile. J. Phys. Oceanogr. 25, 19 – 28.

Leppäranta, M., Myrberg, K., 2009. Physical Oceanography of the Baltic Sea. Springer, Berlin, 378 pp. with online version.

Lerczak, J. A., 2000. Internal waves on the southern California shelf. Ph. D. Thesis, University of California, San Diego, 253 pp.

Levine, M. D., 2002. A modification of the Garrett-Munk internal wave spectrum. J. Phys. Oceanogr. 32, 3166 – 3181.

Levitus, S., 1982. Climatological Atlas of the World Ocean. NOAA Professional Paper 13. NOAA, Rockville, MD, 173 pp.

Levitus, S., 1988. Ekman volume fluxes for the world ocean and individual ocean basins. J. Phys. Oceanogr. 18, 271 – 279.

Levitus, S., Antonov, J. I., Boyer, T. P., 2005. Warming of the world O-cean, 1955 – 2003. Geophys. Res. Lett. 32, L02604. doi: 10. 1029/2004GL021592.

Levitus, S., Boyer, T. P., 1994. World Ocean Atlas 1994 Volume 4: Temperature. NOAA Atlas NESDIS 4. U. S. Department of Commerce, Washington, D. C., 117 pp.

Levitus, S., Boyer, T. P., Antonov, J., 1994a. World Ocean Atlas Volume 5: Interannual variability of upper ocean thermal structure. NOAA/NESDIS. Tech. Rpt. OSTI ID: 137204.

Levitus, S., Burgett, R., Boyer, T. P., 1994b. World Ocean Atlas 1994 Volume 3: Salinity. NOAA Atlas NESDIS 3. U. S. Department of Commerce, Washington, D. C., 99pp.

Lewis, E. L., 1980. The practical salinity scale 1978 and its antecedents. IEEE J. Oceanic Eng OE-5, 3 – 8.

Lewis, E. L., Fofonoff, N. P., 1979. A practical salinity scale. J. Phys.

Oceanogr. 9，446.

Lewis，E. L.，Perkin，R. G.，1978. Salinity: Its definition and calculation. J. Geophys. Res. 83，466−478.

Lewis，M. R.，Kuring，N.，Yentsch，C.，1988. Global patterns of ocean transparency: Implications for the new production of the open ocean. J. Geophys. Res. 93，6847−6856.

Libes，S.，2009. Introduction to Marine Biogeochemistry, Second Edition. Elsevier，Amsterdam，909 pp.

Lien，R. -C.，Gregg，M. C.，2001. Observations of turbulence in a tidal beam and across a coastal ridge. J Geophys. Res. 106，4575−4591.

Lighthill，J.，1978. Waves in Fluids. Cambridge University Press，New York and London，504 pp.

Liu，W. T.，Katsaros，K. B.，2001. Air-sea fluxes from satellite data. In: Siedler，G.，Church，J.（Eds.），Ocean Circulation and Climate，International Geophysics Series. Academic Press，pp. 173−180.

Loeng，H.，Brander，K.，Carmack，E.，Denisenko，S.，Drinkwater，K.，et al.，2005. Chapter 9 Marine Systems. In: Symon，C.，Arris，L.，Heal，B.（Eds.），Arctic Climate Impact Assessment — Scientific Report. Cambridge University Press，UK，1046 pp.

Lorenz，E.，1956. Empirical orthogonal functions and statistical weather prediction. Scientific Report No. 1. Air Force Cambridge Research Center，Air Research and Development Command，Cambridge，MA，49 pp.

Loschnigg，J.，Webster，P. J.，2000. A coupled ocean-atmosphere system of SST modulation for the Indian Ocean. J. Clim. 13，3342−3360.

Lozier，M. S.，Owens，W. B.，Curry，R. G.，1995. The climatology of the North Atlantic. Progr. Oceanogr. 36，1−44.

Lukas，R.，1986. The termination of the Equatorial Undercurrent in the eastern Pacific. Progr. Oceanogr. 16，63−90.

Lukas，R.，Yamagata，T.，McCreary，J. P.，1996. Pacific low-latitude western boundary currents and the Indonesian throughflow. J. Geophys. Res. 101，12209−12216.

Lumpkin，R.，Speer，K.，2007. Global ocean meridional overturning. J. Phys. Oceanogr. 37，2550−2562.

Lumpkin，R.，Treguier，A. M.，Speer，K.，2002. Lagrangian eddy scales in the northern Atlantic Ocean. J. Phys. Oceanogr. 32，2425−2440.

Luyten，J. R.，Pedlosky，J.，Stommel，H.，1983. The ventilated thermocline. J. Phys. Oceanogr. 13，292−309.

Lynn, R. J., Reid, J. L., 1968. Characteristics and circulation of deep and a-byssal waters. Deep-Sea Res. 15, 577 - 598.

Lynn, R. J., Simpson, J. J., 1987. The California Current system: The seasonal variability of its physical characteristics. J. Geophys. Res. 92, 12947 - 12966.

Maamaatuaiahutapu, K., Garçcon, V., Provost, C., Boulahdid, M., Osiroff, A., 1992. Brazil-Malvinas confluence: Water mass composition. J. Geophys. Res. 97, 9493 - 9505.

Maamaatuaiahutapu, K., Garçon, V., Provost, C., Mercier, H., 1998. Transports of the Brazil and Malvinas Currents at their confluence. J. Mar. Res. 56, 417 - 438.

Macdonald, A. M., Suga, R., Curry, R. G., 2001. An isopycnally averaged North Pacific climatology. J. Atmos. Ocean Tech. 18, 394 - 420.

Macdonald, A. M., Wunsch, C., 1996. An estimate of global ocean circulation and heat fluxes. Nature 382, 436 - 439.

Macdonald, R. W., Carmack, E. C., Wallace, D. W. R., 1993. Tritium and radiocarbon dating of Canada Basin deep waters. Science 259, 103 - 104.

Mackas, D. L., Denman, K. L., Bennett, A. F., 1987. Least-square multiple tracer analysis of water mass composition. J. Geophys. Res. 92, 2907 - 2918.

Mackas, D. L., Strub, P. T., Thomas, A., Montecino, V., 2006. Eastern ocean boundaries pan-regional overview. In: Robinson, A. R., Brink, K. H. (Eds.), The Sea, vol. 14A: The Global Coastal Ocean: Interdisciplinary Regional Studies and Syntheses. Harvard University Press, Boston, MA, pp. 21 - 60.

Mackenzie, K. V., 1981. Nine-term equation for the sound speed in the oceans. J. Acoust. Soc. Am. 70, 807 - 812.

Macrander, A., Send, U., Valdimarsson, H., Jónsson, S., Käse, R. H., 2005. Interannual changes in the overflow from the Nordic Seas into the Atlantic Ocean through Denmark Strait. Geophys. Res. Lett. 32, L06606. doi: 10. 1029/2004GL021463.

Madden, R., Julian, P., 1994. Observations of the 40 - 50 day tropical oscilla-tion: A review. Mon. Weather Rev. 122, 814 - 837.

Makinson, K., Nicholls, K. W., 1999. Modeling tidal currents beneath Filch-ner-Ronne Ice Shelf and on the adjacent continental shelf: their effect on mixing and transport. J. Geophys. Res. 104, 13449 - 13466.

Malanotte-Rizzoli, P., Manca, B. B., Salvatore Marullo, Ribera d' Alcalá, M., Roether, W., Theocharis, A., et al., 2003. The Levantine Intermedi-ate Water Experiment (LIWEX) Group: Levantine basind A laboratory for multiple water mass formation processes. J. Geophys. Res. 108 (C9), 8101. doi: 10. 1029/2002JC001643.

Malmgren, F., 1927. On the properties of sea-ice. Norwegian North Polar Expedition with the Maud, 1918 – 1925. Sci. Res. 1 (5), 67 pp.

Maltrud, M. E., McClean, J. L., 2005. An eddy resolving global 1/10 ocean simulation. Ocean Model. 8, 31 – 54.

Mantua, N. J., Hare, S. R., Zhang, Y., Wallace, J. M., Francis, R. C., 1997. A Pacific interdecadal climate oscillation with impacts on salmon production. B. Am. Meteor. Soc. 78, 1069 – 1079.

Mantyla, A. W., Reid, J. L., 1983. Abyssal characteristics of the World Ocean waters. Deep-Sea Res. 30, 805 – 833.

Marchesiello, P., McWilliams, J. C., Shchepetkin, A., 2003. Equilibrium structure and dynamics of the California Current System. J. Phys. Oceanogr. 33, 753 – 783.

Mariano, A. J., Ryan, E. H., Perkins, B. D., Smithers, S., 1995. The Mariano Global Surface Velocity Analysis 1. 0. USCG Report CG-D-34 – 95, p. 55. http: //oceancurrents. rsmas. miami. edu/index. html (accessed 3. 4. 09).

Marshall, G., 2003. Trends in the Southern Annular Mode from observations and reanalyses. J. Clim. 16, 4134 – 4143.

Marshall, J., Schott, F., 1999. Open-ocean convection: observations, theory, and models. Rev. Geophys. 37, 1 – 64.

Martin, S., 2001. Polynyas. In: Steele, J. H., Turkeian, K. K., Thorpe, S. A. (Eds.), Encyclopedia of Ocean Sciences. Academic Press, pp. 2243 – 2247.

Martin, S., Cavalieri, D. J., 1989. Contributions of the Siberian shelf polynyas to the Arctic Ocean intermediate and deep water. J. Geophys. Res. 94, 12725 – 12738.

Martinson, D. G., Steele, M., 2001. Future of the Arctic sea ice cover: Implications of an Antarctic analog. Geophys. Res. Lett. 28, 307 – 310.

Maslanik, J., Serreze, M., Agnew, T., 1999. On the record reduction in 1998 western Arctic sea-ice cover. Geophys. Res. Lett. 26, 1905 – 1908.

Masuzawa, J., 1969. Subtropical Mode Water. Deep-Sea Res. 16, 453 – 472.

Mata, M. M., Wijffels, S. E., Church, J. A., Tomczak, M., 2006. Eddy shedding and energy conversions in the East Australian Current. J. Geophys. Res. 111, C09034. doi: 10. 1029/2006JC003592.

Mauritzen, C., 1996. Production of dense overflow waters feeding the North Atlantic across the Greenland-Scotland Ridge. Part 1: Evidence for a revised circulation scheme. Deep-Sea Res. I 43, 769 – 806.

Maury，M. F.，1855. The Physical Geography of the Sea. Harper and Brothers，New York，304 pp.

Maximenko，N.，Niiler，P.，Rio，M. H.，Melnichenko，O.，Centurioni，L.，Chambers，D.，et al.，2009. Mean dynamic topography of the ocean derived from satellite and drifting buoy data using three different techniques. J. Atmos. Ocean. Tech. 26，1910 – 1919.

McCarthy，M. C.，Talley，L. D.，1999. Three-dimensional iso-neutral potential vorticity structure in the Indian Ocean. J. Geophys. Res. 104，13251 – 13268.

McCartney，M.，Curry，R.，1993. Transequatorial flow of Antarctic Bottom Water in the western Atlantic Ocean：Abyssal geostrophy at the equator. J. Phys. Oceanogr. 23，1264 – 127.

McCartney，M. S.，1977. Subantarctic Mode Water. In：Angel，M. V. (Ed.)，A Voyage of Discovery：George Deacon 70th Anniversary Volume，supplement to Deep-Sea Res.，pp. 103 – 119.

McCartney，M. S.，1982. The subtropical circulation of Mode Waters. J. Mar. Res. 40 (Suppl.)，427 – 464.

McCartney，M. S.，Talley，L. D.，1982. The Subpolar Mode Water of the North Atlantic Ocean. J. Phys. Oceanogr. 12，1169 – 1188.

McClain，C.，Christian，J. R.，Signorini，S. R.，Lewis，M. R.，Asanuma，I.，Turk，D.，et al.，2002. Satellite ocean-color observations of the tropical Pacific Ocean. Deep-Sea Res. II 49，2533 – 2560.

McClain，C.，Hooker，S.，Feldman，G.，Bontempi，P.，2006. Satellite data for ocean biology，biogeochemistry，and climate research. Eos Trans. AGU 87 (34)，337 – 343.

McDonagh，E. L.，Bryden，H. L.，King，B. A.，Sanders，R. J.，Cunningham，S. A.，Marsh，R.，2005. Decadal changes in the south Indian Ocean thermocline. J. Clim. 18，1575 – 1590.

McDougall，T. J.，1987a. Neutral surfaces. J. Phys. Oceanogr. 17，1950 – 1964.

McDougall，T. J.，1987b. Thermobaricity，cabbeling，and water-mass conversion. J. Geophys. Res. 92，5448 – 5464.

McDougall，T. J.，Jackett，D. R.，Millero，F. J.，2010. An algorithm for estimating Absolute Salinity in the global ocean. Submitted to Ocean Science，a preliminary version is available at Ocean Sci. Discuss. 6，215 – 242. http：//www. ocean-sci-discuss. net/6/215/2009/osd-6 – 215 – 2009-print. pdf and the computer software is avail-able from http：//www. TEOS-10. org.

McPhaden，M. J.，Busalacchi，A. J.，Cheney，R.，Donguy，J. -R.，Gage，K. S.，Halpern，D.，et al.，1998. The Tropical Ocean-Global Atmosphere observing system: A decade of progress. J. Geophys. Res. 103, 14169 – 14240.

MEDOC Group, 1970. Observations of formation of deep-water in the Mediterranean Sea, 1969. Nature 227, 1037 – 1040.

Mecking, S., Warner, M. J., 1999. Ventilation of Red Sea Water with respect to chlorofluorocarbons. J. Geophys. Res. 104, 11087 – 11097.

Meehl, G. A., Stocker, T. F., Collins, W. D., Friedlingstein, P., Gaye, A. T., Gregory, J. M., et al., 2007. Global climate projections. In: Solomon, S., Qin, D., Manning, M., Chen, Z., Marquis, M., Averyt, K. B., et al. (Eds.), Climate Change 2007: The Physical Science Basis. Contribution of Working Group I to the Fourth Assessment Report of the Intergovernmental Panel on Climate Change. Cambridge University Press, Cambridge, UK and New York.

Mei, C. C., Stiassnie, M., Yue, D. K. -P., 2005. Theory and Applications of Ocean Surface Waves: Part I, Linear Aspects; Part II, Nonlinear Aspects. World Scientific, New Jersey and London, 1136 pp.

Meinen, C. S., Watts, D. R., 1997. Further evidence that the sound-speed algorithm of Del Grosso is more accurate than that of Chen and Millero. J. Acoust. Soc. Am. 102, 2058 – 2062.

Meinen, C. S., Watts, D. R., 2000. Vertical structure and transport on a transect across the North Atlantic Current near 42° N: Time series and mean. J. Geophys. Res. 105, 21869 – 21891.

Menard, H. W., Smith, S. M., 1966. Hypsometry of ocean basin provinces. J. Geophys. Res. 71, 4305 – 4325.

Meredith, J. P., Watkins, J. L., Murphy, E. J., Ward, P., Bone, D. G., Thorpe, S. E., et al., 2003. Southern ACC Front to the northeast of South Georgia: Pathways, characteristics and fluxes. J. Geophys. Res. (C5), 108. doi: 10. 1029/2001JC001227.

Meredith, M. P., Hogg, A. M., 2006. Circumpolar response of Southern Ocean eddy activity to a change in the Southern Annular Mode. Geophys. Res. Lett. 33, L16608. doi: 10. 1029/2006GL026499.

Merz, A., Wüst, G., 1922. Die Atlantische Vertikal Zirkulation. Z. Ges. Erdkunde Berlin 1, 1 – 34 (in German).

Merz, A., Wüst, G., 1923. Die Atlantische Vertikal Zirkulation. 3 Beitrag. Zeitschr. D. G. F. E. Berlin (in German).

Middleton, J. F., Cirano, M., 2002. A northern boundary current along Australia's southern shelves: The Flinders Current. J. Geophys. Res. 107. doi: 10. 1029/ 2000JC000701.

Millero，F. J.，1967. High precision magnetic float densimeter. Rev. Sci. Instrum. 38，1441 – 1444.

Millero，F. J.，1978. Freezing point of seawater，Eighth report of the Joint Panel of Oceanographic Tables and Standards. Appendix 6. UNESCO Tech. Papers.

Millero，F. J.，Feistel，R.，Wright，D. G.，McDougall，T. J.，2008. The composition of Standard Seawater and the definition of the reference-composition salinity scale. Deep-Sea Res. I 55，50 – 72.

Millero，F. J.，Perron，G.，Desnoyers，J. E.，1973. The heat capacity of seawater solutions from 5 to 35 C and from 0.5 to 22% chlorinity. J. Geophys. Res. 78，4499 – 4507.

Millero，F. J.，Poisson，A.，1980. International one-atmosphere equation of state of seawater. Deep-Sea Res. 28，625 – 629.

Millot，C.，1991. Mesoscale and seasonal variabilities of the circulation in the western Mediterranean. Dynam. Atmos. Oceans 15，179 – 214.

Millot，C.，Taupier-Letage，I.，2005. Circulation in the Mediterranean Sea. In: Saliot，E. A. （Ed.），The Handbook of Environmental Chemistry，vol. 5. Part K. Springer-Verlag，Berlin Heidelberg，pp. 29 – 66.

Mills，E. L.，1994. Bringing oceanography into the Canadian university classroom. Scientia Canadensis. Can. J. Hist. Sci. Tech. Med. 18，3 – 21.

Mittelstaedt，E.，1991. The ocean boundary along the north-west African coast: Circulation and oceanographic properties at the sea surface. Progr. Oceanogr. 26，307 – 355.

Mizuno，K.，White，W. B.，1983. Annual and interannual variability in the Kuroshio current system. J. Phys. Oceanogr. 13，1847 – 1867.

Mobley，C. D.，1995. Optical properties of water. In: Bass，M.，Van Stryland，E. W.，Williams，D. R.，Wolfe，W. L. （Eds.），Handbook of Optics，Vol. 1，Fundamentals，Techniques，and Design. McGraw-Hill 43. 1 – 43.56.

Molinari，R. L.，Fine，R. A.，Wilson，W. D.，Curry，R. G.，Abell，J.，McCartney，M. S.，1998. The arrival of recently formed Labrador Sea Water in the Deep Western Boundary Current at 26.5° N. Geophys. Res. Lett. 25，2249 – 2252.

Monismith，S. G.，2007. Hydrodynamics of coral reefs. Annu. Rev. Fluid Mech. 39，37 – 55.

Montecino，V.，Strub，P. T.，Chavez，F.，Thomas，A.，Tarazona，J.，Baumgartner，T.，2006. Biophysical interactions off western South-America.

In: Robinson, A. R., Brink, K. H. (Eds.), The Sea, vol. 14A: The Global Coastal Ocean: Interdisciplinary Regional Studies and Syntheses. Harvard University Press, Boston, MA, pp. 329 – 390.

Montgomery, R. B., 1938. Circulation in the upper layers of the Southern North Atlantic deduced with the use of isentropic analysis. Papers Phys. Oceanogr. and Met. 6, MIT and Woods Hole Oceanographic Institution, 55 pp.

Montgomery, R. B., 1958. Water characteristics of Atlantic Ocean and of world ocean. Deep-Sea Res. 5, 134 – 148.

Montgomery, R. B., Stroup, E. D., 1962. Equatorial waters and currents at 150 W in July-August 1952. Johns Hopkins Oceanographic Study, No. 1, 68 pp.

Morawitz, W. M. L., Cornuelle, B. D., Worcester, P. F., 1996. A case study in three-dimensional inverse methods: combining hydrographic, acoustic, and moored thermistor data in the Greenland Sea. J. Atm. Oceanic Tech. 13, 659 – 679.

Morawitz, W. M. L., Sutton, P. J., Worcester, P. F., Cornuelle, B. D., Lynch, J. F., Pawlowicz, R., 1996. Three-dimensional observations of a deep convective chimney in the Greenland Sea during winter 1988/1989. J. Phys. Oceanogr. 26, 2316 – 2343.

Morel, A., Antoine, D., 1994. Heating rate within the upper ocean in relation to its bio-optical state. J. Phys. Oceanogr. 24, 1652 – 1665.

Morrow, R., Birol, F., 1998. Variability in the southeast Indian ocean from altimetry: Forcing mechanisms for the Leeuwin Current. J. Geophys. Res. 103, 18529 – 18544.

Morrow, R., Donguy, J. -R., Chaigneau, A., Rintoul, S. R., 2004. Cold-core anomalies at the subantarctic front, south of Tasmania. Deep-Sea Res. I, 1417 – 1440.

Moum, J. N., Farmer, D. M., Smyth, W. D., Armi, L., Vagle, S., 2003. Structure and generation of turbulence at interfaces strained by internal solitary waves propagating shoreward over the continental shelf. J. Phys. Oceanogr. 33, 2093 – 2112.

Müller, R. D., Sdrolias, M., Gaina, C., Roest, W. R., 2008. Age, spreading rates and spreading symmetry of the world's ocean crust. Geochem. Geophys. Geosyst. 9, Q04006. http: //www. ngdc. noaa. gov/mgg/ocean _ age/. doi: 10/ 1029/2007GC001743 (accessed 2. 01. 09).

Munk, W., 1966. Abyssal recipes. Deep-Sea Res. 13, 707 – 730.

Munk, W., 1981. Internal waves and small-scale processes. In: Warren, B. A.,

Wunsch，C.（Eds.），Evolution of Physical Oceanography. The MIT Press，Boston，MA，pp. 264–290.

Munk，W.，Wunsch，C.，1982. Observing the ocean in the 1990's：a scheme for large-scale monitoring. Philos. Trans. Roy. Soc. A 307，439–464.

Murray，J. W.，Jannasch，H. W.，Honjo，S.，Anderson，R. F.，Reeburgh，W. S.，Top，Z.，et al.，1989. Unexpected changes in the oxic/anoxic interface in the Black Sea. Nature 338，411–413.

Naimie，C. E.，Blain，C. A.，Lynch，D. R.，2001. Seasonal mean circulation in the Yellow Sea — A model-generated climatology. Continental Shelf Res. 21，667–695.

Nakano，H.，Suginohara，N.，2002. Importance of the eastern Indian Ocean for the abyssal Pacific. J. Geophys. Res. 107，3219. doi：10. 1029/2001JC001065.

Nansen，F.，1922. In：Nacht und Eis. F. U. Brodhaus，Leipzig，Germany，355 pp.（in German）.

NASA，2009a. Ocean color from space：global seasonal change. NASA Goddard Earth Sciences Data and Information Services Center. http：//daac. gsfc. nasa. gov/ oceancolor/scifocus/space/ocdst_global_seasonal_change. shtml（accessed 2. 18. 09）.

NASA，2009b. Ocean Color Web. NASA Goddard Space Flight Center. http：// oceancolor. gsfc. nasa. gov/（accessed 2. 18. 09）.

NASA Earth Observatory，2010. Global maps. NASA God-dard Space Flight Center. http：//earthobservatory. nasa. gov/GlobalMaps/（accessed 12. 13. 10）.

NASA Goddard Earth Sciences，2007a. An assessment of the Indian Ocean，Monsoon，and Somali Current using NASA's AIRS，MODIS，and QuikSCAT data. NASA Goddard Earth Sciences Data Information Services Center. http：//daac. gsfc. nasa. gov/oceancolor/scifocus/ modis/IndianMonsoon. shtml（accessed 7. 1. 08）.

NASA Goddard Earth Sciences，2007b. Sedimentia. NASA Goddard Earth Sciences Ocean Color. http：//disc. gsfc. nasa. gov/oceancolor/scifocus/ocean-Color/sedimentia. shtml（accessed 4. 3. 09）.

NASA Goddard Earth Sciences，2008. Ocean color：classic CZCS scenes，Chapter 4. NASA Goddard Earth Sciences Data Information Services Center. http：// disc. gsfc. nasa. gov/oceancolor/scifocus/classic_ scenes/04_ classics_ arabian. shtml（accessed 1. 9. 09）.

NASA Visible Earth，2006. Visible Earth：Sun glint in the Mediterranean Sea. NASA Goddard Space Flight Center. http：//visibleearth. nasa. gov/view_rec. php? id 1/4 732（accessed 10. 01. 08）.

NASA Visible Earth, 2008. Eddies off the Queen Charlotte Islands. NASA Goddard Space Flight Center. http: // visibleearth. nasa. gov/view_rec. php? id 1/4 2886 (accessed 3. 26. 09).

National Data Buoy Center, 2006. How are estimates of wind-seas and swell made from NDBC wave data? NOAA/NDBC. http: //www. ndbc. noaa. gov/windsea. shtml (accessed 3. 28. 09).

National Data Buoy Center, 2009. NDBC Web Site. NOAA/ NDBC. http: //www. ndbc. noaa. gov/ (accessed 5. 15. 09).

National Research Council, 2010. Ocean acidification: A national strategy to meet the challenges of a changing ocean. National Academies Press, Washington D. C., 152 pp.

Naval Postgraduate School, 2003. Basic concepts in physical oceanography: tides. Navy Operational Ocean Circulation and Tide Models. Department of Oceanography, Naval Postgraduate School. http: //www. oc. nps. edu/nom/day1/partc. html (accessed 3. 30. 09).

Neilson, B. J., Kuo, A., Brubaker, J., 1989. Estuarine Circulation. Humana Press, Clifton, N. J, 377 pp.

New, A. L., Jia, Y., Coulibaly, M., Dengg, J., 2001. On the role of the Azores Current in the ventilation of the North Atlantic Ocean. Progr. Oceanogr. 48, 163 – 194.

Niiler, P. P., Maximenko, N. A., McWilliams, J. C., 2003. Dynamically balanced absolute sea level of the global ocean derived from near-surface velocity obser-vations. Geophys. Res. Lett. 30, 22. doi: 10. 1029/ 2003GL018628.

Nilsson, C. S., Cresswell, G. R., 1981. The formation and evolution of East Australian Current warm-core eddies. Progr. Oceanogr. 9, 133 – 183.

NOAA, 2008. Tides and Water Levels. NOAA Ocean Service Education. http: //oceanservice. noaa. gov/education/ kits/tides/welcome. html (accessed 3. 29. 09).

NOAA, 2009. Arctic Change: Climate indicators — Arctic Oscillation. NOAA Arctic. http: //www. arctic. noaa. gov/ detect/climate-ao. shtml (accessed 3. 17. 09).

NOAA AOML PHOD, 2009. The Global Drifter Program. NOAA AOML. http: //www. aoml. noaa. gov/phod/ dac/gdp. html (accessed 9. 09).

NOAA CO-OPS, 2010. Tides and Currents. NOAA/ National Ocean Service. http: //co-ops. nos. noaa. gov/ index. shtml (accessed 10. 26. 10).

NOAA CPC, 2005. Madden/Julian Oscillation (MJO). NOAA/National Weather Service. http: //www. cpc. ncep. noaa. gov/products/precip/CWlink/MJO/

mjo. shtml（accessed 12. 28. 09）.

NOAA ESRL，2009. Linear correlations in atmospheric seasonal/monthly avera-ges. NOAA Earth System Research Laboratory Physical Sciences Division. ht-tp：//www. cdc. noaa. gov/data/correlation/（accessed 10. 30. 09）.

NOAA ESRL，2010. PSD Map Room Climate Products Outgoing Longwave Radia-tion（OLR）. NOAA ESRL PSD. http：//www. cdc. noaa. gov/map/clim/olr. shtml（accessed 12. 14. 10）.

NOAA National Weather Service，2005. Hydrometeorological Prediction Center（HPC）Home Page. National Weather Service. http：//www. hpc. ncep. no-aa. gov/（accessed 1. 3. 05）.

NOAA NESDIS，2009. Ocean Products Page. NOAA/NES-DIS/OSDPD. ht-tp：//www. osdpd. noaa. gov/PSB/EPS/ SST/SST. html（accessed 2. 18. 09）.

NOAA NGDC，2008. Global Relief Data — ETOPO. NOAA National Geophysi-cal Data Center. http：//www. ngdc. noaa. gov/mgg/global/global. html（accessed 9. 24. 08）.

NOAA PMEL TAO Project Office，2009a. The TAO project. TAO Project Of-fice，NOAA Pacific Marine Environ-mental Laboratory. http：//www. pmel. noaa. gov/tao/（accessed 6. 1. 09）.

NOAA PMEL TAO Project Office，2009b. El Niño theme page：access to distribu-ted information on El Niño. NOAA Pacific Marine Environmental Laboratory. http：//www. pmel. noaa. gov/tao/elnino/nino-home. html （ accessed 3. 26. 09）.

NOAA PMEL，2009c. Global tropical moored array. NOAA Pacific Marine Envi-ronmental Laboratory. http：//www. pmel. noaa. gov/tao/global/global. ht-ml（accessed 5. 20. 09）.

NOAA PMEL，2009d. Impacts of El Niño and benefits of El Niño prediction. NOAA Pacific Marine Environmental Laboratory. http：//www. pmel. noaa. gov/tao/elnino/ impacts. html（accessed 3. 26. 09）.

NOAA Wavewatch III，2009. NCEP MMAB operational wave models. NOAA/NWS Environmental Modeling Center/ Marine Modeling and Analysis Branch. http：//polar. ncep. noaa. gov/waves/index2. shtml（accessed 5. 14. 09）.

NODC，2005a. World Ocean Atlas 2005（WOA05）. NOAA National Oceano-graphic Data Center. http：//www. nodc. noaa. gov/OC5/WOA05/pr _ woa05. html（accessed 4. 28. 09）.

NODC，2005b. World Ocean Database 2005（WOD05）. NOAA National Oceano-graphic Data Center. http：// www. nodc. noaa. gov/OC5/WOD05/pr _ wod05. html（accessed 4. 28. 09）.

NODC，2009. Data sets and products，National Oceanographic Data Center Ocean Climate Laboratory. http：//www. nodc. noaa. gov/OC5/indprod. html (accessed 12. 15. 09).

Nowlin，W. D.，Whitworth，T.，Pillsbury，R. D.，1977. Structure and transport of the Antarctic Circumpolar Current at Drake Passage from short-term measurements. J. Phys. Oceanogr. 7，788－802.

NSIDC，2007. Arctic sea ice news fall 2007. National Snow and Ice Data Center. http：//nsidc. org/arcticseaicenews/ 2007. html (accessed 3. 17. 09).

NSIDC，2008a. Polar Pathfinder Daily 25 km EASE-Grid Sea Ice Motion Vectors. National Snow and Ice Data Center. http：//nsidc. org/data/docs/daac/ nsidc0116_icemotion. gd. html (accessed 02. 01. 09).

NSIDC，2008b. Arctic sea ice down to second-lowest extent；likely record-low volume. National Snow and Ice Data Center. http：//nsidc. org/news/press/ 20081002_seaice_pressrelease. html (accessed 3. 17. 09).

NSIDC，2009a. Cryospheric climate indicators. National Snow and Ice Data Center. http：//nsidc. org/data/ seaice _ index/archives/index. html (accessed 2. 25. 09).

NSIDC，2009b. Arctic climatology and meteorology primer. National Snow and Ice Data Center. http：//nsidc. org/ arcticmet/ (accessed 3. 1. 09).

NSIDC，2009c. Images of Antarctic Ice Shelves. National Snow and Ice Data Center. http：//nsidc. org/data/ iceshelves _ images/index. html (accessed 3. 5. 09).

NWS Internet Services Team，2008. ENSO temperature and precipitation composites. http：//www. cpc. noaa. gov/ products/precip/CWlink/ENSO/composites/EC_LNP_index. shtml (accessed 3. 27. 09).

O'Connor，B. M.，Fine，R. A.，Olson，D. B.，2005. A global comparison of subtropical underwater formation rates. Deep-Sea Res. I. 52，1569－1590.

Ochoa，J.，Bray，N. A.，1991. Water mass exchange in the Gulf of Cadiz. Deep-Sea Res. 38 (Suppl.)，S465－S503.

ODV，2009. Ocean Data View. Alfred Wegener Institute. http：//odv. awi. de/en/home/ (accessed 4. 28. 09).

Officer，C. B.，1976. Physical Oceanography of Estuaries (and Associated Coastal Waters). Wiley，New York. 465 pp.

Oguz，T.，Tugrul，S.，Kideys，A. E.，Ediger，V.，Kubilay，N.，2006. Physical and biogeochemical characteristics of the Black Sea. In：Robinson，A. R.，Brink，K. H. (Eds.)，The Sea，Vol. ，14A：The Global Coastal Ocean：Interdisciplinary Regional Studies and Syntheses. Harvard University Press，

Boston，MA，pp. 1333 – 1372.

Olbers，D. J. M.，Wenzel，M.，Willebrand，J.，1985. The inference of North Atlantic circulation patterns from climatological hydrographic data. Rev. Geophys. 23，313 – 356.

Olsen，S. M.，Hansen，B.，Quadfasel，D.，Østerhus，S.，2008. Observed and modeled stability of overflow across the Greenland-Scotland ridge. Nature 455，519 – 523.

Olson，D.，Schmitt，R.，Kennelly，M.，Joyce，T.，1985. A two-layer diagnostic model of the long-term physical evolution of warm-core ring 82B. J. Geophys. Res. 90，8813 – 8822.

Oort，A. H.，Vonder Haar，T. H.，1976. On the observed annual cycle in the ocean-atmosphere heat balance over the northern hemisphere. J. Phys. Oceanogr. 6，781 – 800.

Open University，1999. Waves，Tides and Shallow-Water Processes，second ed. Butterworth-Heinemann，Burlington，MA，228 pp.

Orsi，A. H.，Johnson，G. C.，Bullister，J. L.，1999. Circulation，mixing，and production of Antarctic Bottom Water. Progr. Oceanogr. 43，55 – 109.

Orsi，A. H.，Nowlin，W. D.，Whitworth，T.，1993. On the circulation and stratification of the Weddell Gyre. Deep-Sea Res. I. 40，169 – 203.

Orsi，A.，Whitworth，T.，2005. Hydrographic Atlas of the World Ocean Circulation Experiment（WOCE）. Volume 1：Southern Ocean. In：Sparrow，M.，Chapman，P.，Gould，J.（Eds.）. International WOCE Project Office，Southampton，UK ISBN 0 – 904175 – 49 – 9. http：// woceatlas. tamu. edu/（accessed 4. 20. 09）.

Orsi，A. H.，Whitworth，T.，Nowlin，W. D.，1995. On the meridional extent and fronts of the Antarctic Circum-polar Current. Deep-Sea Res. I. 42，641 – 673.

Osborn，T. R.，Cox，C. S.，1972. Oceanic fine structure. Geo-phys. Astrophys. Fluid Dynam. 3，321 – 345.

Osborne，J.，Swift，J. H.，2009. Java OceanAtlas. http：//odf. ucsd. edu/ joa/（accessed 4. 20. 09）.

Østerhus，S.，Gammelsrød，T.，1999. The abyss of the Nordic Seas is warming. J. Clim. 12，3297 – 3304.

Östlund，H.，Possnert，G.，G.，Swift，J.，1987. Ventilation rate of the deep Arctic Ocean from carbon 14 data. J. Geo-phys. Res. 92，3769 – 3777.

Owens，W. B.，1991. A statistical description of the mean circulation and eddy variability in the northwestern Atlantic using SOFAR floats. Progr. Oceanogr.

28, 257 - 303.

Owens, W. B., Warren, B. A., 2001. Deep circulation in the northwest corner of the Pacific Ocean. Deep-Sea Res. I 48, 959 - 993.

Özsoy, E., Hecht, A., Ünlüata, Ü., Brenner, S., Oguz, T., Bishop, J., et al., 1991. A review of the Levantine Basin circulation and its variability during 1985 - 1988. Dynam. Atmos. Oceans 15, 421 - 456.

Özsoy, E., Ünlüata, U., 1998. The Black Sea. In: Robinson, A. R., Brink, K. H. (Eds.), The Sea, Vol. 11: The Global Coastal Ocean: Regional Studies and Syntheses. Harvard University Press, Boston, MA, pp. 889 - 914.

Palacios, D. M., Bograd, S. J., 2005. A census of Tehuantepec and Papagayo eddies in the northeastern tropical Pacific. Geophys. Res. Lett. 32, L23606. doi: 10. 1029/ 2005GL024324.

Palastanga, V., van Leeuwen, P. J., Schouten, M. W., deRuijter, P. M., 2007. Flow structure and variability in the subtropical Indian Ocean: instability of the South Indian Ocean Countercurrent. J. Geophys. Res. 112, C01001. doi: 10. 1029/2005JC003395.

Parker, C. E., 1971. Gulf Stream rings in the Sargasso Sea. Deep-Sea Res. 18, 981 - 993.

Paulson, C. A., Simpson, J. J., 1977. Irradiance measurements in the upper ocean. J. Phys. Oceanogr. 7, 952 - 956.

Payne, R. E., 1972. Albedo of the sea surface. J. Atmos. Sci. 29, 959 - 970.

Pearce, A. F., 1991. Eastern boundary currents of the southern hemisphere. J. Roy. Soc. Western Austral. 74, 35 - 45.

Pedlosky, J., 1987. Geophysical Fluid Dynamics, second ed. Springer-Verlag, New York, 732 pp.

Pedlosky, J., 2003. Waves in the Ocean and Atmosphere. Springer-Verlag, Berlin, 260 pp.

Peeters, F. J. C., Acheson, R., Brummer, G. -J. A., de Ruijter, W. P. M., Schneider, R. R., Ganssen, G. M., et al., 2004. Vigorous exchange between the Indian and Atlantic oceans at the end of the past five glacial periods. Nature 430, 661 - 665.

Pelegrí, J. L., Arístegui, J., Cana, L., González-Dávila, M., Hernández-Guerra, A., Hernández-León, S., et al., 2005. Coupling between the open ocean and the coastal upwelling region off northwest Africa: Water recirculation and offshore pumping of organic matter. J. Marine Syst. 54, 3 - 37.

Perry, R. K., 1986. Bathymetry. In: Hurdle, B. (Ed.), The Nordic Seas. Springer-Verlag, New York, pp. 211 - 236.

Peterson, R. G., 1988. On the transport of the Antarctic Circumpolar Current through Drake Passage and its relation to wind. J. Geophys. Res. 93, 13993 - 14004.

Peterson, R. G., 1992. The boundary currents in the western Argentine Basin. Deep-Sea Res. 39, 623 - 644.

Peterson, R. G., Stramma, L., Kortum, G., 1996. Early concepts and charts of ocean circulation. Progr. Oceanogr. 37, 1 - 115.

Philander, S. G. H., 1978. Instabilities of zonal equatorial currents: II. J. Geophys. Res. 83, 3679 - 3682.

Philander, S. G. H., Fedorov, A., 2003. Is El Niño sporadic or cyclic? Annu. Rev. Earth Pl. Sci. 31, 579 - 594.

Phillips, O. M., 1977. The Dynamics of the Upper Ocean. Cambridge University Press, Cambridge, UK, 336 pp.

Pickard, G. L., 1961. Oceanographic features of inlets in the British Columbia mainland coast. J. Fish. Res. Bd. Can. 18, 907 - 999.

Pickard, G. L., Donguy, J. R., Hénin, C., Rougerie, F., 1977. A review of the physical oceanography of the Great Barrier Reef and western Coral Sea. Australian Institute of Marine Science, 2. Australian Government Publishing Service, Canberra, 134 pp.

Pickard, G. L., Stanton, B. R., 1980. Pacific fjords — A review of their water characteristics. In: Freeland, H. J., Farmer, D. M., Levings, C. D. (Eds.), Fjord Oceanography. Plenum Press, pp. 1 - 51.

Pickart, R. S., McKee, T. K., Torres, D. J., Harrington, S. A., 1999. Mean structure and interannual variability of the slopewater system south of Newfoundland. J. Phys. Oceanogr. 29, 2541 - 2558.

Pickart, R. S., Smethie, W. M., 1993. How does the Deep Western Boundary Current cross the Gulf Stream? J. Phys. Oceanogr. 23, 2602 - 2616.

Pickart, R. S., Torres, D. J., Clarke, R. A., 2002. Hydrography of the Labrador Sea during active convection. J. Phys. Oceanogr. 32, 428 - 457.

Pickett, M. H., Paduan, J. D., 2003. Ekman transport and pumping in the California Current based on the U. S. Navy's high-resolution atmospheric model (COAMPS). J. Geophys. Res. 108, 3327. doi: 10. 1029/2003JC001902.

Polton, J. A., Smith, J. A., MacKinnon, J. A., Tejada-Martínez, A. E., 2008. Rapid generation of high-frequency internal waves beneath a wind and wave forced oceanic surface mixed layer. Geophys. Res. Lett. 35, L13602. doi: 10. 1029/2008GL033856.

Polyakov, I. V., 22 co-authors, 2005. One more step toward a warmer Arctic. Geophys. Res. Lett. 32, L17605. doi: 10. 1029/2005GL023740.

Polyakov, I. V., 17 co-authors, 2010. Arctic Ocean warming contributes to re-duced polar ice cap. J. Phys. Oceanogr 40, 2743 – 2756.

Polyakov, I. V., Alekseev, G. V., Timokhov, L. A., Bhatt, U. S., Colo-ny, R. L., Simmons, H. L., et al., 2004. Variability of the intermediate Atlantic Water of the Arctic Ocean over the last 100 years. J. Clim. 17, 4485 – 4497.

Polzin, K. L., Toole, J. M., Ledwell, J. R., Schmitt, R. W., 1997. Spa-tial variability of turbulent mixing in the abyssal ocean. Science 276, 93 – 96.

Pond, S., Pickard, G. L., 1983. Introductory Dynamical Ocean-ography, sec-ond ed. Pergamon Press, Oxford, 329 pp.

Poole, R., Tomczak, M., 1999. Optimum multiparameter analysis of the water mass structure in the Atlantic Ocean thermocline. Deep-Sea Res. I 46, 1895 – 1921.

Potter, R. A., Lozier, M. S., 2004. On the warming and sali-nification of the Mediterranean outflow waters in the North Atlantic. Geophys. Res. Lett. 31, L01202. doi: 10. 1029/2003GL018161.

Press, W. H., Flannery, B. P., Teukolsky, S. A., Vetterline, W. T., 1986. Numerical Recipes. Cambridge University Press, Cambridge, UK, 818 pp.

Price, J. F., Baringer, M. O., 1994. Outflows and deep water production by marginal seas. Progr. Oceanogr. 33, 161 – 200.

Price, J. F., Weller, R. A., Pinkel, R., 1986. Diurnal cycling: Observa-tions and models of the upper ocean response to diurnal heating, cooling and wind mixing. J. Geophys. Res. 91, 8411 – 8427.

Pritchard, D. W., 1989. Estuarine classification — a help or a hindrance. In: Neilson, B. J., Kuo, A., Brubaker, J. (Eds.), Estuarine Circulation. Hu-mana Press, Clifton, N. J, pp. 1 – 38.

Proshutinsky, A. Y., Johnson, M. A., 1997. Two circulation regimes of the wind-driven Arctic Ocean. J. Geophys. Res. 102, 12493 – 12514.

Provost, C., Escoffier, C., Maamaatuaiahutapu, K., Kartavtseff, A., Garccon, V., 1999. Subtropical mode waters in the South Atlantic Ocean. J. Geophys. Res. 104, 21033 – 21049.

Pugh, D. T., 1987. Tides, Surges, and Mean Sea-level. J. Wiley, Chichester, UK, 472 pp.

Purkey, S. G., Johnson, G. C., 2010. Antarctic bottom water warming be-tween the 1990s and 2000s: Contributions to global heat and sea level rise budg-ets. J. Clim. 23, 6336 – 6351.

Qiu, B., Chen, S., 2005. Variability of the Kuroshio Extension jet, recirculation gyre, and mesoscale eddies on decadal time scales. J. Phys. Oceanogr. 35, 2090 – 2103.

Qiu, B., Huang, R. X., 1995. Ventilation of the North Atlantic and North Pacific: Subduction versus obduction. J. Phys. Oceanogr. 25, 2374 – 2390.

Qiu, B., Miao, W., 2000. Kuroshio path variations south of Japan: Bimodality as a self-sustained internal oscillation. J. Phys. Oceanogr. 30, 2124 – 2137.

Qiu, B., Scott, R. B., Chen, S., 2008. Length scales of eddy generation and nonlinear evolution of the seasonally modulated South Pacific Subtropical Countercurrent. J. Phys. Oceanogr. 38, 1515 – 1528.

Qu, T., Lindstrom, E., 2002. A climatological interpretation of the circulation in the western South Pacific. J. Phys. Oceanogr. 32, 2492 – 2508.

Quartly, G. D., Srokosz, M. A., 1993. Seasonal variations in the region of the Agulhas retroflection: Studies with Geosat and FRAM. J. Phys. Oceanogr. 23, 2107 – 2124.

Quartly, G. D., Srokosz, M. A., 2003. Satellite observations of the Agulhas Current system. Philos. Trans. Roy. Soc. A 361, 51 – 56.

Ralph, E. A., Niiler, P. P., 1999. Wind-driven currents in the tropical Pacific. J. Phys. Oceanogr. 29, 2121 – 2129.

Ramanathan, V., Collins, W., 1991. Thermodynamic regulation of ocean warming by cirrus clouds deduced from observations of the 1987 El Niño. Nature 351, 27 – 32.

Rasmusson, E. M., Carpenter, T. H., 1982. Variations in tropical sea surface temperature and surface wind fields associated with the outer Oscillation/El Niño. Mon. Weather Rev. 110, 354 – 384.

Ray, R. D., 1999. A global ocean tide model from TOPEX/ POSEIDON altimetry: GOT99. s. NASA/TM-1999 – 209478, 58 pp.

Redfield, A. C., 1934. On the proportion of organic derivatives in sea water and their relation to the composition of plankton. James Johnstone Memorial Volume, Liverpool, UK, pp. 176 – 192.

Redi, M. H., 1982. Oceanic isopycnal mixing by coordinate rotation. J. Phys. Oceanogr. 12, 1154 – 1158.

Reed, R. K., 1995. On geostrophic reference levels in the Bering Sea basin. J. Oceanogr. 51, 489 – 498.

Reid, J. L., 1973. The shallow salinity minima of the Pacific Ocean. Deep-Sea Res. 20, 51 – 68.

Reid, J. L., 1989. On the total geostrophic circulation of the South Atlantic Ocean: Flow patterns, tracers and transports. Progr. Oceanogr. 23, 149 – 244.

Reid, J. L., 1994. On the total geostrophic circulation of the North Atlantic O-cean: Flow patterns, tracers and transports. Progr. Oceanogr. 33, 1 - 92.

Reid, J. L., 1997. On the total geostrophic circulation of the Pacific Ocean: Flow patterns, tracers and transports. Progr. Oceanogr. 39, 263 - 352.

Reid, J. L., 2003. On the total geostrophic circulation of the Indian Ocean: Flow patterns, tracers and transports. Progr. Oceanogr. 56, 137 - 186.

Reid, J. L., Lynn, R. J., 1971. On the influence of the Norwegian-Greenland and Weddell seas upon the bottom waters of the Indian and Pacific Oceans. Deep-Sea Res. 18, 1063 - 1088.

Remote Sensing Systems, 2004. TMI sea surface tempera-tures (SST). <http: // www. ssmi. com/rss_research/tmi_sst_pacific_equatorial_current. html> (accessed 3. 27. 09).

Reverdin, G., Durand, F., Mortensen, J., Schott, F., Valdimarsson, H., 2002. Recent changes in the surface salinity of the North Atlantic subpolar gyre. J. Geophys. Res. 107, 8010. doi: 10. 1029/2001JC001010.

Rhein, M., Stramma, L., Send, U., 1995. The Atlantic Deep Western Boundary Current: Water masses and transports near the equator. J. Geophys. Res. 100, 2441 - 2457.

Richardson, P. L., 1980a. Benjamin Franklin and Timothy Folger's First Printed Chart of the Gulf Stream. Science 207, 643 - 645.

Richardson, P. L., 1980b. Gulf Stream ring trajectories. J. Phys. Oceanogr. 10, 90 - 104.

Richardson, P. L., 1983. Gulf Stream rings. In: Robinson, A. R. (Ed.), Eddies in Marine Science. Springer-Verlag, Berlin, pp. 19 - 45.

Richardson, P. L., 2005. Caribbean Current and eddies as observed by surface drifters. Deep-Sea Res. II 52, 429 - 463.

Richardson, P. L., 2007. Agulhas leakage into the Atlantic estimated with sub-surface floats and surface drifters. Deep-Sea Res. I 54, 1361 - 1389.

Richardson, P. L., 2008. On the history of meridional over-turning circulation schematic diagrams. Progr. Ocean-ogr. 76, 466 - 486.

Richardson, P. L., Bower, A. S., Zenk, W., 2000. A census of Meddies tracked by floats. Progr. Oceanogr. 45, 209 - 250.

Richardson, P. L., Cheney, R. E., Worthington, L. V., 1978. A census of Gulf Stream rings Spring 1975. J. Geophys. Res. 83, 6136 - 6144.

Richardson, P. L., Hufford, G., Limeburner, R., Brown, W., 1994. North Brazil Current retroflection eddies. J. Geo-phys. Res. 99, 5081 - 5093.

Richardson, P. L., Lutjeharms, J. R. E., Boebel, O., 2003. Introduction to the "Interocean exchange around Africa." Deep-Sea Res. II 50，1 - 12.

Richardson，P. L.，Mooney，K.，1975. The Mediterranean outflow — a simple advection-diffusion model. J. Phys. Oceanogr. 5，476 - 482.

Richardson，P. L.，Reverdin，G.，1987. Seasonal cycle of velocity in the Atlantic North Equatorial Countercurrent as measured by surface drifters，current meters，and ship drifts. J. Geophys. Res. 92，3691 - 3708.

Ridgway，K. R.，Condie，S. A.，2004. The 5500-km-long boundary flow off western and southern Australia. J. Geophys. Res. 109，C04017. doi：10. 1029/2003JC001921.

Ridgway，K. R.，Dunn，J. R.，2003. Mesoscale structure of the mean East Australian Current System and its relation-ship with topography. Progr. Oceanogr. 56，189 - 222.

Ridgway，K. R.，Dunn，J. R.，2007. Observational evidence for a Southern Hemisphere oceanic supergyre. Geophys. Res. Lett. 34 doi：10. 1029/2007GL030392.

Rigor，I. G.，Wallace，J. M.，Colony，R. L.，2002. Response of sea ice to the Arctic Oscillation. J. Clim. 15，2648 - 2663.

Rintoul，S. R.，1998. On the origin and influence of Adelie Land Bottom Water. In：Jacobs，S.，Weiss，R. (Eds.)，1998. Ocean，Ice，and Atmosphere：Interactions at the Antarctic Continental Margin. Antarctic Research Series 75，American Geophysical Union，Washington，pp. 151 - 171.

Rintoul，S. R.，Hughes，C. W.，Olbers，D.，2001. The Antarctic Circumpolar Current System. In：Siedler，G.，Church，J. (Eds.)，Ocean Circulation and Climate，International Geophysics Series. Academic Press，San Diego，CA，pp. 271 - 302.

Risien，C. M.，Chelton，D. B.，2008. A global climatology of surface wind and wind stress fields from eight years of QuikSCAT scatterometer data. J. Phys. Oceanogr. 38，2379 - 2413.

Roach，A. T.，Aagaard，K.，Pease，C. H.，Salo，S. A.，Weingartner，T.，Pavlov，V.，et al.，1995. Direct measurements of transport and water properties through the Bering Strait. J. Geophys. Res. 100，18443 - 18458.

Robbins，P. E.，Toole，J. M.，1997. The dissolved silica budget as a constraint on the meridional overturning circulation in the Indian Ocean. Deep-Sea Res. I 44，879 - 906.

Robinson，A. R.，Brink，K. H. (Eds.)，1998. The Sea，Vol. 11：The Global Coastal Ocean：Regional Studies and Syntheses. Harvard University Press，Cambridge，MA，1090 pp.

Robinson, A. R., Brink, K. H. (Eds.), 2005. The Sea, Vol. 13: The Global Coastal Ocean: Multiscale Interdisciplinary Studies. Harvard University Press, Cambridge, MA, 1033 pp.

Robinson, A. R., Brink, K. H. (Eds.), 2006. The Sea, Vol. 14A: The Global Coastal Ocean: Interdisciplinary Regional Studies and Syntheses. Harvard University Press, Cambridge, MA, 840 pp.

Robinson, A. R., Golnaraghi, M., Leslie, W. G., Artegiani, A., Hecht, A., Lazzoni, E., et al., 1991. The eastern Mediterranean general circulation: Features, structure and variability. Dynam. Atmos. Oceans 15, 215 – 240.

Robinson, I. S., 2004. Measuring the Oceans from Space: The Principles and Methods of Satellite Oceanography. Springer-Verlag, Chichester, UK, 669 pp.

Rochford, D. J., 1961. Hydrology of the Indian Ocean. 1. The water masses in intermediate depths of the southeast Indian Ocean. Aust. J. Mar. Fresh. Res. 12, 129 – 149.

Roden, G. I., 1975. On North Pacific temperature, salinity, sound velocity and density fronts and their relation to the wind and energy flux fields. J. Phys. Oceanogr. 5, 557 – 571.

Roden, G. I., 1991. Subarctic-subtropical transition zone of the North Pacific: Large-scale aspects and mesoscale structure. In: Wetherall, J. A. (Ed.), Biology, Oceanography and Fisheries of the North Pacific Transition Zone and the Subarctic Frontal Zone. NOAA Technical Report, 105, pp. 1 – 38.

Rodhe, J., 1998. The Baltic and North Seas: A process-oriented review of the physical oceanography. In: Robinson, A. R., Brink, K. H. (Eds.), The Sea, Vol. 11: The Global Coastal Ocean: Regional Studies and Syntheses. Harvard University Press, Boston, MA, pp. 699 – 732.

Rodhe, J., Tett, P., Wulff, F., 2006. The Baltic and North Seas: A regional review of some important physical-chemical-biological interaction processes. In: Robinson, A. R., Brink, K. H. (Eds.), The Sea, Vol. 14A: The Global Coastal Ocean: Interdisciplinary Regional Studies and Syntheses. Harvard University Press, Boston, MA, pp. 1033 – 1076.

Roemmich, D., Cornuelle, B., 1992. The Subtropical Mode Waters of the South Pacific Ocean. J. Phys. Oceanogr. 22, 1178 – 1187.

Roemmich, D., Gilson, J., Davis, R., Sutton, P., Wijffels, S., Riser, S., 2007. Decadal spin-up of the South Pacific subtropical gyre. J. Phys. Oceanogr. 37, 162 – 173.

Roemmich, D., Hautala, S., Rudnick, D., 1996. Northward abyssal transport through the Samoan passage and adjacent regions. J. Geophys. Res. 101,

14039 − 14055.

Roemmich，D.，Sutton，P.，1998. The mean and variability of ocean circulation past northern New Zealand: Determining the representativeness of hydrographic clima-tologies. J. Geophys. Res. 103，13041 − 13054.

Roemmich，D. L.，1983. Optimal estimation of hydrographic station data and derived fields. J. Phys. Oceanogr. 13，1544 − 1549.

Roemmich，D. L.，Gilson，J.，2009. The 2004 − 2008 mean and annual cycle of temperature，salinity，and steric height in the global ocean from the Argo Program. Progr. Ocean-ogr. 82，81 − 100.

Ronski，S.，Budéus，G.，2005a. How to identify winter convection in the Greenland Sea from hydrographic summer data. J. Geophys. Res. 110，C11010. doi: 10. 1029/ 2003JC002156.

Ronski，S.，Budéus，G.，2005b. Time series of winter convection in the Greenland Sea. J. Geophys. Res. 110，C04015. doi: 10. 1029/2004JC002318.

Ross，D. A.，1983. The Red Sea. In Estuaries and Enclosed Seas，Ed. B. H. Ketchum. Ecosystems of the World，26，Elsevier，293 − 307.

Rossby，T.，1996. The North Atlantic Current and surrounding waters: at the crossroads. Rev. Geophys. 34 (4)，463 − 481.

Rossby，T.，1999. On gyre interactions. Deep-Sea Res. II 46，139 − 164.

Rothrock，D.，Yu，Y.，Maykut，G.，1999. Thinning of the Arctic sea-ice cover. Geophys. Res. Lett. 26，3469 − 3472.

Rowe，E.，Mariano，A. J.，Ryan，E. H.，2010. The Antilles Current. Ocean Surface Currents. University of Miami，RSMAS，CIMAS. ＜ http: // oceancurrents. rsmas. miami. edu/atlantic/antilles. html ＞ (accessed 1. 10. 10).

Rudels，B.，1986. The outflow of polar water through the Arctic archipelago and the oceanographic conditions in Baffin Bay. Polar Res. 4，161 − 180.

Rudels，B.，2001. Arctic Basin circulation. In: Steele，J. H.，Thorpe，S. A.，Turekian，K. K. (Eds.)，Encyclopedia of Ocean Sciences. Elsevier Science Ltd.，Oxford，UK，pp. 177 − 187.

Rudels，B.，Anderson，L. G.，Eriksson，P.，Fahrbach，E.，Jakobsson，M.，Jones，E. P.，et al.，2011. ACSYS Chapter 4: Observations in the Ocean. In: Lemke，P.，Fichefet，T.，Dick，C. (Eds.)，Arctic Climate Change — The ACSYS Decade and Beyond. Springer-Verlag，Berlin in press.

Rudels，B.，Bjork，G.，Nilsson，J.，Winsor，P.，Lake，I.，Nohr，C.，2005. Interaction between waters from the Arctic Ocean the Nordic Seas north of Fram Strait and along the East Greenland Current: results from the Arctic Ocean-20 Oden expedition. J. Marine Sys. 55, 1-30.

Rudels, B., Friedrich, H. J., Quadfasel, D., 1999. The Arctic circumpolar boundary current. Deep-Sea Res. II 46, 1023-1062.

Rudnick, D. L., 1996. Intensive surveys of the Azores Front 2. Inferring the geostrophic and vertical velocity fields. J. Geophys. Res. 101, 16291-16303.

Rudnick, D. L., 1997. Direct velocity measurements in the Samoan Passage. J. Geophys. Res. 102, 3293-3302.

Rudnick, D. L., 2008. SIO 221B: Analysis of physical ocean-ographic data. < http: //chowder. ucsd. edu/Rudnick/ SIO_221B. html> (accessed 4. 14. 09).

Rudnick, D. L., Boyd, T. J., Brainard, R. E., Carter, G. S., Egbert, G. D., Gregg, M. C., et al., 2003. From tides to mixing along the Hawaiian Ridge. Science 301, 355-357.

Rydevik, D., 2004. A picture of the 2004 tsunami in Ao Nang, Thailand. Wikipedia OTRS system. < http: //en. wikipedia. org/wiki/File: 2004-tsunami. jpg#file> (accessed 9. 22. 05).

Sabine, C. L., Feely, R. A., Gruber, N., Key, R. M., Lee, K., Bullister, J. L., et al., 2004. The oceanic sink for anthropogenic CO_2. Science 305, 367-371.

Saji, N. H., Goswami, B. N., Vinayachandran, P. N., Yamagata, T., 1999. A dipole mode in the tropical Indian Ocean. Nature 401, 360-363.

Salmon, R., 1998. Lectures on Geophysical Fluid Dynamics. Oxford University Press, New York, 378 pp.

Sandström, J., 1908. Dynamische Versuche mit Meerwasser. Annalen der Hydrographie und Maritimen Meteor-ologie, 6-23 (in German).

Sankey, T., 1973. The formation of deep water in the North-western Mediterranean. Progr. Oceanogr. 6, 159-179.

Savchenko, V. G., Emery, W. J., Vladimirov, O. A., 1978. A cyclonic eddy in the Antarctic Circumpolar Current south of Australia: results of Soviet-American observations aboard the R/V Professor Zubov. J. Phys. Oceanogr. 8, 825-837.

Scambos, T., Haran, T., Fahnestock, M., Painter, T., Bohlander., J., 2007. MODIS-based Mosaic of Antarctica (MOA) data sets: Continent-wide surface morphology and snow grain size. Remote Sens. Environ. 111, 242-257.

Scambos, T., Hulbe, C., Fahnestock, M., Bohlander, J., 2000. The link between climate warming and break-up of ice shelves in the Antarctic Peninsula. J. Glaciol. 46, 516-530.

Schauer, U., Rudels, B., Jones, E. P., Anderson, L. G., Muench, R.

D.，Björk，G.，et al.，2002. Confluence and redistribution of Atlantic water in the Nansen，Amundsen and Makarov basins. Ann. Geophys. 20，257 − 273.

Schlichtholz，P.，Houssais，M. -H.，2002. An overview of the theta-S correlations in Fram Strait based on the MIZEX 84 data. Oceanologia 44，243 − 272.

Schlitzer，R.，Roether，W.，Oster，H.，Junghans，H. -G.，Hausmann，M.，Johannsen，H.，et al.，1991. Chlorofluo-romethane and oxygen in the Eastern Mediterranean. Deep-Sea Res. 38，1531 − 1551.

Schlosser，P.，co-authors，1997. The first trans-Arctic 14C section：Comparison of the mean ages of the deep waters in the Eurasian and Canadian basins of the Arctic Ocean. Nucl. Instrum. Methods 123B，431 − 437.

Schmitt，R. W.，1981. Form of the temperature-salinity relationship in the Central Water：Evidence for double-diffusive mixing. J. Phys. Oceanogr. 11，1015 − 1026.

Schmitt，R. W.，Perkins，H.，Boyd，J. D.，Stalcup，M. C.，1987. C-SALT：An investigation of the thermohaline staircase in the western tropical North Atlantic. Deep-Sea Res. 34，1655 − 1665.

Schmitz，W. J.，1995. On the interbasin-scale thermohaline circulation. Rev. Geophys. 33，151 − 173.

Schmitz，W. J.，1996a. On the eddy field in the Agulhas Retroflection，with some global considerations. J. Geo-phys. Res. 101，16259 − 16271.

Schmitz，W. J.，1996b. On the World Ocean Circulation：Volume I：Some global features/North Atlantic circula-tion. Woods Hole Oceanographic Institution Technical Report，WHOI-96 − 03，Woods Hole，MA，141 pp.

Schneider，N.，1998. The Indonesian throughflow and the global climate system. J. Clim. 11，676 − 689.

Schneider，N.，Cornuelle，B. D.，2005. The forcing of the Pacific Decadal Oscillation. J. Clim. 18，4355 − 4373.

Schott，F. A.，Brandt，P.，2007. Circulation and deep water export of the subpolar North Atlantic during the 1990s. Geophys. Monogr. Ser. 173，91 − 118. doi：10. 1029/ 173GM08.

Schott，F. A.，Dengler，M.，Brandt，P.，Affler，K.，Fischer，J.，Bourlès，B.，et al.，2003. The zonal currents and transports at 35°W in the tropical Atlantic. Geophys. Res. Lett. 30，1349. doi：10. 1029/2002GL016849.

Schott，F. A.，Dengler，M.，Schoenefeldt，R.，2002. The shallow overturning circulation of the Indian Ocean. Progr. Oceanogr. 53，57 − 103.

Schott，F. A.，McCreary Jr.，J.，2001. The monsoon circulation of the Indian Ocean. Progr. Oceanogr. 51，1 − 123.

Schott, F. A., McCreary, J. P., Johnson, G. A., 2004. Shallow overturning circulations of the tropical-subtropical oceans. In Earth's Climate: The Ocean-Atmosphere Interaction. AGU Geophy. Monogr. Ser. 147, 261–304.

Schott, F. A., Stramma, L., Giese, B. S., Zantopp, R., 2009. Labrador Sea convection and subpolar North Atlantic Deep Water export in the SODA assimilation model. Deep-Sea Res. I 56, 926–938.

Schott, F. A., Zantopp, R., Stramma, L., Dengler, M., Fischer, J., Wibaux, M., 2004. Circulation and deep water export at the western exit of the subpolar North Atlantic. J. Phys. Oceanogr. 34, 817–843.

Schröder, M., Fahrbach, E., 1999. On the structure and the transport of the eastern Weddell Gyre. Deep-Sea Res. 46, 501–527.

Schwing, F. B., O' Farrell, M., Steger, J., Baltz, K., K., 1996. Coastal Upwelling Indices, West coast of North America, 1946–1995. U. S. Dept. of Commerce, NOAA Tech. Memo. NOAA-TM-NMFS-SWFC-231, 207.

Sclater, J., Parsons, B., Jaupart, C., 1981. Oceans and continents: similarities and differences in the mechanisms of heat loss. J. Geophys. Res. 86, 11535–11552.

SeaWiFS Project, 2009. SeaWiFS captures El Nino-La Nina transitions in the equatorial Pacific. NASA Goddard Space Flight Center. <http://oceancolor.gsfc.nasa.gov/SeaWiFS/BACKGROUND/Gallery/pac_elnino.jpg> (accessed 3.26.09).

Seibold, E., Berger, W. H., 1982. The Sea Floor. Springer Verlag, Berlin, 356 pp.

Sekine, Y., 1999. Anomalous southward intrusions of the Oyashio east of Japan 2. Two-layer numerical model. J. Geophys. Res. 104, 3049–3058.

Serreze, M. C., Holland, M. M., Stroeve, J., 2007. Perspectives on the Arctic's shrinking sea-ice cover. Science 16, 1533–1536.

Shaffer, G., Salinas, S., Pizarro, O., Vega, A., Hormazabal, S., 1995. Currents in the deep ocean off Chile (30 S). Deep-Sea Res. I 42, 425–436.

Shcherbina, A., Talley, L. D., Rudnick, D. L., 2003. Direct observations of brine rejection at the source of North Pacific Intermediate Water in the Okhotsk Sea. Science 302, 1952–1955.

Shcherbina, A., Talley, L. D., Rudnick, D. L., 2004. Dense water formation on the northwestern shelf of the Okhotsk Sea: 1. Direct observations of brine rejection. J Geophys. Res. 109, C09S08. doi: 10.1029/2003JC002196.

Shell, K. M., Frouin, R., Nakamoto, S., Somerville, R. C. J., 2003. Atmospheric response to solar radiation absorbed by phytoplankton. J. Geophys.

Res. 108 (D15), 4445. doi: 10. 1029/2003JD003440.

Shillington, F. A., 1998. The Benguela upwelling system off southwestern Africa. In: Robinson, A. R., Brink, K. H. (Eds.), The Sea, Vol. 11: The Global Coastal Ocean: Regional Studies and Syntheses. Harvard University Press, Boston, MA, pp. 583 - 604.

Shimada, K., Kamoshida, T., Itoh, M., Nishino, S., Carmack, E. C., McLaughlin, F., et al., 2006. Pacific Ocean Inflow: influence on catastrophic reduction of sea ice cover in the Arctic Ocean. Geophys. Res. Lett. 33, L08605. doi: 10. 1029/2005GL025624.

Shinoda, T., Kiladis, G. N., Roundy, P. E., 2009. Statistical representation of equatorial waves and tropical insta-bility waves in the Pacific Ocean. Atmos. Res. 94, 37 - 44.

Shoosmith, D. R., Richardson, P. L., Bower, A. S., Rossby, H. T., 2005. Discrete eddies in the northern North Atlantic as observed by looping RAFOS floats. Deep-Sea Res. II 52, 627 - 650.

Shuckburgh, E., Jones, H., Marshall, J., Hill, C., 2009. Understanding the regional variability of eddy diffusivity in the Pacific sector of the Southern Ocean. J. Phys. Oceanogr. 39, 2011 - 2023.

Siedler, G., Church, J., Gould, J., 2001. Ocean Circulation and Climate: Observing and Modelling the Global Ocean. AP International Geophysics Series Vol. 77, 715 pp.

Siedler, G., Kuhl, A., Zenk, W., 1987. The Madeira Mode Water. J. Phys. Oceanogr. 17, 1561 - 1570.

Siedler, G., Zanbenberg, N., Onken, R., Morlière, A., 1992. Seasonal changes in the tropical Atlantic circulation: Observation and simulation of the Guinea Dome. J. Geophys. Res. 97, 703 - 715.

Sievers, H., Emery, W., 1978. Variability of the Antarctic Polar Frontal Zone in the Drake Passage — Summer 1976 - 1977. J. Geophys. Res. 83, 3010 - 3022.

Simpson, J. H., 1998. Tidal processes in shelf seas. In: Brink, K. H., Robinson, A. R. (Eds.), The Sea, Vol. 10: The Global Coastal Ocean: Processes and Methods. Harvard University Press, Boston, MA, pp. 113 - 150.

Simpson, J. J., Koblinsky, C. J., Peláez, J., Haury, L. R., Wiesenhahn, D., 1986. Temperature — plant pigment — optical relations in a recurrent offshore mesoscale eddy near Point Conception, California. J. Geophys. Res. 91, 12919 - 12936.

SIO, 2008. SRTM30_plus, Satellite Geodesy, Scripps Institution of Oceanography. University of California San Diego. <http: //topex. ucsd. edu/WWW_

html/srtm30_plus. html> (accessed 9. 24. 08).

Sloyan, B. M., Rintoul, S. R., 2001. The Southern Ocean limb of the global deep overturning circulation. J. Phys. Oceanogr. 31, 143 - 173.

Smethie, W. M., Fine, R. A., 2001. Rates of North Atlantic Deep Water formation calculated from chlorofluoro-carbon inventories. Deep-Sea Res. I 48, 189 - 215.

Smith, J. A., 2001. Observations and theories of Langmuir circulation: a story of mixing. In: Lumley, J. L. (Ed.), Fluid Mechanics and the Environment: Dynamical Approaches. Springer, New York, pp. 295 - 314.

Smith, R. D., Maltrud, M. E., Bryan, F. O., Hecht, M. W., 2000. Numerical simulation of the North Atlantic Ocean at 1/10. J. Phys. Oceanogr. 30, 1532 - 1561.

Smith, R. L., Huyer, A., Godfrey, J. S., Church, J. A., 1991. The Leeuwin Current off Western Australia, 1986 - 1987. J. Phys. Oceanogr. 21, 323 - 345.

Smith, S. D., 1988. Coefficients for sea surface wind stress, heat flux, and wind profiles as a function of wind speed and temperature. J. Geophys. Res. 93, 15467 - 15472.

Smith, S. D., Muench, R. D., Pease, C. H., 1990. Polynyas and leads: An overview of physical processes and environment. J. Geophys. Res. 95, 9461 - 9479.

Smith, W. H. F., Sandwell, D. T., 1997. Global seafloor topography from satellite altimetry and ship depth soundings. Science 277, 1957 - 1962.

Smith, W. H. F., Scharroo, R., Titov, V. V., Arcas, D., Arbic, B. K., 2005. Satellite altimeters measure tsunami. Oceanography 18, 10 - 12.

Sofianos, S. S., Johns, W. E., 2003. An Oceanic General Circulation Model (OGCM) investigation of the Red Sea circulation: 2. Three-dimensional circulation in the Red Sea. J. Geoph. Res. 108, 3066. doi: 10, 1029/200IJC001185.

Sokolov, S., Rintoul, S. R., 2002. Structure of Southern Ocean fronts at 140 E. J. Marine Syst. 37, 151 - 184.

Song, Q., Vecchi, G. A., Rosati, A. J., 2007. The role of the Indonesian Throughflow in the Indo-Pacific climate variability in the GFDL coupled climate model. J. Clim. 20, 2434 - 2451.

Sosik, H., 2003. Patterns and scales of variability in the optical properties of Georges Bank waters, with special reference to phytoplankton biomass and production. H. Sosik, Woods Hole Oceanographic Institution. <http: //www. whoi. edu/science/B/sosiklab/gbgom. htm> (accessed 3. 29. 08).

Spadone, A., Provost, C., 2009. Variations in the Malvinas Current volume

transport since October 1992. J. Geo-phys. Res. 114, C02002. doi:
10. 1029/2008JC004882.

Spall, M. A., Richardson, P. L., Price, J., 1993. Advection and eddy mix-
ing in the Mediterranean salt tongue. J. Marine Res. 51, 797－818.

Speer, K., Rintoul, S. R., Sloyan, B., 2000. The diabatic Deacon cell. J.
Phys. Oceanogr. 30, 3212－3222.

Speich, S., Blanke, B., de Vries, P., Drijfhout, S., Doos, K., Ganachaud,
A., et al., 2002. Tasman leakage: A new route in the global ocean conveyor
belt. Geophys. Res. Lett. 29, 1416. doi: 10. 1029/2001GL014586.

Spiess, F., 1928. Die Meteor Fahrt: Forschungen und Erlebnisse der Deutschen
Atlantischen Expedition, 1925－1927. Verlag von Dietrich Reimer, Berlin, 376
pp. (in German, English translation Emery, W. J., Amerind Publishing Co.
Pvt. Ltd., New Delhi, 1985).

Stabeno, P. J., Reed, R. K., 1995. Circulation in the Bering Sea basin ob-
served by satellite-tracked drifters: 1986－1993. J. Phys. Oceanogr. 24, 848－
854.

Stammer, D., 1997. Global characteristics of ocean variability estimated from re-
gional TOPEX/POSEIDON altimeter measurements. J. Phys. Oceanogr. 27,
1743－1769.

Stammer, D., 1998. On eddy characteristics, eddy transports, and mean flow
properties. J. Phys. Oceanogr. 28, 727－739.

Stammer, D., Wunsch, C., 1999. Temporal changes in eddy energy of the o-
ceans. Deep-Sea Res. 46, 77－108.

Stammer, D., Wunsch, C., Ponte, R. M., 2000. De-aliasing of global high
frequency barotropic motions in altimeter observations. Geophys. Res. Lett.
27, 1175－1178.

Steele, M., Morison, J., Ermold, W., Rigor, I., Ortmeyer, M., Shimada,
K., 2004. Circulation of summer Pacific halocline water in the Arctic Ocean. J.
Geophys. Res. 109, C02027. doi: 10. 1029/2003JC002009.

Steger, J. M., Carton, J. A., 1991. Long waves and eddies in the tropical At-
lantic Ocean: 1984－1990. J. Geophys. Res. 96, 15161－15171.

Stewart, R. H., 2008. Introduction to Physical Oceanography. Open-source
textbook. ＜http: //oceanworld. tamu. edu/ ocean410/ocng410_text_book.
html＞ (accessed 3. 28. 09).

Stocker, T. F., Marchal, O., 2000. Abrupt climate change in the computer: Is
it real? Proc. Natl. Acad. Sci. USA 971, 1362－1365.

Stommel, H., 1948. The westward intensification of wind-driven currents.

Trans. Am. Geophys. Union 29, 202 – 206.

Stommel, H. M., 1958. The abyssal circulation. Deep-Sea Res. 5, 80 – 82.

Stommel, H. M., 1961. Thermohaline convection with two stable regimes of flow. Tellus 13, 224 – 230.

Stommel, H. M., 1965. The Gulf Stream: A Physical and Dynamical Description, second ed. University of California Press, Berkeley, and Cambridge University Press, London, 248 pp.

Stommel, H. M., 1979. Determination of water mass properties of water pumped down from the Ekman layer to the geostrophic flow below. Proc. Nat. Acad. Sci. USA 76, 3051 – 3055.

Stommel, H. M., Arons, A., 1960a. On the abyssal circulation of the World Ocean — I. Stationary planetary flow patterns on a sphere. Deep-Sea Res. 6, 140 – 154.

Stommel, H. M., Arons, A., 1960b. On the abyssal circulation of the World Ocean — II. An idealized model of the circulation pattern and amplitude in oceanic basins. Deep-Sea Res. 6, 217 – 233.

Stommel, H. M., Arons, A., Faller, A., 1958. Some examples of stationary planetary flow patterns in bounded basins. Tellus 10, 179 – 187.

Stommel, H. M., Niiler, P. P., Anati, D., 1978. Dynamic topography and recirculation of the North Atlantic. J. Marine Res. 36, 449 – 468.

Stone, B., 1914. Map of track of the 'Endurance' in Weddell Sea. Royal Geographical Society. <http: //images. rgs. org/ imageDetails. aspx? barcode1/ 4 27820> (accessed 10. 15. 06).

Stramma, L., Cornillon, P., Woller, R. A., Price, J. F., Briscoe, M. G., 1986. Large diurnal sea surface temperature variability: satellite and in situ measurements. J. Phys. Oceanogr. 16, 827 – 837.

Stramma, L., Ikeda, Y., Peterson, R. G., 1990. Geostrophic transport in the Brazil Current region north of 20 S. Deep-Sea Res. 37, 1875 – 1886.

Stramma, L., Johnson, G. C., Sprintall, J., Mohrholz, V., 2008. Expanding oxygen minimum zones in the tropical oceans. Science 320, 655 – 658.

Stramma, L., Kieke, D., Rhein, M., Schott, F., Yashayaev, I., Koltermann, K. P., 2004. Deep water changes at the western boundary of the subpolar North Atlantic during 1996 to 2001. Deep-Sea Res. I 51, 1033 – 1056.

Stramma, L., Lutjeharms, J. R. E., 1997. The flow field of the subtropical gyre of the South Indian Ocean. J. Geophys. Res. 102, 5513 – 5530.

Stramma, L., Peterson, R. G., 1990. The South Atlantic Current. J. Phys. Oceanogr. 20, 846 – 859.

Stramma，L.，Peterson，R. G.，Tomczak，M.，1995. The South Pacific Current. J. Phys. Oceanogr. 25，77－91.

Stramma，L.，Schott，F.，1999. The mean flow field of the tropical Atlantic Ocean. Deep-Sea Res. II 46，279－303.

Stramski，D.，Reynolds，R. A.，Babin，M.，Kaczmarek，S.，Lewis，M. R.，Röttgers，R.，et al.，2008. Relationships between the surface concentration of particulate organic carbon and optical properties in the eastern South Pacific and eastern Atlantic Oceans. Biogeosciences 5，171－201.

Straneo，F.，Saucier，F.，2008. The outflow from Hudson Strait and its contribution to the Labrador Current. Deep-Sea Res. I 55，926－946.

Strub，P. T.，James，C.，2000. Altimeter-derived variability of surface velocities in the California Current System：2. Seasonal circulation and eddy statistics. Deep-Sea Res. II 47，831－870.

Strub，P. T.，James，C.，2009. Altimeter-derived circulation in the California Current. College of Oceanic and Atmo-spheric Sciences. Oregon State University. ＜http：// www. coas. oregonstate. edu/research/po/research/strub/ index. html＞ (accessed 4.2.09).

Strub，P. T.，Kosro，P. M.，Huyer，A.，Brink，K. H.，Hayward，T. L.，Niiler，P. P.，et al.，1991. The nature of cold filaments in the California current system. J. Geophys. Res. 96，14743－14769.

Strub，P. T.，Mesias，J. M.，Montecino，V.，Ruttlant，J.，Salinas，S.，1998. Coastal ocean circulation off western South America. In：Robinson，A. R.，Brink，K. H. (Eds.)，The Sea，Vol. 11：The Global Coastal Ocean — Regional Studies and Syntheses. Wiley，New York，pp. 273－313.

Sundby，S.，Drinkwater，K.，2007. On the mechanisms behind salinity anomaly signals of the northern North Atlantic. Progr. Oceanogr. 73，190－202.

Sutton，R. T.，Jewson，S. P.，Rowell，D. P.，2000. The elements of climate variability in the tropical Atlantic region. J. Clim. 13，3261－3284.

Sverdrup，H. U.，1947. Wind-driven currents in a baroclinic ocean. Proc. Nat. Acad. Sci. USA 33，318－326.

Sverdrup，H. U.，Johnson，M. W.，Fleming，R. H.，1942. The Oceans：Their Physics，Chemistry and General Biology. Prentice Hall Inc.，Englewood Cliffs，NJ，1057 pp.

Swallow，J. C.，Bruce，J. C.，1966. Current measurements off the Somali coast during the southwest monsoon of 1964. Deep-Sea Res. 13，861－888.

Swallow，J. C.，Worthington，L. V.，1961. An observation of a deep counter-current in the western North Atlantic. Deep-Sea Res. 8，1－19.

Swift, J. H., 1986. The Arctic Waters. In: Hurdle, B. (Ed.), The Nordic Seas. Springer-Verlag, New York, pp. 129 – 154.

Swift, J. H., Aagaard, K., 1981. Seasonal transitions and water mass formation in the Iceland and Greenland seas. Deep-Sea Res. 28, 1107 – 1129.

Swift, J. H., Aagaard, K., Timokhov, L., Nikiforov., E. G., 2005. Long-term variability of Arctic Ocean Waters: Evidence from a reanalysis of the EWG data set. J. Geophys. Res. 110, C03012. doi: 10. 1029/2004JC002312.

Swift, J. H., Jones, E. P., Aagaard, K., Carmack, E. C., Hingston, M., Macdonald, R. W., et al., 1997. Waters of the Makarov and Canada basins. Deep-Sea Res. II 44, 1503 – 1529.

Swift, S. A., Bower, A. S., 2003. Formation and circulation of dense water in the Persian/Arabian Gulf. J. Geophys. Res. 108 (C10) doi: 10. 1029/2002JC001360.

TAO Project Office, 2009a. TAO/TRITON data display and delivery. NOAA Pacific Marine Environmental Labora-tory. <http: //www. pmel. noaa. gov/tao/disdel/disdel. html> (accessed 3. 27. 09).

TAO Project Office, 2009b. TAO Climatologies. NOAA Pacific Marine Environmental Laboratory. <http: //www. pmel. noaa. gov/tao/clim/clim. html> (accessed 7. 5. 09).

Tabata, S., 1982. The anti-cyclonic, baroclinic eddy off Sitka Alaska, in the northeast Pacific Ocean. J. Phys. Oceanogr. 12, 1260 – 1282.

Talley, L. D., 1991. An Okhotsk Sea anomaly: Implication for ventilation in the North Pacific. Deep-Sea Res. 38 (Suppl.), S171 – S190.

Talley, L. D., 1993. Distribution and formation of North Pacific Intermediate Water. J. Phys. Oceanogr. 23, 517 – 537.

Talley, L. D., 1996a. Antarctic Intermediate Water in the South Atlantic. In: Wefer, G., Berger, W. H., Siedler, G., Webb, D. (Eds.), The South Atlantic: Present and Past Circulation. Springer-Verlag, New York, pp. 219 – 238.

Talley, L. D., 1996b. North Atlantic circulation and variability, reviewed for the CNLS conference. Physica D 98, 625 – 646.

Talley, L. D., 1999. Some aspects of ocean heat transport by the shallow, intermediate and deep overturning circulations. In: Clark, P. U., Webb, R. S., Keigwin, L. D. (Eds.), Mechanisms of Global Climate Change at Millennial Time Scales, Geophys. Mono. Ser. 112, American Geophysical Union, pp. 1 – 22.

Talley, L. D., 2003. Shallow, intermediate, and deep over-turning components of the global heat budget. J. Phys. Oceanogr. 33, 530 – 560.

Talley，L. D.，2007. Hydrographic Atlas of the World Ocean Circulation Experi-ment（WOCE）. Volume 2：Pacific Ocean. In：Sparrow，M.，Chapman，P.，Gould，J.（Eds.）. International WOCE Project Office，Southampton，UK IS-BN 0 − 904175 − 54 − 5.

Talley，L. D.，2008. Freshwater transport estimates and the global overturning circulation：Shallow，deep and throughflow components. Progr. Oceanogr. 78，257 − 303. doi：10.1016/j. pocean. 2008.05.001.

Talley，L. D.，2011a. Hydrographic Atlas of the World Ocean Circulation Ex-periment（WOCE）. vol 3：Indian Ocean. In：Sparrow，M.，Chapman，P.，Gould，J.（Eds.）. International WOCE Project Office，Southampton，U. K. <http：// www-pord. ucsd. edu/whp_atlas/indian_index. htm> Online ver-sion（accessed 4.20.09）.

Talley，L. D.，2011b. Schematics of the global overturning circulation. In prep-aration.

Talley，L. D.，Johnson，G. C.，1994. Deep，zonal subequatorial jets. Science 263，1125 − 1128.

Talley，L. D.，Joyce，T. M.，1992. The double silica maximum in the North Pacific. J. Geophys. Res. 97，5465 − 5480.

Talley，L. D.，McCartney，M. S.，1982. Distribution and circulation of Labra-dor Sea Water. J. Phys. Oceanogr. 12，1189 − 1205.

Talley，L. D.，Min，D. -H.，Lobanov，V. B.，Luchin，V. A.，Ponomar-ev，V. I.，Salyuk，A. N.，et al.，2006. Japan/East Sea water masses and their relation to the sea's circulation. Oceanography 19，33 − 49.

Talley，L. D.，Nagata，Y.，1995. The Okhotsk Sea and Oyashio Region. PICES Scientific Report，2. North Pacific Marine Science Organization（PICES），Sidney，B. C.，Canada，227 pp.

Talley，L. D.，Sprintall，J.，2005. Deep expression of the Indonesian Through-flow：Indonesian Intermediate Water in the South Equatorial Current. J. Geo-phys. Res. 110，C10009. doi：10.1029/2004JC002826.

Talley，L. D.，Tishchenko，P.，Luchin，V.，Nedashkovskiy，A.，Sagalaev，S.，Kang，D. -J.，et al.，2004. Atlas of Japan（East）Sea hydrographic prop-erties in summer，1999. Progr. Oceanogr. 61，277 − 348.

Talley，L. D.，Yun，J. -Y.，2001. The role of cabbeling and double diffusion in setting the density of the North Pacific Intermediate Water salinity minimum. J. Phys. Oceanogr. 31，1538 − 1549.

Tamura，T.，Ohshima，K. I.，Nihashi，S.，2008. Mapping of sea ice produc-tion for Antarctic coastal polynyas. Geophys. Res. Lett. 35，L07606. do：

10.1029/2007GL032903.

Tanhua, T., Olsson, K. A., Jeansson, E., 2005. Formation of Demark Strait over-flow water and its hydro-chemical composition. J. Marine Sys. 57, 264–288.

Taylor, P. K. (Ed.), 2000. Intercomparison and validation of ocean-atmosphere energy flux fields — Final report of the Joint WCRP/SCOR Working Group on Air-Sea Fluxes. WCRP-112, WMO-TD-1036, 306 pp.

Teague, W. J., Ko, D. S., Jacobs, G. A., Perkins, H. T., Book, J. W., Smith, S. R., et al., 2006. Currents through the Korea/Tsushima Strait. Oceanography 19, 50–63.

Thompson, D. W. J., Solomon, S., 2002. Interpretation of recent southern hemisphere climate change. Science 296, 895–899.

Thompson, D. W. J., Wallace, J. M., 1998. The Arctic-Oscillation signature in the wintertime geopotential height and temperature fields. Geophys. Res. Lett. 25, 1297–1300.

Thompson, D. W. J., Wallace, J. M., 2000. Annular modes in the extratropical circulation. Part I: Month-to-month variability. J. Clim. 13, 1000–1016.

Thompson, S. L., Warren, S. G., 1982. Parameterization of outgoing infrared radiation derived from detailed radiative calculations. J. Atmos. Sci. 39, 2667–2680.

Thomson, J., Elgar, S., Herbers, T. H. C., 2005. Reflection and tunneling of ocean waves observed at a submarine canyon. Geophys. Res. Lett. 32, L10602. doi: 10.1029/2005GL022834.

Thorpe, S. A., 2004. Langmuir circulation. Annu. Rev. Fluid Mech. 36, 55–79. doi: 10.1146/annurev. fluid. 36.052203.071431.

Thoulet, J., Chevallier, A., 1889. Sur la chaleur spécifique de l'eau de mer a divers degres de dilution et de concen-tration. C. R. Acad. Sci. 108, 794–796 (in French).

Thurman, H. V., Trujillo, A. P., 2002. Essentials of Oceanography, 7th ed. Prentice Hall, NJ, 524 pp.

Timmermans, M. L., Garrett, C., 2006. Evolution of the deep water in the Canadian Basin in the Arctic Ocean. J. Phys. Oceanogr. 36, 866–874.

Timmermans, M. L., Garrett, C., Carmack, E., 2003. The thermohaline structure and evolution of the deep waters in the Canada Basin, Arctic Ocean. Deep-Sea Res. I 50, 1305–1321.

Titov, V., Rabinovich, A. B., Mofjeld, H. O., Thomson, R. E., Gonzalez, F. I., 2005. The global reach of the 26 December 2004 Sumatra tsunami. Science 309, 2045–2048.

Tomczak, M., 1981. A multiparameter extension of temperature/salinity diagram techniques for the analysis of non-isopycnal mixing. Progr. Oceanogr. 10，147－171.

Tomczak，M.，2000，2002. Shelf and Coastal Oceanography. Open-source text-book. ＜http：//www. es. flinders. edu. au/ ～ mattom/ShelfCoast/index. html＞（accessed 3. 28. 09）.

Tomczak，M.，Godfrey，J. S.，1994. Regional Oceanography：An Introduc-tion. Pergamon Press，Oxford，UK，422 pp.

Tomczak，M.，Godfrey，J. S.，2003. Regional Oceanography：An Introduc-tion，second ed. Daya Publications，Delhi，390 pp.，ISBN：8170353068. （Online，open source version at. ＜http：//www. es. flinders. edu. au/～ mattom/regoc/ pdfversion. html＞.

Tomczak，M.，Large，D.，1989. Optimum multiparameter analysis of mixing in the thermocline of the eastern Indian Ocean. J. Geophys. Res. 94，16141－16149.

Toole，J. M.，Millard，R. C.，Wang，Z.，Pu，S.，1990. Observations of the Pacific North Equatorial Current bifurcation at the Philippine coast. J. Phys. Oceanogr. 20，307－318.

Toole，J. M.，Warren，B. A.，1993. A hydrographic section across the sub-tropical South Indian Ocean. Deep-Sea Res. I 40，1973－2019.

Tourre，Y. M.，White，W. B.，1995. ENSO Signals in global upper-ocean tem-perature. J. Phys. Oceanogr. 25，1317－1332.

Tourre，Y. M.，White，W. B.，1997. Evolution of the ENSO signal over the Indo-Pacific domain. J. Phys. Oceanogr. 27，683－696.

Treguier，A. M.，2006. Ocean models. In：Chassignet，E. P.，Verron，J. （Eds.），Ocean Weather Forecasting：An Integrated view of Oceanography. Springer，The Netherlands. Trenberth，K. E.，Caron，J. M.，2001. Esti-mates of meridional atmosphere and ocean heat transports. J. Clim. 14，3433－3443.

Trenberth，K. E.，Hurrell，J. W.，1994. Decadal atmosphere-ocean variations in the Pacific. Clim. Dyn. 9，303－319.

Trenberth，K. E.，Jones，P. D.，Ambenje，P.，Bojariu，R.，Easterling， D.，Klein Tank，A.，et al.，2007. Observations：Surface and Atmospheric Climate Change. In：Solomon，S.，Qin，D.，Manning，M.，Chen，Z.， Marquis，M.，Averyt，K. B.，et al. （Eds.），Climate Change 2007：The Physical Science Basis. Contribution of Working Group I to the Fourth Assess-ment Report of the Intergovernmental Panel Climate Change. Cambridge Uni-versity Press，Cambridge，UK and New York.

Tsuchiya，M.，1975. Subsurface countercurrents in the eastern equatorial Pacific Ocean. J. Mar. Res. 33 (Suppl)，145－175.

Tsuchiya，M.，1981. The origin of the Pacific equatorial 13 C water. J. Phys. Oceanogr. 11，794－812.

Tsuchiya，M.，1989. Circulation of the Antarctic Intermediate Water in the North Atlantic Ocean. J. Mar. Res. 47，747－755.

Tsuchiya，M.，Talley，L. D.，McCartney，M. S.，1992. An eastern Atlantic section from Iceland southward across the equator. Deep-Sea Res. 39，1885－1917.

Tsuchiya，M.，Talley，L. D.，McCartney，M. S.，1994. Water mass distributions in the western Atlantic: A section from South Georgia Island (54S) northward across the equator. J. Mar. Res. 52，55－81.

Tully，J. P.，1949. Oceanography and prediction of pulp-mill pollution in Alberni Inlet. Fish. Res. Bd. Can.，Bulletin 83，169 pp.

UCT Oceanography Department，2009. Monthly sea surface temperature (SST) composites. Marine remote sensing unit at the Department of Oceanography. University of Cape Town. <http://www.sea.uct.ac.za/projects/remsense/index.php> (accessed 6.9.09).

UNESCO，1981. The Practical Salinity Scale 1978 and the International Equation of State of Seawater 1980. Tech. Paper Mar.，Sci. 36，25 pp.

UNESCO，1983. Algorithms for computation of fundamental properties of seawater. Tech. Paper Mar.，Sci. 44，53 pp.

UNESCO，1987. International oceanographic tables. Tech. Paper Mar.，Sci. 40，196 pp.

Urick，R. J.，1983. Principles of Underwater Sound，3rd ed. McGraw-Hill，New York，423 pp.

Vallis，G. K.，2006. Atmospheric and Oceanic Fluid Dynamics: Fundamentals and Large-scale Circulation. Cambridge University Press，Cambridge，UK，745 pp.

van Aken，H. M.，2000. The hydrography of the mid-latitude northeast Atlantic Ocean I: The deep water masses. Deep-Sea Res. I 47，757－788.

van Aken，H. M.，van Veldhoven，A. K.，Veth，C.，de Ruijter，W. P. M.，van Leeuwen，P. J.，Drijfhout，S. S.，et al.，2003. Observations of a young Agulhas ring，Astrid，during MARE in March 2000. Deep-Sea Res. II 50，167－195.

Van der Vaart，P. C. F.，Dijkstra，H. A.，Jin，F. F.，2000. The Pacific cold tongue and the ENSO mode: A unified theory within the Zebiak-Cane model. J. Atmos. Sci. 57，967－988.

Van Dorn，W. G.，1993. Oceanography and Seamanship，second ed. Dodd，

Mead Publishers, New York, 440 pp.

VanScoy, K. A., Druffel, E. R. M., 1993. Ventilation and transport of ther-mocline and intermediate waters in the northeast Pacific during recent El Ninos. J. Geophys. Res. 98, 18083 – 18088.

Vellinga, M., Wood, R. A., 2002. Global climatic impacts of a collapse of the Atlantic thermohaline circulation. Climatic Change 43, 251 – 267.

Venegas, R. M., Strub, P. T., Beier, E., Letelier, R., Thomas, A. C., Cowles, T., et al., 2008. Satellite-derived variability in chlorophyll, wind stress, sea surface height, and temperature in the northern California Current System. J. Geophys. Res. 113, C03015. doi: 10. 1029/2007JC004481.

Veronis, G., 1966. Wind-driven ocean circulationpart II. Numerical solution of the nonlinear problem. Deep-Sea Res. 13, 30 – 55.

Vialard, J., Menkes, C., Anderson, D. L. T., Balmaseda, M. A., 2003. Sensitivity of Pacific Ocean tropical instability waves to initial conditions. J. Phys. Oceanogr. 33, 105 – 121.

Visbeck, M., 2002. The ocean's role in climate variability. Science 297, 2223 – 2224.

Visbeck, M., Chassignet, E. P., Curry, R. G., Delworth, T. L., Dickson, R. R., Krahmann, G., 2003. The ocean's response to North Atlantic Oscilla-tion variability. In: The North Atlantic Oscillation: Climate significance and environmental impact. Geophys. Monogr. Ser. 134, 113 – 146.

Vivier, F., Provost, C., 1999. Direct velocity measurements in the Malvinas Current. J. Geophys. Res. 104, 21083 – 21103.

Von Storch, H., Zwiers, F. W., 1999. Statistical Analysis in Climate Re-search. Cambridge University Press, Cambridge, UK, 496 pp.

Wacongne, S., 1990. On the difference in strength between Atlantic and Pacific undercurrents. J. Phys. Oceanogr. 20, 792 – 800.

Wacogne, S., Piton, B., 1992. The near-surface circulation in the northeastern corner of the South Atlantic Ocean. Deep-Sea Res. A 39, 1273 – 1298.

Wadhams, P., Budéus, G., Wilkinson, J. P., Løyning, T., Pavlov, V., 2004. The multi-year development of long-lived convective chimneys in the Greenland Sea. Geo-phys. Res. Lett. 31, L06306. doi: 10. 1029/2003GL019017.

Wadhams, P., Comiso, J., Prussen, E., Wells, S. T., Brandon, M., Ald-worth, E., et al., 1996. The development of the Odden ice tongue in the Greenland Sea during winter 1993 from remote sensing and field observations. J. Geophys. Res. 101, 18213 – 18235.

Wadhams, P., Holfort, J., Hansen, E., Wilkinson, J. P., 2002. A deep convective chimney in the winter Greenland Sea. Geophys. Res. Lett. 29, 10.

doi: 10. 1029/2001GL014306.

Walin, G., 1982. On the relation between sea-surface heat flow and thermal cir-culation in the ocean. Tellus 34, 187 − 195.

Wallace, J. M., 1992. Effect of deep convection on the regu-lation of tropical sea surface temperature. Nature 357, 230 − 231.

Wallace, W. J., 1974. The development of the chlorinity/ salinity concept in o-ceanography. Elsevier Oceanography Series 7, 227 pp.

Wang, C., 2002. Atlantic climate variability and its associated atmospheric circu-lation cells. J. Clim. 15, 1516 − 1536.

Warren, B. A., 1981. Deep circulation of the world ocean. In: Warren, B. A., Wunsch, C. (Eds.), Evolution of Physical Oceanography. MIT Press, Cambridge, MA, pp. 6 − 41.

Warren, B. A., 1990. Suppression of deep oxygen concen-trations by Drake Pas-sage. DeepSea Res. 37, 1899 − 1907.

Warren, B. A., Johnson, G. C., 2002. The overflows across the Ninetyeast Ridge. Deep-Sea Res. II, 1423 − 1439.

WCRP (World Climate Research Programme), 1998. CLI-VAR Initial Implemen-tation Plan. WCRP-103, WMO/TD No. 869, ICPO No. 14, 367 pp.

Webb, D. J., 2000. Evidence for shallow zonal jets in the South Equatorial Cur-rent region of the southwest Pacific. J. Phys. Oceanogr. 30, 706 − 720.

Webster, P. J., Magana, V. O., Palmer, T. N., Shukla, J., Tomas, R. A., Yanai, M., et al., 1998. Monsoons: Processes, predictability, and the prospects for prediction. J. Geo-phys. Res. 103, 14451 − 14510.

Webster, P. J., Moore, A. M., Loschnigg, J. P., Leben, R. R., 1999. Coupled ocean-atmosphere dynamics in the Indian Ocean during 1997 − 98. Na-ture 401, 356 − 360.

Weiss, R. F., Bullister, J. L., Gammon, R. H., Warner, M. J., 1985. Atmospheric chlorofluoromethanes in the deep equatorial Atlantic. Nature 314, 608 − 610.

Weller, R., Dean, J. P., Marra, J., Price, J., Francis, E. A., Boardman, D. C., 1985. Three-dimensional flow in the upper ocean. Science 118, 1 − 22.

Whitworth, T., Orsi, A. H., Kim, S. -J., Nowlin, W. D., 1998. Water masses and mixing near the Antarctic slope front. In: Jacobs, S. S., Weiss, R. F. (Eds.), Ocean, Ice, and Atmosphere: Interactions at the Antarctic Continental Margins. Antarctic Research Series 75, American Geophysical U-nion, Washington, pp. 1 − 27.

Whitworth, T., Peterson, R., 1985. The volume transport of the Antarctic Circumpolar Current from bottom pressure measurements. J. Phys. Oceanogr. 15，810－816.

Whitworth，T.，Warren，B. A.，Nowlin Jr.，W. D.，Rutz，S. B.，Pillsbury，R. D.，Moore，M. I.，1999. On the deep western-boundary current in the Southwest Pacific Basin. Progr. Oceanogr. 43，1－54.

Wick，G. A.，1995. Evaluation of the variability and predict-ability of the bulk-skin sea surface temperature difference with application to satellite-measured sea surface temperature. Ph. D. Thesis，University of Colorado，Boulder，CO，146 pp.

Wick，G. A.，Emery，W. J.，Kantha，L.，Schluessel，P.，1996. The behavior of the bulkd skin temperature difference at varying wind speeds. J. Phys. Oceanogr. 26，1969－1988.

Wijffels，S.，Bray，N.，Hautala，S.，Meyers，G.，Morawitz，W. M. L.，1996. The WOCE Indonesian Throughflow repeat hydrog-raphy sections：I10 and IR6. International WOCE News-letter 24，25－28.

Wijffels，S.，Firing，E.，Toole，J.，1995. The mean structure and variability of the Mindanao Current at 8 N. J. Geophys. Res. 100，18421－18436.

Wijffels，S. E.，2001. Ocean transport of fresh water. In：Siedler，G.，Church，J. （Eds.），Ocean Circulation and Climate. International Geophysics Series. Academic Press，pp. 475－488.

Wijffels，S. E.，Schmitt，R. W.，Bryden，H. L.，Stigebrandt，A.，1992. Transport of fresh water by the oceans. J. Phys. Oceanogr. 22，155－162.

Wijffels，S. E.，Toole，J. M.，Davis，R.，2001. Revisiting the South Pacific subtropical circulation：A synthesis of World Ocean Circulation Experiment observations along 32 S. J. Geophys. Res. 106，19481－19513.

Wilks，D. S.，2005. Statistical Methods in the Atmospheric Sciences. In：International Geophysics Series，second ed.，vol. 91. Academic Press，648 pp.

Williams，G. D.，Aoki，S.，Jacobs，S. S.，Rintoul，S. R.，Tamura，T.，Bindoff，N. L.，2010. Antarctic Bottom Water from the Adelie and George V Land coast，East Antarctica （140－149 E）. J. Geophys. Res. 115，C04027. doi：10. 1029/2009JC005812.

Williams，R. G.，1991. The role of the mixed layer in setting the potential vorticity of the main thermocline. J. Phys. Oceanogr. 21，1803－1814.

Williams，W. J.，Carmack，E. C.，Ingram，R. G.，2007. Chapter 2 Physical oceanography of polynyas，in Polynyas：Windows to the World. Elsevier Oceanogr. Ser. 74，55－85.

Willis，J.，Roemmich，D. L.，Cornuelle，B.，2004. Interannual variability in upper-ocean heat content, temperature and thermosteric expansion on global scales. J. Geophys. Res. 109, C12036. doi: 10. 1029/2003JC002260.

Wilson, C., 2002. Newton and celestial mechanics. In: Cohen, I. B., Smith, G. E. (Eds.), The Cambridge Companion to Newton. Cambridge University Press, Cambridge, UK.

Wilson, T. R. S., 1975. Salinity and the major elements in seawater. Ch. 6. In: Riley, J. P., Skirrow, G. (Eds.), Chemical Oceanography, Vol. 1 (second ed.). Academic Press, San Diego, CA, pp. 365–413.

Winsor, P., Rodhe, J., Omstedt, A., 2001. Baltic Sea ocean climate: An analysis of 100 years of hydrographic data with focus on freshwater budget. Clim. Res. 18, 5–15.

Winther, N. G., Johannessen, J. A., 2006. North Sea circula-tion: Atlantic inflow and its destination. J. Geophys. Res. 111, C12018. doi: 10. 1029/2005JC003310.

Witte, E., 1902. Zur Theorie der Stromkabbelungen. Gaea, 38, 484–487 (in German).

Wolanski, E. (Ed.), 2001. Oceanographic Processes of Coral Reefs: Physical and Biological Links in the Great Barrier Reef. CRC Press, Boca Raton, Florida, 356 pp.

Wolfram, 2009. Wolfram Demonstrations Project and Wolfram MathWorld. Wolfram Research Inc. <http: // demonstrations. wolfram. com/> and < http: //mathworld. wolfram. com> (accessed 4. 3. 09).

Wolter, K., 2009. MultivariateENSOIndex (MEI). NOAA Earth System Research Laboratory. http: //www. cdc. noaa. gov/people/klaus. wolter/MEI/ (accessed 3. 26. 09).

Wolter, K., Timlin, M. S., 1993. Monitoring ENSO in COADS with a seasonally adjusted principal component index. Proc. of the 17th Climate Diagnostics Workshop, Norman, OK, NOAA/NMC/CAC, NSSL, Oklahoma Climate Survey, CIMMS and the School of Meteor., University of Oklahoma, pp. 52–57.

Wong, A. P. S., Bindoff, N. L., Church, J. A., 2001. Freshwater and heat changes in the North and South Pacific Oceans between the 1960s and 1985–94. J. Clim. 14, 1613–1633.

Woodgate, R. A., Aagaard, K., 2005. Revising the Bering Strait freshwater flux into the Arctic Ocean. Geophys. Res. Lett. 32, L02602. doi: 10. 1029/2004GL021747.

Woods, J. D., 1985. The World Ocean Circulation Experi-ment. Nature 314, 501–511.

Wooster, W. S., Reid, J. L., 1963. Eastern boundary currents. In: Hill, M.

N.　（Ed.），The Sea，Vol. 2：Ideas and Obser-vations. Wiley-Interscience，New York，pp. 253 – 280.

World Meteorological Organization，2005a. Natural hazards. WMO. <http：// www. wmo. int/pages/themes/hazards/ index_en. html> (accessed 9. 22. 05).

World Meteorological Organization，2005b. Our World：Inter-national Weather. WMO. <http：//www. wmo. int/pages/ about/wmo50/e/world/weather_pa-ges/chronicle_e. html> (accessed 3. 28. 09).

Worthington，L. V.，1953. Oceanographic results of project Skijump 1 and Ski-jump 2 in the Polar Sea 1951 – 1952. Eos T. Am. Geophys. Union 34，543.

Worthington，L. V.，1959. The 18 Water in the Sargasso Sea. Deep-Sea Res. 5，297 – 305.

Worthington，L. V.，1976. On the North Atlantic circulation. Oceanographic Studies. The Johns Hopkins University，Baltimore，Maryland，110 pp.

Worthington，L. V.，1981. The water masses of the world ocean：some results of a fine-scale census. In：Warren，B. A.，Wunsch，C. (Eds.)，Evolution of Physical Oceanography. MIT Press，Cambridge，MA.

Worthington，L. V.，Wright，W. R.，1970. North Atlantic Ocean Atlas of po-tential temperature and salinity in the deep water. Woods Hole Oceanographic Institution Atlas Series，2，24 pp and 58 plates.

Wu，Y.，Tang，C. L.，Sathyendranath，S.，Platt，T.，2007. The impact of bio-optical heating on the properties of the upper ocean：A sensitivity study using a 3-D cir-culation model for the Labrador Sea. Deep-Sea Res. II 54，2630 – 2642.

Wunsch，C.，1996. The Ocean Circulation Inverse Problem. Cambridge Universi-ty Press，New York，458 pp.

Wunsch，C.，2009. The oceanic variability spectrum and transport trends. At-mosphere-Ocean 47，281 – 291.

Wunsch，C.，Ferrari，R.，2004. Vertical mixing，energy，and the general cir-culation of the oceans. Annu. Rev. Fluid Mech. 36，281 – 314.

Wüst，G.，1935. Schichtung und Zirkulation des Atlanti-schen Ozeans. Die Stratosphäre. In Wissenschaftliche Ergebnisse der Deutschen Atlantischen Expe-dition auf dem Forschungs-und Vermessungsschiff "Meteor" 1925 – 1927，6 1st Part，2，109 – 288 (in German).

Wüst，G.，1957. Wissenschaftliche Ergebnisse der deutschen atlantischen Expedi-tion "Meteor"，vol. 6. Walter de Gruyter，Berlin，part 2，pp. 1 – 208 (in German).

Wüst，G.，1961. On the vertical circulation of the Mediter-ranean Sea. J. Geo-phys. Res. 66，3261 – 3271.

Wyrtki, K., 1971. Oceanographic Atlas of the International Indian Ocean Expedition. National Science Foundation Publication. OCE/NSF 86 - 00 - 001, Washington, D. C, 531 pp.

Wyrtki, K., 1973. An equatorial jet in the Indian Ocean. Science 181, 262 - 264.

Wyrtki, K., 1975. Fluctuations of the dynamic topography in the Pacific Ocean. J. Phys. Oceanogr. 5, 450 - 459.

Wyrtki, K., Kilonsky, B., 1984. Mean water and current structure during the Hawaii-to-Tahiti shuttle experi-ment. J. Phys. Oceanogr. 14, 242 - 254.

Xue, H., Chai, F., Pettigrew, N., Xu, D., Shi, M., Xu, J., 2004. Kuroshio intrusion and the circulation in the South China Sea. J. Geophys. Res. 109, C02017. doi: 10. 1029/ 2002JC001724.

Yanigomoto, D., Kawabe, M., Fujio, S., 2010. Direct velocity measurements of deep circulation southwest of the Shatsky Rise in the western North Pacific. Deep-Sea Res. I 57, 328 - 337.

Yashayaev, I., 2007. Hydrographic changes in the Labrador Sea, 1960 - 2005. Progr. Oceanogr. 73, 242 - 276.

Yasuda, I., Hiroe, Y., Komatsu, K., Kawasaki, K., Joyce, T. M., Bahr, F., et al., 2001. Hydrographic structure and transport of the Oyashio south of Hokkaido and the forma-tion of North Pacific Intermediate Water. J. Geophys. Res. 106, 6931 - 6942.

Yates, M. L., Guza, R. T., O' Reilly, W. C., Seymour, R. J., 2009. Overview of seasonal sand level changes on southern California beaches. Shore Beach 77 (1), 39 - 46.

Yoshikawa, Y., Church, J. A., Uchida, H., White, N. J., 2004. Near bottom currents and their relation to the transport in the Kuroshio Extension. Geophys. Res. Lett. 31, L16309. doi: 10. 1029/2004GL020068.

Yu, Z., McCreary, J. P., Kessler, W. S., Kelly, K. A., 2000. Influence of equatorial dynamics on the Pacific North Equatorial Countercurrent. J. Phys. Oceanogr. 30, 3179 - 3190.

Yuan, X., 2004. ENSO-related impacts on Antarctic sea ice: a synthesis of phenomenon and mechanisms. Antarct. Sci. 16, 415 - 425. doi: 10/ 1017/S09541020004002238.

Yun, J. -Y., Talley, L. D., 2003. Cabbeling and the density of the North Pacific Intermediate Water quantified by an inverse method. J. Geophys. Res. 108, 3118. doi: 10. 1029/ 2002JC001482.

Zamudio, L., Hurlburt, H. E., Metzger, E. J., Morey, S. L., O' Brien, J. J., Tilburg, C. E., et al., 2006. Interannual variability of Tehuantepec eddies. J. Geophys. Res. 111，C05001. doi：10. 1029/2005JC003182.

Zaucker，F.，Broecker，W. S.，1992. The influence of atmospheric moisture transport on the fresh water balance of the Atlantic drainage basin：General circulation model simulations and observations. J. Geophys. Res. 97，2765 – 2773.

Zemba，J. C.，1991. The structure and transport of the Brazil Current between 27 and 36 South. Ph. D. Thesis，Massachusetts Institute of Technology and Woods Hole Oceanographic Institution，160 pp.

Zenk，W.，1975. On the Mediterranean outflow west of Gibraltar. "Meteor" Forschungsergebnisse A16，23 – 34.

Zhang，R.，Vallis，G. K.，2006. Impact of Great Salinity Anomalies on the low-frequency variability of the North Atlantic Climate. J. Clim. 19，470 – 482.

Zhang，Y.，Hunke，E.，2001. Recent Arctic change simulated with a coupled ice-ocean model. J. Geophys. Res. 106，4369 – 4390.

Zhong，A.，Hendon，H. H.，Alves，O.，2005. Indian Ocean variability and its association with ENSO in a global coupled model. J. Clim. 18，3634 – 3649.

Zhurbas，V.，Oh，I. S.，2004. Drifter-derived maps of lateral diffusivity in the Pacific and Atlantic Oceans in relation to surface circulation patterns. J. Geophys. Res. 109，C05015. doi：10. 1029/2003JC002241.

彩色插图

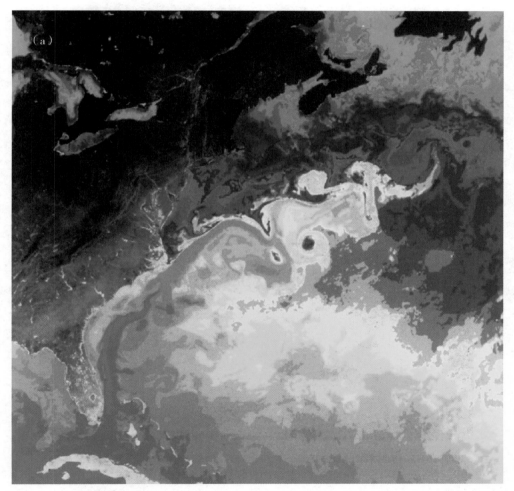

图 1.1　(a) 卫星超高分辨率雷达（AVHRR）测得的海表温度（Otis Brown，私人通讯，2009）

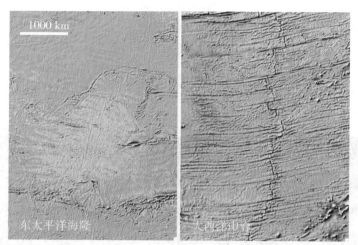

图 2.4　快速扩张的东太平洋海隆（a）和慢速扩张的大西洋中脊（b）的部分海底地形
注意东太平洋海隆扩张中心处的隆脊以及大西洋中脊扩张中心处的地堑。（Sandwell，私人通讯，2009）

（b）　　NOAA/NESDIS 50 km夜间海表温度（℃），2008年1月3日（白色区域表示海冰）

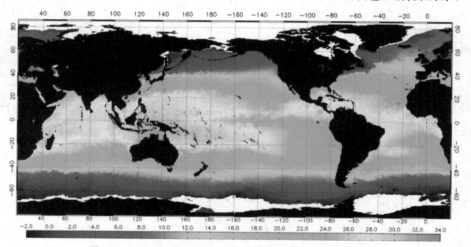

图 4.1　（b）卫星上显示的红外海表温度（℃；仅夜间）
50 km 和 1 周平均，2008 年 1 月 3 日。白色区域表示海冰。（2008 年 7 月 3 日的南部冬天图像参见在线补充资料中的图 S4. 1。）来源：**NOAA NESDIS**（2009b）。

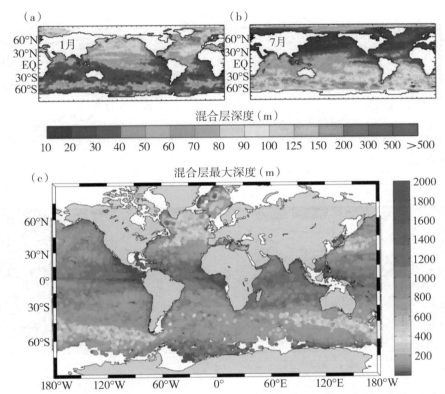

图 4.4 （a）1 月和（b）7 月的混合层深度，依据近海面温差 0.2 ℃。来源：deBoyer Montégut 等（2004）。（c）混合层平均最大深度，使用 Argo 剖面浮标数据系列中 1°×1°范围中 5 个最深混合层（2000—2009 年），并且配合 Holte & Talley（2009）提出的混合层结构

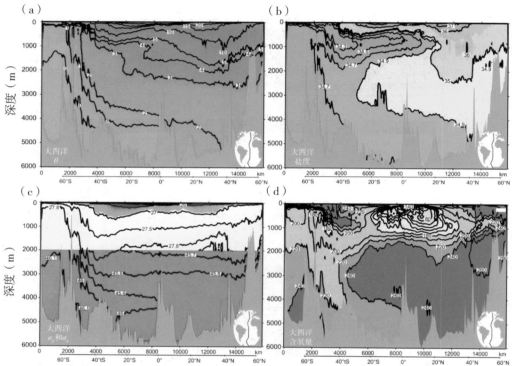

图 4.11　西经 $20°$ 至 $25°$ 大西洋内的 (a) 位温（℃），(b) 盐度（psu），(c) 位密度 σ_θ（顶部）和位密度 σ_4（底部）（kg/m³）和 (d) 氧量（μmol/kg）

数据来自 World Ocean Circulation Experiment。

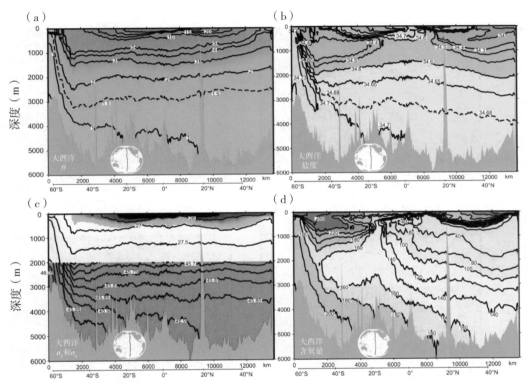

图 4.12 西经 150°太平洋内的（a）位温（℃），（b）盐度（psu），（c）位密度 σ_θ（顶部）和位密度 σ_4（底部）（kg/m³）和（d）氧量（μmol/kg）

数据来自 World Ocean Circulation Experiment。

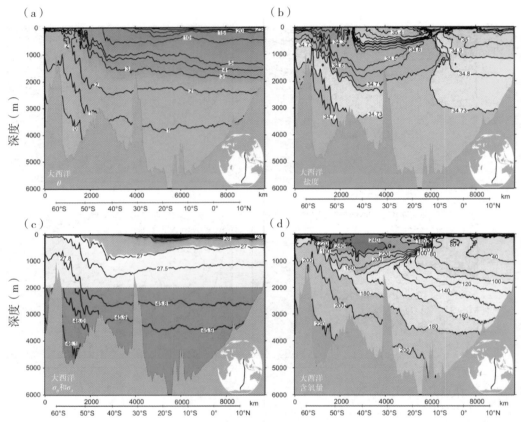

图 4.13　东经 95°印度洋内的（a）位温（℃），（b）盐度（psu），（c）位密度 σ_θ（顶部）和位密度 σ_4（底部）（kg/m³）和（d）氧量（μmol/kg）

数据来自 World Ocean Circulation Experiment。

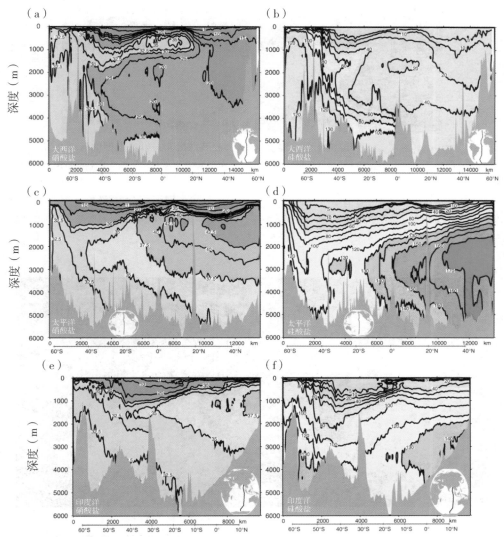

图 4.22　大西洋（a，b）、太平洋（c，d）和印度洋（e，f）中的硝酸盐（μmol/kg）和溶解性硅酸盐（μmol/kg）

注意每个大洋的水平轴不同。数据来自 World Ocean Circulation Experiment。

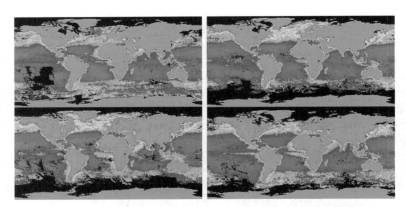

图 4.28　海岸带水色扫描仪（CZCS）获取的全球叶绿素图像

根据 1978 年 11 月—1986 年 6 月期间所有月份的三个月"气候"综合资料显示，全球浮游植物浓度会随季节发生变化。在这期间，CZCS 收集了以下数据：1—3 月（左上）、4—6 月（右上）、7—9 月（左下）和 10—12 月（右下）。随着北半球春天的到来，整个北大西洋上浮游植物都会爆发，且大西洋和太平洋内以及非洲和秘鲁西海岸远处的赤道浮游植物浓度会随季节发生变化。显示颗粒有机碳（POC）和叶绿素之间相似性的图片参见在线补充资料中的图 S4.2。来源：NASA（2009a）。

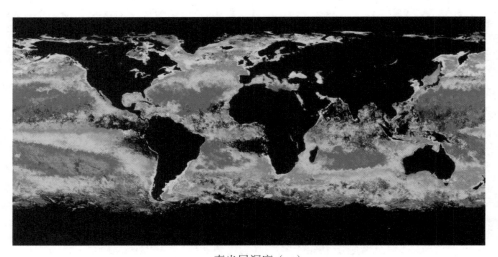

真光层深度（m）

5 10　20　30　40　50　60　70　80　90　100 110 120 130 140 150 160 170 180

图 4.29　Aqua MODIS 卫星上显示的真光层深度（m）

9 km 分辨率，2007 年 9 月的月度综合资料。海洋上方的黑色是不能从月度综合资料中去除的云量。光合有效辐射（PAR）的相关图片参见在线补充资料中的图 S4.3。来源：NASA（2009b）。

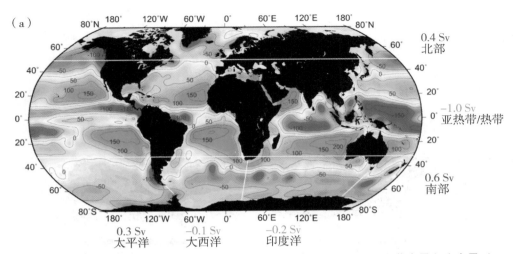

图 5.4　（a）根据国家环境预报中心的气候年平均数据（1979—2005），净蒸发量和降水量（E-P）（cm/yr）

净降水量为负（蓝色），净蒸发量为正（红色）。叠合：淡水输运辐散（斯维尔德鲁普或 1×10^9 kg/sec）以海洋流速和盐度观测为基础。来源：Talley 等（2008）。

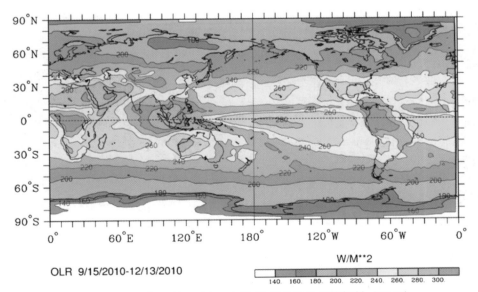

图 5.9　2010 年 9 月 15 日—12 月 13 日的向外长波辐射（OLR）

来源：NOAA ESRL（2010）。

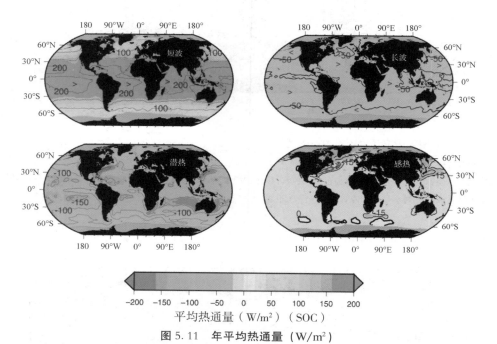

平均热通量（W/m²）（SOC）

图 5.11　年平均热通量（W/m²）

（a）短波热通量 Q_s。（b）长波（逆辐射）热通量 Q_b。（c）蒸发（潜）热通量 Q_e。（d）感热通量 Q_h 正值（黄和红）：海水热增益。负值（蓝色）：海水热损失。（a）和（c）中的等高距为 50 W/m²，（b）中的等高距为 25 W/m²，（d）中的等高距为 15 W/m²。数据来源于南安普顿国家海洋中心（NOCS）气候学（Grist & Josey，2003）。本图也可在彩色插图中找到。

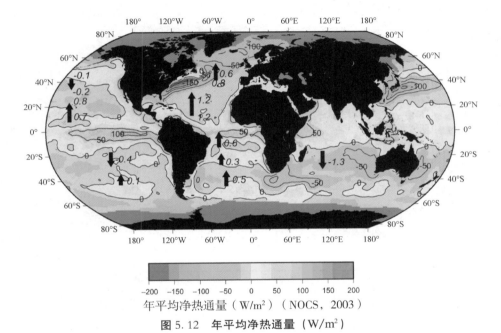

年平均净热通量（W/m²）（NOCS，2003）

图 5.12 年平均净热通量（W/m²）

正值：海水热增益。负值：海水热损失。数据来源于 NOCS 气候态数据（Grist & Josey，2003）。对应的数字和箭头表示基于 Bryden 和 Imawaki（2001）以及 Talley（2003）根据海洋速度和温度计算的经向热传输（PW）。正传输为向北传输。第 5 章的在线补充资料（图 S5.8）包含了 Large 和 Yeager（2009）提供的另一个年平均热通量版本。本图也可在彩色插图中找到。

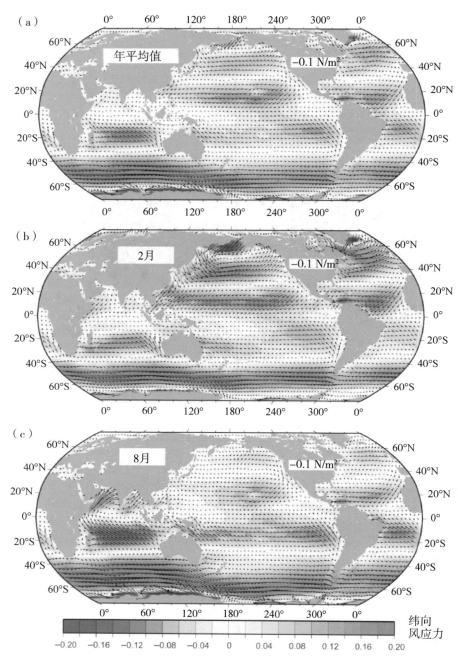

图 5.16　平均风应力（箭头）和纬向风应力（彩色阴影）（N/m²）：（a）年平均值，（b）2 月和（c）8 月来自 1968—1996 年 NCEP 再分析数据（Kalnay 等，1996）

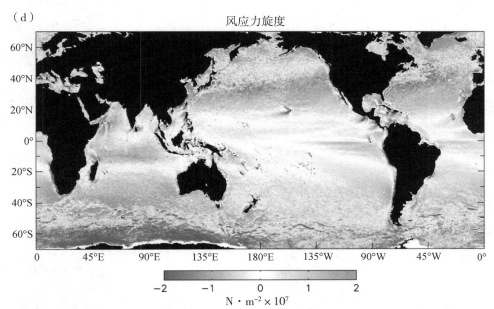

(d)　　　　　　　　　　　风应力旋度

图 5.16　（d）以 25 km 分辨率 QuikSCAT 卫星上显示的风为基础的平均风应力旋度（1999—2003）

向下埃克曼抽吸（第 7 章）在北半球为负值（蓝色），在南半球为正值（红色）。来源：Chelton 等（2004）。

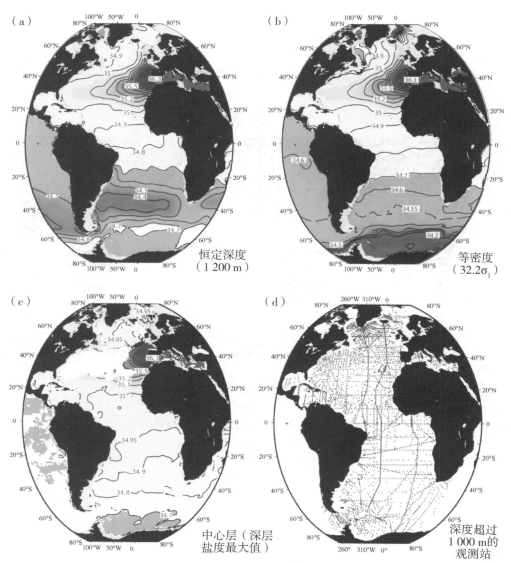

图 6.4　绘图所用的不同类型的表面

插图中的地中海水盐度最大值使用的是：（a）标准深度表面（1 200 m）；（b）等密度表面（相对于 1 000 dbar 条件下，位密度 $\sigma_1 = 32.2$ kg/m³，相对于 0 dbar 条件下，σ_θ 约为 26.62 kg/m³，且中性密度约为 26.76 kg/m³）；（c）在地中海水和北大西洋深层水盐度最大时（白色区域是深层盐度最大值的地方）；（d）绘制这些地图使用的数据位置。

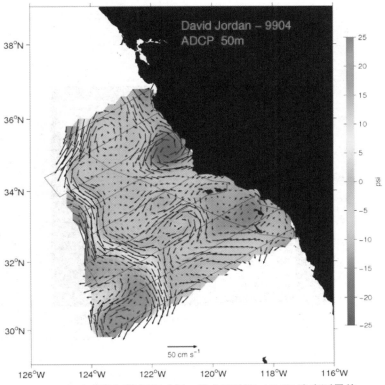

图 6.5 速度数据的目标映射，结合密度和 ADCP 速度测量值

加利福尼亚洋流：1999 年 4 月的绝对表面流函数和速度矢量，使用 Chereskin 和 Trunnell（1996）的方法。
来源：Calcofi ADCP（2008）。

（a）

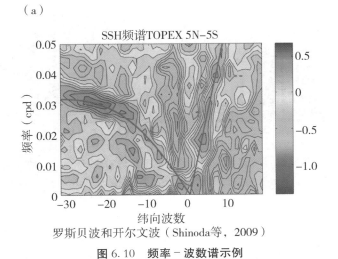

罗斯贝波和开尔文波（Shinoda等，2009）

图 6.10 频率－波数谱示例

（a）SSH 异常的赤道波（开尔文波和罗斯贝波），与理论弥散关系（曲线）相比较。来源：Shinoda 等
（2009）。

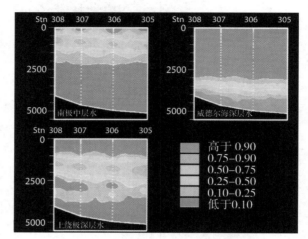

图 6.17　最佳多参数（OMP）水团分析示例

约 36°S 西南大西洋，显示三个不同水团的部分。南极中层水，AAIW；上绕极深层水，UCDW；威德尔海深层水，WSDW。来源：Maamaatuaiahutapu 等（1992）。

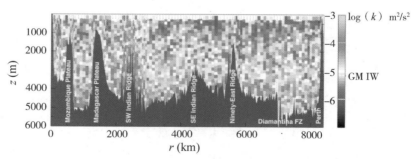

图 7.2　印度洋 32°S 沿线，穿过跨密度面扩散系数（m²/s²）的观测结果

这些结果也是其他海洋扩散系数横断面分布的代表。扩散率剖面参见图 S7.4。ⓒ美国气象学会。再版须经许可。来源：Kunze 等（2006）。

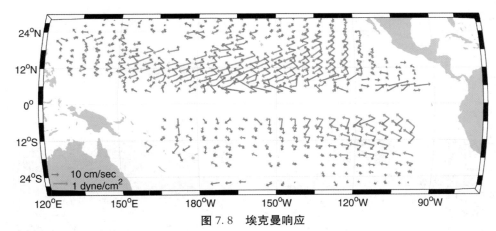

图 7.8　埃克曼响应

平均风矢量（蓝色）和 15 m 深度处平均非地转流（红色）。海流通过 7 年来锚固于 15 m 处的海面漂浮物计算，地转流基于 Levitus 等（1994b）的平均密度数据。（赤道 5° 以内未标箭头，因为此处科里奥利力较小）。©美国气象学会。再版须经许可。来源：Ralph & Niiler（1999）。

（c）

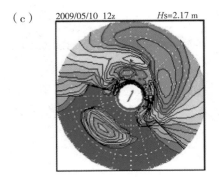

图 8.2　（c）来自东北太平洋的方向波谱（谱密度）（46006 站，40°53′N 137°27′W，2009 年 5 月 16 日）

在（c）中，波周期从环中心 25′ 到外环 4′。蓝色表示低能，紫色表示高能。波的方向与圆圈中心相对的方向相同。中心灰色箭头表示风向。"Hs"表示有效波高。来源：NOAA Wavewatch III（2009）。

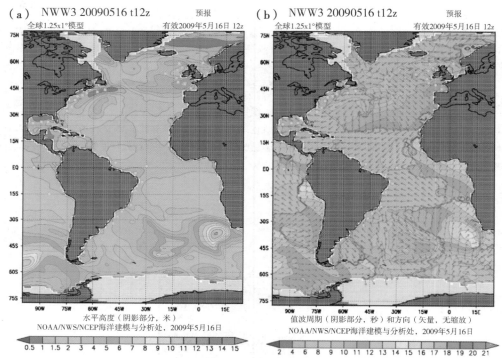

图 8.3　一天的（a）有效波高（m）和（b）峰值波浪周期（s）和方向（矢量）（2009 年 5 月 16 日）

来源：NOAA Wavewatch III（2009）。

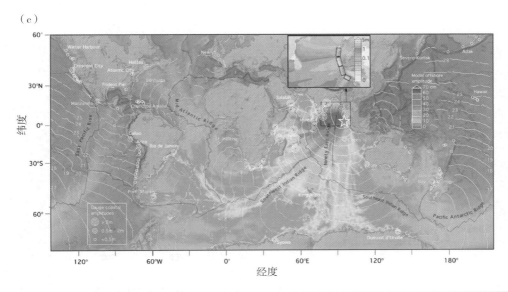

Model offshore amphtude	离岸振幅模型
Southeast Indian Ridge	东南印度洋脊
Pacific Antarctic Ridge	太平洋南极脊
Ninety East Ridge	东九十度脊
Southwest Indian Ridge	西南印度洋脊
East Pacific Rise	东太平洋海隆
Mid Attantic Ridge	大西洋中脊
Winter Harbour	温特港

图 8.7 （c）苏门答腊岛海啸（2004 年 12 月 26 日）

全球覆盖：波前的模拟最大海表高度和抵达时间（地震后小时）。来源：Titou 等（2005）。

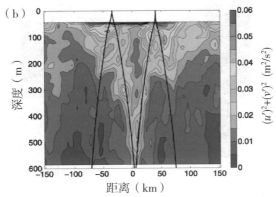

图 8.11 （b）沿着穿过夏威夷海脊的一段，观察到的速度方差（变率）

黑线是频率等于 M_2 潮的预期内波（群速）路径；距离（m）是至脊中心的距离。来源：Cole、Rudnick、Hodges & Martin（2009）。

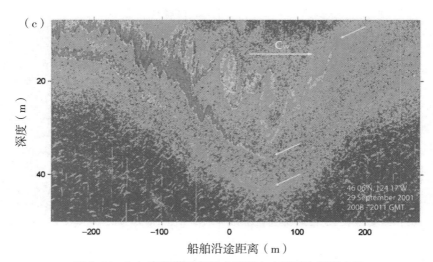

图 8.11　(c) 在俄勒冈州的大陆架上方破坏内部孤立波

图像显示声学反向散射：红色表示更多的散射，并且与较高的湍流水平相关。ⓒ美国气象学会。再版须经许可。来源：Moum 等（2003）。

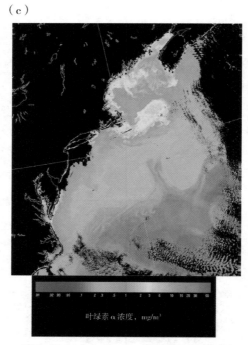

图 8.15　(c) George 浅滩的潮汐效应

1997 年 10 月 8 日，SeaWiFS 卫星观测到的叶绿素 α 浓度（mg/m³）。来源：Sosik（2003）。

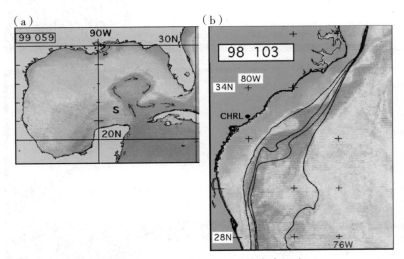

图 9.4　GOES 卫星上显示的海表温度

（a）墨西哥湾，显示从环流开始到形成漩涡。（b）墨西哥湾流，显示查尔斯顿海隆处的曲流和下游叠瓦构造。黑色轮廓是等深线（100 m、500 m、700 m、1 000 m）。来源：Legeckis、Brown & Chang（2002）。

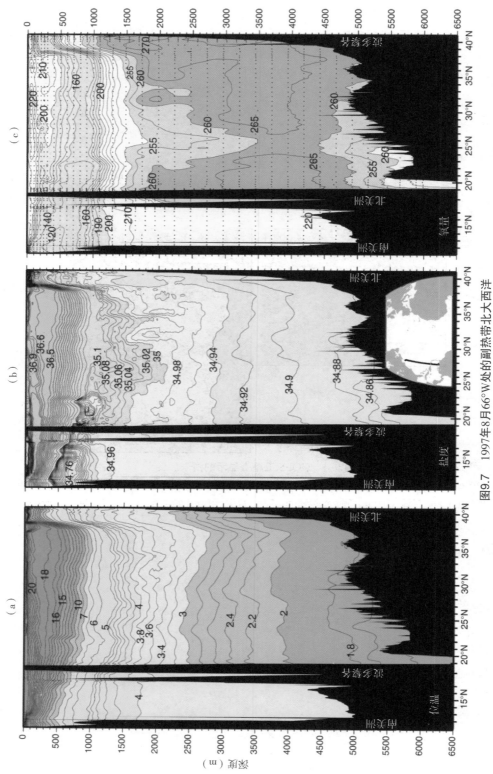

图9.7 1997年8月66°W处的副热带北大西洋

(a)（位温（℃），(b)（盐度），(c)（氧量（μmol/kg）。（World Ocean Circulation Experiment 第A22节。）

（a）

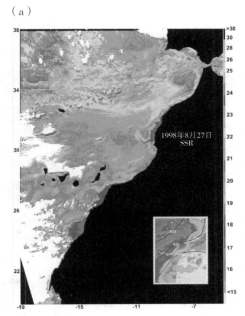

图 9.8 （a）加那利海流系统，1998 年 8 月 27 日的 SST（卫星 AVHRR 图像）
来源：Pelegrí 等（2005）。

（a）

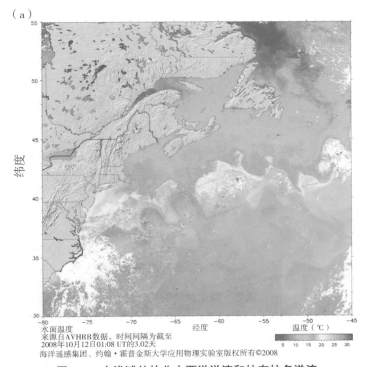

图 9.9　大浅滩处的北大西洋洋流和拉布拉多洋流

（a）2008 年 10 月 12 日的 SST（AVHRR），其中显示拉布拉多洋流沿大浅滩边缘向南移动。来源：Johns Hopkins APL 海洋遥感（1996）。

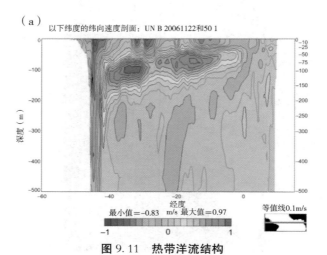

（a）以下纬度的纬向速度剖面：UN B 20061122和50 1

最小值=-0.83 m/s 最大值=0.97

等值线0.1m/s

图 9.11　热带洋流结构

（a）沿赤道的向东速度，来自数据同化。来源：Bourlès 等（2008）。

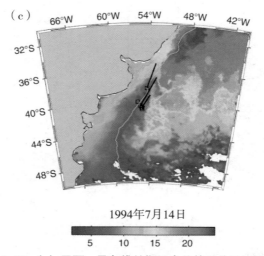

1994年7月14日

图 9.12　（c）巴西-马尔维纳斯汇合处的红外卫星图像

黑线是大约 200 m 深度定点的水流矢量。浅色曲线是 1 000 m 等深线。来源：Vivier & Provost（1999）。

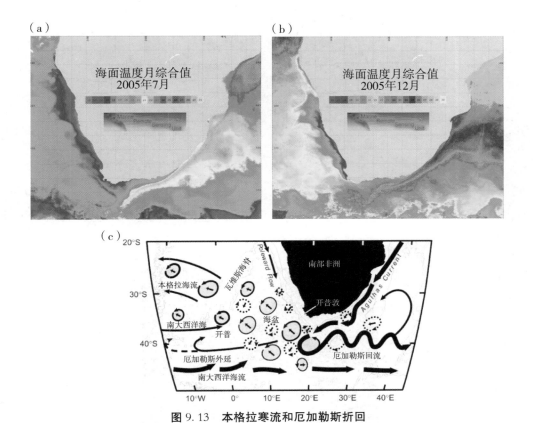

图 9.13　本格拉寒流和厄加勒斯折回

（a，b）2005 年 7 月（冬季）和 12 月（夏季）的 AVHRR SST 月综合值。来源：开普敦大学海洋系（2009）。
（c）厄加勒斯折回和涡流的图解，包括过渡带水层中的流动方向。灰色阴影圈是厄加勒斯反气旋涡。虚线圈是
厄加勒斯形成的气旋涡。来源：Richardson（2007）。

（a）

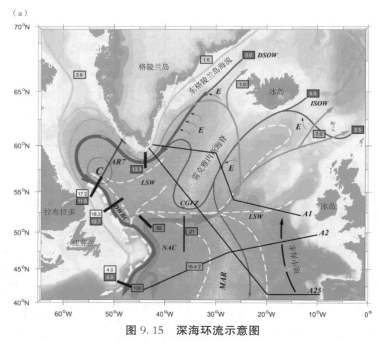

图 9.15　深海环流示意图

（a）北大西洋北部的 NSOW（蓝色）、LSW（白色虚线）和海洋上层（红色、橙色和黄色）。来源：Schott &
Brandt（2007）。

（b）

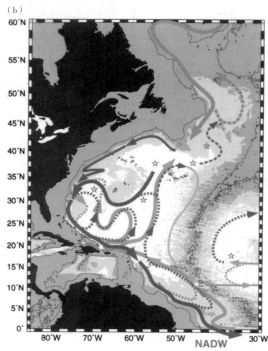

图 9.15　（b）强调 DWBC（实线）及其再循环（虚线）的深海环流路径

红色：NSOW。棕色：NADW。蓝色：AABW。（M. S. McCartney，私人通讯，2009）。

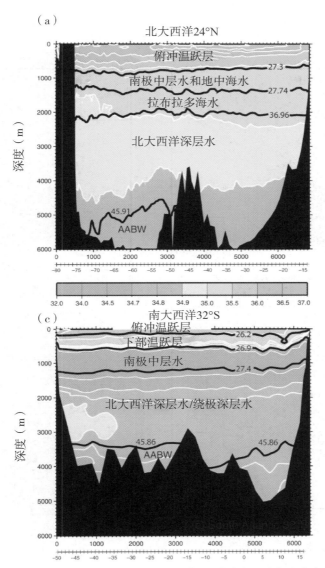

图 9.16 （a）1981 年 24°N 处和（c）1959/1972 年 32°S 处的盐度（彩色和白色等值线）和等密度线（黑色等值线）

Talley 等（2008），依据 Reid（1994）论文中记载的速度。

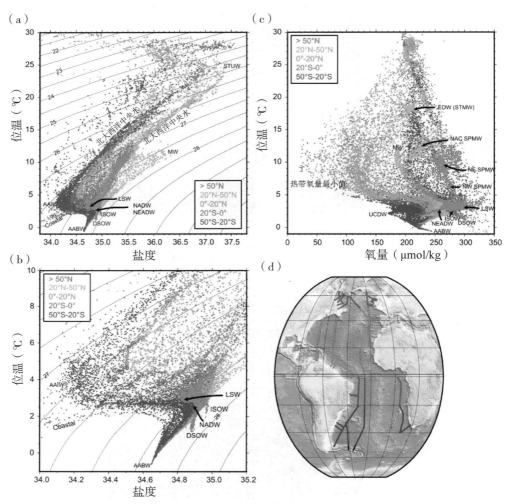

图 9.18 （a）全水体和（b）温度低于 10 ℃水的位温（℃）与盐度。（c）全水体的位温与氧量。（d）站点位置地图

彩色表示纬度幅度。等值线是相对于 0 dbar 的位密度。数据来自 World Ocean Circulation Experiment （1988—1997 年）。

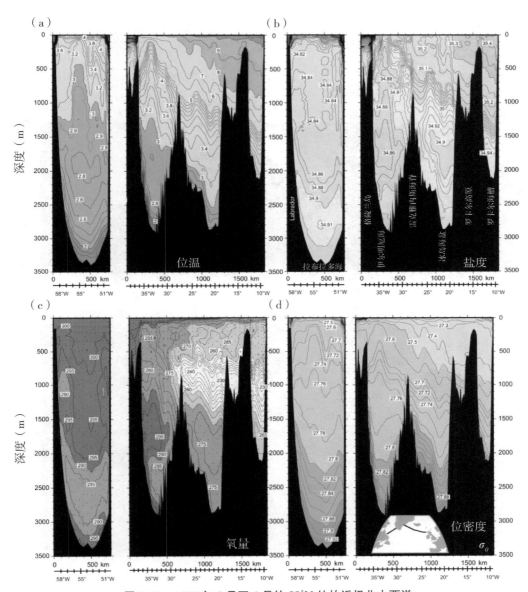

图 9.20　1997 年 5 月至 6 月约 55°N 处的近极北大西洋
拉布拉多海内（左侧）及从格陵兰到冰岛（右侧）的（a）位温（℃），（b）盐度，（c）氧量，（d）位密度（σ_θ）。
（World Ocean Circulation Experiment 第 AR7W 和 A24 节。）

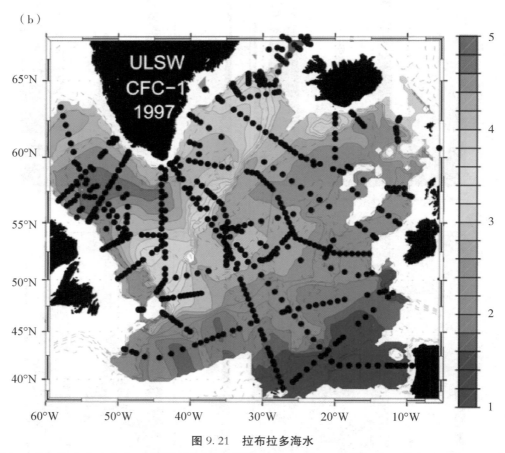

（b）

图 9.21　拉布拉多海水

（b） σ_θ 约为 27.71 kg/m³ 时，上 LSW 层内的含氯氟烃－11（pmol/kg）。来源：Schott 等（2009）和 Kieke 等（2006）。

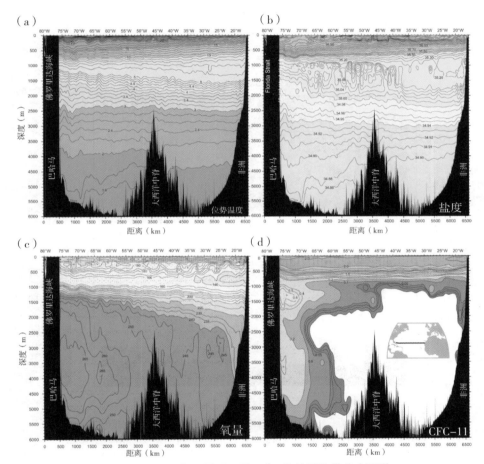

图 9.22　1992 年 7 月至 8 月 24°N 处的副热带北大西洋

24°N 处的（a）位温（℃），（b）盐度，（c）氧量（μmol/kg），（d）CFC‐11（pmol/kg）。（World Ocean Circulation Experiment 第 A05 节。）改编自：WOCE 大西洋地图集，Jancke、Gouretski & Koltermann（2011）。

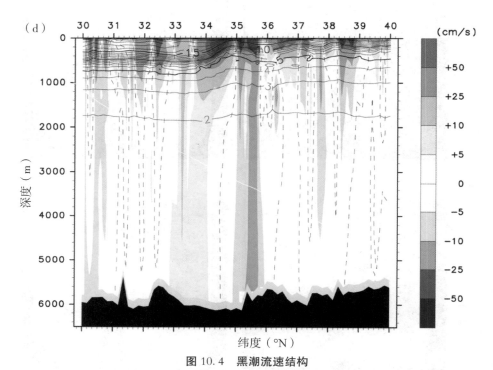

图 10.4　黑潮流速结构

(d) 152° 30′E 处黑潮续流的向东速度［红色（蓝色）表示向东（向西）流动］。来源：Yoshika 等（2004）。

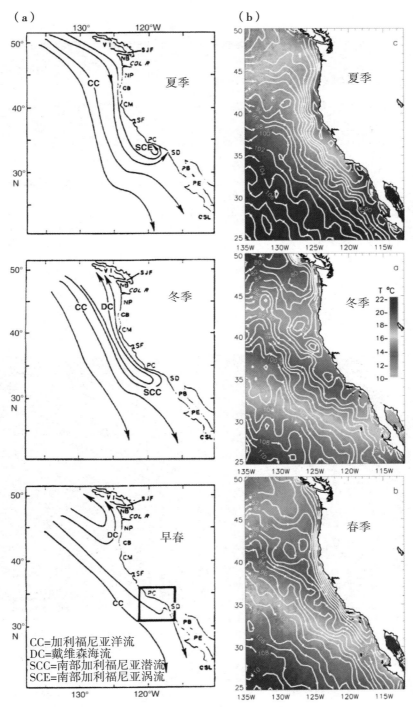

图 10.5 （a）不同季节南部加利福尼亚潜流内表面流的图解。来源：Hickey（1998）。（b）卫星显示的表面温度（彩色）和测高高度的平均季节循环，显示地转表面循环。来源：Strub & James（2000，2009）

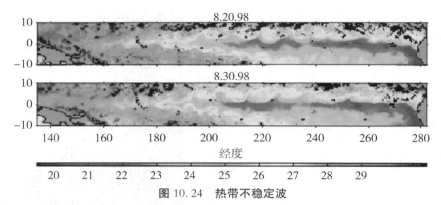

图 10.24　热带不稳定波

拉尼娜现象期间形成冷舌后，1998 年 8 月两次连续 10 天期间热带降雨映射任务（TRMM）微波成像仪（TMI）。教材网站上的图 S10.20 中复制了更完整的时间序列（1998 年 6 月 1 日—8 月 30 日）。来源：遥感系统（2004）。

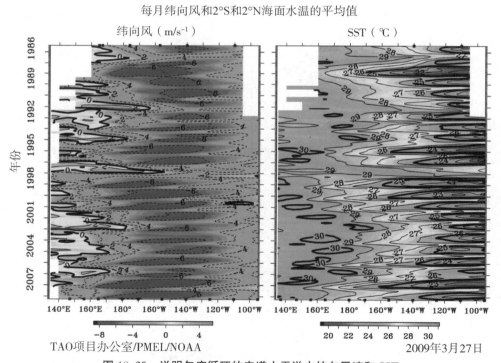

图 10.25　说明年度循环的赤道太平洋内纬向风速和 SST

正向风速朝向东。教材网站上的图 S10.21 中显示了 2 月和 8 月的气候平均值和 2000—2007 年的扩大时间序列，以便强调季节循环。来源：TAO 项目办公室（2009a）。

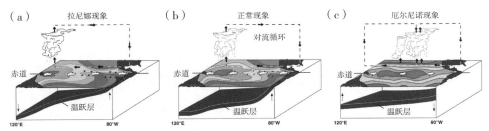

图 10.27　（a）拉尼娜现象；（b）正常现象；（c）厄尔尼诺现象

来源：NOAA PMEL（2009b）。

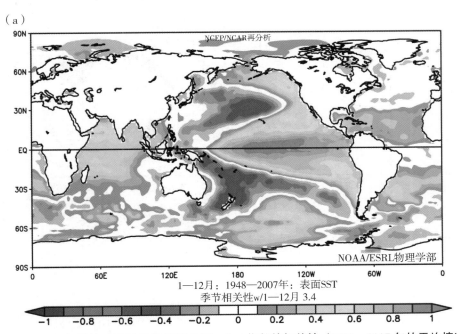

图 10.28　（a）**每月的** SST **异常与** ENSO Nino3.4 **指数的相关性**（1948—2007 **年的平均情况**）。
指数在厄尔尼诺现象期间是正数，因此显示的迹象在这一期间具有代表性。（数据和图形界面来自 NOAA ES-RL，2009b。）

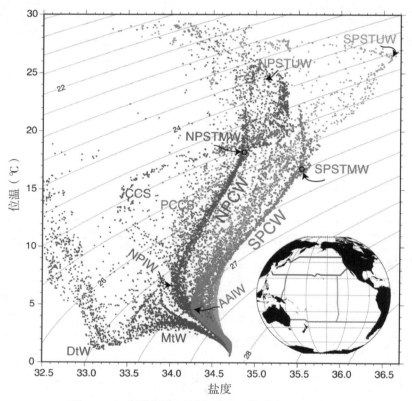

图 10.29　所选测点（插入地图）的潜在 T - S 曲线

缩写词：NPCW，北太平洋中央水；SPCW，南太平洋中央水；NPSTUW，北太平洋副热带下层水；SPS-TUW，南太平洋副热带下层水；NPSTMW，北太平洋副热带模态水；SPSTMW，南太平洋副热带模态水；NPIW，北太平洋中层水；AAIW，南极中层水；DtW，中冷水；MtW，中温水；CCS，加利福尼亚洋流系统水；PCCS，秘鲁 - 智利洋流系统水。教材网站上的图 S10.45 中显示了每 10° 平方内的平均 T - S 曲线。

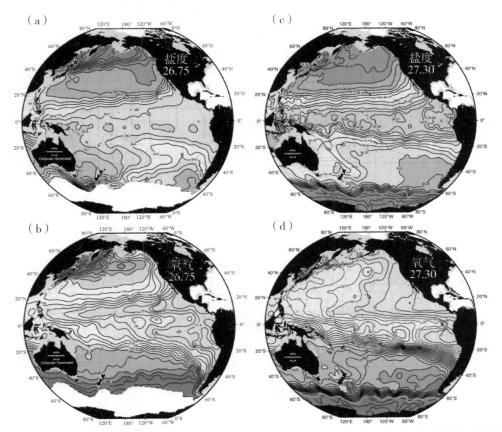

图 10.33　分别在 NPIW 和 AAIW 的特征中，处于 26.75 kg/m³ 和 27.3 kg/m³ 中性密度下的 (a、c) 盐度和 (b、d) 氧量 (μmol/kg)

在南大洋中，26.75 kg/m³ 下白色表示的是等密度线露出部分，(c) 和 (d) 中的灰色曲线表示的是冬天露出部分。表面深度参见 WOCE 太平洋地图集。来源：WOCE 太平洋地图集，Talley (2007)。

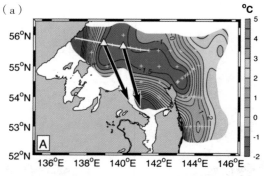

图 10.34　鄂霍次克海中形成的高密水

（a）1999 年 9 月的底部位温和两个系泊处的平均速度矢量。来源：Shcherbina、Talley & Rudnick（2003，2004）。

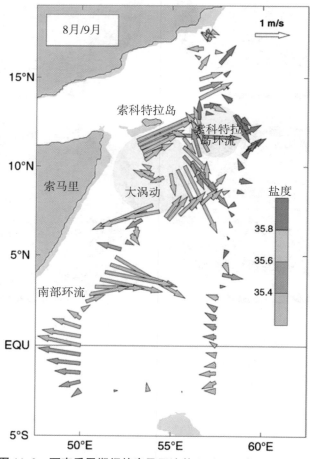

图 11.3　西南季风期间的索马里流状况（1995 年 8 月/9 月）

来源：Schott & McCreary（2001）。

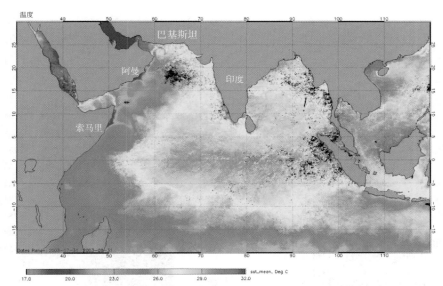

图 11.5　MODIS 卫星上显示的 2003 年 7 月的 SST（西南季风）

来源：NASA 戈达德地球科学（2007a）。

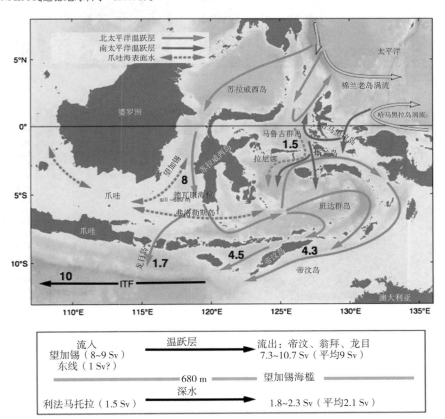

图 11.11　印度尼西亚群岛和通流和贯穿流输运（Sv）

图片下方的框内总结了 680 m（望加锡海峡海槛深度）上方和下方的运输情况。来源：Gordon（2005）。

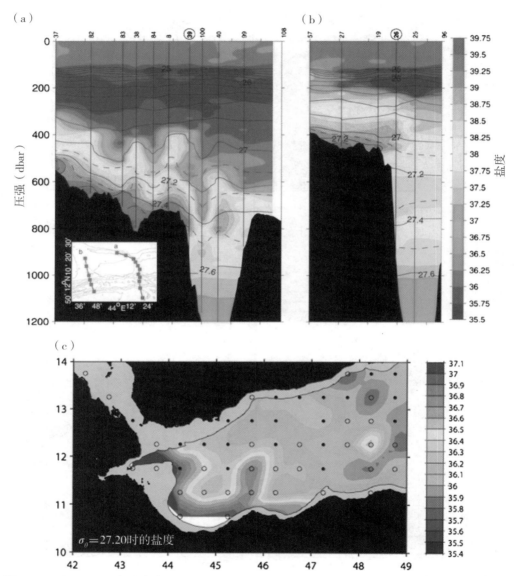

图 11.12 （a，b）红海溢出水：2001 年 2 月—3 月亚丁湾截面上覆盖的盐度和位密度等值线。北方在左侧。来源：Bower 等（2005）。ⓒ美国气象学会。再版须经许可。（c）亚丁湾内的红海溢出水：等密度的 $\sigma_\theta = 27.20 \text{ kg/m}^3$ 时的气候盐度。来源：Bower、Hunt & Price（2000）。

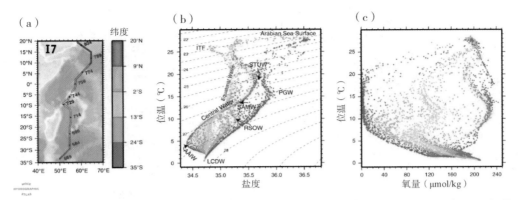

图 11.18 60°E 沿线印度洋的（a）站点位置，（b）位温（℃）－盐度和（c）位温（℃）－氧量（μmol/kg）

WOCE 印度洋地图集，Talley 等（2011）。

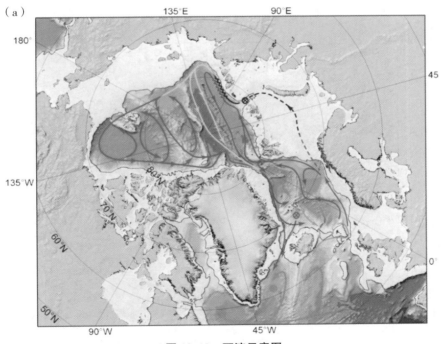

图 12.10 环流示意图

（a）北冰洋和北欧海域的亚表层大西洋和中间层。图中还显示了格陵兰岛和冰岛海域以及伊尔明格和拉布拉多海域内的对流场地（浅蓝色），这里也是巴伦支海高盐海水的收集点。来源：Rudels 等（2010）。

（a）

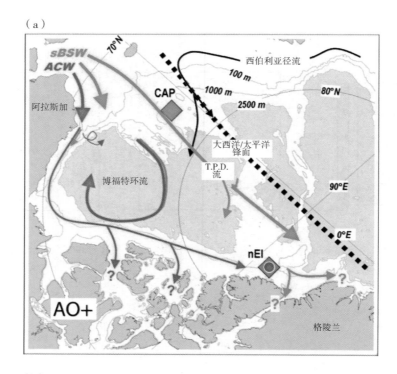

（b）

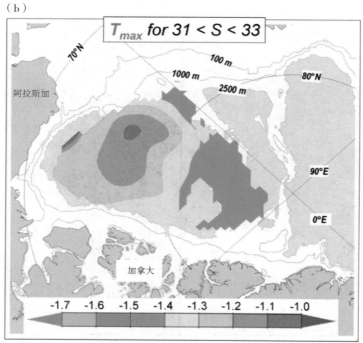

图 12.13 （a）夏季循环示意图。北极振荡活跃期间的白令海峡水（蓝色）和阿拉斯加沿岸水（红色）（教材网站上的第 S15 章）。（b）加拿大海盆中较浅的最高温度层的温度（℃），在 50 m 和 100 m 深度之间。来源：Steele 等（2004）

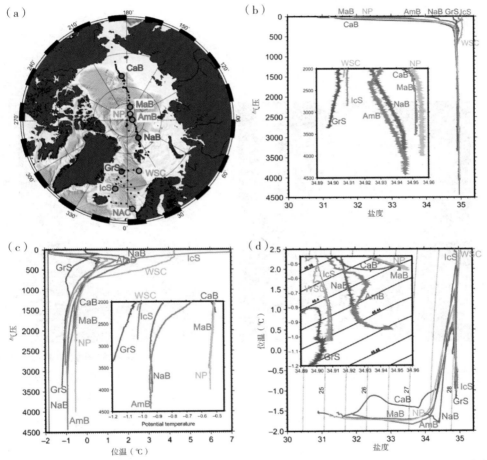

图 12.17 (a) 站点图像（1994 年和 2001 年）；(b) 盐度；(c) 位温（℃）；(d) 位温－盐度
缩写词：CaB，加拿大海盆；MaB，马卡罗夫海盆；NP，北极；AmB，阿蒙森海盆；NaB，南森海盆；WSC，西斯匹次卑尔根海流；GrS，格陵兰海；IcS，冰岛海；NAC，挪威大西洋海流。来源自 Timmermans & Garrett（2006）。

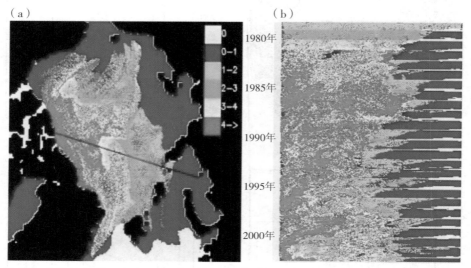

图 12.21 北极冰年龄：（a）2004 和（b）作为时间函数的北极冰年龄等级横截面（右）（Hovmöller 图），沿横断面延伸，从加拿大北极群岛穿过北极地区到（a）中所示的喀拉海

来源：Fowler 等（2004）。

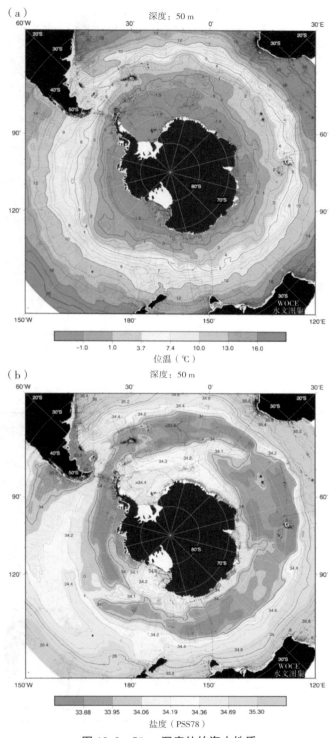

图 13.3　50 m 深度处的海水性质
（a）位温（℃），（b）盐度。来源：WOCE 南大洋地图集，Orsi & Whitworth（2005）。

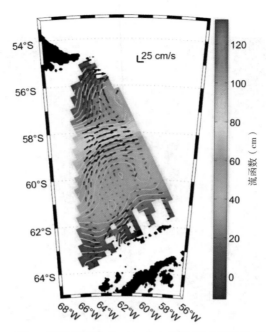

图 13.9　5 年内，对 30～300 m 深度范围内从 128 个交叉处得到的数值进行平均的德雷克海峡平均海流

从北到南的强海流为亚南极锋（56˚S）、极峰（59˚S）和南部 ACC 峰（62˚S）。Lenn、Chereskin & Sprintall 等（2008）。

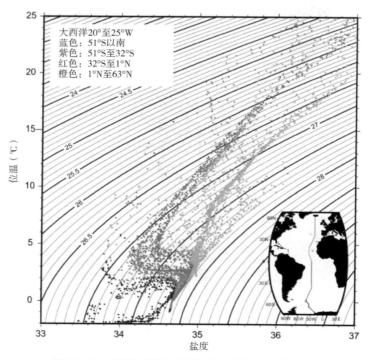

图 13.14　威德尔海和大西洋中的位温－盐度图表

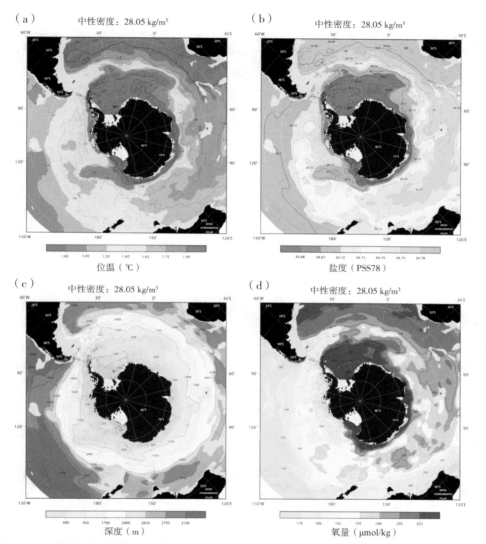

图 13.15　下绕极深层水等密度线（中性密度 28.05 kg/m³）沿线的属性（大致与盐度最高核心对应）：(a) 位温（℃），(b) 盐度，(c) 深度（m），(d) 氧量（μmol/kg）
来源：WOCE 南大洋地图集，Orsi & Whitworth（2005）。

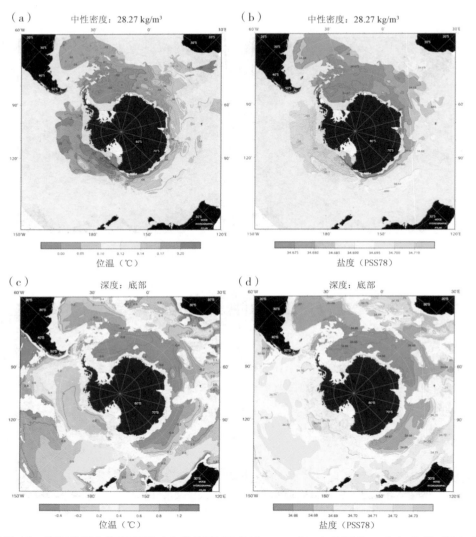

图 13.16　南极底层水等密度线（中性密度 28.27 kg·m^{-3}）上的属性：（a）位温（℃）和（b）盐度。底层水属性（深度超过 3 500 m）：（c）位温（℃）和（d）盐度

来源：WOCE 南大洋地图集，Orsi & Whitworth（2005）。

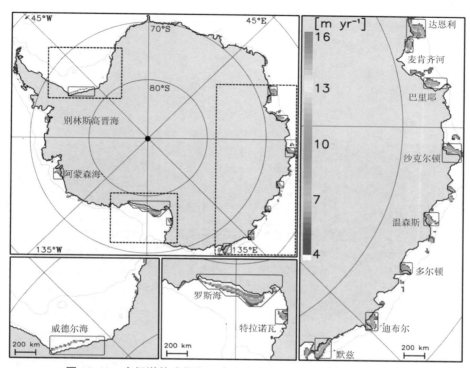

图 13.20　南极潜热冰间湖：海冰生产量（1992—2001 年平均值）

来源：Tamura 等（2008）。

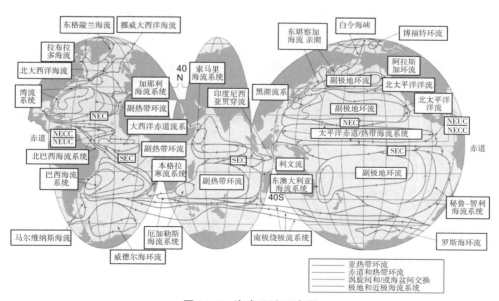

图 14.1　海表环流示意图

经 Schmitz 修改（1996b）。

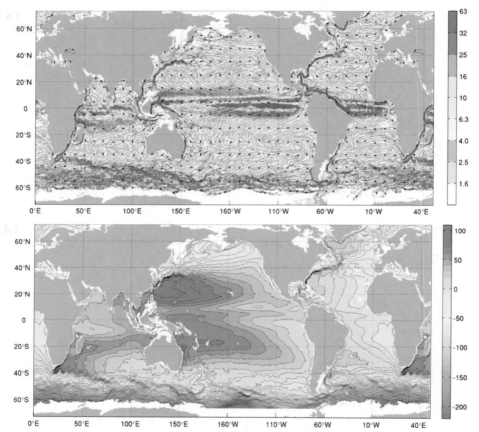

图 14.2 （a）海表动力地形（dyn cm），10 cm 等值线间隔。（b）海表速度流线，包括地转和埃克曼组成部分；彩色表示平均速度，单位：cm/sec

来源：Maximenko 等（2009）。

（a）

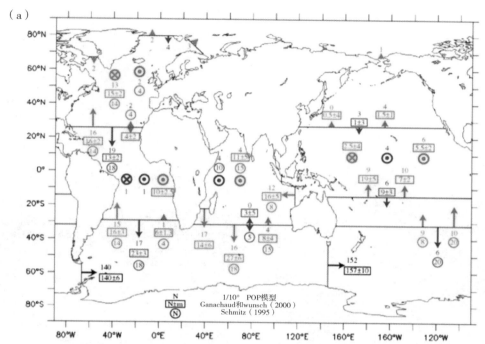

图 14.6　横穿封闭的水文截面的等密度层内的净交通运输量（Sv）（1 Sv = 1 × 10⁶ m³/sec）
（a）不同来源的三个计算值叠加，每个使用三个等密度层（见标题）。截面间的圆圈表示进出圆圈彩色所限定层的上升流（箭头）和下降流（箭尾）。来源：Maltrud & McClean（2005），结合 POP 模型的结果，Ganachaud & Wunsch（2000 年），以及 Schmitz（1995）。

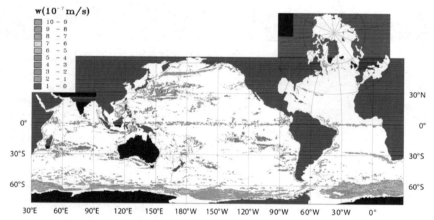

图 14.7　穿过等密度线 27.625 kg/m³ 的建模上升流，其代表 NADW 层的上升流
来源：Kuhlbrodt 等（2007）；改编自 Döös & Coward（1997）。

(a)

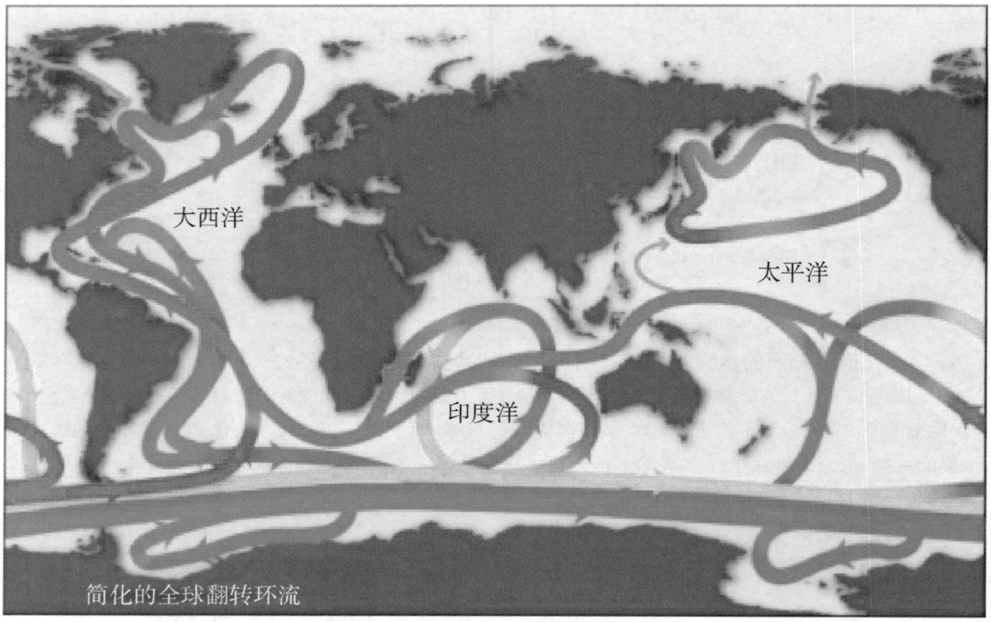

图 14.11　全球翻转环流示意图

（a）NADW 和 AABW 全球环流和 NPIW 环流。

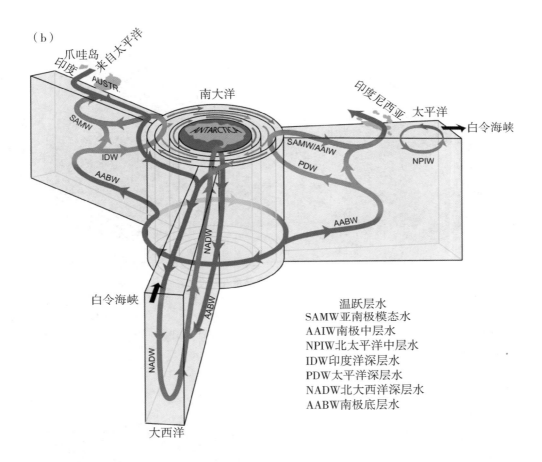

（b）

印度 爪哇岛 来自太平洋

AUSTR.

SAMW 南大洋 印度尼西亚 太平洋

IDW ANTARCTICA SAMW/AAIW 白令海峡

AABW PDW NPIW

AABW

白令海峡 NADW

NADW

AABW

大西洋

温跃层水
SAMW亚南极模态水
AAIW南极中层水
NPIW北太平洋中层水
IDW印度洋深层水
PDW太平洋深层水
NADW北大西洋深层水
AABW南极底层水

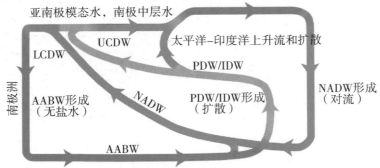

（c）南大洋风驱动上升流和表面浮力通量 低、中纬度上层海水

亚南极模态水，南极中层水

UCDW 太平洋-印度洋上升流和扩散

LCDW PDW/IDW

NADW形成
（对流）

南极洲 AABW形成 NADW PDW/IDW形成
（无盐水） （扩散）

AABW

图 14.11 （b）从南大洋角度看的翻转。来源：Gordon（1991）、Schmitz（1996b）及 Lumpkin 和 Speer 等（2007）。（c）互通的 NADW、IDW、PDW 和 AABW 区域的二维示意图。示意图并未准确描述出下降位置或上升的广泛地理范围。颜色：表层水（紫色）、中层和南大洋模态水（红色）、PDW/IDW/UCDW（橙色）、NADW（绿色）、AABW（蓝色）。整套的示意图参见教材网站上的图 S14.1。来源：Talley（2011）。

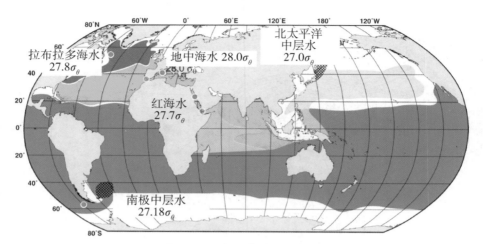

图 14.13　低和高盐度中层水

AAIW（深绿）、NPIW（淡绿）、LSW（深蓝）、MW（大西洋中是橘色）、RSW（印度洋中是橘色）。太平洋中是淡蓝色：AAIW 和 NPIW 重叠。印度洋中是淡蓝色：AAIW 和 RSW 重叠。交叉影线：对水团来说尤其重要的混合区域。红点表示每个水团的主要形成区域；暗点标记的是连接地中海和红海与公海的海峡。图中列出了形成的近似位密度。来源：Talley 等（2008）。

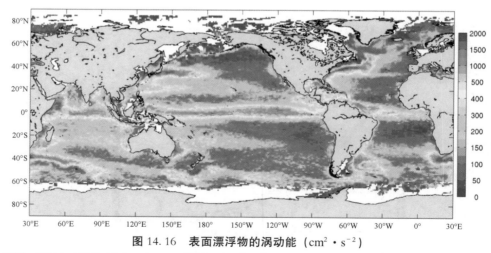

图 14.16　表面漂浮物的涡动能（cm² · s⁻²）

来源：NOAA AOML PHOD（2009）。教材网站上的图 S14.6c 中复制了依据卫星测高的补充图（Ducet、Le Traon & Reverdin，2000）。

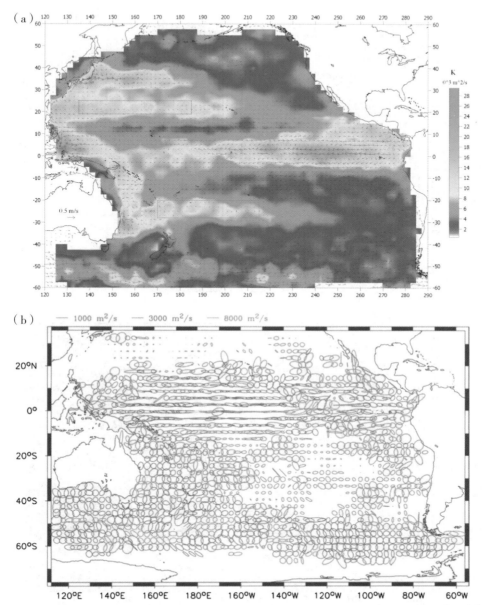

图 14. 17 （a）海表（红色）的水平涡流扩散系数（m²/sec）与平均速度矢量，依据表面漂流物观察。来源：Zhurbas & Oh（2004）。（b）依据水下漂浮速度 900 m 处的涡流扩散系数椭圆。彩色表示不同的尺度（见图标题）。来源：Davis（2005）

教材网站上的第 S14 章（图 S14. 7 和 S14. 8）中复制了相同来源的大西洋表面地图和印度洋 900 m 地图。

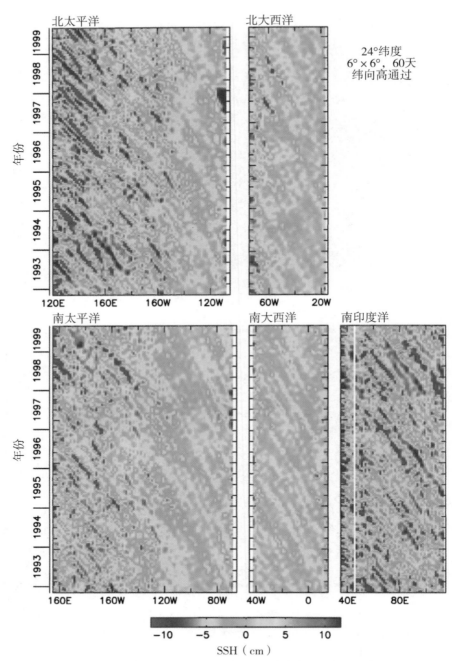

图 14.18　卫星高度计上显示的每个大洋 24°纬度处的表面－高度异常

来源：Fu & Chelton（2001）。

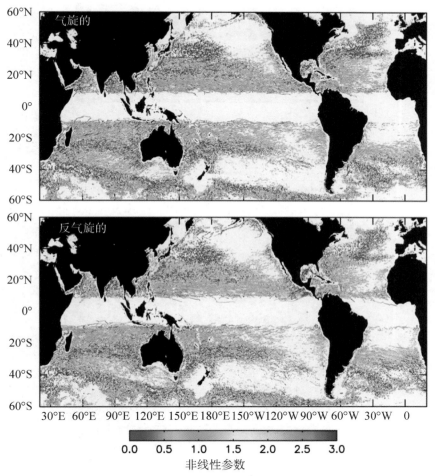

图 14.21 时间超过 4 周的连贯气旋和反气旋涡漩的踪迹

依据测高 SSH，彩色编码是"非线性参数"，其是涡旋内速度与涡旋传播速度的比。白色区域表示赤道 10° 纬度范围内无涡旋或轨迹。来源：Chelton 等（2007）。

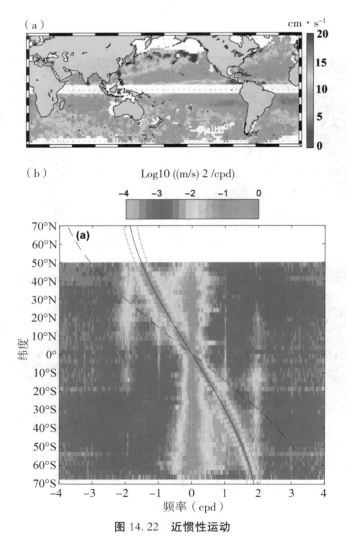

图 14.22　近惯性运动

（a）依据表面漂浮物的平均惯性流速（cm/sec）。来源：Chaigneau 等（2008 年）。（b）太平洋 2.5°纬度处的回转功率谱。实曲线是每个纬度处的惯性频率；虚曲线是惯性频率的两倍。负频率逆时针旋转，正频率顺时针旋转。来源：Elipot & Lumpkin（2008）。